内 容 提 要

本书是为广大禽病工作者、大专院校动物医学和动物科学专业师生、门诊兽医师、动物检疫工作者以及兽药公司（厂）技术人员等，撰写的一部比较全面的、可操作性强的工具书。全书共分十五章，第一章到第七章介绍基础知识和常用的诊断、检验技术；第八章到第十五章分别介绍各类疾病的具体检验方法和防治措施。本书内容翔实，文辞简练，通俗易懂，方法科学可靠，可操作性强。为了便于诊断，书末附有精选的彩色图片，所示内容典型，清晰直观，更加方便读者理解、操作。

禽病检验与防治

王新华　银 梅　靳 冬　逯艳云　主编

中国农业出版社

编写人员

主　编　王新华　银　梅　靳　冬　逯艳云

副主编　冯春花　宁红梅　黄　青　李小六
　　　　王英华　郑世莲　吴建宇

编　者　（按姓名笔画排序）

王　芳　河南科技学院
王英华　河南省动物疫病预防控制中心
王选年　新乡学院
王新华　河南科技学院
宁红梅　河南科技学院
冯春花　新乡市动物疫病预防控制中心
李小六　济源市职业教育中心
谷长勤　华中农业大学
吴建宇　周口市畜牧局
何雷堂　鹤壁市畜牧局
郑世莲　漯河市动物疫病预防控制中心
钟伟平　开封市畜牧局
胡薛英　华中农业大学
唐海荣　河南科技学院
黄　青　河南省动物疫病预防控制中心
逯艳云　华中农业大学
银　梅　河南科技学院
程国富　华中农业大学
靳　冬　河南省动物疫病预防控制中心

前　言

我国家禽养殖业蓬勃发展，成为广大养殖者脱贫致富的重要途径。然而，由于我国养禽业发展迅猛，养殖基础设施不完善，养殖技术和疫病防治技术尚不能适应生产发展的需要等因素的影响，禽病的种类和发病数量也长期居高不下，严重影响养禽业的健康发展。很多养殖场（户）往往由于市场因素和疫病问题造成严重经济损失。还由于疫病、药物残留等问题，严重影响禽蛋食品安全，危害食用者的健康，成为重大的公共卫生问题，也成为影响禽蛋产品出口贸易的重要因素。

禽病之多、诊断和防治之困难是当前影响我国养禽业健康发展的重大问题。本书集作者40余年教学、科研和社会技术服务之经验，吸纳当代先进科学技术成果，参考引用多位专家学者的文章和著作编著而成。旨在为广大禽病工作者、大专院校动物医学和动物科学专业师生、门诊兽医师、动物检疫工作者以及兽药公司（厂）技术人员、养禽场技术人员等，提供一部比较全面的可操作性强的工具书。

本书编排顺序一改传统方法，完全是按照人们认识事物的规律（实践—认识—再实践）编写。当我们诊断治疗疾病时，首先看到患病动物的临床表现（流行情况、症状），接下来是对动物进行解剖检验观察病理变化，然后再进行必要的病原学检验和血清学检验，根据这些检验结果做出科学的诊断，最后提出合理的防治方案。这样的编排既符合认识论，也符合疾病的诊断程序，是一种创新。

全书共分十五章，第一章到第七章介绍禽病检验的基础知识和常用的诊断、检验技术，包括实验室基本技术、临床检查、血液学检验、病理学检验、病原学检验、血清学检验等；第八章到第十五章分别介绍各类疾病的具体检验方法和防治措施。本书内容翔实，文辞简练，通俗易懂，方法科学可靠，可操作性强。为了便于诊断，书末附有精选的彩色图片192幅，涉及病原、临床症状、病理变化和部分组织图片。本书所附图片绝大多数是作者在数十年教学、科研和社会技术服务中拍摄的，也有部分是引用了其他作者的。这些精美的图片是作者们辛勤劳动的成果，在此表示诚挚谢意。

编写过程中得到了中国农业出版社颜景辰主任的鼎力支持。各位作者在百忙中认真工作，为本书的顺利出版付出了辛勤的劳动，在此一并致谢。

由于水平所限，书中错漏之处在所难免，敬请广大同仁不吝赐教。

王新华　谨识

2013 年 6 月

目 录

前言

绪论 …… 1

第一章 禽病检验与防治的基础知识 …… 3

第一节 禽病检验实验室的基本设施 …… 3
第二节 常用溶液的配制 …… 3
第三节 禽病检验工作的注意事项 …… 7

第二章 临诊检查 …… 8

第一节 发病禽场基本情况的调查 …… 8
第二节 临诊检查 …… 9

第三章 血液学检验 …… 13

第一节 血常规检验 …… 13
第二节 血液生化检验 …… 16

第四章 病理学检验 …… 29

第一节 禽病检验中常见的病理变化 …… 29
第二节 家禽的尸体剖检 …… 36
第三节 剖检时常见病理变化和可能的疾病 …… 38
第四节 病理组织学检验 …… 40
第五节 几种病理性产物的染色法 …… 45
第六节 组织内病原体及包涵体染色法 …… 46

第五章 病原学检验 …… 49

第一节 细菌学检验 …… 49
第二节 病毒学检验 …… 63
第三节 支原体的检验 …… 69
第四节 真菌的检验 …… 71
第五节 寄生虫学检验 …… 73

第六章 免疫学（血清学）检验 …… 77

第一节 凝集试验 …… 77

第二节 沉淀试验 …… 80
第三节 免疫标记技术 …… 86
第四节 补体结合试验 …… 99
第五节 中和试验 …… 104
第六节 红细胞吸附和红细胞吸附抑制试验 …… 109

第七章 几种免疫检测新技术简介 …… 111

第一节 免疫胶体金技术 …… 111
第二节 免疫组织化学技术 …… 117
第三节 其他免疫检测技术 …… 119
第四节 分子生物学检测技术 …… 120

第八章 病毒性疾病的检验与防治 …… 123

第一节 禽流感的检验与防治 …… 123
第二节 鸡新城疫的检验与防治 …… 129
第三节 鸡传染性法氏囊病的检验与防治 …… 137
第四节 鸡传染性支气管炎的检验与防治 …… 141
第五节 传染性喉气管炎的检验与防治 …… 145
第六节 鸡马立克氏病的检验与防治 …… 148
第七节 禽白血病的检验与防治 …… 153
第八节 禽网状内皮组织增生病的检验与防治 …… 158
第九节 传染性腺胃炎的检验与防治 …… 161
第十节 鸭瘟的检验与防治 …… 164
第十一节 鸭呼肠孤病毒病的检验与防治 …… 169
第十二节 番鸭细小病毒病的检验与防治 …… 173
第十三节 小鹅瘟的检验与防治 …… 175
第十四节 鸭流感的检验与防治 …… 178
第十五节 鸭病毒性肝炎的检验与防治 …… 182
第十六节 鸭病毒性肿头出血症的检验与防治 …… 184
第十七节 鹅副黏病毒病的检验与防治 …… 187
第十八节 鸽副黏病毒病的检验与防治 …… 191
第十九节 鸡传染性贫血的检验与防治 …… 194
第二十节 禽痘的检验与防治 …… 198
第二十一节 鸡病毒性关节炎的检验与防治 …… 202
第二十二节 禽腺病毒病的检验与防治 …… 205
第二十三节 禽传染性脑脊髓炎的检验与防治 …… 210

第九章 细菌性疾病的检验与防治 …… 213

第一节 大肠杆菌病的检验与防治 …… 213

第二节　巴氏杆菌病的检验与防治 …… 217
第三节　沙门氏菌病的检验与防治 …… 222
第四节　禽葡萄球菌病的检验与防治 …… 230
第五节　鸭疫里默氏杆菌病的检验与防治 …… 232
第六节　鸡传染性鼻炎的检验与防治 …… 236
第七节　禽亚利桑那菌病的检验与防治 …… 239
第八节　鸡弯曲杆菌性肝炎的检验与防治 …… 241
第九节　鸡绿脓杆菌病的检验与防治 …… 244
第十节　禽结核病的检验与防治 …… 246
第十一节　鸭伪结核病的检验与防治 …… 250
第十二节　梭状芽孢杆菌病的检验与防治 …… 252
第十三节　禽李氏杆菌病的检验与防治 …… 261

第十章　支原体病和真菌病的检验与防治 …… 264

第一节　禽支原体病的检验与防治 …… 264
第二节　禽曲霉菌病的检验与防治 …… 268
第三节　禽念珠菌病的检验与防治 …… 272

第十一章　寄生虫病的检验与防治 …… 275

第一节　球虫病的检验与防治 …… 275
第二节　禽隐孢子虫病的检验与防治 …… 283
第三节　组织滴虫病的检验与防治 …… 287
第四节　鸡住白细胞虫病的检验与防治 …… 290
第五节　鸽毛滴虫病的检验与防治 …… 293
第六节　吸虫病的检验与防治 …… 295
第七节　绦虫病的检验与防治 …… 300
第八节　禽线虫病的检验与防治 …… 303
第九节　鸭棘头虫病的检验与防治 …… 306
第十节　羽虱的检验与防治 …… 307

第十二章　代谢性疾病的检验与防治 …… 310

第一节　维生素缺乏症的检验与防治 …… 310
第二节　微量元素缺乏症的检验与防治 …… 321
第三节　钙磷缺乏及钙磷比例失调的检验与防治 …… 324
第四节　痛风的检验与防治 …… 327
第五节　脂肪肝综合征的检验与防治 …… 330

第十三章　中毒性疾病的检验与防治 …… 334

第一节　药物中毒的检验与防治 …… 334
第二节　黄曲霉毒素中毒的检验与防治 …… 339

第三节 棉籽饼中毒的检验与防治 …… 343
第四节 一氧化碳中毒的检验与防治 …… 344

第十四章 鸡胚胎疾病的检验与防治 …… 347

第一节 鸡胚胎疾病发生的原因 …… 347
第二节 鸡常见胚胎病的鉴别诊断 …… 347
第三节 鸡胚胎病的防治措施 …… 351

第十五章 杂症检验与防治 …… 352

第一节 鸡呼吸道综合征的检验与防治 …… 352
第二节 肉鸡腹水综合征的检验与防治 …… 353
第三节 肉鸡低血糖-尖峰死亡综合征的检验与防治 …… 355
第四节 鼻气管炎鸟疫杆菌感染的检验与防治 …… 356
第五节 鸡附红细胞体病的检验与防治 …… 357
第六节 热应激病的检验与防治 …… 358
第七节 特异性坏死性炎的检验与防治 …… 359
第八节 家禽医源性疾病 …… 359

附录一 鸡的内脏器官 …… 363
附录二 彩图 …… 365
附录三 禁用兽药 …… 397
参考文献 …… 401

绪　论

一、禽病检验与防治的目的和意义

禽病检验与防治是利用兽医临床学、病理学、微生物学、免疫学（血清学）和药理学等学科的理论和技术对患病家禽进行检验、诊断，为禽病防治提供理论依据的一门综合性应用性学科。

我国是世界上禽蛋生产和消费大国，家禽养殖业蓬勃发展在国民经济中占有举足轻重的地位，不仅丰富了人民的物质生活，为餐桌上增添了众多的美味佳肴，也成为广大农民脱贫致富的重要途径。然而，由于我国养禽业发展迅猛，养殖基础设施不完善，养殖技术和疫病防治技术尚不能适应生产发展的需要，禽病的种类和发病数量居高不下，严重影响了养禽业的健康发展。很多养殖场（户）往往由于市场和疫病问题造成严重经济损失，甚至血本无归。还由于疫病、药物残留等严重影响禽蛋食品安全，危害食用者的健康，成为重大的公共卫生问题，也成为防碍禽蛋产品出口贸易的重要因素。

禽病检验与防治的目的在于利用先进的科学手段对病、死家禽进行检验，做出明确诊断，提供合理的防治措施。从而促进养禽业健康发展，保障禽蛋食品安全，稳定养殖户的经济效益，提高我国禽蛋产品的国际声誉，为出口创汇提供先决条件。

二、禽病检验的程序

禽病种类很多，表现的症状和病理变化也很复杂，为了正确确诊，在诊断时应遵循一定的程序，以免顾此失彼或遗漏检验项目。检验的基本程序如表 1。

表 1　禽病检验程序和内容

项　目	内　容
问诊	详细询问有关情况，如禽场基本概况、发病数量、症状、死亡数量、免疫情况以及治疗情况等
现场调查	对于重大疫情检验者应亲自到现场调查，调查内容见第二章有关内容
临诊检查	对接诊病例做详细的临诊检查，临诊检查内容见第二章有关内容
血液学检验	根据需要，做血常规检验或血液生化检验
病理学检验	大体病理剖检或组织病理学检验
病原学检验	细菌、病毒、寄生虫以及霉菌的直接观察或病原体的分离鉴定
血清学检验	常规血清学检验、分子生物学检验、快速检验等
资料数据分析	将各种检验方法获得的资料、数据，结合当地疫病流行情况等进行归纳分析，找出主要问题
确诊	根据以上检验和分析得出准确的结论，提出合理的防治方案

在检验时要具体问题具体分析，根据具体情况灵活掌握，不一定每一个病例都要从头到尾做一遍，根据初步了解、观察到的情况选择合适的检验项目。如果疫情重大，就必须进行全面系统的检验。

三、禽病检验与防治工作的指导思想

（一）树立科学的实事求是的观点

禽病检验往小的方面说关系到一个养殖户（场）经济利益，往大的方面说关系到疫病流行、食品安全、公共卫生、禽蛋产品出口贸易等。因此，禽病检验工作者必须树立科学的实事求是的观点，对养殖户（场）负责，对人民、对国家负责。曾经见到一些兽医在诊断时为了自己的利益，夸大、编造虚假病情，利用老百姓没有相关知识进行蒙骗。还有些兽医在提供防治措施时，不是根据病情对症下药，而是为了多赚钱开无关紧要的药物。是药三分毒，在没有病的情况下长期用药，尤其是服用磺胺类和抗生素类药物，不仅增加经济负担，还会损伤禽的肝脏和肾脏，导致免疫抑制和细菌产生耐药性，致使以后发病时无药可用，还可能诱发二重感染。同时，增加药物残留，还会危害食用者的安全。

我国的医疗方针是预防为主、治疗为辅、防重于治。所谓预防，对于养殖业来说应该是加强饲养管理、卫生管理，为动物创造一个安全舒适的生活环境，并制订合理的免疫程序、选择合适的疫苗，来提高动物的免疫力。从而使动物健康生长，为人类提供安全的肉、蛋、奶等动物性食品，创造更高的经济效益，绝不能靠药物把动物养大。

此外，家畜、家禽是经济动物，饲养目的是为了创造经济价值，如果治疗费用超过它本身的价值时，就应该放弃治疗，否则会造成更大的经济损失。

（二）树立全局观点

疾病是各种致病因素和动物机体之间相互作用的结果，因此，在检验疾病时要全面考虑，既考虑到各种外界致病因素，如环境、季节、气候、饲养方式、饲料、饮水、卫生管理、免疫接种情况、疫苗来源、质量、保存条件、免疫方法、免疫程序、疫病流行状况、场内外疾病流行史等，也要考虑家禽品种、禽苗来源和质量及家禽本身的因素。把检验结果同上述各种因素结合起来综合分析，最后做出诊断。不能只看到一个症状或一个病理变化就下结论。

在检验时被检对象应具有代表性，它应该能代表此次发病的基本情况。检验要有一定数量，从被检家禽中分析出主要的能代表本次发病的有证病意义的症状和病理变化。实验室检验的取样也要从具有代表意义的病禽采取，检验人员应亲自采取。

（三）树立严肃认真的观点

在实验室检验中特别是进行病原学检验和血清学检验时必须严肃认真。取样、试剂配制、操作、结果观察、数据统计等工作都必须严格认真，否则会导致不正确的结论，错误的结论会导致疾病防治效果不佳或贻误病情，给养殖场造成经济损失，也会影响检验单位和检验者的声誉。

（四）树立常备不懈的疫情观点

由于检验工作经常接触病禽，特别是患传染病的家禽，如果不注意可能会散毒，造成人为传播疾病。同时，也要注意个人防护，特别是处理可疑人畜共患病时更应小心谨慎。

第一章　禽病检验与防治的基础知识

第一节　禽病检验实验室的基本设施

工欲善其事，必先利其器。禽病检验工作是要从本质上解决禽病的诊断问题，因而需要有一定的基本设备，如大小合适的房间、实验台、药品柜等。房间内应水电供应齐全、采光良好，仪器设备的配置要根据业务范围的需要购置，以能够开展工作为准。

常用的仪器设备有：生物显微镜、荧光显微镜、倒置显微镜、电冰箱、低温冰箱、恒温箱、二氧化碳培养箱、干燥箱、水浴锅、高压灭菌器、超净工作台、电子分析天平、药物天平、组织切片机、组织捣碎机、电泳仪、酶标仪、可见—紫外光分光光度计、电炉、普通离心机、高速离心机、可调移液器、微孔反应板、除菌过滤装置、真空泵等。

除了常用仪器设备外，检验工作中还需要各种玻璃器皿、小件用具和消耗材料等，如量杯、烧杯、容量瓶、试管、培养皿、试剂瓶、载玻片、盖玻片、打孔器、解剖刀、手术剪、镊子、酒精灯、接种环、乳钵、各种规格注射器、毛刷、纱布、脱脂棉、pH 试纸、滤纸、擦镜纸等。可根据检验工作的需要随时购买。

检验工作需要很多药品和试剂，可根据需要购置，药品和试剂的级别一般应为分析纯（AR）级别。

做细菌实验的设备和病毒实验的设备应分开，不能混用，否则容易导致病毒分离培养失败。

第二节　常用溶液的配制

一、浓度的表示方法

按照中华人民共和国法定计量单位的规定，对已知化学结构和分子量的物质其浓度的表示方法应该使用摩尔每立方米（mol/m^3）、摩尔每升（mol/L）表示。对化学结构或分子量不十分清楚的物质，可暂用技师浓度（g/L）表示，统一用升（L）作为单位的分母。

（一）质量—质量浓度

此种浓度表示方法只能用于固体物质，如 100 g 固体物质中所含某一成分的克数。以往用 100 g 溶液中所含溶质的克数表示浓度单位（*W/W*），不符合国际单位制和法定计量单位有关物质的量的定义，故不应使用。但目前有些药品仍用此法表示，例如 98% H_2SO_4 溶液（*W/W*）是指 100 g 硫酸溶液中含纯硫酸 98 g，溶液中水的重量是 2 g。此表示方法在实际生产中仍然大量使用，如药品在饲料中的添加量常用 g/kg、g/t 等表示。药品包装袋上常用 100 g/100 kg 混饲或 100 g/200 kg 混饮等表示使用方法。

（二）质量—体积浓度

通常指 1 L 溶液中所含溶质的克数（g/L），这种用质量表示浓度的方法在医学试验中只能用于化学结构式或分子量不确切的混合物，如一些酶和蛋白质的分子量尚未准确测出，无法用物质的量的浓度来表示，可暂时用质量一体积浓度表示。实际上，这种表示方法依然常用，如0.9%氯化钠溶液、2%琼脂凝胶等。

（三）物质的量的浓度

物质的量的浓度是以1 L溶液中所含溶质的摩尔数来表示，称为摩尔浓度（mol/L）。1摩尔等于6.022×10^{23}个结构粒子的质量。化学上的结构粒子泛指分子、原子、电子、质子或其他粒子。如1 mol氯化钠（分子量58.5）是将58.5 g的氯化钠先溶于适量溶剂中，再加溶剂到1 L，该氯化钠溶液的浓度为1 mol/L。

若以C表示溶液的摩尔浓度，单位为mol/L；n表示溶质的摩尔数，单位为mol；V表示溶液体积，单位为L；W表示溶质质量，单位为g；G表示1 mol溶质的分子量，那么

溶液摩尔浓度（C）的计算公式为：

$$C=\frac{n}{V}$$

溶质摩尔数（n）的计算公式为：

$$n=CV$$

溶液摩尔浓度（C）与溶质质量关系如下：

$$CV=\frac{W}{G}$$

或溶质质量（W）为：

$$W=CVG$$

公式中，G可根据原子量计算出溶质分子量，所以，在W、C和V中的任意两个数值已知情况下，就可以计算出未知的第三个数值。

二、实验试剂的质量标准

实验试剂分为五级，即优级纯试剂（Guaranteed reagent，GR）、分析纯试剂（Analysis reagent，AR）、化学纯试剂（Chemical pure，CP）、生物试剂（Biological reagent，BP）和试验试剂（Laboratory reagent，LP）。

禽病检验实验室常用的试剂多为AR和CP两级，因而在配制试剂前应先检查药品是否符合质量标准，对于达不到质量标准的药品不能使用。但有些试验溶液没有注明试剂级别，在配制时尽量用级别较高的试剂。

三、常用缓冲液的配制

（一）磷酸盐缓冲液（PBS）的配制

1. 1/15 mol/L磷酸二氢钾溶液的配制 磷酸二氢钾（KH_2PO_4，AR）9.08 g溶解后加蒸馏水到1 000 ml。

2. 1/15 mol/L磷酸氢二钠溶液的配制 无水磷酸氢二钠（Na_2HPO_4，AR）9.47 g或$Na_2HPO_4\cdot2H_2O$ 11.87 g，溶解后加蒸馏水到1 000 ml。

3. 不同pH磷酸盐缓冲液的配制 配置比例见表1-1和表1-2。

表 1-1　不同 pH 磷酸盐缓冲液配置比例

pH	1/15 mol/L KH_2PO_4(ml)	1/15 mol/L Na_2HPO_4(ml)
6.4	73	27
6.6	63	37
6.8	51	49
7.0	37	63
7.2	27	73
7.4	19	81
7.6	13.2	86.8
7.8	8.5	91.5
8.0	5.6	94.4
8.2	3.2	96.8
8.4	2.0	98

表 1-2　不同 pH 磷酸缓冲液配置比例

pH	0.2 mol/L Na_2HPO_4(ml)	0.2 mol/L NaH_2PO_4(ml)
5.8	8.0	92
6.0	12.8	87.7
6.2	18.5	81.5
6.4	26.5	73.5
6.6	37.5	62.5
6.8	49	51
7.0	61	39
7.2	72	28
7.4	81	19
7.6	87	13
7.8	91.5	8.5
8.0	94.7	5.3

4. 0.01 mol/L 磷酸盐缓冲盐水的配制　按表 1-2 中的比例配制，然后加 0.85%的生理盐水到 666 ml 即可。如配制 pH 7.4 磷酸盐缓冲盐水，取 1/15 mol/L 磷酸二氢钾溶液19 ml、磷酸氢二钠溶液 81 ml，加生理盐水 566 ml 即成。配成后检测 pH ，pH 低时滴加磷酸氢二钠溶液，高时滴加磷酸二氢钾溶液，120 ℃下高压灭菌 20～30 min。也可根据溶液的总量计算出所需氯化钠的量，直接加到按比例配制的溶液中，再加蒸馏水到溶液的总量。如 0.01 mol/L pH 7.4 磷酸盐缓冲盐水的配制，可取 1/15 mol/L 磷酸二氢钾溶液 19 ml、磷酸氢二钠溶液 81 ml，合并后加入所需氯化钠（5.66 g，按 0.85%计算，配成后溶液总量为 666 ml，0.85%×666÷100=5.661），再加蒸馏水到 666 ml 即成。

（二）用两种钠盐配制磷酸缓冲液（PBS）

先按下列盐类的分子量配成 0.2 mol/L 的溶液，再按表 1-2 的比例配成不同 pH 的溶液。

磷酸氢二钠（$Na_2HPO_4 \cdot 2H_2O$），　分子量为 187.05，　0.2 mol/L 溶液含 37.40 g/L。

磷酸氢二钠（$Na_2HPO_4 \cdot 12H_2O$），分子量为 358.22，　0.2 mol/L 溶液含 71.64 g/L。

磷酸二氢钠（$NaH_2PO_4 \cdot H_2O$），　分子量为 138.0，　0.2 mol/L 溶液含 27.60 g/L。

磷酸氢二钠（$Na_2HPO_4 \cdot H_2O$），　分子量为 156.03，　0.2 mol/L 溶液含 31.21 g/L。

（三）0.01 mol/L pH 7.4 磷酸缓冲液（PBS）简易配制法

先配制 0.1 mol/L pH 7.4PBS：磷酸二氢钾（KH_2PO_4）2.61 g、磷酸氢二钠（$Na_2HPO_4 \cdot 12H_2O$）28.94 g，加蒸馏水至 1 000 ml。取上述溶液 100 ml，加氯化钠 8.5 g，加蒸馏水至 1 000 ml 即成。

（四）0.15 mol/L pH 7.2 磷酸缓冲液配制

磷酸氢二钠（$Na_2HPO_4 \cdot 12H_2O$）19.34 g、磷酸二氢钾（KH_2PO_4）2.86 g、氯化钠（NaCl）4.25 g 加蒸馏水至 1 000 ml 即成。

四、常用酸、碱溶液的配制

（一）常用酸碱浓度

常用酸碱浓度见表 1-3。

表 1-3　常用酸碱的浓度

名　称	每升中的摩尔数（mol）	每升中所含溶质的克数（g）	以重量计所占的比例（%）	相对密度
浓硫酸	12.0	1 177	36	1.18
10%盐酸	2.9	105	10	1.05
浓盐酸	18.0	656	96	1.84
浓硝酸	16.0	1 008	71	1.42
10%氢氧化钠	2.8	111	10	1.10

（二）配制举例

当浓度要求不太精确时，可采用下面的简易方法配制。

1. 1 mol/L 氢氧化钠（NaOH）的配制　取氢氧化钠（分子量 40）4 g 溶于 100 ml 蒸馏水中即成。

2. 1 mol/L 盐酸（HCl）的配制　取浓盐酸 41.7 ml，加入 458.3 ml 蒸馏水中，即成 500 ml 1 mol/L 的盐酸溶液。

五、70%酒精和碘酊的配制

（一）用 95%的酒精配制 70%的酒精

用高浓度酒精配制低浓度酒精的计算公式为：

浓溶液浓度∶稀溶液浓度＝稀溶液体积∶浓溶液体积

如欲配制 100 ml 70%的酒精，需 95%的酒精多少毫升？

设所需量为 X，则

$$95:70=100:X$$

$$X=70\times100\div95$$

$$X=73.68(\text{ml})$$

取 73.68 ml 95%的酒精加水到 100 ml 即成。

（二）2%碘酊的配制

取碘化钾 1 g 溶于 50 ml 蒸馏水中，完全溶解后加入碘片 2 g，溶解后加 95%酒精到

100 ml即成。

（三）5%的碘酊的配制

取碘化钾 10 g 溶于 50 ml 蒸馏水中，完全溶解后加碘片 5 g，溶解后加 95%酒精到 100 ml即成。

六、清洁液的配制

（一）一般用清洁液

一般用清洁液的配制方法为 100 ml 水中加重铬酸钾 60 g，加热溶解，冷却后缓慢加入粗硫酸 60 ml。或 1 000 ml 水中加重铬酸钾 80 g，加热溶解，冷却后缓慢加入粗硫酸 100 ml。

（二）组织培养用清洁液

取 102 g 重铬酸钾与 100 ml 常水混合加热，使之成饱和液，每 35 ml 饱和液中加粗硫酸 1 000 ml 即成。

配制清洁液时要小心谨慎，防止洒出烧伤和损坏其他物品，切记一定要把粗硫酸加到重铬酸钾溶液中（酸入水），不可把重铬酸钾溶液加入到粗硫酸中，否则可能使酸溅出。如不慎将硫酸或清洁液洒到手上，不要紧张，先用干抹布擦去，再用水冲洗。

第三节　禽病检验工作的注意事项

禽病检验实验室肩负着为广大养殖场（户）服务的光荣任务，同时也是禽病的疫情监测站，社会上有疫病流行时，基层禽病检验者首先发现，特别是重大疫病。由于检验工作接触更多的是传染病。因此，工作要特别注意防止细菌、病毒等病原微生物扩散而造成疫病流行。同时，要注意个人的防护，特别是近几年禽流感的流行已经危及人类的健康。为此，在实验室工作时一定要严格遵守有关规定。

（1）检验工作一般应在室内进行，做好个人防护，穿着隔离服，戴一次性乳胶手套，必要时要戴口罩和防护眼镜。

（2）尸体剖检时首先用消毒药水将病死禽尸体浸泡消毒，防止剖检时羽毛飞扬，污染环境和影响工作。如需现场剖检应选择远离禽舍、料库、厨房、水源、交通要道的地方进行，剖检结束后要进行严格消毒处理。

（3）需要采取病料时，应在打开腹腔后立即进行，并以无菌操作采取。所取材料根据需要进行的试验项目妥善保存。病理组织学检验材料要立即用 10%的甲醛溶液固定；细菌或病毒检验的材料要冷藏或冷冻保存。

（4）检验结束后，对病禽尸体消毒后深埋或焚烧，严禁食用。所用器具、台面等污染的地方均应严格消毒。乳胶手套不宜再次使用，一并销毁。检验人员彻底清洗手臂，并用对皮肤无害的消毒药水浸泡消毒。

（5）实验室内不宜进食和存放任何食物，严禁在存放病料的冰箱中存放食物。

（6）除了防止病原扩散外，还要注意防火、防毒。

（7）检验工作要有详细记载，以便日后查询和总结。

（8）发现重大疫情及时向有关部门报告，并注意保密工作。

第二章　临诊检查

第一节　发病禽场基本情况的调查

诊断疾病就是通过对有关疾病信息的调查，掌握可靠的资料，进行全面的分析，最终得出结论的过程。只有全面掌握第一手资料才能正确诊断，才能为防治疾病提供科学的理论依据。因此，必须对禽场（群）的基本情况进行全面的调查、分析。为了获得真实的情况，调查了解的过程应在互相信任的气氛中进行。对禽场（群）的调查包括很多方面，应根据实际需要灵活掌握。

一、禽场基本情况

（一）地理位置

有关地理位置的情况主要包括周围环境，附近是否有养禽场、畜禽加工厂或农贸市场，是否易受台风、冷空气和热应激的影响，排水系统如何，是否容易积水等。

（二）基础设施

禽场内各种建筑物的布局是否合理，生活区、生产区、行政办公区、对外服务区是否划分清楚，清洁道、污染道是否分开，育雏区、种禽区、孵化房、生产禽舍的位置及彼此间的距离是否合理，禽舍的长度、跨度、高度是否合理，禽舍是开放式还是封闭式，舍内的通风、防寒和防暑、光照如何，舍内的卫生状况如何，不同季节舍内的温度、湿度如何等都要详细了解。

（三）养殖情况和人员情况

养殖历史、规模，养殖家禽的种类、品种，经济效益，工作人员的文化程度和学历、来源等也要详细了解。

（四）养殖方式

主要了解禽场是平养、笼养还是放牧等，平养垫料是否潮湿和霉变，采用哪种食槽和饮水器，如何供料、供水，粪便、垫料如何清理等。

（五）饲料来源

主要了解禽场是自配饲料还是购进，饲料的质量如何，是粉料还是颗粒饲料，干喂还是湿喂，自由采食还是定时供应，是否限饲及如何限饲，饲料是否霉变结块等。

（六）水源情况

调查禽场饮水的来源和卫生标准，水源是否充足。

（七）雏禽来源和育雏方式

调查禽场的雏禽是购入或是自孵，多层笼养还是地面平养，保暖、降温情况，热源来自电、煤气、柴还是煤炭，何时开始饮水和开食，何时断喙及断喙方式。

（八）查看生产记录

生产记录的内容包括饮水量、食料量、死亡数和淘汰数，1月龄的育成率，肉鸡成活率，平均体重、肉料比，蛋鸡或后备鸡的育成率、体重、均匀度及与标准曲线的比较，产蛋禽开产周龄、产蛋率、蛋重、蛋料比及与标准曲线的比较，种蛋的大小、形状，蛋壳颜色、光泽、光滑度，有无畸形蛋，蛋白、蛋黄和气室等是否有异常等。

（九）孵化情况

调查禽场孵化房的位置，孵化房内温度和湿度是否恒定及其受外界影响的程度，孵化机的种类和性能如何，受精率、孵化率如何，幼雏啄壳和出壳的时间，以及1日龄幼雏的合格率等。

二、疫病防治情况

（一）养禽场的既往禽病史

调查内容包括以往曾发生什么疾病，由何部门做过何种诊断，采用过什么防治措施，效果如何。

（二）免疫接种情况

调查内容包括按计划应该接种的疫苗种类和时间、免疫程序、免疫方法、实际完成情况、是否有漏防，疫苗的来源、厂家、批号、有效期及外观质量如何，疫苗在转运和保存过程中是否有失误，疫苗稀释量、稀释液种类及稀释方法是否正确，稀释后在多长时间内用完、采用哪种接种途径、免疫效果如何。是否进行免疫监测，可能引起免疫失败的原因等。

（三）本次发病情况

调查内容包括发病数量、死亡情况、主要症状及病理变化，做过何种诊断和治疗，效果如何。

（四）药物使用情况

调查内容包括本场曾使用过何种药物、剂量和用药时间。给药方式是经饮水、混料还是注射给药，用药效果如何。过去是否曾使用过类似的药物，且效果如何等。

（五）周围禽场（群）

了解周围禽场近期内是否流行某种疫病。

总之，禽场基本情况的调查主要是考察生物安全体系的建设和执行情况，为诊断疾病提供依据。

第二节 临诊检查

对禽病，尤其是重大疫病的诊断，最好到生产现场对禽群进行实地调查。如仅从送检人员的介绍和对送检病死禽的检验作出诊断，有时可能会误诊，由于送检人员的理论知识和技术水平可能有限，介绍病禽的症状和病变不一定准确和全面，而且送检的病死禽不一定具有代表性。因此，必须到现场亲自检查，现场检查包括群体检查和个体检查。

一、群体检查

群体检查的目的主要在于掌握禽群的基本情况。群体检查有静态和动态观察，静态观察是进入禽舍后在不惊动禽群的情况下，观察禽群的状态；动态观察是驱赶禽群使其活动后再进行观察。在静态和动态情况下观察全群精神状态，采食、饮水和运动状态，呼吸状态，营养状况，粪便情况等。

在了解禽群大体状况后，还要对禽群做进一步仔细观察：

(1) 禽群的营养状况、发育状况、体质、均匀度是否正常。冠髯是否鲜红或蓝紫、苍白，冠上是否有水疱、疱疹或冠癣。羽毛是否光洁、丰满，是否有过多的羽毛折断和脱落，是否有局部或全身的脱毛，肛门附近羽毛是否有粪污等。

(2) 有无神经功能不正常的病禽，如瘫痪、头颈扭曲、盲目前冲或后退、转圈运动、跛行、肢体麻痹、呆立昏睡、卧地不起等。

(3) 眼、鼻是否有分泌物，分泌物是浆液性、黏液性还是脓性。眼结膜是否有水肿，上下眼睑是否粘连，睑面是否肿胀。有无咳嗽、张口伸颈呼吸和怪叫声。

(4) 粪便是否成形或因腹泻而呈水样，粪便中是否有饲料颗粒、黏液、血液，粪便颜色是灰褐色、棕黄色、灰白色、黄绿色还是红色，粪便是否有异常恶臭味。

(5) 禽群发病数、死亡数，死亡多发生于何时、从发病到死亡的时间、死亡前有何症状等。

以上情况在现场调查时应详细观察，作为诊断的重要参考。

二、个体检查

在群体检查的基础上，要进一步进行个体检查。个体检查有两种方式，一种是对一定数量的病禽逐只进行检查，另一种是随机拦截一小群禽逐只进行检查。进行个体检查时，应分别记录检查结果，然后做统计，看看有某种症状的病禽的总数和所占比例，这对疾病的初步诊断很有帮助。个体检查包括以下几个方面。

(1) 检查体温，用手抓住禽的两腿或插入两翼下，感觉体温是否异常，然后将体温计插入肛门内，停留 5 min，读取体温数值，各种家禽的正常体温见表 2-1。

表 2-1　家禽的体温（直肠温度）

动物	体温波动范围（℃）	平均值（℃）
鸡	40.6～43.0	41.7
鸭	41.0～42.2	42.1
鹅	40.0～41.3	41.0

(2) 观察皮肤有无蓝紫色或红色斑块、结节、脓肿、坏死、气肿、水肿、水疱等，有无寄生虫，趾部有无溃疡，腿部皮下有无出血等。

(3) 眼结膜是否苍白、潮红或黄染，眼结膜囊内有无干酪样物。挤压鼻孔，有无黏性或脓性分泌物。口腔黏膜有无假膜、溃疡。腭裂上是否有过多的黏液，黏液上是否混有血液。喉头和气管黏膜有无充血、出血，有无干酪样物附着等。嗉囊内容物是否饱满坚实，是否有过多的液体或气体。

(4) 翻开泄殖腔注意是否充血、出血、坏死，或有假膜附着，肛门部位的羽毛是否被粪便所黏结。

三、常见症状和可能发生的疾病

在临诊检查时可能看到许多症状，应将已发现的症状与可能发生的疾病联系起来。一种疾病的几种症状都在禽群中出现时，提示有可能发生该种疾病。在一般情况下，常会有几种病的主要症状都出现在被检查的禽群中，就有必要做进一步的鉴别诊断。此时可以逆向思考，即如果是某种禽病的话，那么它的典型症状都出现了吗？与典型症状最相符的疾病就比较接近我们的诊断结果。常见症状和可能发生的疾病见表 2－2。

表 2－2　常见症状提示的禽病

临诊症状	可能的疾病
饮水量剧增	长期缺水、热应激、球虫病早期、饲料中食盐太多、其他热性病
饮水量明显减少	气温过低、病情严重、濒死期
红色粪便	球虫病、出血性肠炎等
白色黏性粪便	白痢病、痛风、尿酸盐代谢障碍、传染性支气管炎、大肠杆菌病等
硫磺样粪便	组织滴虫病（黑头病）
黄绿色带黏液粪便	鸡新城疫、禽流感、禽霍乱、卡氏白细胞虫病等
水样稀薄粪便	饮水过多、饲料中镁离子过多、轮状病毒感染、传染性法氏囊病等
病程短，突然死亡	禽霍乱、禽流感、鸡新城疫、卡氏白细胞虫病、中毒病等
死亡集中在中午到午夜前后	中暑（热应激）
瘫痪、一脚向前一脚向后	马立克氏病
1 月龄内雏鸡瘫痪、头颈震颤	传染性脑脊髓炎、鸡新城疫等
扭颈、抬头望天、前冲后退、转圈运动	鸡新城疫、维生素 E-硒缺乏症、维生素 B_1 缺乏
头颈麻痹、平铺地面上	肉毒梭菌毒素中毒
趾向内侧蜷曲	维生素 B_2 缺乏
腿骨弯曲、运动障碍、关节肿大	维生素 D 缺乏、钙磷缺乏、病毒性关节炎、滑膜支原体病、葡萄球菌病、锰缺乏、胆碱缺乏
瘫痪	笼养鸡疲劳症、维生素 E-硒缺乏症、虫媒病毒病、鸡新城疫、濒死期
高度兴奋、不断奔走鸣叫	药物、毒物中毒初期（金刚烷胺可引起鸡群兴奋不安）
张口伸颈呼吸、有怪叫声	鸡新城疫、传染性喉气管炎、禽流感
冠有痘痂、痘斑	鸡痘
冠苍白有针尖大小出血点	卡氏白细胞虫病
冠髯苍白萎缩	传染性贫血、白血病、营养缺乏
冠紫蓝色	败血症、中毒病、濒死期
冠萎缩	白血病、喹乙醇中毒、庆大霉素中毒
肉髯水肿	慢性禽霍乱、传染性鼻炎
虹膜褪色、晶状体混浊	马立克氏病、传染性脑脊髓炎、禽流感
眼睑肿胀、结膜囊有干酪样物	大肠杆菌病、慢性呼吸道病、传染性喉气管炎、沙门氏杆菌病、维生素 A 缺乏、曲霉菌病等
鼻流黏性或脓性分泌物	传染性鼻炎、慢性呼吸道疾病
喙交叉，上弯、下弯、畸形	营养缺乏、遗传性疾病、鸭光过敏症
口腔黏膜坏死、有假膜	禽痘、毛滴虫病、念珠菌病、鸭瘟
羽毛碎断、脱落	啄癖、体外寄生虫病、换羽季节、营养缺乏（锌、生物素、泛酸等）

（续）

临诊症状	可能的疾病
口腔内有带血黏液	卡氏白细胞虫病、传染性喉气管炎、禽霍乱、鸡新城疫、禽流感
纯种鸡长出异色羽毛	遗传病、维生素D缺乏、铜或铁缺乏
羽毛边缘卷曲	维生素 B_2 缺乏、锌缺乏
脚底肿胀	鸡趾瘤
腿部皮下出血	创伤、啄癖、高致病性禽流感
趾部有血疱，破溃后出血不止	血管瘤
皮肤有痘痂、痘斑	禽痘
皮肤有紫蓝色斑块	维生素E-硒缺乏症、葡萄球菌病、坏疽性皮炎、尸绿
皮肤粗糙，眼角、嘴角有痂皮	泛酸缺乏、生物素缺乏、体外寄生虫病
皮肤出血	维生素K缺乏、卡氏白细胞虫病、某些传染病、中毒病等
皮下气肿，成气球样	剧烈活动等引起气囊膜破裂
受精率低	种蛋陈旧、强烈震动、保存条件不当、公鸡太老、公鸡营养缺乏、热应激、母鸡营养缺乏、鸡群感染某些传染病、近亲繁殖
畸形蛋	鸡新城疫、传染性支气管炎、减蛋综合征
软壳蛋、薄壳蛋	钙和磷不足或比例不当、维生素D缺乏、鸡新城疫、传染性支气管炎、减蛋综合征、毛滴虫病、老年禽、大量使用某些药物、营养缺乏病
蛋壳褪色	使用某些抗球虫药物、哌嗪、泰乐加等药物、鸡新城疫、传染性支气管炎、减蛋综合征
蛋壳粗糙	鸡新城疫、传染性支气管炎、钙过多、大量使用某些治疗药物、老龄禽、禽流感
花斑样蛋壳	遗传因素、霉菌感染
蛋清呈粉红色	饲料中棉籽饼含量太高、饮水中铁离子偏高、腐败菌作用
蛋清稀薄	鸡新城疫、传染性支气管炎、使用磺胺药或某些驱虫药、老龄禽、腐败菌等
蛋清有异味	鱼粉、药物、蛋的腐败
蛋清内有血斑、肉斑	生殖道出血、缺乏维生素A、不适当光照、遗传因素
蛋黄灰白色	某些传染病的影响、饲料缺乏黄色素、维生素A和B族维生素缺乏等
蛋黄内有血斑、肉斑	生殖道出血、缺乏维生素A、不适当光照、遗传因素，贮存温度太低、饲料棉籽饼太多
产蛋率从开产起一直偏低	遗传性、营养不良、某些疾病的影响、鸡的传染性支气管炎等
产蛋率迅速大幅度下降	禽流感、减蛋综合征、传染性支气管炎、鸡新城疫、高温环境、中毒、使用某些药物、其他疾病的影响

在对禽场现场调查和临诊检查后，将所获得的资料进行整理，并与当地流行病情况结合起来进行分析，做出初步诊断。如果难以做出诊断或有必要深入研究时，则应进行实验室的相关检验。

第三章　血液学检验

第一节　血常规检验

一、血液的采集

根据需要量，可以从禽类的翼下静脉或心脏采集血液。

（一）翼下静脉采血

做血液涂片或抗体检测时用血量较少，可以从翼下静脉采血。在翼下静脉处拔去羽毛使血管清晰暴露，将皮肤用干棉球擦拭干净，手指压静脉的近心端使血管暴起，用较粗的针头刺破血管，血液即自动流出，如做血液涂片可用盖玻片蘸取适量血液。如做抗体检测可用塑料采血管（采血管长度 12～15 cm 即可）一端置血滴处，另一端稍低，血液将自动流入采血管中，采血后用火烧采血管一端并用镊子加压封闭管口，静置待血液凝固后分离血清备用。如进行血细胞计数和血沉、血细胞压积测定等，应用针管采血并在针管中吸取少量抗凝剂。

（二）心脏采血

如果需要血量较大，可用心脏采血法。心脏采血时准备好注射器和抗凝剂，抗凝剂与血液的比例为 1∶9。将被采血的鸡只侧卧保定，左右均可，拔去胸部羽毛，酒精消毒，采血用针头应适当粗一点，长一点，以 1.6 mm×38 mm 针头为宜。在用手触摸心脏跳动最明显的部位垂直刺入，如果刺入准确，血液会自动涌入针管中，如果不顺利可调节进针深度和角度。心脏采血量较大，一次可采 50 ml 血液而不会致死鸡只。

二、红细胞计数

（一）器材

红细胞计数的器材有显微镜、血细胞计数器。血细胞计数器是由一块计数板、两只血液稀释管及盖片组成。

（二）稀释液

稀释液采用 0.9％的氯化钠或赫姆氏（Hayem）液（氯化钠 1 g，硫酸钠 5 g，氯化汞 0.5 g，蒸馏水 200 ml）。

（三）操作

（1）用红细胞稀释管吸取全血至刻度 0.5 或 1 处，擦去吸管外部血液，立即吸取稀释液到刻度 101 处，用拇指和中指堵住吸管两端，轻轻摇动数次混匀，此时血液的稀释倍数为 200 倍或 100 倍。

（2）将盖片盖在计数板上，然后将稀释管中的血液吹出 2～3 滴，将稀释管的尖端靠近盖玻片的边沿滴一小滴，使液体在盖片下迅速扩散，静置片刻，然后开始计数。

（3）先用低倍物镜找到计数池，再换高倍物镜，通常计数计数池四角和中央的 5 个中方格（即 80 个小方格）中的细胞数。按照从左到右、从上到下的顺序数完一个方格再数下一方格，压线的细胞只能计数一次（图 3－1，图 3－2）。

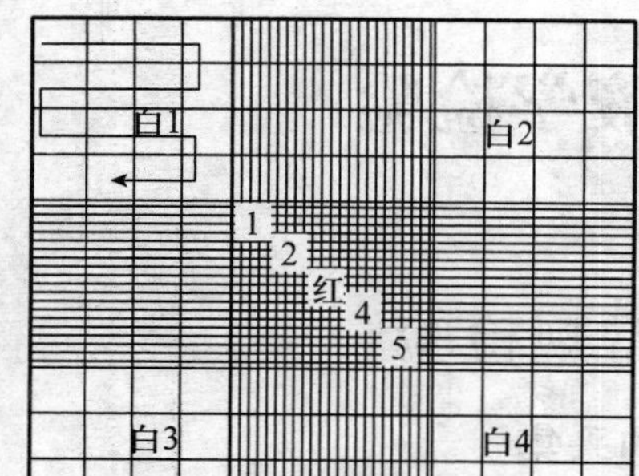

图 3－1　血细胞计数室

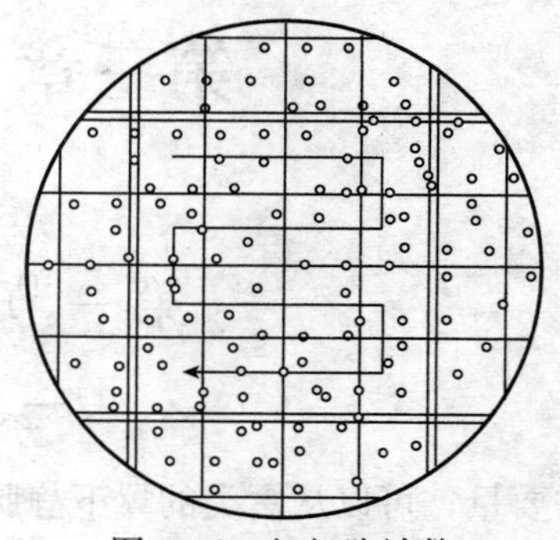
图 3－2　红细胞计数

（4）按下式计算每立方毫米血液中的红细胞数。

每立方毫米中红细胞数＝80 个小方格中红细胞总数×5×10×稀释倍数（200 倍或 100 倍）

每个小方格面积为 1/5 mm^2，计数池深度为 1/10 mm，所以乘以 5，再乘以 10。

也可以将 80 个小方格中细胞总数乘 10 000（200 倍稀释）或乘 5 000（100 倍稀释）。

（5）实验结束后，随时将计数板用常水或蒸馏水冲洗干净，再用脱脂棉或纱布擦干保存。稀释管用蒸馏水冲洗数次后再用 95%的酒精冲洗，直至壶腹中的玻璃球可以自由滚动为止。

（四）临床意义

红细胞增多是由于血液浓缩，见于各种原因引起的脱水，如长期严重腹泻，或长期饮水缺乏；红细胞数减少见于各种原因引起的贫血，如鸡传染性贫血，住白细胞虫病以及肠道寄生虫病等。

家禽红细胞生理指标见表 3－1。

表 3－1　家禽血液生理指标

动物	红细胞数 (10^{12}/L)	白细胞数总数（10^9/L）及各型白细胞比例（%）						血红蛋白 (g/L)
		总数	异嗜性粒细胞	嗜酸性粒细胞	嗜碱性粒细胞	单核细胞	淋巴细胞	
鸡	3.8♂	16.6	25.8	1.4	2.4	6.4	64.0	117.6
	3.0♀	29.4	13.3	2.5	2.4	5.7	70.1	91.1
北京鸭	2.7♂	24.0	52.0	9.9	3.1	3.7	31.0	142.0
	2.5♀	26.0	32.0	10.2	3.3	6.9	47.0	127.0
鹅	2.7	18.2	50.0	4.0	2.2	8.0	36.0	149.0
鸽	4.0♂	13.0	23.0	2.2	2.6	6.6	65.5	159.7
	2.2♀	—	—	—	—	—	—	147.2
火鸡	2.2♂	—	—	—	—	—	—	125.0～140.1
	2.4♀							132.0
鹌鹑	—♂	19.7	20.8	2.5	0.4	2.7	73.6	—
	3.8♀	23.1	21.8	4.3	0.2	2.7	71.6	146.0

注：不同品种、年龄、性别的家禽其生理指标有一定差异，本表数据仅供参考。

三、白细胞计数

（一）器材

白细胞计数的器材包括显微镜、血细胞计数器。

（二）稀释液

由于禽类红细胞有核，计数时不方便，可以对白细胞进行染色，以资区别。禽白细胞计数常用直接染色法。染色稀释液配方如下：

第一液为中性红 25 mg，氯化钠 0.9 g，蒸馏水 100 ml。

第二液为结晶紫 12 mg，柠檬酸钠 3.8 g，10％甲醛 0.8 ml，蒸馏水 100 ml。

分别过滤保存。

（三）操作

（1）用红细胞吸管吸取血液到刻度 1 处，吸取第一液到壶腹部一半处，再吸取第二液到 101 处，其稀释倍数为 100 倍，震荡 5 min。

（2）弃去 2～3 滴后加到细胞计数器中，静置片刻，计数四角四个大方格中的白细胞数，计数方法同红细胞计数。

（3）按下式计算每立方毫米中的白细胞数。

$$每立方毫米血液白细胞数＝四个大方格中细胞总数÷4×10×100$$

本法染色结果为红细胞有微黄色胞浆影痕，核呈淡蓝色。颗粒白细胞呈红色，淋巴细胞核呈红色，胞浆呈蓝色，单核细胞较淋巴细胞大，呈不正形。凝血细胞呈卵圆形，透明玻璃样，带暗绿色阴影，胞浆与胞核无明显界限，一端或两端有明显的颗粒。

本法的优点是既可以做白细胞计数又可做分类计数，还可以做红细胞计数，简便快速而又较准确。

（四）临床意义

白细胞增多见于多种细菌感染，白细胞减少特别是有粒白细胞减少见于叶酸缺乏症。

四、白细胞分类计数

（一）器材

白细胞分类计数的器材包括显微镜、载玻片。

（二）染色方法

1. 瑞氏染色法　染色液配方：瑞氏染色粉 0.3 g，甘油 3 ml，甲醇 97 ml。将瑞氏染色粉置研钵中加入甘油充分研磨，再加入甲醇，倒入棕色瓶子中密闭，一周后过滤即可使用。染色方法：血液涂片干燥后，滴加瑞氏染色液，染 1～2 min（勿使干燥）后再滴加等量缓冲液（磷酸二氢钾 5.74 g，磷酸氢二钠 3.8 g，蒸馏水 1 000 ml）或自来水混匀，再染 3～5 min。自来水冲洗，干燥，镜检。

2. 美格氏染色法　染色液配置：美格氏染色粉 1 g、甘油 50 ml、甲醇 100 ml，充分溶解备用。染色方法：血片干燥后直接滴加染色液，染 3 min。再加等量中性蒸馏水混均染 1 min。弃去染色液，再加姬姆萨氏应用染色液，染 10～15 min。水洗，干燥后镜检。

注：水洗时不要把染色液倒掉再用水冲洗，水力不可过大，否则会将血片冲掉。如果观察时发现染料颗粒太多，影响观察，可以滴加少量甲醇并随即冲洗，可使染料颗粒除去。

（三）染色结果

鸡的异嗜性粒细胞（假嗜酸性粒细胞）近圆形，胞浆无色透明，胞浆中有许多嗜酸性棒状或纺锤状颗粒。鸭的异嗜性粒细胞其颗粒为不正圆形，胞核呈多形性，由于成熟阶段不同，有团块状、杆状和分叶状。核内染色质块粗大，呈蓝紫色。鹅的异嗜性粒细胞较大，胞浆内颗粒为大米粒样。

嗜酸性粒细胞与异嗜性粒细胞相似，鸡的嗜酸性粒细胞颗粒呈球状，鸭的嗜酸性粒细胞颗粒呈杆状，少数呈纺锤状。颗粒染色较异嗜性粒细胞为深，呈深红色。胞浆为淡蓝灰色，核常分叶。

嗜碱性粒细胞与异嗜性粒细胞相似，胞浆中有中等大小深紫色颗粒，核呈圆形或卵圆形，或分叶，染色较淡。

淋巴细胞其大小、形态差别较大，胞浆微嗜碱性，核常偏位，一侧有缺凹。

单核细胞与大淋巴细胞不易区分，胞浆丰富呈蓝灰色，核大不规则。

各种白细胞的形态特征见附录二彩图 3－1。

（四）临床意义

白细胞比例的变化表明疾病的性质，细菌性疾病时，异嗜性粒细胞增多，病毒性疾病时淋巴细胞增多，寄生虫病和过敏性疾病时嗜酸性粒细胞增多。

家禽各种白细胞的生理指标见表 3－1。

五、血红蛋白测定

（一）器材

血红蛋白测定采用沙里氏血红蛋白计。

（二）试剂

测定血红蛋白的试剂为 1％盐酸。

（三）操作

于测定管中加入 1％盐酸至刻度 2 或 20 处。以血液吸管吸取血液至 20 mm^3 处，擦去吸管外部的血液，迅速将吸管插入测定管底部，吹出血液，并反复吸吹数次，使混合均匀，勿使产生气泡。静置 10 min 充分酸化，然后向测定管中滴加蒸馏水，随加随摇动使均匀，直至颜色与标准色柱一致，读取测定管凹面与色柱对应的数值。测定管两面有刻度，一面为 100 ml 中血红蛋白克数，一面为百分数。家禽血红蛋白生理指标见表 3－1。

注：酸化时间应在 10 min，时间不可过短或过长，否则会使读数偏低或偏高。

（四）临床意义

各种原因引起的贫血或寄生虫病时，血红蛋白数值会降低。

第二节 血液生化检验

血液的生化指标可因饲料、疾病、环境等因素而发生变化。因此，检测血液生化指标的变化可以为疾病的诊断提供佐证。

一、生化试验血液样品采集

生化试验常用血浆、血清和无蛋白血滤液。由于生化试验用血或血清量较大，所以一般需要心脏采血。所用采血针头、试管等器皿必须洁净、干燥、无菌。

需用血浆的实验，采血时需在采血管中加抗凝剂，凡用全血或血浆的试验要加入干燥抗凝剂。常用抗凝剂见表 3－2。需用血清的实验采血时不加抗凝剂，采血后自然凝固，析出血清后立即离心分离出血请。

测定无机磷、碱性磷酸酶、转氨酶及钾时，采血后立即离心分离出血浆，并将血浆移至另一试管中，待纤维蛋白凝固后分离出血清备用，这样尽快使血浆与红细胞分离，防止红细胞中某些化学成分溢出于血清中，导致检测结果偏高。

表 3－2 常用抗凝剂

抗凝剂	用量和用法	用　途
草酸钠	1 ml 血用 1～2 mg	测定血糖、非蛋白氮、血浆纤维蛋白原、碱储、氯化物等，不适用于钙钠测定
草酸钾	1 ml 血用 2 mg	测定 CO_2 结合量、血糖、非蛋白氮、血浆纤维蛋白原、碱储、氯化物等，不适用于钙钠测定
柠檬酸钠	1 ml 血用 6 mg	测定钙，不适用于测定碱储
$EDTANa_2$	1 ml 血用 0.8 mg	测定 CO_2 结合量、血糖、蛋白质、氯化物等，不适用于含氮物质测定
肝素	10 ml 血用 0，1 mg	适用于各种生化试验

二、血清钙的测定（$EDTANa_2$ 法）

（一）原理

血清中的钙离子在碱性溶液中与钙红指示剂结合形成可溶性的复合物，使溶液呈淡红色。$EDTANa_2$ 与钙离子亲和力很强，能与复合物中的钙离子络合，使指示剂游离出来结果溶液变为蓝色。所以当滴定到终点时（溶液变蓝时）计算 EDTA 的用量可以换算出钙离子的含量。

（二）试剂

1. 钙标准液（1 ml＝0.1 mg 钙） 无水碳酸钙（AR）置 105～110 ℃干燥箱中烘干 24 h，取出置玻璃干燥器中冷却，精密称取 250 mg，置于 1 000 ml 容量瓶中，加蒸馏水 100 ml 和浓盐酸 1 ml，溶解后加蒸馏水到 1 000 ml。

2. 0.2 mol/L 氢氧化钠溶液 取氢氧化钠 4 g 加蒸馏水到 100 ml，即为 1 mol/L 氢氧化钠。取 20 ml，加蒸馏水到 100 ml，即成 0.2 mol/L 氢氧化钠溶液。

3. 钙红指示剂 称取钙红（2－茶酚－4－磺酸－1－偶氮－羟基－3 萘甲酸）0.1 g 溶于20 ml 甲醇中。

4. $EDTANa_2$ 标准液 精确称取 $EDTANa_2$ 0.1 g 置 1 000 ml 容量瓶中，加蒸馏水约 50 ml及 0.2 mol/L 氢氧化钠液 2 ml 溶解后，再加蒸馏水到 1 000 ml。此液体用前需要滴定，方法如下：准确吸取钙指示剂 1 ml，置三角烧瓶中，加入 0.2 mol/L 氢氧化钠液 10 ml 及钙红指示剂 0.1 ml，混匀后液体呈淡红色，用上述 $EDTANa_2$ 液滴定至溶液呈浅蓝色为终点，记录 $EDTANa_2$ 液用量，按下式计算配制 $EDTANa_2$ 标准液时需要的蒸馏水用量。

$$\text{需加蒸馏水量}=\frac{EDTANa_2\text{ 液总量}}{EDTANa_2\text{ 液消耗量}}\times 10-EDTANa_2\text{ 液总量}$$

如滴定时 $EDTANa_2$ 液消耗量为 8 ml，则 1 000 ml $EDTANa_2$ 液需加蒸馏水为：

$$\frac{1\,000}{8}\times 10-1\,000=250$$

给上述 $EDTANa_2$ 液中再加入 250 ml 蒸馏水即配置成 $EDTANa_2$ 标准液。

（三）操作

取两只小试管，按表 3-3 操作。

表 3-3　$EDTANa_2$ 法血清钙测定

试　剂	测定管	标准对照管
血清（ml）	0.1	—
钙标准液（ml）	—	0.1
0.2 mol/L 氢氧化钠溶液（ml）	1.0	1.0
钙红指示剂（滴）	1	1
将上述试剂加入试管中混匀，以 $EDTANa_2$ 标准液滴定至终点，记录两管 $EDTANa_2$ 标准液消耗的量（标准管消耗量应为 1.0 ml）		

（四）计算

$$血清钙（mg\%）=\frac{测定管消耗的\ EDTANa_2\ 标准液的量（ml）}{标准管消耗的\ EDTANa_2\ 标准液的量（1.0\ ml）}\times 0.01\times\frac{100}{0.1}$$

$$=测定管消耗的\ EDTANa_2\ 标准液的量\times 10$$

如果标准管消耗的 $EDTANa_2$ 标准液的量不是 1.0 ml 则按下式计算：

$$血清钙（mg\%）=\frac{测定管消耗的\ EDTANa_2\ 标准液的量（ml）}{标准管消耗的\ EDTANa_2\ 标准液的量（ml）}\times 0.01\times\frac{100}{0.1}$$

血清钙摩尔浓度（mmol/L）＝血清钙（mg%）×0.249 5

血清钙正常参考值：产蛋禽为 20～35 mg%（4.990 0～8.733 0 mmol/L）；其他禽为 9～11 mg%（2.245 5～2.744 5 mmol/L）。

（五）注意事项

（1）本法终点反应是由红变蓝，但不是突然变色，故终点判断比较困难。当红色褪去，由紫蓝色刚变蓝时为终点。如果还带紫蓝色，表明钙没有被完全螯合。标准管的终点是蓝色，测定管的终点则为浅蓝绿色。

（2）滴定速度与终点反应出现得快慢有一定关系，滴定速度太快，虽然已到终点但并不立即出现反应，需要数秒钟才会出现，往往会滴过量；滴定速度太慢，螯合充分，EDTA 消耗量少。因此，滴定时标准管和测定管的滴定速度要一致。

（3）指示剂除钙红外，也可用依来落黑、钙黄绿素、紫尿酸铵等，但是以钙红为好，不仅终点明显，且不受镁的干扰。

（4）加入氢氧化钠和指示剂后应尽快判定，否则终点不明显。

（5）血清要新鲜，陈旧血清终点不明显。器皿要洁净，碱水洗后用 1%的 EDTA 浸泡，再用常水清洗并用蒸馏水冲洗。

（六）临床意义

血钙降低可作为骨营养不良、蛋鸡笼养疲劳症、产软壳蛋和薄壳蛋的诊断参考。

三、血清无机磷的测定

（一）原理

以三氯醋酸沉淀蛋白质，在滤液中加入钼酸铵试剂，使磷与钼酸结合成磷钼酸，再以硫酸亚铁为还原剂，还原成蓝色化合物（钼蓝），进行光电比色。

（二）试剂

1. 三氯醋酸　10％三氯醋酸。

2. 磷标准贮存液（1 ml＝0.1 mg 磷）　称取磷酸二氢钾（AR）439 mg，溶于蒸馏水中，定容到 1 000 ml，加氯仿 2 ml，冰箱保存备用。

3. 磷标准应用液（1 ml＝0.005 mg 磷）　取磷标准贮存液 5 ml 加 10％三氯醋酸至 100 ml。

4. 钼酸铵试剂　将 45 ml 浓硫酸缓慢加到 200 ml 蒸馏水中，再加入钼酸铵 22 g，溶解后备用。

5. 硫酸亚铁—钼酸铵试剂　称取硫酸亚铁 0.5 g 加蒸馏水 9 ml 溶解后，再加钼酸铵试剂 1 ml 混匀，现用现配。

（三）操作

取待检血清 0.2 ml，加 10％三氯醋酸 3.8 ml，充分混匀，静置 10 min，3 000 r/min 离心 5～10 min，上清液为待检液。用待检液按表 3－4 进行操作。

表 3－4　无机磷的测定

试　剂	检测管	标准管	空白管
待检液（ml）	2.0	—	—
磷标准应用液（ml）	—	1.0	—
10％三氯醋酸液（ml）	—	1.0	2.0
硫酸亚铁—钼酸铵试剂（ml）	2.0	2.0	2.0
混匀后放置 10 min，用 620 nm 进行比色，以空白管调零。读取标准管和测定管的光密度			

（四）计算

按下式计算血液无机磷含量：

$$血磷\ mg\%=\frac{测定管光密度}{标准管光密度}\times 0.005\times\frac{100}{0.1}=\frac{测定管光密度}{标准管光密度}\times 5$$

血磷摩尔浓度（mmol/L）＝血磷 mg％×0.322 9

各种家禽正常血磷值为 6～8 mg％（1.937 4～2.583 2 mmol/L）。

（五）注意事项

（1）血液标本不能溶血，采血后应立即分离出血清，防止红细胞中的有机磷水解成无机磷，导致结果偏高。

（2）室温低于 5 ℃时制备的血滤液往往混浊。因此，可在血清中加入三氯醋酸混合后，置 37 ℃温箱或水浴中 10 min 以上，然后离心沉淀。

（3）硫酸亚铁为还原剂，应现用现配，如已经氧化成高铁，即失去还原性，结果显色太浅或不显色。

（六）临床意义

同血钙。

四、血清游离羟脯氨酸的测定

（一）原理

血清中游离羟脯氨酸在氯胺 T 的作用下氧化成吡咯，吡咯与对二甲氨基苯甲醛［4-Dimethylaminobenzaldehyde，N，N-二甲基-4-氨基苯甲醛，4-(N，N-二甲基）氨基苯甲醛，4-二甲氨基苯甲醛］作用，生成对二甲氨基苯吡咯（红色），进行比色测定。

（二）试剂

1. 无水乙醇（AR） 将无水乙醇置冰箱中过夜，临用时取出。

2. 异丙醇水溶液 配制异丙醇水溶液（$V/V=1/1$）。

3. 醋酸盐-柠檬酸缓冲液 采用 pH 6.0 的醋酸盐-柠檬酸缓冲液。

4. 氯胺 T 应用液 7%氯胺 T 水溶液（现用现配）1 份加醋酸盐-柠檬酸缓冲液 4 份。

5. 显色剂

（1）显色贮存液 将 2 g 对二甲氨基苯甲醛溶于 3 ml 57%过氯酸中，置棕色瓶中可保存 3 周左右。

（2）显色应用液 临用前将 3 份贮存液与 13 份异丙醇混合即可。

6. 标准羟脯氨酸液 50 μg 羟脯氨酸，用 0.001 mol/L 盐酸配制 10 ml。

（三）操作

取 0.5 ml 血清置小试管中，迅速加入冷无水乙醇 2.0 ml，充分振荡混匀，3 000 r/min 离心 5 min，将全部上清液移至另一刻度试管中，水浴加热使乙醇挥发至剩余 0.3 ml，冷却后加蒸馏水恢复至 0.5 ml，加入异丙醇水溶液 1 ml、氯胺 T 应用液各 0.5 ml，混合后放置室温 5 min 使之充分氧化。另一试管中加入 0.5 ml 蒸馏水代替血清作为空白对照，依次加入异丙醇水溶液 1 ml、氯胺 T 应用液各 0.5 ml。然后，加入显色剂应用液 1.0 ml，充分混匀，60 ℃水浴 20 min。冷却后用 721 型分光光度计比色，波长 554 nm，以空白管调零。根据测定管光密度在标准曲线上查羟脯氨酸的含量。

（四）羟脯氨酸标准曲线制作

将羟脯氨酸用蒸馏水稀释成 0 μg、1 μg、2 μg、3 μg、4 μg、5 μg、6 μg、……。按操作项进行操作，然后以纵轴为光密度，横轴为羟脯氨酸浓度，绘制曲线。

（五）临床意义

血清游离羟脯氨酸的测定可用于骨营养不良的诊断。

五、血清丙酮酸的测定

（一）原理

血液中的丙酮酸与 2,4-二硝基苯肼作用，生成丙酮酸二硝基苯腙，后者可用有机溶剂抽提分离。因丙酮、乙酸乙酯及抗坏血酸等含有羰基的化合物都能形成类似的苯腙，故需用碳酸氢钠液抽提，将丙酮酸苯腙从其他苯腙类及剩余的苯肼中分离出来，苯腙在碱性溶液中呈红色，再与同样处理的标准液比色，可得出血液中丙酮酸的含量。

（二）试剂

1. 氢氧化钠液　采用 2 mol/L 氢氧化钠液。

2. 三氯醋酸液　采用 10%三氯醋酸液（现用现配，冰箱保存）。

3. 0.1% 2,4-二硝基苯肼溶液　取 100 mg 2,4-二硝基苯肼溶于 2 mol/L 盐酸溶液中，并加盐酸溶液至 100 ml，如果溶解不完全可在 56 ℃水浴中加温助溶，盛于棕色瓶中，冰箱保存。

4. 甲苯　采用甲苯(AR)。

5. 无水碳酸钠溶液　采用 10%无水碳酸钠溶液。

6. 丙酮酸标准贮存溶液（1 mg/ml）　精确称取丙酮酸钠（AR)125 mg，置 100 ml 容量瓶中，用 0.05 mol/L 硫酸溶解并稀释到 100 ml，冰箱保存，可保存 1 个月。

7. 丙酮酸标准应用液（0.01 mg/ml）　吸取丙酮酸标准贮存液 1 ml，置 100 ml 容量瓶中，加蒸馏水稀释到刻度 100 ml。

（三）操作

血清丙酮酸可以用全血法或无蛋白血滤液法测定。

1. 全血测定法　按表 3-5 操作。

表 3-5　全血法

试　剂	空白管	标准管	测定管
全血（ml）	—	—	1.0
丙酮酸应用液（ml）	—	1.0	—
10%三氯醋酸液（ml）	—	4.0	4.0
各管混合后，测定管离心后取上清液，标准管取混合物			
上清液或混合物（ml）	—	3.0	3.0
10%三氯醋酸液（ml）	3.0	—	—
2,4-二硝基苯肼溶液（ml）	1.0	1.0	1.0
混合后，放置 37 ℃水浴 5 min。取出加甲苯 4 ml，充分振荡 2 min，待分层后吸出甲苯，置于另一试管中。管中剩余的液体再加甲苯 2 ml，再充分振荡后吸出，如此重复两次，合并提取液备用			
加 10%碳酸钠液（ml）	4.0	4.0	4.0
混合，待分层后，取下层碳酸钠液 3.0 ml 于另一试管中			
2 mol/L 氢氧化钠液（ml）	2.0	2.0	2.0
混合，10 min 后用 250 nm 波长比色，空白管调零，读取各管光密度			

2. 无蛋白血滤液法　按表 3-6 操作。

表 3-6　无蛋白血滤液液法

试剂	空白管	标准管	测定管
无蛋白血滤液（1∶5)(ml）	—	—	3.0
蒸馏水（ml）	0.6	—	—
丙酮应用液（ml）	—	0.6	—
10%三氯醋酸液（ml）	2.4	2.4	—

（续）

试剂	空白管	标准管	测定管
2,4-二硝基苯肼液（ml）	1.0	1.0	1.0
混合后，放置37℃水浴5 min。取出加甲苯4 ml，充分振荡2 min，待分层后，吸出甲苯，置于另一试管中。管中剩余的液体再加甲苯2 ml，再充分振荡后再吸出，如此重复两次，合并提取液备用			
加10%碳酸钠液（ml）	4.0	4.0	4.0
混合，待分层后，取下层碳酸钠液3.0 ml于另一试管中			
2 mol/L氢氧化钠液（ml）	2.0	2.0	2.0
混合，10 min后用250 nm波长比色，空白管调零，读取各管光密度			

注：无蛋白血滤液的制备方法为取抗凝全血1份加入4份预冷的10%三氯醋酸，充分混匀，放置30 min，离心，取上清液，或滤纸过滤取滤液。

（四）计算

1. 全血法

$$丙酮酸\ mg\% = \frac{测定管光密度}{标准管光密度} \times 0.01 \times \frac{100}{1}$$

$$丙酮酸\ mg\% = \frac{测定管光密度}{标准管光密度} \times 1$$

$$丙酮酸\ (mmol/L) = 丙酮酸\ mg\% \times 0.1136$$

2. 无蛋白血滤液法

$$丙酮酸\ mg\% = \frac{测定管光密度}{标准管光密度} \times 0.006 \times \frac{100}{0.6}$$

$$丙酮酸\ mg\% = \frac{测定管光密度}{标准管光密度} \times 1$$

$$丙酮酸\ (mmol/L) = 丙酮酸\ mg\% \times 0.1136$$

正常参考值：

罗斯父母代鸡为（0.230 6±0.048 2）mmol/L；

罗斯祖代鸡为（0.168 8±0.048 4）mmol/L；

罗曼父母代鸡为（0.146 5±0.010 7）mmol/L。

（五）临床意义

丙酮酸是糖代谢的中间产物，当维生素 B_1 缺乏时，丙酮酸氧化脱羧酶减少，从而导致其氧化脱羧障碍，使丙酮酸发生蓄积，血液中含量升高。本实验可作为维生素 B_1 缺乏的诊断和早期监测指标。

六、血清尿酸的测定

（一）原理

无蛋白血滤液中的尿酸在碱性溶液中被磷钨酸氧化成尿素及二氧化碳，磷钨酸则被还原成钨蓝，可通过比色测定。

（二）试剂

1. 磷钨酸试剂 称取磷钨酸（AR）40 g，溶于约300 ml蒸馏水中，加入85%磷酸32 ml

和玻璃珠数粒，回流 2 h。冷却至室温，加蒸馏水至 1 000 ml，混匀，加硫酸锂 32 g 混匀，冰箱保存可长期稳定有效。

2. 14%碳酸钠液　称取无水碳酸钠（AR）70 g 溶于 500 ml 蒸馏水中，保存于塑料瓶中。

3. 尿素贮存标准液（1 mg/ml）　精确称取尿素（AR）100 mg、碳酸锂（AR）60 mg，置于 100 ml 容量瓶中，加蒸馏水 50 ml，置于 60 ℃水浴中溶解，冷却至室温，加蒸馏水至 100 ml，暗处保存可长期有效。

4. 尿素应用标准液（0.01 mg/ml）　将标准贮存液用蒸馏水 100 倍稀释即成。

（三）操作

血清尿酸的测定按表 3－7 进行。

表 3－7　尿素测定操作

试　剂	空白管	标准管	测定管
无蛋白血滤液（ml）	—	—	3.0
蒸馏水（ml）	3.0	—	—
尿素应用标准液（ml）	—	3.0	—
14%碳酸钠液（ml）	1.0	1.0	1.0
磷钨酸试剂（ml）	1.0	1.0	1.0
混合后放置 15 min，用波长 710 nm 比色，以空白管调零，读取各管光密度			

注：无蛋白血滤液的制备如下。

① 钨酸蛋白沉淀剂　蒸馏水 800 ml，1/3 mol/L 硫酸 100 ml，85%浓磷酸（相对密度 1.71）0.1 ml，10%钨酸钠 100 ml。上述试剂依次加入，混匀。

② 方法　1 份抗凝血剂加 9 份钨酸蛋白沉淀剂，混匀，过滤或离心即得。

（四）计算

$$尿素\ mg\% = \frac{测定管光密度}{标准管光密度} \times 0.03 \times \frac{100}{0.3}$$

$$尿素\ mg\% = \frac{测定管光密度}{标准管光密度} \times 10$$

$$尿酸\ (mmol/L) = 尿素\ mg\% \times 0.0596$$

正常参考值：

罗斯父母代鸡为（0.993 78±0.143 5）mmol/L；

罗斯祖代鸡为（0.816 3±0.124 1）mmol/L；

罗曼父母代鸡为（0.862 1±0.116 9）mmol/L。

（五）临床意义

尿酸为核蛋白和禽类氨基酸代谢的最终产物，血液尿酸含量升高可作为诊断家禽痛风的重要指标。

七、血清谷丙、谷草转氨酶的测定

（一）原理

血清中的谷丙转氨酶（GPT）作用于丙氨酸及 α－酮戊二酸组成的基质，产生丙酮酸和谷氨酸。

血清中的谷草转氨酶（GOT）作用于天门冬氨酸及α-酮戊二酸组成的基质，产生草酰乙酸和谷氨酸。

草酰乙酸脱羧后，最终产物也是丙酮酸，丙酮酸与2,4-二硝基苯肼反应生成丙酮酸2,4-二硝基苯腙，在碱性溶液中呈棕红色，再与同样处理的丙酮酸标准液进行比色，即可计算出血清中的谷丙转氨酶和谷草转氨酶单位数值。

（二）试剂

1. 磷酸缓冲液（0.1 mol/L，pH 7.4）

（1）0.1 mol/L 磷酸二氢钾液　磷酸二氢钾13.6 g 溶于1 000 ml 蒸馏水中即成。

（2）0.1 mol/L 磷酸氢二钠液　磷酸氢二钠（12 水）35.82 g 溶于1 000 ml 蒸馏水中即成。

取（1）液80 ml，（2）液420 ml，混匀即为0.1 mol/L、pH 7.4 的磷酸缓冲液，冰箱保存备用。

2. 1 mol/L 氢氧化钠液　40 g 氢氧化钠溶于1 000 ml 蒸馏水中即成。

3. 0.4 mol/L 氢氧化钠液　以1 mol/L 氢氧化钠液稀释。

4. 谷草转氨酶基质　精确称取α-酮戊二酸29.2 g、DL-天门冬氨酸2.66 g，加1 mol/L 氢氧化钠液20.5 ml，再加磷酸缓冲液少许，待完全溶解后移至100 ml 容量瓶中，加磷酸缓冲液稀释到刻度100 ml，调整pH 到7.4，加氯仿数滴防腐，冰箱保存备用。此液含α-酮戊二酸2 μmol/L，天门冬氨酸200 μmol/L。

5. 谷丙转氨酶基质　精确称取α-酮戊二酸29.2 g、DL-丙氨酸1.78 g，加1 mol/L 氢氧化钠液0.6 ml，再加磷酸缓冲液少许，待完全溶解后移至100 ml 容量瓶中，加磷酸缓冲液稀释到刻度100 ml，调整pH 到7.4，加氯仿数滴防腐，冰箱保存备用。此液含α-酮戊二酸2 μmol/L，丙氨酸200 μmol/L。

6. 2,4-二硝基苯肼液　将2,4-二硝基苯肼200 mg 溶于250 ml 4 mol/L 盐酸中，溶解后加蒸馏水稀释到1 000 ml，棕色瓶子盛装，冰箱保存。

7. 2 μmol/L 丙酮酸标准液　精确称取纯丙酮酸钠22 mg，置100 ml 容量瓶中，加少许磷酸缓冲液溶解后，再用磷酸缓冲液稀释到刻度100 ml，现用现配。

（三）操作

1. 标准曲线制备　GPT 和GOT 不能共用一个标准曲线，在制作标准曲线时应分别加入基质液。取6 只大试管按表3-8 操作。

表3-8　GPT 和GOT 标准曲线制作

试　剂	空白	1	2	3	4	5
0.1 mol/L 磷酸缓冲液（ml）	0.10	0.10	0.10	0.10	9.10	0.10
丙酮酸标准液（ml）	0.00	0.05	0.10	0.15	0.20	0.25
GPT 或GOT 基质液（ml）	0.50	0.45	0.40	0.35	0.30	0.25
相当于丙酮酸实际含量（μmol/L）	0.00	0.10	0.20	0.30	0.40	0.50
相当于GPT 活力（单位）	0.00	28	57	97	150	200
相当于GOT 活力（单位）	0.00	24	61	114	190	

（续）

试　剂	空白	1	2	3	4	5
置 37 ℃水浴中预热 5 min						
2,4-二硝基苯肼液（ml）	0.50	0.50	0.50	0.50	0.50	0.50
置 37 ℃水浴保温 20 min						
0.4 mol/L 氢氧化钠液（ml）	0.50	0.50	0.50	0.50	0.50	0.50
混匀，置 37 ℃水浴中保温 10 min 后取出，冷却至室温，用波长 520 nm 进行比色，空白管调零，读取各管光密度。各管光密度减去空白管光密度，所得差与对应的酶活力单位数做图						

标准曲线图应做 2～4 套，求其平均值较为理想。

2. 血清 GPT 和 GOT 活力测定　按表 3-9 进行操作。

表 3-9　GPT 和 GOT 活力测定

试　剂	GPT		GOT	
	空白	测定	空白	测定
血清或血浆（ml）	—	0.10	—	0.10
0.1 mol/L 磷酸缓冲液（ml）	0.10	—	0.10	—
置 37 ℃水浴中预热 5 min				
已预热的 GPT 基质（ml）	0.50	0.50	—	—
已预热的 GOT 基质（ml）	—	—	0.50	0.50
	置 37 ℃水浴中保温 30 min		置 37 ℃水浴中保温 60 min	
2,4-二硝基苯肼液（ml）	0.50	0.50	0.50	0.50
混匀，置 37 ℃水浴中保温 20 min				
0.4 mol/L 氢氧化钠液（ml）	0.50	0.50	0.50	0.50
混匀，10 min 后取出，冷却至室温，用波长 520 nm 进行比色，空白管调零，读取各管光密度。各管光密度减去空白管光密度				

将测定管光密度值减去试剂空白管的光密度值后查标准曲线，即可得被测样品的酶单位数值。试剂空白管的光密度读数与制备标准曲线时测得的实际空白管光密度读数比较，如果差值在±0.015 范围内，说明此次的试剂正常；如果试剂光密度值超出制备标准曲线时试剂空白管的光密度值±0.015 范围，说明试剂可能有问题，查明问题后重新测试。可能的问题是：2,4-二硝基苯肼结晶析出，浓度降低，或基质 α-酮戊二酸称量不准确。

正常参考值：

品种	GPT（赖氏单位）	GOT（赖氏单位）
罗斯祖代母鸡	18.007 3±7.431 3	49.186 4±20.587 7
罗斯父母代母鸡	19.793 7±5.256 1	56.537 9±12.823 3
罗曼父母代母鸡	17.311 3±2.106 3	60.255 0±10.366 4
海波罗肉鸡（56 日龄）	21.918 6±6.760 6	386.344 0±100.957 7

（四）注意事项

（1）一般情况下不做血清空白对照，当遇有黄疸、溶血、脂血标本时应做血清空白，测定管读数减去空白读数，即血清的酶单位。

（2）赖氏标准曲线的准确性大致可分为三个部分：第一部分 20 单位以下，由于光密度读数较小，数值不一定准确；第二部分 20～100 单位，当严格按规定操作时，数值比较可靠；第三部分 100～200 单位，准确度较差。超过 200 单位时应将标本用磷酸缓冲液稀释后再做。

（3）基质中加入麝香草酚 0.1 g/100 ml 防腐，比用氯仿防腐效果好。

（4）血清要新鲜，不应溶血，冰箱保存不宜太久。

（5）测定结果与时间、温度、pH 等有密切关系，操作时要严格掌握反应条件。

（6）丙酮酸钠吸水性很强，配制时应先将其放入硫酸干燥器中，干燥至恒重后称取，标准液应新鲜配制。丙酮酸钠外观呈纯白色，变黄后不能再用。

（五）临床意义

此两种酶的测定主要用于肝功能检查和肝病的诊断，其活性升高，表明肝脏受到致病因素的作用。

八、血清碱性磷酸酶测定（对硝基酚法）

（一）原理

血清中的碱性磷酸酶（ALP，AKP）能将对硝基苯磷酸二钠水解，生成无机磷和对硝基酚，对硝基酚在稀酸溶液中无色，但在碱性溶液中变为对硝基酚离子为一种黄色的醌式结构，故可根据显色反应进行比色，求出碱性磷酸酶含量。

（二）试剂

1. 碱性缓冲液 称取 7.50 g 甘氨酸和 0.095 g 氯化镁（无水）或 0.203 g $MgCl_2 \cdot 6H_2O$ 溶于约 750 ml 蒸馏水中，加入 1 mol/L 氢氧化钠 85 ml，加蒸馏水稀释到 1 000 ml，加三滴氯仿防腐，调整 pH 到 10.5。

2. 缓冲基质液 称取 0.1 g 对硝基苯磷酸二钠置于 50 ml 容量瓶中，加蒸馏水 20 ml 左右，加 25 ml 碱性缓冲液，再加蒸馏水稀释至 50 ml，分装小瓶冰箱保存。

3. 标准储备液（10 mmol/L） 称取 1.39 g 对硝基酚加少量蒸馏水溶解，定容至 100 ml。

4. 标准应用液（0.05 mmol/L） 取储备液 5 ml 加 0.2 mol 氢氧化钠液至 1 000 ml。

（三）操作

碱性磷酸酶总活力测定按表 3－10 进行。

表 3－10 碱性磷酸酶总活力测定（对硝基酚法）

试　剂	测定	对照
碱性缓冲液（ml）	1.0	1.0
保温		
血清（ml）	1.0	—
置 37 ℃水浴中保温 30 min		

（续）

试 剂	测定	对照
血清（ml）	—	0.1
0.02 mol/L 氢氧化钠（ml）	10.0	10.0
混匀，410 nm 波长比色，以蒸馏水调零。测定管读数减去对照管读数后查标准曲线求出碱性磷酸酶单位		

（四）标准曲线绘制

标准曲线绘制按表 3-11 操作。

表 3-11 AKP 标准曲线绘制操作程序

试 剂	1	2	3	4	5	6
标准应用液（ml）	1.0	2.0	4.0	6.0	8.0	10.0
0.02 mol/L 氢氧化钠（ml）	10.0	9.0	7.0	5.0	3.0	1.0
相当 AKP 单位	1	2	4	6	8	10
混匀，410 nm 波长比色，以蒸馏水调零。测定各管光密度，以光密度为纵坐标，相应单位为横坐标，绘制标准曲线						

（五）单位定义

每升血清中，37 ℃ 30 min 游离出 1 mmol/L 对硝基酚相当于 1 个单位。

（六）临床意义

AKP 广泛存在于各种组织中，主要由成骨细胞产生，由肾脏排出。当骨骼疾病、肝脏疾病时血清 AKP 活性升高，如禽类钙磷缺乏症、腹水综合征等疾病时 AKP 活性显著升高。

九、血清胡萝卜素的测定

（一）原理

血清蛋白用乙醇沉淀后，其中的胡萝卜素抽提到石油醚中，再与配制的标准胡萝卜素液进行比色，求出样品中的胡萝卜素的含量。

（二）试剂

1. 无水乙醇 无水乙醇(AR)。

2. 石油醚 石油醚（沸点 40～60 ℃）。

3. β-胡萝卜素标准储备液（0.5 mg/ml） 准确称取 β-胡萝卜素 50 mg，置 100 ml 容量瓶中，以石油醚溶解到刻度 100 ml。

4. β-胡萝卜素标准应用液（10 μg/ml） 吸取标准储备液 1 ml 于 50 ml 容量瓶中，用石油醚稀释到刻度 50 ml。

（三）操作

（1）取血清 3 ml，加到 25 ml 带玻璃塞的刻度试管中，徐徐滴加无水乙醇 3 ml，不断振摇，尽量使蛋白质分散成微粒沉淀。

（2）加石油醚 6 ml 用力振摇 10 min，倒入离心管，塞紧管口，500 r/min 离心 1 min，吸取石油醚层溶液于比色杯中。

（3）以石油醚作空白管调零，用波长 440 nm 进行比色，读取测定管光密度，然后查阅标准曲线，即可求出样品中胡萝卜素含量。

(4) 取 6 支试管，按表 3－12 绘制标准曲线。

表 3－12　胡萝卜素测定标准曲线绘制

试　剂	1	2	3	4	5	6
β-胡萝卜素标准应用液（ml）	0	0.25	0.50	1.00	2.00	3.00
石油醚（ml）	10	9.75	9.50	9.00	8.00	7.00
相当于β-胡萝卜素的含量（μg/100 ml）	0	50	100	200	400	600
充分混匀后，用 440 nm 波长比色，以第一管为空白调零，读取各管光密度，以光密度为纵坐标，以相应的 β-胡萝卜素的含量为横坐标，绘制标准曲线						

正常参考值：

罗斯祖代母鸡为（3.507 9±1.668 4）μmol/L；

罗斯父母代母鸡为（3.503 2±1.284 3）μmol/L；

罗曼父母代母鸡为（2.467 4±1.249 0）μmol/L；

海波罗肉鸡（56 日龄）为（8.587 3±1.726 6）μmol/L。

(五) 临床意义

胡萝卜素为维生素 A 原，其含量变化（降低）对维生素 A 缺乏症和肝功能状态有诊断意义。

第四章　病理学检验

病理学检验是对患病家禽进行尸体剖检、组织切片检验，以观察家禽患病时组织、器官肉眼可见的病理变化和在显微镜下可以看到的组织、细胞的病理变化，从而判断是何种疾病的一种诊断方法。由于引起疾病的病因不同，各种疾病除具有特殊的和一般的临床症状外，其器官和组织也会发生各种各样的病理变化，如充血、瘀血、出血、变性、坏死、炎症、增生、肿瘤等。疾病时有很多共同的病理变化，但是这些变化发生的部位、程度等在不同疾病中则有特殊的表现形式，根据这些变化在不同疾病中的特殊表现，我们可以区分开不同的疾病。

病理学检验，特别是大体剖检，由于它具有快速、简便、设备简单，并能在短时间内作出诊断的特点，因而是禽病检验中最常用的一种诊断方法。为了发现特征性病理变化，检验时应多剖检几只以便发现更多的病变。在大体剖检不能作出诊断时应进行病原学、病理组织学和血清学检验。

本章将介绍家禽尸体剖检技术和病理组织切片制作技术。

第一节　禽病检验中常见的病理变化

在任何疾病的剖检诊断中都会看到不同的病理变化，必须用语言如实描述，而用于描述的名词称为术语。

对术语的理解和使用不统一往往得出不同的诊断结果。为了便于互相交流，必须对病理术语有统一的标准。这里我们将常用的病理变化术语的含义、发生原因和病理变化进行简要介绍。

一、充　　血

（一）充血的定义

充血又称动脉性充血（Arterual hyperemia），是指小动脉和毛细血管扩张流入到组织器官中的动脉血量增多，而流出的血量正常，使组织器官中的动脉血量增多的一种现象。

（二）充血的原因

充血可分为生理性充血和病理性充血。生理性充血是由于器官功能加强引起的。病理性充血是由于致病因素的作用，使缩血管神经兴奋性降低，舒血管神经兴奋性升高，.引起小动脉和毛细血管扩张而发生充血。炎性充血则是通过轴突反射引起的。

（三）充血的病理变化

充血时由于组织器官中动脉血含量增多，外观表现为鲜红色，充血的器官体积稍为增大，温度比正常时稍高，组织器官的功能增强。禽类全身被覆羽毛，所以体表的充血现象不易看到。在尸体剖检时由于动物死亡后的短时间内小动脉痉挛性收缩，组织器官中的血液被挤压到静脉中去，因而多数情况下也难看到。有时可见家禽的肠壁和肠系膜血管充血，表现为明显的树枝状、鲜红色，养殖户反映的肠子严重出血多属此类。

二、瘀　血

（一）瘀血的定义

瘀血又称静脉性充血（Venous hyperemia）是由于小静脉和毛细血管回流受阻，血液瘀积在小静脉和毛细血管中，血液流入正常、流出减少，使组织器官中静脉血含量增多的现象。

（二）瘀血的原因

瘀血可分为全身性瘀血和局部瘀血，全身性瘀血是由于心脏功能障碍或胸腔疾病引起；局部瘀血是由于局部静脉血管受到压迫或阻塞造成静脉血回流障碍所致。

（三）瘀血的病理变化

由于组织器官中静脉血含量增多，瘀血部位色泽暗红或呈蓝紫色（发绀），体积增大，温度比正常时低，器官组织功能降低。瘀血在尸体剖检中经常见到，如肝瘀血、肺瘀血、肾瘀血等。发生瘀血时肝、肺、肾脏的色泽暗红，湿润有光泽，体积肿大，切开后流出大量暗红色血液。腹水综合征时肠管、脾脏明显瘀血，特别是肠管，表现为肠壁呈暗红色，血管明显增粗，充满暗红色血液。鸡传染性喉气管炎、禽流感、新城疫等疾病时病禽的全身瘀血，头颈部最容易看到，表现为鸡冠、肉髯、皮肤、食管黏膜、气管黏膜呈暗红或紫红色。

三、出　血

（一）出血的定义

血液流出心脏或血管以外，称为出血（Hemorrhage）。

（二）出血的原因

出血的主要原因是血管损伤，根据血管损伤程度不同，可分为破裂性出血和渗出性出血。前者是由于机械损伤导致血管破裂而发生出血；后者是由于在致病因素的作用下导致血管壁的通透性升高而发生出血。在疾病中特别是传染病、中毒病以及寄生虫病时更多见到的是渗出性出血。

（三）出血的病理变化

在多数传染病、寄生虫病、中毒性疾病中发生的出血多为渗出性出血，表现为点状、斑状或弥漫性出血。呈红色或暗红色，新鲜的出血呈鲜红色，时间较久的出血呈暗红色，陈旧性出血则呈黑褐色。色泽较深的器官出血时不易观察，如肝脏、脾脏等。颜色较浅的器官则十分明显。

虽然出血的外观表现大致相同，但是不同疾病的出血在发生部位、表现形式等方面有所不同，所以只要掌握其特点是可以根据出血的变化区别开不同的疾病。如鸡传染性法氏囊病时多表现为腿肌、胸肌、翅肌的条纹状或斑块状出血和法氏囊的点状或斑状出血；鸡传染性贫血时也会在腿肌、胸肌等处发生斑块状出血；血管瘤病时会在趾部、肝、心、肠壁、输卵管、肾脏等内脏器官发生斑块状出血，特征性的是趾部皮下发生局灶性出血疱，这种血疱自行破溃后流血不止；新城疫时主要是腺胃乳头的点状出血；禽流感时可发生多处出血，腺胃、心肌、气管黏膜、皮下等处出血，特征性的是腿部鳞片下出血；传染性喉气管炎时主要是喉头和气管黏膜出血；巴氏杆菌病时特征性的是心冠脂肪的点状出血和小肠黏膜弥漫性出血；盲肠球虫病主要是盲肠黏膜出血，肠腔内积有大量血液或血凝块，小肠球虫病主要是小肠点状出血，盲肠不一定出血；卡氏住白细胞虫病时鸡冠上有针尖状出血点，胸肌、肠浆膜、肠系膜、心外膜、肾脏、肺脏等处出血，有的出血点中心有灰白色小点（巨型裂殖体），严重时肾脏被膜下有大血疱，还会发生便血或咯血；弯曲杆菌性肝炎主要是肝脏出血，严重时可在肝被膜下形成大的血疱，常因血疱破裂导致腹腔积血。

出血是十分常见的病理变化，只要掌握住不同疾病出血的特点，可以很容易地区分开不同疾病。

四、贫　血

（一）贫血的定义

单位容积血液内红细胞数或血红蛋白含量低于正常范围，称为贫血（Anemia）。

（二）贫血的原因

贫血根据发生的原因可分为失血性贫血、营养性贫血、溶血性贫血和再生障碍性贫血。鸡球虫病、弯曲杆菌性肝炎等急性出血性疾病可导致失血性贫血；长期营养不良（饲料中蛋白质不足）、肠道寄生虫（蛔虫、绦虫）等可导致营养性贫血；附红细胞体病、卡氏住白细胞虫病、磺胺类药物中毒等可导致溶血性贫血；禽白血病、传染性贫血、包涵体肝炎等可导致再生障碍性贫血。

（三）贫血的病理变化

贫血可分为局部贫血和全身性贫血，家禽的贫血主要是全身性贫血。家禽贫血时主要表现为精神沉郁、行动迟缓、消瘦、冠髯苍白、血液稀薄、红细胞数量减少和血红蛋白含量降低，以及肌肉苍白、器官体积缩小、红骨髓减少（被脂肪组织取代）和黄骨髓增多。

五、水　肿

（一）水肿的定义

组织液在组织间隙蓄积过多的现象称为水肿（Edema）。

（二）水肿的原因

不同的水肿具体原因不同，由于心脏功能不全引起的水肿称为心性水肿；由于肾功能不全引起的称为肾性水肿；由于肝功能不全引起的称为肝性水肿；由于营养不良引起的称为营养性水肿；炎症部位发生的水肿称为炎性水肿。鸡腹水综合征、维生素 E-硒缺乏症属于心性水肿。鸡传染性法氏囊病、禽流感时的局部水肿属于炎性水肿。

（三）水肿的病理变化

禽类水肿表现为局部皮下、肌间呈淡黄色或灰白色胶冻样浸润，如维生素 E-硒缺乏症时腹下、颈部等部位呈淡黄色或蓝绿色黏液样水肿；鸡传染性法氏囊病时法氏囊呈淡黄色胶冻样水肿；腹水综合征则表现为腹腔积水，呈无色或灰黄色。

六、萎　缩

（一）萎缩的定义

已经发育到正常大小的组织、器官，由于物质代谢障碍导致体积缩小、功能减退的过程，称为萎缩（Atrophy）。

（二）萎缩的原因

萎缩根据发生原因可分为生理性萎缩和病理性萎缩。生理性萎缩是随着年龄增长某些组织器官的生理功能自然减退，代谢过程降低而发生的萎缩，这种萎缩常和年龄有关，又称年龄性萎缩。如动物的胸腺、乳腺、卵巢、睾丸、法氏囊等器官到一定年龄后即开始发生萎缩。病理性萎缩是在致病因素作用下发生的萎缩，它又可分为全身性萎缩和局部性萎缩。全身性萎缩是由于长期营养不良、慢性消化道疾病、恶性肿瘤、寄生虫病等慢性消耗性疾病引起的。局部萎缩发生的原因有：外周神经损伤、局部组织器官受到长期压迫、长期缺乏活动以及激素供应不足或缺乏。

（三）萎缩的病理变化

在家禽中常见全身性萎缩，表现为生长发育不良，机体消瘦、贫血，羽毛松乱无光，冠髯萎缩苍白，血液稀薄，全身脂肪耗尽，肌肉苍白，器官体积缩小、重量减轻，肠壁菲薄。

局部萎缩常见于马立克氏病时受害肢体肌肉严重萎缩。肾脏萎缩时体积缩小、色泽变淡。

七、变　　性

变性（Degeneration）是指机体在物质代谢障碍的情况下，细胞或组织发生理化性质改变，在细胞或间质中出现了生理状态下看不到的异常物质，或者正常时虽可见到，但其数量显著增多或出现位置改变。这些物质包括水分、糖类、脂类及蛋白质类等。变性是一种可逆性的病理过程，变性细胞仍保持着一定的生命活力，但功能往往降低，只要除去病因，大多均可恢复正常。严重的变性则可导致细胞和组织的坏死。根据病理变化的不同可将变性分为许多种类。

（一）颗粒变性

颗粒变性（Granular degeneration）是一种最常见的轻度细胞变性，其特征为：变性细胞体积肿大，胞浆中水分增多，出现许多微细蛋白质颗粒，因而称为颗粒变性。眼观颗粒变性的器官因体积肿大、色泽浑浊、失去固有的光泽，故又称浑浊肿胀（Cloudy swelling），简称“浊肿”。又因这种变性主要发生在实质器官（心、肝、肾等）的细胞，因而也称为实质变性（Parenchymatous degeneration）。

1. 原因　颗粒变性最常见于缺氧、急性感染、发热、中毒和败血症等一些急性病理过程。

2. 病理变化　颗粒变性多发生于线粒体丰富和代谢活跃的肝细胞、肾小管上皮细胞和心肌、骨骼肌纤维等。病变轻微时肉眼不易辨认，严重时变性器官体积肿大、重量增加、被膜紧张、边缘钝圆、色泽变淡、浑浊无光、质地脆弱、切面隆起、边缘外翻、结构模糊不清。

3. 镜检　变性细胞肿大，胞浆中出现大量微细颗粒，使细胞的微细结构模糊不清（彩图 4－1，彩图 4－2）。用新鲜变性器官的细胞作悬滴标本，胞核常被颗粒掩盖而隐约不清，若滴加 2%醋酸溶液，则颗粒先膨胀而后溶解，核又重新显现。病变严重时胞核崩解或溶解消失。

（二）水泡变性

水泡变性（Vacuolar degeneration）是指变性细胞内水分增多，在胞浆和胞核内形成大小不等的、含有微量蛋白质液体的水泡，使整个细胞成蜂窝状结构。镜检时，由于细胞内的水泡呈空泡状，所以又称空泡变性。

1. 原因 水泡变性多发于烧伤、冻伤、口蹄疫、痘症、猪水疱病以及中毒等急性病理过程，其多发部位一般在表皮和黏膜，也可见于肝细胞、肾小管上皮细胞、结缔组织细胞、白细胞以及横纹肌纤维。水泡变性的发生机理与颗粒变性基本相同，只是程度较重。

2. 病理变化 轻度的水泡变性，肉眼常常不易辨认，在显微镜下才能发现，只有在严重水泡变性时，由于变性的细胞极度肿胀而破裂，胞浆内的浆液性水滴积聚于上皮下，形成肉眼可见的水泡。

3. 镜检 变性的细胞肿大，胞浆内含有大小不等的水泡，水泡之间有残留的胞浆，呈蜂窝状或网状。以后小水泡相互溶合成大水泡，甚至充盈整个细胞，胞浆的原有结构完全破坏，胞核悬浮于中央或被挤压在一侧，以致细胞显著肿大，形如气球，所以又有气球样变（Balloning degeneration）之称。

（三）脂肪变性

脂肪变性（Fatty degeneration）是指除脂肪细胞外的实质细胞的胞浆内出现大小不等的脂肪小滴的现象，简称脂变。脂变细胞内的脂滴主要为中性脂肪，也可有类脂质，或两者的混合物。

1. 原因 脂肪变性和颗粒变性一样，也多见于各种急性、热性传染病，中毒、败血症以及酸中毒和缺氧的病理过程。肝脏是脂肪代谢的中心场所，故易发生脂变。

2. 病理变化 脂肪变性初期病变常不明显，仅见器官色泽稍带黄色。严重脂变时器官的体积肿大、边缘钝圆、被膜紧张、质地脆弱易碎、切面微隆起、切缘外翻、结构模糊、触之有油腻感。表面与切面的色泽均呈灰黄色或土黄色。

3. 镜检 变性细胞的胞浆中出现大小不一的球形脂滴。随着病变发展，小脂滴互相融合为大脂滴，使细胞原有结构消失，胞核常被挤压于一侧，严重时可发生核浓缩、碎裂或消失。

在石蜡切片上，变性细胞内的脂滴被乙醇、二甲苯等脂肪溶剂溶解，因而脂肪滴呈空泡状，易与水泡变性相混淆。其鉴别方法有：①用锇酸固定的组织在石蜡切片中，细胞内的脂肪被锇酸染成黑色；②用冰冻切片，苏丹Ⅲ染色，脂肪滴呈橘红色。

脂肪变性和颗粒变性往往同时或先后发生于肝脏、肾脏和心脏等实质器官，故通常统称为实质变性。

1. 肝脏脂肪变性 脂变轻微时与颗粒变性相似，仅色泽较黄；脂变严重时，肝脏体积肿大、边缘钝圆、被膜紧张、色泽变黄、质地脆弱易碎、切面上肝小叶结构模糊不清。如果脂变的同时伴有瘀血，在肝脏切面上可见由暗红色的瘀血部分和黄褐色的脂变部分相互交织，形成类似槟榔切面的花纹，故称为“槟榔肝”。

镜检可见肝细胞内有许多大小不等的脂滴。严重时，小脂滴可融合成大脂滴，胞核被挤压于细胞边缘（彩图 4－3，彩图 4－4）。肝脏脂变出现的部位与引起的原因有一定关系。脂变发生在肝小叶周边区时称为周边脂变，多见于中毒；脂变发生于肝小叶的中央区时称为中心脂变，多见于缺氧；严重变性时，脂变发生于整个肝小叶，使肝小叶失去正常的结构，与一般的脂肪组织相似，称为脂肪肝，多见于中毒和某些急性传染病。

2. 肾脏脂肪变性 主要发生在肾小管上皮细胞。眼观肾脏稍肿大，表面呈不均匀的淡黄色或土黄色，切面皮质部增宽，常有灰黄色的条纹或斑纹，质地脆弱易碎。

镜检可见脂变最常发生于近曲小管上皮细胞内，上皮细胞肿大，脂滴常位于细胞的基底部。

3. 心脏脂肪变性 心肌发生脂变时，常呈局灶性或弥漫性的灰黄色或土黄色，浑浊而失去光泽，质地松软脆弱。此时，心肌纤维弹性减退，心室特别是右心室扩张积血。心肌脂变时，有时在左心室乳头肌处心内膜下出现黄色斑纹，并与未发生变性的红褐色心肌相间，形似虎皮样条纹，故称为“虎斑心”，又称变质性心肌炎，多见于严重的贫血、中毒、传染病，如禽流感、鸭流感时心脏的变化。

（四）透明变性

透明变性（Hyaline degeneration）是指细胞或间质内出现一种均质、半透明、无结构的蛋白样物质（透明蛋白，hyalin）的现象，又称玻璃样变。透明变性的类型按透明变性的发生部位和机理，可分为三种类型。

1. 血管壁透明变性 是因血管壁的通透性增高，引起血浆蛋白大量渗出，浸润于血管壁内所致，病变特征是小动脉壁中膜的细胞结构破坏，变性的平滑肌胶原纤维结构消失，变成致密无定形的透明蛋白。常发生于老龄动物的脾、心、肾、脑及其他器官的小动脉，如马病毒性动脉炎、牛恶性卡他热、猪瘟、鸡新城疫和鸭瘟等病毒性疾病，病毒在血管壁内复制首先引起动脉炎，而导致透明变性。

2. 纤维组织透明变性 是由于胶原纤维之间胶状蛋白沉积并相互粘连形成均质无结构的玻璃样物质。常见于慢性炎症、疤痕组织、增厚的器官被膜以及含纤维较多的肿瘤（如硬性纤维瘤）。眼观，透明变性的组织呈灰白色、半透明，变性组织致密坚韧、无弹性。

3. 细胞内透明滴状变 是指在某些器官实质细胞的胞浆内出现圆形、大小不等、均质无结构的嗜伊红性物质的现象，如慢性肾小球肾炎时，肾小管上皮细胞的胞浆内常出现此变化。这可能是变性细胞本身所产生的，也可能是上皮细胞吸收了原尿中的蛋白所形成的。

（五）淀粉样变

淀粉样变（Amyloidosis）是指淀粉样物质沉着在某些器官的网状纤维、血管壁或组织间的病理过程。因其具有遇碘呈赤褐色，再加硫酸呈蓝色的淀粉染色反应特性，故称为淀粉样变。其实淀粉样物质与淀粉毫无关系，它是一种纤维性蛋白质，之所以出现淀粉染色反应，是因为淀粉样物质中含有黏多糖之故。

1. 原因 多见于鼻疽、结核等慢性消耗性疾病以及用于制造免疫血清的动物和高蛋白饲料饲喂的畜禽。此外，鸭有一种自发性的全身性淀粉样变病。最易发生淀粉样变的器官为脾脏、肝脏、淋巴结、肾脏和血管壁。一般认为淀粉样变的发生机理是机体免疫过程中所发生的抗原抗体反应的结果，也有认为它是免疫球蛋白与纤维母细胞、内皮细胞产生的黏多糖结合形成的复合物。根据淀粉样变发生的原因机理，可分为局部性淀粉样变、原发性全身性淀粉样变和继发性全身性淀粉样变三种类型。

2. 病理变化 淀粉样物质在 HE 染色的切片上呈淡红色均质的索状或团块状物，沿细胞之间的网状纤维支架沉着。轻度变性时多无明显眼观变化，只有在光镜下才能发现；严重变性时，则在不同的器官常表现出不同的病理变化。

（1）脾脏淀粉样变 脾脏是最易发生淀粉样变的器官之一，根据病变形态可分为滤泡型（白髓型）和弥漫型两种。

① 滤泡型（白髓型） 淀粉样物质主要沉着于淋巴滤泡周边和中央动脉周围，量多时波及整个淋巴滤泡的网状组织。淋巴滤泡内的淋巴细胞被粉红色淀粉样物质挤压而消失。眼观，脾脏体积肿大、质地稍硬、切面干燥，脾白髓如高粱米至小豆大小，呈灰白色、半透明颗粒状，外观与煮熟的西米相似，故称“西米脾”。

② 弥漫型 淀粉样物质弥漫地沉着在红髓部分的脾窦和脾索的网状组织。眼观，脾脏肿大，切面呈红褐色脾髓与灰白色的淀粉样物质相互交织呈火腿样花纹，故又称“火腿脾”。

(2) 肝脏淀粉样变 轻度变性时眼观常无变化，若病变严重时，则肝脏显著肿大，呈灰黄色或棕黄色，切面模糊不清。镜检可见淀粉样物质主要沉着在肝细胞索和窦状隙之间，形成粗细不等的条索状或不规则的团块状（彩图 4－5)。

(3) 肾脏淀粉样变 淀粉样物质主要沉积在肾小球毛细血管的基底膜上，呈现均质、红染的团块状，肾小球内皮细胞萎缩和消失（彩图 4－6)。眼观，肾脏体积肿大、色泽淡黄、表面光滑。发生淀粉样变的肾脏被膜易剥离、质地易碎。

八、坏　死

（一）坏死的定义

活体内局部组织或细胞的病理性死亡称为坏死（Necrosis)。

（二）坏死的原因

任何致病因素作用于机体达到一定强度或持续一定时间，使细胞或组织的物质代谢发生严重障碍时，都可引起坏死。常见的原因有：生物性因素，如各种病原微生物、寄生虫以及毒素；理化性因素，如高温、低温、化学毒物等；机械性因素，如各种机械性损伤；血管源性因素，如血管受压、血栓形成和栓塞导致血液循环障碍；神经因素，如中枢神经或外周神经损伤。

（三）坏死的病理变化

坏死是疾病中常见的病理变化，由于致病因素不同，器官组织的特性不同，其表现有多种类型。禽类的坏死主要有以下几种形式。

1. 点状坏死 多发生于肝脏、脾脏，如禽白痢、禽伤寒、禽副伤寒、禽巴氏杆菌病等疾病时，肝脏或脾脏发生的点状坏死，多呈灰白色或灰黄色小点状或不规则的形状。

2. 灶状坏死 如鸡的盲肠肝炎、鸡弯曲杆菌性肝炎，以及鸭呼肠孤病毒感染肝脏、脾脏发生局灶性坏死，坏死灶大小不等，多呈圆形，灰白色或灰黄色，中心凹陷，周边隆起。

3. 脓肿 多发生于皮下，如巴氏杆菌病时，鸡的肉髯、头颈部皮下发生大小不等的球形结节，结节内是灰黄色干涸的无结构物质，又称干酪样坏死物。与其他动物不同，禽类的化脓性病灶中的脓液不是液态，而是呈干酪样。

4. 溃疡性坏死 多见于消化道黏膜，如口腔、食管、肠道等，在发生念珠菌病、支原体病时，禽的口腔、食管以及嗉囊黏膜会发生不规则的溃疡并被覆假膜。新城疫、鸭瘟、小鹅瘟等疾病时肠道黏膜发生局灶性溃疡，呈灰黄色或灰绿色，表面被覆有干燥假膜，不易剥离，周边稍隆起，周围有出血点。鸡发生传染性腺胃炎和马立克氏病时腺胃黏膜发生溃疡性坏死。

5. 湿性坏疽 多发生于体表，如发生葡萄球菌病时，禽的颈部、腹下、翅下发生紫红色、褐色坏死，坏死部皮肤溃烂，流出褐色液体，羽毛极易脱落。

九、肿　瘤

（一）肿瘤的定义

肿瘤（Tumor）是机体在致瘤因素作用下，局部组织细胞异常增生形成的新生物，肿瘤具有无限制和与机体不协调的无限制的增生能力。肿瘤细胞多形成肿块或弥散在组织中。

（二）肿瘤发生的原因

肿瘤发生的原因很多，归纳起来可分为外因和内因。外部因素又可分为生物性因素、化学因素、物理因素、慢性刺激；内部因素包括遗传因素、年龄因素、品种品系因素、激素和性别因素、机体的免疫状态。在家禽肿瘤的发生上生物性因素、遗传因素、品种品系因素起着重要作用，如鸡马立克氏病毒、禽白血病病毒等有明显的致瘤作用，鸡的白血病的发生有明显的品种差异，实际上也是遗传因素在起作用。

（三）肿瘤的形态

肿瘤的大小、形态、颜色、软硬度等差别很大。鸡的肿瘤多呈结节状，大小不等，或呈灰白色、鱼肉状，一般没有坏死现象，如鸡患马立克氏病和禽白血病时可在全身多种器官组织中形成结节状的肿瘤，但是有时可能看不到明显的结节，而是肿瘤细胞弥散在组织中，使整个器官肿大，色泽变淡。

第二节　家禽的尸体剖检

一、剖检前的准备和注意事项

家禽个体较小，剖检时只要准备一把锋利的剪刀即可进行。为了采取病料还应准备相应的器材。此外，应准备一稍大的方形或圆形搪瓷盘，以及剖检结束后洗刷、消毒用品（脸盆、肥皂、消毒药液、毛巾等）。在现场剖检时可用塑料薄膜或纸箱板等代替搪瓷盘。现场剖检应选择远离禽舍、水源、料库、道路的偏僻地方进行，以免病原扩散造成污染。剖检时最好采用自然光，光线要充足明亮，以便识别病变。无关人员特别是饲养人员最好不要在现场观看和动手帮忙。

剖检人员要戴口罩和一次性手套防止被感染。

在剖检前和剖检中要询问有关饲养、防疫、发病、治疗、死亡情况等，也要询问发病后诊断、治疗情况，包括在何处何人诊断为何病，用何种药物（产地、名称、主要成分等），以便为建立诊断提供有关材料。对询问获得的材料应进行整理，使之条理化，以便获取与本病相关的资料。根据询问可以确定剖检的重点，不致盲目进行。如果要进行科学研究，不仅准备要充分，对询问的材料也要做文字记载。

二、剖检的程序和方法

（一）外部检查

剖检前对禽尸的外部进行详细检查，首先观察个体的大小、营养状况、羽毛、冠髯、口、鼻、眼、肛门部羽毛的情况，如消瘦还是肥胖、鸡冠的色泽以及有无结节、痂皮，肛门下方羽毛是否污秽，肢体、皮肤颜色的改变，出血、坏死等。然后，触摸全身检查有无肿瘤、肿胀、溃烂等，打开口腔观察口腔、喉头黏膜色泽，以及有无坏死和渗出物等。

（二）剥皮和皮下检查

经过外部检查后，将被检禽尸（如为病鸡应先行放血致死）浸泡在消毒药水中数分钟，使羽毛浸湿，既可防止病原扩散也不致在剖检时羽毛飞扬而影响工作。放禽尸于搪瓷盘中，腹部向上，由腹下剪开皮肤，用手向前后撕剥，死亡不久的禽只皮肤很容易剥下，将两腿皮肤也剥至膝关节处，向背侧按压两腿使髋关节脱臼，以便使尸体平稳放置。剥皮后仔细检查皮下和肌肉的情况，注意有无出血、水肿、坏死、肿瘤形成，腱鞘、滑液囊有无肿胀，龙骨的形状，胸肌肥瘦情况等。由于注射油乳剂型疫苗可在颈部或胸部皮下、肌间残存没有吸收的疫苗，如果疫苗质量不好局部可能出现坏死，呈灰黄色肿胀、坏死。注射劣质高免蛋黄液也会使注射部位呈灰黄色肿胀和坏死。还应检查胸腺有无出血、萎缩等。然后，沿口角一侧剪开食管和气管，检查口腔食管黏膜和气管黏膜情况。从眼角前方剪断上喙，观察鼻腔鼻窦黏膜情况。

（三）剖开体腔和内脏器官检查

皮下检查完毕后从腹下部剪开腹壁肌肉，并剪断两侧肋骨，注意不要损伤肠管、肝脏和肺脏，将胸骨向前掀起，向下按压，使内脏器官充分暴露。此时可以观察体腔情况，有无胸水，肝脏体积大小，肝脏和心脏表面有无附着的渗出物，有无出血点、坏死灶，有无肿瘤形成，气囊是否增厚、混浊，气囊腔内有无渗出物等。正常的气囊囊壁菲薄透明，光滑明亮。剪开心包，观察心包液的情况，心包内有无渗出物，心外膜有无出血点，心肌中有无肿瘤形成等。

然后，将心脏和肝脏摘除，检查胸部气囊和肺脏，观察胸气囊、肺脏有无病变。接下来检查腺胃、肌胃、肠管、胰腺和脾脏，消化系统可以原位检查也可取出检查，先观察消化器官浆膜情况，再依次剪开腺胃、肌胃、肠管观察黏膜情况。消化系统取出后可以检查卵巢、肾脏和法氏囊的情况。必要时剪开输卵管检查输卵管内有无渗出物和黏膜情况，禽类发生H9低致病禽流感时输卵管内往往有灰白色脓样渗出物。有时需要检查骨髓和脑，怀疑马立克氏病时还应检查腰间神经、坐骨神经和臂神经丛等。

器官的检查要根据问诊情况有重点地检查，必要时再做全面系统的检查。

三、病料的采取

（一）病原学检验材料的采取

根据具体情况，需要做病原检验时，在打开腹腔后应立即无菌采取或直接涂片检验。所取病料应立即放入无菌容器中，送实验室待检，如需送检，则病料应冷藏。

（二）组织学检验材料的采取

如需做组织学检验，应采取病变组织和正常组织，切成 1 cm 见方的小块投入 10%的甲醛溶液中固定，送实验室待检。

四、剖检后的善后工作

剖检结束后，无论被检尸体患何种疾病，都不能食用，应深埋或焚烧。污染的器具、场地要严格消毒，防止病原扩散。剖检人员的手臂要认真消毒，防止被感染。

第三节　剖检时常见病理变化和可能的疾病

在进行病理剖检时常常看到许多病理变化，对看到的病理变化要进行分析，与可能发生的禽病联系起来，反复推敲，最后做出诊断。表 4－1 是常见的病理变化与可能发生的疾病。

表 4－1　常见病理变化与可能的禽病

病理变化	可能发生的疾病
胸骨 S 状弯曲	维生素 D 缺乏、钙和磷缺乏或其比例不当、营养不良等
胸部囊肿	滑膜囊支原体病、葡萄球菌病、大肠杆菌病等
肌肉苍白	死前放血、贫血、内出血、卡氏白细胞虫病、脂肪肝综合征
肌肉干燥无光泽	严重缺水、肾型传染性支气管炎、痛风、传染性法氏囊病等
肌肉有白色条纹	维生素 E-硒缺乏症
肌肉出血	传染性法氏囊病、传染性贫血、包涵体肝炎、血管瘤、磺胺中毒、卡氏白细胞虫病、黄曲霉毒素中毒、维生素 E-硒缺乏症等
肌肉内有点状出血、白色小结节	鸡卡氏白细胞虫病
淡黄色腹水过多	腹水综合征、肝硬化、黄曲霉毒素中毒、大肠杆菌病等
腹腔内有血液或凝血块	内出血、卡氏白细胞虫病、白血病、脂肪肝、弯曲杆菌性肝炎等
腹腔内有纤维素或干酪样渗出物	大肠杆菌病、鸡毒支原体病、鸭浆膜炎、禽霍乱等
气囊膜混浊并有干酪样附着物	鸡毒支原体病、大肠杆菌病、鸡新城疫、曲霉菌病等
心肌有白色小结节	沙门氏菌病、马立克氏病、卡氏白细胞虫病
心肌有白色坏死条纹	禽流感、维生素、E-硒缺乏症等
心肌出血	禽霍乱、禽流感、细菌性感染、中毒病等
心包粘连、心包液混浊	大肠杆菌病、鸡毒支原体病等
心包内有尿酸盐沉积	痛风、维生素 A 缺乏症、磺胺类药物中毒等
肝肿大、有灰白色肿瘤或结节	马立克氏病、白血病、沙门氏菌病、寄生虫病、结核病等
肝肿大、有点状或斑状坏死	禽霍乱、沙门氏菌病、盲肠肝炎、弯杆菌性肝炎、鸭呼肠孤病毒病等
肝肿大、有假膜，有出血点、出血斑、血肿和坏死点等	大肠杆菌病、鸡毒支原体病、鸭瘟、鹅的鸭瘟、弯杆菌性肝炎、脂肪肝综合征
肝硬化	慢性黄曲霉毒素中毒、寄生虫病
肝胆管内有寄生虫体	吸虫病等
脾肿大、有结节	白血病、马立克氏病、结核病
脾肿大、有坏死斑点	鸡白痢杆菌病、大肠杆菌病、鸭呼肠孤病毒病
脾萎缩	免疫抑制病、白血病
胰脏有坏死灶	新城疫、禽流感
食管黏膜坏死或有假膜	鸭瘟、毛滴虫病、念珠菌病、维生素 A 缺乏症等
嗉囊黏膜有假膜附着	毛滴虫病、念珠菌病
腺胃呈球状增厚增大	马立克氏病、四棱线虫病、传染性腺胃炎、网状内皮增生病毒感染
腺胃有小坏死结节	沙门氏菌病、马立克氏病、滴虫病

（续）

病理变化	可能发生的疾病
腺胃乳头出血	新城疫、禽流感、鸡传染性法氏囊病、马立克氏病
肌胃肌层有白色结节	沙门氏菌病、马立克氏病、传染性脑脊髓炎
肌胃角膜下溃疡、出血	新城疫、禽流感、传染性法氏囊病、痢菌净中毒、肌胃糜烂
小肠黏膜充血、出血	新城疫、禽流感、球虫病、卡氏白细胞虫病、禽霍乱
小肠壁小结节	沙门氏菌病、马立克氏病等
小肠黏膜出血、溃疡、坏死	溃疡性肠炎、坏死性肠炎、新城疫、禽流感
小肠黏膜上有假膜	鸭瘟、小鹅瘟等
盲肠黏膜出血、肠腔内血液	球虫病
盲肠出血、溃疡	组织滴虫病、球虫病
泄殖腔水肿、充血、出血、坏死	新城疫、禽流感、鸭瘟、寄生虫感染、细菌性感染
喉头黏膜充血、出血	新城疫、禽流感、传染性喉气管炎、禽霍乱
喉头有环状干酪样物附着，易剥离	传染性喉气管炎、慢性呼吸道病
喉头黏膜有假膜紧紧粘连	禽痘
气管、支气管黏膜充血、出血	传染性支气管炎、新城疫、禽流感、寄生虫感染等
肺有细小结节、呈肉样	马立克氏病、白血病
肺内或表面有黄色、黑色结节	曲霉菌病、结核病、沙门氏菌病
肺瘀血、出血	卡氏白细胞虫病、其他病毒性或细菌性感染
肾肿大、有结节状突起	白血病、马立克氏病
肾出血	卡氏白细胞虫病、脂肪肝肾综合征、传染性法氏囊病、中毒等
肾肿大、有尿酸盐沉积	传染性支气管炎、传染性法氏囊病、磺胺类药中毒、其他中毒、痛风、维生素A缺乏症等
输尿管内有尿酸盐沉积	传染性支气管炎、传染性法氏囊病、磺胺类药中毒、其他中毒、痛风、维生素A缺乏症等
卵巢肿大、有结节	马立克氏病、白血病
卵巢、卵泡充血、出血	禽流感、沙门氏菌病、大肠杆菌病、禽霍乱、其他传染病
左侧输卵管细小	传染性支气管炎、停产期、未性成熟
输卵管充血、出血	滴虫病、沙门氏菌病、毒支原体感染等
卵泡出血、变性	沙门氏菌病、大肠杆菌病、禽霍乱、禽流感等
输卵管内有灰白色黏液或干酪样凝块	禽流感、大肠杆菌病等
法氏囊肿大、出血、渗出物增多	新城疫、禽流感、白血病、传染性法氏囊病
脑膜充血、出血	中暑、细菌性感染、中毒
小脑出血、脑回展平	维生素E-硒缺乏症
骨髓萎缩变黄	卡氏白细胞虫病、磺胺类药中毒、传染性贫血等
腿部肌腱滑脱	锰或胆碱缺乏

（续）

病理变化	可能发生的疾病
腿部关节炎	葡萄球菌病、大肠杆菌病、滑膜囊支原体病、病毒性关节炎、营养缺乏病等
臂神经和坐骨神经肿胀	马立克氏病、维生素 B_2 缺乏症
肠管增粗并充满灰红色或绿色糊状物	肠毒血症、小肠球虫、坏死性肠炎
皮下液化性出血坏死	葡萄球菌病、坏疽性皮炎

第四节　病理组织学检验

在禽病检验中为了进一步确诊或为了探明发病机理，除做病原学和血清学检验外，还常常进行病理组织学检验，以便查明组织器官的微细变化，为诊断提供充足的依据。病理组织学检验是以解剖学、组织学和病理学理论和技术为基础的实验室检验方法。本节将简要讨论病理组织学经典技术——石蜡组织切片技术。

病理组织学检验包括两个步骤：一是病理组织切片的制作，二是组织切片的观察。

石蜡组织切片的制作程序包括取材、固定、水洗、脱水、透明、浸蜡、包埋、切片、裱贴、脱蜡、染色、封片等。

一、取　材

根据大体剖检的情况决定取材的部位，一般是选取病理变化明显的部位和病变与健康组织交界部位。用锋利的刀剪切割，在保证能取到典型病变部位的前提下尽量使切取的组织块小一点，以便快速固定。组织块的长、宽应在 1 cm 左右，厚度在 0.6 cm 为宜，柔软的组织不便切割可以适当大点，固定几小时后再切成小块。采取的病料应及时放入固定液中固定，做冰冻切片的组织不需固定可直接进行切片。

二、固　定

（一）固定的定义及作用

用合适的固定剂使病理标本尽量保持其离体时状态的过程，称为固定（Fixation）。病理标本（样本）离体后，由于环境温度的变化和组织内酶的作用将会发生自溶和（或）腐败，其固有组织结构破坏。固定的作用是：①使蛋白质凝固，终止或减少分解酶的作用，防止自溶，保存组织、细胞的结构状态和抗原性，使抗原不失活，不发生弥散；②保存组织、细胞内的蛋白质、脂肪、糖原、某些维生素及病理性产物，使其保持病变的特异性特征；③使上述物质变为不溶解状态，防止和尽量减少制片过程中人为的溶解和丢失；④起助染作用。

固定的时间应适当，微小标本（如胃黏膜等）2～4 h 即可，大标本应放置 12～24 h，但亦不要过久，以免影响抗原性，造成免疫组化操作中的困难。

（二）常用固定液及其配制

禽病检验中常用化学试剂作固定剂，固定应在标本离体后尽快进行，固定液不少于标本体积的 5 倍。有特殊要求者应事先配制相应的固定液，如欲查糖原，则选择无水乙醇作固定液。

1. 甲醛　甲醛是无色气体，易溶于水成为甲醛溶液。易挥发，且有强烈刺激气味，商品甲醛是 37%～40%的甲醛溶液，商品名为福尔马林（Formalin）。用作固定液的福尔马林浓度通常为 10%（即 1 份甲醛溶液加 9 份水配制而成），甲醛实际含量为 3.7%～4%。10%福尔马林渗透力强、固定均匀、组织收缩较少，对脂肪、神经及髓鞘、糖等固定效果好，是最常用的固定剂。经福尔马林长期固定的组织，易产生褐色的沉淀，称福尔马林色素。因此，长期用福尔马林固定的组织制片前应充分水洗，以除去福尔马林色素。

2. 乙醇　乙醇是无色液体，易溶于水，它除可作为固定剂外，还可作脱水剂，对组织有硬化作用。固定组织一般用 80%～95%浓度，乙醇渗透力较弱，它能溶解脂肪，核蛋白被沉淀后仍能溶于水，因而胞核的着色不良。

3. 中性甲醛液（混合固定液）　甲醛（37%）120 ml，加蒸馏水 880 ml、磷酸二氢钠（$NaH_2PO_4 \cdot H_2O$）4 g、磷酸氢二纳（Na_2HPO_4）13 g。此液固定效果比单纯 10%福尔马林要好。

4. AF 液（混合固定液）　95%乙醇 90 ml、甲醛（37%）10 ml、冰醋酸 5 ml，或 95%乙醇 85 ml、甲醛（37%）10 ml、冰醋酸 5 ml。此液除有固定作用外，兼有脱水作用，因而固定后可直接入 95%乙醇脱水。

5. 秦克氏（Zenker）**固定液**　取升汞 7.0 g、重铬酸钾 2.5 g、硫酸钠 1.0 g、蒸馏水 100 ml，将升汞加到蒸馏水中，加热溶化后加入重铬酸钾，再加入硫酸钠即可。用前加入 10%甲醛 5 ml。一般组织固定 12～24 h。

固定液种类很多，以上 5 种固定液中，以中性甲醛为首选，其次为 10%福尔马林。

三、常规石蜡切片操作程序

（一）水洗

经过固定的组织一般都要水洗（Washing），其目的是清除组织内外残留的固定剂，以免影响脱水等后续过程，防止有些固定剂在组织中发生沉淀或结晶而影响观察。水洗时最好是从容器的底部进水，再从容器上面缓慢流出，水洗时间一般为 2～4 h。甲醛固定的组织如果固定时间不是很长，可以不经水洗，直接进行脱水。

（二）脱水

为保证石蜡进入组织内部，采用适当的脱水剂，将已固定和水洗过的组织中的水分彻底除去的过程称为脱水（Dehydration）。脱水剂必须是可与水以任意比例混合的液体。最常用的脱水剂有乙醇、正丁醇、叔丁醇等。

脱水用的乙醇浓度一般从 70%或 75%开始，然后依次经过 80%、95%、100%乙醇脱水，即由低浓度逐步到高浓度。脱水的时间与组织块大小、厚薄有很大关系，大而厚的组织块脱水时间要长些，小而薄的组织块脱水时间相对可以短些。组织脱水时间在低浓度乙醇中可以长些（如 70%～80%），而在高浓度乙醇中要短些，这是因为高浓度的乙醇渗透力不强，延长脱水时间容易使组织收缩、变硬变脆，致使切片时容易碎裂。特别要注意：脱水一定要充分，它是切片制作成功的关键。

75%、85%的乙醇脱水 2～4 h，95%、100%的乙醇脱水 1～2 h。用正丁醇或叔丁醇脱水效果较好，组织不易变脆而且兼有透明作用。正丁醇或叔丁醇脱水剂配制方法如表 4-2。

表 4-2　各级正定醇的配制方法与脱水时间

	Ⅰ	Ⅱ	Ⅲ	Ⅳ	Ⅴ	Ⅵa	Ⅵb
正丁醇（ml）	10	20	35	55	75	100	100
无水酒精（ml）	40	50	50	40	25	0	0
蒸馏水（ml）	50	30	15	5	0	0	0
脱水时间（h）	6～8	6～8	6～8	6～8	6～8	1～2	1～2

（三）透明

采用既能与脱水剂（如乙醇）混合，又能作为石蜡溶媒的试剂，使石蜡渗入组织中的过程称透明（Clearing）。透明剂的折射指数与经其作用的组织蛋白折射指数接近，组织显示出半透明状态，但并非所有透明剂都能使组织透明。常用的透明剂为二甲苯，它易使组织收缩、变脆，故透明时间不宜过长，一般 20～30 min，最好是随时观察组织块的变化，组织呈半透明状态时即可。经正丁醇或叔丁醇脱水的组织无需再透明。

（四）浸蜡

组织经透明后，放入熔化的石蜡内浸渍，使石蜡分子浸入组织中的过程称浸蜡（In wax）或石蜡渗透。火棉胶切片时用火棉胶代替石蜡，称为浸胶。制作石蜡切片时浸蜡的温度一般控制在 65 ℃左右（以石蜡处于最低的熔化温度为宜），浸蜡时间一般需 4～6 h，中间更换一次。浸蜡时间过短，石蜡没有完全渗入组织中，组织容易松碎，切片困难；浸蜡时间过长，造成组织硬脆，切片也困难。多次使用过的石蜡浸渍效果更好，但是常含有透明剂和较多的组织碎屑，使用前应进行熬制，加热至冒出大量烟雾，如此反复几次后用滤纸过滤后使用。注意温度过高可能会导致石蜡燃烧，一旦燃烧应立即切断电源，用一适当的东西盖上，等温度降低后过滤备用。

（五）包埋

把浸过蜡的组织块包埋在蜡里的过程称为包埋（Bag buried），包埋的目的是使组织块有一定的硬度和韧性，便于切片。包埋时把石蜡温度提高到 70 ℃左右，先在包埋盒中倒入石蜡，再把组织块平稳放入，自然冷却，待石蜡完全凝固后方可取出进行下一步操作。

包埋工具是两个 L 形铜质金属条和一个铜板，包埋时把金属条呈相反方向放在铜板上，再倒入石蜡进行包埋（图 4-1）。使用自制纸盒更方便，纸盒可以用较厚的纸折成，折叠方法如图 4-2 所示：先以线 1 为轴向上折起，再以线 3 为轴向上折起，然后以线 4 为轴向外向下折叠，以长边对准线 4 折出线 2，按折出的折痕即折叠成如图 4-3 所示的包埋盒子。

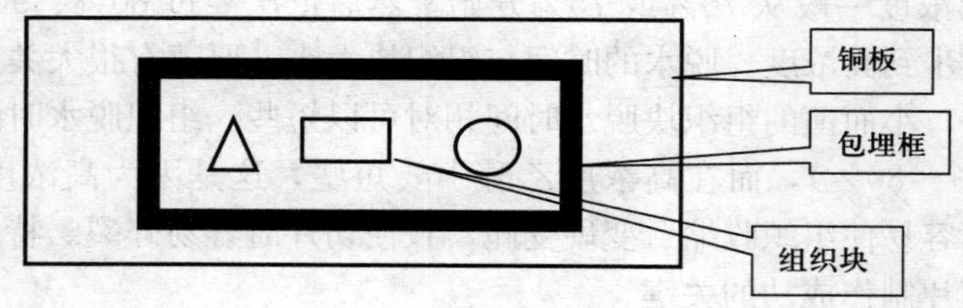

图 4-1　包埋框和组织块放入示意图

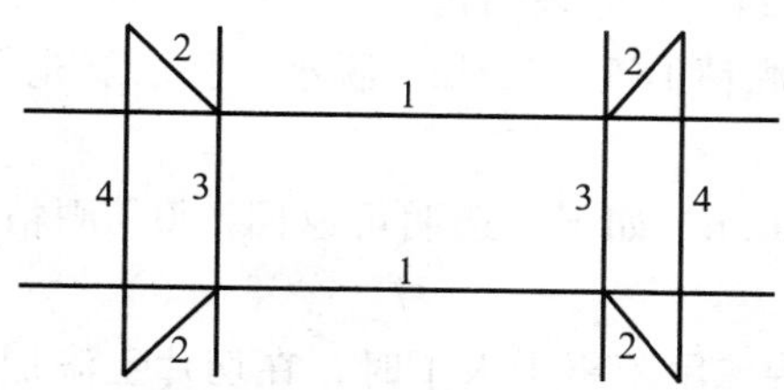

图 4－2　自制包埋纸盒折叠示意图

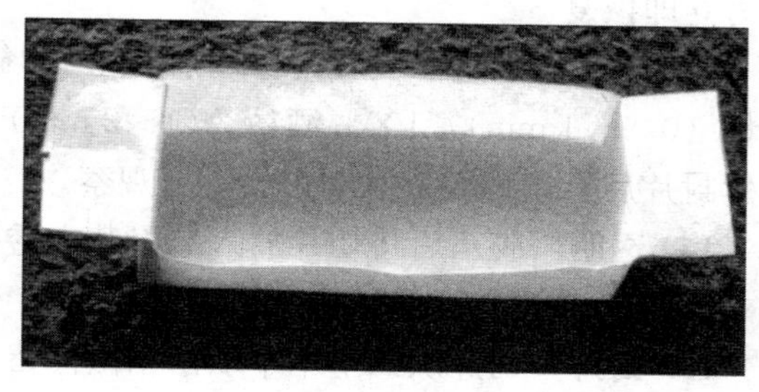

图 4－3　自制包埋纸盒

（六）切片和染色

1. 蜡块整修　将包埋的蜡块分别切开，修整成合适的大小（图 4－4），便于粘木和切片。

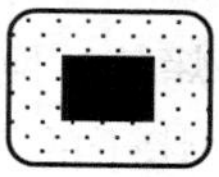

图 4－4　修整后的蜡块

2. 粘木　将修整后的蜡块粘在小木块上（图 4－5）。

3. 切片　把蜡块夹在切片机的持蜡钳上，调节切片厚度为 5～7 μm，右手转动切片机手轮，左手持毛笔牵引蜡带进行切片。切出的蜡带整齐地放在载片木盘上。

4. 贴片　在一个有色的小盆中加入 56 ℃左右的温水，把蜡带放在水表面使其展平，分成单个的组织片，在载玻片上涂抹少许甘油蛋白（也可不用甘油蛋白），垂直插入水中，用毛笔或镊子牵引组织片接触玻片，垂直提出玻片，组织片即贴附在玻片上。稍稍淋去水分，用镊子矫正组织片位置，使其在玻片中央稍靠一端（图 4－6）。

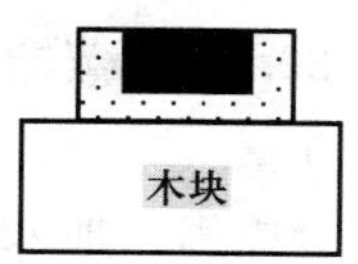

图 4－5　粘木后的蜡块

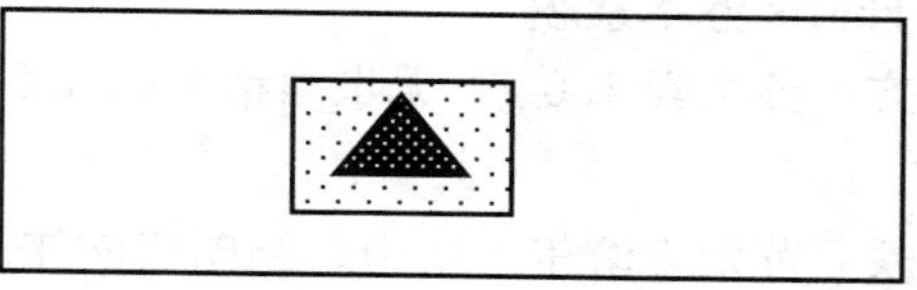

图 4－6　切片裱贴

5. 烤片　裱贴好的玻片置于 60～65 ℃温箱中烤干（干烤 12 h 以上）。

6. 脱蜡　将烤干的玻片放入二甲苯中脱蜡，时间为 2～3 min，温热的玻片脱蜡更快。

7. 浸水　脱蜡后依次在 100%、100%、95%、85%、75%的酒精中各浸泡 2～3 min，然后在常水中浸泡数分钟。

8. 胞核染色　浸水后的切片在苏木素染色液中浸染 8～15 min。

9. 水洗　将染色后的片子在蒸馏水或常水中浸洗 1～2 min，除去浮色。

10. 分化　片子在盐酸酒精中分化数秒钟（在盐酸酒精中蘸提两三次即可，不可过久，否则会将颜色完全脱掉）。

11. 水洗、返蓝　经分化后的切片放在常水中浸泡 30～60 min 至切片呈蓝灰色，或 0.5%氨水中浸泡 1～2 min。水洗除去氨水。

12. 胞浆染色　返蓝后的切片放入伊红中浸染 1～2 min。新配置的伊红着色力很好，瞬间即可，如长期使用的伊红着色力下降，溶液出现荧光，此时可向其中滴加少许冰醋酸，着色力立即恢复。

13. 脱水 染过伊红后将切片依次经80%酒精（数秒）、90%酒精（0.5～1 min）、95%酒精（0.5～1 min）、100%酒精A(1～2 min)、100%酒精B(1～2 min) 脱水。脱水要充分，不然封片后会出现云雾状阴影，不能观察。

14. 透明 脱水后将切片放入二甲苯中透明2～4 min。如不能透明可返回100%酒精中进一步脱水。

15. 封片 切片从二甲苯中取出稍微停留一会，待二甲苯将干未干时，在切片上滴加少许中性光学树胶，小心贴上盖玻片，勿使产生气泡。注意切不可为了加速干燥向切片吹气，那样会使水分进入切片，封固后出现云雾状。空气湿度过大时不宜封片，因组织片容易吸收空气中的水分，造成封片后组织呈灰白色云雾状。

16. 烤片 刚封固的切片树胶尚未干燥，盖片容易滑脱，需经烤片。烤片温度为60～70 ℃，数天后，烤干的切片放入切片盒中。

四、常用染色液的配制

（一）Ehrlich 苏木素液

1. 配方 苏木素2.0 g 无水酒精100.0 ml 甘油100.0 ml 冰醋酸10.0 ml 硫酸铝钾3.0 g 蒸馏水100.0 ml

2. 制法 将钾明矾于乳钵中研磨细，溶于蒸馏水中；苏木素溶于酒精中，溶解后加入甘油和冰醋酸，然后加入钾明矾液混匀。瓶口用三层纱布封口，置光线充足处氧化，经常摇动瓶子，2个月左右成熟即可使用。此染色液染色时间为10～15 min。

（二）Harris 苏木素液

1. 配方 苏木素1.0 g 无水酒精20.0 ml 钾明矾或铵明矾20.0 g 蒸馏水200.0 ml 氧化汞 1.0 g

2. 制法 苏木素溶于酒精中，钾明矾溶于蒸馏水中，两液混合煮沸，加入氧化汞混合均匀，立即于冷水中冷却，滤纸过滤，次日即可使用，用时加入冰醋酸（每10 ml加冰醋酸2～3 ml)。此染色液染色时间通常是5～20 min。

（三）Mayer 苏木素液

1. 配方 苏木素1.0 g 碘酸钠0.2 g 钾明矾50.0 g 柠檬酸1.0 g 水合三氯乙醛50.0 g 蒸馏水1 000 ml

2. 制法 把苏木素、钾明矾、碘酸钠加入蒸馏水溶解，过夜放置，以便苏木素充分溶解。再加入柠檬酸，水合氯醛，煮沸5 min后冷却、过滤。此染色液染色时间通常是10 min。

（四）Gill 改良苏木精液

1. 配方 苏木精2.0 g 无水乙醇250.0 ml 硫酸铝钾17.6 g 蒸馏水750.0 ml 碘酸钠0.2 g 冰醋酸20.0 ml

2. 制法 苏木素溶于无水乙醇，硫酸铝钾溶于蒸馏水，再将两液混合后加碘酸钠，最后加入冰醋酸。此配方为半氧化苏木精液，碘酸钠为氧化剂，硫酸铝钾为媒染剂，此液不会产生沉淀并很少有氧化膜。此染色液染色时间通常是10 min。

（五）伊红Y乙醇液

1. 配方　伊红Y0.5 g　80%酒精100.0 ml　冰醋酸少许

2. 制法　伊红Y溶于酒精中，加少许冰醋酸即成。当着色能力降低时加少许冰醋酸着色能力立即恢复。

（六）盐酸酒精

70%乙醇99.0 ml加浓盐酸1.0 ml即成。

（七）甘油蛋白的配制

取鸡蛋一枚，分离出蛋清，弃蛋黄。蛋清置碗中用筷子充分搅拌至完全成泡沫状，滤纸过滤（由于过滤很缓慢，所以应放在冰箱中过滤），滤液加等量甘油即成。冰箱中可保存一年左右。

第五节　几种病理性产物的染色法

一、血红蛋白染色法

（一）染色液

1. Harris苏木精染色液　甲液为苏木精0.9 g　无水酒精10.0 ml　乙液为铵（钾）明矾20.0 g　蒸馏水200.0 ml　一氧化汞0.5～1.0 g

甲液、乙液分别溶解，合并两液煮沸，再加一氧化汞，搅拌至溶液呈深紫色，急速冷却过夜过滤后密闭保存。用前加少许冰醋酸。此液染色时间为5～10 min，且经3个月后其着色力下降，不宜多配。

2. 铁明矾液　4%铁明矾液。

3. 苦味酸复红　1%酸性复红液13.0 ml与苦味酸饱和液87.0 ml混合即成。

（二）染色方法

（1）涂片先经甲醇固定，再经水洗或切片脱蜡、浸水后，直接入Harris苏木精染液染色2 min。

（2）水洗、分化、返蓝。

（3）入4%钾明矾液5 min。

（4）蒸馏水洗数秒。

（5）入苦味酸复红液染15 min。

（6）入95%酒精3 min，涂片干燥后镜检。切片脱水、透明后封固。

（三）结果

血红蛋白和红细胞呈绿色，胞浆呈黄色至棕色。

二、含铁血黄素染色法

（一）染色液

1. 亚铁氰化钾液　2%亚铁氰化钾液1份，1%盐酸液3份临用时混合，溶液呈极浅的黄色，如呈蓝绿色表明试剂不纯，此液不能久存。

2. 稀释复红液　碱性复红1 g，无水酒精20.0 ml，溶解后加5%石炭酸液或蒸馏水80.0 ml，此为贮存液。用时取1.0 ml，加蒸馏水10.0 ml，即成稀释石炭酸复红液。

（二）染色方法

切片脱蜡、浸水后，或涂片固定后滴加亚铁氰化钾液，染色 10～20 min。用蒸馏水冲洗 2 次，加稀释复红液染色 5～10 min（也可用 1%中性红或 1%的沙黄液）。水洗除去浮色，切片脱水、透明封固，涂片干燥后即可观察。

（三）结果

含铁血黄素呈鲜亮蓝色。胞核呈深红色，胞浆呈浅红色。

三、尿酸及尿酸盐的染色

家禽发生痛风或尿毒症时，在某些组织中常有尿酸盐沉积，可用以下方法鉴别。

（一）染色液

1. 丙酮苯混合液 丙酮、苯等量混合。

2. 氯化铵-卡红液 卡红 1.0 g，氯化铵 2.0 g，碳酸锂 0.5 g，蒸馏水 50.0 ml。混合煮沸，冷却后加浓氨水 20.0 ml。临用时取 6.0 ml，过滤后加氨水 3.0 ml 和甲醇 5.0 ml，混匀。

3. 甲烯蓝酒精饱和液 甲烯蓝 1.5 g，95%酒精 100.0 ml，混合。临用时取此液 10.0 ml，加无水酒精 5.0 ml，混合。

4. 硫酸钠苦味酸液 苦味酸饱和液 9.0 ml，硫酸钠饱和液（43%，加温）1.0 ml，混合。

（二）染色方法

组织于无水酒精中固定 24 h，再入丙酮液 4～5 h，中间更换 3 次；入丙酮-苯液浸 30 min，再入纯苯液浸 30 min；做石蜡切片，脱蜡后先浸入无水酒精；入氯化铵-卡红液染色 5 min；无水酒精洗数次；入甲烯蓝酒精饱和液 30 s；无水酒精稍洗；入硫酸钠苦味酸液染色 15 min；无水酒精脱水，二甲苯透明，封固。

（三）结果

尿酸钠呈绿色，尿酸结晶呈深蓝色，胞核呈灰蓝色，胞浆呈黄色。

第六节　组织内病原体及包涵体染色法

一、组织切片的细菌染色方法

（一）顾得巴斯德染色法

适用于革兰氏阳性菌和阴性菌鉴别，组织用秦克氏或和亥利氏液固定。

1. 染色液

（1）碱性复红液。碱性复红 0.25 g，苯胺 1 ml，结晶石炭酸 1 g，30%酒精 100.0 ml。将苯胺和石炭酸倒入酒精中混匀后加入碱性复红完全溶解即成。

（2）甲醛。

（3）苦味酸饱和液。

（4）斯特林氏结晶紫液。结晶紫 5.0 g，无水酒精 10.0 ml，苯胺 2.0 ml，蒸馏水 88.0 ml。结晶紫溶于酒精中，苯胺溶于蒸馏水中，将两液混合即成。

（5）碘液。碘片 1.0 g，碘化钾 2.0 g，蒸馏水 300.0 ml。溶解后即成。

（6）苯胺-二甲苯液。苯胺、二甲苯等量混合。

2. 染色方法　切片脱蜡；浸水；滴加碱性复红液染 10～30 min；水洗；加甲醛液，经数秒钟切片变成淡红色；水洗；加苦味酸液染 2～3 min，切片呈紫黄色；水洗；滴加 9%酒精，脱去一部分黄色，切片呈红色；水洗；加斯特林氏结晶紫液染 5 min；水洗；加碘液染 1 min；吸水纸吸取碘液，稍干燥，入苯胺—二甲苯液分化至切片不脱色为度；二甲苯透明，封固。

3. 结果　革兰氏阳性菌呈蓝色，革兰氏阴性菌呈红色，其他成分呈深浅不一的紫色。

（二）组织切片中抗酸菌染色方法

1. 染色液

（1）碱性品红 25 g，无水乙醇 50 ml，石炭酸 25 g，蒸馏水 500 ml，吐温- 8075 滴。

将碱性品红放在研钵中，加乙醇研磨，然后加石炭酸和部分蒸馏水，混合均匀后倒入一只玻璃烧杯中，加入全量水，滴加吐温- 80，倒入磨口瓶中塞紧，静置 24 h 后过滤。

（2）无水乙醇 200 ml，硫酸 50 ml，1%美蓝液 350 ml（美蓝粉 5 g，蒸馏水 500 ml 溶解后密闭保存）。

将硫酸逐滴加到乙醇中，静置冷却后加入美蓝 350 ml，密闭避光保存。

2. 染色法　切片脱蜡浸水后滴加（1）液 2～3 滴，3 min 后用水冲洗，再滴加（2）液 2～3 滴染色 1 min，水洗，脱水、透明、封固后镜检。

3. 结果　抗酸杆菌呈清晰红色，底色及其他细菌均呈蓝色。

二、包涵体染色法

病毒非常微小，最小的约为 20 nm，因而用一般的光学显微镜无法观察到，从病理技术的角度，也就无法对它们进行鉴定。但是当它们进入机体，形成包涵体后，就可以根据它们的所在部位和形态，应用不同的染色方法对它们进行显示和确定。当然鉴定病毒主要还要靠电子显微镜和其他手段。

病毒属于一类非细胞结构、无自主繁殖能力的微生物，它必须依靠所侵蚀寄宿的宿主细胞提供高分子合成装置和能量，它的基本结构是由核酸和蛋白质构成，当它们融合在一起形成一小体后，就能在光学显微镜下被观察到，这些小体依其属性不同存在于细胞的不同部位，这些小体通常被称为病毒包涵体。

病毒种类很多，由于它侵蚀机体的组织不同，形成包涵体的种类也有不同，研究发现包涵体由两类物质所构成，一类是由 DNA 所构成，属于碱性，HE 染色时呈深蓝色。这类包涵体用姬姆萨（Giemsa）染色法在 pH 7.6 和 9.5 时染色效果好，应用伊红和甲基蓝显示效果也很不错。另一类病毒包涵体则由 RNA 所构成，呈嗜酸性，位于细胞浆或胞核中，在 HE 染色中包涵体呈淡粉红色。

（一）姬姆萨染色法

1. 染色液　姬姆萨染色粉 2.4 g，甲醇 50 ml，甘油 50 ml。先将姬姆萨粉溶于甲醇中，然后加入甘油，混合后放入 50 ℃左右的烤箱中加热助溶（姬姆萨原液）。然后放于 4 ℃冰箱中备用。临用时姬姆萨原液 1 ml 加 0.01 mol/L PBS40 ml，混合即可使用。

2. 染色方法

（1）切片脱蜡至水，蒸馏水洗。

(2) 浸入 0.01 mol/L 磷酸盐溶液 (PBS)pH 7.6 中，换洗 3 次，3 min/次。

(3) 浸染于 pH 7.6 的 Giemsa 染液中过夜。

(4) PBS 冲洗 15 min。

(5) 0.01%柠檬酸水溶液分化，于镜下控制。

(6) 蒸馏水洗。

(7) 吸水纸吸干或风干切片。

(8) 丙酮脱水，1～2 min。

(9) 入丙酮和二甲苯的等量混合液中 1～2 min。

(10) 二甲苯透明，中性树胶封固。

3. 结果 病毒包涵体呈现鲜红色。

(二) 伊红—美蓝染色法

1. 伊红—美蓝液 1%伊红 35 ml，1%美蓝 35 ml，蒸馏水 100 ml，混合后过滤即成。

2. 染色方法

(1) 切片脱蜡至水，蒸馏水洗。

(2) 浸入 PBS，换洗 3 次，3 min/次

(3) 浸入伊红和甲基蓝浸染液中浸染过夜。

(4) 浸入 0.01 mol/L PBS 中冲洗 5～10 min。

(5) 0.01%柠檬酸水溶液分化切片，镜下控制。

(6) 风干，二甲苯透明，中性树胶封固。

3. 结果 病毒包涵体呈鲜红色，其他组织呈鲜蓝色。

第五章　病原学检验

第一节　细菌学检验

细菌个体微小，必须借助于光学显微镜才能看到。细菌从形态上可分为球状、杆状和螺旋状三种基本类型。细菌细胞的基本构造是由细胞壁、胞浆膜、细胞浆及核体、核糖体和内含物等基本结构。此外，有的细菌除具有基本构造外，还能形成荚膜、芽孢、鞭毛和柔毛等特殊构造（图 5－1）。细菌的形态、大小、染色特性、生化特性是鉴定细菌的重要标志。

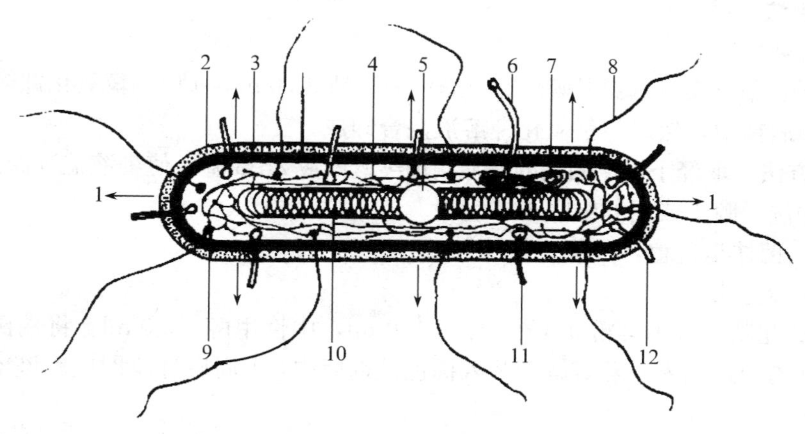

图 5－1　细菌细胞超微结构模式图

1. 外毒素　2. 细胞壁　3. 荚膜　4. 核糖体　5. 芽孢　6. 性纤毛　7. 中介体　8. 鞭毛
9. 鞭毛的基础颗粒　10. DNA　11. 纤毛的基础颗粒　12. 纤毛或柔毛

一、细菌标本制作和染色

（一）不染色标本的制备和检验

不染色标本主要用于观察活体微生物的状态和运动性，如压滴标本，即取洁净载玻片，在其上加一滴无菌生理盐水（如果是液体材料可以不加水），再用接种环在火焰上灼烧灭菌后蘸取适量的待检材料于水滴上混合均匀，然后在水滴上加盖一张洁净的盖玻片，注意不可有气泡。检查时将标本置于显微镜载物台上，先用低倍镜找到观察目标，然后用高倍镜或油镜观察。光线应暗一些，最好用暗视野显微镜观察。

（二）染色标本的制备

1. 抹片标本的制作　对于固体培养物，取一滴蒸馏水或生理盐水于清洁无尘玻片一端。左手持菌种管，右手持接种环于火焰上灼烧灭菌，右手小指与无名指夹住菌种管棉塞取下，管口迅速通过火焰灭菌，以灭菌的接种环自菌种管内挑少许培养物，与蒸馏水混合，涂布成直径约为1 cm的涂片，涂片应薄而均匀。对于液体培养物，不必加蒸馏水或生理盐水，直接以无菌操作取液体培养物1～2环做涂片即可。对于组织脏器，右手持无菌镊子夹住一块组织（如肝、脾或病理性产物），左手用无菌剪刀剪取所夹组织，右手随即以新鲜切面在玻片上印压或涂抹，印片或涂片不可太厚。

2. 抹片标本的干燥 涂片后在室温中自然干燥。冬天气温较低或急用时，可将标本面向上，小心在酒精灯火焰上略加烘烤，加速水分蒸发，但勿紧靠火焰，以免标本烤焦影响染色。

3. 抹片标本的固定 手执玻片的一端，即涂有标本的远端，标本面向上，在火焰上来回通过两三次，每次通过时间为3～4 s，待冷后进行染色。固定的目的是杀死细菌，使菌体蛋白凝固于玻片上，不至于染色时被水冲去，便于着色。组织触片不宜用火焰固定，可用甲醇固定。

（三）染色方法

1. 单染色法

（1）美蓝染色法

① 染色液配制　美蓝（亚甲蓝）0.3 g，95%酒精30.0 ml，0.01%氢氧化钾溶液100.0 ml。将美蓝先溶于酒精中，然后与氢氧化钾溶液混合即成。

② 染色方法　取经干燥、固定的涂片滴加美蓝染液2～3滴，使染液盖满涂片，1～2 min后用小水流冲洗，晾干或用滤纸吸干，镜检。

③ 结果　菌体呈蓝色，荚膜呈粉红色。

（2）瑞氏染色法

① 染色液配制　瑞氏染粉0.1 g，甘油1.0 ml，中性甲醇60.0 ml。将瑞氏染粉和甘油置乳钵中研磨均匀，加入甲醇溶解后装入棕色试剂瓶中，1周后过滤即成。该染液存放越久染色效果越好。

② 染色方法　涂片自然干燥后不需固定，直接滴加瑞氏染液数滴，染1～2 min，再加等量蒸馏水轻轻晃动玻片或向染液吹气，使染色液混匀，4～5 min后经水洗、干燥即可镜检。

③ 结果　菌体呈蓝色，其他细胞呈不同的颜色。

2. 复染色法

（1）革兰氏染色法

① 染色液配制

a. 草酸铵结晶紫（龙胆紫）溶液　结晶紫2.0 g，95%酒精20.0 ml，1%草酸铵溶液30.0 ml。结晶紫溶于酒精中，然后与草酸铵溶液混合即成，此溶液可以长期保存。

b. 革兰氏碘溶液（鲁格氏液）　碘片1.0 g，碘化钾2.0 g，蒸馏水30.0 ml。碘化钾溶于蒸馏水中，再加入碘片，完全溶解后加蒸馏水至300 ml。

c. 石炭酸复红溶液　碱性复红0.3 g，95%酒精10.0 ml，5%石炭酸水溶液90.0 ml。复红溶于酒精中，再加入石炭酸溶液混合过滤即成。此溶液保存于棕色瓶中。

② 染色方法　在干燥并经火焰固定的涂片上滴加草酸铵结晶紫2～3滴，染1 min，水洗，加革兰氏碘溶液2～3滴，媒染1 min，水洗，再加95%酒精3～5滴脱色，摇动玻片数次，倾去酒精，再加酒精，反复2～3次至无紫色脱下（30～60 s），然后加石炭酸复红溶液

复染 1 min，水洗，干燥，油镜观察。

③ 结果　革兰氏阳性菌呈蓝紫色，革兰氏阴性菌为红色。

(2) 姬姆萨染色法

① 染色液配制　姬姆萨染色粉 0.6 g，甘油 50.0 ml，甲醇 50.0 ml。将姬姆萨染色粉加于甘油中，55～60 ℃水浴 1.5～2 h，加入甲醇，静置 1 d 以上，过滤即成原液（贮备液）。使用时用中性或微碱性蒸馏水 20～25 倍稀释。蒸馏水应是中性或微碱性，否则染不上色。若蒸馏水偏酸性，可在 10 ml 蒸馏水中加 1 滴 1%碳酸钾溶液。

② 染色方法　涂片或触片经自然干燥后，无需固定，直接滴加姬姆萨染色液数滴（染液中有甲醇，能起固定作用），经 2 min 后再加等量蒸馏水，轻轻摇晃使之与染液混合均匀，5 min 后水洗、干燥。或将玻片浸入盛有染色液的染色缸中，染色数小时或过夜，取出水洗、干燥、镜检。后者染色效果较好。

③ 结果　菌体呈蓝青色，其他组织呈不同的颜色。

(3) 芽孢染色法

① 染色液配制　5%孔雀石绿水溶液，0.5%沙黄水溶液或石炭酸溶液。

② 染色方法　取干燥火焰固定的涂片，滴加 5%孔雀石绿水溶液于涂片上，加热使其产生水蒸气，但不产生气泡为佳，加热 30～60 s，冷却后水洗，以石炭酸复红液（或沙黄水溶液）复染 30 s，取出水洗、吹干、镜检。

③ 结果　菌体呈红色，芽孢呈绿色。

(4) 鞭毛染色法

① 染色液配制　0.5%苦味酸 1.0 ml，20%鞣酸液 1.0 ml，5%钾明矾液 0.5 ml，11%复红酒精溶液 0.15 ml。将上述各液在使用前按顺序混合即可使用。

② 染色方法　取 10～12 h 的幼龄菌，用 1%福尔马林液制成菌液，固定 24 h 后，于载玻片上涂成薄片。待自然干燥后，用上述染色液加温染色 30 s 至 1 min，然后静置 1～2 min，取出后水洗、干燥、镜检。

③ 结果　菌体呈深红色，鞭毛为淡红色。

(5) 抗酸染色法　以萋-尼氏（Ziehl - Neelsen）染色法为例。

① 染色液配制　石炭酸复红，炭碱性美蓝。

② 染色方法　在固定后的涂片上，滴加石炭酸复红染色液，将玻片在火焰上加热至发生蒸汽，但不能产生气泡，加热 3～5 min，冷却后用 3%盐酸酒精脱色，至无红色脱落为止（需 1～3 min），水洗后，用碱性美蓝染液复染 1 min。取出后水洗、干燥、镜检。

③ 结果　结核杆菌和副结核杆菌等抗酸性细菌被染成红色，其他菌为蓝色。

(6) 荚膜染色法　以雷别格尔荚膜染色法（福尔马林龙胆紫法）为例。

① 染色方法　涂片干燥后，滴加 2%～3%福尔马林龙胆紫染液，染色 20～30 min，立即水洗、干燥、镜检。

② 结果　荚膜呈淡紫色，菌体为深紫色。

(7) 支原体染色法

① 染色方法　涂片自然干燥，用 pH 7.2 的 PBS 稀释 20 倍的姬姆萨染色液染色 3 h，水洗后立即用丙酮浸洗一次，干燥后镜检。

② 结果　支原体呈紫红色，多在细胞外，偶尔可见在中性粒细胞胞浆中。菌体呈环状、

球状、直杆状、弯杆状或三角形。

(8) 真菌染色法　以乳酸酚棉蓝染色法为例。

① 染色液配制　结晶石炭酸 20.0 g，乳酸 20.0 ml，甘油 40.0 ml，蒸馏水 20.0 ml，棉蓝（或中国蓝）0.05 g。将各种药品混合加温溶解后加入棉蓝溶解，过滤即成。

② 染色方法　先将染色液滴加在玻片上，再将被检样品放在染色液中，涂抹均匀，加盖玻片，微加温后镜检。

③ 结果　真菌呈蓝色。

二、细菌的形态检验

(一) 细菌的基本形态

细菌的形态学检验是通过显微镜观察细菌的形状、大小和排列方式，从而初步判断是何种细菌。细菌的基本形态可以分为球菌、杆菌和螺旋菌三种。

1. 球菌　大多数呈球形，也有呈矛头状、肾形、扁豆形。球菌的直径为 0.5～2 μm。按排列方式可分为单球菌、双球菌、四联球菌、八叠球菌、链球菌和葡萄球菌等（图 5-2）。

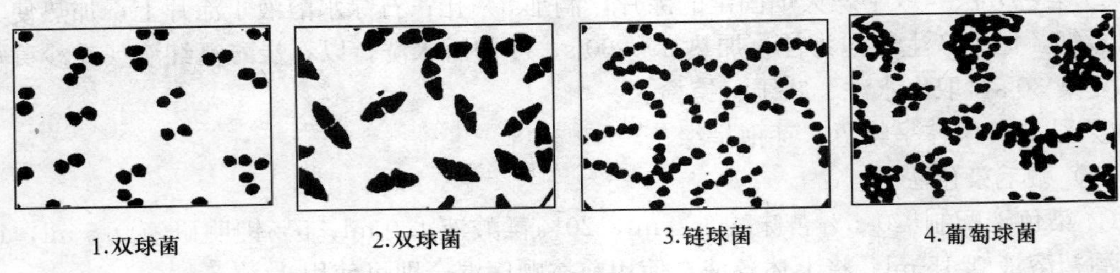

图 5-2　球菌的形态

2. 杆菌　一般呈正圆柱，多数杆菌菌体平直或少有弯曲，也有近似卵圆形的。杆菌的大小差别较大，小的杆菌长 0.5～1.0 μm，中等杆菌长 2.0～3.0 μm，大型杆菌长 3.0～10.0 μm，杆菌直径为 0.5～1.0 μm。按排列方式可分为单杆菌、双杆菌、链杆菌。此外，还有一些特殊形态，如球杆菌、分枝杆菌、棒状杆菌等（图 5-3）。

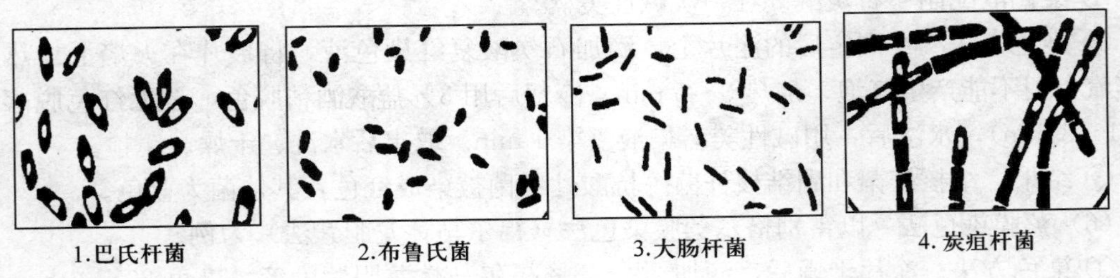

图 5-3　杆菌的形态

3. 螺形菌　菌体弯曲或呈螺旋状，螺菌可分为弧菌和螺菌。弧菌只有一个弯曲，呈弧形或逗点状。螺菌则有两个以上的弯曲，呈螺旋状（图 5-4）。

(二) 细菌的显微镜观察

1. 显微镜的基本结构及油镜的工作原理　现代普通光学显微镜是利用目镜和物镜两组透镜系统来放大成像，故又常被称为复式显微镜，它由机械装置和光学系统两大部分组成。

在显微镜的光学系统中，物镜的性能最为关键，它直接影响着显微镜的分辨率。普通光学显微镜通常配置几种不同放大倍数的物镜，其中油镜的放大倍数最大，对微生物学研究最为重要。与其他物镜相比，油镜的使用比较特殊，需要在载玻片与镜头之间加滴镜油（香柏油），这主要有如下两方面的原因。

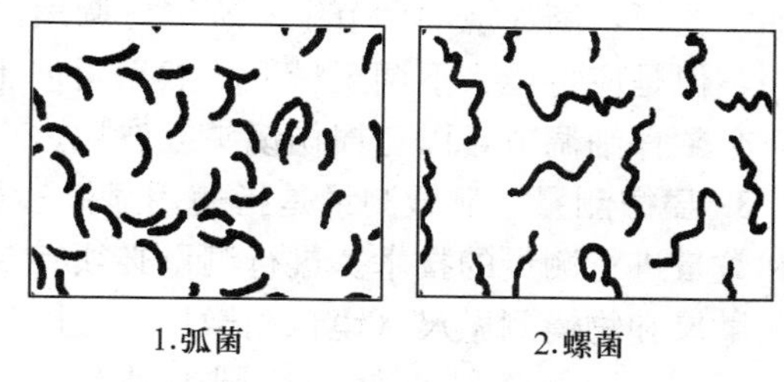

图 5－4　弧菌和螺菌的形态

（1）增加照明亮度　油镜的放大倍数可达 100×，放大倍数这样大的镜头焦距很短、镜头孔径很小，但所需要的光照强度却最大。从承载标本的玻片透过来的光线，因介质密度不同（从玻片进入空气，再进入镜头），部分光线会因折射或全反射而不能进入镜头，致使在使用油镜时会因射入的光线较少，标本照明不足，显像不清。所以为了不使通过的光线有所损失，在使用油镜时须在油浸镜头与玻片之间滴加与玻璃的折射率（$n=1.55$）相近的镜油（通常用香柏油，其折射率 $n=1.52$），以增加照明亮度。

（2）增加显微镜的分辨率　显微镜的分辨率或分辨力是指显微镜能辨别两点之间的最小距离的能力。从物理学角度看，光学显微镜的分辨率受光的干涉现象及所用物镜性能的限制，分辨率 D 可表示为：

$$D=\lambda/2NA$$

式中，λ＝光波波长；NA＝物镜的数值孔径值。

光学显微镜的光源不可能超出可见光的波长范围（0.4～0.7 μm），而数值孔径值则取决于物镜的镜口角和玻片与镜头间介质的折射率，可表示为：$NA=n\times\sin\alpha$。式中，α 为光线最大入射角的半数，它取决于物镜的直径和焦距，一般来说实际应用中最大只能达到 120°，n 为介质折射率。由于香柏油的折射率（1.52）比空气及水的折射率（分别为 1.0 和 1.33）要高，因而以香柏油作为镜头于玻片之间介质的油镜所能达到的数值孔径值（NA 一般在 1.2～1.4）要高于低倍镜、高倍镜等干镜（NA 都低于 1.0）。若以可见光的平均波长 0.55 μm 来计算，数值孔径通常在 0.65 左右的高倍镜只能分辨出距离不小于 0.4 μm 的物体，而油镜的分辨率却可达到 0.2 μm 左右。

2. 显微镜的使用　进行病原学（细菌、霉菌和寄生虫）检验经常要使用显微镜。因此，必须十分熟练显微镜的使用方法。

（1）镜筒的调节　现在多用电光源双目生物显微镜，开启电源后，把标本放在载物台上，将聚光器升至最高，并将孔径光栏开至最大，推拉镜筒使两目镜的距离与观察者两瞳孔的距离一致，此时两眼看到的视场应为一个正圆形的视场。

（2）聚光器的调节　调节聚光器的高低可以改变视场的亮度，可根据个人的习惯调节亮度，一般不要太亮。调节聚光器光栏可以改变分辨率，缩小光栏孔径可以扩大景深，提高分辨率。

（3）亮度的调节和滤光片的使用　亮度可以通过调节电压或聚光器的高度来调节，也可改变光栏孔径来调节。一般未经染色的标本应用较暗的视场。滤光片可以降低视场的亮度，可以增加染色标本的反差，可根据需要选择使用。

（4）调焦　将标本放在载物台上后，先用低倍物镜观察找到被观察目标，然后转换到高倍油浸物镜，滴加镜油调节细螺旋进行调焦。如果显微镜使用比较熟练，可以直接用高倍油镜头，但是应将镜头下调至最低，然后再向上微调，油浸镜头的工作距离只有 0.19 mm 左右，必须仔细调节，以免损伤镜头或玻片。

3. 显微测量 显微测量是指使用显微镜微尺对观察到的细小物体进行长、宽、体积大小和数量进行测量的技术。进行测量必须有专用的工具，这套工具叫测微尺。测微尺分为目镜测微尺和物镜测微尺（镜台测微尺）。进行测量前对目镜测微尺进行校正。

（1）目镜测微尺　是一块圆形玻片，在玻片中央把 5 mm 长度刻成 50 等分，或把 10 mm长度刻成 100 等分（图 5－5）。测量时，将其放在接目镜中的隔板上（此处正好与物镜放大的中间像重叠）来测量经显微镜放大后的物象。由于不同目镜、物镜组合的放大倍数不相同，目镜测微尺每格实际表示的长度也不一样。因此，目镜测微尺测量微生物大小时须先用置于镜台上的镜台测微尺校正，以求出在一定放大倍数下，目镜测微尺每小格所代表的实际长度。

（2）镜台测微尺（即物镜尺）　是中央部分刻有精确等分线的载玻片，一般将 1 mm 等分为 100 格，每格长 10 μm（即 0.01 mm）（图 5－6），是专门用来校正目镜测微尺的。校正时，将镜台测微尺放在载物台上，由于镜台测微尺与标本是处于同一位置，都要经过物镜和目镜的两次放大成像进入视野，即镜台测微尺随着显微镜总放大倍数的放大而放大。因此，从镜台测微尺上得到的读数就是被观察物体的真实大小，所以用镜台测微尺的已知长度在一定放大倍数下校正目镜测微尺，即可求出目镜测微尺每格所代表的长度，然后移去镜台测微尺，换上待测标本片，用校正好的目镜测微尺在同样放大倍数下测量微生物的大小。

（3）目镜测微尺的校正　把目镜的上透镜旋下，将目镜测微尺的刻度朝下轻轻地装入目镜的隔板上，把镜台测微尺置于载物台上，刻度朝上。先用低倍镜观察，对准焦距，视野中看清镜台测微尺的刻度后，转动目镜，使目镜测微尺与镜台测微尺的刻度平行，移动推进器，使两尺重叠，再使两尺的“0”刻度完全重合，定位后，仔细寻找两尺第二个完全重合的刻度，计数两重合刻度之间目镜测微尺的格数和镜台测微尺的格数（图 5－7）。因为镜台测微尺的刻度每格长 10 μm，所以由下列公式可以算出目镜测微尺每格所代表的长度：

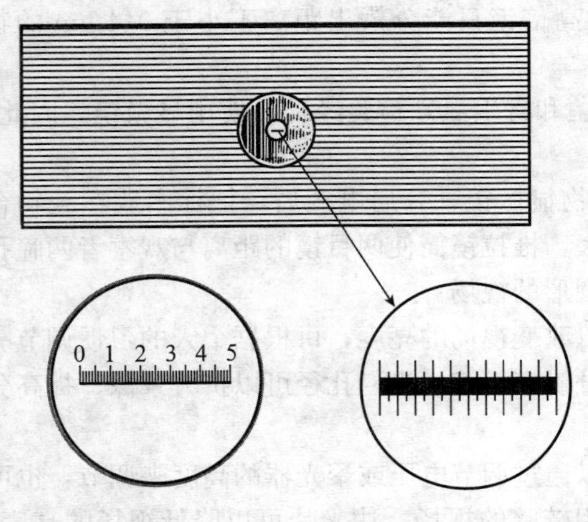

图 5－5　目镜测微尺　　图 5－6　镜台测微尺

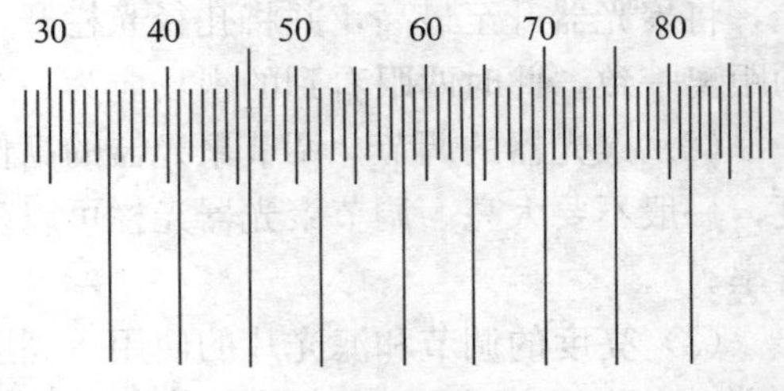

图 5－7　目镜测微尺的标定

目镜测微尺每格所代表的长度＝物镜测微尺格数/目镜测微尺格数×10 μm

如目镜测微尺 47 小格正好与镜台测微尺 8 小格重叠，已知镜台测微尺每小格为 10 μm，那么：

$$目镜测微尺上每小格长度=\frac{8}{47}\times 10\ \mu m=1.7\ \mu m$$

用同法分别校正在高倍镜下和油镜下目镜测微尺每小格所代表的长度。由于不同显微镜及附件的放大倍数不同，因而校正目镜测微尺必须针对特定的显微镜和附件（特定的物镜、目镜、镜筒长度）进行，而且只能在特定的情况下重复使用，当更换不同放大倍数的目镜或物镜时，必须重新校正目镜测微尺每一格所代表的长度。

4. 显微摄影　显微摄影是把显微镜下观察到的图像记录下来的技术，显微图像可用于保存资料、交流和教学等。现在已经有较好的数码摄影显微镜和更高级的显微镜成像系统，使用十分方便，具体操作可参考电脑软件的提示。

5. 显微镜使用后的维护　上升镜筒，取下载玻片，用擦镜纸拭去镜头上的镜油，然后用擦镜纸蘸少许二甲苯（香柏油溶于二甲苯）擦去镜头上残留的油迹，最后再用干净的擦镜纸擦去残留的二甲苯，用擦镜纸清洁其他物镜及目镜，用绸布清洁显微镜的金属部件。将物镜转成八字形，再向下旋。同时，把聚光镜降下，以免接物镜与聚光镜发生碰撞。切断电源，加盖防尘罩。

三、细菌的分离培养

由于细菌个体微小，大多数情况下单靠形态特征很难区分出是什么细菌，因而还需要进行培养特性和生化特性的鉴定，进行这些鉴定必须进行细菌的分离培养。

不同细菌对营养的要求有所不同。因此，人们在长期的实践中探索研制出许多适合不同细菌生长的培养基。

（一）常用培养基的制作

培养基是由人工方法将多种营养物质根据各种细菌的需要而组合成的混合营养基质。培养基的基本成分有营养物质、凝固物质、抑制剂和指示剂。常用的营养物质有蛋白胨、肉浸液、牛肉膏、各种糖类、血液、无机盐、鸡蛋和动物血清、生长因子等。最常用凝固物质为琼脂，有时也使用明胶、卵白蛋白、血清等作为赋形剂。常用的抑制剂有胆盐、煌绿、玫瑰红酸、亚硫酸钠、亚硒酸钠，以及一些染料和某些抗生素。培养基中加入的指示剂有酚红、中性红、甲基红、酸性复红、溴甲酚紫、溴麝香草酚蓝等酸碱指示剂，美蓝作为氧气指示剂。

根据培养基的形态分为固体、液体和半固体培养基；按用途可分为基础培养基、增菌培养基、选择培养基、厌氧培养基、鉴别培养基等；按成分可分为合成培养基和天然培养基。常用的培养基有以下几种。

1. 普通营养琼脂培养基

（1）配方　蛋白胨 10.0 g，氯化钠 5.0 g，牛肉膏 5.0 g，琼脂条 20.0 g，蒸馏水 1 000 ml。

（2）制法　上述试剂共同加热煮沸，完全融化后调整 pH 为 7.4～7.6，120 ℃下高压灭菌 30 min，倒成平板或斜面备用。

（3）用途　该培养基是一种常用培养基，适用于多种细菌的分离培养。

2. 血液琼脂培养基

（1）制法　在普通营养琼脂培养基高压灭菌后，冷却至 50～60 ℃时加入 5%～10%抗凝全血或脱纤维蛋白血（马血、牛血、绵羊血、兔血或鸡血均可，血液要无菌采取）。

（2）用途　用于分离娇嫩的细菌；检查细菌的溶血性；分离培养副嗜血杆菌、弯杆菌等。

3. S.S 琼脂培养基

（1）配方　蛋白胨 5.0 g，乳糖 10.0 g，琼脂 20.0 g，胆盐 10.0 g，柠檬酸钠 10.0～14.0 g，硫代硫酸钠 8.5 g，枸橼酸铁 0.5 g，牛肉膏 5.0 g，0.5%中性红溶液 4.5 ml，0.1%煌绿溶液 0.33 ml，蒸馏水 1 000 ml。

（2）制法　除中性红和煌绿溶液外，其他成分共同煮沸溶解，10%氢氧化钠溶液调整 pH 至 7.0～7.5，再加入中性红和煌绿，再煮沸，冷却到 50～60 ℃，倒成平皿备用。

（3）用途　用于培养和鉴别沙门氏菌属和志贺菌属。

本培养基严禁高压灭菌和过度煮沸。煌绿不能久放，配置后 10 d 内用完，否则就应倒掉。柠檬酸钠、硫代硫酸钠对大肠杆菌有抑制作用，煌绿在这样浓度下对大肠杆菌无抑制作用，仅有助于致病菌的生长。除肠道革兰氏阴性菌能在此培养基上生长外，其他细菌均被抑制。

4. 麦康凯琼脂培养基

（1）配方　蛋白胨 20.0 g，胆盐 5.0 g，氯化钠 5.0 g，乳糖 10.0 g，琼脂条 20.0 g，1%中性红溶液 5.0 ml，蒸馏水 1 000 ml。

（2）制法　除中性红外，其他成分加热融化，调整 pH 为 7.0～7.2，加入中性红溶液，120 ℃下高压灭菌 15 min，倒制平皿备用。

（3）用途　用于分离培养杆菌和沙门氏菌。

5. 伊红美蓝培养基

（1）配方　蛋白胨 10.0 g，乳糖 10.0 g，氯化钠 5.0 g，磷酸氢二钾 2.0 g，琼脂 20.0 g，2%伊红溶液 20.0 ml，0.5%美蓝溶液 20 ml，蒸馏水 1 000 ml。

（2）制法　将蛋白胨、氯化钠、琼脂称好，加水 1 000 ml 加热使溶解，校正 pH 为 7.4，过滤，补足失水，加入 2%伊红溶液和美蓝溶液，115 ℃下高压灭菌 20 min，冷却至 50 ℃左右倾注平板，凝固后存冰箱备用。

（3）用途　用作大肠杆菌、沙门氏菌分离，志贺氏菌属分离培养，也可做菌群调查。

6. 厌氧肉肝汤

（1）配方　牛肉 1 份，氯化钠 0.5%，牛（羊、猪）肝 1 份，葡萄糖 0.2%，水 4 份，小肝块 1/10，蛋白胨 1%，液体石蜡适量。

（2）制法

① 取除去脂肪及筋膜的牛肉，用绞肉机绞碎，混入切成 100 g 左右的肝块等量，加蒸馏水 4 份，充分搅拌后，冷浸 20～24 h。

② 煮沸 30～60 min，补足失去的水分，用白布过滤，弃去肉渣，取出肝块。

③ 滤液加入蛋白胨液 1%和氯化钠 0.5%，加热溶化，调整 pH 为 7.6～8.0，加热煮沸。

④ 以滤纸或纱布过滤，按量加入葡萄 0.2%，搅拌，使其溶化。

⑤ 将煮过的肝块洗净，切成小方块，用蒸馏水充分冲洗后分装于试管中，其量约为分装肉肝汤量的 1/10。

⑥ 将滤液分装于含有肝块之试管中，然后再加入适量的液体石蜡覆盖液面，116 ℃高压灭菌 30～40 min。经 37 ℃培养 24～48 h，应无菌生长。

（3）用途　供一般厌氧菌培养及检验用。

细菌学检验中还要进行生化检验，常用的生化检验管和培养基都能在市场上买到，无需自己配制。

（二）细菌的分离与培养

1. 细菌的接种方法　培养细菌时，需将标本或细菌培养物接种于培养基上，常用接种方法有以下几种。

（1）平板划线接种法　本法为最常用的分离培养细菌的方法，通过平板划线后，可使细菌分散生长，形成单个菌落，有利于从含有多种细菌的标本中分离出目的菌。分离培养用的平板培养基应表面干燥，临用前置 37 ℃温箱内 30 min，这样表面即干燥有利于分离培养，又使培养基预温，对培养某些较娇弱的细菌有利。常用的平板划线接种法有以下几种：

① 分区划线法　此法多用于脓汁、粪便等含菌量较多的标本的分离，其方法是首先将接种环在酒精灯上灼烧灭菌，蘸取少许样品均匀涂布于平板培养基边缘一小部分（第一区），将接种环火焰灭菌，待冷却后只通过第一区连续划线 3～5 次（为第二区），依次划到第三至第五区，每一区细菌数逐渐减少，直到分离出单个菌落为止（图 5－8）。

② 连续划线法　该法多用于含菌数量较少的标本。其方法是首先用接种环将标本均匀涂布于平板培养基边缘一小部分，然后由此开始，在培养基表面自左向右连续划线并逐渐向下移动，直到下边缘。

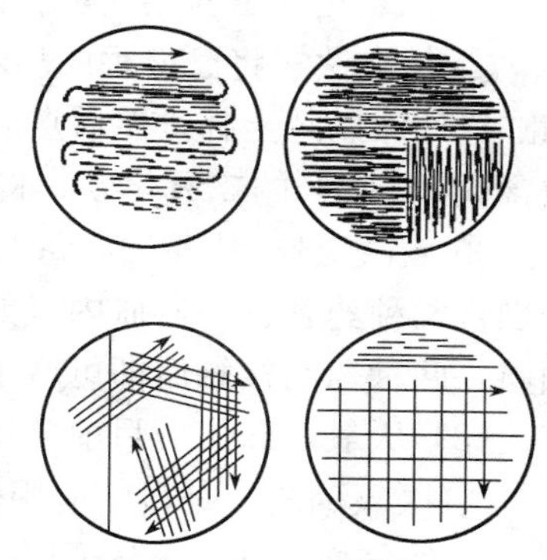

图 5－8　平板划线法

划线接种时，尽可能做到直、密、匀，有效地利用培养基表面，达到充分分离的目的。

（2）斜面接种法　采用该法目的是进行纯培养，其方法是从平板分离培养物上用接种环挑取单个菌落或者是取纯种，移种至斜面培养基上，先从斜面底部自下而上划一条直线，再从底部开始向上划曲线接种，尽可能密而匀，或者直接自下而上划曲线接种（图 5－9）。

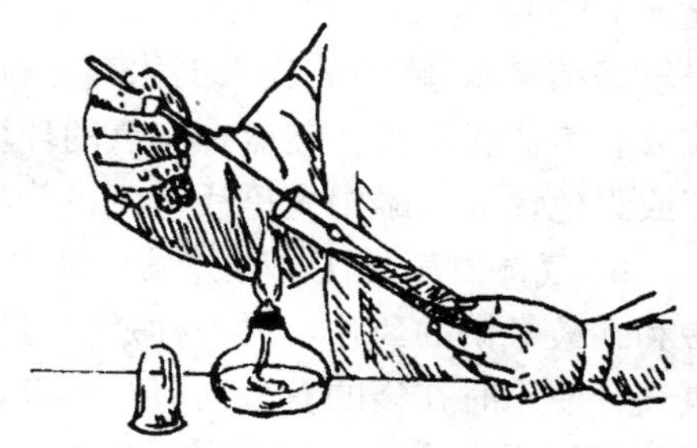

图 5－9　试管斜面划线法

（3）倾注培养法　此法适用于乳汁和尿液等液体标本的细菌计数。其方法是取原标本或经适当稀释（一般是 1∶5～10 稀释）的标本 1 ml，置于直径 9 cm 无菌平皿内，倾入已融化并冷却至 50 ℃左右的培养基约 15 ml，立即混匀，待凝固后倒置于 37 ℃培养 18～24 h，做菌落计数。

（4）穿刺接种法　本法多用于双糖、明胶等具有高层的培养基进行接种。方法是用接种针挑取菌落或培养物，由培养基中央直刺到距管底 0.3～0.5 cm 处，然后沿穿刺线退出接种针，若为双糖等含高层斜面的培养基则只穿刺高层部分，退出接种针后直接划曲线接种斜面部分。

（5）液体接种法　本法多用于普通肉汤、蛋白胨水等液体培养基的接种。方法是接种环蘸取菌种，倾斜液体培养基管，先在液面与管壁交界处研磨接种物（以试管直立后液体能淹没接种物为准），然后再在液体中摆动 2～3 次接种环，塞好棉塞后轻轻混合即可。

2. 细菌的培养方法　根据培养细菌的目的和培养物的特性，培养方法分为一般培养法、二氧化碳培养法和厌氧培养法三种。

（1）一般培养法　将已接种过的培养基，置 37 ℃培养箱内 18～24 h，好氧菌和兼性厌氧菌即可于培养基上生长，少数生长缓慢的细菌需培养 3～7 d 甚至 1 个月才能生长。为使培养箱内保持一定湿度，可在其内放置一水盘。培养时间较长的细菌，接种后应将试管口塞棉塞后用石蜡或凡士林封固，以防培养基干裂．

（2）二氧化碳培养法　某些细菌需要在含有 10%二氧化碳的空气中才能生长，尤其是初代分离培养要求更为严格。将已接种的培养基置于二氧化碳环境中进行培养的方法即二氧化碳培养法，常用方法有以下几种：

① 二氧化碳培养箱　可将已接种的培养基直接放入二氧化碳箱内培养。

② 烛缸法　将已接种的培养基，置于容量为 2 000 ml 的磨口标本缸或干燥器内。缸盖和缸口处涂以凡士林，然后点燃蜡烛并直立置入缸中，密封缸盖。待蜡烛自行熄灭时，容器内含 5%～10%的二氧化碳，将容器置 37 ℃培养箱中。

③ 碳酸氢钠-盐酸法　每升容积的容器内，碳酸氢钠与盐酸按 0.4 g 与 3.5 ml 的比例，分别将两种药各置一器皿内（如平皿内），连同器皿置于标本缸或干燥器内，盖严后使容器倾斜，两种药品接触后即可产生二氧化碳。

（3）厌氧培养法　目前常用的厌氧培养方法有厌氧罐法、气袋法及厌氧箱三种。

① 厌氧罐法　是目前应用较广泛的一种方法，共分为以下两种：

a. 抽气换气法　该法适用于一般实验室，其特点是较经济，并可迅速建立厌氧环境。标本接种后，将平板放入厌氧罐，拧紧盖子，用真空泵抽出罐中空气，使压力真空表至－79.98 kPa，停止抽气，充入高纯氮气使压力真空表，连续反复 3 次，最后在罐内－79.98 kPa 的情况下，充入 70%的氮气，20%氢气，10%二氧化碳（有人改用 20%二氧化碳及 80%氢气，亦可获得较好结果），罐中需放入催化剂钯粒，可催化罐中残余的氧气和氢气化合成水。同时罐中应放有美蓝指示管，美蓝在有氧的环境下呈蓝色，无氧时为无色，临用前首先将美蓝煮沸使变成无色，放入罐中先呈浅蓝色，待罐中无氧环境形成后，美蓝持续无色。

b. 气体发生袋法　气体发生袋系由锡箔密封包装，其中含有两种药片，一种为含枸橼酸和碳酸氢钠的药片，另一种是含有硼氢化钠的药片。前者遇水放出二氧化碳，后者可释放氢气，使用时在袋的右上角剪一小口，灌进 10 ml 蒸馏水，立即放入含有钯粒指示剂及平板培养基的厌氧罐中，拧紧盖子经 2～3 min 后，可感到盖子微热并有少量水蒸气出现。密封 1 h左右罐中氧气的含量可低于 1%。

② 气袋法　此种方法不需要特殊设备，操作简单、使用方便，不但实验室中可用，而且外出采样，现场接种也可用。原理与气体发生袋完全相同，只是采用塑料袋代替了厌氧罐，气袋为一透明而密闭的塑料袋，内装有气体发生安瓿，指示剂安瓿，含有催化剂的带孔塑料管各一支。其操作方法为首先将接种的平板培养基放入袋中，用弹簧夹夹紧袋口，然后

用手指压碎气体安瓿，20 min 后再压碎指示剂安瓿，如果指示剂不变蓝色，说明袋内达到厌氧状态，即可放入 37 ℃培养箱中进行培养。

③ 厌氧培养箱　使用之前须仔细检查厌氧装备有无漏气等问题，以及催化剂、指示剂质量等。使用时严格遵守操作规程，保证箱内气体比例合理。

四、细菌的生化特性鉴定

各种细菌具有独立的酶系统，所以在相应的培养基上生长时，会产生不同的代谢产物，据此可鉴定各种细菌。细菌的生化反应在种、型的鉴别上具有重要意义。进行生化性状检查，必须用纯培养菌进行，生化性状检查的项目很多，应按诊断需要适当选择。现将常用的生化检测方法简介如下。

（一）糖（醇、糖苷）类发酵试验

1. 糖发酵试验　将待检菌的纯培养物接种入各种糖发酵培养基中（市场上有各种发酵管），置 37 ℃培养，培养时间多数为 1～2 d，长的 1 周至 1 个月不等，应视细菌的分解速度和试验要求而定。其间要定时观察，如产酸时，则指示剂呈酸性反应，培养液由紫色变为黄色；如不分解糖，则仍呈紫色；如分解后产气，则小管内积有气泡。

2. V－P 试验　将纯培养物接种到 0.1%葡萄糖的蛋白胨水（葡萄糖、K_2HPO_4、蛋白胨各 5 g，完全溶解于 1 000 ml 水中，调 pH 为 7.6，分装试管内，间歇灭菌）中，37 ℃培养 2～3 d 天，取出，按 2 ml 培养液加 V－P 试剂（40 g 氢氧化钾溶于 100 ml 蒸馏水中，加入 0.3 g 肌酐即成）0.2 ml，置 48～50 ℃水浴 2 h 或 37 ℃水浴 4 h，充分震荡，呈红色者为阳性。

3. 甲基红（M. R）试验　其培养基和培养方法与 V－P 试验相同，向培养基内加入数滴甲基红试剂，混匀后判定。培养物中 pH 低时呈红色，即为甲基红试验阳性；pH 较高的培养物呈黄色，即为甲基红试验阴性。

（二）蛋白质类代谢试验有以下项目

1. 靛基质形成试验　将细菌接种于蛋白胨水中，37 ℃培养 2～3 d，沿试管壁滴加试剂（对二氨苯甲醛）约 1 ml 于培养液表面，如该菌能产生靛基质，则两液接触处变成红色为阳性，黄色为阴性。

2. 硫化氢产生试验　将细菌穿刺接种于醋酸铅琼脂培养基中，37 ℃培养 24 h，穿刺线出现黑色者为阳性，无黑色为阴性。

3. 硝酸盐还原试验　将细菌穿刺接种到硝酸盐培养基内，并同时接种已知阳性菌做对照，于 37 ℃培养 4～5 d，加入试剂甲液和乙液各 5 滴，轻摇培养基，混合均匀。经 1～2 min 若硝酸盐还原变为红色者为阳性，无颜色变化为阴性（甲液为氨基苯磺酸，乙液为 α-萘胺）。

4. 美蓝还原试验（细菌脱氢酶的测定）　于 5 ml 肉汤培养基中加入 1%美蓝液 1 滴，将被检菌接种于培养基中，在 37 ℃下培养 18～24 h 后观察结果，完全脱色为阳性，绿色为弱阳性，不变色者为阴性。

5. 尿素酶试验　将被检菌接种于含有酚红指示剂的尿素培养基中，放 37 ℃温箱中培养 24～48 h 后观察结果，如细菌能分解尿素，则培养基因产碱而由黄变为红色。

6. 明胶液化试验（明胶酶试验，快速微量法）　取蛋白胨水 2 ml，加温至 37 ℃，用接种环蘸取菌液，并在上述蛋白胨水中制成厚悬液。然后，加入一块木炭明胶圆片，放 37 ℃

水浴中，通常在1 h内看到液化现象。

木炭明胶圆片经甲醛硬化处理，37 ℃不融化，如含有明胶酶，则圆片裂解，并释放出碳粒子。

五、细菌的药敏试验

抗菌药物对细菌性传染病的控制起到了非常重要的作用，但是由于不规范用药，致使很多致病性细菌产生了耐药性，使得抗菌药物对细菌性疾病的控制效果越来越差，不但造成药物浪费，而且贻误病情，给养殖户造成了很大的经济损失。为了提高疗效、及时控制疾病，建议在治疗细菌性疾病时先做药敏试验，再决定用何种药物。

细菌的药敏试验方法很多，如试管稀释法（全量法）、微量稀释法、琼脂稀释法、琼脂扩散法、联合药敏试验等。在临床上多用琼脂扩散法，必要时可做联合药敏试验。

（一）琼脂扩散法

琼脂扩散法又可分为纸片琼脂扩散法和打孔法。

1. 纸片琼脂扩散法（Kirby-Bauer 法）

（1）试验材料　包括普通营养琼脂培养基、血液琼脂培养基或其他培养基、药敏试纸片（购买或自制）、待检细菌、恒温培养箱、接种环、酒精灯、打孔机、移液器等。

① 自制纸片的方法　取新华1号定性滤纸，用打孔机打成6 mm直径的圆形小纸片。取圆纸片100片放入清洁干燥的青霉素空瓶中，瓶口以单层牛皮纸包扎。经120 ℃20 min高压灭菌，放在37 ℃温箱或烘箱中干燥24～48 h备用。

② 药液的制备（用于商品药的试验）按商品药的治疗剂量的比例配制药液，如果药品使用说明上标明5 g可混水50 kg，那么稀释浓度为1/10 000，可用蒸馏水逐步稀释。此稀释液即为用于做药敏试验的药液。这种方法适用于对临床上使用的商品药物进行细菌敏感试验，以确定治疗用药。如果用纯粉药物，青霉素类配制成200 IU/ml，磺胺类药物配制成10 mg/ml，其他抗生素类一般配制成1 mg/ml，中草药则制成生药1 g/ml的液体。稀释液可用生理盐水、PBS液或蒸馏水。

③ 药敏纸片的浸泡及保存　取1 ml已配制好的药液注入已灭菌的含100片纸片的小瓶中，置冰箱内浸泡1～2 h，取出放37 ℃温箱内过夜烘干，干燥后即密封，并置冰箱中保存备用（可保存6个月或更长时间）。

（2）实验操作方法　药敏纸片法是最常用的方法，在超净台中用经（酒精灯）火焰灭菌的接种环挑取适量细菌培养物，以划线方式将细菌均匀涂布到平皿培养基上。将镊子于酒精灯火焰灭菌后略停，取药敏片贴到平皿培养基表面。为了使药敏片与培养基紧密相贴，可用镊子轻按几下药敏片。为了准确地观察结果，药敏片要有规律地分布于平皿培养基上。纸片间距至少30 mm，在每种药敏片的平皿背面注明药物名称。将平皿培养基置于37 ℃温箱中培养24 h后观察结果。按照抑菌圈大小判定敏感度的高低。

（3）结果判定　抑菌圈直径大于20 mm为极敏感，15～20 mm为高敏，10～15 mm为中敏，小于10 mm为低敏，无抑菌圈为耐药。对于多黏菌素抑菌圈，9 mm以上为高敏，6～9 mm为低敏，无抑菌圈为不敏感。中草药的判定标准：抑菌圈直径15～20 mm为极敏，15 mm为中敏，15 mm以下为敏感，无抑菌圈为不敏感。

2. 打孔法　该法较简单，成本低、易操作，比较适用于商品药物的检测。将细菌均匀涂布到琼脂平皿培养基上。用灭菌的不锈钢小管（孔径为 6 mm，管的两端要平滑）或饮料管，在培养基上打孔，孔距为 30 mm，将孔中的培养基用牙签挑出，并将平皿底部在火焰上稍加烘烤，使培养基能充分地与平皿紧贴，以防药液渗漏。分别将待试药液加入孔内，加至满而不溢为止，如系中草药粉剂，可将其直接加到孔中。将培养基放置于 37 ℃恒温箱中培养 24 h 后观察效果。结果判定与 K－B 法即纸片琼脂扩散法相同。

为了尽快得到试验结果，可以直接将病料均匀地涂抹在平皿上，然后贴上药物纸片或打孔加药，这种方法至少可以提前 1 d 得到结果。

（二）联合药敏试验

联合药敏试验适用于病原不明的严重感染、单一药物不能控制的混合感染以及长期用药仍不能控制的感染（可能产生耐药性的感染），治疗这些疾病需要联合用药。用哪些药合适呢？只有通过联合药敏试验才能确定。

通过联合药敏试验可以测知药物之间的相互作用。各种药物之间的作用表现为协同作用、累加作用、无关作用和颉颃作用。两种药物联合使用的药效大于每种药物单独使用时药效的总和即为协同作用，等于每种药物单独使用的药效的总和即为累加作用，等于活性最大的药物的药效为无关作用，小于活性最大的药物的药效者为颉颃作用。选用具有协同作用或累加作用的药物，可以提高疗效、减少药物用量、降低药物毒副作用、延缓细菌耐药性的产生。在治疗疾病时，一般采用两种药物联合治疗，不主张三种或三种以上药物联合应用，只有两种药物仍不能控制疾病时才考虑用三种药物。

1. 利用 K－B 法筛选药物　把两种药物纸片贴在琼脂平皿上，两纸片中心相距 24 mm，35 ℃培养 18～24 h，按图 5－10 判定结果。也可将两种纸片重叠在一起贴在琼脂平皿上，以观察两种药物之间存在何种作用。

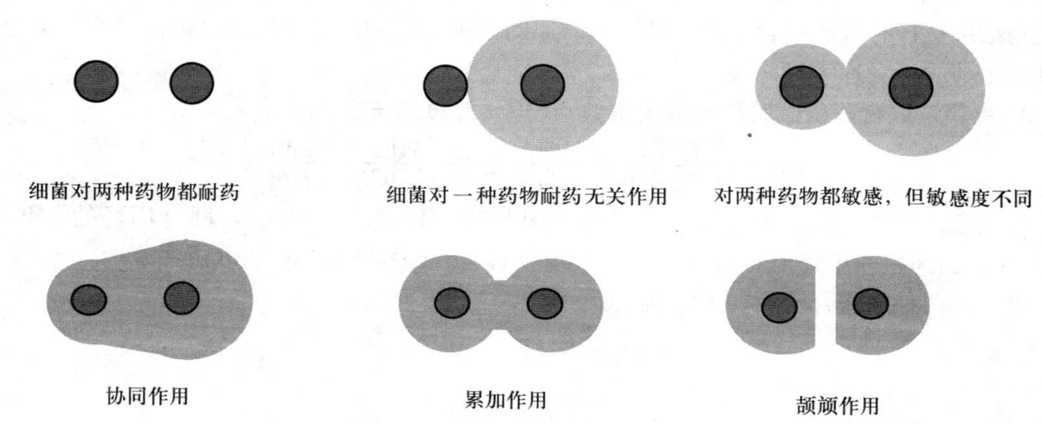

图 5－10　联合药敏试验可能出现的结果

2. 利用棋盘稀释法选择两种药物联合应用最佳浓度比　在 K－B 法试验中如有两种药物具有协同或累加作用，可用棋盘稀释法进行联合药敏试验，以便筛选出两种药不同稀释度组合的最小抑菌浓度（MIC）。棋盘稀释法试验若出现表 5－1 的结果，可认为两种药物具有协同作用。

表 5-1 棋盘稀释法选出的两种药物联合应用的最佳浓度比

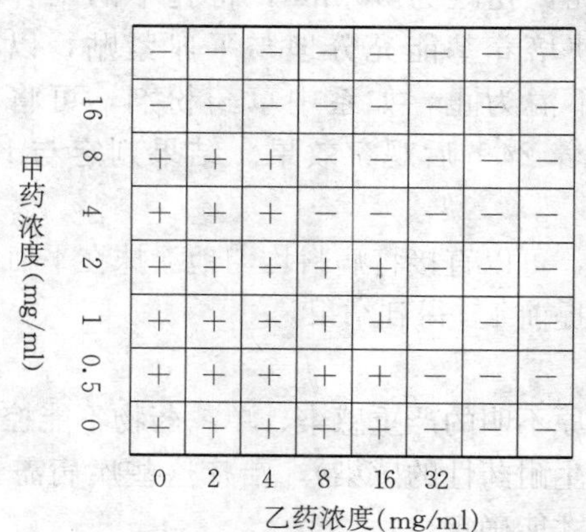

甲药浓度(mg/ml) \ 乙药浓度(mg/ml)	0	2	4	8	16	32		
	—	—	—	—	—	—	—	—
16	—	—	—	—	—	—	—	—
8	+	+	+	—	—	—	—	—
4	+	+	+	—	—	—	—	—
2	+	+	+	+	+	—	—	—
1	+	+	+	+	+	—	—	—
0.5	+	+	+	+	+	—	—	—
0	+	+	+	+	+	—	—	—

注："+"表示待检菌生长，"—"表示待检菌不生长。

(1) 影响药敏结果的因素包括：

① 培养基　应根据试验菌的营养需要进行配制。倾注平板时，厚度合适（4 mm 左右），不可太薄。培养基内应尽量避免有抗菌药物的颉颃物质，如钙、镁离子能减低氨基糖苷类的抗菌活性，胸腺嘧啶核苷和对氨苯甲酸（PABA）能颉颃磺胺药和 TMP 的活性。

② 细菌接种量　细菌接种量应恒定，如太多，抑菌圈变小，能产酶的菌株更可破坏药物的抗菌活性。

③ 药物浓度　药物的浓度和总量直接影响抑菌试验的结果，需精确配制。商品药应严格按照其推荐治疗量配制。

④ 培养时间　一般培养温度和时间为 37 ℃下 8～18 h，有些抗菌药扩散慢如多黏菌素，可将已放好抗菌药的平板培养基，先置 4 ℃冰箱内 2～4 h，使抗菌药预扩散，然后再放 37 ℃温箱中培养，可以推迟细菌的生长，而得到较大的抑菌圈。

(2) 药物书籍上所列出的敏感菌是重要的参考，是研究者用标准菌株的实验结果。而在生产实际中所遇到细菌并非标准菌株，所以在防治疾病时应按药敏试验的结果选用最敏感的药物。

表 5-1 中，两种抗菌药物各自稀释浓度范围应参考它们在体内的治疗浓度。根据棋盘法检测结果选择有效的组合药物，其选择的原则是组合药物浓度比例既对待检菌有效又距离两种抗菌药的极量远为好。

3. 稀释法联合药敏试验部分抑菌指数（FIC）计算方法

$$\mathrm{FIC}=\frac{\text{联合用药最小抑菌浓度（MIC）}(\mu g/ml)}{\text{单独用药最小抑菌浓度（MIC）}(\mu g/ml)}$$

从棋盘稀释法试验结果可知，甲药单独用药的 MIC 为 16 μg/ml，联合用药的 MIC 为 4 μg/ml；乙药甲药单独用药的 MIC 为 32 μg/ml，联合用药的 MIC 为 8 μg/ml。

甲、乙两种药联合应用的 FIC 为：

$$\begin{aligned}\mathrm{FIC}&=\frac{4}{16}+\frac{8}{32}\\&=0.25+0.25\\&=0.5\end{aligned}$$

FIC 指数≤0.5 为协同作用；FIC 指数为 0.5～1 为累加作用；FIC 指数为 1～2 为无关作用；FIC 指数＞2 为颉颃作用。

六、细菌性传染病的微生物学诊断程序

下面以禽霍乱为例介绍细菌性传染病的微生物学诊断程序。

（一）检验标本的采集

直接涂片镜检可采集心血或实质器官，制成涂片或触片，固定后染色；分离培养细菌可采集实质器官，如肝、脾、肾、有病变的肺、管状骨等。如脏器表面已污染，可用在酒精灯上烧红的手术刀片或剪刀烙烫脏器表面，或将组织块浸入95%酒精中立即取出，并在火焰上灼烧一下，然后用无菌刀片切开，取深层组织直接接种培养基。

（二）涂片、染色、镜检

常同时用两种染色法进行：一是瑞氏染色、姬姆萨染色或美蓝染色，任选其一；二是革兰氏染色。如发现典型的两极染色的革兰氏阴性小杆菌，即可初步诊断为禽巴氏杆菌。

（三）分离培养

通常将病料接种于血琼脂平皿，37 ℃培养18～24 h，有巴氏杆菌生长时，出现不溶血、灰白色、露滴状细小菌落，有荧光性，这时可选择典型菌落涂片镜检。必要时先以普通肉汤做增菌培养，然后接种于血平板。本菌在麦康凯琼脂上不能生长，可以与沙门氏菌、鼠疫杆菌和伪结核杆菌相区别，还可以做生化试验与其他类似菌相区别。

（四）动物试验

巴氏杆菌的动物试验效果较好，故一般在分离培养的同时做动物试验。动物试验可以检查细菌的毒力，从而判定所分离的巴氏杆菌是否为主要的病原菌。可用待检病料（1∶10生理盐水悬液），也可用心血或培养物（接种在含4%血清的普通肉汤培养24 h，病料中巴氏杆菌毒力较强，而经过培养的细菌毒力较弱）接种实验动物，常用的实验动物有小鼠、兔、鸽子等（实验动物必须是不带菌的）。实验动物通常在注射后10～24 h死亡，死后取其心血及实质器官做涂片和进一步分离培养。采取病料后再进行尸体解剖，接种部位可见皮下组织、肌肉出现发炎和水肿，胸腔和心包积有浆液性纤维性渗出物，心外膜有出血点，肝脏不肿大但有灰白色小坏死灶。皮下接种20 h后实验动物不死亡，可以从局部抽取渗出液做细菌学检查，发现典型细菌即可确诊。

第二节　病毒学检验

一、病毒的形态观察

病毒不具备细胞结构，只能在活组织细胞内生长繁殖，其体积微小，但均有各自的形态和结构。病毒的形态常借助电子显微镜观察，在电子显微镜下，病毒的形态有圆形、丝状和弹头状等。病毒的大小和形态结构是鉴定病毒的初步依据之一。

电子显微镜观察的标本常用超薄切片、负染和真空喷镀技术等制作。电子显微镜需由经过专门训练的人员使用。电子显微镜的具体操作可参阅相关专业书籍。

二、病毒的分离培养

病毒没有独立的酶系统，不能在无生命的培养基上生长，常用的分离培养方法有实验动物培养、鸡胚和组织细胞培养三种。细胞培养是常用的病毒培养技术，但是鸡胚培养由于具有操作简便、不需要很多贵重设备和昂贵的培养基，所以被广泛用于病毒的分离鉴定。

（一）动物试验

动物试验是病毒分离及研究中一种古典而又常用的方法，主要用于病毒的分离和培养、测定动物的敏感范围、进行中和试验和保护率试验，以及鉴定病毒及不同毒株间的抗原关系等。此外，其还可用作继代保存病毒、培育弱毒株、测定病毒的 LD_{50}（半数致死量），以及大量繁殖病毒、制造疫苗等。

动物试验中所用动物有同种与异种之分，同种动物必须选择来自未发病的地区，试验前先经血清学检查，确认无相应的抗体才可使用，最好是用无特定病原体动物（SPF 动物）。异种动物常用的有小鼠、大鼠、仓鼠、豚鼠、家兔、犬、猫、猴和小型猪等。实验动物必须健康、品种纯，且年龄、体重和营养状况要一致。根据病毒的不同性质，应选用最敏感动物以及合适接种途径。每个试验应尽可能多用几个动物，并设立对照组，尽量避免因个体差异造成的错误结果。

接种材料必须无菌，如无法确定无菌者，可在其接种液中加青霉素、链霉素各 1 000 IU/ml，混悬液离心后取上清液，必要时可通过微孔滤器除菌，然后接种。接种后的动物应严格隔离饲养，根据试验要求，定期观察，采血检验或解剖检查其病理变化。

（二）鸡胚培养

鸡胚（鸭胚、鹅胚等）是良好的天然培养基，很多病毒可以在鸡胚上增殖，并出现特征性病变，所以鸡胚仍然是分离培养病毒、进行病毒鉴定、测定毒价、制造疫苗等的常用材料。

1. 种蛋的选择和孵化 应选择无病鸡群产的新鲜受精蛋，种蛋应对要接种的病毒无相应的母源抗体，最好用无特定病原体种蛋（SPF 蛋）。以白壳蛋为好，便于照蛋观察。孵化温箱温度设定在 37.5 ℃，湿度为 60%左右，将种蛋气室向上整齐排放在蛋盘上，每日翻蛋至少 3 次，3～4 d 开始照蛋，剔除白蛋和死胚，继续孵化。

2. 接种病料的准备 对要接种的病料要尽量用无菌操作采取，充分研碎，反复冻融 3～4 次，纱布过滤除去组织碎块，10 000 r/min 离心 30 min。上清液经 0.22 μm 微孔滤膜过滤除菌。也可离心后加双抗（抗革兰氏阳性和阴性菌的抗生素）进行化学除菌。

3. 接种前的准备和接种 接种前再照蛋一次，用铅笔画出胚胎和气室位置，蛋壳用碘酊消毒后，再用酒精涂擦脱碘。根据不同的接种途径在相应的位置打孔，用 1 ml 注射器注射接种，接种后用石蜡封闭针孔，继续孵化。

4. 接种方法和收毒 由于病毒不同，接种的途径也不同，鸡胚接种有绒毛尿囊膜接种、尿囊腔接种、卵黄囊接种和羊膜腔接种等方法。现将常用的接种方法简述如下：

（1）尿囊腔接种　是最常用的一种接种方法，于孵化 10～11 d 的鸡胚，画出气室和胚胎的位置，在胚胎旁边避开大血管处用铅笔做一记号，消毒蛋壳，在记号处用开卵器或较粗的针头钻一小孔，将注射针头由小孔刺入 0.5 cm 左右，注入病料 0.1～0.2 ml（也可在气室顶端钻孔，针头刺入 1.5～2.0 cm 注入病料）。用石蜡封闭小孔，放回孵化箱继续孵化，每 4～6 h 照 1 次，24 h 内死亡的鸡胚弃去。收集不同时间死亡的鸡胚，放入 4 ℃冰箱冷藏。其余鸡胚继续孵化，到接种后 120 h 时全部收起。收毒时不同时间死亡的鸡胚分别收取。将蛋壳消毒，沿气室边缘打开蛋壳，以无菌镊子撕开壳膜，吸取尿囊液分别低温保存以备鉴定。收取尿囊液后对鸡胚进行检验，观察胚胎的病理变化。新城疫、禽流感等病毒可使胚体有明显出血。

（2）绒毛尿囊膜接种　孵化到 10～12 d 的鸡胚，画出气室和胚胎位置，在胚胎旁边无血管处做一记号，用锉刀挫一痕迹，消毒。用针头在痕迹处挑去一小片蛋壳，形成一个窗口，不要伤及壳膜，然后用针尖划破壳膜，不要划破绒毛尿囊膜，在壳膜缝隙处滴注病料0.1～0.2 ml，待病料完全进入后用石蜡封闭窗口。继续孵化，每4～6 h照视1次，24 h内死亡的鸡胚弃去。如果病毒生长良好，一般在48～96 h死亡。收毒时以无菌操作将绒毛尿囊膜全部收取，保存在无菌容器内以备检验。同时，检验胚胎病变情况。

（三）组织细胞培养

组织培养最初是动物和植物组织块的体外培养，随着人工培养技术的发展，组织培养确切地讲应包括组织培养、器官培养和细胞培养。应用最广的是细胞培养。

根据组织细胞的来源与特点，把培养的细胞分为原代细胞、继代细胞、二倍体细胞株、克隆化细胞株和传代细胞系等几种类型。原代细胞是动物组织制备的初代单层细胞，这种细胞保留较多的原组织特性，对病毒比较敏感，适用于病毒的分离培养；继代细胞是将长成的单层细胞即原代细胞，从瓶壁上消化下来，继续培养而成，这种第二代人工培养的细胞又叫次代细胞，其较易生长，且保留较多的原组织特性，从次代细胞继续传代比较困难，代次越多难度越大，只有在方法得当和条件适宜下才能继续传代；二倍体细胞株是人工培育的继代细胞，经过染色体检验，确认其仍保持原来的二倍体，未发生恶变，适用于生产疫苗；克隆化细胞株是指经细胞纯化技术和人工选择，由一个单细胞增殖而成的细胞群体，这种细胞具有生物学特性一致的特点，因而实验结果更加可靠；传代细胞是指一种已发生恶变的异倍体细胞，具有癌细胞的许多特点，可在体外无限地传代培养，这种细胞大多来自人和动物的肿瘤，尤其是恶性肿瘤组织。此外，正常的二倍体细胞在体外继代培养过程中可转化为二倍体细胞系。传代细胞因其具有无限增殖传代和对相应病毒敏感的特点，在病毒诊断和研究中被广泛应用。上述各种类型单层细胞的制备，除原代细胞需要组织块的消化过程外，其他单层细胞的制备过程大同小异。在禽病的病毒诊断研究中，鸡（鸭）胚成纤维细胞应用较为广泛，以此为例简略说明培养细胞的方法。

1. 仪器设备　无菌室、超净工作台、倒置显微镜、二氧化碳培养箱或恒温培养箱、电热干燥箱、高压灭菌器、孵卵器、过滤装置、真空泵、恒温水浴锅、细胞培养瓶、移液器、手术器械（手术刀、剪、镊子等）等。

2. 器材的准备　细胞培养所用器材包括玻璃器皿、橡胶制品和金属器械等。它们关系到细胞培养的成败，使用前应严格洗涤和灭菌。

（1）玻璃器皿的处理　新购置的玻璃器皿使用前要用常水加优质洗衣粉清洗，在2%～5%的稀盐酸中浸泡12 h以上，再用常水洗净、晾干，然后浸泡到硫酸—重铬酸钾洗液中24 h以上，之后用常水充分冲洗；用过的玻璃器皿，倒掉其中内容物，用消毒药水浸泡消毒，常水洗涤后浸入硫酸—重铬酸钾洗液中，之后用常水充分冲洗。

经过上述处理过的器皿用常水冲洗10次，用蒸馏水冲洗8次，再用双蒸馏水冲洗6次，晾干或烘干，用牛皮纸或铝箔严密包装，160 ℃下干热灭菌2 h后备用。

（2）橡胶制品的处理（胶塞，橡胶管等）　新购置的橡胶制品先用常水清洗，再在2%的氢氧化钠溶液中煮沸30 min，然后用常水洗5～7次，蒸馏水洗5～7次，再浸泡双蒸馏水中24 h以上，取出后用双蒸馏水冲洗3次，晾干，放入不锈钢饭盒中或用牛皮纸包装，120 ℃下高压灭菌20 min；用过的橡胶制品先高压灭菌后再用洗衣粉洗涤液煮沸30 min，刷洗干净，常水冲洗数次，双蒸馏水冲洗一次，于双蒸馏水中浸泡24 h以上，再用双蒸馏水冲洗3次，晾干后灭菌。

(3) 金属制品的处理　金属制品如手术刀、剪刀、镊子等，充分洗刷后用蒸馏水洗涤数次，包装，160 ℃下干热灭菌 2 h。

(4) 滤器、滤膜的处理　滤器有玻璃和不锈钢制的，玻璃滤器如玻璃器皿的处理，但是对有玻璃砂滤板的滤器，经酸或碱处理后必须用常水抽滤至滤出水成中性，再用蒸馏水和双蒸馏水充分抽滤，然后和滤膜组装在一起包装后高压灭菌；金属滤器如金属器械处理，120 ℃下高压灭菌 20 min。现在有各种规格的不锈钢滤器，其使用和消毒都很方便。

目前，使用方便的是一次性微孔滤膜，微孔滤膜是由醋酸纤维或醋酸—硝酸纤维制成的，能耐受稀酸、稀碱、苯、乙醚和氯仿，可经 121.3 ℃的高温灭菌，有不同的规格，根据需要选择。一般除菌用的滤膜孔径为 0.22 μm。滤膜使用前经蒸馏水漂洗 1～2 次，在蒸馏水中浸泡过夜，再用双蒸馏水漂洗 1～2 次，光面向上夹在滤器上，120 ℃下高压灭菌 20 min。

3. 药品试剂的配置

(1) 硫酸—重铬酸钾洗液　浓硫酸 200 ml，重铬酸钾 120 g，水 1 000 ml。将重铬酸钾和水置于烧杯中加热溶解，冷却后缓缓倒入硫酸，边倒边搅拌。此液腐蚀性很强，必须十分小心，且勿洒到身上，如不慎洒到手上，切勿直接用水洗，先用干布擦净，再用水洗。必须是硫酸倒入重铬酸钾液中，不可反过来操作。

该洗液用于清洗难以清洗的污垢和玻璃器皿。可以将洗液倒入器皿中，也可将器皿浸泡在酸缸中。

(2) 0.5%酚红液　酚红 0.5 g，0.4%氢氧化钠液 15 ml，双蒸馏水 85 ml。将酚红置于乳钵中加入氢氧化钠液，充分研磨使之完全溶解，加入双蒸馏水，滤纸过滤备用。

(3) 7.5%碳酸氢钠液　碳酸氢钠 7.5 g，双蒸馏水 100 ml。碳酸氢钠溶解于双蒸馏水后，以 0.22 μmm 微孔滤膜过滤除菌，分装在青霉素瓶中，冰箱保存备用。

(4) 0.25%胰蛋白酶溶液　胰蛋白酶 0.25 g，汉克氏液 100 ml。胰蛋白酶溶解于汉克氏液后，以 0.22 μmm 微孔滤膜过滤除菌，分装在青霉素瓶中，−20 ℃冰箱保存备用。此液一般可使用 3 个月左右，用前融化，加入青、链霉素液 1 ml（含青霉素 100IU/ml，链霉素 100 μg/ml），并用碳酸氢钠液调整 pH 到 7.4～7.6。

(5) 汉克氏（Hank's）原液（10×浓缩）氯化钠 80.0 g，磷酸氢二钠（含 2 个结晶水）0.6 g，氯化钾 4.0 g，磷酸二氢钾 0.6 g，硫酸镁（7 个结晶水）2 g，葡萄糖 10.0 g，氯化钙（无水）1.4 g，氯仿 2 ml，双蒸馏水 1 000 ml。

先将氯化钙置于小烧杯中加 50 ml 双蒸馏水，放在 0 ℃左右冰箱中溶解。其他药品按顺序依次溶解在 800 ml 左右的双蒸馏水中，前一种溶解后再加另一种，所有药品溶解完后加入氯化钙，补足水分到 1 000 ml，滤纸过滤后加入氯仿，充分混匀。4 ℃冰箱保存备用。为保证无菌，最好用 0.22 μm 微孔滤膜过滤除菌。为了使用方便，可分装成 100 ml 的小瓶。

(6) 汉克氏使用液　100 ml 汉克氏原液加 896 ml 双蒸馏水，再加 4 ml 酚红，120 ℃下高压灭菌 20 min。然后，37 ℃温箱中保存 3 d，以检验是否无菌。

(7) 0.5%水解乳蛋白—汉克氏液（乳汉氏液）水解乳蛋白 5 g，汉克氏使用液 1 000 ml。水解乳蛋白溶解于汉克氏使用液后，分成小瓶（依使用量而定），高压灭菌备用。

(8) 犊牛血清　生物工程公司有商品出售，自制比较困难。

(9) 营养液和维持液

① 营养液 犊牛血清 10 ml，乳汉氏液 89 ml，双抗 1 ml。7.5％碳酸氢钠液调整 pH 到 7.4～7.6。

② 维持液 犊牛血清 5 ml，乳汉氏液 97 ml，双抗 1 ml。7.5％碳酸氢钠液调整 pH 到 7.4～7.6。

血清的多少要根据细胞生长情况调整，量大时细胞生长旺盛。

上述营养液用于原代细胞培养已经足够，若培养其他细胞可购买人工合成的综合培养基，如 BME、MEM、DMEM、IMDM、GMEM、M199、RPMI、1640 等。使用时按说明书配制。

4. 鸡胚成纤维细胞（CEF）培养

（1）鸡胚的处理 选用 10～13 日龄的鸡胚，在气室部用 5％碘酊消毒，按无菌操作的要求用镊子敲破气室部的蛋壳，撕破壳膜、绒毛尿囊膜及羊膜，用镊子夹住鸡胚头部，取出鸡胚置于灭菌平皿内，剪去头、爪、除去内脏，加适量汉克氏使用液轻轻漂洗至无血液和蛋白、蛋黄，将胚胎移至另一平皿，用剪刀将胚胎剪成大米粒大小组织块，再加适量汉克氏使用液漂洗，静置使组织块下沉，吸去混有红细胞及碎片的悬液，如此洗涤 2～3 次，直至上清液不再混浊为止。

（2）消化 将组织碎块倒入小三角烧瓶中，加入适量 pH 7.6～7.8 的 0.25％胰蛋白酶（组织块和胰酶用量比为 1∶4 左右），置 37 ℃水浴锅消化，每 5 min 振动 1 次，直至组织块松散不易下沉，且有黏稠现象为止，一般水浴约 20 min。取出静置 1～2 min，吸去胰酶液，加入汉克氏使用液轻摇，用吸管反复吹吸，使细胞充分分散，静置 1～2 min，待细胞下沉后，吸去上清液，反复数次（3～5 次）充分洗去胰蛋白酶，加入适量营养液经四层纱布过滤，即成细胞悬液。

（3）细胞计数 将细胞悬液混匀，吸取少量滴入血细胞计数板上，按白细胞计数法，计数四角 4 个大方格内完整细胞的总数，按下列公式计算出每毫升的细胞数。如细胞过多不便计数，可用营养液适当稀释。

$$\text{每毫升细胞数}=\frac{\text{4 个大方格细胞总数}}{4}\times 10\,000\times\text{稀释倍数}$$

（4）分装 根据细胞总数，用营养液配成每毫升 80 万～100 万个细胞的悬液，装入培养瓶内。接种量一般为培养瓶容量的 1/10，10 ml 的小方瓶每瓶 0.7 ml，100 ml 方瓶每瓶 7 ml，瓶口用橡胶塞塞紧，不得漏气，再包以牛皮纸或铝箔。将培养瓶培养面向下平置于培养盘中，勿使营养液触及瓶塞，置 37 ℃二氧化碳培养箱中或电热恒温箱中培养，一般 24 h 可见细胞贴壁开始生长，48 h 可长成单层细胞。此时更换维持液，或进行病毒接种。

（5）病毒的接种 长成的单层细胞即可接种病毒，待检病料预先应无菌处理，接种时先倾去原来的培养液，加入待检病料，病料以原液和 10 倍稀释，每个稀释度接种 2～3 个细胞培养瓶，接种量以能覆盖住细胞层为度。置 37 ℃水浴锅中作用 30 min，使病毒充分吸附于细胞表面。然后，倒出病毒液，加入和原来液体相同量的维持液，置培养箱内培养，每日观察细胞病变。

细胞培养时所用的药品和试剂均应为分析纯级别，并应妥善保管，防止污染和混淆，且称量要精确。特别注意无菌操作。培养细菌的设备（温箱、冰箱、超净工作台乃至无菌室等）不能再用于病毒的分离培养。

三、病毒的鉴定

病毒鉴定可以通过动物试验、鸡胚分离培养或细胞分离培养等方法进行。如实验动物发病、死亡、潜伏期、临床症状和病理变化等与自然病例相同，鸡胚在接种病料后出现特征性病变，或接种的细胞出现病变（CPE），并且排除细菌等其他致病因素时，可以认为已经分离到病毒。但要确定是什么病毒则需进行一系列详细鉴定。

（一）初步鉴定

首先观察实验动物的临床症状、病理变化及鸡胚的病理变化、细胞病变（CPE）。细胞病变是病毒增殖常用的识别指征，不同的病毒产生 CPE 所需时间不同，快者接种后 24～48 h 开始出现，慢者需数周后才出现，有的病毒产生 CPE 不明显，甚至不出现 CPE。根据这些特征可进行初步鉴定。

（二）最后鉴定

最后鉴定要通过电子显微镜观察、红细胞吸附、病毒间的干扰现象及抗原性测定（血清学检验）、分子生物学鉴定等才能最后确定是哪一种病毒。

1. 电子显微镜观察 是一种快速有效的方法，在电镜下可看到病毒粒子，且可根据病毒形态，确定为哪一种病毒（科、属）。

2. 红细胞吸附 感染正、副黏病毒及被盖病毒的细胞，具有吸附红细胞的特性，当空白对照细胞不吸附红细胞，而接种病毒吸附红细胞时，说明感染的病毒属于正、副黏病毒或被盖病毒。

3. 病毒间的干扰现象 一种病毒在细胞中增殖后，常能抑制另一种病毒的增殖，称为干扰现象。这种方法可用于识别不产生 CPE 的隐性病毒感染。

4. 抗原性测定 在鸡胚液以及细胞培养物中如有病毒增殖，其中含有特异性的病毒抗原，应用相应血清学方法可检测到这些抗原，以此既可判定有无病毒增殖，又可识别病毒种类。测定病毒的方法常用凝集试验、沉淀试验、补体结合试验以及免疫荧光抗体试验和免疫酶标抗体试验等。

5. 分子生物学鉴定 通过基因扩增、核酸序列测定能更准确地鉴定。

通过以上方法基本上可以确定分离到的病毒属于哪种病毒。如果要进一步了解该病毒的有关生物学特性，可以测定其核酸类型、核衣壳、脂溶性、毒价、浮密度、沉降系数、分子量以及氨基酸序列等。

四、病毒的保存

在病毒检验工作中，需要保存标准种毒，对于新分离到的病毒株也应尽可能保存，以供制备抗原、疫苗和免疫血清或进行其他试验使用。因此，保存病毒是一项重要的工作，要有完善的登记制度。病毒保存方法有以下几种，可根据具体条件选择使用。

（一）活组织传代法保存

利用易感动物、鸡胚或细胞培养等方法，定期传代保存，此法可以使病毒经常保持活性。易感动物传代，其毒力越传越强，鸡胚传代和细胞传代可能使毒力降低。此法由于需要经常传代而很不简便。

(二)甘油缓冲液保存法

将含有病毒的组织保存于50%的甘油缓冲液中,置4~8℃冰箱中,大多数病毒可以保存数月,脑炎病毒在温度恒定的冰箱中可保存一年以上。但是此法保存的病毒对动物的致病性往往会降低,传代前应将组织中的甘油洗出,用生理盐水反复浸洗3次即可。

(三)低温冷冻保存

含有病毒的鸡胚、鸡胚液、组织培养物等,如果短期内使用可以保存在-25~-70℃的低温冰箱中或保存在液氮中。

(四)冷冻真空冻干保存

此法可以用于病毒的长期保存。病毒液冻干前必须加入冻干保护剂,常用的保护剂有灭活血清、卵黄或蛋白、牛奶、10%~50%的蔗糖液等。冻干应在真空冻干机内进行。冻干后的病毒可以在低温冰箱中长期保存而不失活。

第三节 支原体的检验

支原体(Mycoplasma)是一类缺乏细胞壁、呈高度多形性、能通过滤菌器、可在无生命培养基中生长繁殖的最小原核型微生物。该微生物广泛分布在自然界,现在已知有190种以上。对人类、动物、植物、昆虫致病,造成极大危害。近几年支原体对动物的危害十分严重,禽类的慢性呼吸道病成为十分严重的疾病,是引起鸡呼吸道综合征的罪魁祸首,常常与某些细菌、病毒合并感染,使病情更加严重,导致诊断、治疗困难。

由于菌体呈多形性,在病料中难于鉴别其形态。该病的诊断根据临床症状、病理变化可以做出初步诊断,确诊必须靠病原分离鉴定和血清学检验。

一、直接涂片检查

当怀疑支原体感染时可取鼻腔、气管、支气管、气囊中的黏液或肺组织等直接抹片,干燥,甲醇固定,姬姆萨染色液染色30 min以上。镜检,菌体为蓝紫色,且呈球状、杆状、烧瓶样或丝状等,由于支原体呈多形态性,在判断上比较困难。

二、支原体的分离鉴定

(一)样品采取和保存

鸡毒支原体在感染后60~90 d,病禽的上呼吸道中支原体数量最高,而病灶中的菌体常已消失,所以分离病原时可用棉拭子蘸取鼻腔、气管、支气管、气囊中的黏液,或取肺组织或关节腔黏液,也可取泄殖腔或输卵管黏液,鸡胚可从卵黄膜、口咽中取样。样品应在含有抗生素(青霉素、链霉素各2 000 IU/ml)的Frey氏培养液中浸蘸一下,以防止杂菌污染。样品应在24 h内接种,如需运送则应低温保藏。

(二)分离培养

1. 人工培养基培养 支原体对培养基的要求非常苛刻,所用水、器皿和药品均需按组织培养严格要求。pH和所含的抑菌物质(叠氮钠、青霉素等)用量要准确,过多则不易生长。支原体不易分离培养,一般要盲传几代,以提高分离几率。分离支原体常用以下培养基:

(1) Frey 氏培养基

① 配方　支原体基础肉汤培养基（BBL)22.5 g，葡萄糖 3.0 g，猪血清 120 ml，盐酸半胱氨酸 0.1 g，烟酰胺嘌呤二核甘酸（NAD)0.1 g，1%酚红 2.5 ml，氨苄青霉素 1 g，青霉素钾 10^6 IU，蒸馏水 1 000 ml。

② 制法　上述试剂溶解后，以 20%氢氧化钠调整 pH 至 7.8，0.22 μm 微孔滤膜过滤除菌，4 ℃保存备用。如果制备琼脂培养基，则先加半量水配制，另一半水加琼脂 12 g 溶化后，120 ℃下高压灭菌 20 min，待冷却至 55 ℃时与上述培养液混合，倒入平皿，备用。

(2) PPLO 肉汤

① 配方　无结晶紫 PPLO 肉汤（Difco)14.7 g，葡萄糖 10.0 g，猪血清 150.0 ml，鲜酵母浸膏 100.0 ml，盐酸半胱氨酸 0.1 g，烟酰胺嘌呤二核甘酸（NAD)0.1 g，1%酚红 2.5 ml，氨苄青霉素 1 g，青霉素钾 10^6 IU，蒸馏水 1 000 ml。

② 制法　上述试剂溶解后以 20%氢氧化钠调整 pH 至 7.8，0.22 μm 微孔滤膜过滤除菌。如果制备琼脂培养基，则先加半量水配制，另一半水加琼脂 12 g 溶化后，于 120 ℃下高压灭菌 20 min，待冷却至 55 ℃时与上述培养液混合，倒入平皿，备用。

接种时一份病料最好多用几种培养基，将蘸取病料的棉拭子先在琼脂培养基上涂抹，然后将棉拭子在液体培养基中搅动几下即可。如果是肺组织，应将其剪成 1～2 mm 的小块，直接投入液体培养基中，接种量要少，以免组织酶分解葡萄糖使 pH 下降。可以将病料做系列稀释后接种，以减少抑制因子对支原体生长的影响。37 ℃下培养 5～7 d，如生长不明显可继续传代，3～5 d 传代 1 次，连续传 3～5 代可增加成功率。当培养基由红色变为橘黄或黄色时应移种到新的培养基中。

2. 鸡胚培养　可将不加醋酸铊的原始病料接种于 6～8 日龄鸡胚（最好是 SPF 胚）的卵黄囊中，24 h 内死亡的鸡胚弃去，24 h 后死亡的鸡胚冷藏于 4 ℃冰箱中，至培养结束。5 d 后仍存活的鸡胚置冰箱中 4 h，致死鸡胚。

3. 支原体的形态鉴定

(1) 固体培养基上如果生长出细小、光滑、圆形（直径 0.2～0.3 mm）的，且中心有一致密突起的核心菌落，有人称之为煎蛋样（图 5-11），此为鸡毒支原体（MG）；如果菌落为圆形隆起、似花格状、有中心或无中心、直径较大（1～3 mm）者为滑液支原体（MS）；如果菌落小而平，直径为 0.04～0.2 mm，中心粗糙并有不明显的乳头者为火鸡支原体。

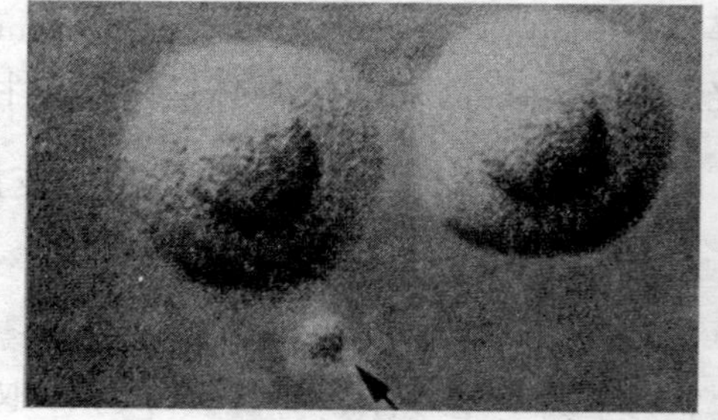

图 5-11　鸡毒支原体菌落

(2) 将液体培养物离心，取沉淀涂片，姬姆萨染色，镜检，菌体为蓝紫色，且呈球状、杆状、烧瓶样或丝状等。

(3) 用地因子（Dienes）染色法对琼脂平板上的菌落进行鉴定。染色后，支原体菌落呈鲜蓝色，中心呈深蓝色，30 min 不褪色，其他菌落呈粉红色或不着色，琼脂背景呈紫蓝色或暗蓝色。

地因子染色液是将美蓝 2.2 g、Ⅱ号天青 1.2 g、麦芽糖 10.0 g、碳酸钠 0.25 g、苯甲酸 0.2 g、溶于 100 ml 蒸馏水中制作而成。染色时将染色液直接滴加到琼脂表面，少时倾去染色液观察。

（4）鸡红细胞吸附试验：将0.25%的鸡红细胞悬液10～20 ml倒入琼脂板中，室温静置15～20 min，生理盐水冲洗2～3次，显微镜观察，菌落周围吸附红细胞者为阳性。

三、血清学检验

（一）全血凝集反应

全血凝集反应是目前国内外用于诊断支原体感染病的简易方法，在20～25 ℃下进行。先滴2滴染色抗原于白瓷板或玻板上，再用针刺破翅下静脉，吸1滴新鲜血液滴入抗原中，轻轻搅拌，充分混合，将玻板轻轻摇动，在1～2 min内判断结果。在液滴中出现蓝紫色凝块者可判为阳性；仅在液滴边缘部分出现蓝紫色带，或超过2 min仅在边缘部分出现颗粒状物时可判定为疑似；经过2 min，液滴无变化者为阴性。

（二）血清凝集反应

血清凝集反应用于测定血清中的抗体凝集效价。首先用PBS将血清进行倍比系列稀释，然后取1滴抗原与1滴稀释血清混合，在1～2 min内判定结果。能使抗原凝集的血清最高稀释倍数为血清的凝集效价。

平板凝集反应的优点是快速、经济、敏感性高，感染禽可早在感染后7～10 d就表现阳性反应。其缺点是特异性低，容易出现假阳性反应，为了减少假阳性反应的出现，试验时一定要用无污染、未冻结过的新鲜血清。

（三）血凝抑制试验

血凝抑制试验用于检测血清中的抗体效价或鉴定病原。测定抗体效价的具体操作与新城疫血凝抑制试验方法基本相同。先将含有病原的培养物离心，再将沉淀细菌用少量磷酸盐缓冲盐水悬浮，并与等体积的甘油混合，分装后于－70 ℃保存。使用时首先测定其对红细胞的凝集价，在血凝抑制试验中使用4个血凝单位，一般血凝抑制价在1∶80以上判为阳性。鉴定病原时可先测其凝集价，然后用已知效价的抗体对其做凝集抑制试验，如果两者相附或相差1～2个滴度即可判定该病原体为支原体。此方法特异性高，但敏感性低于平板凝集试验，一般鸡感染3周以后才能被检出阳性。

（四）琼脂扩散试验

用兔制备抗支原体的特异性抗血清，主要用于各种禽支原体的血清分型，也可用于检测鸡和火鸡血清中的特异性抗体。

（五）酶联免疫吸附试验

酶联免疫吸附试验具有很高的特异性，而且敏感性比HI试验高许多倍。其抗体在感染后约与HI试验相同时间测得，其缺点是容易出现假阳性反应，这个问题可以通过使用改进的抗原制剂来消除。

第四节 真菌的检验

真菌是微生物中最庞大的家族，目前已知的真菌有10万种以上，其中大多数对人畜无害而有益，但是也有一些可引起人畜发病或中毒。对禽类危害最大的是曲霉菌、念珠菌等。主要引起深部感染，进而导致肺炎、脑炎和消化道炎症。此外，黄曲霉菌毒素常引起中毒和肿瘤发生。

真菌的检验可根据临床症状、病理变化做出初步诊断，确诊需要进行显微镜检查、病原分离或动物试验。

一、形态学检验

真菌个体都比较大，肉眼即可观察它的形态特征，但是要确定是何种真菌，必须进行显微镜观察。显微镜观察可以直接观察也可染色后观察。

（一）直接镜检

挑取少许肉眼可见的霉斑或菌丝置于载玻片上镜检。组织内可疑病变可以剪取少许组织置于载玻片上，滴加10%的氢氧化钾1～2滴，在酒精灯上稍微加温，加盖盖玻片压制成薄片，镜检，看到菌丝或孢子即可确诊。常见的曲霉菌见图5-12。

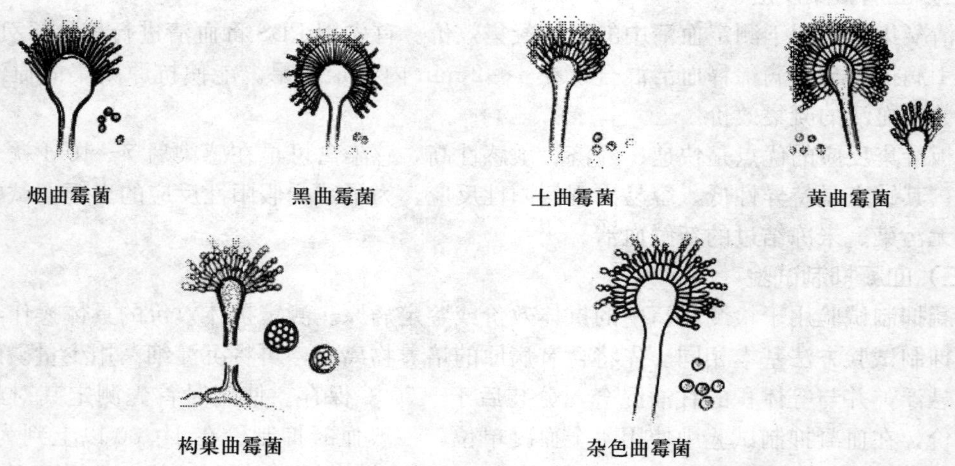

图5-12　常见的曲霉菌

（二）常用真菌染色法

1. 革兰氏染色法　染色液配置和染色方法见细菌学检验。染色结果呈革兰氏阳性。

2. 乳酸酚棉蓝染色法

（1）染色液制作　将苯酚20.0 g、乳酸20.0 ml、甘油40.0 ml、棉蓝0.05 g、蒸馏水20.0 ml混合后加热溶解，滤纸过滤即成。

（2）染色方法　在标本片上滴一滴染色液，加盖玻片即可镜检。

（3）结果　真菌呈蓝色。

二、真菌的分离培养

（一）常用真菌培养基

1. 沙保氏培养基　将麦芽糖4.0 g、蛋白胨1.0 g、琼脂2.0 g、蒸馏水100.0 ml混合后煮沸融化，纱布过滤，120 ℃下高压灭菌15 min，倒成平板或斜面备用。

2. 马铃薯琼脂培养基　马铃薯200 g，琼脂20 g，蒸馏水1 000 ml。马铃薯去皮，切碎并煮沸40 min，挤压取汁，滤纸过滤，补足水分到1 000 ml。加入琼脂煮沸融化，120 ℃下高压灭菌 30 min，倒成平板或斜面备用。

（二）分离培养

先将可疑病料研碎，再将抗菌素和蒸馏水按 1∶5 加入病料中稀释，室温或 4 ℃冰箱作用 4 h，然后用接种环蘸取稀释病料，于平板或斜面上画线，27～37 ℃下培养，逐日观察生长情况。也可用小室培养法培养，在无菌的凹玻片中滴加少许培养基，接种后加一盖玻片，盖玻片周围涂抹少量凡士林封闭以防止干燥，室温培养，每天在显微镜下观察，这种方法可以观察从孢子萌发到菌丝生长的整个过程。曲霉菌在沙保氏培养基上生长良好，经 24 h 即可生长出白色或灰白色的绒毛状菌落，逐渐扩大；经 36 h 可见菌落中心呈灰绿色，边缘呈放射状生长的白色菌丝；经 48 h 菌落中心色泽变深，并有孢子脱落。

第五节　寄生虫学检验

一、蠕虫的常规检验

（一）虫体检查法

肉眼观察粪便中有无虫体。将被检粪便加入 10 倍以上的清水，混匀沉淀，倒去上清液，反复数次，肉眼或放大镜在粪便中查找虫体，凭积累的经验或借助显微镜鉴别。

（二）幼虫检查

有些线虫随粪便直接排出幼虫，有些是蠕虫卵在外界环境中很快孵化出幼虫。对这类寄生虫的诊断可采用以下方法。

1. 漏斗幼虫分离法　取直肠内容物或新鲜粪便，平铺于漏斗内直径为 2～4 cm 的金属筛网上，漏斗下连接一根长 5～15 cm 的橡皮管，橡皮管末端接一只小试管。在漏斗内加入 38 ℃的清洁温水使液面与筛网相接触，室温中放置 1～2 h，新孵出的幼虫沉于小试管底部，弃上清液，将沉淀物置于载玻片上，镜检，可见活动的幼虫。

2. 平皿幼虫分离法　取待检粪便 3～4 g，置于平皿或表面玻璃中，加适量 40 ℃温水，5～10 min 后除去粪渣，用低倍筒检查平皿中的液体，观察有无活动的幼虫存在。

3. 幼虫培养检查法　圆形目的线虫卵，在形态结构及大小上相似，镜检往往难鉴别，为了确诊，常将幼虫经过培养，待发育成感染性幼虫后观测之。方法是将新鲜粪便塑成半球形置于平皿中，在 25～30 ℃温度下（室内或温箱中，按情况每天加少量水）经几天，用漏斗幼虫分离法处理，查有无活动的幼虫。

（三）虫卵检查法

1. 涂片法　取 50%甘油水溶液 1 滴置于载玻片上，然后取粪便一小块，与上述溶液混合，用镊子除去粪渣，均匀涂布，盖上盖玻片，即可镜检。如无甘油水溶液亦可用常水替代。本法简单，但检出率不高，需反复检查才能证实。

2. 沉淀法　利用相对密度低于蠕虫卵的水处理被检粪便，使虫卵沉淀集中。

(1) 自然沉淀法　取粪便 2～5 g，加水混合使成悬液，用 40～60 目的铜丝筛滤去大块物质，静止 15 min 后倾去上清液，如此反复直至上清液透明为止，弃去上清液，置沉淀物于载玻片，盖上盖玻片，镜检查虫卵。

(2) 离心沉淀法　取粪便约 1 g 置试管中，加入 5 倍量的水使其成混悬液，用 40 目的铜丝筛过滤入离心管中，以 800 r/min 离心 3～4 min，小心弃去上清液，吸取管底沉渣，置于载玻片上，盖上盖玻片，镜检虫卵。

3. 漂浮法 采用相对密度大的溶液稀释粪便，使粪便中相对密度较小的虫卵漂浮到溶液的表面，再用显微镜检查，方法有以下几种。

（1）饱和盐水漂浮法 先配制食盐饱和溶液，在 1 000 ml 沸水中，加 360～380 g 食盐，使溶解，以纱布过滤冷却后，如有结晶析出，即为饱和溶液。取粪便数克，置于小烧杯或试管中，加少量饱和盐水，仔细捣和均匀，再逐渐加入饱和盐水，当溶液满至容器边际时，用镊子除去漂浮的大块粪便，然后静置半小时，此时比饱和盐水相对密度小的蠕虫卵大多浮在表面，用接种环或金属小环在液体表面蘸取液膜数次，涂于载玻片上，盖上盖玻片，进行镜检。蘸取液膜用的金属小环用后应在火焰上烧灼，以免把蠕虫卵带到下一份材料中去。本法亦可将混合的粪液注满直立的小试管或青霉素瓶中，在试管口上盖 1 盖玻片，使与液面相接触，不留气泡。静置 40～45 min，将盖玻片取下，置于载玻片上，镜检。

（2）硫酸锌溶液漂浮法 取粪便 1 g 左右放入离心管中，加入 33%硫酸锌溶液 5 ml，混匀，2 000 r/min 离心 3 min，静置 5 min，取上清液 1 滴，滴于载玻片上，加盖盖玻片，镜检虫卵。

（3）蔗糖漂浮法 取蔗糖 454 g 加水 355 g 和石炭酸 6.7 ml。取粪便 5 g 左右放入离心管中，加入 10 ml 蔗糖溶液，混匀，2 000 r/min 离心 3 min，静置 5 min，取上清液 1 滴，滴于载玻片上，加盖盖玻片，镜检虫卵。

（四）蠕虫虫体的染色与鉴定

1. 吸虫 将收集所得的吸虫放置盛有生理盐水的小瓶中，活的虫体在生理盐水中放置一定时间，使其将胃肠内容物排出，并轻摇小瓶，洗去虫体表面的黏液。这时虫体呈半透明状，将其平铺于载玻片上，镜检观察，其内部构造隐约可见。未经染色的虫体结构并不十分清晰，且其不能保存。如欲保存，可将洗净后的虫体放入 20%酒精或 5%～10%的福尔马林溶液中固定。如欲制成染色装片标本，先将虫体平铺于载玻片上，上覆盖另一载玻片，并用橡皮筋缚紧，使虫体展平，为防止虫体过分压扁而破裂，可在玻片两端垫以适当厚的纸片，而后放入上述固定液中，1～2 d 后取出，分开玻片，取出虫体，仍浸于原来的固定液中，以备染色制成装片。常用的染色装片法有两种。

（1）苏木紫染色装片法 将存于福尔马林固定液中的虫体取出，在流水中冲洗过夜，尽可能将福尔马林洗净。如虫体存于 70%酒精中，则需将虫体先移入 60%和 30%酒精中各 0.5～1 h，视虫体大小而定，大的虫体需时较长，最后移入蒸馏水中 30 min 以上。将苏木紫染液用水稀释 10～15 倍，使呈葡萄酒色。经上述处理过的虫体移至稀释后的染色液中，放置过夜，直至虫体内部各器官均已深染为止。将虫体移入盐酸酒精（将 30%酒精 100 ml 加入浓盐酸 1～2 ml 制成）分化至虫体呈淡褐红色。再于弱碱性水中复色（一般自来水或井水均可用，也可用蒸馏水加数滴氨水使呈弱碱性）至虫体恢复到淡紫色。水洗虫体后依次通过 30%、60%、80%、90%、95%各级浓度的酒精各 0.5～1 h，而后移入 100%酒精中 0.5 h 使完全脱水，最后放入二甲苯中使虫体透明，透明后立即装片。一般在二甲苯中时间不超过 0.5 h，将完全透明的虫体置于载玻片上，滴加光学树脂胶，盖上盖玻片即成。

（2）盐酸卡红染色装片法 将存于福尔马林中的标本取出，在流水中冲洗过液，洗去福尔马林，后依次经 30%、50%和 70%酒精中各 0.5～1 h，保存于 70%酒精中的标本，无需处理即可染色。将上述标本移入盐酸卡红染液内 2～8 h，然后在酸酒精中分化成褐色。用

70%酒精冲洗虫体，除去余酸。依次经80%、95%和100%酒精中各30 min，再移入二甲苯中30 min透明后，置载玻片上，滴加光学树胶，覆以盖玻片封固。

2. 绦虫　绦虫的收集和保存与吸虫基本相同，但收集绦虫必须注意保持头节的完整，因为头节是鉴定绦虫的主要依据之一，而头节相对在整个虫体来说比较细小，易于丢失。对于大型虫体，其体节可达数百节，若做染色装片标本，只能选其中一段成熟体节或孕卵体节作为制作标本之用。绦虫节片染色装片标本的制作与吸虫相同，但头节无需染色，只要将头节固定于70%酒精中，而后依次经80%、95%和100%的酒精中各5～10 min，使之脱水，再移入二甲苯中透明5～10 min，置于载玻片上，滴加光学树胶，覆以盖玻片封固。

3. 线虫　收集的线虫应置于生理盐水中，充分振荡以洗去附着的黏液，尤其是那些具有较大口囊的虫体更需要充分清洗，以除去口囊内的杂物，但对寄生于肺组织内的线虫，因其比较脆弱，清洗时易于崩解，应尽快加以固定。固定前，可立即置于显微镜下检查，这时虫体是透明的，内部结构清晰可见。线虫固定于70%酒精中，为防止酒精挥发，虫体变干，可加入10%的甘油，然后加热至底部有气泡升起（约80 ℃即可）。此外，亦可用福尔马林生理盐水（生理盐水90份加入福尔马林10份）固定虫体。固定后的虫体不透明，如欲观察内部结构，可加以透明，其透明方法有两种。

（1）甘油透明法　将保存的虫体置于含有10%甘油的70%酒精的蒸发皿内，置37 ℃温箱中，待酒精自然挥发后，虫体留于甘油中，虫体即已透明，可供检查。如欲快速检查虫体，可将上述蒸发皿水浴加温，促使酒精迅速挥发，而使虫体在短时间内达到透明的目的。以上透明过的虫体可长期保存于甘油中，随时可取出检查。

（2）乳酸酚透明法　将甘油2份、乳酸1份、石炭酸1份、水1份混合即成乳酸酚透明液。先将线虫标本置于乳酸酚透明液1份和水1份的混合液中，0.5 h后移入纯乳酸酚透明液中，虫体很快透明，可供检查。检查后虫体应迅速放回原保存液中，否则虫体易于变黑。一般线虫不做染色装片标本，如有需要制法同吸虫。

（五）虫卵的保存

为了使粪便中的蠕虫虫卵保存以利随时检查，可取为粪便用沉淀法收集卵，将所得沉淀渣加入60 ℃的福尔马林生理盐水中，再装入小瓶保存。

二、原虫的常规检验

（一）血液原虫检查

禽类的血液原虫有住白细胞虫、血变原虫、锥虫等。检验时于翅静脉采血，制成血液涂片，然后用甲醇固定，用瑞氏、姬姆萨或伊红美蓝等染色方法染色后镜检原虫。

（二）消化道原虫检查

禽类消化道的寄生虫有球虫、组织滴虫等。粪便中球虫卵囊的检查步骤与蠕虫卵的检查方法相同。

1. 球虫检验　从病死禽的肠道病变部刮取米粒大小的肠黏膜，涂布于清洁的载玻片上，滴加常水1～2滴，加盖玻片后在高倍镜或暗视野下观察，可见大量球虫卵囊、裂殖体和大量柳树叶形的裂殖子。另取少量肠黏膜做成薄的涂片，滴加甲醇液固定，待甲醇挥发后，用瑞氏染色液染色2 h，然后在高倍镜下观察，可见裂殖体被染成浅紫色，裂殖子染成深紫色，小配子体呈圆形、紫红色，大配子体为圆形或椭圆形，且呈深蓝色。

如欲检查粪便中球虫卵囊的孢子形成过程及孢子化卵囊的形态，可将被检粪样放于平皿中，加入少量的水，最好加入0.5%重铬酸钾溶液，防止霉菌生长，于18～25℃环境下，每日取粪样检查直至可见到卵囊内已有孢子形成为止。如欲使卵囊保存在不发育状态，可在新鲜粪样中加入5%石炭酸溶液，以杀死其中卵囊，然后保存于玻瓶中。

2. 组织滴虫检验 组织滴虫寄生在盲肠和肝脏中可导致盲肠炎和肝炎，故称盲肠肝炎。由于组织滴虫个体小不易观察，需要用暗视野显微镜观察，可直接刮去盲肠黏膜少许制成压片，在暗视野下可见活泼游动的虫体。冬季将玻片放在手掌中能适当加温，使虫体开始活泼便于观察。

三、寄生虫病的血清学检验

寄生虫与病毒和细菌比较，因其个体大，抗原成分复杂，加上许多寄生虫在发育过程中具有各种逃避宿主免疫反应的能力，故其感染而产生的免疫力相对较弱。尽管如此，寄生虫对宿主机体来说是一种外界异物，机体对寄生虫必然存在或产生特异性和非特异性免疫反应。随着科学技术的发展，寄生虫病的血清学诊断技术应用将愈来愈广泛，现应用的有抗体沉淀反应、凝集反应、补体结合反应和血凝试验等。

第六章　免疫学（血清学）检验

抗原与相应的抗体无论是在体内还是在体外均能发生特异性反应，这种反应叫做免疫反应。体外免疫反应通常采用血清进行，所以又称为血清学反应，或血清学试验。血清学检验方法很多，常用的有凝集试验、沉淀试验、琼脂凝胶扩散沉淀试验、血凝试验、间接血凝试验、血凝抑制试验、补体结合试验、红细胞吸附试验和红细胞吸附抑制试验、中和试验、酶联免疫吸附试验（简称 ELISA）以及免疫荧光试验等。血清学检验，特别是凝集性反应和标记抗体技术与现代科学技术结合在方法上发展很快，这些技术已广泛应用到生物学研究的各个领域。

1. 抗原、抗体的快速检测　由于抗原、抗体提纯技术和蛋白质连接技术的发展，而建立的间接凝集试验，如间接血凝试验、反向间接血凝试验、乳胶凝集试验、碳素凝集试验等技术，这些技术不仅方法简便、快速，而且大大提高了反应的敏感性。近几年发展起来的免疫胶体金技术更是快捷、简便，大大提高了检测速度。

2. 抗原组分分析　沉淀反应与琼脂扩散和琼脂免疫电泳技术结合，形成了琼脂免疫扩散技术、免疫电泳技术、双向免疫扩散技术等。这些新技术大大提高了天然抗原组分的分析能力。

3. 抗原、抗体的超微量测定　如火箭电泳自显影、放射免疫测定、免疫定量测定等技术，对抗原、抗体的测定的敏感度达到了微微克（pg）的水平，其精确度和敏感性远远超过了常规生化分析技术。

4. 抗原或抗体在细胞或亚细胞水平上的定位　如荧光抗体、酶标抗体免疫电镜技术等，能在细胞和亚细胞水平上检测抗原或抗体的位置，使生物学研究进入到一个崭新的阶段。

5. 操作自动化和微量化　血清学试验现在多倾向于微量化，以微量滴定板、电动移液器（图 6－1）代替试管和吸管，8～12 个样品从加样到稀释可以同时进行，大大减轻了工作人员的劳动强度，提高了工作效率。

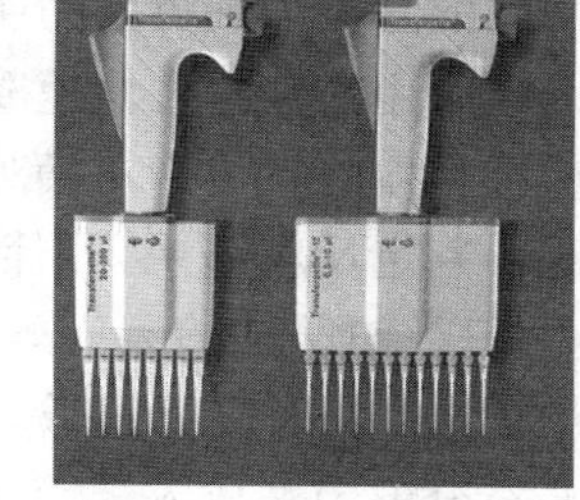

图 6－1　多道移液器

第一节　凝集试验

凝集试验即细菌、红细胞等颗粒性抗原与相应的抗体在电解质参与下，相互凝集形成团块，这种现象称为凝集反应。参与反应的抗体称为凝集素，抗原称为凝集原。凝集试验可分为直接凝集试验和间接凝集试验。

一、直接凝集试验

直接凝集试验可分为平板法、玻片法和试管法。

（一）平板法

取洁净玻璃板1块，用蜡笔按试验要求划成若干个方格，并注明待检血样的编号。用生理盐水将血清做倍比稀释，滴加在玻璃板上，加入等量抗原，用牙签（或火柴棍）从血清量最少（血清稀释度最高）的一格起，将血清与抗原混匀，注意抗原用前摇匀，并置室温，使其温度达20℃以上。混合完毕用酒精灯稍微加温，使其温度达30℃左右，5～8 min内观察记录结果，按下列标准记录反应强度：

＋＋＋＋：出现大的凝集块，液体完全透明，即100％凝集。

＋＋＋：有明显凝集块，液体几乎完全透明，即75％凝集。

＋＋：有可见凝集块，液体不甚透明，即50％的凝集。

＋：液体混浊，有小的颗粒状物，即25％凝集。

－：液体均匀混浊，即不凝集。

该法为一种定量方法，每次试验需设标准阳性血清和阴性血清对照，常用于检测待检血清中的相应抗体及其效价。以＋＋以上血清最高稀释度为该血清的凝集价。也用作定性试验，协助临床诊断及流行病学的调查。

（二）玻片凝集法

又称快速凝集反应，为一种定性试验，常用于鸡白痢的诊断及流行病学的调查，也用于鸡传染性鼻炎，鸡慢性呼吸道病等的诊断。现以鸡白痢玻片凝集试验为例说明其操作方法：用滴管吸取标准诊断液（即鸡白痢凝集试验标准抗原）1滴（约0.05 ml）滴在洁净的玻片或干净普通玻璃板上。刺破鸡冠或翅静脉采血1滴（约0.05 ml），使之与诊断液混匀。如在1～3 min内细菌和红细胞从混合液滴的边缘开始逐渐凝集成较大的颗粒，呈片状、团块状，将红细胞凝集成许多小区，液体几乎完全透明，外观是花斑状，则判为阳性反应；如在2～3 min之内不出现凝集现象，而且玻片上的混合液仍保持原来的状态，或者中间部分较浓，四周较稀薄的混悬物，则可判为阴性反应。该反应温度条件应在室温20～30℃进行。

也可用血清进行快速凝集反应，其方法为选用洁净玻璃板或载玻片，在玻片上滴1滴血清或稀释血清，再滴1滴鸡白痢凝集标准抗原（诊断液）混合均匀，几分钟后观察凝集成块情况，判定反应结果。阳性反应，混合液中出现凝集块；阴性反应，则混合液保持混浊。

（三）试管法

该法是一种定量试验，方法是将待检血清用生理盐水作倍比稀释，加入等量的已知抗原，充分混匀，放入37℃温箱或水浴锅中4～10 h，取出后放置室温数小时，观察并记录结果。判定方法与平板凝集法一致。由于该试验在高温环境中放置时间较长，为了防止杂菌生长，可在生理盐水中加入0.5％石炭酸。

试管凝集试验时，血清抗体效价过高时，往往第一、二管出现凝集抑制（不凝集）现象，此即所谓前带现象。

试管凝集试验可做流行病学调查，也可作免疫检测，检查免疫前后抗体水平的变化，评价免疫效果，制定合理免疫程序。

（四）微量凝集法

该方法原理同试管凝集法，只是操作在微量滴定板（反应板）上进行，抗原、抗体用量很少，故称微量凝集试验，即用移液器在U型或V型微量滴定板上将待测血清作系列倍比稀释，然后滴加等量抗原，振荡混合，置37℃温箱或温室内一定时间（12～24 h），判定结果，方法同平板法。

（五）生长凝集试验

抗体与活的细菌（或支原体）结合，如果没有补体存在就不能杀死细菌或抑制其生长，但是能使细菌呈凝集性生长，形成团块，借助于显微镜可以观察。以检查加入培养基中的血清是否含有相应的抗体。鸡支原体病的微粒凝集试验就是应用这个原理。将待检血清加于接种有支原体的培养基中，培养 24～48 h，离心沉淀，取沉淀物涂片，染色镜检，如发现支原体聚集成团快，即为阳性。微粒凝集试验可用于检出带菌鸡。

二、间接凝集试验

将可溶性抗原或抗体吸附于与免疫无关的小颗粒（载体）的表面，此吸附抗原或抗体的载体颗粒与相应的抗体或抗原结合，在有电解质存在的适宜条件下发生凝集现象。亦称被动凝集试验，常用的载体有动物的红细胞、聚苯乙烯乳胶、活性炭等，吸附抗原或抗体后的颗粒称为致敏颗粒。

（一）间接血凝试验

间接血凝试验是以红细胞为载体，将抗体或抗原吸附在红细胞表面，用来检测微量的抗原或抗体，吸附有抗体或抗原的红细胞称为致敏红细胞。间接血凝试验目前多采用微量法，可选用 U 型或 V 型微量反应板，将待检血清在反应板上用定量移液管作倍比稀释，再加等量致敏红细胞悬液，振荡混匀后，置于一定温度下数小时或于 25～30 ℃放置过夜，观察凝集程度。以出现 50%凝集的血清最大稀释度为该血清的凝集价。

试验应设如下对照：①致敏红细胞加稀释液的空白对照；②已知阳性血清对照；③已知阴性血清对照；④未致敏红细胞加阳性血清对照。

（二）血凝和血凝抑制试验

有许多病毒能够凝集某些动物和人的红细胞，故可以此来检测待检材料中有无该病毒的存在。而能凝集红细胞的病毒，其凝集性可被相应的抗体所抑制，这种抑制具有特异性，故病毒的血凝集抑制试验可用标准病毒悬液检查被检血清中的相应抗体，也可用特异性抗体鉴定新分离的病毒。由于只是一些病毒有血凝性，故血凝或血凝抑制试验只能用于那些有血凝性质的病毒，如鸡新城疫病毒、禽流感病毒、鸡产蛋下降综合征病毒等。现以新城疫病毒为例介绍血凝和血凝抑制试验的基本方法。

1. 血凝试验

（1）0.5%鸡红细胞配制　针管内吸取 3.8%的柠檬酸钠溶液或肝素液少许，心脏或翼下静脉采血。以 pH 7.2～7.4 生理盐水或 PBS 液洗涤红细胞。经 3～4 次洗涤后，配成 0.5%的红细胞悬液备用。

（2）抗原效价测定（血凝试验）在 96 孔 V 型微量反应板中，从第一孔到第十二孔各加 pH 7.2～7.4 生理盐水或 PBS 液 50 μl。吸取待测抗原 50 μl 加到第一孔中，作倍比稀释，到第十一孔，弃去 50 μl，最后一孔不加抗原作对照。每孔各加 0.5%的鸡红细胞悬液 50 μl，用移液器反复抽吸混匀。静置室温（18～20 ℃）中 15～30 min，每隔 5 min 观察 1 次结果。根据红细胞凝集图形判定结果，凝集孔的红细胞会均匀分布于孔底，可见呈颗粒的伞状；不凝集孔的红细胞全部集中于孔底呈一圆点状。以能凝集红细胞的最大稀释度为该待测抗原的血凝滴度，即凝集价（即 1 个血凝单位或工作单位）。该法主要用于检测抗原的效价，也可用于分离病毒的定性鉴定。如能凝集红细胞，表明待检物中有病毒存在。如抗原浓度过高，可先做基础稀释，测出凝集价后再乘以稀释倍数。

2. 血凝抑制试验 多采用固定抗原稀释抗体法（即β法）。试验前先测定抗原效价或按抗原说明书标明的凝集价稀释至一定浓度。用 pH 7.2～7.4 生理盐水或 PBS 液配制 8 个单位和 4 个单位抗原。于微量反应板第 1 孔加 8 个单位抗原 50 μl，第 2～11 孔各加 4 单位抗原 50 μl，第 12 孔加生理盐水 50 μl；吸取待检血清 50 μl 于最后孔中（血清对照），混合后吸取 50 μl 于第 1 孔，混匀后吸取 50 μl 于第 2 孔，混匀后吸取 50 μl 于第 3 孔，依次稀释到第 11 孔，从第 11 孔吸取 50 μl 弃去。这样各孔的血清稀释倍数分别为 2、4、8、16、32、64、128、256、512、1 024、2 048 倍，各孔的抗原均为 4 个工作单位。置室温（18～20 ℃）下作用 20 min，然后再向各孔中加 0.5%红细胞悬液 50 μl，振荡混合后静置 25～40 min，判断结果以完全抑制凝集的血清最大稀释度为该血清的血凝抑制（HI）价或滴度。通常以 2 为底的对数（$\log_2$）表示，如第 6 孔完全抑制，则其 HI 价为 6 $\log_2$，具体稀释倍数为 64 倍，此即为血清的 HI 价。如果抗体浓度过高可先作基础稀释，测出血凝抑制价后再乘以稀释倍数。此法可测定抗体效价，用于免疫效果监测，也可用已知血清鉴定新分离到的病毒。

3. 乳胶凝集试验 聚苯乙烯乳胶的胶粒直径约为 0.8 μm。它对蛋白质、核酸等高分子物质具有良好的吸附性能，利用聚苯乙烯乳胶的微球作为载体，吸附抗原（或抗体），用以检测相应的抗体（或抗原），称为乳胶凝集试验。它具有快速、简便、易于保存、比较准确等优点。在血清学诊断中，特别是对组织抗原、激素等监测中得到广泛应用。

（1）乳胶颗粒的致敏 将乳胶用 pH 8.2 的甘氨酸缓冲液配制成 1%的乳胶液，逐滴加入适当稀释的抗原（抗原浓度和用量需要预先测定），边加边搅拌，加完后继续搅拌数分钟，室温静置 24 h，即可使用。有的抗原（如人绒毛膜促性腺激素）在吸附后需用胰蛋白酶水解，以破坏未吸附的游离抗原，并使吸附在胶粒上的抗原的活性基团充分暴露，以提高反应的敏感性。

聚苯乙烯乳胶亦可吸附抗体而制备乳胶血清。可在 25 ml 0.4%的乳胶液中逐滴加入 1∶10～20的抗血清 1～7 ml，边加边搅拌，当出现颗粒时继续滴加，直到颗粒消失即成。本法可用于沙门氏菌的快速诊断。

致敏后的乳胶液应加入 0.01%硫柳汞溶液防腐，于 4 ℃的冰箱内可保存数月至 1 年。切忌冻结，一旦冻结容易自凝。

（2）试验方法 乳胶凝集试验有玻片法和试管法等。玻片法最好选用黑色玻片，因乳胶为乳白色。取待检血清（或抗原）和致敏乳胶各 1 滴滴加在玻片上，混匀，阳性者在 5 min 内即出现凝集反应，但在 20 min 时需要再观察一次，以免遗漏弱阳性。试管法是在系列倍比稀释的待检血清中加入等量的抗原，于 56 ℃水浴 2 h，然后用 1 000 g 的离心力，低速离心 3 min（或室温放置 24 h）观察结果，根据上述的澄清程度和沉淀颗粒多少，判定凝集程度。

第二节 沉淀试验

可溶性抗原与相应抗体结合，在有电解质存在时可形成肉眼可见的白色沉淀物（或线），该过程称为沉淀反应。参与沉淀反应的抗原称为沉淀原，抗体为沉淀素。

沉淀反应的抗原可以是多糖、蛋白质、类脂等。抗原分子量较小，单位体积内与抗体结合的总面积大。在作定量试验时为了不使抗原过剩，通常稀释抗原，并以抗原的稀释度作为沉淀反应的效价。

沉淀反应可分为固相和液相，液相沉淀反应中以环状沉淀试验为常用；固相沉淀反应中主要有琼脂扩散试验、对流免疫电泳试验等。

一、环状沉淀试验

环状沉淀试验又称 Ascoli 氏反应，是将沉淀素血清与相应的沉淀原在小试管中重叠在一起，在两液面的交界处出现一层灰白色沉淀物。其具体方法是将已知抗血清（沉淀素）加到小试管中，然后沿管壁小心加入待检抗原，使成为界面清楚的两层，将小试管直立，于 1～5 min 观察，如两液面交界处出现清晰、白色沉淀者则为阳性反应。

二、絮状沉淀试验

抗原与抗体在试管中混合，在有电解质存在时，形成抗原—抗体复合物，发生混浊或形成絮状物。当抗原抗体的比例最合适时，反应出现得最快，混浊度最大。当抗原过剩或抗体过剩时，反应延迟，沉淀减少，以致反应被完全抑制，出现前带或后带现象。故常用固定抗体稀释抗原法（α 操作法）或固定抗原稀释抗体法（β 操作法），以检测抗原、抗体的最适比例。

抗原抗体按不同的比例混合后，每隔一定时间（5～10 min）观察一次，记录出现反应的时间和强度，最早出现反应的一管的抗原、抗体的稀释倍数即最合适的比例。当抗原有两种以上成分时，往往出现两个峰。因此，本法不适用于多种抗原成分的分析，通常用于毒素或抗毒素的滴定。

除抗原、抗体的比例外，温度、pH 等对反应也有一定的影响。在一定限度内，反应速度和沉淀物的量随温度增高而增加，但是超过一定极限时效果则相反。一般沉淀反应的温度在 0～56 ℃，有的抗原—抗体系统反应的最适温度较低，只有在低温下才出现反应。震荡可以加速反应。反应的 pH 因反应系统不同而异，如 pH 超出 6.5～8.2 的范围可出现非特异性沉淀。

三、琼脂扩散试验

抗原和抗体在含有电解质的琼脂凝胶中扩散，当两者相遇时，抗原、抗体结合形成肉眼可见的沉淀线，称此为琼脂扩散反应。琼脂是一种含硫酸基的多糖体，高温时能溶于水，冷后凝固形成凝胶。琼脂凝胶呈多孔结构，孔内充满水，其孔径大小决定于琼脂浓度，1%琼脂凝胶的孔径为 85 nm。因此，允许各种抗原或抗体在琼脂凝胶中自由扩散。抗原、抗体在琼脂凝胶中向周围扩散，由近及远形成浓度梯度，当抗原和抗体相遇，而且比例适当时，就会形成抗原—抗体复合物在凝胶中沉淀，出现肉眼可见的沉淀线。沉淀物颗粒较大在凝胶中不再扩散，形成沉淀带（沉淀线），随后扩散来的抗原、抗体不能逾越这条沉淀带，只能在此沉淀。因此，随着反应时间延长，沉淀带越来越明显。一种抗原—抗体系统只能形成一条沉淀线，复合抗原—抗体系统均可根据自己的浓度、扩散系数、最适比例等因素形成自己的沉淀带。故本法的主要优点是可对复合抗原或抗体进行成分分析。

琼脂扩散试验分单扩散和双扩散两个基本类型。单扩散是抗原或抗体一种成分在琼脂凝胶中扩散，另一成分不扩散直接混于凝胶中；双扩散是抗原和抗体两种成分同时在琼脂凝胶中扩散。根据扩散的方向不同又可分为单向扩散和双向扩散。向一个方向扩散者称为单向扩散，向两个方向或向周围辐射扩散者称为双向扩散。故琼脂扩散试验可分为单向单扩散、单向双扩散、双向单扩散、双向双扩散。

（一）单向单扩散

1. 材料 包括待检抗原或血清、标准抗原或血清琼脂板、打孔器、移液器、酒精灯、牙签。

2. 操作 称取琼脂 2 g、氯化钠 8 g、蒸馏水 100 ml，在水浴中充分煮沸融化，调整 pH 为 7.4，经四层纱布过滤冷却到 50 ℃左右，加入标准阳性血清或抗原 0.5 ml，混匀并趁热分装于内径 3 mm 小试管中，高度为 35～45 mm。凝固后在其上部加入待检抗原或血清原，高度约 30 mm。直立于湿盒中 37 ℃温箱扩散。每 24 h 观察 1 次。

抗原在含有血清的琼脂中向下扩散，形成浓度梯度，当抗原抗体的比例合适时形成沉淀带，此沉淀带随着抗原的不断向下扩散而向下移动，直至平衡后不再移动。最初形成的沉淀带由于后来抗原的扩散致使抗原浓度升高，过剩的抗原使已形成的沉淀带溶解，故沉淀带后缘模糊不清。沉淀带至琼脂面的距离与反应物的浓度、扩散系数、温度、时间等因素有关，如果其他因素固定不变，沉淀带距琼脂面的距离与抗原的浓度成正比。反应物中存在两种以上抗原—抗体系统时，则每一抗原—抗体系统均可出现一条沉淀带。这些沉淀带可通过增加或减少某一成分而加以区别。

（二）单向双扩散

单向双扩散试验是在单向单扩散试验的基础上发展起来的，试验原理和反应特点与双向双扩散试验基本相同（详见双向双扩散试验）。与单向单扩散试验相比，本法的扩散距离小，敏感性和精度较差；与双向双扩散试验相比，本法的操作复杂，所以目前很少应用。

其操作方法为：准备直径 2～5 mm，长 40 mm 的试验小管，在底部加入约 5 mm 高的阳性血清，然后小心加入 45 ℃左右的琼脂凝胶，凝胶柱的高度为 5 mm（注意：凝胶与血清的界面必须清晰无混合现象，也不应有气泡），待琼脂凝固后，加入 5 mm 高的抗原液，再置 37 ℃扩散，并判定结果。

（三）双向单扩散

大体与单向单扩散相同，只是把配制好的抗血清琼脂浇注在玻璃板上或载玻片上，厚度为 2～3 mm，用打孔器打孔，孔径 2 mm，挑出孔中琼脂，底面在酒精灯上稍加烘烤，使琼脂紧密与玻璃板贴紧，防止加入抗原外漏。在孔中加入待检抗原，放入湿盒中，37 ℃温箱内扩散，每 24 h 观察 1 次。

本法也可称辐射扩散，抗原在琼脂板上向周围辐射扩散，在抗原孔周围形成灰白色圆形沉淀环，沉淀环随时间延长而逐渐扩大，直至平衡。沉淀环的面积与抗原的浓度成正比。因此可以用已知浓度的抗原制成标准曲线，用于检测待检抗原的量。

如禽病检验中马立克氏病检验，可将标准阳性血清琼脂浇注在玻片上，将待检鸡的羽毛尖插在琼脂板上，放入湿盒中，37 ℃温箱内扩散，24～72 h 可见在羽毛尖周围出现白色圆环状沉淀线，即可判定为阳性（图 6－2）。

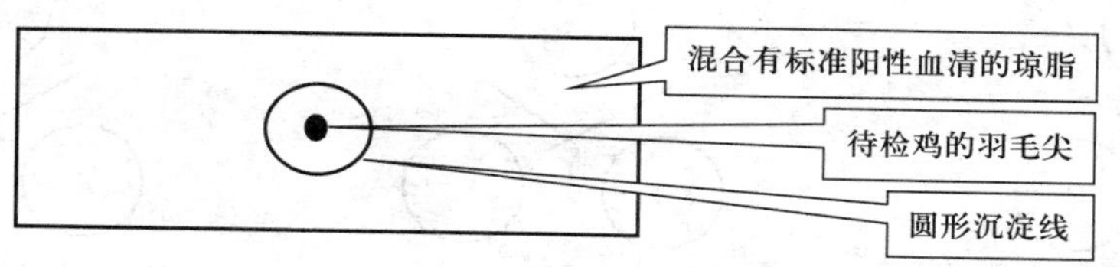

图 6－2 双向单扩散示意图

（四）双向双扩散

1. 琼脂板的制作 称取琼脂 1 g、氯化钠 8 g、蒸馏水 100 ml，在水浴中充分煮沸融化，加少许甲基橙，pH 调整至 7.4，四层纱布过滤。倒入平皿，厚度为 3～4 mm，或浇注在玻片上，待凝固后备用。

2. 操作 用外径为 4 mm 的打孔器（孔径也可以为 2～3 mm），按六角形图案打孔（图 6－3），中心孔与周围孔的孔距为 3 mm，将孔中的琼脂用针头或牙签挑出。中间孔滴加抗原，周围孔滴加待检血清和阳性对照血清，加样后放入 37 ℃温箱保持一定湿度，经 24～48 h 观察结果。抗原孔与抗体孔之间出现特异性沉淀线者判定为阳性，否则为阴性（图 6－4）。传染性法氏囊病、减蛋综合征、禽脑脊髓炎、鸡白痢等均可通过琼脂扩散试验鉴定。

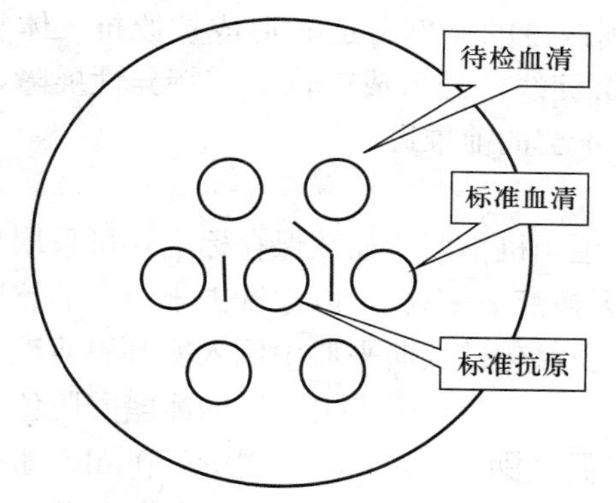

图 6－3 双扩散检测血清示意图

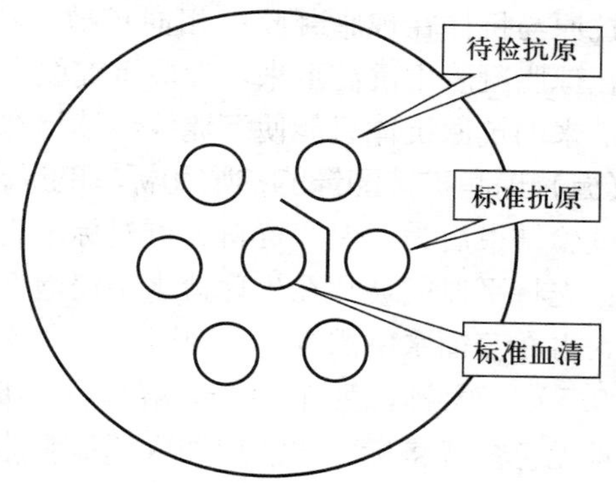

图 6－4 双扩散检测抗原示意图

此试验方法也可将标准阳性血清加到中间孔中，将待检抗原和标准抗原加到周围孔中，一份阳性血清可以同时检测 5 份待检抗原。打孔器有商品出售，一次可以完成打孔，如果没有可用饮料吸管代替，孔径大小可以因材适用。但是孔间距离要一致，一般孔距和孔径一致。由于抗原和抗体的浓度不同沉淀线可能偏向一侧，有时可能出现像眉毛一样的弯曲。抗原浓度过高沉淀线就会偏向抗体一侧，否则相反。

双扩散可用于抗原或抗体成分分析，如果相邻两孔的抗原或抗体完全相同则沉淀线完全融合，部分相同则沉淀线不完全融合而形成一个夹角，完全不同则沉淀线交叉；如果相邻两孔的抗原和抗体都含有相同的两种成分则会出现两条平行的沉淀线；如果相邻两孔的抗原或抗体强弱程度不同，弱阳性孔的沉淀线较短而细小，强阳性的宽粗而明显（图 6－5，图 6－6）。

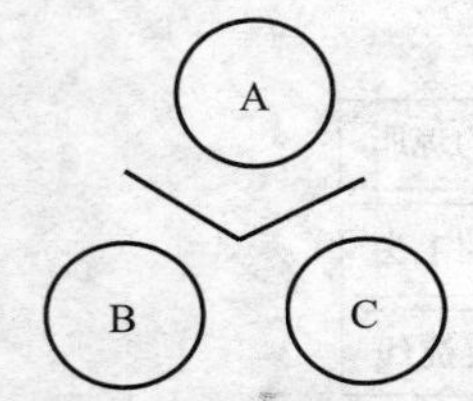

A为抗体，B、C为相同抗原

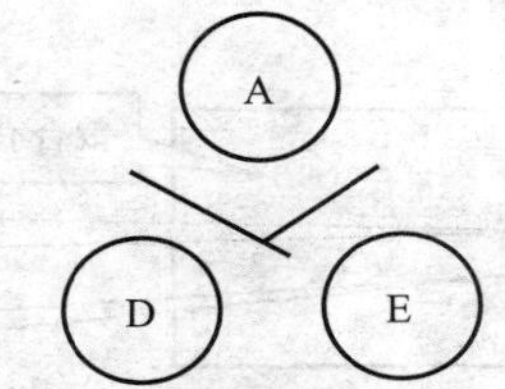

A为抗体，D、E为部分相同的抗原

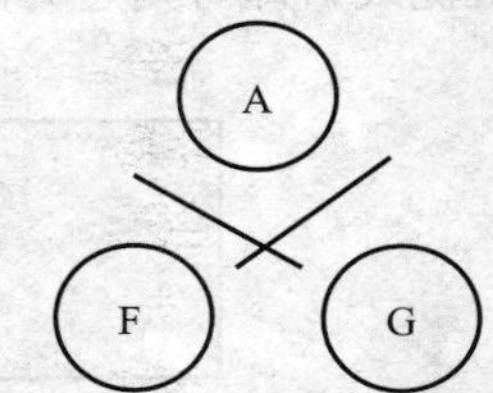

A为抗体，F、G为完全不同的抗原

图 6－5 抗原成分的分析示意图Ⅰ

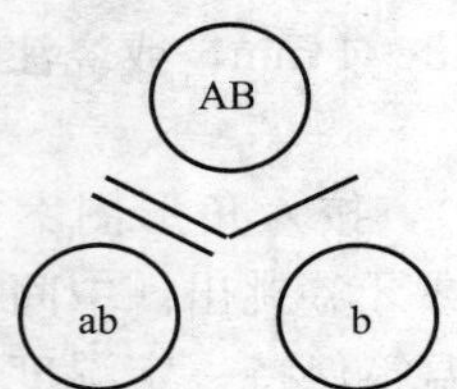

AB含有两种抗体，与ab复合抗原出现两条沉淀线，与b出现一条沉淀线

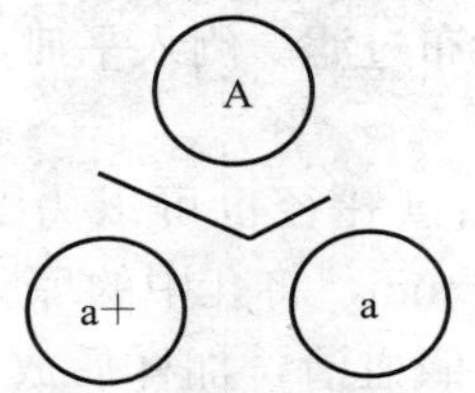

A为抗体，a+为强阳性抗原，a为弱阳性抗原

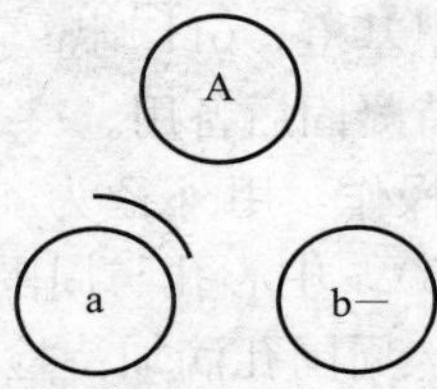

A为强阳性抗体，与抗原a出现眉弯性沉淀线；b—为阴性抗原，不出现沉淀线

图 6－6 抗原成分的分析示意图Ⅱ

抗原与抗体在琼脂凝胶中相向扩散，在扩散到两者的比例合适时形成抗原抗—体复合物，在琼脂凝胶中沉淀下来，形成沉淀线（带），沉淀线一经形成就像一道特异性屏障，随后扩散来的抗原抗体只能使沉淀线继续增宽加浓，不会向前推进。

（五）琼脂扩散图像的拍照和标本的保存

试验结束后为了保存资料，可对标本直接用近距相机拍照。如欲保存标本，可采取如下方法：先将平皿或玻片在生理盐水中浸泡 2 d，每天换液 2～3 次，以漂洗去未结合的抗原和抗体，再在蒸馏水中漂洗 1 d，换液 2～3 次，以除去氯化钠。向平皿中倒入氨基黑溶液（氨基黑 0.5 g、7%冰醋酸 1 000 ml 溶解后滤纸过滤）染色 10 min，再用 7%的冰醋酸脱色 1 h，至背景无色。或将标本漂洗后加入偶氮胭脂红液（偶氮胭脂红 0.75 g、甲醇 50 ml、冰醋酸 40 ml、蒸馏水 40 ml 溶解后过滤备用）染色 15～30 min，2%冰醋酸脱色至背景无色。在琼脂表面覆盖一层绸布，37 ℃温箱中干燥 1 d 即可永久保存。氨基黑染色后沉淀线为黑色，偶氮胭脂红则使沉淀线呈红色。

四、免疫电泳技术

不同带电粒子在同一电场中，其泳动速度不同，通常用迁移率表示。如果其他因素恒定，迁移率主要决定于分子量大小和所带电荷的多少。蛋白质是两性电介质，每种蛋白质都有自己的等电点，在 pH 大于其等电点的溶液中，羧基离解得多，蛋白质带负电荷，向正极泳动。反之，在 pH 小于其等电点的溶液中，氨基离解得多，此时带正电荷，向负极泳动。pH 偏离等电点越远所带静电荷越多，电泳速度也越快，因而可以通过电泳将复合的蛋白质分离开。此技术常用于复合蛋白质组分分析。

由于抗原与抗体的等电点不同，在 pH 偏碱的环境中，抗原带负电荷，电泳时向正极移动。抗体带电荷弱，在电泳时由于电位差作用，向负极泳动。将抗体置于正极，抗原置于负极，电泳时抗原抗体相向移动，两者相遇时形成沉淀线。由于抗原抗体的定向移动，不仅缩短了反应出现的时间，而且由于抗原和抗体的局部浓度增高，从而提高了反应敏感性。

电泳根据所用支持物不同，可分为纸上电泳、醋酸纤维膜电泳、聚丙烯酰胺凝胶电泳和琼脂凝胶电泳等。在琼脂凝胶电泳时，因琼脂带有SO_4^{2-}，使溶液因静电感应而产生正电，因而形成一种向负极的推动力，称为电渗。带正电荷的颗粒在电渗作用下加速了向负极的泳动速度，而带负电的颗粒则需要克服电渗作用，才能逆流而上泳向正极。琼脂凝胶电泳是把电泳技术的敏感性和琼脂免疫扩散沉淀反应的特异性结合在一起，形成了琼脂免疫电泳、对流电泳、火箭电泳等新技术。大大提高了对生物大分子的鉴别分辨能力，为生物化学、分子生物学的研究做出了重大贡献。在禽病检验中常用于抗原、抗体的快速检测。

（一）琼脂免疫电泳

琼脂免疫电泳是加样后先进行电泳使蛋白质组分在琼脂中分离开，然后再对抗体进行扩散，分离开的抗原与抗体形成抗原抗体复合物而沉淀，从而出现肉眼可见的沉淀带，因沉淀带多呈弧形，又称沉淀弧。琼脂免疫电泳根据琼脂板的大小可分为常量法和微量法。现介绍微量法如下。

1. 器材　包括电泳仪、水平电泳槽、万用电表、移液器、打孔器等。

2. 缓冲液　pH 8.6，浓度为 0.05 mol/L 的巴比妥缓冲液（取巴比妥 1.84 g，巴比妥钠 10.3 g，先以 200 ml 水加热使巴比妥溶解，再加入巴比妥钠，最后再加水至 1 000 ml）。

3. 1%琼脂板制备　将上述缓冲液 50 ml 加蒸馏水 50 ml，加 1 g 精制琼脂或琼脂糖加热溶解即成 1%琼脂（浓度为 0.025 mol/L），加硫柳汞 10 mg，趁热四层纱布过滤。取洁净载玻片一张，放于水平台面上，将溶化的缓冲琼脂 2.5 ml 趁热滴注于玻片上，一次加成，使其自然流成水平面，待凝固后按图 6－7 打孔、打槽，孔径 3 mm，槽长 70 mm，宽 3 mm，孔、槽间距离 5 mm。

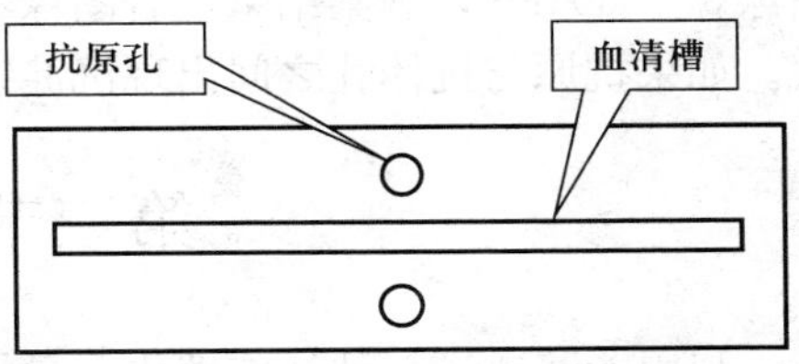

图 6－7　微量电泳打孔打槽示意图

4. 加样　孔中加入待测抗原，加满但不溢出为宜，约 5 μl。

5. 电泳　电泳槽加注缓冲液，要使两侧槽内缓冲液等量。将琼脂板放在槽上，将两条和琼脂板等宽的双层滤纸在缓冲液中浸湿搭桥，滤纸一端搭在琼脂板上约 3 mm，另一端浸在缓冲液中（图 6－8）。起开电源，调整电流至 5～7.5 mA，电泳 1～1.5 h。关闭电源，去掉滤纸条，取出反应板。

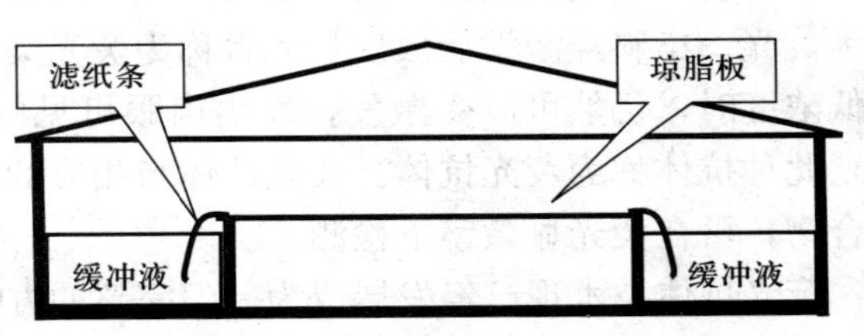

图 6－8　微量电泳搭桥示意图

6. 反应　电泳后，将抗体（血清）加于槽内，将反应板放入湿盒中进行双向扩散，于 24 h、48 h 分别观察结果。一般 24 h 即可出现明显的沉淀弧（图 6－9）。

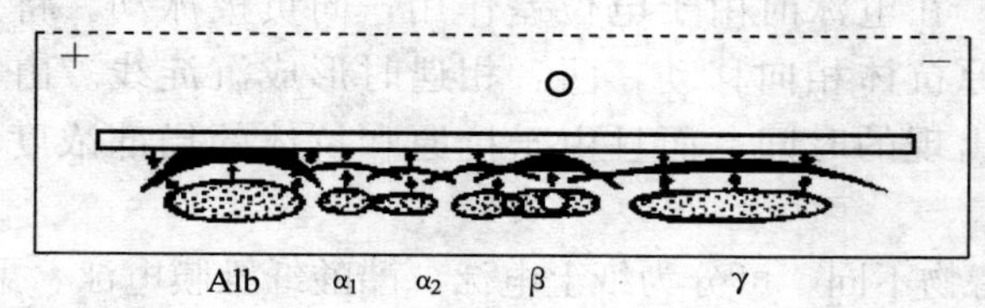

图 6-9　血清蛋白免疫电泳示意图

（二）对流电泳

对流电泳与琼脂免疫电泳相似，缓冲液、电泳板的制法基本相同，一般也多用玻片法。

1. 打孔　孔径 3 mm，孔距 5 mm，一张玻片可以打 6 对孔，可同时检测 6 个样品（图 6-10）。

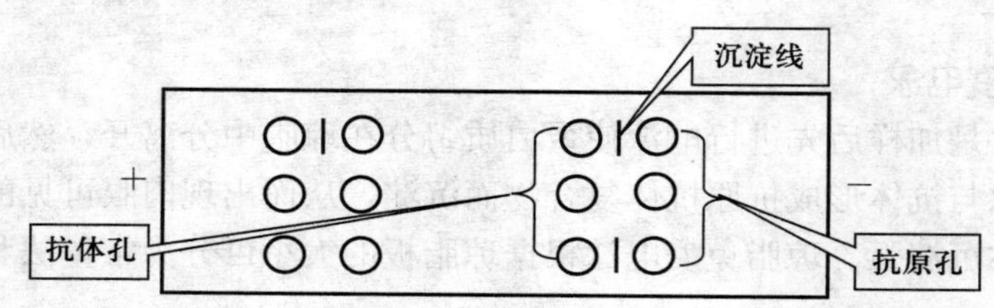

图 6-10 对流电泳打孔示意图

2. 加样　每一对孔中分别加入抗原和抗体，加满但不溢出。

3. 电泳　将电泳板放入电泳槽中，抗原端置负极，抗体端置正极，将电流调至 5～7.5 mA，电泳 30～60 min，观察结果，若图像不清晰，可放置室温或温箱中（防止干燥）数小时后观察。如果抗原与抗体孔之间出现沉淀线即为阳性。此法比琼脂扩散试验敏感、快速。

第三节　免疫标记技术

利用能够通过某种特殊理化因素易于检测的物质标记抗体，这些被标记的抗体与相应抗原相结合，通过标记物的检测，从而确定抗原的存在部位，此即免疫标记技术。标记技术目前广泛应用的主要有免疫荧光技术、同位素标记技术（即放射免疫沉淀）、免疫酶技术、胶体金技术等。这些试验可用于抗原定位、定性、定量研究。

一、荧光抗体技术

一种物质当受到短波光线（如紫外线）激发后，能放出波长比激发光长的可见光，此光称为荧光。染料经激发后放出荧光者称为荧光染料（荧光素）。荧光素极为敏感，在 10^{-8} 的超低浓度时，仍然可以受激发，发出肉眼可见的荧光。将荧光染料连接到提纯的抗体分子上，此种抗体称为荧光抗体。荧光抗体与相应的抗原结合后，就形成带有荧光的抗原—抗体复合物，可在荧光显微镜下检测。

荧光抗体技术现已经发展成为一门完整的方法学，免疫荧光技术把血清学的特异性、敏感性与显微镜技术的精确性结合在一起，解决了生物学上的许多难题，如病毒的侵染途径、在细胞内的复制部位、抗体产生的部位等，应用免疫荧光技术就能迎刃而解。此外，荧光抗体技术在细菌、病毒、原虫的鉴定和传染病的快速诊断，以及肿瘤抗原的研究、自身免疫病的诊断等方面均得到广泛应用。

但是荧光抗体检验也有不足之处，主要是非特异性染色的干扰（非特异性荧光），结果判断的客观性不足，技术程序仍然比较复杂，容易受外界条件干扰。

（一）抗体的制备

荧光抗体技术对抗体的要求是效价要高、纯度高、特异性要强。其制备程序是：抗原纯化、免疫动物、抗体提纯、抗体标记以及标记抗体的纯化和鉴定。

1. 抗原纯化 要制备高纯度的抗体，抗原必须纯粹，这样制备的抗体才具有专一性，最终检验结果才准确。直接法的抗体是以各种病原微生物（细菌、病毒、支原体、衣原体等）为抗原。细菌、支原体等比较容易提纯，纯培养物即可。病毒的纯化比较困难，可用易感动制备，如鸡新城疫血清用鸡制备。间接法所用抗原为免疫球蛋白，主要是IgG，可用兔或山羊制备。

2. 免疫动物 制备抗体的动物要健壮、年轻、雄性、远缘，通常用家兔或山羊。免疫剂量和免疫程序因抗原性质和对血清的要求不同而异，剂量一般按体重估计，如用弗氏佐剂，一次免疫剂量为0.5 mg/kg，不用弗氏佐剂时则要加大到数十倍。免疫周期长的可用小量多次，短者可用大量少次。对血清特异性要求高的，用小量、短程、不加佐剂。如果对效价要求高，则应大量、长程、加佐剂。对于病毒性抗原由于不易纯化，可用提高抗体效价方法制备高效价抗体，使用时将抗体稀释以减少非特异性荧光的干扰。

3. 抗体提纯 当血清效价达到要求时即可采血分离血清。抗体的提纯包括两个方面的含义，一是理化性质要纯，使免疫球蛋白与血清的其他蛋白分离，提取均质的免疫球蛋白部分。二是，从免疫学性质上纯化，获取对特定的抗原具有专一性的IgG。

抗体提纯方法有硫酸铵盐析法、层析法、离子交换法。通常把盐析和层析结合起来，先盐析再层析。然后，经蛋白质测定和免疫学测定，合格后即可进行荧光素标记。如果要求更高，可进行亲和层析（免疫吸附法）。

（二）荧光素标记

常用的荧光染料有异硫氰酸荧光黄（FITC）和四甲基异硫氰酸罗丹明（TRITC）。常用的抗体标记的方法有搅拌法和透析法两种。以FITC标记为例，搅拌标记法为：先将待标记的蛋白质用0.5 mol/L、pH 9.0的碳酸盐缓冲液配成2%（*W*/*V*）溶液，取抗体溶液量的1/100～1/150（*W*/*W*）FITC溶于抗体量的1/10（*V*/*V*）0.5 mol/L、pH 9.0的碳酸盐缓冲液中。随后在磁力搅拌器的搅拌下逐滴加入FITC溶液，在室温持续搅拌4～6 h后，离心，上清液即为标记物。此法适用于标记体积较大，蛋白含量较高的抗体溶液，优点是标记时间短，荧光素用量少。但本法的影响因素多，若操作不当会引起较强的非特异性荧光染色。

透析法适用于标记样品量少，蛋白含量低的抗体溶液。此法标记比较均匀，非特异染色也较低。其方法为：先将待标记的蛋白质溶液装入透析袋中，置于含FITC的0.01 mol/L、pH 9.4的碳酸盐缓冲液中，在搅拌器搅拌下透析过夜，最后再对0.01 mol/L、pH 7.2的PBS透析4 h，低速离心5 min，上清液即为标记抗体。

（三）标记抗体的提纯

抗体标记完成后，还应对标记抗体进一步纯化，以去除未结合的游离荧光素、未标记的抗体、标记过度的抗体以及特异性交叉或不希望出现的抗体。纯化方法可采用透析法或层析分离法。

1. 除去游离荧光素 这是纯化标记抗体最基本的要求，常用透析法和葡聚糖凝胶过滤法。透析法是将标记抗体装入透析袋中先对自来水透析 5 min，再对 0.01 mol/L、pH 7.2 的 PBS 透析 4～5 d，每天换透析外液 3～4 次，直至外液中无荧光素为止。

葡聚糖凝胶过滤法通常是将标记抗体加到葡萄糖（Sephadex）G25 或 G50 凝胶柱中，以 0.01 mol/L、pH 7.2 的 PBS 液洗脱，收集第一洗脱液。

2. 除去未标记和标记过度的抗体 除去未标记和标记过度的抗体可通过 DEAE 纤维素柱过滤，方法与葡聚糖凝胶过滤相同，过滤后可使抗体损失 50%，故一般要求不高的试验，可不经过此道程序。

3. 除去特异性交叉或不希望出现的抗体 可以用肝粉吸收除去。一般操作不需要 2、3 步，可以通过对抗体适当稀释，以减少非特异性荧光的干扰。

（四）标记抗体的鉴定

标记抗体的鉴定包括化学鉴定、染色滴度鉴定和特异性鉴定。

1. 化学鉴定 标记抗体的质量直接由三个参数决定，即总蛋白（P）量、抗体蛋白（Ab）量和荧光素（F）量。由它们可以算出表明荧光抗体性能的三个活性比（F/P、Ab/P、Ab/F）。F/P 反映荧光抗体的光学敏感性，F/P 越高，说明抗体分子上结合的荧光素越多，反之则越少。F/P 过高则非特异性荧光增强，一般用于固定标本染色的荧光抗体以 F/P=1.5 为宜，用于活细胞染色的荧光抗体以 F/P=2.4 为宜。

（1）F/P 的测定

① 抗体蛋白质含量测定 测定荧光抗体的蛋白质量，可用紫外分光光度计，将抗体蛋白质溶液盛于石英比色皿中，以生理盐水为对照，测得 280 nm 和 260 nm 两种波长的吸光度（A280 nm、A260 nm）。按下式计算出抗体蛋白质含量：

$$C=1.45\times \text{A280 nm}-0.74\times \text{A260 nm}$$

式中，C 为蛋白质质量浓度（mg/ml）；

A280 nm 为蛋白质溶液在 280 nm 处测得的吸光度；

A260 nm 为蛋白质溶液在 260 nm 处测得的吸光度。

② 结合荧光素含量测定 先制作荧光素定量标准曲线，即准确称取 FITC1 mg，溶于 10 ml 0.5 mol/L、pH 9.0 碳酸盐缓冲液中，再用 0.01 mol/l、pH 7.2PBS 稀释到 100 ml，此时荧光素含量为 10 μg/ml，以此为原液，再倍比稀释 9 个不同浓度的溶液，用分光光度计在 490 nm 波长处测定光密度（OD），以光密度为纵坐标，荧光素含量为横坐标，作标准函数图。

荧光素与蛋白质结合后，其吸收光谱峰值向长波方向位移约 5 nm，FITC 和蛋白质结合后由 490 nm 变为 493～495 nm。

③ F/P 的计算 可按以下公式计算。

$$\text{F/P（重量比）}=\frac{\text{FITC}(\mu g/ml)}{\text{Ig G}(mg/ml)}$$

$$\text{F/P（相对分子量比）}=\frac{\text{FITC}(\mu g/ml)}{\text{Ig G}(mg/ml)}\times\frac{160\,000\times10^{3}}{390\times10^{6}}$$

$$=0.41\times\frac{\text{FITC}(\mu g/ml)}{\text{IgG}(mg/ml)}$$

式中，160 000 为抗体蛋白质的相对分子量，390 为 FITC 的相对分子量。

按图 6－11 所示方法测定更为简便，即先用 276 nm 波长测得蛋白质的 OD 值，再用 493 nm 波长测得 FITC 的 OD 值，将两个 OD 值在图上连成一直线，直线与各纵线交叉处，即可查出标记抗体的以下数值：FITC(μg/ml)，F/P 的重量比（μg/mg)，F/P 的克分子比值，蛋白含量（mg/ml）等。

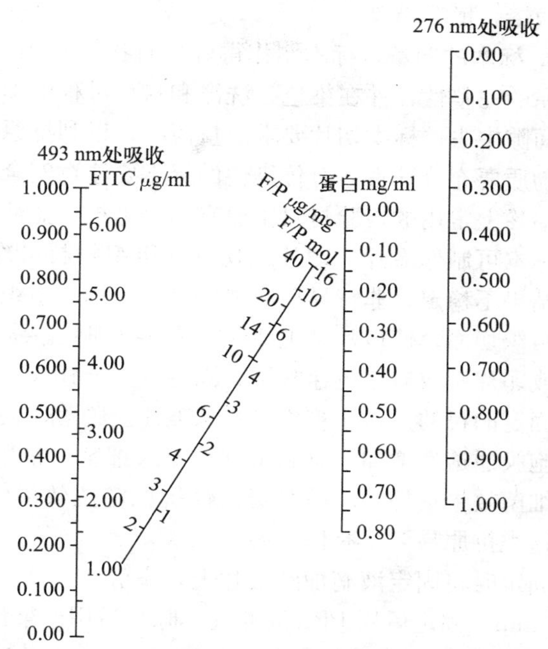

图 6－11　FITC 标记物中球蛋白、荧光色素和 E/P 比值

（2）Ab/P　此数值反映荧光抗体的免疫学敏感性，决定其染色滴度，比值低于 0.1 时则无效。

抗体蛋白质（Ab）的测定比较麻烦，通常用反向免疫辐射扩散测定，即将适量的抗原（IgG）加入琼脂凝胶中，打孔后加入已知量的（定氮法测定）球蛋白（即抗抗体），扩散后根据扩散圈直径制成标准曲线。然后用标准抗 IgG 抗体和待测抗 IgG 抗体在同等条件下扩散，根据测得的 Ab 含量，按下式计算：

$$Ab/P=\frac{Ab(mg/ml)}{P(mg/ml)}$$

（3）Ab/F　此比值反映标记的荧光抗体的可用性，比值低于 0.025 时不能使用。

$$Ab/F\text{（重量比）}=\frac{Ab(mg/ml)}{FITC(\mu g/ml)\ \times 10^2}$$

以上三种比值以 F/P 最重要，故应首先确定 F/P，然后根据情况测定 Ab/P，有了这两个比值就可以预测试剂的染色效果。

2. 染色滴度测定　染色滴度包括特异性染色滴度和非特异性染色滴度，以倍比稀释的标记抗体与相应的标准抗原做系列染色，出现荧光强度最大的稀释度即该试剂的特异性染色滴度。用同样方法对非相应的抗原染色，以不出现荧光的最大稀释度为非特异性染色滴度。实际应用时应选择低于特异性染色滴度而高于非特异性染色滴度，如特异性染色滴度为 1∶64，非特异性染色滴度为 1∶8，则应用时可用 1∶32 稀释。

3. 抗体效价测定　抗体效价可以用琼脂双扩散法进行滴定，效价大于 1∶16 者较为理想。

（五）荧光抗体的保存

荧光抗体制备好后要除菌过滤，分装成 0.5 ml 的小瓶，－20 ℃冻存，可放置 3～4 年，0～4 ℃一般也可存放 1～2 年。防止反复冻融和光照，以减少抗体失活和荧光猝灭。

（六）荧光抗体染色

1. 试剂与仪器　0.01 mol/L、pH 7.4 的 PBS，荧光标记的抗体，缓冲甘油（分析纯无荧光的甘油 9 份＋pH 9.2、0.2 mol/L 碳酸盐缓冲液 1 份），染色缸，有盖搪瓷盒一只，荧光显微镜，恒温箱等。

2. 标本的制备　标本制作得好坏直接影响到检测的结果。在制作标本过程中应力求保持抗原的完整性，并在染色、洗涤和封片过程中不发生溶解和变性，也不扩散至邻近细胞或组织间隙中去。标本切片要求尽量薄些，以利抗原抗体接触和镜检。标本中干扰抗原抗体反应的物质要充分洗去，有传染性的标本要注意安全。

临诊上常用的检验材料主要有病变组织、血液、粪便、脓液、细菌、病毒培养物等。按不同标本可制作涂片、印片或切片。组织材料可冷冻切片或石蜡切片。石蜡切片因操作烦琐，结果不稳定，非特异反应强等已少应用。组织标本也可制成印片，方法是用洁净的玻片轻压组织切面，使玻片粘上 1～2 层组织细胞。细胞或细菌可制成涂片，涂片应薄而均匀。涂片或印片制成后应迅速吹干、固定。置－10 ℃保存或立即使用。

固定的目的是防止被检材料从玻片上脱落、消除抑制抗原抗体反应的因素（如脂肪等）、使细胞膜通透性增加，有利于抗体浸入细胞。常用固定剂有丙酮和 95％乙醇。丙酮固定病毒、细菌效果良好。乙醇对蛋白性抗原定位效果较好。10％的甲醛溶液适合固定脂多糖抗原，这类抗原易溶于有机溶剂。

固定时将固定液滴加到玻片上，室温 10～15 min，某些病毒则应在－20～－40 ℃，固定 30 min。固定后用 PBS 液冲洗，晾干后用于染色。

3. 染色方法　荧光抗体染色方法有直接染色法、间接染色法。间接法又可分为夹层法、抗补体染色法等。

（1）直接染色法　直接在已固定的玻片上滴加 2～4 单位的荧光抗体，将玻片放置湿盒中，37 ℃染色 30 min 左右。取出后用 0.01 mol/L、pH 7.4 的 PBS 冲洗，再按顺序在 3 杯 0.01 mol/L、pH 7.4 的 PBS 液中漂洗，每杯 3～5 min。滴加缓冲甘油加盖玻片，镜检。根据特异性荧光强度进行判定。

无荧光（—），极弱的可疑荧光（±），荧光较弱但清楚可见（＋），荧光明亮清晰（＋＋），荧光闪亮（＋＋＋～＋＋＋＋）。待检标本特异性荧光染色强度达“＋＋”以上，而各种对照显示为（±）或（—），即可判定为阳性。

注意事项：

① 对荧光标记的抗体的稀释，要保证抗体的蛋白有一定的浓度，一般稀释度不应超过 1∶20，抗体浓度过低，会导致产生的荧光过弱，影响结果的观察。

② 染色的温度和时间需要根据各种不同的标本及抗原而变化，染色时间可以从 10 min 到数小时，一般 30 min 已足够。染色温度多采用室温（25 ℃左右），高于 37 ℃可加强染色效果，对一些不耐热的抗原可采用 0～2 ℃的低温并延长染色时间。低温染色过夜较 37 ℃下染色 30 min 的效果好。

③ 为了保证荧光染色的正确性，首次试验时需设置下述对照，以排除某些非特异性荧光染色的干扰：标本自发荧光对照，标本加 1～2 滴 0.01 mol/L、pH 7.4 的 PBS；特异性对照（抑制试验），标本加未标记的特异性抗体，再加荧光标记的特异性抗体；阳性对照，已知的阳性标本加荧光标记的特异性抗体。如果标本自发荧光对照和特异性对照呈无荧光或弱荧光，阳性对照和待检标本呈强荧光，则为特异性阳性染色。

一般标本在高压汞灯下照射超过 3 min，就有荧光减弱现象，经荧光染色的标本最好在当天观察，随着时间的延长，荧光强度会逐渐下降。

（2）间接染色法 间接染色法又可分为夹层法、双层法和抗补体法。

① 夹层染色法主要用于检测组织、细胞中的抗体，方法是将已固定的待检标本（冰冻切片）滴加相应的可溶性抗原，湿盒中 37 ℃反应 30 min，PBS 液漂洗 3 次，再加与待检抗体具有共同特异性的标记抗体，湿盒中 37 ℃反应 30 min，PBS 液漂洗 3 次，封片镜检。夹层法的操作步骤见图 6－12。

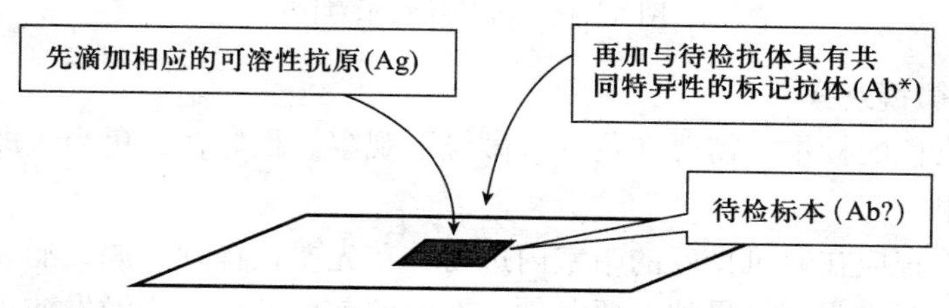

图 6－12 夹层法示意图

本法首次实验应设立无夹层对照（标本＋标记抗体）、异属抗原对照（标本＋异属抗原＋标记抗体）、异属标记抗体对照（标本＋同属抗原＋异属标记抗体）。

② 双层染色法主要用于定位抗原和鉴定未知抗体。标本用丙酮或 95％乙醇固定后用 PBS 液漂洗。然后于待检标本上滴加未标记的抗体液，并将其放入带有湿纱布的盒中，在 37 ℃下作用 30 min。倾去作用液，用 PBS 充分冲洗。再在标本上滴加标记的抗体液，放入湿盒中，在 37 ℃下作用 30 min。以 PBS 充分冲洗，封片，镜检。双层法的操作步骤见图 6－13。

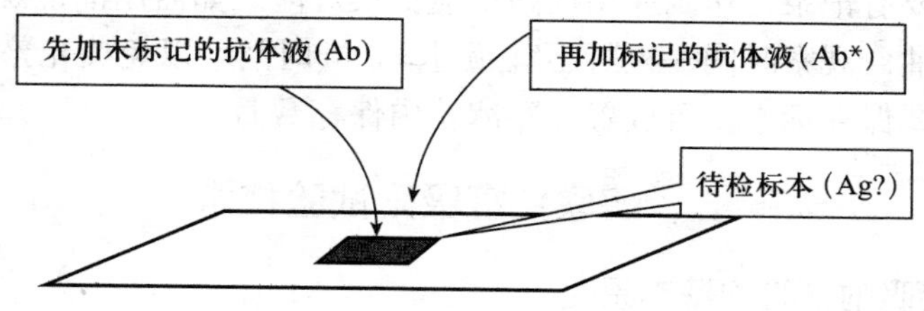

图 6－13 双层法示意图

本法首次试验时需设立自发荧光对照、无夹层对照（标本直接滴加标记抗体）、阴性对照（中间层用阴性血清代替抗血清）、阳性对照（中间层用标准阳性血清）。除阳性对照外，其他对照应均为阴性。

双层法的优点是制备一种标记的抗体可用于多种抗原抗体系统的检测。

③ 抗补体染色法是用荧光素标记抗补体抗体，用于能进行补体结合反应的任何抗原抗体系统。将灭活的抗血清与 10 倍稀释的新鲜豚鼠血清（补体）混合，滴加于标本上，37 ℃下作用 30～60 min，PBS 液漂洗，再加标记的抗补体抗体染色 30 min，漂洗，干燥，封片镜检。抗补体法的操作步骤见图 6－14。

本法首次实验应设立阳性对照、不加补体和血清对照（标本＋标记抗补体抗体）、不加补体对照（标本＋抗血清＋标记抗补体抗体）、不加抗血清对照（标本＋补体＋标记抗补体抗体）。除阳性对照外，其他对照应均为阴性。

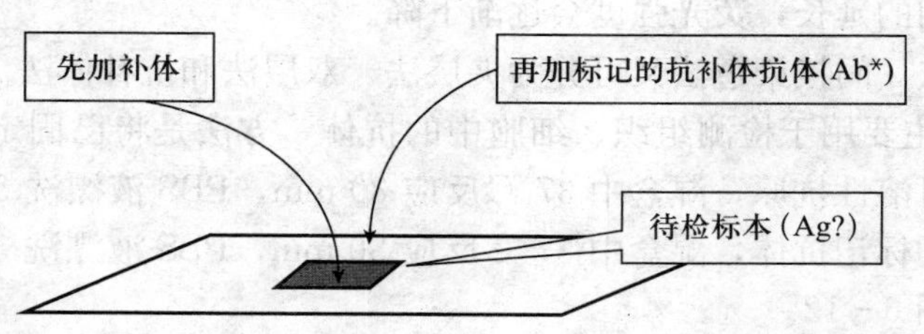

图 6-14　抗补体法示意图

（七）荧光显微镜观察

经荧光抗体染色的标本，需要在荧光显微镜下观察。最好在染色当天即作镜检，以防荧光消退，影响结果。

荧光显微镜检查应在通风良好的暗室内进行。首先要选择好光源或滤光片，滤光片的正确选择是获得良好荧光观察效果的重要条件。在光源前面的一组为激发滤光片，其作用是提供合适的激发光。激发滤光片有两种：MG 为紫外光滤片，只允许波长 275～400 nm 的紫外光通过，最大透光度在 365 nm；BG 为蓝外光滤片，只允许波长 325～500 nm 的蓝外光通过，最大透光度为 410 nm。靠近目镜的一组为阻挡滤光片（又称吸收滤光片或抑制滤光片），其作用是滤除激发光，只允许荧光通过。透光范围为 410～650 nm，代号有 OG（橙黄色）和 GG（淡绿黄色）两种。观察 FITC 标记物可选用激发滤光片 BG12，配以吸收滤光片 OG4 或 GG9。观察 RB200 标记物时，可选用 BG12 与 OG5 配合。

使用荧光显微镜的注意事项：高压汞灯启开后 10～15 min 才能达到最大亮度，每次观察时间不要超过 2 h，中途不可关闭汞灯，如果关闭需等冷却后再开，汞灯的寿命是 200 h 左右，使用汞灯时要有记录，达到使用极限就应更换灯泡。如需用油镜观察，可在玻片上滴加石蜡油或缓冲甘油。观察时同一视野不宜超过 3 min 时间，以免荧光猝灭。制备好的标本最好当天观察，如要保存标本，可放置 4 ℃冰箱内保存数月。

二、酶联免疫吸附试验技术

（一）酶联免疫吸附试验的基本原理

1971 年 Engvall 和 Perlman 发表了酶联免疫吸附试验（Enzyme linked immunosorbent assay，ELISA）用于 IgG 定量测定的文章，使得 1966 年开始用于抗原定位的酶标记抗体技术发展成为液体标本中微量物质的测定方法。这一方法是以免疫学反应为基础，将抗原、抗体的特异性反应与酶对底物的高效催化作用相结合起来的一种敏感性很高的试验技术。其基本原理是：

（1）使抗原或抗体结合到某种固相载体（聚苯乙烯微量滴定板）表面，并保持其免疫活性。

（2）使抗原或抗体与某种酶连接成酶标抗原或抗体，这种酶标抗原或抗体既保留其免疫活性，又保留酶的活性。

由于抗原、抗体的反应在固相载体-聚苯乙烯微量滴定板的孔中进行，每加入一种试剂孵育后，通过洗涤除去多余的游离反应物，从而保证试验结果的特异性与稳定性。在测定时，把受检标本（测定其中的抗体或抗原）和酶标抗原或抗体按不同的步骤与固相载体表面的抗原或抗体起反应，用洗涤的方法使固相载体上形成的抗原-抗体复合物与其他物质分开，最后结合在固相载体上的酶量与标本中受检物质的量成一定的比例，加入酶反应的底物后，底物被酶催化变为有色产物，有色产物的量与标本中受检物质的量直接相关，故可根据颜色反应的深浅进行定性或定量分析。由于酶的催化活性很高，故可极大地放大反应效果，从而使测定方法达到很高的敏感度.

（二）酶标抗体的制备技术

ELISA 试验必须有特异性高、敏感性强的酶标抗体，酶标抗体的基本条件是：必须有高纯度、高效价、高特异性的抗体；有特异性高、高活性、室温下稳定性好、反应产物易于显色的酶。常用的酶有辣根过氧化物酶（HRP）和碱性磷酸酶（AKP）。常用的标记方法有戊二醛法和过碘酸钠法。

1. 戊二醛法　是使酶和抗体的氨基以共价键与戊二醛的醛基结合，形成酶-戊二醛-抗体结合物。戊二醛的质量直接影响标记抗体的质量，戊二醛商品大多为 25%的水溶液，标记时应尽量采用新鲜纯品，放置过久的戊二醛可发生自身缩合而失去交联作用。新鲜的戊二醛（单体）在 260 nm 波长处吸收值最大，已经缩合的戊二醛在 235 nm 处吸收值最大，通常把 $OD_{235\ nm}/OD_{280\ nm}$的比值作为戊二醛的质量标准，比值小于 3 时为最好的交联剂。戊二醛交联法又分为一步法和二步法。

（1）一步法　先把酶和抗体混合，再加入戊二醛进行交联。然后，透析出过量的戊二醛而制备出具有高分子量的酶结合物。由于抗体分子质量大（160 kDa），酶分子质量小（40 kDa），抗体分子的氨基数比酶蛋白分子氨基数多，结果生成的抗体-戊二醛或抗体-戊二醛-抗体多，而造成酶标物的活性小。一步法较少用于辣根过氧化物酶（HRP），但是其他的酶如碱性磷酸酶（AKP）仍使用一步法。

① 抗 IgG－AKP 的制备　将 10 mgAKP 溶于含有 5 mg 抗 IgG 的 1 mlPBS(0. 01 mol/L，pH 7. 0）中，在冰浴中缓缓搅拌，避免气泡产生，完全溶解后，缓缓滴加 1%戊二醛溶液 4 ml，使戊二醛的最终浓度为 0. 2%，移至室温中静置 2～3 h 后，对 0. 01 mol/L、pH 7. 0 PBS 液于 4 ℃下充分透析，或以 SephadexG25 除去过量的戊二醛，4 ℃保存，备用。

② 抗 IgG－HRP 的制备　将 12 mgHRP 溶于含 5 mg 抗 IgG 的 1 mlPBS(0. 1 mol/L，pH 6. 8）中，缓慢搅拌下加入 1%戊二醛溶液 4 ml，置室温 2～3 h，充分透析或以 SephadexG25 除去过量的戊二醛，小量分装后保存于低温冰箱，避免反复冻融。或冷冻干燥保存。

（2）二步法　是先使酶与戊二醛反应，除去未反应的戊二醛，再加入抗体进行结合，最后加入少量的赖氨酸封闭被戊二醛激活的酶的残基。此法所得产物均一性好、活性高、收得率高。

二步法操作是将 10 mg 的 HRP 溶于 0. 2 ml 含有 1. 25%戊二醛的 0. 1 mol/L、pH 6. 8 PBS 中，室温放置 18 h，充分透析或以 SephadexG25 除去未反应的戊二醛。加生理盐水至 1 ml,然后加入 1 ml（含 5 mg）的抗体溶液和 1 ml 1 mol/L、pH 9. 6 碳酸盐缓冲液，混合后于 4 ℃冰箱中放置 24 h，加入 0. 1 ml 0. 2 mol/L 赖氨酸，置室温 2 h，对 0. 15 mol/L、pH 7. 2 PBS 液充分透析，离心去沉淀，上清液即为酶结合物，再进一步以硫酸铵沉淀纯化后应用。

（3）改良二步标记法　取 HRP10 mg 溶于 0. 4 ml 0. 25 mol/L、pH 6. 8PBS 液中或 0. 05 mol/L、pH 9. 6 碳酸盐缓冲液中，加入 25%戊二醛 0. 1 ml，37 ℃温育 2 h 后，加入冰

冷的分析纯的无水乙醇 2 ml，2 500 r/min 离心沉淀 10～15 min，倾去溶液。沉淀以 80%乙醇 4～5 ml 混悬，离心，倾去乙醇，将管倒置，使乙醇充分流出。沉淀用 1 ml 0.05 mol/L、pH 9.6 碳酸盐缓冲液溶解，加入 0.5～1 ml 抗 IgG 抗体溶液（含抗体 15 mg 左右），冰箱内过夜后加 KH_2PO_4，使其近中性，即可应用。

2. 过碘酸钠氧化法 过碘酸钠是强氧化剂，能将 HRP 的甘露糖部分（与酶活性无关的部分）的羟基氧化成醛基与抗体的氨基结合，形成酶标抗体。

（1）过碘酸钠氧化法操作过程

① 先将 5 mgHRP 溶于新配制的 1 ml 0.3 mol/L、pH 8.1 碳酸氢钠溶液中。

② 再加入 0.1 ml 1%氟二硝基苯（FDNB）无水乙醇溶液，在室温中混合。

③ 再加入 1 ml 0.04～0.08 mol/L 过碘酸钠（$NaIO_4$），置室温中轻搅 30 min，当溶液呈黄绿色时，加 1 ml 0.16 mol/L 乙二醇溶液，室温中放置 1 h，使氧化反应终止。

④ 4 ℃下对 0.05 mol/L、pH 9.5 碳酸氢钠缓冲液透析，换液 3 次。

⑤ 在 3 ml HRP-醛基溶液中，加入纯化抗体 5 mg（溶于 1 ml 的碳酸盐缓冲液中），室温置 2～3 h。

⑥ 加入 5 mg 氢化硼钠（$NaBH_4$），于 4 ℃冰箱放置 3 h 或过夜，然后对 PBS 液充分透析，离心去沉淀。上清液即为酶结合物，纯化后使用。

（2）改良过碘酸钠法

① 取 5 mg HRP 溶于 0.5 ml 双馏水中，加入新配制的 0.06 mol/L $NaIO_4$ 水溶液（10 ml 双馏水+128 mg $NaIO_4$）0.5 ml，混匀，置 4 ℃冰箱 30 min。

② 取出后加入 0.16 mol/L 乙二醇水溶液（10 mlH_2O+0.09 ml 乙二醇）0.5 ml，室温放置 30 min。

③ 加入含 5 mg 纯化抗体的水溶液 1 ml，混匀，装入透析袋，缓缓搅拌透析 6 h（或过夜），使之结合。

④ 加入 $NaBH_4$ 溶液（5 mg/ml）0.2 ml，混匀，于 4 ℃放置 2 h。

⑤在以上溶液中缓慢加入等体积的饱和硫酸铵溶液，混匀，于 4 ℃放置 30 min，离心，去上清液，沉淀以少许 0.02 mol/L、pH 7.4 PBS 液溶解，装入透析袋，对 0.05 mol/L、pH 9.5 碳酸盐缓冲液 4 ℃下透析除盐，过夜。

⑥ 次日取出离心，以除去不溶物，即得酶-抗体（HRP-IgG）结合物以 0.02 mol/L、pH 7.4 PBS 液加至 5 ml。

⑦ 效价测定合格后，加入等量优质甘油，分装小瓶，低温保存。

此法的优点是标记率高，未标记抗体量少。但是结合物分子量大，穿透细胞能力不如戊二醛法。

（三）酶标抗体的纯化

在酶标记的溶液中，出现的是各种交联物的混合物，有酶-抗体、酶-抗体-酶、抗体-抗体、酶-酶，甚至还有游离的酶和抗体。在这中间，除了抗体-酶和酶-抗体-酶外，其他都应该除去。

除去方法为 50%饱和硫酸铵沉淀法，此法只能除去游离的酶及酶-酶聚合体，而不能除去其他不需要者，但是此法对酶标抗体的损耗少；过 SephadexG200 或 Sepharose-6B 柱，此法较繁琐，而且对酶标抗体的损耗较大，但提纯的质量好。

（四）酶标抗体的鉴定

酶标抗体的活性一般以琼脂扩散和免疫电泳进行鉴定。使酶标抗体和相应的抗原（抗原浓度为1 mg/ml）产生沉淀线，洗涤后于底物溶液中显色，显色后用生理盐水漂洗，沉淀线不褪色，说明酶和抗体都具有活性。良好的酶标结合物琼脂扩散滴度一般应在1：16以上。

酶结合物的定量测定包括酶量、IgG含量、酶与IgG克分子比值以及结合率的测定。

（五）酶标抗体的保存

分装小瓶，冻干低温保存。也可分装小瓶，在4℃或0℃以下保存。加甘油或牛血清白蛋白（最后浓度为33%）保存更好。避免反复冻融。一般保存1～2年活性不变。

（六）ELISA试验的方法

ELISA可用于测定抗原，也可用于测定抗体。在这种测定方法中有3种必要的试剂：固相抗原或抗体；酶标记抗原或抗体；酶作用的底物。根据试剂的来源和标本的性状以及检测的具备条件，可设计出各种不同类型的检测方法。

1. 双抗体夹心法　双抗体夹心法是检测抗原最常用的方法，操作步骤如下（表6-1）：

（1）将特异性抗体与固相载体连接（包被），形成固相抗体，洗涤除去未结合的抗体及杂质。

（2）加待检样品（抗原），使之与固相抗体接触反应一段时间，让样品中的抗原与固相载体上的抗体结合，形成固相抗体-抗原复合物，洗涤除去未结合的抗原。

（3）加酶标抗体，使固相免疫复合物上的抗原与酶标抗体结合，彻底洗去未结合的酶标抗体。此时固相载体上形成抗体-抗原-酶标抗体复合物，结合的酶标抗体量与样品中抗原的量正相关。

（4）加底物，抗体-抗原-酶标抗体复合物中的酶催化底物成为有色产物。根据颜色反应的程度对该抗原进行定性或定量。

（5）加终止液，终止酶的反应。

（6）结果判定，肉眼观察或酶标仪测定。

表6-1　双抗体夹心法操作简表

步　骤	操作内容
第一步	加特异性抗体于固相载体（聚苯乙烯反应板）上，洗涤
第二步	加待检标本（抗原），洗涤
第三步	加酶标抗体，洗涤
第四步	加底物
第五步	加终止液
第六步	结果判定

2. 双位点一步法　在双抗体夹心法测定抗原时，如应用针对抗原分子上两个不同抗原决定簇的单克隆抗体分别作为固相抗体和酶标抗体，则在测定时可将样品和酶标抗体的加入两步并作一步。这样不但简化了操作，缩短了反应时间，如应用高亲和力的单克隆抗体，测定的敏感性和特异性也显著提高。单克隆抗体的应用使测定抗原的ELISA提高到新水平。

在一步法测定中，应注意钩状效应，它类似沉淀反应中抗原过剩的后带现象。当样品中待测抗原浓度相当高时，过量抗原分别和固相抗体及酶标抗体结合，而不再形成夹心复合物，所得结果将低于实际含量。钩状效应严重时甚至可出现假阴性结果。

3. 间接法 间接法是检测抗体最常用的方法，原理是用酶标记的抗抗体检测与固相载体结合的待检抗体，故称间接法。操作步骤如下（表 6-2）：

（1）加特异性抗原，将特异性抗原与固相载体连接，形成固相抗原，洗涤除去未结合的抗原及杂质。

（2）加稀释的待检血清，其中的特异性抗体与抗原结合，形成固相抗原-抗体复合物。经洗涤后，固相载体上只留下特异性抗体。其他免疫球蛋白及血清中的杂质由于不能与固相抗原结合，在洗涤过程中被洗去。

（3）加酶标抗抗体，与固相复合物中的抗体结合，而使该抗体间接地与酶标记抗体结合。洗涤后，固相载体上的酶量就代表特异性抗体的量。

（4）加底物显色，颜色深度代表标本中待检抗体的量。

（5）加终止液，终止反应。

（6）结果判定，肉眼观察或酶标仪测定。

本法只要更换不同的固相抗原，就可以用一种酶标抗体检测各种与抗原相应的抗体。

表 6-2 间接法操作简表

步　骤	操作内容
第一步	加特异性抗原于固相载体（聚苯乙烯反应板）上，洗涤
第二步	加待检血清（抗体），洗涤
第三步	加酶标抗抗体，洗涤
第四步	加底物
第五步	加终止液
第六步	结果判定

4. 竞争法 竞争法可用于测定抗原，也可用于测定抗体。以测定抗原为例，待检抗原与酶标抗原竞争固相抗体。因此，结合于固相载体上的酶标抗原量与待检抗原的量呈反比。操作步骤如下（表 6-3）：

（1）加特异性抗体，将特异性抗体与固相载体连接，形成固相抗体。洗涤。

（2）待测管中加待检标本和一定量酶标抗原的混合溶液，使之与固相抗体反应。如待检标本中无抗原，则酶标抗原能顺利地与固相抗体结合。如待检标本中含有抗原，则与酶标抗原以同样的机会与固相抗体结合，竞争性地占去了酶标抗原与固相载体结合的机会，使酶标抗原与固相载体的结合量减少。对照管中只加酶标抗原，保温后，酶标抗原与固相抗体的结合可达最充分的量。洗涤。

（3）加底物显色，对照管中由于结合的酶标抗原最多，故颜色最深。对照管与待测管颜色深度之差，代表待检标本中抗原的量。待测管颜色越浅，表明标本中抗原含量越多。

（4）加终止液，终止反应。

（5）结果判定。

表 6-3　竞争法操作简表

步　骤	操作内容
第一步	加特异性抗体于固相载体上
第二步	待检管中待检抗原＋酶标抗原，对照管中只加酶标抗原，保温孵育，洗涤
第三步	加底物
第四步	加终止液
第五步	结果判定

5. 斑点 ELISA（Dot-ELISA）　与常规的微量板 ELISA 比较，Dot-ELISA 具有简便、节省抗原等优点，而且结果可长期保存。但其也有不足，主要是在结果判定上比较主观，特异性不够高等。操作步骤如下：

（1）载体膜的预处理及抗原包被。取硝酸纤维素膜用蒸馏水浸泡后，稍加干燥，进行压圈。将阴性、阳性抗原及被检测抗原适度稀释后加入圈中，置 37 ℃使硝酸纤维素膜彻底干燥。每张 7 cm×2.3 cm 的膜一般可点加 40～50 个样品，每个压圈可加抗原液 1～20 μl。

（2）封闭。将硝酸纤维素膜置于封闭液中，37 ℃下封闭 15～30 min。封闭液多采用含有正常动物血清、pH 7.2 或 pH 7.4 的 PBS。

（3）加被检血清，可直接在抗原圈上加，也可剪下抗原圈、置于微量板孔中，再加入一定量适度稀释的待检血清，37 ℃反应一定时间，用洗涤液洗 3 次，每次 1～3 min。洗涤液一般为一定浓度的 PBS-Tween 溶液。

（4）加酶标抗体，37 ℃反应一定时间后，用洗涤液洗 3 次。

（5）加底物显色，加入新鲜配制的底物液，37 ℃反应一定时间后，去掉底物液，加蒸馏水洗涤，终止反应。

（6）结果判定，以阳性、阴性血清作为对照，膜片中央出现深棕红色斑点者为阳性反应，否则为阴性反应。

（七）酶联免疫吸附试验举例

1. 材料、试剂和溶液

（1）材料酶标板、100 μl 微量移液器、湿盒。

（2）包被稀释液　0.05 mol/L 碳酸钠-碳酸氢钠液，pH 9.6。

配方：碳酸钠 0.15 g，碳酸氢钠 0.29 g，叠氮钠 0.02 g，加双蒸水至 100 ml，调 pH 至 9.6。

（3）封闭液　含 5%小牛血清的 PBS 溶液。

配方：小牛血清 5 ml，pH 7.4PBS 液 95 ml。

（4）洗涤液　PBST，pH 7.4。

配方：NaCl 0.8 g，KH_2PO_4 0.02 g，$Na_2HPO_4 \cdot 12H_2O$ 0.29 g，KCl 0.02 g，Tween-20 0.05 ml 叠氮钠 0.01 g，加双蒸水至 100 ml，调 pH 至 7.4。

（5）样本稀释液　PBS，pH 7.4。

配方：NaCl 0.8 g，KH_2PO_4 0.02 g，$Na_2HPO_4 \cdot 12H_2O$ 0.29 g，KCl 0.02 g，叠氮钠 0.01 g，加双蒸水至 100 ml，调 pH 至 7.4。

（6）酶标第二抗体（羊抗兔） 稀释范围1：5 000～1：100 000。

（7）底物液 TMB-过氧化氢尿素溶液。

① 底物液A液 3、3′、5、5′-四甲基联苯胺，TMB。

配方：TMB20 mg，无水乙醇10 ml，加双蒸水至100 ml。

② 底物液B液 0.1 mol/L柠檬酸，0.2 mol/L磷酸二氢钠缓冲液，pH 5.0～5.4。

配方：Na_2HPO_4 1.46 g，柠檬酸0.933 g，0.75%过氧化氢尿素0.64 ml，加三蒸水至100 ml，调pH为5.0～5.4。

③ 底物A液和B液按1：1混合即成TMB-过氧化氢尿素溶液。

（8）终止液 2 mol/LH_2SO_4 溶液。

配方：双蒸水200 ml，浓硫酸34 ml（缓慢滴加并不断搅拌），加双蒸水至300 ml。

（9）生理盐水 0.9%生理盐水。

2. 操作步骤

（1）反应板包被 将抗原用包被稀释液稀释到适当浓度（一般所需抗原包被量为每孔20～200 μg），每孔加入抗原100 μl，置37 ℃ 4 h，或4 ℃ 24 h，弃去孔中液体。为避免蒸发，板上应加盖或将板平放在底部有湿纱布的金属湿盒中。

（2）封闭酶标反应孔 加5%小牛血清，置37 ℃封闭40 min，封闭时将封闭液加满各反应孔，并去除各孔中的气泡，封闭结束后用洗涤液洗涤3次，每次3 min。

洗涤方法：吸干孔内反应液，将洗涤液注满板孔，放置2 min，略作摇动，吸干孔内液体，倾去液体后在吸水纸上拍干，洗涤3次。

（3）加入待检测样品（建立合适的浓度梯度）检测时一般采用1：50～1：400的稀释度，应采用较大稀释体积进行，将稀释好的样品加入酶标反应孔中，每一样品至少加两孔，每孔100 μl，置37 ℃下40～60 min。用洗涤液满孔洗涤3次，每次3 min。

（4）加入酶标抗体 根据酶结合物提供商提供的参考工作稀释度进行，置37 ℃下30～60 min，短于30 min往往结果不稳定，每孔加100 μl。洗涤同前。

（5）加入底物液（现用现配） 首选TMB-过氧化氢尿素溶液，OPD-过氧化氢底物液系统次之。每孔100 μl，置37 ℃避光放置3～5 min，显色。

（6）终止反应 每孔加入终止液50 μl终止反应，于20 min内测定实验结果。

（7）结果判断 TMB-过氧化氢尿素溶液反应产物检测需要450 nm波长，OPD-过氧化氢底物液系统显色后采用492 nm波长。检测时首先以空白孔调零，用测定标本孔的吸收值与一组阴性标本测定孔平均值的比值（P/N）表示，当P/N大于2时作为抗体的效价（数值的大小依具体检测要求而定）。

几种试验方法的比较见表6-4。

表6-4 ELISA操作步骤总汇（对比）

步骤	间接法（测抗体）	双抗体夹心法（测抗原）	竞争法（测抗原）	抑制性测定法
1	包被抗原：将抗原稀释至最适浓度（5～20 μg/ml），每孔各100 μl，37 ℃水浴4 h或4 ℃过夜	包被抗体：将抗体稀释至最适浓度（1～10 μg/ml），每孔加100 μl，37 ℃水浴3 h，或4 ℃过夜	包被特异性抗体方法同双抗体夹心法	包被抗原方法同双抗体夹心法

（续）

步骤	间接法（测抗体）	双抗体夹心法（测抗原）	竞争法（测抗原）	抑制性测定法
2	洗涤：移去包被液，用洗涤液（含 0.05%吐温－20）洗 3 次，每次 5 min	同间接法	同间接法	同间接法
3	加被检标本：每孔加含有 0.05%吐温－20 的稀释缓冲液稀释的被检血清各 100 μl，37 ℃下作用 1～2 h	每孔加入 100 μl 用稀释缓冲液稀释的含抗原的被检标本，37 ℃下作用 1～2 h	1 组加酶标抗原和被检抗原混合液 100 μl，2 组只加酶标抗原 100 μl，37 ℃下作用1～2 h	1 组加参考抗体和被检抗原混合液 100 μl，2 组加参考抗体与等量稀释剂 100 μl，37 ℃下作用 1～2 h
4	洗涤：重复步骤 2	同间接法	同间接法	同间接法
5	加入酶结合物：每孔加入稀释缓冲液稀释的酶结合物 100 μl，37 ℃下作用 1～2 h	加入酶标特异性抗体溶液 100 μl，37 ℃下作用 1～2 h，或由预试验确定作用时间		各加入 100 μl 参考抗体的酶结合物，37 ℃下作用 1～2 h
6	洗涤：重复步骤 2	同间接法		洗涤
7	每孔加入底物溶 100 μl，室温作用 30 min	同间接法	同间接法	同间接法
8	加终止液：每孔加 2 mol/L H_2SO_4 100 μl	同间接法	同间接法	同间接法
9	观察记录结果：目测或用酶标比色计测定（OPD 用 492 nm）OD 值	同间接法	用酶标比色计测定 1、2 两组 OD 值，并求出 a、b、OD 值的差数	同间接法

第四节　补体结合试验

一、原　　理

可溶性抗原，如蛋白质、多糖、类脂质、病毒等，与相应抗体结合后，其抗原-抗体复合可结合补体。但这一反应肉眼无法观察，可加入溶血系统，通过观察是否出现溶血，来判断反应系统是否存在相应的抗原、抗体。参与补体结合的抗体称为补体结合抗体。

补体结合试验（Complement fixation test，CFT）中有 5 种成分参与反应，分属于 3 个系统：①反应系统，即已知的抗原（或抗体）与待测的抗体（或抗原）；②补体系统；③指示系统，即 SRBC 与相应溶血素，试验时常将其预先结合在一起，形成致敏红细胞。反应系统与指示系统争夺补体系统，先加入反应系统给其以优先结合补体的机会。

如果反应系统中存在待测的抗体（或抗原），则抗原、抗体发生反应后可结合补体，再加入指示系统时，由于反应液中已没有游离的补体而不出现溶血，即为补体结合试验阳性。如果反应系统中不存在待检的抗体（或抗原），则在液体中仍有游离的补体存在，当加入指示系统时会出现溶血，即为补体结合试验阴性。因此，补体结合试验可用已知抗原来检测相应抗体，或用已知抗体来检测相应抗原。

二、分　类

补体结合试验分直接法、间接法和固相法。

（一）直接法

该法为最常用的操作方法，在试管中加抗原、被检血清和补体，在一定温度下感作一定时间后，加溶血素和红细胞，再感作一定时间后判定结果。直接法又根据试剂量的差异分为常量法和微量法，常量法试剂总量一般为 0.5 ml，微量法一般为 0.125 ml。前者在试管内进行，后者在 U 形底的 96 孔微量反应板内进行。

（二）间接法

该法用于禽类血清抗体的测定（如鸭、火鸡、鸡等）。因其血清抗体与相应的抗原形成复合物后不能结合豚鼠补体，需再加一种抗该抗原的兔抗体，后者形成复合物后可结合豚鼠补体，然后再加补体和溶血系统成分。与直接法相比，间接法多加一种特异性免疫抗体，多进行一次感作，其结果判定正好与直接法相反。发生溶血时表示抗原已和血清中的抗体结合，阻止了兔抗体与抗原的结合，补体仍然游离存在，然后与溶血系结合，发生溶血，即为间接 CFT 阳性；反之，若血清中无相应的抗体存在，抗原则与兔抗体结合形成免疫复合物结合补体，不发生溶血，即为间接 CFT 阴性。

（三）固相法

固相法的原理与直接法相同，其不同点是所有的反应是在琼脂糖凝胶反应皿中进行。其操作程序为先将溶血素致敏的红细胞液加入融化后冷至 55 ℃的 1%琼脂糖凝胶中，混匀，倾注入特制的塑料反应皿内。待其凝固后打孔，孔径为 6 mm，孔距不得小于 8 mm。然后，将在 37 ℃温箱中感作一定时间的抗原＋被检血清＋补体混合物取 25 μl 加入孔中，37 ℃下感作一定时间，观察溶血环的直径，以确定结果的阴、阳性。

三、试验方法

补体结合试验的改良方法较多，较常用的有全量法（3 ml）、半量法（1.5 ml）、小量法（0.6 ml）和微量法（塑板法）等。目前，以后两种方法应用较为广泛，因其可以节省抗原，血清标本用量较少，特异性也较好。以下以小量法为例，即抗原、抗体、溶血素、绵羊红细胞各加 0.1 ml，补体加 0.2 ml，总量为 0.6 ml。

（一）试剂

1. 抗原　试验中用于检测抗体的抗原应适当提纯，纯度越高，特异性越强。如使用粗制抗原时，须用经同样处理的正常组织作抗原对照，以识别待检血清中可能存在的对正常组织成分的非特异性反应。

2. 阳性血清　56 ℃下经 30 min 灭活。

3. 补体　豚鼠血清。

4. 溶血素　抗绵羊红细胞抗体。

5. 待检血清　采集血液标本后及时分离血清，及时检验或将血清保存于－20 ℃。血清在试验前应先加热（56 ℃下 30 min 或 60 ℃下 3 min）以破坏补体和除去一些非特异因素。血清标本遇有抗补体现象时可选择下列处理方法：①加热提高 12 ℃；②－20 ℃冻融后离心去沉淀；③以 3 mmol/L 盐酸处理；④加入少量补体后再加热灭活；⑤以白陶土处理；⑥通

入 CO_2；⑦以小鼠肝粉处理；⑧用含 10%新鲜鸡蛋清的生理盐水稀释补体。

（二）溶血素的效价测定

1. 稀释溶血素　按表 6－5 稀释溶血素。

表 6－5　溶血素的稀释

稀释度	溶血素量（ml）		生理盐水量（ml）
1∶100	溶血素原液	0.2	19.8
1∶500	1/100 溶血素	1.0	4.0
1∶700	1/100 溶血素	1.0	6.0
1∶800	1/100 溶血素	1.0	7.0
1∶900	1/100 溶血素	1.0	8.0
1∶1 000	溶血素原液	2.0	18.0
1∶1 200	1/100 溶血素	0.5	5.5
1∶1 400	1/100 溶血素	0.5	6.5
1∶1 600	1/100 溶血素	0.5	7.5
1∶1 800	1/100 溶血素	0.5	8.5
1∶2 000	1/100 溶血素	0.5	9.5
1∶2 200	1/1 000 溶血素	2.0	2.4
1∶2 500	1/1 000 溶血素	2.0	3.0
1∶2 800	1/1 000 溶血素	2.0	3.6
1∶3 000	1/1 000 溶血素	1.0	2.0
1∶4 000	1/1 000 溶血素	1.0	3.0
1∶5 000	1/1 000 溶血素	1.0	4.0

注：如果溶血素用等量甘油保存，则溶血素原液的用量加倍。

2. 溶血素测定

（1）配制 100 ml　5%的绵羊红细胞悬液并致敏。取 17 个试管，每管加 1.5 ml 5%的绵羊红细胞悬液，然后分别加不同稀释倍数的溶血素 1.5 ml，混匀。室温静置 15 min。

（2）配制 1/50 稀释的补体。

（3）用不同稀释倍数的溶血素致敏的红细胞分别做补体效价测定。测定结果参考表 6－6。

表 6－6　溶血素测定结果举例

溶血素稀释度	补体用量（1/50 稀释）									
	0.10	0.09	0.08	0.07	0.06	0.05	0.04	0.03	0.02	0.01
1∶100	—	—	—	—	—	95	80	60	20	0
1∶500	—	—	—	—	—	98	85	70	25	0
1∶700	—	—	—	—	—	98	95	70	20	0
1∶800	—	—	—	—	—	9	90	70	20	0
1∶900	—	—	—	—	—	98	90	70	30	0
1∶1 000	—	—	—	—	—	98	80	70	30	0

（续）

溶血素稀释度	补体用量（1/50 稀释）									
	0.10	0.09	0.08	0.07	0.06	0.05	0.04	0.03	0.02	0.01
1∶1 200	—	—	—	—	—	95	90	70	25	0
1∶1 400	—	—	—	—	—	95	90	70	25	0
1∶1 600	—	—	—	—	—	98	80	70	25	0
1∶1 800	—	—	—	—	—	98	90	70	20	0
1∶2 000	—	—	—	—	—	95	75	70	10	0
1∶2 200	—	—	—	—	—	98	80	45	20	0
1∶2 500	—	—	—	—	98	98	80	45	15	0
1∶2 800	—	—	—	98	98	90	70	50	0	0
1∶3 000	—	—	98	98	85	85	65	50	0	0
1∶4 000	98	98	95	95	90	90	60	50	0	0
1∶5 000	98	98	98	95	90	90	50	45	0	0

注："—"表示 100%溶血；"0"表示不溶血。

(4) 查出 50%溶血时 1/50 稀释的补体用量，并换算为未经稀释的补体用量（50%溶血时 1/50 稀释的补体用量除以 50）。

(5) 以 1 个单位的未经稀释的补体用量作为纵坐标，溶血素的稀释倍数作为横坐标，绘制 50%溶血曲线。取保持 50%溶血时补体用量最低而溶血素稀释倍数最高的溶血素的稀释度作为溶血素试验用效价。本例所测溶血素的效价为 1∶2 000，试验用稀释度为 1∶1 800。

（三）绵羊红细胞致敏

将 5%的红细胞悬液与等量适当稀释的溶血素混合，置室温 15 min。混合时总是将溶血素加到细胞液中。

（四）抗原和抗体的滴定

补体结合试验中，抗原与抗体按一定比例结合，因而应通过试验选择适宜的浓度比例。多采用方阵法进行滴定，选择抗原与抗体两者都呈强阳性反应（100%不溶血）的最高稀释度作为抗原和抗体的效价（单位）。

滴定方法举例如表 6-7。先在试管中加入不同稀释度的抗原各 0.1 ml，再加入不同稀释度的抗血清各 0.1 ml，另作不加抗原的抗体对照管和不加抗血清的抗原对照管。再在管中加溶血素、绵羊红细胞各 0.1 ml 和补体 0.2 ml，温育后观察结果。在表 6-5 中可见抗原的效价为 1∶256，抗体的效价为 1∶32。把它们的效价作为 1 个工作单位。在正式试验中，抗原一般采用 2～4 个单位（1∶64～1∶32），抗体采用 4 个单位（1∶8）。

表 6-7　抗原和抗体的方阵滴定

抗原稀释倍数	抗血清稀释倍数								抗原对照
1∶4	1∶8	1∶16	1∶32	1∶64	1∶128	1∶256	1∶512	1∶1 024	
1∶4	4	4	4	4	4	4	3	2	0
1∶8	4	4	4	4	4	3	2	1	0

（续）

抗原稀释倍数	抗血清稀释倍数								抗原对照
1∶16	4	4	4	4	3	2	2	±	0
1∶32	4	4	4	4	3	1	±	0	0
1∶64	4	4	4	2	2	±	0	0	0
1∶128	4	2	1	0	0	0	0	0	0
1∶256	4	1	0	0	0	0	0	0	0
1∶512	0	0	0	0	0	0	0	0	0
抗体对照	0	0	0	0	0	0	0	0	

注：“1”“2”“3”“4”分别表示溶血反应强度+、++、+++、++++；“0”表示不溶血。

（五）补体滴定

按表 6－8 逐步加入各种试剂，温育后观察最少量补体能产生完全溶血者，确定为 1 个工作单位，正式试验中使用 2 个单位。如表 6－6 中的结果为 1∶64 的补体 0.12 ml 可产生完全溶血，按比例公式 0.12×2∶60＝0.2∶X 计算，X＝50，即实际应用中的 2 个补体实用单位应为 1∶50 稀释的补体 0.2 ml。

表 6－8　补体的滴定

管号	1∶64 补体（ml）	缓冲液（ml）	稀释抗体（ml）	温育（ml）	致敏 SRBC(ml)	温育	结果
1	0.04	0.26	0.1	37 ℃水浴 30 min	0.2	37 ℃水浴 30 min	不溶血
2	0.06	0.24	0.1	〃	0.2	〃	不溶血
3	0.08	0.22	0.1	〃	0.2	〃	微溶血
4	0.10	0.20	0.1	〃	0.2	〃	微溶血
5	0.12	0.18	0.1	〃	0.2	〃	全溶血
6	0.14	0.16	0.1	〃	0.2	〃	全溶血

（六）正式试验

以小量法测定抗体的补体结合试验为例。按表 6－9 逐步加入各种试剂，温育后先观察各类对照管，应与预期的结果吻合。阴性、阳性对照管中应分别为明确的溶血与不溶血；抗体或抗原对照管、待检血清对照管、阳性和阴性对照的对照管都应完全溶血。绵羊红细胞对照管不应出现自发性溶血。补体对照管应呈现 2U 为全溶，1U 为全溶略带有少许红细胞，0.5U 应不溶。如 0.5U 补体对照出现全溶，表明补体用量过多；如 2U 对照管不出现溶血，说明补体用量不够，对结果都有影响，应重复进行试验。补体结合试验结果，受检血清不溶血为阳性，溶血为阴性。

表 6－9　测定抗体的补体结合试验操作程序

反应物	待检血清		阳性对照		阴性对照		抗原对照	补体对照			红细胞对照
	对照	测定	对照	测定	对照	2U		1U	0.5U		
稀释血清（ml）	0.1	0.1	0.1	0.1	0.1	0.1	—	—	—	—	—
抗原（ml）	0.1	—	0.1	—	0.1	—	0.1	0.1	0.1	0.1	—

（续）

反应物	待检血清		阳性对照		阴性对照		抗原对照	补体对照			红细胞对照
缓冲液（ml）	—	0.1	—	0.1	—	0.1	0.1	0.1	0.1	0.1	0.4
2U 补体（ml）	0.2	0.2	0.2	0.2	0.2	0.2	0.2	0.2	—	—	—
1U 补体（ml）	—	—	—	—	—	—	—	—	0.2	—	—
0.5U 补体（ml）	—	—	—	—	—	—	—	—	—	0.2	—
混匀，37 ℃下作用 1 h 或 4 ℃下作用 16～18 h											
致敏红细胞（ml）	0.2	0.2	0.2	0.2	0.2	0.2	0.2	0.2	0.2	0.2	0.2
混匀，37 ℃水浴 30 min 后观察结果											

四、应用和评价

补体结合试验是一种传统的免疫学技术，其具有以下优点：

（1）灵敏度高　补体活化过程有放大作用，比沉淀反应和凝集反应的灵敏度高得多，能测定 0.05 μg/ml 的抗体，可与间接凝集法的灵敏度相当。

（2）特异性强　各种反应成分事先都经过滴定，选择了最佳比例，出现交叉反应的几率较小，尤其用小量法或微量法时。

（3）应用面广　可用于检测多种类型的抗原或抗体。

（4）易于普及　试验结果显而易见，试验条件要求低，不需要特殊仪器或只用光电比色计即可。

补体结合试验可应用在以下几方面：

（1）传染病诊断，病原性抗原及相应抗体的检测。

（2）其他抗原的检测，如肿瘤相关抗原检测、血迹中的蛋白质鉴定、HLA 分型等。

（3）自身抗体检测等。

但是补体结合试验参与反应的成分多，影响因素复杂，操作步骤繁琐，并且要求十分严格，稍有疏忽便会得出不正确的结果，所以在多种测定中已被其他更易被接受的方法所取代。但对于免疫学技术的基本训练仍是一个很好的试验。

第五节　中和试验

病毒或毒素与相应的抗体结合后，失去对易感动物的致病力，谓之中和试验。中和反应不仅具有高度的种、型特异性，而且一定量的病毒必须有相应的中和抗体才能被中和。因此，中和试验可用于：从待检血清中检出抗体，或从病料中检出病毒，从而诊断病毒性传染病；用抗毒素血清检查材料中的毒素或鉴定细菌的毒素类型；测定抗病毒血清或抗毒素效价；新分离病毒的鉴定、分型和毒价测定，中和试验不仅可在易感的实验动物体内进行，亦可在细胞培养上或鸡胚上进行。试验方法主要有简单定性试验、固定血清稀释病毒法、固定病毒稀释血清法、空斑减少法等。

一、中和试验的方法

中和试验常用的有两种方法：一种是固定病毒用量与等量系列倍比稀释的血清混合；另一种是固定血清用量与等量系列对数稀释（即10倍递增稀释）的病毒混合。然后把血清和病毒混合物置适当的条件下感作一定时间后，接种于敏感细胞、鸡胚或动物，测定血清阻止病毒感染宿主的能力及其效价。如果接种血清-病毒混合物的宿主与对照（指仅接种病毒的宿主）同样地出现病变或死亡，说明血清中没有相应的中和抗体，如果不出现病变、发病、死亡，说明血清中含有相应的中和抗体。中和反应不仅能定性，而且能定量，故中和试验可应用于：

1. 病毒株的种、型鉴定 中和试验具有较高的特异性，利用同一病毒的不同型的毒株或不同型标准血清，即可测知相应血清或病毒的型。所以，中和试验不但可以定属而且可以定型。

2. 测定血清抗体效价 中和抗体出现于病毒感染的较早期，在体内的维持时间较长。动物体内中和抗体水平的高低，可显示动物抵抗病毒的能力。

3. 分析病毒的抗原性 毒素和抗毒素亦可进行中和试验，其方法与病毒中和试验基本相同。

用组织细胞进行中和试验，有常量法和微量法两种，因微量法简便，结果易于判定，适于做大批量试验，所以得到了广泛应用。

（一）固定血清稀释病毒法（病毒中和试验）

1. 病毒毒价的测定 衡量病毒毒价（毒力）的单位过去多用最小致死量（MLD），即经规定的途径，以不同的剂量接种试验动物，在一定时间内能致全组试验动物死亡的最小剂量。但由于剂量的递增与死亡率递增不呈线性关系，在越接近100%死亡时，对剂量的递增越不敏感。而一般在死亡率越接近50%时，对剂量的变化越敏感，故现多改用半数致死量（LD_{50}）作为毒价测定单位，即经规定的途径，以不同的剂量接种试验动物，在一定时间内能致半数试验动物死亡的剂量。用鸡胚测定时，毒价单位为鸡胚半数致死量（ELD_{50}）或鸡胚半数感染量（EID_{50}）；用细胞培养测定时，用组织细胞半数感染量（$TCID_{50}$）；在测定疫苗的免疫性能时，则用半数免疫量（IMD_{50}）或半数保护量（PD_{50}）。

（1）LD_{50}的测定（以流行性乙型脑炎病毒为例） 无菌采集接种病毒且已发病濒死小鼠的脑组织，称重，加稀释液充分研磨，配制成10^{-1}悬液，3 000 r/min离心20 min，取上清液，以10倍递增稀释成10^{-1}、10^{-2}、10^{-3}……10^{-9}，每个稀释度分别接种5只小鼠，每只脑内注射0.03 ml，逐日观察记录各组的死亡数。LD_{50}的计算见表6-10。

表6-10 LD_{50}的计算（接种剂量为0.03 ml）

病毒稀释度	接种鼠数	活鼠数	死鼠数	积累总计		死亡比	死亡率（%）
				活鼠	死亡		
10^{-4}	5	0	5	0	15	15/15	100
10^{-5}	5	0	5	0	10	10/10	100
10^{-6}	5	1	4	1	5	5/6	83

（续）

病毒稀释度	接种鼠数	活鼠数	死鼠数	积累总计		死亡比	死亡率（%）
				活鼠	死亡		
10^{-7}	5	4	1	5	1	1/6	17
10^{-8}	5	5	0	10	0	0/10	0
10^{-9}	5	5	0	15	0	0/15	0

LD_{50}的计算：按 Reed 和 Muench 法计算。

$$距离比例=\frac{高于50\%的死亡百分数-50\%}{高于50\%的死亡百分数-低于50\%的死亡百分数}=\frac{83\%-50\%}{83\%-17\%}=0.5$$

LD_{50}的对数＝高于50％病毒稀释度的对数＋距离比例×稀释系数的对数

本例中，高于50％病毒稀释度的对数为－6，距离比例为0.5，稀释系数的对数为－1。代入上式可得：

$$\lg LD_{50}=-6+0.5\times(-1)=-6.5$$

则 $LD_{50}=10^{-6.5}$，0.03 ml，即该病毒作 $10^{-6.5}$稀释，接种0.03 ml能使半数小鼠发生死亡。

稀释血清法中和试验中，计算 $TCID_{50}$或 LD_{50}、MID_{50}时，计算公式应改为：

$TCID_{50}$的对数＝高于50％血清稀释度的对数－距离比例×稀释系数的对数

如按 Karber 法计算，其公式为：

$$IgLD_{50}\ （或\ TCID_{50}）=L+d(S-0.5)$$

式中，L 为病毒最低稀释度的对数，d 为组距，即稀释系数，S 为死亡比值的和。本例中，$L=-4$，$d=-1$，$S=1+1+5/6+1/6=3$

$$\lg LD_{50}=-4+(-1)\times(3-0.5)=-6.5$$

则 $LD_{50}=10^{-6.5}$，0.03 ml。

用本法计算稀释血清中和试验中和效价时，S 应为保护比值之和。

（2）EID_{50}的测定（以新城疫病毒为例） 将新鲜病毒液以10倍递增稀释法稀释成 10^{-1}、10^{-2}、10^{-3}……10^{-9}不同稀释度，分别接种9～10日龄鸡胚尿囊腔，鸡胚必须来自健康母鸡，并且没有新城疫抗体。每只鸡胚接种0.2 ml，每个稀释度接种6只鸡胚为1组，以石蜡封口，置37～38 ℃培养，每天照蛋，24 h之内死亡的鸡胚弃掉，24 h之后死亡的鸡胚置4 ℃保存。连续培养5 d，取尿囊液做血凝集试验，出现血凝者判阳性，记录结果，按上述方法计算 EID_{50}。

（3）$TCID_{50}$的测定（以致细胞病变病毒为例） 取新鲜病毒悬液，以10倍递增稀释成不同稀释度，每个稀释度分别接种经 Hank's 液洗3次的组织细胞管，每管细胞接种0.2 ml，每个稀释度接种4只细胞管，接种病毒后的细胞管放在细胞盘内，细胞层一侧在下，使病毒与细胞充分接触，置于37 ℃下吸附1 h，加入维持液，置37 ℃下培养，逐日观察并记录细胞病毒管数，按上述方法计算 $TCID_{50}$。

2. 中和试验

（1）病毒稀释度的选择 选择病毒稀释度范围，要根据毒价测定的结果而定，如病毒的毒价为 10^{-6}，则试验组选用 10^{-2}～10^{-8}，对照组选用 10^{-4}～10^{-8}，其原则是：最高稀释度要求动物全存活（或无细胞病变），最低稀释度动物全死亡（或均出现细胞病变）。

（2）血清处理　用于试验的所有血清在用前须在 56 ℃下经 30 min 加温灭活。但来自不同动物的血清，灭活的温度和时间也是不同的。

（3）病毒的稀释　按选定的病毒稀释度范围，将病毒液作 10 倍递增稀释，使之成为所需要的稀释度。

（4）感作　将不同稀释度病毒分别定量加入两排无菌试管内，第一排每管加入与病毒等量的免疫（或被检）血清作为试验组；第二排每管加入与免疫（或被检）血清同种的正常阴性血清作为对照组。充分摇匀后置 37 ℃下感作 12 h。

（5）接种　按“病毒价测定”中所述接种方法接种试验动物（或鸡胚、组织细胞）。观察持续时间，根据病毒和接种途径而定。

（6）中和指数计算　按 Reed 和 Muench 法（或 Karber 法）分别计算试验组和对照组的 LD_{50}（或 EID_{50}、$TCID_{50}$）。按下式计算中和指数：

$$\text{中和指数}=\frac{\text{试验组 } LD_{50}(EID_{50}\text{、}TCID_{50})}{\text{对照组 } LD_{50}(EID_{50}\text{、}TCID_{50})}$$

假如试验组 LD_{50} 为 $10^{-2.2}$，对照组 LD_{50} 为 $10^{-5.6}$。则中和指数为 $10^{3.3}$，$10^{3.3}=1\,995$，也就是说该待检血清中和病毒的能力比正常血清大 1 995 倍。

（7）结果判定　固定血清稀释病毒法进行中和试验，当中和指数大于 50，表示被检血清中有中和抗体；中和指数在 10～49 为可疑；若中和指数小于 10 为无中和抗体存在。

（二）固定病毒稀释血清法（血清中和试验）

1. 病毒毒价的测定（微量法）

（1）病毒的制备　将病毒接种于单层细胞，37 ℃下吸附 1 h 后加入维持液，置温箱培养。逐日观察，待细胞病变（CPE）达 75%以上，收获病毒悬液冻融或超声波处理，以 3 000 r/min离心 10 min，取上清液，定量分装成 1 ml 小瓶，置－70 ℃保存备用，选用的病毒必须是对细胞有较稳定的致病力。

（2）病毒毒价测定　取置－70 ℃冰箱保存的病毒 1 瓶，将病毒在 96 孔培养板上作 10 倍递次稀释，即 10^{-1}、10^{-2}……10^{-11}，每孔病毒悬液量为 50 μl，每个稀释度做 8 孔，每孔加入 100 μl 细胞悬液，每块板的最后一行设 8 孔细胞对照，制备细胞悬液的浓度以使细胞在 24 h 内长满单层为宜。把培养板置含 5% CO_2 温箱内，于 37 ℃下培养，逐日观察细胞病变，记录结果。

表 6－11　$TCID_{50}$ 的计算（接种剂量 50 μl）

病毒稀释度	接种数	CPE 数	无 CPE 数	累计		CPE 率	百分数（%）
				CPE	无 CPE		
10^{-2}	8	8	0	39	0	39/39	100
10^{-3}	8	8	0	31	0	31/31	100
10^{-4}	8	7	1	23	1	23/24	96
10^{-5}	8	5	3	15	4	15/19	79
10^{-6}	8	4	4	10	8	10/18	56
10^{-7}	8	4	4	6	12	6/18	33
10^{-8}	8	2	6	2	18	2/20	10
10^{-9}	8	0	8	0	26	0/26	0

按 Reed 和 Muench 法计算 $TCID_{50}$。

$$距离比例=\frac{56\%-50\%}{56\%-33\%}=0.26$$

本例中，高于 50%病毒稀释度的对数为－6，距离比例为 0.26，稀释系数的对数为－1。

$$\lg TCID_{50}=-6+0.26\times(-1)=-6.3$$

则 $TCID_{50}=10^{-6.3}$，即病毒作 $10^{-6.3}$ 稀释，每孔接种 50 μl 可使半数组织细胞管发生病变。

2. 中和试验

(1) 血清的处理 动物血清中含有多种蛋白质成分，对抗体中和病毒有辅助作用，如补体、免疫球蛋白和抗补体抗体等。为排除这些不耐热的非特异性反应因素，用于中和试验的血清须经加热灭活处理。各种不同来源的血清，须采用不同温度处理，猪、牛、猴、猫及小鼠血清为 60 ℃；水牛、狗及地鼠血清为 62 ℃；马、兔血清为 65 ℃；人和豚鼠血清为 56 ℃。加热时间为 20～30 min，60 ℃以上加热时，为防止蛋白质凝固，应先以生理盐水做适当稀释。

(2) 血清的稀释 取已灭活处理的血清，在 96 孔微量细胞培养板上，用稀释液作一系列倍比稀释，使其稀释度分别为原血清的 1∶2、1∶4、1∶8、1∶16、1∶32、1∶64，每孔含量为 50 μl，每个稀释度做 4 孔。

(3) 病毒 取－70 ℃冰箱保存的病毒液，按经测定的毒价作 $200TCID_{50}$ 稀释（与等量血清混合，其毒价为 $100TCID_{50}$）。如本例中病毒价为 $10^{-6.3}$，50 μl。所以，应将病毒作 $2\times10^{-4.3}$ 稀释。

(4) 感作 每孔加入 50 μl 病毒液，封好盖，置于 37 ℃温箱中和 1 h。

病毒与血清混合，0 ℃下不发生中和反应，4 ℃以上中和反应即可发生。常规采用 37 ℃作用 1 h，一般病毒都可发生充分的中和反应。但对易于灭活的病毒可置 4 ℃冰箱感作。不同耐热性的病毒，感作温度和时间应有所不同。

(5) 加入细胞悬液 在制备细胞悬液时，其浓度以在 24 h 内长满单层为宜。血清病毒中和 1 h 后取出，每孔加入 100 μl 细胞悬液。置含 5% CO_2 温箱内，于 37 ℃下培养，自培养 48 h开始，逐日观察记录，14 d 终判。

由于各种病毒引起细胞病变时间不同，终判时间应根据病毒致细胞病变的快慢而定。

(6) 设立对照 为保证试验结果的准确性，每次试验都必须设置下列对照，特别是在初次进行该种病毒的中和试验时，尤为重要。

① 阳性和阴性血清对照 阳性和阴性血清与待检血清进行平行试验，阳性血清对照应不出现细胞病变，而阴性血清对照应出现细胞病变。

② 病毒回归试验 每次试验每一块板上都设立病毒对照管，先将病毒作 0.1、1、10、100、1 000 $TCID_{50}$ 稀释，每个稀释度做 4 孔，每孔加 50 μl。然后每孔加 100 μl 细胞悬液。0.1TCID $TCID_{50}$ 应不引起细胞病变，而且 100 $TCID_{50}$ 必须引起细胞病变，否则该试验不能成立。

③ 血清毒性对照 为检查被检血清本身对细胞有无任何毒性作用，设立被检血清毒性对照是必要的。即在组织细胞中加入低倍稀释的待检血清（相当于中和试验中被检血清的最低稀释度）。

④ 正常细胞对照 即不接种病毒和待检血清的细胞悬液孔。正常细胞对照应在整个中和试验中一直保持良好的形态和生活特征，为避免培养板本身引起试验误差，应在每块板上都设立这一对照。

(7) 结果判定和计算 当病毒回归试验，阳性、阴性、正常细胞对照，血清毒性对照全部成立时，才能进行判定，被检血清孔出现100%CPE判为阴性；50%以上细胞出现保护者为阳性。固定病毒稀释血清中和试验的结果计算，是计算出能保护50%细胞孔不产生细胞病变的血清稀释度，该稀释度即为该份血清的中和抗体效价。固定病毒-稀释血清法中和抗体效价计算见表6-12。

表6-12 固定病毒-稀释血清法中和抗体效价计算

血清稀释	CP数总孔数	CPE数	无CPE数	累计		CPE比率	百分数
				CPE	无CPE		
1∶4($10^{-0.6}$)	0/4	0	4	0	12	0/12	0
1∶8($10^{-0.9}$)	0/4	0	4	0	8	0/8	0
1∶16($10^{1.2}$)	1/4	1	3	1	4	1/5	20
1∶32($10^{-1.5}$)	3/4	3	1	4	1	4/5	80
1∶64($10^{1.8}$)	4/4	4	0	8	0	8/8	100

用Reed和Muench法（或Karber法）计算结果。

$$距离比例=\frac{80\%-50\%}{80\%-20\%}=0.5$$

$$\lg TCID_{50}=高于50\%血清稀释度的对数-距离比例\times稀释系数的对数$$

$$\lg TCID_{50}=-1.5-0.5\times(-0.3)=-1.35$$

则 $TCID_{50}=10^{-1.35}$，50 μl。因 $10^{-1.35}=1/22$，即1∶22的血清可保护50%细胞不产生病变，1∶22就是该份血清的中和抗体效价。

二、影响中和试验的因素

病毒毒价的准确性是中和试验成败的关键，毒价过高易出现假阴性，过低会出现假阳性。在微量血清中和试验中，一般使用100～500 $TCID_{50}$。

用于试验的阳性血清，必须是用标准病毒接种易感动物制备的。

细胞量的多少与试验有密切关系，细胞量过大或过小易造成判断上的错误，一般以在24 h内形成单层为宜。

毒价测定的判定时间应与正式试验的判定时间相符。

第六节 红细胞吸附和红细胞吸附抑制试验

某些病毒如鸡瘟病毒和正、副黏病毒等，在培养的细胞内增殖后，可使培养的细胞吸附某些动物的红细胞，而且只有感染细胞的表面吸附红细胞，不感染的细胞不吸附红细胞，因而可以作为这种病毒增殖的衡量指标。红细胞吸附现象也可被特异抗血清所抑制，故可作病毒的鉴定方法，尤其对一些不产生细胞病理变化的病毒（如新城疫病毒），是一种快速有效的鉴定方法。

操作方法：细胞经培养长成单层后，常规接种病毒，经一定时间培养，弃培养液，加0.4%～0.5%已洗涤的红细胞悬液，置室温（18～20 ℃）作用 15 min（某些病毒置 4 ℃或37 ℃）；加少量生理盐水，轻轻洗涤，洗去未吸附的红细胞，显微镜观察。如红细胞黏附于单层细胞中的感染细胞表面，表明病毒已经复制，病毒大量增殖时，可见整个单层细胞黏满红细胞，则均判为阳性。进行抑制试验时，用 Hank's 液将经病毒接种培养后的细胞单层洗涤 2 次，然后加入 1∶10 稀释的抗血清，室温或 37 ℃下作用 30 min 后，弃血清，加入红细胞悬液，如上进行红细胞吸附试验，镜检红细胞吸附强度，与对照相比，完全抑制为阳性。

第七章　几种免疫检测新技术简介

第一节　免疫胶体金技术

免疫胶体金技术（Immune colloidal gold technique）是以胶体金作为示踪标志物应用于抗原、抗体检测的一种新型免疫标记技术。胶体金是由氯金酸（$HAuCl_4$）在还原剂如白磷、抗坏血酸、枸橼酸钠、鞣酸等作用下，聚合成为特定大小的金颗粒，并由于静电作用成为一种稳定的胶体状态。胶体金在弱碱环境下带负电荷，可与蛋白质分子的正电荷基团牢固地结合，由于这种结合是静电结合，所以不影响蛋白质的生物特性。胶体金除了与蛋白质结合以外，还可以与许多其他生物大分子结合，如SPA、PHA、ConA等。根据胶体金的一些物理性状，如高电子密度、颗粒大小、形状及颜色反应，加上结合物的免疫和生物学特性，使胶体金广泛地应用于免疫学、组织学、病理学和细胞生物学等领域。

一、胶体金的制备

根据不同的还原剂可以制备大小不同的胶体金颗粒。

（一）枸橼酸三钠还原法

1. 10 nm胶体金粒的制备　取0.01%$HAuCl_4$水溶液100 ml，加入1%枸橼酸三钠水溶液3 ml，加热煮沸30 min，冷却至4 ℃，溶液呈红色。

2. 15 nm胶体金颗粒的制备　取0.01%$HAuCl_4$水溶液100 ml，加入1%枸橼酸三钠水溶液2 ml，加热煮沸15～30 min，直至颜色变红。冷却后加入0.1 mol/L K_2CO_3 0.5 ml，混匀即成。

3. 15 nm、18～20 nm、30 nm和50 nm胶体金颗粒的制备　取0.01%$HAuCl_4$水溶液100 ml，加热煮沸。根据需要迅速加入1%枸橼酸三钠水溶液4 ml、2.5 ml、1 ml或0.75 ml，继续煮沸约5 min，直至出现橙红色。这样制成的胶体金颗粒分别为15 nm、18～20 nm、30 nm和50 nm。

（二）鞣酸-枸橼酸钠还原法

A液：1%$HAuCl_4$水溶液1 ml加入79 ml双蒸水中，混匀。

B液：1%枸橼酸三钠4 ml，1%鞣酸0.7 ml，0.1 mol/L K_2CO_3 液0.2 ml，混合，加入双蒸水至20 ml。

将A液、B液分别加热至60 ℃，在电磁搅拌下迅速将B液加入A液中，溶液变蓝，继续加热搅拌至溶液变成亮红色。此法制得的金颗粒直径为5 nm。

（三）制备高质量胶体金的注意事项

（1）玻璃器皿必须彻底清洗，最好是经过硅化处理的玻璃器皿，或用在第一次配制胶体金时稳定的玻璃器皿，用双蒸水冲洗后使用。否则，影响生物大分子与金颗粒结合和活化后金颗粒的稳定性，不能获得预期大小的金颗粒。

(2) 试剂配制必须保持纯净，所有试剂都必须使用双蒸水或三蒸水，并去离子后配制，或者在临用前将配好的试剂经超滤或微孔滤膜（0.45 μm）过滤，以除去其中的聚合物和其他可能混入的杂质。

(3) 配制胶体金溶液的 pH 以中性（pH 7.2）较好。

(4) 氯金酸的质量要求上乘，杂质少，最好是进口的。

(5) 氯金酸配成 1%水溶液在 4 ℃可保持数月稳定，由于氯金酸易潮解，因而在配制时，最好将整个小包装一次性溶解。

二、胶体金标记蛋白的制备

胶体金对蛋白的吸附主要取决于 pH，在接近蛋白质的等电点或偏碱的条件下，两者容易形成牢固的结合物。如果胶体金的 pH 低于蛋白质的等电点，则会聚集而失去结合能力。此外，胶体金颗粒的大小、离子强度、蛋白质的分子量等都影响胶体金与蛋白质的结合。

（一）待标记蛋白溶液的制备

将待标记蛋白预先在 0.005 mol/L、pH 7.0 的 NaCl 溶液中，4 ℃下透析过夜，以除去多余的盐离子，然后用 100 000 g，4 ℃下离心 1 h，去除聚合物。

（二）待标胶体金溶液的准备

以 0.1 mol/L K_2CO_3 或 0.1 mol/L HCl 调整胶体金液的 pH。标记 IgG 时，调 pH 至 9.0；标记 McAb 时，调 pH 至 8.2；标记亲和层析抗体时，调 pH 至 7.6；标记 SPA 时，调 pH 至 5.9～6.2；标记 ConA 时，调 pH 至 8.0；标记亲和素时，调 pH 至 9～10。

由于胶体金溶液可能损坏 pH 计的电极，因而在调节 pH 时，采用精密 pH 试纸测定为宜。

（三）胶体金与标记蛋白用量之比的确定

(1) 根据待标记蛋白的要求，将胶体金调好 pH 之后，分装于 10 个管，每管 1 ml。

(2) 将标记蛋白（以 IgG 为例）以 0.005 mol/L、pH 9.0 硼酸盐缓冲液作系列稀释为 5～50 μg/ml，分别取 1 ml，加入上列金胶溶液中，混匀。对照管只加 1 ml 稀释液。

(3) 5 min 后，在上述各管中加入 0.1 ml 10%NaCl 溶液，混匀后静置 2 h。

(4) 结果观察，对照管（未加蛋白质）和加入蛋白质的量不足以稳定胶体金的各管，均呈现出由红变蓝的聚沉现象；而加入蛋白量达到或超过最低稳定量的各管仍保持红色不变。以稳定 1 ml 胶体金溶液红色不变的最低蛋白质用量，即为该标记蛋白质的最低用量，在实际工作中，可适当增加 10%～20%。

（四）胶体金与蛋白质（IgG）的结合

将胶体金和 IgG 溶液分别以 0.1 mol/L K_2CO_3 调 pH 至 9.0，电磁搅拌 IgG 溶液，加入胶体金溶液，继续搅拌 10 min，加入一定量的稳定剂以防止抗体蛋白与胶体金聚合发生沉淀。常用稳定剂是 5%胎牛血清（BSA）和 1%聚乙二醇（分子质量 20 kDa）。稳定剂用量：5%BSA 使溶液终浓度为 1%；1%聚乙二醇加至总溶液的 1/10。

（五）胶体金标记蛋白的纯化

1. 超速离心法 根据胶体金颗粒的大小、标记蛋白的种类及稳定剂的不同，选用不同的离心速度和离心时间。

用BSA做稳定剂的胶体金-羊抗兔IgG结合物，可先低速离心（20 nm金胶粒用1 200 r/min，5 nm金胶粒用1 800 r/min）20 min，弃去凝聚的沉淀。然后，将5 nm胶体金结合物用6 000 g，4 ℃下离心1 h；20～40 nm胶体金结合物用14 000 g，4 ℃下离心1 h。仔细吸出上清液，沉淀物用含1%BSA的PB液（含0.02%NaN_3），将沉淀重悬为原体积的1/10，4 ℃下保存。如在结合物内加50%甘油，可于−18 ℃下保存1年以上。

为了得到颗粒均一的免疫金试剂，可将上述初步纯化的结合物再进一步用10%～30%蔗糖或甘油进行密度梯度离心，分带收集不同梯度的胶体金与蛋白的结合物。

2. 凝胶过滤法　此法只适用于以BSA作稳定剂的胶体金蛋白结合物的纯化。将胶体金蛋白结合物装入透析袋，在硅胶中脱水浓缩至原体积的1/5～1/10。再经1 500 r/min离心20 min。取上清液加Sephacryl S-400（丙烯葡聚糖凝胶S-400）层析柱分别纯化。层析柱为0.8 cm×20 cm，加样量为原体积的1/10，以0.02 mol/L PBS液洗脱（内含0.1%BSA，0.05%NaN_3），流速为8 ml/h。按红色深浅分管收集洗脱液。一般先滤出的液体为微黄色，有时略混浊，内含大颗粒聚合物等杂质。继而为纯化的胶体金蛋白结合物，随浓度的增加红色逐渐加深，清亮透明。最后洗脱出略带黄色的为标记的蛋白组分。将纯化的胶体金蛋白结合物过滤除菌、分装，4 ℃下保存。最终可得到70%～80%的产量。

（六）胶体金蛋白结合物的质量鉴定

1. 胶体金颗粒平均直径的测量　用支持膜的镍网（铜网也可）蘸取金标蛋白试剂，自然干燥后直接在透射电镜下观察。或用醋酸铀复染后观察。计算100个金颗粒的平均直径。

2. 胶体金溶液的OD（波长520 nm）**值测定**　胶体金颗粒在波长510～550 nm出现最大吸收值。用0.02 mol/L、pH 8.2 PBS液（含1%BSA，0.02%NaN3）将胶体金蛋白试剂作1∶20稀释，OD(520 nm)＝0.25左右。一般应用液的OD(520 nm）值应为0.2～0.4。

3. 金标记蛋白的特异性与敏感性测定　采用微孔滤膜免疫金银染色法（MF-IGSSA）。将可溶性抗原（或抗体）吸附于载体上（滤纸、硝酸纤维膜、微孔滤膜），用胶体金标记的抗体（或抗原）以直接或间接染色法并经银显影来检测相应的抗原或抗体，对金标记蛋白的特异性和敏感性进行鉴定。

三、胶体金在免疫学中的应用

胶体金标记技术由于标记物的制备简便，方法敏感、特异，不需要使用放射性同位素，或有潜在致癌物质的酶显色底物，也不需要荧光显微镜。它的应用范围广，除应用于光镜或电镜的免疫组化法外，更广泛地应用于各种液相免疫测定和固相免疫分析以及流式细胞术等。

（一）液相免疫测定

将胶体金与抗体结合，建立微量凝集试验检测相应的抗原，和间接血凝一样，用肉眼可直接观察到凝集颗粒。利用免疫学反应时金颗粒凝聚导致颜色减退的原理，建立了均相溶胶颗粒免疫测定法（Sol particle immunoassay，SPIA），此法已成功地应用于PCG的检测，可直接运用分光光度计进行定量分析。

（二）金标记流式细胞术

胶体金可以明显改变红色激光的散射角，利用胶体金标记的羊抗鼠 Ig 抗体应用于流式细胞术，分析不同类型细胞的表面抗原，结果胶体金标记的细胞在波长 632 nm 时，90°散射角可放大 10 倍以上，同时不影响细胞活性。而且与荧光素共同标记，彼此互不干扰。

（三）胶体金固相免疫测定法

1. 斑点免疫胶体金银染色法（Dot－IGS/IGSS） 是将斑点 ELISA 与免疫胶体金结合起来的一种方法。将蛋白质抗原直接点样在硝酸纤维膜上，与特异性抗体反应后，再滴加胶体金标记的第二抗体，结果在抗原抗体反应处发生胶体金颗粒聚集，形成肉眼可见的红色斑点，此称为斑点免疫胶体金染色法（Dot－IGS）。此反应可通过银显影液增强，即斑点金银染色法（Dot－IGS/IGSS）。

2. 斑点金免疫渗滤测定法（Dot immuno－gold filtration assay，DIGFA） 此法原理与斑点免疫金染色法完全相同，只是在硝酸纤维膜下垫有吸水性强的垫料，即为渗滤装置。在加抗原（抗体）后，迅速加抗体（抗原），再加金标记第二抗体，由于有渗滤装置，反应很快，在数分钟内即可显出颜色反应。此方法已成功地应用于人的免疫缺陷病病毒（HIV）的检查和人血清中甲胎蛋白的检测。

四、免疫胶体金快速检测技术

目前，医学检验中应用的免疫胶体金快速检测技术主要有 CGEIA 和 DIGFA 两种方法。这两种方法都是以微孔滤膜为载体，包被已知抗原或抗体，加入待检标本后，经滤膜的毛细管作用或渗滤作用使标本中的抗原或抗体与膜上包被的抗体或抗原结合，再用胶体金结合物标记，以达到检测目的。

（一）DIGFA

该体系充分利用了微孔滤膜吸附蛋白质的优良特性、渗滤装置独特的设计以及胶体金作为标记物的种种优点，使得抗原或抗体不仅能与膜上的抗原或抗体快速结合，还能有效地浓集于膜上加快免疫反应，胶体金瞬时显色，报告检测结果。该方法特别适合抗体的检测。

（二）CGEIA

CGEIA 是 20 世纪 90 年代初在免疫渗滤技术的基础上形成的一种简易快速的检测技术，最先用于人绒毛膜促性腺激素（HCG）的测定。通常制成快速检测层析试纸条，试纸条主要由玻璃纤维膜、金标垫、硝酸纤维膜和纤维膜组成，将 4 种膜从底部向上按顺序粘在支持物上，并切成条即成。检测时，只需将层析条插入待检液中，平放在桌面上，5 min 后观察结果即可。

试验原理：以最常用的双抗体夹心测抗原为例，当将层析条插入待检液中进行检测时，含有待测抗原的液体从免疫层析条的底部被吸收后迅速与金标探针（Ab_1－Au）发生抗原抗体反应，形成的抗原抗体复合物（Ab_1－Au－Ag）通过毛细管作用被运送到上面的硝酸纤维膜上，复合物接着与硝酸纤维膜上的抗体发生反应，形成另一个复合物（Ab_1－Au－Ag－Ab_2）而富集在检测区，由于胶体金自身显色而形成红色的质控线。该方法由于简便、快速及特异性、敏感性好，结果直观等优点，得到了空前广泛的发展和应用。

与其他检测技术比较，应用免疫胶体金快速检测技术时，样品不需要特殊处理，试剂和样本用量极小，样本量可低至1～2 μl。该技术既可用于抗原检测，也可用于抗体检测，检测时间大大缩短，也不需荧光显微镜、酶标检测仪等贵重仪器，试验结果可长期保存。但该技术一般作为定性检测，不宜定量，大批量、集约性的操作不如ELISA快而方便。

（三）免疫胶体金技术在畜禽疫病诊断中的应用

对家禽疾病进行有效防治的关键是快速、准确地进行诊断，并弄清致病因子。伴随着病原检测技术的进步，免疫胶体金技术以其快速、简便、可单份检测、灵敏度高、特异性强、稳定性好、检测标本种类多等优点，开始被逐渐应用于禽病诊断。目前，胶体金已经应用于禽类多种疾病的快速诊断。如禽Ⅰ型副黏病毒病、鸡减蛋综合征、鸡传染性支气管炎、新城疫、禽流感、鸡传染性法氏囊病等疾病的快速鉴别诊断。在猪病的快速诊断中也得到广泛应用，如猪瘟、猪呼吸与繁殖障碍综合征、猪伪狂犬病等的快速诊断。也应用于犬病中犬瘟热、犬细小病毒病等的快速诊断。

目前，国内外销售的金标免疫快速试验的产品多达几十种，但大多数产品是来自于国外进口或国内分装。同国外相比，国内这一领域的研究仍处于起步阶段，国内还没有国产材料制成的成型产品。由于金免疫结合试验的产品市场巨大，要在国内开展这一领域的研究，应尽快在国内建立起完整的工艺，研制出多品种、高质量的金标快速检测产品。

五、H_5N_1 亚型禽流感病毒快速诊断试纸条的制备

H_5N_1 亚型禽流感是由 H_5N_1 亚型禽流感病毒引起的一种急性高度接触性传染病，给世界各国的养鸡业带来巨大的经济损失。目前，该病的主要检测方法是琼脂扩散试验、HI、PCR技术等，这些方法都局限于实验室进行，并且需要熟练的检测人员，给疾病的检测带来极大不便。快速诊断试纸条为 H_5N_1 亚型禽流感病毒的检测提供了极大方便。

（一）快速诊断试纸的原理

快速诊断试纸是利用免疫层析的原理，将抗原或抗体固定在层析介质上，相应的抗原或抗体通过毛细泳动，与特异性物质结合后即滞留在该位区，根据显色反应即可做出判断，显色技术用的是胶体金免疫显色，胶体金颗粒易于制备，当颗粒密度达到 $10^7/mm^2$ 时，即可出现肉眼可见的紫红色斑点，同时由于保存、使用方便而被广泛地应用于生物学、医学等领域。

（二）快速诊断试纸的包被

在测试段玻璃纤维膜上包被金标记鼠抗AIV单克隆抗体（$Au-Ab_1$），在显色区硝酸纤维膜的检测线和对照线处分别包被鼠抗AIV单克隆抗体（Ab_1）和兔抗鼠IgG多克隆抗体（Ab_2）。若待检液中含AIV，当待检测液进入测试端时，其中的 $Au-Ab_1$ 和AIV形成 $Au-Ab_1-AIV$ 免疫复合物，免疫复合物在硝酸纤维膜上层析泳动，被检测线上的 Ab_1 拦截，形成 $Au-Ab_1-AIV-Ab_1$ 复合物，并在检测线处形成棕红色的条带。测试端多余的 $Au-Ab_1$ 在硝酸纤维膜上继续泳动，并被对照线处的 Ab_2 捕获，形成第二条棕红色条带。若待检液中不含AIV时，测试端的 $Au-Ab_1$ 在硝酸纤维膜上泳动，不能被检测线处的 Ab_1 拦截，直

接与对照线处的 Ab_2 结合，仅形成一条棕红色条带。

(三) 快速诊断试纸条的构造

快速诊断试纸（图 7-1）根据胶体金免疫层析原理设计，由检测端、显色区和手柄区三部分组成，含有支撑层和反应试剂吸附层。测试端由玻璃纤维膜构成，吸附相应的抗原或抗体；显色区由硝酸纤维膜构成，其上含有判定结果的检测线和对照线；手柄端由吸水材料构成。

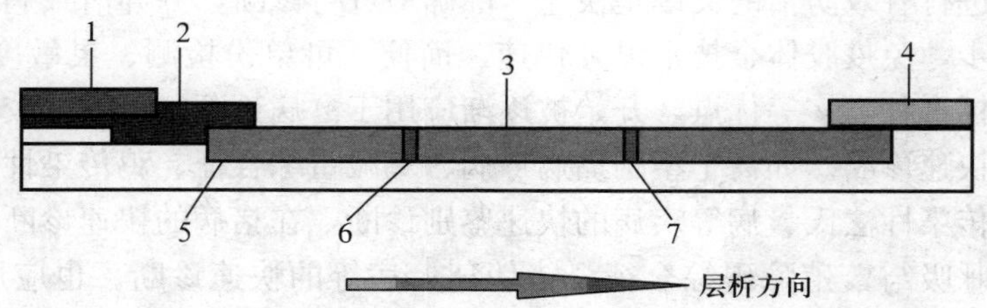

图 7-1 快速诊断试纸条结构示意图

1. 样品垫 2. 胶体金垫 3. NC 膜 4. 吸水滤纸 5. 金标/乳胶 6. 检测线 7. 对照线

(四) AIV 快速诊断试纸条的制作

1. 鼠抗 AIV 单克隆抗体的制备 用纯化的 AIV 抗原免疫 8 日龄的 BALB/c 小鼠，50 μl/只，首次免疫用弗氏完全佐剂乳化抗原，加强免疫用弗氏不完全佐剂乳化抗原，共免疫 2～3 次，每次间隔 2～6 周。当用 ELISA 检测 AIV 血清抗体效价小于 10^4 时，再用 50 μl 纯抗原尾静脉注射超强免疫，取脾细胞与骨髓瘤细胞在 50%PEG 作用下进行细胞融合，HAT 选择培养基培养，随后进行阳性克隆筛选。给小鼠腹腔注射去甲植烷诱生腹水，1～2 周后接种杂交瘤细胞，接种 7～10 d 即可产生腹水，抽取腹水经 proteinG 柱层析提纯 IgG。

2. 兔抗鼠 IgG 多克隆抗体的制备 首先将 BALB/c 小鼠的血清采用辛酸-硫酸铵法加以纯化，以获得较纯的小鼠 IgG。具体过程为：1 份小鼠血清加 2 份 0.01 mol/L、pH 7.4PBS 稀释，边搅拌边加入饱和硫酸铵使成 50%饱和度，4 ℃下静置 30 min，6 000 r/min 离心 30 min，沉淀用 0.06 mol/L、pH 4.8 醋酸盐缓冲液溶解至原体积，室温下边搅拌边加入辛酸（30 μl/ml 血清），4 ℃下澄清 2 h，13 000 r/min 离心 30 min，弃沉淀。上清液调 pH 至 7.4，在加入 35%饱和硫酸铵沉淀蛋白质，重复 2 次。沉淀物用少量 PBS 溶解，4 ℃下 PBS 透析过夜，其间换液 3～5 次，以获得的较纯的小鼠 IgG 作为抗原。小鼠 IgG 加适量的佐剂，免疫健康的家兔。取兔血清，同上法用辛酸-硫酸铵法纯化，即制得兔抗鼠 IgG 多克隆抗体。

3. 胶体金的制备 将氯化金溶解于双蒸水中制成 0.01%的水溶液，取 0.01%的氯化金水溶液加热至沸腾，迅速加入 1%柠檬酸钠溶液 4 ml，约 5 min 后出现橙红色，即制成所需的胶体金颗粒，4 ℃下保存备用。

4. 鼠抗 AIV 单克隆抗体的标记 取 1 ml 纯化的鼠抗 AIV 单克隆抗体，边搅拌边加入到 50 ml 胶体金溶液中室温下搅拌 1 h。加入 10%牛血清白蛋白 2 ml（终浓度为 0.4%），室温下搅拌 5 min。加 10%聚乙二醇 1 ml（终浓度为 0.2%），室温下搅拌 5 min。12 000～15 000 r/min离心 50 min，沉淀溶于 5 ml 保存液中。用滤膜过滤，4 ℃

冰箱内保存备用。

5. 金标记鼠抗 AIV 单克隆抗体玻璃纤维的制备　取 3 ml 金标记鼠抗 AIV 单克隆抗体，加 3 ml 稀释液混匀。放入玻璃纤维素膜浸泡 10 min，取出至 37 ℃烤箱中烤干，热合封口，置 4 ℃冰箱内保存备用。

6. H_5N_1 亚型禽流感病毒快速诊断试纸的组装　将所需材料裁剪成相应尺寸大小，手柄端 4 mm×20 mm，抗体硝酸纤维素膜 4 mm×20 mm，金标记鼠抗 AIV 单克隆抗体玻璃纤维 4 mm×5 mm，加样区 4 mm×15 mm。然后将这些材料组装成 H_5N_1 亚型禽流感病毒快速诊断试纸条。

（五）快速诊断试纸的诊断步骤

1. 采样　取出待检鸡的肺脏和肝脏等器官，置于容器内，然后加入生理盐水或干净的自来水，充分剪碎或匀浆，静置 5 min。

2. 检测　从 4 ℃冰箱中取出 H_5N_1 亚型禽流感病毒快速诊断试纸，恢复到室温。将测试端插入组织悬液中，硝酸纤维素膜吸满液体后，取出试纸平放，1～5 min 后观察硝酸纤维素膜的显色情况。

3. 结果判断　试纸的硝酸纤维素膜上出现两条棕红色色带时，判为阳性，即该鸡感染了 H_5N_1 亚型禽流感病毒；只有对照线出现一条棕红色色带时判为阴性，即该鸡未感染 H_5N_1 亚型禽流感病毒；不出现任何棕红色色带时，表示操作有误或试纸失效。

第二节　免疫组织化学技术

免疫组织化学又称免疫细胞化学，是指带显色剂标记的特异性抗体在组织细胞原位通过抗原抗体反应和组织化学的呈色反应，对相应抗原进行定性、定位、定量测定的一项新技术。它把免疫反应的特异性、组织化学的可见性巧妙地结合起来，借助显微镜（包括荧光显微镜、电子显微镜）的显像和放大作用，在细胞、亚细胞水平检测各种抗原物质（如蛋白质、多肽、酶、激素、病原体以及受体等）。免疫组织化学技术 20 世纪 50 年代还仅限于免疫荧光技术，以后逐渐发展建立起高度敏感而且更为实用的免疫酶技术。

常用的免疫组织化学检测有免疫荧光细胞组织化学技术（Fluorescence）、免疫酶细胞组织化学技术（Enzyme - mediated detection）、亲和组织化学（Affinity histochemistry）等。现以免疫酶组织化学为例介绍其检测方法。

一、酶标记抗体组化法

酶标抗体组化技术是一种定性、定位和定量，将形态、机能和代谢密切结合为一体的研究和检测技术。在原位检测出病原的同时，还能观察到组织病变与该病原的关系，确认受染细胞类型，从而有助于了解疾病的发病机理和病理过程。

（一）基本原理

酶标抗体技术是通过共价键将酶连接在抗体上，制成酶标抗体，再借酶对底物的特异性催化作用，生成有色的不溶性产物或具有一定电子密度的颗粒，于普通显微镜或电子显微镜下进行细胞表面及细胞内各种抗原成分的定位，根据酶标记的部位可将其分为直接法（一步法）、间接法（二步法）、桥联法（多步法）等。用于标记的抗体可以是用免疫动物制备的多克隆抗体或特异性的单克隆抗体，最好是特异性强的高效价的单克隆抗体。直接法是将酶直接标记在第一抗体上，间接法是将酶标记在第二抗体上，检测组织细胞内的特定抗原物质。目前，常选用免疫酶组织化学间接染色法。

1. 标本的制备和处理 用于酶标抗体组化技术的标本有组织切片（冷冻切片和石蜡切片）、组织压印片。标本的制作和固定与荧光抗体技术相同，但尚需要一些特殊处理。

2. 标记酶 用于标记的酶应具备以下几点：酶催化的底物必须是特异的，且容易被显示，所形成的产物易在光镜或电镜下观察；所形成的终产物沉淀必须稳定，即终产物不能从酶活性部位向周围组织弥散，影响组织学定位；较易获得，最好有商品出售；中性 pH 时，酶应稳定，酶标记抗体后，保存 1～2 年活性不应改变，且酶的催化活性越高越好；酶标过程中，酶与抗体连接，不能影响二者的活性；被检测组织中，不应存在与标记酶相同的内源性酶或类似物质。其中，特异性和稳定性最重要，因为容易显示的酶并非都能形成不可溶性的复合物。一般认为，辣根过氧化物酶（HRP）较佳，是最常用的一种酶。除 HRP 外，碱性磷酸酶（ALP）和葡萄糖氧化酶（GOD）也较常用。

3. 底物显色剂 底物显色剂常用的有 3,3 -二氨基联苯胺（DAB），DAB 显色后阳性反应产物呈棕褐色；3，氨基- 9 -乙基卡巴唑（AEC）显色后阳性反应产物呈红色或紫红色。

（二）染色程序

（1）石蜡切片脱蜡至水化。

（2）消除内源性过氧化物酶，以 3%H_2O_2 处理切片 30 min。

（3）用 PBS 洗 3 次，每次 5 min。

（4）将切片置于 0.01 mol/L 枸橼酸钠缓冲液中，微波修复，高火 5 min，低火 20 min（至沸腾即可），取出自然冷却。

（5）将切片从枸橼酸钠缓冲液的塑料盒中取出，用 PBS 洗 3 次，每次 5 min。

（6）在组织块周围用蜡笔划一圈，玻片放入湿盒，将 5%BSA 滴在组织片上封闭 25 min，甩去多余液体。

（7）滴加一抗（1∶100 倍稀释）于切片上，放入湿盒，4 ℃冰箱内过夜。

（8）用 PBS 洗 4 次，每次 5 min。

（9）滴加二抗，室温孵育 20 min。

（10）用 PBS 洗 3 次，每次 2 min。

（11）滴加试剂 SABC，室温孵育 30 min。

（12）用 PBS 洗 4 次，每次 5 min。

（13）以 DAB 进行显色反应，反应 10 min（镜下掌握显色程度）。

（14）蒸馏水洗。苏木素复染 10 s 左右，以盐酸酒精分化。

（15）脱水、透明、封片、镜检。

（三）免疫组织化学染色结果判定

设立对照，其目的在于证明和肯定阳性结果的特异性，排除非特异性疑问。主要是针对第一抗体对照，常用的对照有阳性对照和阴性对照。

阳性对照是用已知抗原阳性的切片与待检标本同时进行免疫细胞化学染色，对照切片应呈阳性结果。证明整个染色程序符合要求，尤其当待检标本呈阴性结果时，阳性对照就更加重要。

阴性对照是用确证不含已知抗原的标本作对照，应呈阴性结果，另外空白、替代、吸收和抑制试验均为阴性对照。当阴性对照成立时，才能判定检测结果，主要用于排除假阳性。

二、葡萄球菌蛋白 A(SPA) 免疫检测技术

葡萄球菌蛋白 A(SPA) 是一种从金黄色葡萄球菌细胞壁分离的蛋白质，由于它的一些免疫学特性，使其成为免疫学上一种极为有用的工具。葡萄球菌蛋白 A(SPA) 免疫检测技术是根据它能与多种动物 IgG 的 Fc 端结合的原理，用 SPA 标记物（酶、荧光素、放射性物质等）显示抗原与抗体结合反应的各种免疫检测试验。

（一）基本原理

SPA 具有和人及多种动物如豚鼠、兔、猪、犬、小鼠、猴等的 IgG 结合的能力，可解决不同动物检测时，需分别标记相对应的二抗的问题。SPA 结合部位是 Fc 段，这种结合不会影响抗体的活性。SPA 具有的结合力是双价的，每个 SPA 分子可以同时结合两个 IgG 分子，也可一方面同 IgG 相结合，一方面与标记物如荧光素、过氧化物酶、胶体金和铁蛋白等相结合。但需注意的是，SPA 对 IgG 免疫球蛋白亚型的结合有选择性，如 SPA 与人 IgG 亚型（IgG 1、IgG 2 和 IgG 4）有结合力，唯独不结合 IgG 3。SPA 只结合 IgA 2，而不结合 IgA 1。SPA 与禽类血清 IgG 不结合。因此，应注意可能出现的假阴性结果。SPA 常用 HRP 标记，可应用于间接法标记抗体。

（二）SPA - HRP 在间接法中的应用

由于 SPA 能结合 IgG 的 Fc 段，因此就成为天然的抗 IgG，酶标记的 SPA 可代替酶标记的 IgG 抗血清，从而测定和定位组织内的 IgG 或免疫复合物，SPA - HRP 的染色步骤如下。

（1）石蜡切片常规脱蜡至水化。

（2）3% H_2O_2 处理 15 min，以抑制内源性过氧化物酶。

（3）以 TBS 洗 3 次，每次洗 3 min。

（4）加第一抗体，孵育 30～60 min，或 4 ℃下过夜。

（5）以 TBS 洗 3 次，每次洗 3 min。

（6）加适当稀释的 SPA - HRP(1∶100～1∶400)，孵育 30～60 min。

（7）以 TBS 洗 3 次，每次洗 3 min。

（8）DAB 显色 5～10 min。

（9）复染，脱水，封片。

第三节　其他免疫检测技术

一、脂质体免疫测定法（LIA）

脂质体是脂类悬浮于水相介质中形成的双分子单层或多层结构的球状小体，类似于生物膜结构，表面结合有抗原或抗体分子的脂质体称为免疫脂质体，LIA 的原理与传统的溶血试验很相似，它是一种以脂质体溶解破裂释出内容指示物而指示抗原抗体反应为特征的免疫测定技术。试验时，应首先制备内部包裹有某种标记分子（如化学发光剂、荧光素、染料、

酶和底物等）的免疫脂质体，这些免疫脂质体可以借助其表面结合的抗原或抗体与待测样本中的抗体或抗原特异性结合。通过加入补体、溶血素、蜂毒素等致使脂质体破裂，内容物释出，以相应的检测手段即可测出。由于脂质体内可包容大量的指示剂分子，因而本法有很高的敏感性，且整个试验一般在液相的均相状态下进行，无需分离步骤，操作简便。可按需要将多种抗原或抗体分子掺入脂质体双层结构，制成多价诊断试剂。还可通过使脂质体结构发生改变而逸出标记物的方法来检测颗粒性抗原。这种新型免疫检测技术越来越受到重视，在国外已有多种诊断试剂盒出售，但在国内尚未见到此类报道。本法具有快速简便、敏感特异、均相、可准确定量等优点。将诊断试剂冻干，制成快速诊断试剂盒，敏感性高于酶联免疫吸附试验。

二、同位素标记技术（放射免疫测定）

由于许多抗原物质和抗体均可用放射性同位素^{131}I和^{125}I等进行标记，这种标记的抗原或抗体仍保持与相应抗体或抗原发生特异结合的能力，从而可以进行抗原或抗体的定位或定量检测。放射免疫测定敏感性很高，可达纳克乃至皮克水平，但由于需要特殊的实验设备和防护条件，且放射性同位素有一定的半衰期（如^{125}I半衰期为60.14 d），标记物必须在半衰期内用完，故实际应用受到一定的限制。

放射免疫测定包括待检抗原、相应的标记抗原和特异性抗体三个主要成分。由标记抗原（Ag^*）与未标记抗原（Ag）竞争地与特异性抗体（Ab）相结合，形成标记的抗原—抗体复合物（Ag^*－Ab）和未标记的抗原—抗体复合物（Ag－Ab）。当Ag^*和Ab的数量保持恒定，且Ag^*与Ag的相加量超过Ab上有效结合点的数目，则Ag与Ag^*－Ab之间存在函数关系，即Ag量增多时，则Ag－Ab的生成量增多，而Ag^*－Ab的生成量减少。将Ag^*－Ab、Ag－Ab复合物（以B表示）与游离的Ag^*、Ag（以F表示）分离，测定B和F的放射活性，计算出B/F或B/B＋F值，由标准曲线和竞争标准曲线查出待检标本Ag的量。

第四节　分子生物学检测技术

一、核酸探针技术

核酸探针技术又名基因探针技术或核酸分子杂交技术，它是在20世纪70年代基因工程学基础上发展起来的一项新技术，该技术建立在碱基互补的基础上。人们把具有特异性序列结合有标记物的核酸称为探针，它可与应试材料中的互补序列发生杂交，通过相应的检测手段即可测出。最早采用的标记物为放射性同位素，但因放射标记污染环境，且费用很高，不能实现商品化，人们就致力于发展非放射性探针的标记。首先问世的是生物素标记的核酸探针，这种通过酶促聚合反应制备的高敏感探针用高亲和性的生物素的亲和素系统检测，给核酸探针的广泛应用带来希望。但生物素标记的探针敏感性和特异性有时不如放射性同位素标记的探针，故人们又采用胆固醇类的地高辛核酸探针，其敏感性与同位素标记相同，而特异性优于生物素标记。并且用随机引物法标记的地高辛探针检测半抗原时只需用单一酶标抗体，反应30 min，易于实现商品化。近年来，地高辛核酸探针已成功地用于马立克氏病（MD）、传染性法氏囊炎（IBD）、传染性喉气管炎

(ILT)、巨细胞病毒病等的检测。

核酸探针技术不仅能检测数量甚微的感染病原体，还能检测整合到宿主染色体中的潜在病原体，特别是某些难以在体外培养的感染性病原体更具有重要意义，还可检测隐性感染以及对毒株特别是变异毒株的鉴定。

二、限制性核酸内切酶酶切图谱分析

该法是目前分析 DNA 病毒核酸变异的常用方法，用限制性内切酶消化病毒 DNA，将消化物于琼脂凝胶中电泳分离，经溴化乙锭染色后，呈现出大小不一的片段。应用这种方法可将亲缘关系很近、表型相同的病原鉴定出来。该技术已应用于禽多杀性巴氏杆菌疫苗株及分离株的区别、传染性鼻炎的流行病学研究、肠炎沙门氏菌的分型、ILTV、MDV 及禽腺病毒的分型等。该法的特异性、敏感性及稳定性均优于传统的病原体分型方法，在传染病的流行病学及病原学研究中将发挥重要作用。

三、寡核苷酸指纹图谱技术

本技术用于病毒的病原学研究，特别对 RNA 病毒，可进行病毒分类，鉴定病毒的突变株，区别疫苗株和分离株等，在病毒的流行病学调查中有重要意义。主要程序是将病毒 RNA 纯化、标记、RNA 键的断裂，经过适当的酶切（一般为 T1 核糖核酸在鸟苷酸的 3′端分开）后，再将这些片段先在 pH 8.0 的聚丙酰胺凝胶中进行双向电泳，然后进行放射自显影，产生一个指纹图谱，从而确定病毒基因组的同源性以进行病毒的鉴定、分类等。该技术已应用于鸡 IBV、禽呼肠孤病毒、反转录病毒等研究中。其优点为敏感性高，可区别病毒核酸之间的微小差异，甚至单个核苷酸的区别，并且重复性好。

四、聚合酶链反应（PCR）技术

用核酸探针技术检测病原体时，至少需要 10^4～10^5 个靶基因拷贝。对于数量极少即可使宿主发病的病毒，感染早期无免疫应答的病毒，损害宿主免疫系统使之不产生免疫应答的病毒，以及感染后期基因嵌入宿主 DNA 中的病毒，最有效的检测方法当数 PCR 技术，PCR 是模拟体内 DNA 的复制过程，由引物介导和耐 DNA 聚合酶催化在体外扩增特异性 DNA 片段的一种有效方法。目前，国内外对其研究甚多，诸如检测 ILT、IBD、EDS-76、鸡贫血病毒（CAV）、传染性支气管炎（BIV）、禽流感（IF）以及一些细菌和支原体等。应用 PCR 技术可直接从各种组织、体液中检测到病毒，无需分离培养，且有较高敏感性，可检出百万分之一的感染细胞，进行单拷贝的 DNA 检测。在应用时，PCR 的技术操作及步骤均不断改进，衍生出了多个更具优势的新种类，PCR 与核酸杂交技术相结合，可提高检测的特异性，进行快速诊断和毒株分型，逆转录 PCR 已广泛应用于 RNA 病毒的检测；常温下 PCR 不需扩增仪即可直接扩增模板 DNA 或 RNA，简便快速；多重 PCR 是在同一反应体系中加入 1 对以上的引物时，当与各引物对应的特异性互补的模板存在时，可在同一反应管中同时扩增出 1 条以上的目的基因。这使我们多年来有一种高度敏感特异及简便的方法，并同时将需要鉴别诊断的传染病一次性得到确诊的梦想成为可能。

以上所述的各项技术中，以免疫胶体金快速检测技术应用起来最为简便快速，易于掌握，可直接面向基层单位，特别是县（市）以下单位乃至各鸡场和专业户。该法的敏感性可相当或略低于斑点 ELISA，主要用于定性检测，正向定量方面发展。脂质体免疫测定法及固相免疫吸附凝集技术的操作要比免疫胶体金快速检测技术复杂些，但前两者的敏感性高于后者，县以下基层单位的小型化验室也可应用。而核酸探针技术和限制性核酸内切酶酶切图谱分析用来诊断疾病高度敏感，极其特异等，比传统免疫学方法有极大的优越性，但核酸技术所需仪器设备及试剂的费用均较昂贵，对操作技术要求也较高，在基层推广应用暂有难度。

第八章　病毒性疾病的检验与防治

第一节　禽流感的检验与防治

禽流行性感冒（Avian influenza，AI）简称禽流感，是由正黏病毒科A型流感病毒属的病毒引起禽类的一种急性高度接触性传染病。由A型流感病毒的H_5和H_7亚型中的强毒株感染引起者称为高致病性禽流感（Highly pathogenic avian influenza，HPAI），世界动物卫生组织将其列为A类疫病，我国农业部列为一类疫病。

由于病毒的毒力不同，其临诊症状十分复杂。HPAI发病急剧，发病率和死亡率高，有时可达90%以上，无特定的症状和病理变化；其他亚型（H_9亚型）仅引起不同程度的呼吸道症状，死亡率相对较低，但是产蛋率短期内显著下降；也有呈隐性经过者。各种家禽和野禽均可感染，鸡、鸭和火鸡最易感染，人及其他哺乳动物偶可感染发病。20世纪末和21世纪初，某些地区发生高致病性禽流感，并威胁到人类健康，给养鸡业和公共卫生带来了严重危害。与此同时，亚洲某些地区发生较多的是低致病性禽流感，其主要表现为程度不同的产蛋量下降和严重的呼吸道症状等，造成了巨大经济损失。

一、临诊检查

许多家禽和野禽、鸟类都对流感病毒敏感，家禽中火鸡、鸡、鸭是自然条件下最常受感染的禽种。以往认为家鸭和野鸭是病毒的携带者和传播者，本身常无症状，但近年来的研究发现，鸭禽流感发病率也相当高。本病主要传播方式是水平传播，是否会垂直传播尚未定论。病鸡和带毒鸡以及病毒污染的场地、饲料、饮水、用具、车辆、空气等是本病的主要传染源。通过直接或间接接触发生感染，呼吸道和消化道是主要的感染途径。发病率和死亡率因受多种因素的影响差别很大。

由于病毒的毒力不同，以及被感染禽的种类、年龄、性别、并发感染和其他环境因素不同，其症状也很不一致。

感染高致病性禽流感时，潜伏期短者几小时，长者几天，最长可达21 d，发病急剧，发病率和死亡率高，有时可达90%以上。突然暴发，常无明显症状而死亡。病程稍长者，病禽体温升高，精神沉郁，食欲废绝。呼吸困难，咳嗽，有气管啰音。冠、髯暗红或发绀，结膜发炎，头面部肿胀，眼、鼻流出浆液性、黏液性或脓性分泌物。拉灰白色或黄绿色稀粪。有时腿部或趾部出血。产蛋率明显下降，软蛋、破蛋增多。发病后期有时会有神经症状（彩图8-1）。许多症状与新城疫相似，因而往往被误诊为新城疫，如果按新城疫处理，接种疫苗会加快死亡。

低致病性禽流感主要表现为呼吸困难、咳嗽、流鼻涕、明显的湿性啰音。拉黄白色或绿色黏液样稀粪。产蛋量下降，下降的幅度不一致，轻度感染时仅表现为轻度的呼吸困难和小幅度的产蛋量下降（下降4～5个百分点），也有些鸡群无症状，仅少量减产或不减产。严重感染者产蛋率下降50%～80%，也有的几乎停产，病后产蛋率的恢复十分困难。死亡率不等。种鸡发生禽流感后除产蛋率下降外，种蛋的受精率、孵化率、出雏率降低，死胚增多，壮雏率降低。

二、病理学检验

（一）大体病理变化

由于禽流感病毒的毒力不同，病理变化也很不一致，很多低致病性毒株感染时往往缺乏明显的病理变化，而高致病性毒株感染时，因死亡很快，可能也看不到明显的病理变化。高致病性禽流感时可见头部肿胀（彩图8-2），皮下呈胶冻样水肿（彩图8-3）。腿、趾部出血（彩图8-4，彩图8-5）。眼结膜充血、出血（彩图8-6），鼻黏膜充血、出血，鼻腔和气管内有多量黏液，气管黏膜明显出血（彩图8-7）。有纤维素性及干酪性气囊炎，纤维素性-卵黄性腹膜炎，卵泡变性、变形、出血、坏死（彩图8-8，彩图8-9，彩图8-10,）。腺胃出血，肠道黏膜、泄殖腔黏膜有出血性炎症。心外膜出血，心肌变性（彩图8-11）。如继发其他细菌感染，病变更加复杂。低致病性禽流感时多数病禽发生纤维素性-卵黄性腹膜炎，卵泡变性、变形、出血、坏死，输卵管发炎，输卵内有数量不等的灰白色脓样黏液或干酪样渗出物（彩图8-12）。

（二）病理组织学变化

病例组织学变化以充血、出血、变性、坏死和血管周围形成淋巴细胞性血管套为特征，主要发生在心肌、脾、肺、脑、胰、肉髯，其次为肝和肾。肝、脾、肾、脑、胰腺有变性坏死灶。脑组织为非化脓性脑炎，血管周围血管套形成、神经细胞变性、神经胶质细胞增生明显。肺脏通常为间质性肺炎，继发细菌感染时，表现为支气管肺炎。此外，还可发生纤维素性心包炎、胸膜炎与腹膜炎。由于毒株不同，除了共有的病变外，还有各自的病变特征，如有的毒株引起多发性坏死灶，有的毒株引起明显的胰腺坏死，有的毒株引起心肌炎。

火鸡感染强毒株时，可引起伴有腺泡细胞广泛性坏死的胰腺炎。在肝、脑、脑膜、心肌、皮肤等组织器官可见变性和坏死性变化。

三、病原学检验

（一）病原特征

禽流感的病原体是正黏病毒科中的A型流感病毒。流感病毒共有A、B、C三个血清型，B型和C型一般只感染人类，A型可感染人类、禽类、猪、马和其他哺乳动物。A型流感病毒是中等大小、多形态的RNA病毒，一般呈球形，直径80～120 nm，也有直径为80 nm、长短不一的丝状。病毒的囊膜上有含有血凝素（HA）和神经氨酸酶（NA）活性的糖蛋白纤突，其长度为10～12 nm，密集地排列于病毒粒子的表面。依据血凝素和神经氨酸的抗原特性，可将A型流感病毒分为若干个亚型。目前，已知的HA有15种，按$H_{1\sim15}$编号，NA有9种，按$N_{1\sim9}$编号。每一个亚型根据HA和NA的不同分别标出，如H_5N_1、H_9N_3等。

流感病毒抗原性变异的频率很高，主要是通过抗原漂移和抗原转移进行。抗原漂移是由编码HA或NA蛋白的基因发生点突变引起的，是免疫群体中筛选变异体的反应；抗原转移是两种病毒混合感染时基因片段交换、重组引起的。由于抗原的漂移和抗原的转移，可能产生更多新的变异毒株或亚型。

病毒可以在鸡胚、鸭胚、鸡胚成纤维细胞和易感鸡、火鸡、鸭等动物体内复制。

流感病毒的抵抗力一般不强，高温、紫外线、各种消毒药都可将其杀死。但是存在于粪便、尸体中的病毒可以存活很长时间。4 ℃条件下可保持感染性 30～35 d，20 ℃下可保持 7 d。56 ℃下经 30 min 或 60 ℃下经 10 min 可以杀死病毒，65～70 ℃下数分钟病毒即丧失活性。对低温耐受性较大，－20 ℃或－196 ℃可以存活 42 个月，其凝血活性和抗原性没有变化。但反复冻融可使其灭活。流感病毒是有囊膜病毒。因此，流感病毒对去污剂和脂溶剂都比较敏感，甲醛、β-丙内酯、氧化剂等均可迅速将其灭活，加热、极端的 pH 等也可使其失活。

（二）病毒分离培养

1. 鸡胚分离培养

（1）病料的采集与处理　从病死禽或剖杀的病禽呼吸道（气管、肺、支气管、鼻窦渗出物）采取病料，作为分离病毒的被检材料。用无菌棉拭子，采取呼吸道渗出物，置于 2 ml 无菌肉汤中，为防止污染，在肉汤中加入双抗。如用组织病料，可经研碎后加入无菌肉汤，制成 10%悬液，高速离心，除去组织碎屑，上清液以 0.22 μm 微孔滤膜过滤除菌。

（2）操作方法　将上述病料接种于 10～11 日龄鸡胚的尿囊腔，每胚接种 0.1～0.2 ml，每份病料接种 5～6 个鸡胚，接种后置 38 ℃温箱中继续培养，每 4～6 h 照蛋 1 次，及时取出死亡胚胎，0～4℃保存，培养至 72 h 收取全部胚胎，0～4 ℃保存。

（3）结果判定　48～72 h 鸡胚死亡，死胚全身出血（彩图 8－13）。所有死亡和不死的鸡胚，均收取尿囊液和羊水，用鸡红细胞做凝集试验，并用禽流感阳性血清进行血凝抑制试验。如果能凝集鸡红细胞，又能被禽流感阳性血清抑制，表明分离到的病毒属于禽流感病毒，可将发病鸡判为禽流感阳性。如果能凝集鸡红细胞，但是不能被禽流感阳性血清抑制，则可能是其他病毒，可判为禽流感阴性。如果鸡胚尿囊液不能凝集鸡红细胞，可再盲传 2～3 代，胚液仍不能凝集鸡红细胞者，则可判为阴性。

2. 细胞培养　常规法制备鸡胚成纤维细胞，当细胞形成单层后，将制备的无菌病料悬液作 10 倍连续稀释接种于鸡胚成纤维细胞，每个稀释度接种 3 瓶。培养 96 h，观察蚀斑形成情况，禽流感病毒的蚀斑大小不一致，有的清亮，有的浑浊。然后进行红细胞吸附试验，倒掉培养液，加入 0.4%～0.5%的鸡红细胞悬液，置室温（18～20 ℃）作用 20 min，加少量生理盐水，轻轻漂洗，洗去未吸附的红细胞，显微镜观察。如蚀斑吸附红细胞而发生凝集红细胞现象，表明分离到病毒。再进行红细胞吸附抑制试验，用 Hank′s 液将经病毒接种培养后的细胞单层洗涤 2 次，然后加入 1∶10 稀释的禽流感阳性血清，室温或 37 ℃作用 30 min 后，弃血清，加入红细胞悬液，如上进行红细胞吸附试验，镜检，如完全抑制，可判为禽流感阳性。

四、血清学检验

目前，用于禽流感检测的方法很多，其中红细胞凝集抑制试验（HI）和琼脂扩散试验（AGP）具有较高的敏感性和特异性，且适于大批样品的血清学调查，被世界动物卫生组织（OIE）和我国兽医部门定为禽流感法定标准化检测方法，在禽流感病毒亚型鉴定和抗体检测等方面已广泛应用。

（一）红细胞凝集（HA）和红细胞凝集抑制试验（HI）

1. 试验准备

（1）抗原　将 A 型流感病毒灭活后，经差速离心提纯和浓缩，冻干制成 HI 试验用抗原，在 4 ℃冰箱中可长期保存。为使用方便，每瓶分装量为 0.5 ml。使用时将抗原加入生理盐水 1 ml，充分震荡或吹打，待充分溶解后测定血凝（HA）价。也可自制抗原。

（2）0.5%鸡红细胞　采集健康公鸡血液用生理盐水洗 3～5 次，用生理盐水配成 0.5%浓度。

（3）阳性血清　购买或自制。

（4）被检材料　采自从待检禽分离的血清。

2. 操作方法

（1）抗原效价测定（滴度）　以微量血凝试验（HA）测定抗原效价（表 8-1），于 V 型血凝板的每孔中各加生理盐水 50 μl，共加 4 排。吸取抗原滴加于第 1 列孔，每孔 50 μl，混匀。然后，从第 1 列孔吸取 50 μl 加到第 2 列孔，混匀后吸取 50 μl 加到第 3 列孔，依次倍比稀释至第 11 列孔，再从第 11 列孔各吸 50 μl 弃去，最后一列不加抗原作为对照。之后每孔中加入 0.5%红细胞悬液 50 μl。置于微型混合器上震荡 1 min，或用手持血凝板绕圈混匀。置于室温下 30～40 min，根据血凝图像判定结果。以出现完全凝集的抗原最大稀释倍数为该抗原的血凝滴度，每次 4 排重复，以几何均值表示结果为 1 个工作单位。

表 8-1　禽流感病毒凝集价测定（HA）

试管号	1	2	3	4	5	6	7	8	9	10	11	12
稀释倍数	2	4	8	16	32	64	128	256	512	1 024	2 048	
生理盐水（μl）	50	50	50	50	50	50	50	50	50	50	50	50
抗原（μl）	50	50	50	50	50	50	50	50	50	50	50	弃去
0.5%红细胞（μl）	50	50	50	50	50	50	50	50	50	50	50	50

（2）4 个工作单位的抗原配制　做微量血凝抑制试验时通常用 4 个工作单位的抗原。计算方法是：1 个工作单位抗原的稀释倍数除 4，如血凝滴度为 256，那么 4 个血凝单位的抗原即 256 除 4 等于 64，配制时将原始抗原 64 倍稀释即成。

（3）微量血凝抑制试验（HI）　微量血凝抑制试验（表 8-2）常用固定病毒稀释血清法（β 法），在 96 孔 V 型板上进行，用移液器加样和稀释。从第 1 孔加生理盐水至第 11 孔，每孔 50 μl。取待测血清 50 μl 加入第 1 孔，混匀后取 50 μl 加到第 2 孔，依次稀释到第 11 孔，从第 11 孔取 50 μl 弃去。再在第 1 孔到第 12 孔各加 4 个血凝单位的抗原 50 μl。第 12 孔为抗原对照。室温下作用 20 min。每孔各加 0.5%红细胞悬液 50 μl，轻轻混匀，室温下作用 20～30 min后判定结果。另设血清红细胞对照和盐水红细胞对照。

表 8-2　微量血凝抑制试验（HI）

试管号	1	2	3	4	5	6	7	8	9	10	11	12
稀释倍数（μl）	2	4	8	16	32	64	128	256	512	1 024	2 048	
生理盐水（μl）	50	50	50	50	50	50	50	50	50	50	50	50
待检血清（μl）	50	50	50	50	50	50	50	50	50	50	50	弃去
抗原（4 个血凝单位，μl）	50	50	50	50	50	50	50	50	50	50	50	50
0.5%红细胞（μl）	50	50	50	50	50	50	50	50	50	50	50	50

注：稀释液可用生理盐水或 PBS 液，pH 应调整到 7.2～7.4。

3. 结果判定　以100%红细胞不凝集为判定终点滴度。在试验中，病毒红细胞对照100%凝集，血清红细胞对照、盐水红细胞对照均不凝集，表明试验成立。血凝抑制价（HI）在16倍以下时判为阴性，在32倍以上时判为阳性。

（二）琼脂扩散试验（AGP）

琼脂扩散试验既可以定性（检验待检禽是否感染禽流感），也可以定型（确定感染AIV的血清型）。

1. 试验准备

（1）抗原　是经差速离心法浓缩的琼脂扩散试验用冻干抗原，用于检查A型流感，每瓶分装1 ml，用时加蒸馏水1 ml溶解。根据需要可以购买。

（2）0.01 mol/L、pH 7.4磷酸盐缓冲液的配制

甲液：称取磷酸氢二钠（$Na_2HPO_4 \cdot 12H_2O$）3.58 g，加蒸馏水至1 000 ml。

乙液：称取磷酸二氢钾（KH_2PO_4）1.36 g，加蒸馏水至1 000 ml。

待甲、乙液充分溶解后，用脱脂棉过滤，分别保存，用时取甲液24 ml加乙液76 ml混合即成。

（3）琼脂平板的制备　称取琼脂或琼脂糖1 g，氯化钠8 g加入0.01 mol/L、pH 7.4磷酸盐缓冲液至100 ml，在水浴中充分煮沸融化，煮沸前在烧杯液面处做一记号，煮沸后补加蒸馏水到记号处。再加入1%硫柳汞1 ml，倒入平皿，厚度3 mm左右，待凝固后，放冰箱中保存备用。

2. 操作方法

（1）打孔　取制备好的琼脂平板按七孔图形打孔，即中央1孔，周边6孔，孔径均为4 mm，中央孔与周边孔的间距为4 mm。

（2）加样　中央孔滴加抗原，周边1、2、3、4孔滴加被检血清，5孔滴加已知阴性血清，6孔滴加已知阳性血清，滴加量以滴满孔不溢出为宜。加样完毕后，置37 ℃温箱中，经过24～48 h观察结果（图8-1）。

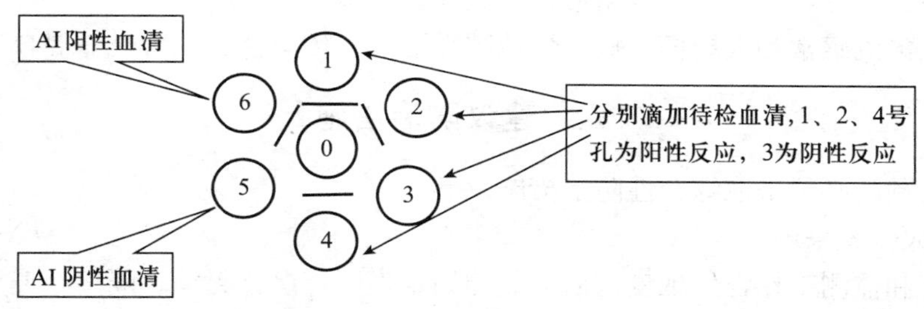

图8-1　琼脂扩散试验示意图

3. 结果判定　在抗原孔与已知阳性血清孔之间出现明显沉淀线，抗原孔与已知阴性血清孔之间不出现沉淀线时，进行判定：

（1）阳性　抗原孔与被检血清孔之间出现明显沉淀线时判为阳性。

（2）阴性　抗原孔与被检血清孔之间不出现明显沉淀线时判为阴性。

本试验还可应用于血清型的鉴别。即在中间孔中加入待检血清，周边孔分别加入不同型抗原，即可鉴定出该病鸡感染的病毒血清型。如将分离病毒抗原滴加在中央孔，周边孔滴加

不同型的标准血清，根据反应结果可判定分离病毒的血清型。

五、鉴别诊断

禽流感与鸡新城疫、传染性喉气管炎、鸡产蛋下降综合征、慢性呼吸道病等容易混淆，应注意区别。

（一）与新城疫的鉴别要点

禽流感属正黏病毒，而新城疫属副黏病毒；禽流感病毒能使马、骡、驴、绵羊和山羊的红细胞发生凝集，而鸡新城疫不能使之凝集，借此可区别诊断；禽流感病禽可见胰脏坏死，出血，脚鳞出血，肿头，而新城疫较少见到；发生新城疫时常可监测到其抗体的异常变化，如抗体水平极不整齐，抗体水平高低可相差3～4滴度，而且紧急接种La Sota疫苗或I系疫苗就可控制疫情，若将禽流感误诊为新城疫而紧急接种La Sota疫苗或I系疫苗时，会加重病情。因此，当禽群有新城疫症状，而新城疫抗体正常的情况下应怀疑感染禽流感。必要时做血清学和病原学鉴定。

（二）与传染性喉气管炎的鉴别要点

传染性喉气管炎多发于大鸡，会咳出带血痰液，很少见到消化道症状，发病率低、病死率高。禽流感各种日龄的鸡群均可发生，兼有呼吸道症状和消化道症状，发病率、病死率都很高。

（三）与慢性呼吸道病的鉴别要点

低致病性或非典型性禽流感病鸡以呼吸道症状为主，上呼吸道炎症明显，排清水样粪便，死亡率超过30%。慢性呼吸道病也有呼吸道症状，但以严重的心包炎、腹腔炎和气囊炎为主，心包膜增厚，气囊上常见黄白色干酪样物，病程长，死亡率较低。

（四）与减蛋综合征的鉴别要点

产蛋鸡感染低致病性禽流感病毒时会引起产蛋量急剧下降，呼吸道炎症，死亡率不高，蛋壳颜色变浅或呈花斑状。减蛋综合征病鸡精神食欲基本正常，没有呼吸道症状，主要表现为产蛋量达不到高峰，产出的蛋以畸形蛋、软壳蛋为多。

近几年，禽流感常和大肠杆菌病、慢性呼吸道病、传染性支气管炎等混合感染。

六、建议防治措施

禽流感的预防必须采取综合性防治措施。

（一）消灭传染来源

加强检疫和监测工作，发现疫情后应立即划定疫区，严格封锁、隔离，疫点的家禽执行扑杀、消毒和无害化处理，做到“早、快、严、小”，有效地控制和扑灭疫情。养禽场平时要做好防疫消毒工作，场区和禽舍的入口处要设消毒池，经常更换消毒液。饲养人员和工作人员进入场区要消毒、淋浴和更衣，杜绝疫病传入。

（二）切断传播途径

建立种禽引入审批制度，养禽场在引入种禽前必须提出申请，经动物防疫监督机构批准后方可引入。引入后必须隔离饲养，采取全进全出的饲养方式。易感禽类一定要与感染禽类的排泄物严格分开。进入场区的物品要经过严格消毒后方可入场。严禁外来人员和车辆进入场区。农村散养家禽一定要进行封闭饲养，杜绝与野禽和鸟类接触，鸡和鸭、鹅等水禽不能同舍混养。

（三）做好免疫接种工作

在疫情暴发时，疫区内的家禽应全部扑杀销毁。对受威胁区的家禽采取紧急免疫接种，提高家禽的抗病力。

当前禽流感疫苗多为灭活油乳剂疫苗，有针对 H_5 和 H_9 的单价或多价疫苗。肉鸡在 10 日龄进行第一次免疫，每只鸡 0.3 ml，在 35～40 日龄做第二次免疫，每只 0.5 ml，种鸡、蛋鸡应在 10 日龄、35～40 日龄、120 日龄各免疫 1 次，以后每 3 个月加强免疫 1 次。肉鸭于 4 日龄左右免疫 1 次即可，剂量为每只 0.5 ml，种鸭 4 日龄左右首免，20 日龄第二次免疫，开产前再免疫 1 次，产蛋中期免疫 1 次，每只 0.8～1.0 ml。鹅的免疫程序同鸭，剂量稍大，小鹅每只 0.5～1.0 ml，大鹅每只 1～2 ml。一般首免时间以 10 日龄左右较为合适，因为雏禽免疫系统发育尚不成熟，过早免疫保护率较低。加强免疫接种后 15～20 d 内的管理，因为免疫接种后 15～20 d 才能产生较好的保护作用，这段时间内雏禽对禽流感病毒仍然易感，免疫效果的好坏应以 HI 抗体效价来评估。一般当 HI 抗体效价在 1∶64 以上、整齐度较好时禽群免疫才算合格，因而有条件的禽场应加强免疫监测，了解禽流感抗体水平，以便适时免疫接种。

近几年，低致病性禽流感广泛流行，而且常与大肠杆菌病、支原体病、传染性支气管炎等混合感染，给肉用仔鸡、蛋鸡、鸭等禽类养殖造成巨大损失。特别是对肉仔鸡感染率可达到 80%～90%，日死亡率可达 5%左右或者更高。蛋鸡死亡率虽然不高，但是产蛋量严重下降，甚至停产，病愈后产蛋性能很难恢复。

仅提供下述防治原则供参考：

（1）如发生低致病性禽流感可按以下原则治疗：抗病毒，抗菌，提高免疫功能，补充维生素，以及促进卵泡发育成熟。

（2）淘汰产蛋率低和不能产蛋的鸡只。

第二节　鸡新城疫的检验与防治

新城疫（Newcastle disease，ND）是由副黏病毒引起的鸡、火鸡、鸽、鹌鹑、鸵鸟等家禽和其他禽类的一种高度接触性、烈性传染病，鸭、鹅等水禽感染后一般不发病。非免疫鸡群感染时多呈急性经过，主要特征是呼吸困难、下痢、神经机能紊乱。病理特征是消化道黏膜出血、坏死，腺胃出血，以及淋巴组织坏死、固膜性肠炎和非化脓性脑炎等，死亡率可达 90%以上。免疫鸡群当免疫力低下时感染多呈非典型经过，称非典型新城疫。非典型新城疫主要表现为呼吸困难、腹泻、产蛋减少、蛋壳褪色、蛋壳质量降低、破蛋增多，精神、食欲变化不明显，死亡率较低。本病被世界动物卫生组织列为 A 类疫病，我国农业部列为一类疫病。新基因Ⅶ型的广泛流行，引起免疫良好的鸡群发病，并迅速传播。基因型Ⅰ型、Ⅵ型、Ⅷ型仍然存在，使防疫难度加大。新城疫和低致病性禽流感有时难以区别。

一、临诊检查

鸡、火鸡及野鸡对本病都有易感性，鹅、鹌鹑、鸵鸟、孔雀和观赏鸟等也有发病的报道。鸡最易感，其次是野鸡。不同品种和年龄的鸡感受性有一定差异，来航鸡、杂种鸡比土种鸡感受性高，幼雏和青年鸡比老龄鸡感受性高，死亡率也高。鸭、鹅等水禽感染后一般不发病。

传染源是病鸡和带毒鸡，病毒随分泌物、排泄物污染饲料、饮水、环境、用具等，经呼吸道和消化道感染。

20世纪末，发现许多免疫过的鸡群即使免疫效果良好也还会出现呼吸道症状，同时产蛋量下降，蛋壳质量降低，但精神、食欲变化不大，剖检有时仅见腺胃轻微出血，气管黏膜充血、出血，卵泡变性、坏死，有时有神经症状。单靠症状和剖检难以作出确诊，需做病原分离鉴定和血清学试验进行确诊。

本病潜伏期为3～5 d，根据临床表现和病程的长短，可分为最急性、急性、亚急性或慢性，以及非典型新城疫。

(一) 最急性型

突然发病，常无特征症状而迅速死亡。多见于流行初期和雏鸡。

(二) 急性型

病初体温升高达43～44 ℃，食欲减退或废绝，有渴感，精神委靡，不愿走动，垂头缩颈或翅膀下垂，眼半开或全闭，状似昏睡，鸡冠及肉髯渐变为暗红色或暗紫色。母鸡产蛋停止或产软壳蛋，蛋壳褪色。随后出现比较典型的症状：病鸡咳嗽、呼吸困难，有黏液性鼻漏，发出呼噜呼噜的气管啰音。口角流出多量黏液，为排出黏液，病鸡常做摇头或吞咽动作。嗉囊内充满液体内容物，倒提时常有大量酸臭液体从口中流出。粪便稀薄，呈黄绿色或黄白色，有时混有少量血液，后期排出蛋清样的排泄物。有的病鸡还出现神经症状，头和尾羽有节奏地震颤，似在啄食。最后体温下降，不久在昏迷中死亡。病程为2～5 d，1月龄内的小鸡病程较短，症状不明显，死亡率高。

(三) 亚急性型或慢性型

病初期症状与急性型相似，不久后渐渐减轻，但同时出现神经症状，头颈向后或向一侧扭转，动作失调，反复发作，最后瘫痪或半瘫痪，一般经10～20 d死亡。此型多发生于流行后期的成年鸡，致死率低。个别病鸡可以康复，部分不死的病鸡遗留有特殊的神经症状，有的病鸡出现仰头观星（彩图8-14），有的头扭向一侧或勾向腹下（彩图8-15），有时外观正常，当受到惊吓时在地上翻滚，安静后逐渐恢复正常，仍可采食和产蛋。

(四) 非典型新城疫

免疫鸡群感染时由于抗体滴度不整齐，多呈非典型经过，是近年来常见的一种病型，主要表现为产蛋量不同程度的下降，蛋壳褪色、变薄、变脆，产软壳蛋或畸形蛋。有不同程度的呼吸道症状，拉黄绿色稀粪。死亡率一般较低。血清抗体水平不整齐。

二、病理学检验

(一) 大体病理变化

病鸡口腔和咽部出现芝麻乃至米粒大小，干燥、黄白色、隆起的坏死性-纤维素性附着物。这是由病变部黏液腺发生坏死，与渗出的纤维素凝结在一起形成的。这种病变通常只见于全身病变显著的病鸡。

食管黏膜腺分泌亢进，黏膜被覆薄层、无色透明的黏液。嗉囊常充满散发酸败气味的食物和污灰色的液体。

腺胃黏膜表面覆有多量透明或脓性黏液，腺胃乳头出血，早期呈小的环状出血，以后可见点状或大片状出血（彩图 8－16）。胃腺导管排泄口有脓样小凝栓，压挤时溢出脓样物。将肌胃的角质膜剥离后，肌胃黏膜面有点状、条状或斑状出血。

肠黏膜的变化最突出。黏膜有严重出血，有大小不等的局灶性坏死和溃疡。较大的溃疡灶分布有一定规律性，在小肠一般有 6～10 个，大肠 2～4 个。大的溃疡因出血、坏死和渗出的纤维素凝结在一起，使溃疡灶周边隆起，溃疡部肠壁增厚，严重者可比正常肠壁厚 4～5 倍（彩图 8－17）。溃疡部浆膜亦向外膨隆，呈黄色或红色纺锤状，外观像嵌入枣核样（彩图 8－18），故往往从浆膜面就能认出这种溃疡。盲肠扁桃体出血、坏死。

直肠病变也较明显，轻者通常呈卡他性炎，黏膜肿胀、充血，表面附有黏液。重者则有出血点和坏死灶。这种坏死灶与盲肠中的坏死灶相似，有时也可相互融合成为较大的溃疡。

泄殖腔也可见到卡他性、出血性和坏死性炎的变化，但病情轻者往往不明显。法氏囊也有不同程度的损害，即在黏膜面隐约地看到深部有粟粒大小的灰白色坏死病灶。

肝脏一般无明显变化，有时呈颗粒变性，间或有个别针尖大黄白色的坏死灶。胆囊黏膜有粟粒大隆起的坏死灶，胆汁浓稠。

胰腺常见分布均匀的粟粒大灰白色小点。

脾脏一般不肿大，严重病例脾脏可见肿胀，在脾表面及切面上见有粟粒大灰白色或红色小坏死灶。

肾脏肿胀、浑浊、色淡，质地柔软易碎。

鼻腔、喉头、气管和支气管中常蓄积多量黄色黏液，喉头或气管黏膜见有小出血点。

肺脏充血，或有肺炎。心冠脂肪充血并常有小出血点。心腔扩张，积有血凝块，心肌变性，心包液增多。

中枢神经眼观见不到明显变化，或仅见脑膜充血与出血。

（二）病理组织学变化

1. 肠道　早期为肠壁淋巴滤泡出现渐进性坏死。淋巴细胞肿大，胞浆淡染，与相邻的细胞相融合，胞核也增大变淡。进而这些细胞轮廓模糊，变为粉红色染色不均的块状物，其中散在核碎屑，淋巴滤泡失去原有的结构，呈浓染的团块，并与周围的坏死组织融合为一体，形成肉眼可见的溃疡灶。坏死部的血管壁发生纤维素样坏死，可继发血栓形成和血管破裂，从而引起该部的严重出血与血浆浸润，使坏死组织中出现大量的红细胞和血浆凝缩物。溃疡表面则见有数量不等的细菌集团、脱落上皮与大量的黏液等。

2. 胰腺　镜检胰岛周围的腺泡发生程度不同的脂肪变性或坏死。

3. 肝脏　有颗粒变性或脂肪变性。肉眼所看到的黄白色小坏死灶为局部组织细胞的崩解破碎物。

4. 脾脏　主要呈现两方面的病理变化，即组织的局灶性坏死和浆液-纤维素性炎。坏死性病变主要见于鞘动脉外围的网状组织中。当坏死性病变严重时，附近的淋巴组织也被波及，甚至相邻的坏死灶融合成更大的坏死区。坏死部的组织呈现胞浆崩解、核破碎等变化。同时，坏死部有不同程度的浆液和纤维素渗出，使原有结构模糊。坏死灶中的鞘动脉，通常内皮细胞肿胀、变圆、脱落，外壁细胞排列疏松的被膜也可发生炎性浸润，浆膜的间皮细胞肿胀，呈立方形或脱落消失。

5. 胸腺　组织中的淋巴细胞发生坏死性变化。在坏死组织中，可见明显的充血和程度不同的浆液渗出现象。胸腺小体崩解液化，形成腔隙，其中悬浮着上皮细胞的残屑。在胸腺间质中，也出现程度不同的浆液和淋巴细胞浸润。

6. 肾脏　通常以肾小管的变性为多见。个别病例也可见到肾小球性肾炎病变，表现为肾小球中大量的内皮细胞增殖，肾小管上皮细胞变性，间质中血管充血与淋巴细胞浸润。

7. 上呼吸道　黏膜充血、水肿和炎性浸润，浸润的细胞以淋巴细胞为主，巨噬细胞亦较多，气管内的渗出物中亦有较多巨噬细胞。肺内的病变是以增生与渗出为主，肺泡壁细胞增生、肥大，肺泡腔和支气管中有液体和细胞蓄积。

8. 心脏　心肌颗粒变性，某些病例可见到局灶性淋巴细胞浸润和水肿。

9. 脑　中枢神经的病变是鸡新城疫的重要病理变化。脑膜有局灶性充血和浆液与淋巴细胞浸润。脑实质中可见有胶质细胞集聚灶，神经细胞变性，血管周围淋巴细胞浸润与血管内皮细胞肿胀等病变。损害多出现于脊髓、延脑、中脑和大脑，小脑则少见。

三、病原学检验

(一) 病原特征

新城疫的病原体是副黏病毒科（Paramyxoviridae）、副黏病毒属（Paramyxoviruss）的成员。成熟的病毒粒子为近圆形，多数呈蝌蚪状，直径 120～300 nm。具有囊膜，内有血凝素和神经氨酸酶。

新城疫病毒能在 9～11 日龄鸡胚上复制，导致鸡胚发生病变和死亡。也可在多种细胞培养物上复制。病毒能凝集鸡的红细胞和人 O 型血红细胞，也可凝集牛、羊红细胞，但不稳定。病毒在 0.1%甲醛作用下，凝集红细胞的能力明显减弱。病毒与红细胞结合不是永久性的，经过一定时间，病毒与红细胞分离开又重新悬浮于液体中，这种现象称为解脱。解脱是由于神经氨酸酶的作用。由于毒株毒力不同，解脱时间有差异，一般弱毒解脱快，强毒解脱慢，所以在进行新城疫病毒血凝试验时要及时观察，可根据解脱时间判断强毒和弱毒。新城疫病毒凝集红细胞的能力可被特异性血清抑制，因而可以根据新城疫病毒对红细胞凝集的能力和被抑制的性质，进行病毒鉴定、疾病诊断、测定疫苗效价、免疫检测。禽流感病毒也具有此能力，但是禽流感病毒凝集红细胞的范围更广泛，可以据此区分新城疫病毒和禽流感病毒（表 8-3）。

表 8-3　新城疫病毒与禽流感病毒血凝性比较

红细胞来源	人 O 型血	鸡	马	驴	骡	绵羊	山羊	猪	兔	豚鼠	小鼠	鸽	麻雀
新城疫病毒	+	+	−	−	−	−	−	−	±	+	+	+	+
禽流感病毒	+	+	+	+	+	+	+	−	+	+	+	+	+

新城疫病毒的致病性差异很大，嗜内脏速发型毒株可导致急性、致死性感染，常见消化道出现明显病变，表现为出血和溃疡形成；嗜神经速发型毒株可引起急性、致死性感染，特征是表现为呼吸和神经症状；中发型毒株一般仅引起幼雏发病死亡，成年鸡和免疫过的鸡不发病，此型毒株常用于制造Ⅰ系疫苗；缓发型毒株仅引起轻度或隐性呼吸道感染，对雏鸡也不引起发病，常用于制造Ⅱ系或Ⅳ系疫苗。

病毒对温热有较强的抵抗力，37 ℃可以存活 7～9 d，−20 ℃可存活几个月，−70 ℃经几年感染力不受影响。pH 较稳定，pH 2～12 的环境下作用 1 h 不受影响。但对各种化学消毒剂均很敏感。

（二）病毒分离培养

1. 鸡胚接种　采取病死鸡的脑（病毒存在时间较其他组织长）、脾脏、肝脏、肾脏、肺脏（通常有较高病毒滴度）或骨髓（不易被细菌污染），加 4 倍生理盐水研碎，3 000 r/min 离心 30 min，取上清液，0.22 μm 微孔滤膜过滤除菌或加双抗，接种于 9～11 日龄鸡胚尿囊腔，每个鸡胚接种 0.2 ml。如被检材料中含有新城疫病毒则在鸡胚内繁殖，引起鸡胚死亡并产生病变。剖检死亡鸡胚可见四肢皮肤、头顶部皮肤有特征性出血斑。取尿囊液与鸡红细胞悬液做红细胞凝集试验，如能凝集鸡红细胞，再用已知抗新城疫血清做红细胞凝集抑制试验，如呈现抑制反应，则表明分离物是新城疫病毒。

2. 细胞培养　将制备的无菌病料悬液作 10 倍连续稀释接种于鸡胚成纤维细胞，每个稀释度接种 3 瓶。培养 96 h 观察蚀斑形成情况，新城疫强毒的蚀斑大小不一致，有的清亮，有的浑浊。可通过红细胞吸附试验和吸附抑制试验进行判定，将 1%的鸡红细胞悬液加入培养瓶内，20 min 后用生理盐水洗去未吸附的红细胞，直接观察或在低倍显微镜下观察，蚀斑吸附红细胞而发生凝集红细胞现象，则表明有新城疫病毒，再进行红细胞吸附抑制试验，如能被抗新城疫病毒阳性血清抑制，则证明此分离物确系新城疫病毒。

四、血清学检验

（一）血凝（HA）和血凝抑制（HI）试验

本试验是目前诊断鸡新城疫的血清学方法中最常用、最可靠的方法。HA 可用于分离到病毒的鉴定、疫苗效价测定；HI 可用于免疫监测及高免血清和高免蛋黄效价的测定。凝集价和血凝抑制价通常用以 2 为底的对数（$\log_2$）表示，如 $6\log_2$、$8\log_2$ 分别表示凝集价为 64 倍和 256 倍。

1. 血凝试验（HA）

（1）在 V 型微量反应板中每孔各加 25 μl（或 50 μl）生理盐水或 PBS。

（2）在第 1 孔中加入 25 μl（或 50 μl）病毒悬液（如尿囊液或细胞培养物），混匀后吸取 25 μl（或 50 μl）加到第 2 孔，混匀后吸取 25 μl（或 50 μl）加到第 3 孔，依次进行倍比稀释，第 11 孔混匀后弃去 25 μl（或 50 μl），第 12 孔不加抗原作为稀释液对照。

（3）每孔加入 0.5%鸡红细胞 25 μl（或 50 μl）。轻轻旋转反应板混匀，室温（约 25 ℃）静置 20～30 min，观察结果。

（4）结果判定，以完全凝集红细胞的最高抗原稀释倍数为其凝集价，即 1 个血凝单位。如果第 7 孔完全凝集，那么该抗原或分离的病毒的凝集价为 $7\log_2$，也就是将抗原或病毒作 128 倍稀释仍能完全凝集红细胞。

做血凝抑制试验时通常用 4 个单位的抗原，计算方法是将凝集价的稀释倍数除以 4 即得 4 单位抗原的稀释倍数，128÷4＝32，将抗原原液作 32 倍稀释即为 4 单位抗原。

2. 血凝抑制试验（HI）

（1）反应板中每孔加入 25 μl（或 50 μl）生理盐水或 PBS。

（2）第 1 孔中加 25 μl（或 50 μl）待检血清。作倍比稀释，从第 11 孔弃去 25 μl（或 50 μl），第十二孔不加血清作抗原对照。

（3）每孔中加入 25 μl（或 50 μl）4 个血凝单位抗原液，室温下（25 ℃）反应 20 min

左右。

(4) 每孔加入0.5%鸡红细胞25 μl（或50 μl），轻轻混匀后，室温（约25 ℃）静置20～30 min，观察结果。

(5) 结果判定，先判定抗原对照孔，如应完全凝集，可以判定试验孔。以完全抑制红细胞凝集的最高血清稀释倍数为血凝抑制价（HI）。HI效价在$4\log_2$（1∶16）以上时为阳性，$3\log_2$（1∶8）时为疑似，$2\log_2$（1∶4）以下时为阴性。

以往认为血凝抑制价在$5\log_2$（1∶32）时可以100%得到保护，$4\log_2$（1∶16）时仅能保护80%，近年来发现一些鸡群抗体水平在$7\log_2$～$8\log_2$却仍然发生新城疫。在免疫监测时如果HI效价低于$4\log_2$则被认为免疫失败或接近临界水平，需要进行免疫。如果待检血清的HI过高，而且不整齐，就可能是野毒感染。

（二）卵黄液凝集抑制试验

用卵黄代替血清测定HI抗体，方法简便。取适量卵黄与等量中性磷酸盐缓冲液或用16%氯化钠溶液将卵黄混匀即可测定HI滴度，方法同上。判定时为避免卵黄的影响，可在微孔反应板背面观察凝集图形。为了避免卵黄颗粒的干扰影响观察，可将卵黄液离心后再做，效果很好。由于凝集图形在卵黄液中洗脱较快，所以应及时观察判定。

本法可利用破壳蛋、畸形蛋、无精蛋，尤其适用于蛋鸡和种鸡场。卵黄抗体比血清抗体、雏鸡母源抗体平均高1个滴度。因此，用卵黄检测抗体，不但可避免捉鸡、采血对鸡群的不良影响，而且还可通过检测以了解种鸡和出壳雏鸡的抗体水平，以预测雏鸡初次免疫的最适时间。

（三）琼脂扩散试验（AGP）

AGP试验用于检查病鸡体内的新城疫病毒。鸡死于新城疫时，脏器含有大量病毒，因而可将脏器研碎作为抗原，最佳组织是肺或脑。将病料制成组织乳剂或接种鸡胚收取尿囊液做AGP试验。

1. 平板制备 将聚乙二醇2 g（可以不用，但检出率略低一些）、琼脂粉1 g、氯化钠8 g、蒸馏水100 ml，加入250 ml三角瓶内，加热融化后，四层纱布过滤，倒入平皿内，每个平皿倒20 ml，置于4 ℃冰箱内保存备用。

2. 病料采集和处理 采取死鸡的气管黏液、脾、肝、肺、脑、盲肠扁桃体，幼鸡尚可采取胸腺和法氏囊，研碎病料并用生理盐水制成1∶1的乳剂，或加4倍生理盐水研碎，3 000 r/min离心30 min，取上清液，0.22 μm微孔滤膜过滤除菌或加双抗，接种于9～11日龄鸡胚尿囊腔，每个鸡胚接种0.2 ml，收集尿囊液，备用。

3. 操作方法 每一组孔的中央孔加入抗新城疫病毒阳性血清，周边孔加入待检脏器乳剂或鸡胚尿囊液和阳性抗原对照。加盖置于湿盒内，室温下或37 ℃温箱内反应24 h后开始观察结果，观察至72 h终止。

4. 结果判定 标准抗原与阳性血清孔出现明显沉淀线，表明试验正确，可以判定。被检孔与阳性血清孔之间出现明显沉淀线即可判为阳性，即被检材料中含有新城疫病毒。

（四）免疫荧光抗体检查（直接法）

本试验简便、快速、经济实用，适用于不同品种、日龄的鸡。

1. 试剂配制

(1) 0.01 mol/L、pH 8.0磷酸缓冲液

甲液：将磷酸二氢钠（$NaH_2PO_4 \cdot 2H_2O$）31.2 g 溶于 1 000 ml 蒸馏水中。

乙液：将磷酸氢二钠（$Na_2HPO_4 \cdot 12H_2O$）71.7 g 溶于 1 000 ml 蒸馏水中。

将甲液 5.3 ml，乙液 94.7 ml，氯化钠 17.4 g，蒸馏水 1 900 ml 混匀即可使用。

（2）0.02%伊文思蓝溶液　将伊文思蓝 0.2 g 溶于 1 000 ml 0.01 mol/L、pH 8.0 PBS 液即可。

（3）鸡新城疫荧光抗体　购买或自制。工作效价为 16～20 倍，置于－20 ℃条件下，可保存一年半，效价不降低。

（4）新城疫标准阳性血清　购买或自制。血凝抑制价不低于 1∶1 280。

（5）新城疫标准阴性血清　非免疫健康鸡血清。

2. 操作方法

（1）待检标本制备　采取新鲜被检鸡的肝、脾、肾，作冰冻切片，切片厚度 3～5 μm，在在玻片上裱贴两张切片，干燥后，室温下用丙酮固定 10～12 min，风干后染色或置 4 ℃冰箱保存备用。或采取新鲜病料肝、脾、肺、肾，用锐利刀片切成整齐断面，用滤纸吸去断面上的组织液，然后在洁净的载玻片两端触印（切忌重复触印），使形成单细胞层。风干后在室温用丙酮固定 10～12 min，进行荧光抗体染色。

（2）染色方法　将玻片放于 37 ℃水浴箱中的染色架上，在载玻片两端的标本上分别滴加鸡新城疫阴、阳性血清，感作 30 min 后，弃去血清，然后滴加工作浓度的荧光抗体（图 8－2），浸染30 min 后，用 pH 8.0 的 PBS 液洗 10 min，再用双蒸水洗 5 min，干燥镜检。

3. 结果判定　特异性荧光呈黄绿色，位于细胞浆内，用高倍镜观察，在细胞浆内可看见颗粒状或小块状荧光。有荧光的细胞呈局灶性或散在性分布。判定必须在加有新城疫标准阳性血清部分不出现特异性荧光时，方可确认试验成立，而后可根据被检材料的荧光亮度判定，其等级符号为：

＋＋：表示在标本上出现耀眼的黄绿色特异性荧光颗粒。

＋：表示在标本上出现清晰可见的黄绿色特异性荧光颗粒。

±：表示在标本上出现隐约的黄绿色荧光颗粒。

－：表示在标本上未见特异性荧光颗粒。

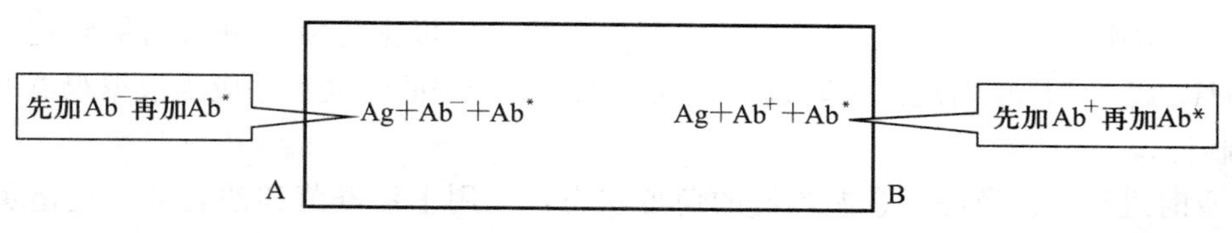

图 8－2　ND 荧光染色示意图

注：Ag 为待检抗原；Ab^- 为新城疫阴性血清；Ab^+ 为新城疫阳性血清；Ab^* 为新城疫荧光抗体。A 端应显示荧光，B 端无荧光。

最后判定在加有阴性血清的部分呈现“＋”以上判定为阳性，“±”以下者判为阴性。如仅在肾组织中有荧光细胞，应结合流行病学和疫苗使用情况综合判定阳性或阴性。

（五）中和试验（鸡胚或易感雏鸡中和试验）

将一定量的新城疫高免血清与等量的可疑患新城疫病鸡内脏（脾、肺）组织悬液，混合均匀，除菌后置 37 ℃温箱中处理 1～2 h，再以 3 000 r/min 离心沉淀 30 min，然后取其上清液 0.3～1 ml，接种于鸡胚或易感鸡。同时，以未加鸡新城疫高免血清处理的病鸡组织悬液 0.3～1 ml，接种于鸡胚或易感鸡作对照。如果接种未加鸡新城疫高免血清处理的病鸡组织悬液的鸡胚或易感鸡死亡，而用高免血清中和病鸡浸出液接种的鸡胚或易感鸡不死，则证明病料内有新城疫病毒，即可确诊该病鸡为新城疫病鸡。

五、鉴别诊断

鸡新城疫、禽流感和鸡霍乱都是急性传染病，临诊症状和剖检变化方面有某些相似。急性鸡新城疫不同于禽流感和鸡霍乱的最突出特点在于：消化道从口腔到泄殖腔黏膜都有出血，腺胃乳头环状或点状出血、坏死，肠黏膜有规律的大溃疡灶和无规律的小溃疡坏死灶，并常伴发非化脓性脑脊髓炎；禽流感时表现为鸡冠、眼睑、肉髯水肿，边缘出现紫黑色坏死斑点，腿部、或趾部有出血斑，十二指肠及小肠黏膜有片状或条状出血，卵泡充血、出血，紫黑色，卵泡变形、破裂，卵黄液流入腹腔，导致卵黄性腹膜炎。输卵管内常有灰白色脓液或干酪样坏死物；鸡霍乱时肺脏往往有明显变化，如肺充血、水肿、纤维素性肺炎、胸腹膜和心包腔有浆液纤维素性渗出物，肝有坏死点等变化。以心血或肝脏涂片镜检可见两级着色的巴氏杆菌。准确方法是进行病毒分离或血清学试验。

六、建议防治措施

（一）严格消毒

在养殖场大门口和鸡舍门口都要设置消毒池，在消毒池里先放置一些稻草或草苫子，再倒入消毒液。消毒液可用 2%～3%的氢氧化钠或 5%的来苏儿。消毒液的注入量应以浸过草苫为宜，每天更换消毒液一次。

（二）加强免疫接种和免疫监测

1. 制订合理的免疫程序　免疫程序应根据免疫监测的结果制订，先确定首免日龄，首免日龄是依据 1 日龄雏鸡母源抗体的水平确定的，其计算方法是：

$$最佳首免日龄＝4.5×(1 日龄雏鸡 HI 的对数值－4)＋5$$

假设 1 日龄雏鸡母源抗体的滴度（HI）为 $7\log_2$，这批雏鸡的首免日龄应为 4.5×(7－4)＋5＝18.5(d)。以后免疫的时间和免疫次数一般也应根据免疫监测的结果确定，当抗体滴度（HI）低于 $5\log_2$ 时应当及时进行免疫。所以，合理的免疫程序应当根据鸡群的具体免疫状态制订。

2. 及时进行免疫监测　掌握鸡群的免疫状态：使用Ⅰ系疫苗和油乳剂型疫苗免疫的鸡群每 2 个月检测一次，使用Ⅱ系和Ⅳ系疫苗免疫的鸡群一个半月检测一次。根据检测结果决定加强免疫的时间。抗体滴度维持在 $8\log_2$～$9\log_2$ 时鸡群可以得到保护，抗体滴度低于 $7\log_2$～$6\log_2$ 时有可能发生非典型新城疫。目前，由于新城疫新基因型（Ⅶ型）的流行使本病更加复杂化，即使免疫状态良好的鸡群也还会发生新城疫，这就更需要做好监测工作。

3. 推荐免疫程序　根据我国新城疫的流行情况，建议采用死苗加活苗的免疫程序，即 1～4日龄、2 周龄、4 周龄时用Ⅱ系苗或Ⅳ系苗免疫，2 月龄、4 月龄用Ⅱ系或Ⅳ系苗，同时用灭活苗免疫，以后每 2～3 个月用活苗免疫一次。也可以于 4 周龄以后每次都用活苗加死苗的方法，活苗可以用Ⅱ系或Ⅳ系，也可以用克隆株疫苗（如克隆 79、克隆 30 等）。

（三）发病时的控制措施

在仅有少数鸡只发病的流行初期可以用Ⅳ系或Ⅰ系苗紧急预防接种，一般能够在 3～5 d 内得到控制，但是可能会有少量死亡。如果已有较多的病鸡，应及早注射高效价的高免血清或高免蛋黄溶液，有时也可获得较好的疗效。也可使用免疫制剂，如干扰素、转移因子和能提高免疫力的中药。为了提高疗效，还应使用广谱抗生素防止继发病。

第三节　鸡传染性法氏囊病的检验与防治

鸡传染性法氏囊病（Infectious bursal disease，IBD）是由病毒引起的一种急性、热性、高度接触性传染病。强毒株感染时死亡率可高达 70%以上。本病除造成雏鸡大批死亡外，还能损伤雏鸡的体液免疫中枢——法氏囊，发生免疫抑制，从而导致免疫失败而容易继发多种疫病。

20 世纪末，由于超强毒株的出现，大多数养鸡集中的地区相继暴发本病，给养鸡业造成了严重的经济损失。本病主要发生于 3～6 周龄雏鸡，较小的雏鸡和较大日龄的鸡也可发生，但死亡率较低。本病一年四季均可发生，其特征为突然发病，迅速传播，病程短，病鸡严重腹泻，极度虚弱，精神沉郁，最后衰竭死亡。病变特征是胸肌、腿肌出血，法氏囊水肿、出血、肿大或明显萎缩，肾脏肿大并有尿酸盐沉积。

本病最早是 1957 年在美国特拉华州南部的甘布罗发现的，因此，也称甘布罗病。1962 年 Cosgrove 首次对本病进行了描述。同年，Winterfield 等分离出了本病的病原，将其命名为传染性法氏囊因子并称为传染性法氏囊病。随后，该病很快传遍世界各主要养禽国家和地区。我国于 1979 年先后在北京、广州等地发现本病并分离到病毒，之后该病逐渐蔓延至全国各地。

近年来，由于法氏囊病超强毒株、变异毒株、隐性传染的出现，使该病的发病日龄发生改变，病程延长，最早可发生于 3 日龄，最晚肉鸡在出栏时 50 日龄仍然大范围流行，蛋鸡在性成熟以后法氏囊逐渐萎缩时仍可能发生本病，并且宿主群也在拓宽，除鸡外，鸭、鹅、鸽子均成为法氏囊病的自然宿主，而且鸭也表现出了明显的临床症状。本病的非典型化使得诊断更加困难，靠以往的经验已不能做出正确判断。

一、临诊检查

鸡感染传染性法氏囊病的易感日龄在 3～6 周龄，较大和较小的鸡也可感染，但发病率和死亡率较低。火鸡也可感染，但不发病，仅能引起抗体产生。从火鸡分离的病毒仅能使火鸡感染，而不感染鸡。不同品种的鸡均有易感性。传染性法氏囊病母源抗体阴性的鸡可于 1 周龄内感染发病，有母源抗体的鸡多在母源抗体下降至较低水平时感染发病。母源抗体较高时，感染超强毒也可发病。

病鸡和病鸡污染的饲料、饮水、垫料、场地、用具、人员等是病毒的主要携带媒介。通过消化道、呼吸道黏膜感染，也可经被病毒污染的种蛋传播，但该病不会经蛋垂直传播。在集约化养殖场一年四季都可发生，发病高峰在 5～8 月份。

本病潜伏期为 2～3 d，易感鸡群感染后发病突然，如无继发感染，病程 7～8 d，典型发病鸡群的死亡曲线呈尖峰式（图 8－3）。一般在少数死亡后的 3～4 d 死亡达到高峰，5 d 后死亡显著减少，7～8 d后死亡停止，鸡群恢复健康。死亡率差异很大，感染超强毒株时死亡率可达70%以上，有的仅为1%～5%，多数情况下为20%左右。发病初期有些病鸡啄自己的肛门，随即出现水样腹泻，呈喷射状，或粪便呈灰白色石灰浆样，以后病鸡精神严重委顿，低头嗜睡，蹲卧不动，体温常升高，泄殖腔周围的羽毛被粪便污染（彩图8-19）。此时，病鸡脱水严重，趾爪干燥，眼窝凹陷，最后衰竭死亡。在初次发病的鸡场多呈急性感染，症状典型，发病率、死亡率高，以后发病多转为亚临诊型。近年来，发现部分Ⅰ型变异株所致的病型多为亚临诊型，死亡率低，但其造成的免疫抑制严重，鸡群经常发生各种疾病，而且很难控制。蛋鸡比肉鸡易感，肉鸡感染比蛋鸡病变严重，死亡率高。

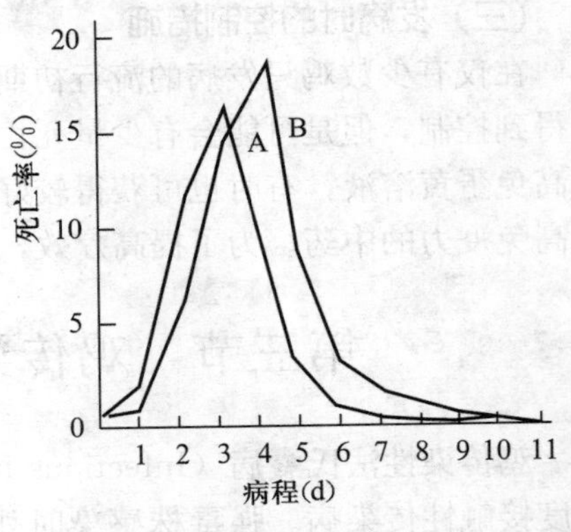

图8-3 传染性法氏囊病尖峰式死亡曲线

如有继发感染可使病情复杂，病程延长，死亡加重。感染低致死性毒株时一般不会发生大批死亡，

二、病理学检验

（一）大体病理变化

1. 脱水 由于病鸡严重腹泻而造成脱水，剖检可见肌肉干燥无光。

2. 肌肉出血 胸肌、腿肌、翅肌等肌肉发生条纹状或斑块状出血（彩图8-20，彩图8-21）。

3. 腺胃出血 腺胃乳头呈环状或点状出血。

4. 法氏囊的病变 由于病毒株的毒力不同，法氏囊病变也不一致，超强毒株感染时法氏囊肿大、出血呈紫红色葡萄状，黏膜肿胀、出血、坏死。囊腔内有灰白色或灰红色糊状物，或灰白色干酪样坏死物（彩图8-22，彩图8-23，彩图8-24）。有时法氏囊肿大呈柠檬黄色，浆膜呈淡黄色胶冻样水肿（彩图8-25）。在疾病的后期法氏囊发生萎缩，囊壁变薄，甚至消失。某些中等毒力毒株疫苗也可引起法氏囊病变，表现为肿大呈柠檬黄色，浆膜呈淡黄色胶冻样水肿（彩图8-26）。

5. 肾脏的病变 肾脏肿大，肾小管内充满尿酸盐，外观呈灰白色花纹状。

（二）病理组织学变化

病变主要表现在淋巴组织，如法氏囊、胸腺、脾脏和盲肠扁桃体，但以法氏囊的病变最严重。雏鸡感染传染性法氏囊病毒后1～2 d，可见法氏囊黏膜上皮细胞变性、脱落，并见部分淋巴滤泡的髓质区出现以核浓缩为特征的淋巴细胞变性、坏死，且有多量异嗜性粒细胞浸润及红细胞渗出。感染后3～5 d，在黏膜上皮可见上皮细胞增生灶，大多数淋巴滤泡几乎被浸润的异嗜性粒细胞、红细胞、坏死的淋巴细胞碎屑以及增生的网状细胞和未分化的上皮细胞所替代。在多数变性滤泡的髓质区，网状细胞和未分化上皮细胞增生而形成线管状结构。感染后7～10 d，法氏囊黏膜上皮细胞大量增生，并扩展到黏膜上皮下层，积聚在线管状结构周围。有的线管状结构被增殖的未分化上皮细胞和网状细胞修复而呈现出修复后的网状结构。新生的淋巴滤泡中有多量网状细胞和未分化的上皮细胞，几乎不见淋巴细胞，滤泡间结缔组织大量增生，于新生滤泡周围形成一结缔组织包囊。重症病例的淋巴滤泡因坏死或空腔化而不能恢复，轻症病例的淋巴滤泡可以恢复。新形成的淋巴滤泡体积增大，淋巴细胞密集在滤泡边缘。

胸腺于感染后 1～2 d 可见胸腺髓质区个别淋巴细胞核固缩，3～7 d 可见皮质区出现散在的淋巴细胞坏死，髓质区多数淋巴细胞崩解、消失，残留淋巴细胞的核呈碎裂状态，并见异嗜性粒细胞、红细胞浸润。感染后 9～10 d，淋巴细胞坏死程度减轻，并见有网状细胞增生，髓质区内逐渐出现接近正常皮质的淋巴细胞。

感染早期脾脏的鞘动脉周围有网状内皮细胞增生。在感染后 3 d 生发滤泡没有持续的损害。盲肠扁桃体淋巴滤泡数量减少或萎缩，滤泡内淋巴细胞发生坏死或消失，还见滤泡内网状细胞增生。1～7 周龄受感染鸡的哈德氏腺内浆细胞数量为未感染对照组的 1/10～1/5。3 周龄肉鸡接种传染性法氏囊病病毒后 5～14 d，哈德氏腺内出现浆细胞坏死，感染后 7 d 浆细胞数量减少 51%。但浆细胞的减少是暂时性的，在 14 d 以后浆细胞数量又恢复到正常水平。

此外，肝脏、肾脏、肺脏发生瘀血，肝细胞、肾小管上皮细胞变性，甚至坏死。

三、病原学检验

（一）病原特征

鸡传染性法氏囊病病毒属于双 RNA 病毒科。具有单层衣壳，无囊膜。电镜观察表明，传染性法氏囊病病毒有 2 种不同大小的颗粒，大颗粒约 60 nm，小颗粒约 20 nm，均为 20 面体立体对称结构。病毒粒子大小为 55～65 nm。病毒可以在无母源抗体的鸡、鸡胚和鸡胚成纤维细胞中繁殖。野外毒株初次接种雏鸡或鸡胚往往不易成功，通过连续传代后可以获得成功。最佳的接种途径是绒毛尿囊膜。目前，认为法氏囊病毒有 2 个血清型，即 1 型和 2 型，两型之间没有交叉保护性。血清 1 型属于强毒，它可能有不同的变异株，因而它们的致病性也不同。

鸡传染性法氏囊病毒对环境和理化因素的抵抗力很强，在清除病鸡的鸡舍中 52 d 和 122 d 后仍然可使其他鸡感染发病，鸡舍中的饮水、饲料和粪便 52 d 后仍有感染性。病毒耐热，耐阳光及紫外线照射，在 56 ℃条件下 5 h，病毒仍有活力，60 ℃下可存活 0.5 h，70 ℃则迅速灭活。30 ℃情况下，0.5%的酚和 0.125%的硫柳汞作用 1 h 不能使病毒灭活。0.5%的甲醛作用 6 h 可使病毒的感染力明显降低。病毒耐酸不耐碱，pH 2 条件下，经 1 h 病毒不被灭活，pH 12 条件下，病毒受抑制。该病毒对乙醚和氯仿不敏感。3%的煤酚皂溶液、0.2%的过氧乙酸、2%次氯酸钠、5%的漂白粉、3%的石炭酸、3%福尔马林、0.1%的升汞溶液可在 30 min 内灭活该病毒。

（二）病毒分离培养

1. 病料的采集与处理　取被检鸡的法氏囊、脾脏、肾脏，加营养肉汤研磨制成 1∶5 或 1∶10 的乳剂，常规除菌，置 4 ℃冰箱中感作 1～4 h，备用。

2. 分离培养

（1）鸡胚接种　取上述乳剂 0.1～0.25 ml，接种于 9～11 日龄无母源抗体的鸡胚（最好是 SPF 鸡胚）绒毛尿囊膜，通常接种后 3～5 d 鸡胚死亡。剖检可见胚体体表和皮下出血，腹部水肿和膨大，肾脏出血，肝脏坏死，心肌苍白如熟肉状。法氏囊无明显变化，绒毛尿囊膜增厚，可见出血斑点。

（2）雏鸡接种　将病料接种于1日龄的易感小鸡，点眼或口服，每只0.2 ml，3 d后解剖，可见法氏囊显著肿大，表面覆有胶冻样物，有时可见米黄色纵行条纹，囊腔内可见有出血和干酪样物。如将上述病料接种20～40日龄易感鸡，可发生典型症状和特征性病理变化。

（3）细胞培养　将病料接种于SPF鸡胚制备的成纤维细胞，逐日观察细胞病变，如接种6 d后仍无细胞病变，可盲传3代，仍无病变，可判为阴性。如细胞缩小、变圆、折光性增强，并能被IBD标准血清中和，则可判定为阳性。

四、血清学检验

1. 琼脂免疫扩散试验（AGP）　AGP是目前实验室诊断中最常用的血清学方法之一，既可检测抗体也可检测抗原。用标准抗原，对待检鸡血清进行试验可以检测免疫效果，用标准阳性血清对法氏囊组织匀浆进行试验，可以检测病鸡是否感染法氏囊病。此方法简便、快速、准确。抗原、抗体均可自行制造，取具有典型病理变化的法氏囊，高速组织捣碎机匀浆后，用灭菌盐水作1∶1稀释，反复冻融3次，并经3 000 r/min离心30 min，取上清液做标准阳性血清试验，如出现明显沉淀线，此制备物即可作为琼脂扩散试验抗原。阳性血清的制备，可用病愈的鸡或疫苗高免的鸡，也可用制备的抗原灭活后免疫健康鸡，分离血清制备抗IBDV抗体。

2. 免疫荧光抗体技术（IF）　免疫荧光抗体技术是最早用于IBD诊断的免疫学方法之一。取待检新鲜病料作冰冻组织切片，自然干燥，4 ℃丙酮固定15 min，晾干，用1∶16稀释的IBD荧光抗体（用标准阳性血清按常规方法制备）染色，结果表明，从感染后12 h到9 d内均可检出特异性抗原。对可疑病料的检出率达100%，是一种特异、准确、检出率高的快速诊断方法。

3. 病毒中和试验（VN）　1983年刘福安报告了IBDV细胞微量中和试验操作方法，是用固定病毒稀释血清的方法，具有省材料、省时间、特异性强及敏感度高等特点。此法采用40孔平底微量培养板，按常规法制备CEF细胞，被检血清以56℃水浴灭活30 min备用，使用的病毒滴度为200$TCID_{50}$/0.025 ml。试验中需设病毒对照及细胞对照，加入细胞后的微量板可放在二氧化碳温箱中，或用涤纶绝缘胶带密封各孔，于37℃培养72～96 h后，用倒置显微镜观察各培养孔，根据病变程度，计算中和抗体价。中和抗体价23以上者为阳性，22为可疑，21以下为阴性。

4. 酶联免疫吸附试验（ELISA）　Howie（1981）首先应用ELISA诊断IBD。直接ELISA是将IBDV抗原吸附于聚苯乙烯塑料板上，加入标准阳性血清和酶标兔抗鸡IgG，再加入5-氨基水杨酸和双氧水作为指示底物，底物显色后用3 mol/L NaOH终止反应，用分光光度计或酶标仪测定反应强度，判定有无抗原。此外，还可建立双抗体夹心法ELISA检测IBDV抗原。

Marquardt等（1980）建立了间接ELISA用来定量检测IBD血清抗体。用鸡胚成纤维细胞培养增殖IBDV，经初步纯化病毒抗原，应用辣根过氧化物酶标记兔抗鸡IgG。正式试验用6.75 mg/ml病毒抗原包被聚苯乙烯塑料板，待检血清1∶200稀释，酶标抗体1∶200稀释，根据P/N值计算ELISA滴度（ET）。它常用来检测雏鸡的母源抗体和鸡体免疫水平，特异性敏感性比AGID和AN高。目前，检测和诊断都使用试剂盒，使试验简便快速、敏感特异。

5. 免疫胶体金试验　现已有快速诊断试纸条，方法简单，将待检鸡的法氏囊捣碎，取少许滴加在试纸条的检测端，数分钟后如果出现两条紫红色线，即可判为阳性，出现一条线者为阴性，若一条线都不出现，表明试纸条失效。

6. 其他血清学方法　人们利用对流免疫电泳、火箭免疫电泳、免疫组化、SPA 协同凝集试验、免疫炭粒凝集试验、反向间接血凝试验、生物素-亲和素和固相放射免疫试验等方法进行 ELISA 抗原或抗体的检测，均取得了很好的效果。

五、鉴别诊断

注意与传染性贫血、磺胺类药物中毒、新城疫等病区别。典型传染性法氏囊病根据症状和病理变化很容易确诊，非典型病例则应进行病原分离或血清学试验进行诊断。

六、建议防治措施

（一）加强卫生消毒

育雏室要彻底清扫，并用 0.5%的甲醛喷洒，同时用甲醛熏蒸消毒。

（二）进行有效疫苗预防

1. 首免日龄的确定　用琼脂扩散试验检测母源抗体，1 日龄雏鸡母源抗体阳性率低于 80%者，10～17 日龄首免。母源抗体阳性率高于 80%者，7～10 日龄再次测定，如低于 50%者，10～21 日龄首免，高于 50%者，17～24 日龄首免。

2. 免疫程序　首免可根据母源抗体阳性率确定，用弱毒活苗饮水。7～14 d 后二免，用中毒活苗饮水，同时接种油乳苗。种鸡于 18～20 周龄、40～42 周龄各接种中毒苗和油乳苗 1 次。肉仔鸡 1～3 日龄、10～14 日龄各饮水接种 1 次中毒活苗。饮水器和饮水中不得含有能使疫苗病毒灭活的有害物质，为了保护疫苗病毒，应在水中加入 0.2%的脱脂牛奶，并让鸡群在 30 min 内饮完。

（三）发病时的控制措施

（1）发病早期使用高免血清或高免卵黄饮水，可获得较好的疗效。

（2）饮水中加入多种维生素、抗生素以补充营养和防止继发感染。

（3）注意防暑和保暖。

第四节　鸡传染性支气管炎的检验与防治

鸡传染性支气管炎（Infectious bronchitis of chickens，IB）是由冠状病毒科冠状病毒属的鸡传染性支气管炎病毒引起的一种鸡的急性、高度接触性呼吸道传染病。雏鸡以呼吸道症状和肾脏病变突出，死亡率较高；产蛋鸡则以产蛋率明显下降，蛋的内在质量降低为主，呼吸道症状较轻微，死亡率一般较低。临床特点是咳嗽、喷嚏和气管啰音，还可因侵害肾脏、输卵管导致肾炎及产蛋鸡产蛋数量减少和品质下降。本病的主要特征是气管炎和支气管炎，某些毒株还引起间质性肾炎和尿酸盐沉积。世界动物卫生组织将其列为 B 类疫病，我国农业部列为二类疫病。

1930 年在美国北达科他州首先发现传染性支气管炎。1931 年，Schalk 和 Hawn 首次报道该病。1936 年，Beach 和 Schalm 确定了 IB 的病原为病毒。1956 年，Jungherr 等证实 IBV 不只有一个血清型。我国 20 世纪 50 年代就有 IB 的报道。目前，该病分布于全世界大多数国家。近年来，肾型 IB 和腺胃型 IB 广泛流行，给养鸡业带来巨大经济损失。

一、临诊检查

本病自然感染仅发生于鸡，各种年龄和品种的鸡均可感染，但以雏鸡发病最严重。通过空气传播，经呼吸道感染。传播速度很快，1～2 d 可波及全群。也可通过饲料、饮水、用具等经消化道感染。病愈鸡可持续排毒达 5 周以上，以呼吸道症状和肾脏病变明显的病雏死亡率高，可达 10%～40%以上，成年鸡死亡率较低。

一年四季都能发生，但以冬、春季节多见。鸡群拥挤，通风不良，饲养管理不善，维生素 A 缺乏，寄生虫感染等，均可促进本病的发生。人工感染时潜伏期 18～36 h，自然感染时潜伏期较长，有母源抗体的雏鸡潜伏期可达 6 d 以上。

该病在各个易感年龄段感染的结果呈现不同特点：雏鸡发病后表现为突然出现呼吸道症状，短时间内波及全群，病雏精神沉郁，不食，畏寒，喘气，打喷嚏，鼻孔流出稀薄的鼻涕，呼吸困难，张口喘气（彩图 8－27）。将病雏放在耳边仔细听，可听见气管啰音，2～3 d 后因窒息和饥渴死亡，死亡率可达 25%以上。发病后 2～3 周可导致输卵管发育不全，致使一部分鸡不能产蛋。有些鸡可发生输卵管囊肿，失去产蛋能力。因此，雏鸡阶段发生传染性支气管炎的鸡群始终达不到应有的产蛋高峰。

青年鸡发病后气管炎症明显，出现呼吸困难，因气管内有多量黏液，病鸡不断甩头，发出啰音，但是流鼻涕不明显，有些病鸡出现下痢，排出黄白色或黄绿色稀粪，病程 7～14 d，死亡率较低。

产蛋鸡群发病后呼吸道症状可能不明显，因而常被忽略，多在出现轻微的呼吸道症状后，出现产蛋量明显下降，一般下降 20%～30%，有时可达 70%～80%，并出现薄壳蛋、沙皮蛋、畸形蛋等（彩图 8－28）。而且蛋的质量降低，蛋清稀薄如水。病后产蛋率的恢复比较困难，大约 1 个月后逐渐恢复，但是很难恢复到发病前的水平，对于产蛋后期的鸡群已无饲养价值，应淘汰。

目前，肾病变型传染性支气管炎发病较多，流行广泛，多发生于 20～30 日龄的青年鸡，40 日龄以上发病较少，成年鸡更少。病鸡急剧下痢，拉灰白色水样稀粪，其中混有大量尿酸盐，死亡增加，但呼吸道症状不明显，或呈暂时性。死亡率与抗体水平相关。

二、病理学检验

（一）大体病理变化

雏鸡感染时，鼻腔、鼻窦、喉头、气管、支气管内有浆液或黏液，病程长者支气管内有黄白色的干酪样渗出物，有时在气管下端形成黄白色栓子。大支气管周围可见小面积的肺炎，气囊程度不同的浑浊、增厚，如继发大肠杆菌病或霉菌病时气囊则明显浑浊、增厚，囊腔内有数量不等的黄白色干酪样渗出物。

肾病变型毒株感染时，肾脏肿大、苍白，肾小管内充满尿酸盐，致使肾脏外观呈灰白色花纹状（彩图 8－29）。严重的可见在心包腔、心外膜、肝脏表面、肠浆膜乃至肌肉内都有灰白色的尿酸盐沉着。有时肾萎缩，与其相连的输尿管扩张，内含尿酸盐或尿酸盐形成的结石。这种病变与内脏型痛风难以区别。内脏型痛风是一种代谢性疾病，而本病是由病毒引起的，可以用病毒分离方法进行区分，传染性支气管炎病毒可以在鸡胚内复制，导致鸡胚发育受阻，形成矮小的蜷曲胚（彩图 8-30）。

产蛋病鸡的腹腔中可能有卵黄液。卵泡充血、出血、变形。输卵管短缩，黏膜增厚，管壁呈局部性狭窄和膨大。雏鸡的输卵管发育不全。

（二）病理组织学变化

组织学检查时可见气管、支气管黏膜出血、水肿。感染 18 h 内可见纤毛缺损，上皮细胞变圆、脱落，并有少量异嗜性粒细胞和淋巴细胞浸润。如用荧光抗体法检查，可在变性的上皮细胞浆内显示荧光抗原。感染后 48 h 内上皮开始再生，随之固有层出现大量淋巴细胞和生发中心，这些生发中心 7 d 后还会存在。如果感染气囊，24 h 内会出现水肿，间皮细胞脱落及纤维素性渗出。之后，异嗜性粒细胞增多并出现淋巴小结、成纤维细胞增生和立方上皮再生。输卵管黏膜上皮变为矮柱状，分泌细胞明显较少。子宫部囊腺细胞变形，黏膜局部因固有层局灶性增生而增厚。

肾脏病变主要是间质性肾炎。初期，IBV 可引起肾小管上皮细胞颗粒变性和空泡变性。远曲小管和集合管扩张，间质有淋巴细胞和异嗜性粒细胞浸润。中期，间质的炎性细胞主要为淋巴细胞、浆细胞和巨噬细胞。肾小管上皮细胞变性坏死脱落，管腔中尿酸盐沉积，尚见脱落上皮和异嗜性粒细胞构成的管型。后期，肾间质见淋巴小结形成，其他炎性细胞很少，有的肾小叶皱缩，偶见肾小管上皮再生或完全恢复。在肾毒株感染第 7～12 d，电镜下可见肾上皮细胞浆内有病毒包涵体，其直径为 0.7～1.7 μm。

三、病原学检验

（一）病原特征

本病的病原体属于冠状病毒科，有囊膜的单股负链 RNA 病毒，直径为 80～120 nm。病毒能在 10～11 日龄鸡胚中复制，可导致鸡胚死亡，使鸡胚发育受阻，造成胚体矮小，尿囊液增多，尿酸盐增多。病毒也能在鸡胚肾、肺、肝细胞培养物上复制引起细胞病变。病毒可在鸡胚气管环培养物上生长，并可导致气管黏膜上皮细胞纤毛生长停滞。传染性支气管炎病毒血清型很多，目前已经鉴定出了 26 种以上的血清型，如 M41. Connecticut、Iowa97、Iowa609、Holte、SE17、澳大利亚 T 株等。

传染性支气管炎病毒（IBV）不耐高温，但在低温条件下可长期保存。一般消毒剂均能杀死该病毒。

（二）病毒分离培养

1. 样品采集

（1）用棉拭子自气管内采集后直接放入含有抗生素的营养液中低温保存，以抑制细菌和霉菌繁殖。

（2）无菌采取肺、肾或输卵管等组织，匀浆后进行除菌，低温保存备用。

2. 鸡胚接种　将上述病料经尿囊腔接种 10 日龄鸡胚，37 ℃下继续孵化，每天照胚 2 次，弃去 24 h 内死亡鸡胚，继续孵化 7 d，并记录鸡胚死亡情况。剖检鸡胚并收集鸡胚尿囊液，观察鸡胚病变情况，如有该病毒繁殖，可见胚体发育受阻，出现胚体矮小、蜷曲，胚体中肾内有尿酸盐沉积。收集尿囊液和绒毛尿囊膜做相关鉴定。

某些 IBV 野毒株不适应鸡胚，初次接种鸡胚时可能不出现病变或死亡。需连续盲传 2～3 代，或更多代，一般随着传代次数的增加，鸡胚死亡率升高，且病变明显。

3. 鸡胚气管组织培养 取 20 日龄鸡胚的气管，切成 0.5～1 mm 的薄片，在 Eagles - HEPES 营养液中，37 ℃下转瓶（15 r/h）培养。接种 IBV 后 24～48 h，在显微镜下观察，如有病毒增殖，可见气管上皮细胞的纤毛摆动停止。此法可直接从野外病料中分离病毒，特别是不适应鸡胚的野毒，不需要多次传代。但是新城疫病毒也可在气管上皮增殖，并能使纤毛摆动停止，可以用红细胞凝集试验区别，新城疫病毒能凝集鸡红细胞，IBV 一般不凝集鸡红细胞。

4. 细胞培养 细胞培养可用于适应鸡胚的毒株，而不适用于初次分离 IBV。IBV 可在 15～18 日龄鸡胚的肾细胞、肺细胞以及肝细胞上增殖。以肾细胞最敏感，其次为肺细胞、肝细胞和成纤维细胞。低代次时病毒生长不良或不生长，传 6～10 代后，在肾细胞培养物上可产生常见的细胞病变，表现为合胞体形成和细胞坏死。一般接种后 6 h 即可见到合胞体，18～24 h 可见到几十个乃至上百个核的巨大合胞体，最后细胞死亡。毒价在接种后 24～36 h 时达到高峰。

5. 雏鸡接种 经处理的样品或初代鸡胚的尿囊液经气管接种易感雏鸡，如有 IBV 则在接种后 18～36 h 发生啰音和呼吸道症状。这种致病作用可被同型特异血清抑制。

四、血清学检验

目前，用于 IB 诊断的血清学方法有免疫琼脂扩散试验、免疫荧光试验、血凝抑制试验、酶联免疫吸附试验（ELISA）及病毒中和试验等。但是，由于 IBV 血清型较多而且又不断有变型毒株出现，各种血清学诊断方法各有优缺点，可根据需要选择试验项目。

五、鉴别诊断

本病与轻症传染性喉气管炎、支原体感染、新城疫、禽流感、内脏痛风、维生素 A 缺乏症、大肠杆菌病等疾病有相似之处，应注意区别。

新城疫有神经症状，拉绿色稀粪，死亡率高。剖检可见腺胃黏膜出血，肠道发生溃疡，镜检见明显的非化脓性脑炎病变。

喉气管炎多见于青年和成年鸡，呼吸症状更严重，常发生怪叫声，咳出带血的黏液，喉头、气管黏膜有严重的出血、坏死病变。镜检支气管黏膜上皮细胞及脱落的上皮细胞，可见嗜酸性核内包涵体。

传染性鼻炎可根据面部肿胀、皮下胶冻样水肿与传染性支气管炎区别，传染性支气管炎很少引起鸡面部肿胀。

内脏痛风、维生素 A 缺乏症一般没有呼吸道症状，大肠杆菌病往往有严重的腹膜炎，镜检可见大量大肠杆菌。

六、建议防治措施

加强饲养管理，降低饲养密度，避免鸡群拥挤，注意温度、湿度变化，避免过冷、过热。加强通风，防止有害气体（氨气、硫化氢等）刺激呼吸道。合理配合饲料，防止维生素缺乏，尤其是维生素 A 的缺乏，以增强机体的抵抗力。

本病目前尚无特效疗法，进行疫苗接种可有效预防本病，我国引进 H_{120} 和 H_{52} 疫苗毒株得到广泛应用。但是，近年来又出现了肾病变型毒株，从而使免疫效果不十分满意，即便使用肾病变型灭活油乳苗也还会有免疫失败的事例。因此，应加强新疫苗的研制和免疫程序的研究。

由于本病发病日龄较早，建议采用以下免疫程序：雏鸡 1～3 日龄用 H_{120} 疫苗滴鼻免疫，21 日龄用 H_{52} 疫苗饮水或滴鼻免疫，以后每 3～4 个月用 H_{52} 疫苗饮水免疫 1 次。在肾病变型毒株流行的地区应同时使用肾病变型灭活油乳苗，使用方法按疫苗使用说明进行。

呼吸道症状严重时可选择止咳、平喘、祛痰药物，以缓解症状为主，配合对肾脏无损害的抗生素，防止继发感染可有利康复和减少死亡。中草药方剂可用麻杏石甘汤加减。

肾脏病变严重时应注意利尿、通肾，可在饮水中添加多种维生素、柠檬酸钾、碳酸氢钠、红糖和对肾脏无损害的抗生素，以减少死亡。同时，应降低饲养密度，防寒、降温，注意通风，降低禽舍空气中的有害气体，减少饲料中蛋白质用量。

产蛋后期的鸡群感染时，产蛋率很难恢复，应及早淘汰，以免造成更大的损失。

第五节　传染性喉气管炎的检验与防治

鸡传染性喉气管炎（Avian infectious laryngotracheitis，AILT）是由疱疹病毒科、α 疱疹病毒亚科的传染性喉气管炎病毒（AILTV）引起鸡的一种急性、高度接触性上呼吸道传染病。本病以呼吸困难、喘气、咳出带血分泌物，喉部和气管黏膜肿胀、出血并形成糜烂为主要特征，是危害养禽业的主要呼吸道传染病之一。

该病自 1925 年在美国首次报道，并于 1931 年统一命名为传染性喉气管炎以来，在很多国家和地区均有发生或流行。我国于 20 世纪 50 年代发现本病，1992 年分离到病毒。传染性喉气管炎病毒只有一个血清型，但不同毒株的毒力存在差异。

一、临诊检查

在自然条件下，本病主要侵害鸡，虽然各种年龄的鸡均可感染，但以成年鸡的症状最为典型。病鸡及康复后的带毒鸡是主要传染源，经上呼吸道及眼分泌物传染。易感鸡群与接种了疫苗的鸡较长时间接触，也可感染发病。被呼吸器官及鼻腔排出的分泌物污染的场地、饲料、饮水和用具可成为传播媒介。人及野生动物的活动也可机械传播。不能经蛋传播，因为被感染的鸡胚在出壳前均已死亡。

本病一年四季都能发生，但以冬、春季节多见。鸡群拥挤，通风不良，空气污浊，饲养管理不善，维生素 A 缺乏，寄生虫感染等，均可促进本病的发生。康复鸡可长期排毒，从而造成本病在一些地区长期流行。病鸡和带毒鸡是主要传染源，病愈鸡可长期排毒达 2 年之久。此病在同群鸡传播速度快，群间传播速度较慢，常呈地方流行性。

疫苗接种可以预防本病，但是接种疫苗后能使被接种的鸡带毒和排毒，引起本病暴发。因此，在非疫区建议不要接种疫苗。

潜伏期 6～12 d，人工经气管内感染时潜伏期较短，一般为 2～4 d。强毒株感染时发病率和死亡率高，低毒力毒株只引起轻度或隐性感染。严重感染时发病率 90%～100%，死亡率 5%～70%，平均 10%～20%。本病典型的症状是出现严重的呼吸困难，病鸡伸颈、张口喘气，咳嗽，甩头，发出高昂的怪叫声（彩图 8-31）。咳嗽、甩头时甩出血液或血样黏液，有时可在病鸡的颈部、食槽、笼具上见到甩出的血液或血块。病鸡的眼睛流泪，结膜发炎，鼻孔周围有黏性分泌物。冠、髯暗红或发紫，最后多因呼吸困难而窒息死亡。最急性的病例突然死亡，病程一般为 10～14 d，如无继发感染大约 14 d 左右恢复。感染毒力较弱的毒株时，病情缓和，症状轻微，发病率和死亡率较低，仅表现为轻微的张口喘气，鼻黏膜和眼结膜轻度发炎。

发病鸡的产蛋量迅速减少，有时可下降 35%左右，产蛋量的恢复则需要较长的时间。

二、病理学检验

(一) 大体病理变化

本病的主要病理变化表现在喉头和气管，病初喉头和气管黏膜充血、肿胀、有黏液附着，继而黏膜变性、坏死、出血，致使喉头和气管内含有血性黏液或血凝块，病程较长时喉头和气管内附有假膜（彩图 8-32）。有些病鸡发生结膜炎、鼻炎和鼻窦炎，面部肿胀，眼睛流泪，鼻孔部附有褐色污垢。卵泡充血、出血、坏死。其他内脏器官病变不明显。

(二) 病理组织学变化

组织学病理变化表现为支气管、气管黏膜充血、出血、水肿，支气管内有坏死、脱落的上皮细胞及炎性渗出物。黏膜上皮细胞可见纤毛缺损，上皮细胞变性、坏死、脱落，黏膜固有层有淋巴细胞和少量异嗜性粒细胞浸润。用荧光抗体法检查，可在变性的上皮细胞浆内显现抗原。黏膜下层也见充血、出血和水肿。如果感染气囊，则见气囊壁水肿，间皮细胞脱落及纤维素渗出。之后，异嗜性粒细胞增多，并出现淋巴细胞、成纤维细胞增生。输卵管上皮细胞变为矮柱状，分泌细胞明显减少。子宫部腺细胞变性、坏死，黏膜固有层充血、水肿，并见淋巴细胞、浆细胞和异嗜性粒细胞浸润。

肾脏病变主要是间质性肾炎、肾小管上皮细胞变性坏死及肾小管尿酸盐沉积。初期，可见肾小管上皮细胞颗粒变性和空泡变性，远曲肾小管和集合管扩张，间质有淋巴细胞和异嗜性粒细胞浸润。中期，间质的炎性细胞主要为淋巴细胞、浆细胞和巨噬细胞，肾小管上皮细胞变性、坏死、脱落，管腔中尿酸盐沉积。后期，肾间质见淋巴小结形成及成纤维细胞增生。

在试验性感染的成年鸡，可见输尿管上皮细胞纤毛变短或缺失，腺体扩张，固有层水肿，淋巴细胞、单核细胞、浆细胞、异嗜性细胞浸润及纤维组织增生。

感染早期可见气管膜上皮层内有合胞体细胞和嗜酸性核内包涵体。

三、病原学检验

(一) 病原特征

鸡传染性喉气管炎病毒属疱疹病毒科的Ⅰ(α) 型疱疹病毒亚科的病毒。完整的病毒粒子直径 195～250 nm。成熟病毒粒子有囊膜，囊膜表面有纤突。未成熟的病毒粒子直径约 100 nm。

1925 年，该病首先报道于美国，并被命名为气管-喉头炎，后又称为传染性支气管炎、支气管肺炎等。1963 年，Gruiehk shank 在电镜下观察负染标本，证明本病毒的形态结构同单纯疱疹病毒一致后，才明确了引起 ILT 的病毒属于疱疹病毒。2000 年，国际病毒分类委员会（ICTV）将 ILTV 从水痘病毒属划出，建立了类传染性喉气管炎病毒属，这个属唯一的病毒就是 ILTV。ILTV 只有 1 个血清型，在鸡上表现不同的毒力。与其他的疱疹病毒不同，ILTV 的宿主范围窄，几乎只感染鸡和鸡源细胞。ILTV 可以在鸡的呼吸道上皮细胞迅速复制，并能在感觉神经元进行潜伏感染。

该病毒能在鸡胚和多种禽类细胞培养物上复制，在鸡胚上复制时可在鸡胚绒毛尿囊膜（CAM）引起坏死和增生性反应，形成不透明的痘斑，绒毛尿囊膜上的痘斑呈灰白色不透明，中央呈凹陷性坏死（彩图 8－33）。在细胞培养物上复制可导致细胞病变，使细胞肿胀，折光性增强，染色质移位和核仁变圆。胞浆融合形成多核巨细胞，胞核内有嗜酸性核内包涵体。不同的毒株，在致病性和抗原性方面均有差异，对鸡和鸡胚的致病力不同。

本病毒对乙醚、氯仿等脂溶剂敏感。对外界环境的抵抗力不强，55 ℃下仅能存活 10～15 min，37 ℃下存活 22～24 min，在死亡鸡的气管组织中 13～23 ℃下可存活 10 d。气管黏液中的病毒在黑暗的鸡舍中可存活 110 d。病毒在干燥的环境中可存活 1 年以上，低温条件下可长期存活，－20～－60 ℃条件下可长期保存毒力。对热敏感，煮沸可立即被杀死。多种化学消毒剂能在短期内杀死病毒。

（二）病毒分离

1. 病料采集　用灭菌棉拭子伸入口咽、气管或眼角内采集分泌物，放入无菌生理盐水中。将用棉拭子采集的样品冻融 2 次，并充分振动、挤干棉拭子，将样品液经 10 000 r/min 离心 10 min，取上清液，除菌，低温保存备用。早期感染的气管、肺采集后匀浆，用生理盐水或 Hank's 10 倍稀释，反复冻融，微孔滤膜过滤除菌，低温保存备用。

2. 接种鸡胚　取经处理过的样品，接种 9～12 日龄的鸡胚绒毛尿囊膜。每枚接种 0.2 ml，接种后的鸡胚在 37 ℃孵育，每天观察鸡胚 2 次，连续观察 7 d，弃去 24 h 内死亡的鸡胚，24～120 h 内死亡的鸡胚，置 4 ℃冷却后，观察鸡胚绒毛尿囊膜上有无痘斑形成。120 h 仍不死亡的鸡胚，取出，置 4 ℃冷却后，观察鸡胚绒毛尿囊膜上有无痘斑形成。有痘斑者，取出鸡胚绒毛尿囊膜和尿囊液，无菌研磨后，置－20 ℃冻存备用；无痘斑者，亦取出鸡胚绒毛尿囊膜和尿囊液，无菌研磨，反复冻融，离心后，接种 9～12 日龄的鸡胚绒毛尿囊膜盲传。盲传 3 代以上，如仍无病变，则判为鸡传染性喉气管炎阴性。

3. 易感鸡接种　将上述病料接种于易感鸡气管或眶下窦，观察 6～12 d，如出现典型症状，并在气管、气囊或肺组织中检出合胞体和嗜酸性包涵体即可确诊。

4. 细胞培养　鸡胚肝细胞和鸡胚肾细胞（CEK）适于 ILTV 的分离。将病料接种于 CEK 后，第一代毒在接种后 48 h 细胞开始圆缩，以后形成合胞体细胞和巨细胞，72 h 开始脱落，形成空斑，96 h 大量脱落。第二至五代接毒细胞的 CPE 逐渐明显，出现 CPE 时间缩短，HE 染色可见嗜酸性包涵体。如果盲传 3 代以上仍不出现病变，可判为阴性。

所分离到的病毒是否为 ILTV，可用病毒中和试验进行鉴定。

四、血清学检验

（一）琼脂凝胶免疫扩散试验（AGP）

1. 待检抗原制备　将鸡胚试验所获得有明显病变的 CAM 匀浆，超声裂解，2 000 r/min，离心 20 min，取上清液即为抗原；或将有明显病变的细胞培养物连同培养液收取，用乙二醇浓缩 100 倍，即为细胞抗原。

2. 阳性血清制备 先用弱毒 ILTV 疫苗做基础免疫，于免疫后 2 d 和 3 d 接种强毒，14 d 采血分离血清，经 AGP 检验滴度大于 1∶32 时即可采血分离血清。

3. 琼脂反应板制备 按常规方法制备。

4. 操作

（1）检测血清 中央孔加抗原，周边孔加标准阳性血清、阴性血清和待检血清。

（2）检测抗原 中央孔加标准阳性血清，周边孔加标准抗原和待检抗原。

每孔均以加满不溢出为宜。放入 37 ℃带盖的湿盒中反应，分别在 12 h、24 h、36 h 观察并记录结果。

5. 结果判定 被检样品孔与标准抗原（血清）之间形成清晰的沉淀线者可判为阳性。无沉淀线出现者判为阴性。

（二）血清中和试验（SN）

将 ILTV 特异性的血清和待检病料一起孵育后，接种鸡胚或细胞进行血清中和试验，根据鸡胚绒毛尿囊膜（CAM）上或细胞的痘斑数量的有无或多少判定，检测自然感染或试验感染的血清抗体时，ILTV 接种后 1 周即可测出中和抗体。

（三）酶联免疫吸附试验（ELISA）

该方法可以快速、敏感地做出诊断，一次可检测多个样品，可用于 ILTV 抗体的检测和定量，但对抗原的纯度要求很高。具体操作方法可参考试剂盒说明书进行。

五、鉴别诊断

本病与鸡痘、传染性支气管炎、传染性鼻炎、禽流感等疾病容易混淆，注意区别。

六、建议防治措施

平时要加强饲养管理，提高鸡群健康水平，改善鸡舍通风条件，降低鸡舍内有害气体（如氨、一氧化碳、硫化氢等）的含量，做到全进全出，严禁患鸡引入等。要做好消毒工作，鸡舍、环境及鸡群进行全面彻底的消毒，平时每周 2 次，发病期每天 1 次。

在本病流行地区可以考虑使用疫苗接种，按疫苗的说明使用。但是，由于疫苗的毒力较强，接种后会出现明显的反应，甚至发生死亡，一般在接种后 3～4 d 出现症状，死亡率有时可达 10%～20%。所以，在非疫区一般不宜使用疫苗。

发病初期可进行紧急免疫接种，接种方法按疫苗的使用说明进行。

可用麻杏石甘散、扶正解毒散等，缓解呼吸困难、清热解毒、提高免疫功能的药物，连用 3～4 d，同时使用抗生素防止继发感染，可以减少死亡。或用黄芪多糖、鱼腥草和地塞米松注射液联合进行肌内注射。

第六节 鸡马立克氏病的检验与防治

马立克氏病（Marek's disease，MD）是由疱疹病毒 γ-疱疹病毒亚科或 α-疱疹病毒亚科，马立克氏病毒属，马立克氏病病毒（MDV）引起的鸡的一种淋巴组织增生性肿瘤病。其特征为各种内脏器官、肌肉和皮肤肿瘤形成，以及外周神经淋巴样细胞浸润引起肢体麻痹。马立克氏病毒根据抗原性不同，分为 3 个血清型，即血清 1 型、血清 2 型和血清 3 型。

血清 1 型包括所有致瘤的马立克氏病毒，含强毒及其致弱的变异毒株；血清 2 型包括所有不致瘤的马立克氏病毒；血清 3 型包括所有的火鸡疱疹病毒及其变异毒株。

本病是 1907 年由匈牙利兽医病理学家 Joszef Marek 首先发现，以后相继有不少报道，也有不同的命名，并一直与鸡的淋巴细胞白血病（俗称大肝病）相混淆。1961 年，Biggs 建议放弃各种混乱的命名，并为纪念首先发现本病的 Marek 而用“Marek's disease”命名这一疾病，这一命名于 1964 年第一届世界兽医家禽协会年会被采用。

MD 是一种世界性疾病，是危害养鸡业健康发展的三大主要疫病（马立克氏病、鸡新城疫及鸡传染性法氏囊病）之一，引起鸡群较高的发病率和死亡率，对养鸡业造成严重威胁。

中国自 1973 年在几个大城市首次发现此病后，许多地方都相继有发生和流行的报道。

20 世纪 70 年代初期研制出有效疫苗，使其危害受到一定程度的遏制，但由于受多种因素影响，免疫后仍有马立克氏病发生。

几年来 J 型白血病、网状内皮细胞增生症、淋巴细胞性白血病发病率增高，这些病在病理变化上与马立克氏病很相似，单从症状和病理变化难以确诊。必须进行病原学和血清学检验才能确诊。

一、临诊检查

鸡易感本病，火鸡、山鸡和鹌鹑等较少感染，哺乳动物不感染。病鸡和带毒鸡是传染来源，尤其是这类鸡的羽毛囊上皮细胞内存在大量完整的病毒，随皮肤代谢皮屑脱落而污染环境，成为在自然条件下最主要的传染来源。

本病主要通过空气传播，经呼吸道进入体内，污染的饲料、饮水和人员也可带毒传播。孵化室污染能使刚出壳的雏鸡发生感染。

本病多在幼雏期感染，4～20 周龄为发病高峰。潜伏期为 3～4 周至几个月不等，母鸡比公鸡易感性高。来航鸡抵抗力较强，肉鸡抵抗力弱。病毒不会经蛋垂直传递。

发病率差别很大，一般肉鸡为 20%～30%，个别达 60%，产蛋鸡为 10%～15%，严重者可达 50%，死亡率与发病率几乎相当。本病可致病鸡终生带毒。

根据症状可分为神经型（古典型）、急性型（内脏型）、眼型和皮肤型 4 种，有时可混合发生。神经型：主要表现为步态不稳、共济失调。特征症状是一肢或两肢麻痹或瘫痪，出现一腿向前伸、一腿向后伸的“劈叉”姿势（彩图 8－34），翅膀麻痹下垂。颈部神经麻痹可致使头颈歪斜，嗉囊因麻痹而扩大。急性型：常见于 50～70 日龄的鸡，病鸡精神委顿，食欲减退，羽毛松乱，鸡冠苍白、皱缩，有的鸡冠呈黑紫色，黄白色或黄绿色下痢，迅速消瘦，胸骨似刀锋，触诊腹部能摸到硬块。病鸡脱水、昏迷，最后死亡。常侵害幼龄鸡，死亡率高。眼型：较少见，主要侵害虹膜，单侧或双眼发病，视力减退，甚至失明。可见虹膜增生褪色，呈混浊的淡灰色。瞳孔收缩，边缘不整、呈锯齿状。皮肤型：较少见，往往在禽类加工厂屠宰鸡只时煺毛后才发现，主要表现为毛囊肿大或皮肤出现结节，或出现较大的肿瘤，最初见于颈部及两翅皮肤，以后遍及全身皮肤。

二、病理学检验

（一）大体病理变化

1. 神经型（古典型）　病变常发生于腰荐神经丛、颈部迷走神经、臂神经丛、腹腔神经丛和坐骨神经等。多为一侧神经受侵害，受侵害的神经肿胀变粗，神经纤维横纹消失，呈灰白或黄白色。神经增粗、水肿，比正常的大2～3倍，有时更大（彩图8-35，彩图8-36）。

2. 急性型（内脏型） 急性型主要表现为多种内脏器官出现肿瘤，肿瘤多呈结节状，为圆形或近似圆形，数量不一，大小不等，略突出于脏器表面，呈灰白色鱼肉状。常受侵害的脏器有肝脏、脾脏、性腺、肾脏、心脏、肺脏、腺胃、肌胃、肌肉等（彩图8-37，彩图8-38，彩图8-39，彩图8-40，彩图8-41，彩图8-42，彩图8-43，彩图8-45）。有些病例肝脏上不形成肿瘤结节，而是肝脏、脾脏、肾脏呈弥漫性肿大，比正常的大5～6倍，色泽变淡，表面呈粗糙或颗粒性外观。卵巢中的肿瘤结节大小不等，呈灰白色鱼肉状，有时卵巢被肿瘤组织取代，呈菜花样肿大或脑回状（彩图8-46）。腺胃肿大呈球状，胃壁明显增厚或薄厚不均，质地坚硬，黏膜出血、坏死，腺胃乳头消失（彩图8-44）。法氏囊不见肉眼可见变化。

3. 皮肤型 皮肤型主要表现为羽毛囊组织呈肿瘤样增生形成大小不等的肿瘤结节，有时结节溃烂发炎。羽毛囊瘤样增生的部位皮下组织有大小不等的肿瘤结节（彩图8-47，彩图8-48，彩图8-49）。

4. 眼型 表现为一侧或两侧眼睛巩膜失去正常的橘红色，变得灰白，瞳孔缩小，边沿不整，甚至失明。

（二）病理组织学变化

外周神经的组织学变化主要有两种类型：与产毒性感染有关的变性变化和与非产毒性感染有关的增生性变化。所谓A型变化是肿瘤性的，由增生的淋巴母细胞团块组成（彩图8-50）。有时该型变化也有脱髓鞘和Schwann氏细胞增生。在A型变化中有一种异常的嗜碱性嗜哌咯宁细胞，其胞浆有空泡，细胞核结构模糊，称为MD细胞。这是一种变性母细胞型细胞，电镜观察核内有疱疹病毒颗粒。内脏器官的淋巴瘤病变是较一致的增生性质。细胞组成很像外周神经的A型病变，由弥漫增生的小到中淋巴细胞、淋巴母细胞、MD细胞以及激活的和原始的网状细胞组成，但很少有浆细胞存在（彩图8-51）。B型变化在本质上是炎症性质的，以小淋巴细胞和浆细胞的轻度到中度的弥漫性浸润为特征，通常伴有水肿，有时脱髓鞘和Schwann氏细胞增生，也可能有少数巨噬细胞（彩图8-52）。较轻微的B型变化称为C型变化。虽然肿瘤在各器官的大体形态可能不同，但其显微变化相同。皮肤病变基本上是炎症性的，但也可能是淋巴瘤性的。病变位于受害羽毛囊的周围。除羽毛囊周围滤泡有单核性细胞的大量积聚外，在真皮的血管周围常有增生细胞、少数浆细胞和组织细胞的团块状聚集。病变小时皮肤结构的完整性尚能保持，但大量增生性病变可引起表皮的破裂，导致溃疡。MDV在法氏囊和胸腺的产毒性复制导致这些器官的变性变化。法氏囊病变包括皮质和髓质萎缩、坏死、囊泡形成和滤泡间淋巴样细胞浸润。胸腺有时严重萎缩，累及皮质和髓质。有的胸腺亦有淋巴样细胞增生区。在变性病变细胞中有时可见到Cowdry氏A型核内包涵体。

三、病原学检验

（一）病原特征

MDV有3个血清型：所有致病性的MDV都属于血清1型，包括强毒致弱株、中等毒株、强毒株、超强毒株；天然不致病的MDV均为血清2型；所有的火鸡疱疹病毒（HVT）

均属于血清 3 型。MDV 属于疱疹病毒的 B 群，有两种形式存在：无囊膜病毒粒子（裸体病毒），直径 58～100 nm，六角形，20 面体对称；有囊膜病毒粒子，直径 130～170 nm，它在羽毛囊上皮细胞中形成有囊膜的病毒粒子特别大，直径可达 273～400 nm，呈不规则无定形结构，负染呈正方体或 20 面体，有 126 个中空壳粒，呈圆柱状，大小为 6 nm×9 nm，相邻壳粒中心距离为 10 nm。

病毒有两种存在形式：

1. 细胞结合性病毒　在所有内脏器官的肿瘤中存在的病毒是裸体病毒，它与细胞紧密结合在一起，与细胞共存亡，当细胞死亡时，其传染性也随之丧失。细胞结合性病毒在外界的存活力很低。

2. 脱离细胞病毒　在感染的羽毛囊上皮细胞内形成有厚的囊膜的完全病毒。这种非细胞结合病毒，对外界抵抗力很强，在室温下可存活 4～8 个月，4 ℃下至少可保存 10 年。具有高度感染性，随皮屑脱落，污染环境，在本病传播方面具有重要作用。常用化学消毒剂 10 min 可将病毒灭活。

该病毒接种于 4 日龄鸡胚卵黄囊，18 日龄左右时可在鸡胚绒毛尿囊膜上形成典型的灰白色痘斑。能在鸡胚肾细胞、鸡胚成纤维细胞和鸭胚成纤维细胞上增殖并产生蚀斑。

（二）病毒分离培养

1. 鸡胚接种　接种材料可选用肿瘤组织、羽髓等，捣碎冻融，除菌处理后备用，也可用心血。将病料接种于 4 日龄鸡胚卵黄囊，每胚接种 0.2 ml。37 ℃下孵育到 18 日龄，检查鸡胚绒毛尿囊膜（CAM）上是否有灰白色痘斑形成。如有，即可表明分离到病毒，然后进一步鉴定。

2. 细胞培养　将上述病料接种于鸡胚成纤维细胞、鸡胚肾细胞、鸡胚皮肤细胞，培养 5～14 d，观察有无细胞病变和空斑形成，如有病变或空斑形成，表明分离到病毒。

四、血清学检验

马立克氏病血清学检验可用琼脂扩散试验、病毒中和试验、间接血凝试验、免疫荧光试验等。其中琼脂扩散试验方法简便、易行，特异性较高，可用于大规模检疫。

琼脂扩散试验具体方法是：从病鸡身上拔取幼嫩羽毛，剪下尖端 1.5～2 cm 长的一段备用。用含 8%氯化钠溶液配成 1%琼脂倒板，打孔，孔内滴加 MD 阳性血清，在孔周围直接插入羽毛尖，羽毛尖与血清孔之间距离 3～4 mm，置室温或温箱中孵育 24～72 h，观察结果。若羽毛尖与血清孔之间出现灰白色沉淀线即为阳性反应，但它只能确定是否感染，不能确定是否发生肿瘤。

也可按常规打孔，中央孔加阳性血清，周围孔中加少量生理盐水，将羽毛尖浸入。

为了快速得到结果，也可进行对流免疫电泳试验。方法参照第六章有关章节。

五、鉴别诊断

根据临床症状、典型病理变化可进行初步诊断，对于临床上较难判断的可送实验室进行病毒分离鉴定、血清学诊断、组织学检查及核酸探针等方法进行确诊。

琼脂扩散试验方法简单易行，适宜现场及基层单位采用，是用马立克氏病阳性血清确定病鸡羽毛囊中有无该病毒存在，借以确诊。

内脏型马立克氏病应与鸡淋巴性白血病进行鉴别，两者眼观变化很相似，其主要区别是马立克氏病常侵害外周神经、皮肤、肌肉和眼睛的虹膜，法氏囊被侵害时可能萎缩，而淋巴细胞性白血病则不同，且法氏囊被侵害时常见结节性肿瘤。马立克氏病、禽白血病和禽网状内皮组织增生病的鉴别诊断见表 8-4。

表 8-4　马立克氏病、禽白血病和禽网状内皮组织增生病的鉴别诊断

鉴别项目	马立克氏病	禽白血病	禽网状内皮组织增生病
病原	鸡疱疹病毒 2 型	禽 C 性肿瘤病毒	禽 C 性肿瘤病毒
发生频率	高	高	低
发生周龄	4 周龄以上	16 周龄以上	不明
神经症状，神经病变	有	无	有时有
眼和肌肉肿瘤	有	无	有时有
法氏囊病变	萎缩或弥漫性肿胀	多发生肿瘤	萎缩
肿瘤细胞形态	小、中淋巴细胞成淋巴细胞、浆细胞混合物	均为淋巴细胞	均为网状细胞
肿瘤细胞类型	75%以上为 T 淋巴细胞	90%以上为 B 淋巴细胞	不明

六、建议防治措施

加强养鸡环境卫生与消毒工作，尤其是孵化卫生与育雏鸡舍的消毒，防止雏鸡的早期感染，这是非常重要的，否则即使出壳后即免疫有效疫苗，也难防止发病。

加强饲养管理，改善鸡群的生活条件，增强鸡体的抵抗力，对预防本病有很大的作用。饲养管理不善，环境条件差或某些传染病如球虫病等常是重要的诱发因素。

坚持自繁自养，防止因购入鸡苗的同时将病毒带入鸡舍。采用全进全出的饲养制度，防止不同日龄的鸡混养于同一鸡舍。

防止应激因素和预防能引起免疫抑制的疾病，如鸡传染性法氏囊病、鸡传染性贫血病毒病、网状内皮组织增生病等的感染。

一旦发生本病，在感染的禽场彻底清除所有的鸡，将鸡舍清洗消毒后，空置数周再引进新雏鸡。一旦开始育雏，中途不得补充新鸡。

接种疫苗。目前，国内使用的疫苗有多种，这些疫苗均不能抗感染，但可防止肿瘤形成。

1. 疫苗种类　血清 1 型疫苗，主要是弱毒力株 CVI-988 和 814 疫苗，其中 CVI-988 应用较广；血清 2 型疫苗，主要有 SB-1、301B/1 以及我国的 Z4 株，SB-1 应用较广，通常与火鸡疱疹病毒疫苗（即血清 3 型疫苗 HVT）合用，可以预防超强毒株的感染发病，保护率可达 85%以上；血清 3 型疫苗，即火鸡疱疹病毒 HVT-FC126 疫苗，HVT 在鸡体内对马立克氏病病毒起干扰作用，常 1 日龄免疫，但不能保护鸡免受病毒的感染；多价苗，20 世纪 80 年代以来，HVT 免疫失败的越来越多，部分原因是由于超强毒株的存在，市场上已有 SB-1+FC126、301B/1+FC126 等二价或三价苗，免疫后具有良好的协同作用，能够抵抗强毒的攻击。

2. 免疫程序的制订　单价苗如 HVT、CVI-988 等可在 1 日龄接种，也有的地区采用 1

日龄和3～4周龄进行两次免疫。通常父母代用血清1或2型疫苗，商品代则用血清3型疫苗，以免血清1或2型母源抗体的影响，父母代和子代均可使用SB-1或301B/1+HVT等二价疫苗。

第七节　禽白血病的检验与防治

禽白血病（Avian leukosis，AL）是由禽白血病/肉瘤病毒群中的病毒引起的禽类多种肿瘤性疾病的统称，主要是淋巴白血病，其次是成红细胞白血病、成髓细胞白血病、骨髓细胞瘤（J亚型白血病）、肾母细胞瘤、骨石病、血管瘤、肉瘤和内皮瘤等。大多数肿瘤与造血系统有关，少数侵害其他组织。一些养鸡业发达的国家，大多数鸡群均有感染。淋巴白血病的特征是造血组织发生恶性的、无限制性的增生，在全身很多器官中产生肿瘤性病灶，死亡率高，危害严重。

该病自1908年首次报道并分离到禽白血病病毒（ALV）以来，世界上许多国家都有发生，但由于该病造成的直接经济损失相对较小，并未受到重视。1988年，肉种鸡群出现了一种新的禽白血病病毒J亚型（Avian letikosis virus-J subgroup，ALV-J）感染，这种感染最早是在1991年由Payne博士发现。近年来，已在包括美国在内的许多国家的肉种鸡群中发生，给世界肉鸡业造成重大损失。人们普遍认为，ALV-J亚型病毒的出现可能和内源性白血病基因E与其他ALV的基因重组有关。J亚型病毒的天然靶细胞不是B淋巴细胞，而是骨髓细胞。正常的骨髓干细胞在ALV-J病毒的作用下不断增生、恶变，先形成骨髓瘤细胞。骨髓瘤细胞迅速扩张，穿破骨质向骨膜外延伸。同时，通过二次病毒血症向全身扩散，最终导致了全身性骨髓细胞瘤或髓性白血病（Myeloid Leukosis，ML）。该病的危害主要表现在以下几个方面：一是直接发病，病鸡产生肿瘤，最终死亡；二是导致感染鸡产生免疫抑制，易造成发病鸡继发其他病原的多重感染，对疫苗免疫应答差，严重影响鸡的生产性能；三是通过垂直传播危害子代鸡，所以祖代或父母代鸡场一旦发病，将会严重影响鸡雏的质量。因此，ALV对养禽业造成的危害是多方面的。禽白血病在我国已广泛存在，近几年该病的流行日趋严重，鸡群ALV的感染率高达60%，病死率高达50%以上。

一、临诊检查

本病自然情况下感染鸡、鹌鹑、鹧鸪等，母鸡比公鸡易感，通常4～10月龄的鸡发病多，即在性成熟或即将性成熟的鸡群，呈渐进性发病。不同品种的鸡其易感性差异很大，AA鸡和艾维茵鸡易感性高，罗斯鸡、新布罗鸡和京白鸡易感性较低。

本病主要经蛋垂直传播，也可水平传播。18月龄的蛋鸡排毒率最高，使初生雏鸡感染，让其终身带毒，增加该病的危害性和复杂性。患寄生虫病、饲料中缺乏维生素、管理不良等都可促使本病发生。本病发病率低，病死率5%～6%。

本病潜伏期长短不一，传播缓慢，发病持续时间长，一般无发病高峰。

（一）淋巴细胞性白血病

自然病例多见于14周龄以上的鸡。鸡冠苍白，腹部膨大下垂，呈企鹅状行走，羽毛有时有尿酸盐和胆色素沾污的斑。

（二）成红细胞性白血病

病鸡虚弱、消瘦和腹泻，血液凝固不良致使羽毛囊出血。本病分增生型（胚型）和贫血型两种类型。增生型以血流中成红细胞大量增加为特点；贫血型以血流中成红细胞减少，血液淡红色，以显著贫血为特点。

（三）成髓细胞性白血病

病鸡贫血、衰弱、消瘦和腹泻，血液凝固不良，致使羽毛囊出血。外周血液中白细胞增加，其中成髓细胞占 3/4。

（四）血管瘤

病鸡主要表现鸡冠苍白、皮肤表面（趾部皮肤、头部、背部、胸部及翅膀）形成大小不等的“血疱”，通常单个发生。血疱破溃后流血不止，病鸡因出血过多而死亡。

（五）J 亚型白血病

J 亚型白血病以经蛋垂直传播为主，也可以通过相互接触发生水平传播。ALV-J 病毒从带毒母鸡进入到蛋白或蛋黄，因而种蛋孵化时已被传染。先天性感染的鸡通常成为终身带毒者，但不产生中和抗体。雏鸡出壳后水平传播也是重要的传染途径，尤其是鸡出壳后立即接触含有大量 ALV-J 病毒的病雏粪便，即可感染。接种某些含白血病病毒的活毒疫苗也是感染的重要原因。水平感染的鸡表现暂时性病毒血症，很快产生抗体。感染越早，越容易产生病毒耐受力和持续性病毒血症，并产生肿瘤。因此，先天感染的鸡发生肿瘤的机会大于后天感染的鸡。水平感染发病率高于垂直感染的发病率，典型的胚感染率为 10%～15%。所有的感染鸡都可经水平传染将疾病扩散。先天感染和一些早期后天感染的病鸡终生带毒，并将病毒传递给种蛋或排出体外。后期感染（12～20 周龄以后）一般不会导致病毒扩散。

从 6～8 周龄的肉种鸡中就可以发现 J 亚型病状，大部分患病鸡群在 13 周龄即表现出典型的骨髓性肿瘤。性成熟期肝、脾及生殖器官中的肿瘤发展迅猛，“大肝病”日渐明显化。

本病引起种鸡消瘦，鸡冠苍白，生长发育不良，免疫反应低下。患病鸡群产蛋率明显低于标准水平。先天感染和早期后天感染的病鸡最后多以死亡告终，最高死亡率可达 23%。死亡陆续发生，主要集中于开产到产蛋高峰期前后，造成种鸡同期死淘率超过标准 1～2 倍，这也是本病流行病学上的突出特点之一。另一方面，由于水平传播的存在，直到鸡群淘汰时仍可发现少数肿瘤患鸡。

不同品种和品系的肉种鸡对 J 亚型病毒都是易感的，不过在易感程度上存在一定差异。至今还没有发现对 J 亚型病毒有遗传抵抗力的任何品种。在某些种鸡场，还可以发现父系发病率明显高于母系，特别是父系公鸡死淘率更高。这一现象的存在，常导致种鸡场公鸡配套不足，影响种蛋受精率和孵化率。此外，生物安全和净化措施不力，污染严重，也是造成某些原种场 J 亚型感染阳性率偏高的另一个重要原因。

二、病理学检验

（一）大体病理变化

1. 淋巴细胞性白血病　病变主要见于肝、脾和法氏囊，以及肾、肺、性腺、心、骨髓及肠系膜等处形成大小不一、灰白色肿瘤结节或器官弥漫性肿大，色泽变淡，尤其是肝、脾显著肿大，俗称“大肝病”（彩图 8-53，彩图 8-54，彩图 8-55）。

2. 增生型成红细胞性白血病 特征性病变为肝、脾、肾弥散性肿大，呈樱桃红色或暗红色，且质软易碎。贫血型成红细胞性白血病骨髓增生、软化，呈樱桃红色或暗红色胶冻样，脾脏萎缩。

3. 成髓细胞性白血病 骨髓质地坚硬，呈灰红或灰色。实质器官增大而脆，肝脏有灰色弥漫性肿瘤结节。晚期病例，肝、肾、脾呈灰色斑驳状或颗粒状外观。

4. 血管瘤 趾部、皮肤、肝、肾、肺以及肠管、输卵管浆膜等处形成大小不等的“血疱”，通常单个发生（彩图 8－56，彩图 8－57，彩图 8－58，彩图 8－59，彩图 8－60，彩图 8－61）。

5. J 亚型白血病 时可见骨髓细胞瘤，特征病变是骨骼上形成暗黄白色、柔软、脆弱或呈干酪样的骨髓细胞瘤，通常发生于肋骨与肋软骨连接处、胸骨后部、下颌骨和鼻腔软骨处，也见于头骨的扁骨，常见多个肿瘤，一般两侧对称。在病变部位的骨膜下可见白色石灰样增生的肿瘤组织，隆起于骨表面，仅凭此病理特征即可初步怀疑为 J 型白血病。肿瘤组织也在肝脏、脾脏、肾脏、卵巢和睾丸等处发生。肝脏的肿瘤开始是小黄白色结节，以后逐渐形成弥漫性扩散，致使肝体积增大数倍或十余倍，成为典型的“大肝鸡”。肝脏质地非常脆弱，患鸡常因肝破裂大出血死亡。此外，在心脏、肺脏、胸壁及腹壁、大网膜、胰腺、肌胃、胸肌，以及胸腺和法氏囊中也可见肿瘤病变。法氏囊的肿瘤可达鸡蛋大小，它是由许多绿豆大小的肿瘤结节融合形成的黄白色实变性肿瘤，眼观已完全丧失了法氏囊原有的结构。

（二）病例理组织学变化

淋巴白血病时，组织学检验可见内脏器官出现的肿瘤细胞是由大小、形态比较一致的成淋巴样细胞组。

血管瘤时，显微镜下可见在血管瘤周围有髓样细胞瘤浸润，髓样细胞呈圆形，较大，胞浆中含有嗜酸性红色颗粒，胞核偏于一侧。在心脏、肝脏、脾脏及肾脏内出现数量不等髓样细胞瘤病灶。肝脏结构破坏严重，肝细胞结构模糊不清，肝索结构基本消失。肝组织出血严重，髓样细胞在组织内散在分布，同时还有大量炎性细胞。

J 亚型白血病时，可见肿瘤主要由髓细胞组成，细胞形态基本一致，细胞体积大，呈圆形或椭圆形，细胞浆丰富，呈粉红色，内有大量呈圆球形嗜酸性颗粒。细胞核呈圆形、椭圆形或肾形，染色稍淡，空泡化，常偏于细胞一侧，有 1 个明显的核仁。有的肿瘤结节有血管，血管内可见大量的红细胞及髓细胞，可见核分裂相。

肝脏失去其固有的结构，大量髓细胞呈灶状或条索状增生，病灶多，大小不一，只残存少量的肝细胞团块及中央静脉，有的中央静脉内聚集较多的红细胞和髓细胞。

骨髓原有的组织结构被破坏，髓细胞大量增生，骨髓中其他成分明显减少。

脾脏白髓的体积缩小、数量明显减少，红髓内的髓细胞多呈弥漫性增生，鞘动脉周围有灶状髓细胞浸润。

肾脏中肾小管上皮细胞普遍出现变性、坏死，肾小管间质内出血。

卵巢、腺胃、肺脏、骨骼肌、心肌等间质内都可见髓细胞增生灶，而在坐骨神经、大脑、小脑则未见到髓细胞增生。

三、病原学检验

（一）病原特征

禽白血病病毒（ALV）是一种反转录病毒，属于白血病病毒属中的禽白血病/肉瘤病毒群。根据抗原结构，可分为不同的亚型，现已发有A、B、C、D、E、F、G、H、I、J等亚群，仅A～E和J-亚群从鸡分离到，其余亚群见于其他鸟类。J-亚群白血病病毒主要引起肉用型鸡的以骨髓细胞瘤为主的白血病，称之为鸡的J-亚型白血病（ALV-J）。病毒粒子呈圆形或椭圆形，有囊膜，直径为80～120 nm，平均90 nm。白血病病毒对热的抵抗力弱，37 ℃时的半衰期为100～540 min，50 ℃下经8.5 min失去活性，在−60 ℃以下可保存数年。pH 5～9时较为稳定。病毒的囊膜含大量脂类，其感染性可被乙醚破坏。对紫外线有很强耐受性。

ALV有一种共有的补反抗原，因而利用补反试验可证明白血病病毒的存在。

ALV的多数毒株在11～12日龄鸡胚中生长良好，许多毒株在绒毛尿囊膜上产生增生性病灶。静脉接种11～13日龄鸡胚时，40%～70%的鸡胚在孵化阶段死亡。火鸡、鹌鹑、珍珠鸡和鸭的胚胎也可被感染。ALV可在鸡胚成纤维细胞培养物中增殖，在接毒后培养7 d，可达到最高的病毒滴度。

（二）病毒分离

用易感鸡细胞分离病毒是目前首选的方法，最常用的是来自SPF鸡的C/O表型（对所有亚群易感）和C/E表型（对A、B、C、D亚群易感）的鸡胚成纤维细胞。但病毒分离费事、费时、代价昂贵，即使在最适宜条件下，从取样到出结果至少需要10 d。另外，仔鸡感染后潜伏期很长。

1. 雏鸡接种 将病鸡的肿瘤组织接1∶5～1∶10匀浆，除菌，接种于4～6周龄雏鸡翅下，每只接种0.1～0.2 ml。如果含毒量高，接种后7～14 d内接种部位可发现肿瘤，甚至死亡。

2. 鸡胚接种 将病料接种11日龄鸡胚绒毛尿囊膜，可引起绒毛尿囊膜形成痘斑，痘斑数量与病毒含量成正比。

3. 细胞培养 ALV可在鸡胚成纤维细胞上增值，但不产生细胞病变，可用补体结合试验、ELISA、琼脂扩散试验等方法鉴定。

四、血清学检验

1964年，Furminger等建立了禽白血病补反检测方法，这一方法较敏感，但操作复杂。1966年，Payne等建立了检测禽白血病群特异性抗原的荧光抗体检测方法。1979年，Smith等用CuHcl裂解法提纯了p27蛋白，并用纯化的p27免疫家兔，获得兔抗p27高免血清(R12)，建立了检测鸡白血病抗原的双抗体夹心ELISA法。具有敏感、高效、简便、快捷、适用于大面积检测的优点，缺点是能检测到内源性ALV病毒，常使检测结果出现假阳性。进一步研究表明，蛋清中内源性ALV的ELISA反应假阳性结果少，因而可作为禽白血病理想的检测方法。20世纪80年代，由哈尔滨兽医研究所研究出用羽髓检测ALV的琼脂扩散试验（AGP），适用于现场大面积应用，曾在我国的种鸡净化中发挥了巨大作用。1991年，张晶等建立了检测ALV抗原的Dot-EL ISA和双抗体夹心ELISA法，这两种方法特异性强、重复性好，常被用来进行种鸡白血病的净化。

（一）琼脂扩散试验（AGP）

1. 试验准备

（1）标准抗原和阳性血清 抗原和阳性血清可从哈尔滨兽医研究所购买。阳性血清也可自制，将新鲜肿瘤组织制成 10 倍稀释组织悬液，加透明质酸酶 50IU/ml，接种于鸽子翅下，每只接种 0.2 ml，约在接种后 5 周形成肉瘤，于 7～8 周后采血分离血清，以 10 倍稀释后的血清与标准抗原做琼脂扩散试验，出现明显沉淀线为合格。

（2）待检样品　取待检病鸡幼嫩羽毛若干根，剪下含丰富羽髓的根部，加 5 倍量生理盐水，用玻棒挤压出羽髓，反复冻融 3 次，3 000/min 离心 20 min。取上清液即为待检抗原。

（3）琼脂反应板制备　取四硼酸钠 8.8 g、硼酸 4.65 g，加蒸馏水至 1 000 ml，即为 pH 8.6 的硼酸缓冲液。取优质琼脂 1 g，加硼酸缓冲液 100 ml，硫柳汞 1/10 000 加热融化，纱布过滤，倒入平皿中，厚度为 3 mm 左右，冷却后备用。

2. 操作　按常规打孔，中间孔加阳性血清，周围孔加待检抗原和标准抗原，其中 2 孔加标准抗原对照。37 ℃温箱中孵育 24～72 h，观察结果。

3. 结果判定

（1）阳性　待检样品与阳性血清孔之间出现明显沉淀线，并与标准抗原孔的沉淀线连接，或者待检样品与阳性血清孔未出现沉淀线，但标准抗原孔的沉淀线在待检样品侧向阳性血清孔偏弯，并超过标准抗原与阳性血清孔的中心线。

（2）阴性　待检样品与血清孔不出现沉淀线，标准抗原与阳性血清孔出现沉淀线。

（3）疑似　待检样品与血清孔不出现沉淀线，而标准抗原孔的沉淀线在待检样品侧向阳性血清孔偏弯，但未超过标准抗原与阳性血清孔的中心线。

（二）酶联免疫吸附试验（ELISA）

用酶联免疫吸附试验检测 ALV 抗原具有敏感性高、特异性强的优点，比直接补体结合试验敏感 10 倍以上，而且操作简便，适用于大规模检疫，目前已有试剂盒出售。检验时，先将病毒在鸡胚成纤维细胞上增殖，然后按试剂盒中提供的说明进行试验。最后，在酶标仪上读取各孔在 490 nm 的光吸收值，样品的光吸收值比已知阴性样品的吸收值高 0.2 单位时，判为阳性。

五、鉴别诊断

禽白血病与鸡马立克氏病、网状内皮组织增生症、禽结核病、鸡白痢、禽曲霉菌病等有相似的病理变化，在诊断上容易混淆。在通过症状、病理变化不能区分时，应从病原学、血清学等方面加以区别。

六、建议防治措施

由于禽白血病病毒型间交叉免疫力很低，而且本病可垂直传播，先天感染的鸡处于免疫耐受状态，对疫苗不产生免疫应答，即使有合适的疫苗免疫效果也不理想。也没有有效的药物可以治疗，控制禽白血病的主要方法是通过病原检测，淘汰阳性鸡，净化种群。

根据禽白血病的特点，可从以下几个方面采取措施：

1. 消除垂直传播　本病以垂直传播为主，在尚未有理想疫苗预防的情况下，只能依靠灵敏的诊断方法，早期诊断，淘汰带毒种鸡，以净化种群。

2. 防止水平传播　育雏阶段，特别是 5 日龄以内的雏鸡容易发生水平传播。因此，育雏舍要进行彻底熏蒸消毒，进育雏舍后进行带鸡消毒。孵化用具彻底消毒，粪便集中处理，防止饲料或饮水被污染。选用无污染的疫苗。

3. 加强饲养管理 饲养管理良好的鸡群，机体免疫机能强大，即使是感染了ALV也可能不发病。

4. 培育ALV抗性种鸡 培育对白血病具有高度抵抗力的种鸡，一直是遗传学家为控制本病而追求的目标。除采用常规的育种技术外，转基因鸡技术已用于培育抵抗白血病的新品种，如美国Crittenden和Salter(1988) 成功地将A亚群LLV的囊膜基因（env）插入鸡的种系，所得到的转基因鸡，无论是其体外培养的细胞还是个体，都对A亚群LLV的感染有高度的抵抗力。这一工作不仅在抗白血病育种方面开辟了一条新路，而且对其他病毒性疾病的抗病育种也有普遍意义，为抗病育种带来了光明的前景。

第八节　禽网状内皮组织增生病的检验与防治

禽网状内皮组织增生病（Reticuloendotheliosis，RE）是由反转录病毒科禽网状内皮组织增生病病毒（REV）引起的鸡、鸭、鹅、火鸡和其他禽类发生的一种综合征，是严重危害禽类的传染性肿瘤病之一，包括急性网状细胞肿瘤、矮小综合征、淋巴和其他组织的慢性肿瘤等。REV最早是1958年从患内脏型淋巴瘤的火鸡脾脏中分离的，经过火鸡和鸡300次连续传代而获得的病毒。由于该病毒所引起的肿瘤以网状内皮组织增生为特征，故称为“网状内皮组织增生病”，并将该病毒命名为REV-T，即T株。目前，美国、英国、以色列、澳大利亚、德国、南非和日本等国家已先后分离到不同毒株。REVs主要包括REV-T株、鸡合胞体病毒（Chick sy ncyt ia virus，CS）、脾坏死病毒（Spleen necro sis virus，SNV）、鸭传染性贫血病毒（Duck infect ious anaemia，DIA）及C45株（宇文延清等，2003），不同毒株的抗原相关性已被确定，而且都能引起禽类免疫抑制。

禽网状内皮组织增生病在我国家禽中的感染率已达20%～30%，REV感染不仅能引起肿瘤，还可以引起感染鸡胸腺、法氏囊等免疫器官萎缩，使鸡的免疫功能下降，甚至丧失，导致免疫抑制，使感染鸡极易继发感染其他病毒性疾病和细菌性疾病。马立克氏病病毒(Marek's diseasevirus，MDV)、鸡传染性贫血病病毒（Chicken infect ious anemia，CAV）和REV等免疫抑制性病毒在生产鸡群中的混合感染是导致当前养禽业生产性能下降的重要因素之一。

一、临诊检查

鸡、鸭、鹅、火鸡和其他禽类都可感染，火鸡对此病毒最易感，现在认为本病毒为火鸡白血病的病因之一，鸭也可通过直接接触而感染。温热潮湿的环境和季节有多发倾向，通常春末秋初发生较多。本病的传播比鸡新城疫稍缓慢，且有间隔，往往鸡群中有部分鸡发病死亡后，间隔数日后才有新病死鸡出现，或每日发现少数鸡死亡。鸡群中一旦发生本病，常不易在短期内控制或扑灭疫情。饲养管理不良，能促进本病发生和流行。本病主要通过水平传播，也可经蛋垂直传播，但是经蛋的传播能力很低。鸭感染该病时，胚胎期或新生期的感染鸭可产生持续性病毒血症，但不能产生抗体或抗体水平很低；21日龄的鸭感染该病时病毒血症非常暂短，抗体产生后病毒血症随即消失。禽用疫苗的REV污染是该病传播的重要问题，目前已引起广泛重视。

自然感染的发病机理目前还不清楚。潜伏期不确定，慢性感染或急性感染耐过的鸡，其主要表现为生长停滞、消瘦和羽毛稀少，有的病鸡出现运动失调、肢体麻痹等症状。有的还表现出精神沉郁、呆立嗜睡等。

1日龄接种污染有REV疫苗的雏鸡通常表现为矮小综合征，严重时雏鸡生长停滞，羽毛生长不正常，躯干部位的羽毛羽小枝紧贴羽干。

禽感染REV后生长迟缓，淘汰率和死亡率升高。REV引起感染鸡的免疫抑制，干扰其他禽病疫苗的免疫效果，导致免疫失败。REV一般感染幼龄雏鸡，特别是胚胎及新孵出的雏鸡，感染后引起严重的免疫抑制或免疫耐受。而较大日龄鸡，由于免疫机能发育较完善，感染后不呈现病毒血症。

二、病理学检验

（一）大体病理变化

剖检肉眼可见病变分为增生型和坏死型。肝、脾肿大，其表面有大小不等的灰白色结节或弥漫性病变。感染毒力较弱的毒株时，可见禽体明显消瘦和外周神经肿大，肝、脾肿大和法氏囊萎缩。

最急性病例常看不到明显的病变，有时仅在心脏冠状沟有少量针尖大出血点。急性病例在各浆膜上有点状出血，特别是心外膜的冠状沟，常密布大小不一的小出血点。心包液增多，混浊，偶尔还混有纤维素凝块。十二指肠黏膜发生严重的出血性炎症。肝脏肿大、脂变，并有针尖至粟粒大的灰黄色坏死灶，这是一个特征性病理变化。慢性病禽除见消瘦、贫血外，肺脏有较大的黄色干酪样坏死灶。有关节炎的病例，其关节和腱鞘内潴留有混浊或干酪样渗出物。有的鸡冠、肉髯或耳下呈现水肿或坏死。母鸡的卵巢常发生明显变化，卵子形状不一，质地柔软，卵黄膜脆弱易破，有的卵子呈淡绿色，卵巢周围有一种坚实、黄色的干酪样物质，有时与其他脏器粘连。感染鸡的法氏囊严重萎缩且重量减轻。

（二）病理组织学变化

法氏囊萎缩，滤泡缩小，滤泡中心淋巴细胞数目减少或发生坏死。胸腺萎缩、充血、出血和水肿，本病主要侵害肝、脾、心、胸腺、法氏囊、腺胃、胰腺和性腺等。最早出现病变的是肝，特征变化是网状细胞的弥散性和结节性增生。用非缺陷型REV人工感染鸡，产生慢性淋巴瘤综合征，表现淋巴样白血病，可见REV和禽白血病病毒都可以导致淋巴样白血病，这可能是因为这两种病毒都以相似的方式激活c－mvc基因。REV人工感染某些品系的鸡可引起与马立克氏病相似的淋巴瘤，也会造成神经病变和肝、胸腺、心脏肿瘤，并且在6周龄即可产生这些病变。

电镜检查可见肝坏死的早期变化是核浓缩，线粒体轻度肿胀，随后细胞内出现较多的同心层板状体，接着线粒体明显肿胀，细胞正常结构基本消失。网状细胞大小不一，核大，异染色质稀疏。心脏心肌坏死和网状细胞增生。脾脏和法氏囊也发生与心脏相似的变化。REV感染具有病证性意义的病理变化是器官组织中网状细胞的弥散性和结节性增生。这些病变可作为确定不同感染阶段的参考。

三、病原学检验

（一）病原特征

REV属反转录病毒科，禽C型肿瘤病毒。核酸为线状正单股RNA。病毒粒子直径为

80 nm 左右，有囊膜。蔗糖浮密度为 1.15～1.179/CITl3，CsCl 浮密度为 1.20～1.22 g/cm^3。病毒对乙醚敏感，对热（56 ℃，30 min）敏感，不耐酸（pH 3.0）。

从各类禽中分离到的 REV 近 30 个分离株，抗原均十分接近，同属于一个血清型。但各分离株间有较小的抗原差异。陈溥言等（1986）用微量交叉中和试验，将世界各国分离的 26 个分离株分为三个血清亚型。RE 病毒群分为复制缺陷型和非缺陷型病毒两大类。前者需要辅助病毒 REV-A 的参与才能进行病毒复制。但只有非缺陷性病毒才能引起矮小综合征和慢性淋巴瘤。

非缺陷性型 REV 可以在几种禽类细胞中增殖，特别是鸡胚、火鸡和鹌鹑成纤维细胞最常用，也可用鸭胚、鸭胚肾细胞繁殖病毒。但 REV 在细胞培养物上没有明显可见的细胞病变，病毒在细胞培养上生长的峰值时间为感染后的 2～4 d。某些哺乳类动物的细胞可供 REV 增殖。D17 狗肉瘤细胞、cf2Th 狗胸腺细胞、正常的大鼠肾细胞、水貂肺细胞均可供非缺陷型 REV 有限增殖。但尚未见 REV 在非禽类宿主体内增殖的报道。

（二）病毒分离培养

病毒分离的病料可采集口腔、泄殖腔的病变组织，或肿瘤、血浆、全血和外周血液淋巴细胞。其中值得推荐的是外周血淋巴细胞方法。拭子用加有青霉素、链霉素的组织培养液冲洗制备。病变组织制成匀浆，离心取上清液，微孔滤膜除菌制备。

可取病鸡肝脏 1 g，剪碎研磨后用 2 ml 的 0.01 mol/L PBS（含青霉素终浓度 1 000 IU/ml，链霉素终浓度 100 μg/ml）悬浮，反复冻融 3 次，离心，取上清液过滤除菌，接种于 CEF，置 37 ℃ CO_2 培养箱培养，7 d 后收毒。连续盲传至少 3 代。由于 REV 一般不产生细胞病变，可用间接免疫荧光试验鉴定。

四、血清学检验

（一）间接免疫荧光抗体试验

将细胞毒按常用方法接种 CEF(96 孔板中)，置 37 ℃ CO_2 培养箱培养，7 d 后做间接免疫荧光检验。具体步骤：无水乙醇固定细胞 20 min，以 1∶100 稀释鸡抗 ERV 多克隆抗体为一抗，孵育 1 h，PBST（0.05% Tween-20）洗涤 5 次后加入 1∶100 倍稀释荧光素(FITC）标记的羊抗鸡 IgG，孵育 1 h，PBST 洗涤 5 次后，置荧光显微镜下观察结果。同时，设不接毒细胞对照。

（二）琼脂扩散试验

此法简单、特异、快速。试验时按常规制板、打孔。可以检测抗原或抗体，也可用不稀释的蛋黄代替血清进行试验。

（三）ELISA 试验，

选用的 ELISA 法具有灵敏度高、特异性强、检测速度快、操作简便等优点，适用于一次性大批量样品筛选。

1. 抗原制备 取 5 瓶鸡胚成纤维细胞，每瓶接种病毒 0.5 ml，培养 24 h，传代 1 次。将细胞用胰酶-EDTA 处理，使细胞脱离瓶壁，用含 5%的犊牛血清的 Eagle 液悬浮，再加液体量 7.5%的二甲基亚砜。使细胞浓度为 3×10^6 个/ml，即为抗原。将制备的抗原分装小瓶，−70 ℃冷冻 24 h，液氮冻存。

2. 抗原包被 快速将冻存的细胞溶解，用 pH 7.2 的 PBS 液稀释，1 000 g 离心 10 min，用PBS液稀释成不同浓度的细胞悬液，每板加入50 μl，1 000 g离心滴定板10 min，弃去上清液，置37 ℃干燥，4 ℃下保存备用。

3. 操作　微量滴定板包被后，加1/100稀释的REV阳性血清50 μl，对照孔加阴性血清50 μl，37 ℃孵育1 h，然后用含0.05% Tween－80的PBS液洗涤5次。每孔各加1：2 500稀释的辣根过氧化物酶标记的鸡IgG50 μl，37 ℃孵育1 h，洗涤。加邻苯二胺溶液（邻苯二胺4 mg溶于10 ml0.15 mol/L含0.15 ml过氧化氢的柠檬酸盐缓冲液，pH 5.0）50 μl作用5 min。最后，加2 mol/L硫酸终止反应，酶标仪读取光密度值。

五、鉴别诊断

通常根据剖检变化，结合临床症状和流行特点，即可确诊。RE的确诊最好根据典型的病变结合病毒分离或抗体检测来加以证实。注意与禽白血病、马立克氏病、矮小综合征以及其他免疫抑制综合征相区别。特别是鸡传染性法氏囊病、苍白综合征（pale bird）、吸收障碍综合征（Realabsorption）以及呼肠孤病毒引起的传染性发育障碍综合征（Infectious stunting）。对于火鸡，本病应与淋巴细胞增生病相区别。

六、建议防治措施

本病目前尚无有效治疗方法，也无可用疫苗。重点是建立健全生物安全体系，拒疾病于鸡场之外。注意不使用被本病毒污染的疫苗。及时处理病鸡，杜绝水平传播。

第九节　传染性腺胃炎的检验与防治

鸡传染性腺胃炎（Transmissible vira proventrieulitis，TVP）是由病毒引起的传染性腺胃的炎症。其特征是生长迟缓、饲料转化率低，消化不良，全身苍白，粪便中可见未消化的饲料（养殖户称为“过料”）。病理特征为病鸡的腺胃显著肿大，呈圆球状，胃壁增厚，黏膜出血、溃烂。

传染性腺胃炎或传染性腺胃病是1978年由Kouwenhoven等根据荷兰的发病鸡临床表现的主要特点提出的，这种提法似乎更接近于我国目前流行的这种传染病的主要特征。传染性腺胃炎的病原目前尚未定论，众说纷纭。我国学者王玉东等从患腺胃肿大病鸡中分离到冠状病毒，认为是传染性支气管炎病毒的变异株；朱国强等从江苏腺胃肿大的病鸡中分离到H95病毒，认为与鸡传染性支气管炎病毒（IBV）有密切的血清学关系；荣骏弓等从哈尔滨某鸡场腺胃肿大的病例中分离到IBV2Hu98毒株；周继勇等研究表明，所分离到的传染性腺胃炎病毒（暂定名）ZJ_{971}毒株与鸡传染性支气管炎的抗原相关性极小；杜元钊等从肿大的腺胃中分离到一株网状内皮组织增生病病毒（REV）；姜北宇的研究也证明REV能导致鸡腺胃肿大；吴延功等报道，引起鸡腺胃肿大的病原还有腺病毒和一些未分类的小病毒粒子。

一、临诊检查

传染性腺胃炎可发生于不同品种、不同年龄的鸡和火鸡，诸如罗曼、海塞、海兰、迪卡、依沙、京白、AA肉鸡、肉杂鸡（817）等。以雏鸡发病最为严重，100日龄以上的鸡较少发病。本病无季节性，一年四季均可发生，但以冬季最为严重，多为散发。一般20～

30 日龄开始出现食欲不振等症状，30～50 日龄时死亡率不断增加，体重明显小于健康个体，平均每天的死亡率可达 0.5%，50 日龄后，体重严重下降，出现死亡高峰，日龄稍大或成年鸡死亡率较低。发病率一般为 30%～50%，高的可达 100%，死亡率一般为 40%～50%，雏鸡死亡率最高可达 95%。

该病可以通过飞沫传播，或经污染的饲料、饮水、用具及排泄物通过消化道进行传播，与感染鸡同舍的易感鸡通常在 48 h 内出现症状。也可经由种蛋垂直传播。

潜伏期的长短取决于病毒的致病性、宿主年龄和感染途径。人工感染潜伏期 15～20 d，自然感染的潜伏期较长，有母源抗体的幼雏潜伏期可达 20 d 以上。

本病常继发于眼型鸡痘或接种带毒的疫苗之后。病鸡初期表现精神沉郁，缩头垂尾，翅下垂，羽毛发育不良，蓬乱不整，主羽断裂（彩图 8-62，彩图 8-63）。采食及饮水减少，鸡只生长迟缓或停滞，增重停止或体重逐渐减轻。发病后期鸡体苍白，极度消瘦，饲料转化率降低，粪便中有未消化的饲料。有的鸡有流泪、眼睑肿、呼吸道症状，排白色或绿色稀粪。体重比正常体重下降 40%～70%，最后衰竭死亡。部分病鸡逐渐康复，但体型瘦小，不能恢复生长，鸡只个体大小参差不齐。本病在鸡群中传播迅速，病程可达 15～20 d。

二、病理学检验

（一）大体病理变化

感染鸡体型明显小于健康鸡，极度消瘦，皮下和腹腔脂肪消耗殆尽，腺胃肿大，如乒乓球状，约为正常鸡的 2～5 倍（彩图 8-64）。腺胃壁增厚，腺胃黏膜增厚、水肿、出血、坏死、溃疡（彩图 8-65），指压可流出浆液性液体，黏膜上有胶冻样渗出物或灰白色糊状物，乳头水肿发亮、充血、出血。后期乳头凹陷，周边出血、溃烂，挤压乳头有脓性分泌物，有的腺胃与食管交界处有带状出血。肌胃萎缩，肌肉松软。胰腺、胸腺、法氏囊明显萎缩。病鸡肠道内充满液体，肠壁菲薄，肠黏膜有不同程度的肿胀、充血、出血、坏死。盲肠扁桃体肿胀、出血，有的肝脏呈古铜色。

（二）病理组织学变化

组织学观察腺胃黏膜上皮细胞脱落、坏死，固有层水肿，胃腺管扩张，炎性细胞浸润，腺腔中有大量黏液，腺细胞脱落、坏死、崩解。病变严重的黏膜浅层组织发生凝固性坏死，常分离脱落。有的病鸡整个黏膜层完全坏死，坏死组织和炎性渗出物形成厚层假膜。黏膜下浅层和深层的腺体均可见明显的炎症变化，很多腺管结构破坏，腺管间有多量炎性细胞浸润。肝脏实质变性和多发性坏死灶，心肌纤维断裂和局灶性坏死，肌纤维间水肿、扩张。肾脏实质变性，肾小管上皮细胞广泛肿胀，有些成片脱落，肾小球的囊腔扩张。

病鸡淋巴器官明显萎缩，法氏囊皱褶缩小，淋巴滤泡显著减少，网状细胞活化并大量增生。胸腺的皮质萎缩，淋巴滤泡几乎完全消失不见。

三、病原学检验

该病病原复杂，在病变腺胃中分离到多种病毒，如传染性支气管炎病毒、呼肠孤病毒、眼型鸡痘病毒、网状内皮组织增生病病毒等。不同病毒其理化特性也不尽相同。冠状病毒和呼肠孤病毒对热、酸、碱和胰蛋白酶均有一定抵抗力；网状内皮组织增生病病毒不耐热，37 ℃下1 h 后传染力丧失 99%。冠状病毒和网状内皮增生病病毒对乙醚、氯仿等有机溶剂敏感；呼肠孤病毒对乙醚不敏感，对氯仿轻度敏感。冠状病毒和网状内皮增生病病毒对消毒药物抵抗力强，1%的石炭酸和福尔马林、0.1%的高锰酸钾、1%的来苏儿、70%的酒精均可将其灭活；呼肠孤病毒对1%的来苏儿和3%的福尔马林有抵抗力，70%的酒精和0.5%的有机碘可将其灭活。

除了传染性因素外还有很多诱发因素，如日粮中生物胺（组胺、尸胺、组氨酸等）含量过高，如堆积的鱼粉、玉米、豆粕、维生素预混料、脂肪、禽肉粉和肉骨粉等含有高水平的生物胺；霉菌毒素等都对机体有毒害作用，可诱发本病。

所以，本病是由一种或几种传染性病原微生物及非传染性因素引起的综合征。消化道和内分泌器官是这些致病因子的靶器官。

该病是一种综合征，也是一种“开关”式疾病，病因复杂（病原＋诱因）。该病的病原多是呈垂直传播，或经被污染的马立克氏疫苗、鸡痘疫苗传播，在良好饲养管理下（无发病诱因时）不表现临床症状或发病轻微。当有诱因时，鸡群则表现出腺胃炎的临床症状，诱因越多，腺胃炎的临床症状表现越严重，诱因起到了“开关”的作用。

四、鉴别诊断

根据流行病学调查，结合临诊症状、剖检出现的肉眼病变和显微病变做出初步诊断。目前，还没有血清学试验用于TVP的诊断，所以新发病地区和有混合感染的鸡群很容易被误诊，要特别注意鉴别诊断。

发病初期因与传染性支气管炎临床症状基本一致，容易误诊为肾型传染性支气管炎，只有通过剖检才能进行鉴别。肾型传染性支气管炎肾脏肿大苍白，外表呈花斑状，输尿管变粗，切开有白色尿酸盐结晶。

发病中期容易误诊为新城疫或维生素E、硒缺乏症。新城疫感染时，病鸡有神经症状，除腺胃乳头有出血外，喉头、气管、肠道、泄殖腔及心冠脂肪均见出血，气囊浑浊，多呈急性、全身性败血症，病死鸡往往不表现生长迟缓等症状而突然死亡。用卵黄抗体治疗有效，经注射NDI系苗后，一般可以控制死亡。而腺胃炎主要表现为患病鸡生长迟缓，消瘦，病死鸡除腺胃壁水肿增厚外，其他器官病变少见。而维生素E、硒缺乏症，主要表现为小脑软化、渗出性素质、鸡营养不良、胰腺萎缩纤维化等症状和病变，有的腺胃水肿，肌肉苍白，但通过补充亚硒酸钠维生素E，可以很快治愈，死亡率不高。所以，通过观察临床症状、剖检病变、防疫治疗可以进行鉴别诊断。

发病后期腺胃肿大明显，容易误诊为马立克氏病（MD），以及饲料源性霉菌毒素、变质鱼粉等中毒引起的腺胃炎疾病。腺胃型MD主要发生于性成熟前后，病鸡以呆立、厌食、消瘦、死亡为主要特征，鸡群或许有眼型、皮肤型、神经型的病鸡出现。而腺胃炎发病日龄远远早于MD，而且不见肢体麻痹症状。该病的腺胃肿胀是腺泡的肿胀而不是肿瘤，由此可与MD区别。腺胃型MD腺胃肿胀一般超出正常的2～3倍，且腺胃乳头周围有出血，乳头排列不规则，内膜隆起，有的排列规则，但可能伴有其他内脏型MD发生，即除可见腺胃肿胀外，其他内脏器官如肝、肺、肾等也可见肿胀，且有黄豆大、蚕豆大灰白色肿瘤样结节，有的还有灰白色肿块。有的病鸡坐骨神经干肿大变粗，横纹消失，所以通过临床症状和剖检病变可鉴别诊断。

饲料中毒引起腺胃肿大，剖检时胃内有黑褐色、腐臭味的内容物，也可以通过检查饲料质量进行鉴别。

五、建议防治措施

预防该病首先要做好免疫接种。1 日龄皮下接种弱的活呼肠孤病毒疫苗可有效地产生主动免疫；10 日龄左右接种鸡传染性支气管炎弱毒苗；12 周龄及开产前各接种 1 次。由于网状内皮组织增生病毒的免疫应答可高于感染，一些发病鸡可能恢复。

鉴于该病病原学复杂，发病后首先应做好诊断，确定病原。该病发生后无特效治疗药物，使用抗生素可防止继发感染。因此，平时应加强鸡群的饲养管理，加强隔离，注意消毒，增加维生素和微量元素的摄入量，给予合适的抗生素和抗病毒药物，做好综合防治，尽量减少鸡群受感染的机会。

第十节　鸭瘟的检验与防治

鸭瘟（Duck plaque，DP）是由鸭瘟病毒（Duck plaque virus，DPV）引起的鸭、鹅、雁的一种急性败血性传染病。该病的特征是流行广泛、传播迅速，发病率和死亡率都高。

早在 1923 年，Baudet 在荷兰首次发现本病，直到 1940 年 Bos 首次提出鸭瘟的名称，并确认是一种不同于鸡瘟的新病毒病。以后在欧、美各国均有本病发生的报道。鸭瘟在我国流行的正式报道是黄引贤 1957 年在广东首先提出的，随后武汉、上海、浙江、江苏、广西、湖南和福建等地陆续发现，至 20 世纪 80 年代传播到东北各省。1957 年以来，本病广泛流行于我国华南、华中、华东养鸭业较发达地区，造成很大的经济损失。因此，1963 年全国农业科学规划会议将防制鸭瘟作为重点课题。其后，许多单位进行了大量的防治研究工作，并成功地研制了各种预防用疫苗，从而有效地控制了本病的发生和流行，有力地保障了养鸭业的发展。目前，全国各兽药厂生产的疫苗均是由南京药械厂（1964）研制成功的鸭瘟鸡胚化弱毒疫苗。该苗的种毒是用广州毒株鸭胚强毒 9 代，接种鸡胚绒毛尿囊膜及尿囊腔传代，经过25～26代适应和减毒而制成的，对鸭安全而有确实的免疫力。在病鸭群中采用这种疫苗进行紧急免疫接种，如能运用及时而又恰当，仍可取得很高的保护率，大大减少经济损失。

一、临诊检查

接诊后首先要通过问诊了解疾病流行概况，观察临床症状，为病理学检验、病原学检验以及免疫学检验提供线索。

在自然条件下，本病主要发生于鸭，不同年龄、性别和品种的鸭都有易感性。以番鸭、麻鸭易感性较高，北京鸭次之。30 日龄以内雏鸭较少发病。在人工感染时小鸭较大鸭易感，自然感染则多见于大鸭，尤其是产蛋的母鸭，这可能是由于大鸭经常放养，有较多机会接触病原。鹅也能感染发病，但很少形成流行。2 周龄内雏鸡可人工感染发病。野鸭和雁也会感染发病。鸭瘟可通过病禽与易感禽的接触而直接传染，也可通过与污染环境而间接传染。被污染的水源、鸭舍、用具、饲料、饮水是本病的主要传播媒介。某些野生水禽感染病毒后可成为传播本病的自然疫源和媒介。节肢动物（如吸血昆虫）也可能是本病的传染媒介。本病一年四季均可发生，但以春、秋季较为严重。当鸭瘟传入易感鸭群后，一般 3～7 d 开始出现零星病鸭，再经 3～5 d 陆续出现大批病鸭。鸭群整个流行过程一般为 2～6 周。如果鸭群中有免疫鸭或耐过鸭，可使疫情绵延 2～3 个月或更长时间。

自然感染的鸭潜伏期为 3～5 d，人工感染的潜伏期为 2～4 d。病初体温升高达 43 ℃以上，高热稽留。病鸭表现精神委顿，头颈缩起，羽毛松乱，翅膀下垂，两脚麻痹无力，伏坐地上不愿移动，强行驱赶时常以双翅扑地行走，走几步即行倒地，病鸭不愿下水，驱赶入水后也很快挣扎回岸。病鸭食欲明显下降，甚至停食，渴欲增加。病鸭的特征性症状为流泪和眼睑肿胀。病初流出浆液性分泌物，使眼睑周围羽毛沾湿，而后变成黏稠或脓样，常造成眼睑粘连，甚至外翻。眼结膜充血或小点出血，甚至形成小溃疡。病鸭鼻中流出稀薄或黏稠的分泌物，呼吸困难，并发出鼻塞音，叫声嘶哑，部分鸭见有咳嗽。病鸭发生泻痢，排出绿色或灰白色稀粪，肛门周围的羽毛被沾污或结块。肛门肿胀，严重者外翻。泄殖腔黏膜充血、水肿、有出血点，病情严重的黏膜表面覆盖一层假膜，不易剥离。部分病鸭可见头和颈部发生不同程度的肿胀，触之有波动感，俗称“大头瘟”（彩图 8－66）。

二、病理学检验

（一）大体病理变化

鸭瘟的病变特点是呈急性败血症。全身小血管受损，导致组织出血和体腔溢血，尤其消化道黏膜出血和形成假膜或溃疡，淋巴组织和实质器官出血、坏死。食管与泄殖腔的坏死性病变具有特征性。食管黏膜有呈条纹状纵行排列的黄色假膜覆盖或小点出血，假膜不易剥离，强行剥离后留下溃疡瘢痕（彩图 8－67，彩图 8－68）。泄殖腔黏膜病变与食管相似，即有出血斑点和不易剥离的假膜与溃疡。食管膨大部分与腺胃交界处有一条灰黄色坏死带或出血带。肌胃角质膜下充血和出血。肠黏膜充血、出血，以直肠和十二指肠最为严重。小肠黏膜上有 4 个定位的环状出血-坏死病变带，呈深红色，散布针尖大小的黄色病灶，后期转为深棕色，与黏膜分界明显（彩图 8－69）。胸腺有大量出血点和黄色病灶区，在其外表或切面均可见到。雏鸭感染时法氏囊充血发红，有针尖样黄色小斑点，到后期，囊壁变薄，囊腔中充满白色、凝固的渗出物。肝表面和切面有大小不等的灰黄色或灰白色的坏死点，少数坏死点中间有小出血点。胆囊肿大，充满黏稠的墨绿色胆汁。心外膜和心内膜上有出血斑点，心腔内充满凝固不良的暗红色血液。产蛋母鸭的卵巢滤泡增大，卵泡的形态不整齐，有的皱缩、充血、出血，有的发生破裂而引起卵黄性腹膜炎。病鸭的皮下组织发生不同程度的炎性水肿，头和颈部皮下水肿，切开时流出淡黄色的透明液体。

（二）病理组织学变化

1. 心脏　心肌纤维出现颗粒变性、溶解断裂，肌间小血管轻度瘀血、出血。

2. 肝脏　肝细胞颗粒变性、水泡变性和脂肪变性，窦状隙扩张，充满大量红细胞，叶间小静脉充血。血管内皮细胞肿胀，间质淋巴细胞浸润，可见核内包涵体。部分肝细胞发生凝固性坏死，核浓缩或破碎。

3. 脾脏　白髓淋巴滤泡减少，体积缩小，有少量散在的淋巴细胞坏死，可见核内包涵体，脾窦充血。脾小体结构不清，出血严重，出现灶状坏死，淋巴细胞明显减少。

4. 肺脏　肺泡壁毛细血管充血，肺泡腔内有少量的纤维蛋白，间质血管充血，炎性细胞浸润，此外也可见局部性肺萎陷和气管旁淋巴细胞浸润。

5. 肾脏　肾小管上皮细胞肿胀，胞浆颗粒变性、水泡变性。管腔中有多量的血红蛋白，肾小管结构疏松，部分胞浆溶解、消失，核浓染，可见核内包涵体。间质血管充血、出血、炎性细胞浸润。肾小管出现坏死。

6. 大脑 脑组织出现水泡样变，神经胶质细胞肿胀，进而发生坏死、溶解。脑组织充血、出血、炎性细胞浸润。

7. 胸腺 胸腺淋巴滤泡缩小，小淋巴细胞数量减少，可见核内包涵体。

8. 法氏囊 淋巴滤泡生发中心不明显，淋巴细胞数量减少，有轻度出血，可见核内包涵体。

9. 十二指肠 固有层结缔组织水肿、充血、出血，炎性细胞浸润。部分肠绒毛顶端上皮细胞脱落，固有膜细胞发生凝固性坏死。

三、病原学检验

（一）病原特征

鸭瘟病毒（Duck plague virus，DPV）属于疱疹病毒科、疱疹病毒属中的滤过性病毒。病毒粒子呈球形，直径为120～180 nm，有囊膜，病毒核酸型为DNA。病毒在病鸭体内分散于各种内脏器官、血液、分泌物和排泄物中，其中以肝、肺、脑含毒量最高。本病毒对禽类和哺乳动物的红细胞没有凝集现象，毒株间在毒力上有差异，但免疫原性相似。病毒能在9～12日龄的鸭胚绒毛尿囊膜上生长，初次分离时，多数鸭胚在接种后5～9 d死亡，继代后可提前在4～6 d死亡。死亡的鸭胚全身呈现水肿、出血，绒毛尿囊膜有灰白色坏死点，肝脏有坏死灶。此病毒也能适应于鹅胚，但不能适应于鸡胚。只有在鸭胚或鹅胚中继代后，再转入鸡胚中，才能生长繁殖，并致死鸡胚。病毒还能在鸭胚、鹅胚和鸡胚成纤维单层细胞上生长，并可引起细胞病变，最初几代病变不明显，但继代几次后，可在接种后的24～40 h出现明显病变，细胞透明度下降，胞浆颗粒增多、浓缩，细胞变圆，最后脱落。有时可在胞核内看到颗粒状嗜酸性包涵体。经过鸡胚或细胞连续传代到一定代次后，可减弱病毒对鸭的致病力，但保持有免疫原性，所以可用此法来研制鸭瘟弱毒疫苗。病毒对外界抵抗力不强，温热和一般消毒剂能很快将其杀死，夏季在直接阳光照射下，9 h毒力消失；病毒在56 ℃下10 min即杀死；在污染的禽舍内（4～20 ℃）可存活5 d。对低温抵抗力较强，在−5～−7 ℃经3个月毒力不减弱；−10～−20 ℃下约经1年仍有致病力。对乙醚和氯仿敏感，5%生石灰作用30 min亦可灭活。

（二）病毒分离培养

1. 病料的采集与处理 以无菌操作采取病死鸭、鹅的肝脏或脾脏，称重后在组织研磨器中研碎，以PBS液5～10倍稀释，加入青霉素1 000 IU/ml、链霉素2 000 μg/ml、两性霉素B5 μg/ml。反复冻融后3 000 r/min离心30 min。取上清液备用。也可取脑、食管、腺胃或肠管等作为分离病毒材料。制备好的病料悬液于−10～−20 ℃下可保存1年。

2. 分离培养

（1）用雏鸭分离培养 选用1日龄北京鸭或莫斯科鸭6只，其中3只每只腿部皮下接种病料悬液0.2 ml，另外3只注射生理盐水作对照。隔离饲养观察。一般在接种后5～12 d发病或死亡。发病雏鸭出现流泪、眼睑肿胀、呼吸困难等症状，剖检死鸭可见特征性病理变化。对照组雏鸭健康。可以初步判定被检病料中含有鸭瘟病毒。

（2）用鸭胚分离培养 将病料悬液接种于10只10～14日龄的鸭胚尿囊腔内，每只0.2 ml。另取6只作空白对照。经37 ℃孵化培养，接种病料的鸭胚均在4～10 d内全部死亡，而对照鸭胚仍存活。死胚胚体广泛出血水肿，绒毛尿囊膜充血、出血、水肿，并有灰白色坏死斑点，肝脏有坏死灶。

（3）用细胞培养物分离　将病料悬液接种于鸭胚成纤维细胞单层，培养 24～36 h，可见细胞发生病变，细胞的透明度降低，颗粒增加，胞浆浓缩，细胞变圆、脱落。包涵体染色可见核内包涵体。

四、血清学检验

（一）血清中和试验（SN）

1. 试验准备

（1）材料的准备　同病毒分离。将病料接种于 10～14 日龄鸭胚的尿囊腔，3～6 d 收取死胚的尿囊液，供做中和试验用。

（2）抗鸭瘟病毒血清　购买或自制。

（3）鸭胚成纤维细胞　由易感鸭胚制备。

2. 操作

（1）细胞中和试验　将上述尿囊液用 Hank's 液作 100 倍稀释，与抗鸭瘟病毒血清等量混合，室温作用 30 min，接种于鸭胚单层细胞瓶中，每瓶接种量以覆盖细胞单层为宜，37 ℃下作用 60 min，吸出。然后，加入维持液，37 ℃下继续培养。同时，设不加血清的对照，观察 4 d。

（2）雏鸭中和试验　1 日龄雏鸭 6 只，分为两组，一组注射加血清的病料，另一组注射不加血清的病料，每只雏鸭注射 0.1 ml，观察 7 d。

3. 结果判定

（1）细胞中和试验　试验管（加血清管）不出现细胞病变，对照管出现细胞病变，可判为阳性；都不出现病变，判为阴性。

（2）雏鸭中和试验　注射加血清病料的雏鸭不发病，注射不加血清病料的雏鸭发病、死亡，则证明病料中含有鸭瘟病毒，判为阳性；都不发病判为阴性；都发病、死亡，可能是血清无效或效价过低，或者病料中有其他病毒。

（二）微量血清中和试验

微量血清中和试验采用固定病毒稀释血清法，在鸭胚单层细胞上进行，适用于血清抗体检测和病毒鉴定。

1. 试验准备　同血清中和试验。

2. 鸭瘟病毒鉴定

（1）用细胞培养液对病毒（鸭胚尿囊液）进行 10^{-1}～10^{-9} 的 10 倍系列稀释。每 1 个稀释度更换 1 个吸管或吸嘴。

（2）将稀释好的病毒分别移入细胞培养板的第一至九列孔，每个稀释度加一纵列孔（4 孔），每孔 0.2 ml，第十列孔（4 个孔）不加病毒液，作为正常细胞对照。移入病毒液时，1 个稀释度更换 1 个吸嘴，由高稀释度向低稀释度加时不必换吸嘴。

（3）置 37 ℃ CO_2 培养箱中培养，96 h 后观察记录细胞病变（CPE）情况。按 Reed - Muendh 法计算病毒的半数细胞感染量（$TCID_{50}$），然后用细胞培养液配制成 $200TCID_{50}$/0.025 ml 的病毒液备用。

3. 正式试验 本实验采用双板法，一板用于稀释血清及其与病毒的中和感作，另一板用于细胞培养及结果判定。

（1）第一板进行血清稀释及病毒中和感作，按表8-5进行稀释。

表8-5 血清稀释法

孔　号	1	2	3	4	5	6	7	8	9	10
血清稀释度	2×	4×	8×	16×	32×	64×	128×	256×	血清对照	细胞对照
维持液（ml）	0.1	0.1	0.1	0.1	0.1	0.1	0.1	0.1	0.1	0.2
血清（ml）	0.1	0.1	0.1	0.1	0.1	0.1	0.1	0.1	0.1	
病毒液（ml）	0.1	0.1	0.1	0.1	0.1	0.1	0.1	0.1	弃去0.1	

（2）第二板接种细胞，将制备好的鸭胚成纤维细胞液加入第二板各孔，每孔0.15 ml，再将第一板的液体加入到第二板的对应各孔中，每一血清稀释度加4孔（即一纵列孔），每孔0.05 ml。加盖后37 ℃培养，96 h后观察结果。同时，设阳性、阴性血清对照。

（3）病毒回归试验，将已配制好的200$TCID_{50}$/0.025 ml的病毒液作10倍系列稀释，稀释到10^{-5}，每个稀释度接种4孔，每孔0.2 ml，与实验板一同培养。

4. 结果判定 当细胞、阳性和阴性对照、病毒回归试验符合下列情况时整个试验有效，可以判定结果。

（1）血清对照、细胞对照孔的细胞生长正常。

（2）阴性血清孔对照1∶2以上各孔细胞都有病变。

（3）阳性血清对照孔应呈现原先的抗体滴度，或误差在1个滴度以内。

（4）病毒回归试验的毒价应与原先的毒价一致，或误差在10±0.5之间。

阳性：待检血清在1∶4（含1∶4）以上稀释度的2个以上细胞孔都无病变。

可疑：待检血清在1∶4以上稀释度的4个细胞孔中有1个出现细胞病变。

阴性：待检血清在1∶2以上稀释度的各孔细胞都出现病变。

（三）免疫荧光抗体检验（直接法）

1. 标本制备 取病死鸭肝或脾脏冰冻切片或印片（细胞培养待检病毒的都可作为抗原），室温下以丙酮固定15 min，PBS漂洗3次，自然干燥。

石蜡切片脱蜡浸水后，用胰蛋白酶和微波修复液（10 mmol/L、pH 6.0的柠檬酸缓冲液）进行抗原修复，用PBS液洗涤3次，每次5 min，10%的小牛血清室温封闭30 min。用PBS液洗涤3次，每次5 min，自然干燥。

2. 染色 直接滴加2～4单位抗鸭瘟荧光抗体，置湿盒中37 ℃下染色30 min左右，然后用pH 7.2的PBS漂洗3次，每次5 min。干燥，封片，荧光显微镜观察。

同时，应设自发荧光、阳性和阴性对照。

3. 结果判定 阴性对照、自发荧光呈阴性，阳性对照呈阳性时才可对标本进行判定。荧光亮度的判断标准是："－"为无或可见微弱荧光；"＋"为仅能见明确可见的荧光；"＋＋"为可见有明亮的荧光；"＋＋＋＋"为可见耀眼的荧光。只有"＋＋"以上者才可判定为阳性。

（四）酶联免疫吸附试验（ELISA）

ELISA是一种适合于对鸭群进行免疫抗体水平检测的快速实用的方法。检验时按试剂盒中的使用说明进行。

Dot－ELISA是以硝酸纤维素（NC）膜为载体的ELISA方法，也有特异、敏感、简便等优点，但该法对抗原的纯度要求较高。

五、鉴别诊断

在自然条件下本病只引起鸭发病，特别是成年母鸭大批发病和死亡，20日龄以内的雏鸭很少发病，鸡、火鸡、鸽子和哺乳动物均不发病。根据这些特点容易做出初步诊断。但应注意与其他出血性疾病（如鸭病毒性肝炎、巴氏杆菌病、球虫病、禽流感等）以及某些化学药物中毒等相区别。

六、建议防治措施

定期用鸭瘟鸭胚弱毒疫苗预防接种。

不从疫区购种蛋、种鸭，凡外购种苗均应严格检疫并隔离2周。禁止在鸭瘟流行区域和野水禽出没区域放牧。平时对禽场和工具进行定期消毒（被病毒污染的饲料要高温消毒，饮用水可用碘、氯类消毒药消毒，工作人员的衣、帽及所用工具也要严格消毒）。

一旦发病要隔离，死鸭要深埋，对场地用20%石灰乳消毒。对受威胁鸭群用鸭瘟胚弱毒苗进行紧急注射，必要时剂量加倍，可减少发病。

已经发病的鸭群，早期可用抗鸭瘟高免血清进行治疗，每只鸭肌内注射0.5 ml，有一定疗效。还可用聚肌胞（一种内源性干扰素）进行治疗，每只成鸭肌内注射1 ml，每3 d注射1次，连用2～3次，也有一定疗效。

第十一节　鸭呼肠孤病毒病的检验与防治

番鸭呼肠孤病毒病（Muscovy duck reovirus disease，MDRV），又称番鸭肝白点病，俗称“白点病”或“花肝病”，是一种以软脚为临床特征的高发病率、高致死率的急性、烈性传染病。主要病变特征是肝脏和脾脏肿大、出血，并出现大量坏死斑点；肾脏肿大、出血，同时肾脏表面有黄色条斑。本病最早由凌育燊报道。该病是由一种新的RNA病毒引起，其病原为呼肠孤病毒科正呼肠孤病毒属番鸭呼肠孤病毒（Muscovy duck reovirus）。1997年年底以来，该病在福建、广东、广西、河南、山东、江苏、江西和浙江等地相继暴发，并因缺乏有效的防治措施而迅速蔓延，极大地威胁着番鸭养殖业的健康发展。

关于番鸭呼肠孤病毒病的病原，学术界目前还没有统一的认识。吴宝成等通过病毒分离、细胞感染、电镜观察、临床及病变观察和血清学试验，证实该病的病原为番鸭呼肠孤病毒。胡奇林等将MW9710株的S1基因与法国番鸭呼肠孤病毒89026株的基因序列进行比较，两者的同源性达91.7%，而与禽呼肠孤病毒S1133的S2基因的同源性仅为68.7%。Kaschula最早于1950年报道非洲发生了类似番鸭呼肠孤病毒病的一种鸭传染病；1972年，Caudry等报道法国番鸭发生该病，并确定了病原为呼肠孤病毒；1981年，Malkinson等也报道以色列的番鸭发生了类似的疫病。

一、临诊检查

本病最常见于10～25日龄的番鸭，最早可见于7日龄的雏番鸭，51日龄的番鸭亦有发病报道。发病率通常为30%～90%，最高可达100%，死亡率通常为60%～95%，严重时全群死亡。一年四季均可发生，但在冬、春季节较少见，天气炎热、潮湿时发病率明显升高。本病可通过接触传播。黄瑜等报道该病也可感染12～30日龄雏半番鸭，发病率20%～60%，死亡率5.2%～46.7%，日龄越小，病死率越高，耐过鸭生长发育明显迟缓。

潜伏期一般为3～11 d，病程长短不一，一般为2～14 d。患病番鸭表现为精神沉郁，拥挤成群，嘶叫，少食或不食，少饮，羽毛蓬松、直立且无光泽，全身乏力，脚软，呼吸急促，拉白色或绿色稀粪，喜蹲伏，跛行，头颈无力、下垂。死亡高峰在发病后5～7 d，死前以头部触地，部分鸭头向后扭转。死亡雏鸭俯卧或侧卧于地。2周龄以内患病番鸭耐过者甚少，耐过鸭生长发育不良，成为僵鸭，失去饲养价值。

二、病理学检验

（一）大体病理变化

剖检病死番鸭可见肝、脾、心肌、肾、法氏囊、腺胃、肠黏膜下层等组织发生局灶性坏死，其中以肝、脾尤为显著，脾脏白髓和肝组织结构遭到严重破坏。肝脏肿大、出血，呈淡褐红色，质脆，表面和实质都有大量0.5～10 mm灰白色坏死点（彩图8-70）。脾脏肿大呈暗红色，表面及实质有许多大小不等的灰白色坏死点，有时连成一片，呈花斑状（彩图8-71）。肾脏肿大，色泽变淡并出血，表面有黄白色条斑或出血斑，部分病例可见针尖大小的白色坏死点或尿酸盐沉积。胰腺表面有白色细小的坏死点，有病例可见周边坏死点连成一片。脑水肿，脑膜有点状或斑块状出血。心脏及心冠脂肪点状出血，心包有少许积液。肺部瘀血、水肿。胸腺有小出血点。法氏囊有不同程度的炎性变化，囊腔内有胶冻样或干酪样物。肠道出血，有不同程度的炎症，个别病例十二指肠鼓气，肠道溃疡。腿部肌肉可见明显的出血性浸润。部分病例伴有纤维素性肝周炎、心包炎、气囊炎等病变。

（二）病理组织学变化

病死番鸭的组织器官以局灶性坏死最为显著，坏死灶近圆形，周围有一圈狭窄的透明间隙与周边组织隔开，界限明显，外围有多量巨噬细胞聚集，形成细胞结节。坏死灶中心细胞轮廓消失，胞浆内布满细小颗粒状物，并有大量细胞碎片。肝脏可见中央静脉扩张，血管周围有细胞性结节，肝窦状隙扩张充血，星状细胞肿胀。间质血管周围有巨噬细胞和淋巴样细胞形成的“管套”，严重的出现局灶性肝细胞溶解性坏死。脾脏白髓区几乎见不到完整的白髓结构，淋巴细胞坏死。网状结缔组织显露，随后逐渐被单核细胞、巨噬细胞浸润而填充，红髓充血，可见淋巴细胞减少或消失并留下空腔。心肌纤维肿胀，颗粒状变性，心肌纤维间有淋巴样细胞聚集，也有散在分布的红细胞。心肌毛细血管内有粉红色的透明血栓，局部心肌细胞核浓缩、肌纤维溶解、坏死。脑水肿，脑实质结构疏松，尤其在脑血管周围明显水肿，有淋巴样细胞聚集形成“管套”，脑血管扩张充血、外间隙扩大。神经胶质细胞增生。肾组织灶性坏死，肾血管扩张充血，肾小球囊腔扩张，肾小管上皮细胞空泡变性、脱落，并呈弥漫性坏死，肾间质水肿，结缔组织增生，淋巴细胞、单核细胞浸润。肺部毛细血管及小静脉扩张充血，肺泡腔散在红细胞，肺泡隔及间质因结缔组织增生而增厚，并可见淋巴细胞、单核细胞浸润。胰腺血管扩展充血，腺泡细胞排列紊乱，局部腺细胞出现溶解性坏死及凝固性坏死灶，炎性细胞浸润。胸腺血管充血，淋巴细胞坏死，尤以髓质部淋巴细胞坏死严重，网状纤维组织显露，淋巴、单核细胞炎性浸润。肠绒毛变性坏死并脱落于肠腔中，肠壁肌层小血管扩张充血，固有层淋巴细胞、单核细胞和巨噬细胞浸润，基底膜破坏，黏膜下层有灶性坏死。法氏囊中大部分滤泡淋巴细胞变性坏死，结缔组织显露，尤以滤泡髓质区较为严重。

三、病原学检验

（一）病原特征

该病的病原是一种 RNA 病毒，电镜下可见病毒粒子呈球形，正 20 面体，立体对称，无囊膜，双层衣壳结构，外壳直径 75 nm，内核直径 50 nm，病毒粒子在细胞浆中增殖。本病病原对氯仿、乙醚、胰蛋白酶和 50 ℃处理 1 h 不敏感，不被 DNA 抑制物（5－溴－2′－脱氧尿核苷）所抑制。4.8%氯仿 4 ℃下作用 10 min 或 20%乙醚 4 ℃下作用 24 h，毒力均无明显变化。pH 3 和 pH 2 下于 37 ℃作用 2 h，毒力有所下降。病毒对紫外线照射、60 ℃处理1 h 敏感，可被杀死。不凝集豚鼠、鸡、鸭（半番鸭、番鸭、樱桃谷鸭）、鹅、猪、山羊的红细胞和人的 O 型红细胞，但有的分离株能凝集鸡红细胞。本病毒有可能经蛋垂直传播。

（二）病毒分离培养

1. 病料的采集与处理　无菌采取病死鸭肝脏、脾脏，匀浆，反复冻融 4 次，10 000 r/min 离心 1 h，0.22 μm 微孔滤膜过滤除菌，冻存备用。

2. 病毒的分离　将以上处理好的病料经卵黄囊或绒毛尿囊膜接种 10～13 日龄的鸭胚，每枚 0.3 ml。接种后置 37 ℃孵化，观察 10 d。接种的鸭胚一般在 2～5 d 后全部死亡。死胚周身出血，呈紫红色，尤以下颌部、背部、双翅及腿部皮肤更为严重，尿囊膜混浊增厚，尿囊液清澈，濒死胚周身呈鲜红色。低剂量接毒者，鸭胚可存活至出壳时死亡，胚体出血轻微，发育受阻，头颈部皮下显著胶冻样水肿，其大小几乎与胚体相当。病毒还可感染半番鸭胚、樱桃谷鸭胚、鹅胚和鸡胚。

番鸭呼肠孤病毒能在番鸭胚成纤维细胞和鸡胚成纤维细胞中增殖传代并产生病变，两种细胞出现的病变基本一致。鸡胚成纤维细胞感染后出现病变较早，接毒后 24 h，感染细胞开始圆缩，出现融合细胞，光镜下呈哑铃状、三叶草状或多形态；48～72 h 后，融合细胞越来越多，越来越大，形成悬浮于培养基中的巨细胞，体积是单个细胞的几倍至十几倍，细胞单层出现较大的空洞；96 h 后，感染细胞内颗粒增多，融合细胞开始崩解。相比之下，番鸭胚成纤维细胞在接毒后 48 h 圆缩，出现融合细胞，但其数量较少，体积也小，随后感染细胞颗粒变性、崩解，其时间要比鸡胚成纤维细胞早 24 h 以上。放线菌素 D 对病毒的增殖没有抑制作用。

3. 病毒的鉴定

（1）负染电镜观察　将病料经卵黄囊接种番鸭胚，收集接毒 24 h 后死亡的番鸭胚胚液，4 ℃条件下 12 000 r/min 离心 1 h，取上清液，4 ℃条件下 50 000 r/min 离心 4 h，沉淀以适量的三蒸水悬浮后，按常规方法以 2%磷钨酸负染，透射电镜观察。

（2）超薄切片电镜观察　按常规方法制备番鸭胚成纤维细胞（MDEF）单层。将病毒接种于 MDEF 上，传代。将出现细胞病变（CPE）的 MDEF 按常规方法收集，以 2.5%戊二醛固定后，按常规方法包埋、切片、染色等，透射电镜观察。

四、血清学检验

（一）琼脂扩散试验

1. 鸭呼肠孤病毒琼脂扩散试验抗原制备　将接种鸭呼肠孤病毒的鸭胚尿囊膜充分研碎，

反复冻融，加等量甘油和适量硫柳汞即可，冰箱保存备用。

2. 抗鸭呼肠孤病毒阳性血清制备 以呼肠孤病毒免疫敏感鸭，分离血清备用。

3. 常规琼脂扩散试验检测 出现明显沉淀线可判为阳性。

（二）间接 ELISA

1. 抗原与抗体的制备

（1）抗原制备 番鸭胚成纤维细胞培养扩大病毒，然后采用二次差速离心和硫酸铵沉淀法浓缩，最后稀释成所需浓度，即为诊断抗原。

（2）抗体制备 抗鸭呼肠孤病毒血清、兔抗鸭抗体（二抗）制备及二抗标记参照第六章有关内容。

2. 鸭呼肠孤病毒抗体间接 ELISA 操作

（1）抗原包被，将上述制备的抗原与固相载体连接，形成固相抗原，洗涤除去未结合的抗原及杂质。

（2）1 g/L 明胶封闭未结合抗原的空白位点，洗涤除去未结合的封闭液。

（3）加稀释的待检病鸭血清，形成固相抗原-抗体复合物。洗涤除去未结合的免疫球蛋白及血清中的杂质。

（4）加二抗（酶标抗抗体），使标记抗体与抗原-抗体复合物结合，形成抗原-抗体-标记抗体复合物，洗涤后，固相载体上的酶量就代表特异性抗体的量。

（5）加底物显色，颜色深度代表标本中待检抗体的量。

（6）加终止液，终止反应。

（7）结果判定，肉眼观察或酶标仪测定。

五、鉴别诊断

本病常与鸭疫里默氏杆菌病、禽霍乱、禽伤寒、禽副伤寒、大肠杆菌病、鸭病毒性肝炎、番鸭细小病毒病等并发感染。本病与番鸭细小病毒病、禽霍乱、禽伤寒、禽副伤寒等有相似症状。

在流行病学上番鸭呼肠孤病毒病与番鸭细小病毒病有许多相似之处，尤其要注意加以鉴别。番鸭细小病毒病的症状主要是喘气、厌食、腹泻和脱水，特征性病变为胰腺炎、肠炎和肝炎，极少见肝脏有灰白色坏死点；而番鸭呼肠孤病毒病的病鸭极少或没有喘气症状，病变主要为肝脏出现密集的灰白色、针头大小或更大的坏死斑点。在番鸭呼肠孤病毒病流行期间，番鸭细小病毒病的免疫效果不同程度地受到影响，发病率和死亡率上升，发病日龄出现后移，这可能与感染宿主淋巴细胞受到破坏，免疫功能低下有关。

禽霍乱具有心冠沟脂肪出血的特征性病变，而番鸭呼肠孤病毒病则较少见。禽伤寒、禽副伤寒除了肝脏上密布灰白小点外，还常常伴有心包炎等症状，而番鸭呼肠孤病毒病仅在部分病例中发现伴有心包炎的症状。

六、建议防治措施

该病目前尚无有效的治疗方法，防控工作以预防为主。要加强饲养管理，加强消毒工作，保持场地干爽，补充维生素。对 1 周龄内的雏番鸭注射接种灭活疫苗。根据该病的流行特点和潜伏期长的特性，应在 3～7 日龄注射抗花肝病抗体进行预防。在发病早期，使用高免卵黄抗体配合抗生素、抗病毒药物及清热解毒的中草药，可以减少死亡。

第十二节　番鸭细小病毒病的检验与防治

番鸭细小病毒病（Muscovy ducking parvoviosis，MP）俗称“三周病”，是由番鸭细小病毒（Muscovy duck parvovirus，MPV）引起的以腹泻、气喘和软脚为主要症状的一种新病。主要侵害 1～3 周龄雏番鸭，具有高度的传染性，其发病率和病死率高。

本病最早于 1985 年发生于我国福建省多个市，引起大批雏番鸭死亡，造成严重经济损失。1987 年，福建省农业科学院畜牧兽医研究所首先对该病的流行病学和病因学进行调查研究。1988 年，该研究所从病死鸭的肝脏、脾脏等组织中分离出 2 株病毒，根据病毒的形态结构、理化特性、血清学鉴定和回归动物试验，确认该病毒是细小病毒科细小病毒属中的一个新成员（番鸭细小病毒，MPV）。

1991 后，该病在广东、广西、浙江、湖南、山东等地流行，造成严重经济损失。1991 年，Jestin 报道 1989 年秋季在法国西部出现的一种番鸭的新病，死亡率高达 80%以上，临诊症状和眼观病变类似 Derzy’s 病（鹅细小病毒病）。

一、临诊检查

雏番鸭是唯一自然感染发病的动物，发病率和病死率与日龄密切相关，日龄越小发病率和病死率越高。一般来说，4～5 日龄开始发病，10 日龄左右为发病高峰期，以后逐渐减少，20 日龄左右为零星发生，成年番鸭不发病。麻鸭、半番鸭、北京鸭、樱桃谷鸭、鹅和鸡等即使与病鸭混养或人工接种病毒也不出现临床症状。

病鸭通过分泌物和排泄物，特别是通过粪便排出大量病毒，这些排泄物污染饲料、水源、饲养工具、运输工具、饲养员和防疫人员等。易感番鸭通过与这些媒介接触而引起疾病的传播。病鸭的排泄物污染种蛋蛋壳，把病毒传给刚出壳的雏鸭，引起疫病暴发。

本病的发生无明显季节性。但是，冬季和春季由于气温低，育雏室空气流通不畅，空气中氨和二氧化碳浓度较高，发病率和病死率亦较高。

本病的潜伏期 4～9 d，病程 2～7 d，病程长短与发病日龄密切相关。根据病程长短可分为最急性型、急性型和亚急性型。

（一）最急性型

多发生于 6 日龄左右的雏鸭。病势凶猛，病程很短，仅数小时。往往不见先兆症状而突然死亡。临死时有神经症状，头颈向一侧扭曲，两脚乱划。死亡率 20%～55%。

（二）急性型

主要见于 7～21 日龄雏番鸭。病雏主要表现为不同程度的腹泻，排出灰白或淡绿色稀粪，粪中有脓性物，并黏附于肛门周围。呼吸困难，张口呼吸，喙端发绀，后期常蹲伏。病程一般为 2～4 d，病鸭精神委顿，濒死前两脚麻痹，倒地，衰竭死亡。

（三）亚急性型

比较少见，往往是急性病例转化而来。主要表现为精神委顿，喜蹲伏，两脚无力，行走缓慢，排黄绿色或灰白色稀粪，并黏附于肛门周围。死亡率低，大部分病愈鸭生长发育受阻，成为僵鸭。

二、病理学检验

由于病程长短不同病理变化也不同，最急性型病例仅出现急性卡他性肠炎或肠黏膜出血。急性型则全身各个器官组织都有出血现象，特征性的病变是部分病例的小肠有1～2段膨大、坚实，犹如“腊肠样”（彩图8-72），肠腔内可见由纤维素性渗出物和脱落的肠黏膜形成的灰白色的栓状物，其他的肠黏膜也出现水肿和充血（彩图8-73）。胰腺充血、出血，并有灰白色坏死点。

三、病原学检验

（一）病原特征

本病的病原为细小病毒科、细小病毒属的番鸭细小病毒。该病毒在电镜下有实心和空心两种粒子，呈圆形等轴立体对称的20面体，无囊膜，直径为20～25 nm。

番鸭细小病毒为单链DNA病毒，有VP1、VP2、VP3三种结构蛋白，其中VP3为主要结构蛋白。该病毒不能与禽类、哺乳动物和人的红细胞发生凝集反应，这是该病毒与哺乳类动物的细小病毒的不同之处。番鸭细小病毒可以在番鸭胚和鹅胚中增殖，并引起胚胎死亡，也可在番鸭胚成纤维细胞上增殖并引起细胞病变，荧光抗体染色在胞核内出现明亮的黄绿色荧光，说明病毒在细胞核内复制。

该病毒对乙醚、胰蛋白酶、酸和热等灭活因子作用有很强的抵抗力，但是对紫外线照射很敏感。

（二）病毒分离鉴定

1. 番鸭胚接种试验 采集病死鸭的肝、脾、肾以及肠道等内脏器官，经研磨、反复冻融处理后制成悬液，加双抗作用后，接种于10～12日龄的非免疫鸭胚或鹅胚尿囊腔，37 ℃下孵化，弃去24 h内死亡胚胎，继续孵化5～10 d。一般于接种后3～10 d胚胎死亡，收取尿囊液作为病毒传代以及血清学检验用。胚体全身充血、出血，头、颈、胸部、翅和趾部有针尖大小出血点。

2. 雏番鸭接种试验 将上述处理好的病料悬液或含病毒的尿囊液皮下或肌肉接种5～10日龄的易感雏番鸭，观察10 d。死亡雏鸭检验其病理变化是否与自然病例相同，同时应设立不接种病料悬液的对照组。

四、血清学检验

（一）雏鸭中和试验

将雏番鸭分两组，一组接种病料悬液或含毒尿囊液加入4倍量的抗番鸭细小病毒血清（混匀后置37 ℃下作用1 d），另一组加入4倍量的无菌生理盐水作为对照，接种雏鸭后，隔离观察10 d，加血清组健康存活，对照组发病死亡，其临床症状与病变同自然病例相同，即可确诊为雏番鸭细小病毒病。

（二）鸭（鹅）胚中和试验

有固定病毒稀释血清法和固定血清稀释病毒法两种方式。前者用于检测待检血清的中和抗体效价，后者用于测定待检病毒的中和指数。做法同常规。

也可用胶乳凝集试验、酶联免疫吸附试验（ELISA）、琼脂扩散沉淀试验（AGP）和核酸探针等方法进行诊断。

五、鉴别诊断

根据本病的流行病学、临床症状和病理变化可做出初步诊断。临诊上本病常与鸭病毒性肝炎和鸭疫里默氏杆菌病混合感染，容易造成误诊和漏诊。所以，本病的确诊必须依靠病原学和血清学的方法。

六、建议防治措施

饲养管理因素对本病的防治具有重要意义，对种蛋、孵化坊和育雏室严格消毒，改善育雏室通风等条件，结合预防接种，可杜绝本病发生和流行。

本病的污染区，母鸭在开产前 2 周接种本病的灭活疫苗，对后代有保护力。也可给 1 日龄的雏鸭接种弱毒疫苗，保护率也很高。

目前，对本病无特异性治疗方法，一旦暴发本病，立即将病雏隔离，场地进行彻底消毒，每羽肌内注射抗番鸭细小病毒高免血清或高免蛋黄抗体 1 ml，治愈率 80%以上。为防止和减少继发细菌和霉菌感染，适当应用抗生素和磺胺类药也是必要的。

第十三节　小鹅瘟的检验与防治

小鹅瘟即鹅的细小病毒病（Goseling plague，GP），又称德舍氏病，是由鹅细小病毒（Goose parvovirus，GPV）引起的雏鹅的一种急性或者亚急性败血性传染病。以渗出性肠炎、肝、肾、心等实质器官炎症为特征，致病性强，死亡率高。在我国江苏省很早就有该病的流行，严重影响了养鹅业的发展。1956 年，我国学者方定一教授首次发现此病，1961 年他又用成年鹅研制出高免血清，有效地控制了本病的发生。

一、临诊检查

小鹅瘟病毒仅仅自然感染 1 月龄以内的雏鹅，雏番鸭也很容易受感染。鹅和番鸭是唯一可以自然感染本病的禽类。其他家禽可以抵抗自然和人工感染。10 日龄以内的雏鹅发病率和死亡率高达 95%～100%。10 日龄以上死亡率一般不超过 60%，20 日龄以上的发病率低，1 月龄以上极少发病。发病雏鹅粪便含有大量病毒，通过直接或间接接触传播。垂直传播时常严重暴发。

本病的潜伏期因日龄不同而异，1 日龄感染时潜伏期为 3～5 d，2～3 周龄感染时为 5～10 d。根据病程可分为最急性、急性和亚急性等病型。病程的长短也因日龄大小而不同。发病鹅表现为精神委顿、昏睡、食欲废绝，个别病鹅采食后将吃进去的饲料甩出，不愿运动，常常独蹲一隅，排出灰白色或者淡黄色稀粪，粪便中混有气泡，肛门外突，周围羽毛潮湿并有污染物。临死前出现两腿麻痹或者抽搐症状。

二、病理学检验

（一）大体病理变化

本病的特征性病变是空肠和回肠的急性卡他性、纤维素性、坏死性肠炎。肠黏膜坏死、脱落，与凝固的纤维素性渗出物形成栓子，堵塞肠腔。剖检时可见靠近卵黄蒂与回盲部的肠段，外观极度膨大，质地坚硬，长 2～5 cm，状如香肠，肠管被浅灰色或者淡黄色的栓子堵塞，这一变化在亚急性病例中更易看到（彩图 8－74）。肝脏肿大，呈棕黄色，胆囊明显膨大，充满蓝绿色胆汁。胰腺颜色变暗，个别病例胰腺出现小白点。心肌颜色变淡，肾脏肿胀，法氏囊质地坚硬，内部有纤维素性渗出物。有神经症状的鹅剖检时，可见脑膜下血管充血。

（二）组织病理学变化

心肌纤维有不同程度的颗粒变性和脂肪变性，肌纤维断裂，排列零乱，有 Cowdrey A 型核内包涵体。肝脏细胞空泡变性。脑膜以及脑实质血管充血并有小出血灶。胶质细胞增生。

三、病原学检验

（一）病原特征

早期的研究报道曾经误认为本病的病原是呼肠孤病毒，或者认为致病因子是腺病毒。后来的研究证明病原为细小病毒，属于细小病毒科，细小病毒亚科，细小病毒属。病毒的外观呈圆形或六角型，20 面体对称，有空心和实心 2 种粒子，无囊膜，直径为 20～25 nm，具有感染性的病毒粒子为 110S，缺少 DNA 的病毒粒子为 65S。电镜下观察组织细胞中的病毒呈晶格状排列。本病毒在体内主要分布于肠道、肝脏等组织中。抵抗力较强，在－20 ℃至少存活 2 年，56 ℃下经 1 h 仍能使鹅胚死亡。在 50 ℃下经 3 h，37 ℃下经 7 d，对感染滴度无影响，与未经处理的病毒没有差异。本病毒对乙醚、氯仿、胰酶和 pH 3 有抵抗力。本病毒只有 1 个血清型。

GPV 可以在鹅胚、鸭胚尿囊腔中增殖，也可在鹅胚成纤维细胞（GEF）上增殖，初次分离时不产生细胞病变。GEF 适应毒，能形成分散的颗粒性细胞病变和发生细胞脱落，并见合胞体。镜检，核内有嗜酸性包涵体。12～14 日龄鹅胚培养，可导致胚体出血、死亡。从我国分离的 GPV 对鸡、鹅、大鼠、小鼠、兔、猪和绵羊等动物的红细胞均无凝集作用。但据 Maldinson 和 Peleg(1974) 报道，GPV 能凝集黄牛的精子，并可用抗血清做凝集抑制试验，从而为 GPV 的鉴定提供了一种有效的方法。

（二）病毒分离培养

1. 病料样本的制备 取患病雏鹅的肝、肠等量混合研磨，无菌生理盐水作 1∶5 稀释，反复冻融 3 次，按 1 000 IU(mg)/ml 加入青、链霉素，室温下作用 6 h，4 000 r/min 离心 30 min，取上清液，无菌检查合格即为接种的病料样本。

2. 鹅胚接种 取上述病料接种 12～15 d 鹅胚尿囊腔，每胚 0.2 ml，鹅胚死亡后收集尿囊液并做无菌检查，阴性者连续盲传 4 代，每代均无菌收集尿囊液。每代鹅胚均在 72～120 h 之间死亡，死亡率为 100%。胚体病变一致，死胚的肝脏呈土黄色，心肌色泽变淡，甚至显现瓷白色，胚胎发育阻滞，胚体充血、出血。尿囊液不凝集鸡红细胞。未接种病料的对照胚健康存活。

四、血清学检验

（一）琼脂扩散试验

1. 待检病毒抗原制备 取小鹅瘟强毒 10 倍稀释，接种于 12～14 日龄易感鹅胚，每胚尿囊液 0.2 ml，于接种后 72～144 h，无菌方法分别收获典型病变的尿囊液、胚体及绒毛尿囊膜，以1份尿囊液和1份胚体、1份尿囊膜混合匀浆。反复冻融3次，3 000 r/min离心30 min，取上清液加入等量三氯乙烷（氯仿），振摇20～30 min，经3 000 r/min离心30 min，吸取上清液装入透析袋，置于有干燥硅胶的密闭玻璃缸内数小时，或至完全干燥为止。使用前加入1/20原液量的无菌去离子水于透析袋内，待完全溶解后吸出置无色小瓶内冻结保存。

2. 小鹅瘟阳性血清　自制或购置。

3. 琼脂板制备　1 g优质琼脂加100 ml pH 7.8的8% NaCl溶液，加热使其完全溶解后加入1 ml 1%硫柳汞溶液，混匀制成3 mm厚的平板。待冷却后打孔，中心1孔，周围4～6孔，孔径3 mm，孔距4 mm，并用溶化琼脂补底。

4. 检测方法　此法可用于检测待检血清，或检测主动免疫鹅的抗体，或检测病愈鹅的血清。中间孔加入已知琼扩抗原，周围孔分别加入倍比稀释的被检血清和阳性对照血清。将加样后的琼脂板置20～25 ℃室温，经24～48 h观察结果。在抗原孔和抗体孔之间出现白色沉淀带即为阳性。同时可测知血清琼扩效价，该法不如病毒中和试验敏感，但操作简便、快速、经济，适于大批血清的抗体检测，因而常被采用。

（二）病毒中和试验（VN）

将待检血清和阳性对照血清置56 ℃下灭活30 min，5倍稀释后，与等量的10倍稀释的病毒液混合，37 ℃下感作1 h后，经尿囊腔接种8～9日龄鸭胚，每胚接种0.2 ml，每份血清混合液接种4个鸭胚。接种后每天照蛋1次，连续10 d，在前3 d内将死亡的鸭胚废弃。根据在4 d后死亡和出现细小病毒典型病变的鸭胚数来计算EID_{50}，病毒与阳性对照血清混合液的EID_{50}减去病毒与待检血清混合液的EID_{50}即为中和指数（NI），NI<1.5，表明存在特异性中和抗体。该法重复性好，敏感性高，易于操作，但费时，不适于大批量检测。

（三）间接免疫荧光

将待检组织制成切片（或触片），然后分别滴加标准阴、阳血清各1滴感作30 min后，倾去血清，再加工作浓度的荧光抗体，浸染30 min，用pH 8.0的PBS洗涤30 min，再以蒸馏水洗3次（每次10 min），干燥后镜检。如可见特异的黄绿色荧光判为阳性，如隐约可见黄绿色荧光或无黄绿色荧光时判为阴性。利用此法检测小鹅瘟病雏各种脏器内的GPV效果良好，检出率高。

（四）斑点酶联免疫吸附试验（Dot-ELISA）

1. 待检样品制备　将病死雏鹅的肝、肠（含内容物）作为病料，以1∶5生理盐水分别制成匀浆液，3 000 r/min离心20 min，上清液作为待检样品。

2. 试验操作

（1）点样　将各待检样品分点滴加在硝酸纤维素膜上，每点加5 μl，在点样周围用玻璃蜡笔划圈，防止样品扩散，37 ℃下干燥30 min，用PBS液洗涤3次，每次3 min。

（2）滴加酶标抗体　在每个点上加100倍稀释的酶标记GPV单抗，37 ℃下作用1 h，用PBS液洗涤3次，每次3 min。

（3）加底物　在点样点上加OPD底物溶液，于37 ℃显色15 min，出现棕黄色斑点者为阳性。

每次试验均应以10 μg/ml纯化的GPV抗原作阳性对照，用正常雏鹅的肝、肠以同样方法处理的上清液作为阴性对照。试验中所设的纯化GPV抗原阳性对照和正常雏鹅肝、肠悬液阴性对照均应符合各自反应要求。单抗的最大优点是针对单一抗原决定簇。此试验采用的酶标记单抗具有纯度高、容易制备、易于商品化的优点。试验将单抗的高度特异性与ELISA的高度敏感性结合在一起，使得检测方法特异而灵敏，且所需时间短。因此，该方法适用于大批量样品快速检测，便于在基层单位推广应用。

（五）间接ELISA法

1. 抗原包被 将病毒液（待检病毒尿囊液）包被酶标板，每孔加50 μl，共加4孔，留1孔不包被作为空白对照，37 ℃下干燥过夜，次日，用含10%犊牛血清或牛血清蛋白的0.01 mol/L PBS(pH 9.2）和吐温-20溶液封闭各个包被孔，37 ℃下封闭3 h或4 ℃下过夜，室温下风扇吹干。

2. 加一抗 将1∶100～1∶1 000倍稀释的抗小鹅瘟病毒单克隆抗体加入包被抗原孔内，每孔50 μl，37 ℃水浴2 h，按常法洗涤。

3. 加二抗 在每个反应孔中加入抗BALB/C小鼠IgG酶标抗体工作液，每孔加50 μl。洗涤。

4. 加底物 每孔加OPD底物显色液50 μl。

5. 终止反应 每孔加浓硫酸50 μl。

6. 结果判定 将反应板置酶标仪下测定，以对照孔调零，测各孔490 nm吸收值。若被检病毒尿囊液4孔平均OD值比对照4孔平均值高0.5以上判为阳性，0.5以下判为阴性。试验时应设阳性对照和阴性对照，阳性对照孔呈阳性，阴性对照呈阴性，试验有效。

五、鉴别诊断

根据流行特点、临诊症状和病理变化可作出初步诊断。确诊必须进行病毒分离鉴定和血清学检验。

六、建议防治措施

本病无特效药物治疗，重在预防。严禁从疫区购买种蛋、种鹅和雏鹅，尽量做到自繁自养。鹅舍严格打扫，定期消毒，加强雏鹅的饲养管理。

在疫病流行区域，雏鹅出壳后立即皮下注射高免血清或卵黄抗体，可以预防和控制本病的发生。对种鹅接种疫苗。一旦发现有感染小鹅瘟的现象，及时注射高免血清或卵黄抗体。一切设备都要进行严格消毒。

第十四节　鸭流感的检验与防治

鸭流感（Duck influenza，DI）是由禽流感病毒引起的高致死性烈性传染病，可引起鸭只大批死亡，严重感染时发病率100%，死亡率可达90%以上；还会导致产蛋率不同程度的降低，或停产。本病是危害鸭子的重要传染病之一。临床上病鸭主要表现为精神沉郁，减食或不食，腹泻，运动障碍或神经症状。蛋鸭产蛋量不同程度下降。主要病理特征为广泛出血、消化道炎症、溃疡和实质器官变性、坏死等。

本病最早见于1878年意大利鸡暴发A型禽流感之后，1956年捷克和英国学者首先从鸭中分离到流感病毒。曾经认为水禽仅为禽流感病毒的携带者，本身不会发病，而到了20世纪90年代中后期，这一论断被现实所改变，许多事实证明水禽不但是禽流感病毒的巨大的贮存库，而且已成为自然感染、高度易感和死亡率高的禽类。20 世纪末，鸭流感已成为高发病率、高死亡率，并导致产蛋率严重下降的重要疫病。

一、临诊检查

本病可发生于各种年龄的家鸭和野鸭，潜伏期从数小时至 2～3 d，由于鸭的品种、年龄、有无并发病、病毒株和外界环境条件的不同，表现的症状和病理变化有很大的差异。发病鸭主要表现为呼吸系统、消化系统、生殖系统和神经系统症状，患病鸭群有咳嗽，食欲迅速减损或废绝，拉白色或带淡黄色或淡绿色水样稀粪。精神沉郁，两腿无力，伏卧地不起，缩颈。有的病鸭出现头颈向后仰、向下勾或不断摇摆，尾部向上翘等神经症状。病鸭迅速脱水、消瘦，病程急而短。病鸭在发病后 2～3 d 内大批死亡。产蛋鸭群在感染后 3～5 d 内产蛋量迅速大幅度下降或停产。患鸭全身皮肤充血、出血，尤其是喙、头部皮肤和蹼更明显，呈紫红色。

由于禽流感病毒亚型多，同一亚型不同毒株的致病力和免疫性存在差异；禽流感病毒特别是高致病力毒株对禽组织器官损害严重，不同毒株对组织器官的损害也存在差异，脑炎型毒株对脑组织和心脏等器官损害最严重；减蛋型毒株对卵巢和输卵管损害严重。禽流感病毒的免疫原性比其他禽类病毒差，疫苗的免疫期相对比较短；高致病性禽流感病毒随着流行发生，对禽类感染谱在扩大，致病力在增强，死亡率在增高。近几年，各地时有高致病禽流感发生，低致病性禽流感几乎普遍存在，当在临诊中发现上述症状时，首先应怀疑鸭流感。

二、病理学检验

病死鸭表现为肝脏肿大，质地较脆，有条状或斑状出血。脾脏肿大、出血，有灰白色针头大坏死灶。心脏冠状脂肪有出血点，心肌有灰白色条状或斑块状坏死（彩图 8－75），心内膜有条状出血。胰腺充血、出血，散在灰白色坏死点（彩图 8－76）。肾脏肿大，呈花斑状出血。腺胃与食管、腺胃与肌胃交界处黏膜有出血带或出血斑。十二指肠黏膜充血、出血，空肠、回肠黏膜有 2～5 cm 环状出血性溃疡带，这种特殊的病变，从浆膜即可清楚可见。直肠和泄殖腔黏膜常见有弥漫性针头大出血点。喉头和气管黏膜出血。胸腺多数萎缩、出血。胸膜严重充血，胸膜、腹腔浆膜有淡黄色纤维素附着。胆囊肿大，充满胆汁。脑膜充血、出血，脑组织充血。有的患病雏鸭法氏囊黏膜出血。产蛋鸭除了上述病变外，卵巢中较大的卵泡严重充血、出血，有的卵泡萎缩、变形，严重者卵泡呈紫红色葡萄样。由于卵泡破裂，腹腔积有卵黄液，单纯感染禽流感者腹腔无异常臭味，合并大肠杆菌感染时腹腔尚有纤维素性腹膜炎，并有臭味。和鸡的禽流感一样，输卵管蛋白分泌部有灰白色黏液样或脓样分泌物，或有干酪样物。

三、病原学检验

（一）病原特征

流感病毒以其核衣壳和包膜基质蛋白为基础，可以分为 A、B 和 C 3 个抗原型，从鸟类分离到的流感病毒均属 A 型。在同一型内，随着血凝素（HA）和神经氨酸酶（NA）两种糖蛋白的变异，又可分为许多亚型。到目前为止，从人和各种动物分离到的流感病毒有 16 种不同的 HA 亚型，10 种不同的 NA 亚型。由于 HA 和 NA 的抗原性变异是相互独立的，两者的不同组合又构成更多的血清亚型。由于流感病毒基因组的易变性，即使是 HA 和 NA 亚型相同的毒株，也可能在抗原性、致病性及其他生物学特性上有着程度不同的差异。

对家禽具有致病性的主要为 H_1N_1、H_4N_6、H_5N_1、H_5N_4、H_7N_1、H_9N_2、H_9N_3 等血清亚型。鸭流感目前主要为 H_5N_1 亚型毒株所引起，低致病性禽流感（H_9N_2 亚型禽流感）主要发生于产蛋期的鸭。病毒颗粒呈圆形、椭圆形、短杆状、长杆状、鼓锤状、棒状、锥形等多种形态，大小为 130～430 nm，有囊膜。

禽流感病毒的一个重要特点是抗原性持续不断发生变异，主要表现在两个方面：一是抗原变异，属于抗原性的质变，表现为新的亚型出现；另一种称抗原漂移，属于抗原性的量变，为亚型内 HA 和（或）NA 蛋白发生的抗原变异，是禽流感流行的预兆，应用 HI 试验和 NI 试验即可检测出病毒的抗原变异。应用抗血清作 HI 试验结果证明，同源株抗血清 HI 效价比异源株高 4～8 倍。由此可见，禽流感病毒间隔数年会发生一次较明显的抗原性漂移。将使禽群特异性免疫力下降或免疫失败。这种抗原性变异株一旦出现，可能先在局部地区引起暴发流行，然后逐步向其他地区扩散。

禽流感病毒是否可垂直传播，据宾夕法尼亚州的报道，禽流感暴发期间从鸡蛋中分离出 H_5N_2亚型病毒，并用分离毒株人工感染产蛋母鸡，在感染后 3～4 d 所产的蛋全部都含有病毒。结果证明，母鸡感染高致病力禽流感后，除蛋壳表面存在病毒外，蛋内也存在病毒。从产蛋鸭群大幅度减蛋、卵巢和输卵管病变以及从卵泡膜和凝固性蛋白分离到病毒的结果，也证明禽流感病毒可垂直传播。因此，发病家禽的蛋绝不能作种用。

（二）病毒的分离培养

取发病初期具有典型症状和病变的患鸭，无菌采集脑、肝、脾或输卵管蛋白分泌部等组织器官。捣碎后以 1∶5 稀释，反复冻融，除菌过滤，接种 9～11 日龄易感鸡胚。多数毒株于接种后 18～30 h 内死亡。而从患病蛋鸭、肉鸭分离的毒株多数 30～48 h 致死鸡胚。死亡胚体全身出血。

脑组织是最好的分离材料，分离率高而纯，微生物污染率极低，肝、脾组织分离率较低。以呼吸道、消化道或泄殖腔取病料分离病毒常因鸭本身携带病毒，很难获得正确的结果。而且病料易受到外源微生物的污染，增加分离鉴定的难度。

四、血清学检验

鸭流感的血清学检验与鸡禽流感的检验方法相同。

最常用的血清学检验方法有血凝（HA）及血凝抑制（HI）试验、神经氨酸酶抑制试验（NIT）、中和试验（NT）、酶联免疫吸附试验（ELISA）、免疫荧光试验（IFT）、胶体金免疫层析法（GICA）、琼脂扩散（AGP）试验等。

分子生物学诊断技术有 RT－PCR 分子诊断技术、核酸探针技术、NASBA 扩增技术、基因芯片技术等。

其中以 HA、HI 最为常用。对国内患病鸭群的诊断表明，无论是败血型还是脑炎型，均由 H_5 亚型病毒所致，目前尚未分离鉴定到 H_7 亚型 AIV。

五、鉴别诊断

根据流行情况、症状、病理变化可以做出初步诊断，确诊必须进行病原分离鉴定和血清学检验。本病与鸭瘟相似，应注意鉴别。鸭瘟（特别是大头瘟）肿头现象比鸭流感明显；眼结膜炎也比鸭流感严重，有脓性分泌物，有时失明；消化道黏膜出血和形成假膜或溃疡，食管黏膜有纵行排列呈条纹状的黄色假膜覆盖或小点出血，假膜易剥离并留下溃疡斑痕。泄殖腔黏膜病变与食管相似，即有出血斑点和不易剥离的假膜与溃疡。食管膨大部分与腺胃交界处有一条灰黄色坏死带或出血带，肌胃角质膜下层充血和出血。位于小肠上的 4 个淋巴组织出现环状病变，呈深红色，散布针尖大小的黄色病灶，后期转为深棕色，与黏膜分界明显。雏鸭应注意与病毒性肝炎区别，病毒性肝炎时雏鸭死前呈角弓反张姿势，肝脏病变明显；雏番鸭应注意与番鸭细小病毒病区别，番鸭细小病毒病时，肠管明显膨大，内有灰黄色干酪样栓子。

六、建议防治措施

应强化生物安全意识，建立生物安全体系，并严格执行。

（一）免疫接种

1. 疫苗 由于禽流感病毒变异快，亚型多。因此，制苗毒株的筛选具有重要意义，是提高疫苗免疫力关键之一。从免疫试验和目前生产中使用结果，表明高致病力禽流感病毒在禽类病毒病中是免疫原性较差的一种病毒。因此，除了筛选免疫原性好的毒株外，还应考虑提高病毒毒价使疫苗含有足够抗原量，以及增加免疫次数是提高保护力的重要因素。水禽对禽流感病毒抗原的免疫应答可能有所不同，特别是用陆禽分离株制备的灭活苗用于水禽免疫较难达到理想的效果。

一种比较好的方法是从本场或当地分离毒株，制备自家或区域性疫苗用于本地区免疫，效果较好。

2. 免疫程序 灭活疫苗有一定免疫保护性，是预防本病的主要措施。应选用与本地流行的禽流感病毒株或占优势的相同亚型灭活苗免疫。应根据鸭的品种和本病的流行情况决定其免疫程序。

（1）肉鸭 饲养期为 40 d 左右的肉鸭，在有本病流行的地区，应在 5～7 日龄进行免疫，每羽皮下或肌内注射 0.5 ml 灭活苗。在无本病流行的区域，应在 10～15 日龄进行免疫，每羽皮下或肌内注射 0.5 ml 油乳剂灭活苗。饲养期为 40 d 以上的肉鸭，首免应在 5～7 日龄进行免疫，每羽皮下或肌内注射 0.5 ml 灭活苗。二免在一免后 30 d 左右进行，每羽肌内注射 0.5～1.0 ml 油乳剂灭活苗。

（2）种鸭、蛋鸭 肉种鸭、种番鸭和蛋鸭的免疫，首免、二免按上述方法进行免疫。三免在开产前 15 d 左右进行，肉种鸭、种番鸭每羽肌内注射 1.0～1.5 ml，蛋鸭每羽肌内注射 1.0 ml 油乳剂灭活苗。在产蛋中期（即三免后 2～3 个月），进行四免，剂量同三免。

（二）紧急控制

一旦发现疫情，应迅速上报，并及时做出正确诊断，立即采取控制及扑灭措施，淘汰病鸭，烧毁或深埋，彻底消毒场地和用具。由于鸭上呼吸道存在正常细菌和少数病毒，它含有或释放能裂解 HA 前体的酶。当鸭受到应激或条件改变时，细菌大量繁殖，相应的酶也增加，从而增加禽流感病毒的毒力。因此，对未发病的鸭群可用抗血清或高免卵黄抗体配合用广谱抗生素、抗病毒药物、干扰素、转移因子等使用，有一定的效果，可减少死亡率和控制继发感染。注意在进行注射时应防止针头污染。

第十五节　鸭病毒性肝炎的检验与防治

鸭病毒性肝炎（Duck virus hepatitis，DVH）是雏鸭的一种传播迅速和高度致死的急性传染病。以突然发病，病鸭运动障碍，角弓反张，迅速死亡，死亡率高达95%以上为特征。病理学特征是肝脏呈现出血性炎症。

1945年在美国首次发现本病，命名为Ⅰ型鸭病毒性肝炎，1965年在英国发现了鸭病毒性肝炎Ⅱ型，1969年在美国发现了鸭病毒性肝炎Ⅲ型。目前，Ⅰ型呈世界性分布，并曾报道在印度、埃及和美国发现Ⅰ型鸭肝炎病毒的变异株。Ⅱ型和Ⅲ型鸭病毒性肝炎分别局限于英国和美国，未发现变异毒株。我国20世纪中期发现本病，此后各地均有发生，1997年以来，本病在某些地区出现较严重的流行，其疫情不能被标准鸭病毒性肝炎Ⅰ型弱毒疫苗完全控制，怀疑有Ⅰ型鸭病毒性肝炎病毒变异株出现。

一、临诊检查

本病主要发生于3周龄以下的雏鸭，5～7日龄雏鸭发病率、死亡率最高，4～6周龄的鸭也可发病，死亡率高低不等。成年鸭即使感染也无临床症状。在雏鸭群中传播很快，主要通过消化道感染。病愈康复鸭的粪便中能够连续排毒1～2个月。目前，还没有事实证明病毒能够通过种蛋传递。

本病的潜伏期很短，人工感染大约24 h。雏鸭均为突然发病，开始时病鸭表现精神委靡，不能随群走动，眼睛半闭，打瞌睡。随后，病鸭不安定，出现神经症状，运动失调，身体倒向一侧，两脚发生痉挛，死亡前呈角弓反张姿势（彩图8-77）。通常在出现神经症状后的几小时内死亡。人工感染的病鸭一般都在接种后4 d死亡。鸭群感染后在3～4 d内全部死亡，绝大多数在第二天死亡。有些发病很急的病鸭往往突然倒毙，常看不到任何症状。雏鸭发病率可达100%，死亡率差别很大，高的可达100%，低的约20%。

二、病理学检验

本病的主要病理变化在肝脏。肝脏肿大，质地柔软，呈淡红色或外观显斑驳状，并有出血点或出血斑（彩图8-78）。胆囊肿胀，胆汁充盈，胆汁呈褐色、淡茶色或淡绿色。脾脏有时肿大，呈斑驳状。多数病鸭的肾脏发生充血和肿胀。其他器官没有明显化。

病理组织学检验，可见肝组织内有出血灶，叶间静脉、中央静脉充满红细胞，血管周围有炎性细胞浸润。肝细胞发生弥漫性变性、坏死，肝细胞呈明显的脂肪变性。

三、病原学检验

（一）病原特征

鸭肝炎病毒（DHV）有Ⅰ、Ⅱ、Ⅲ型，最常见的为DHVI型，属肠道病毒；DHVⅡ型呈星状病毒；DHVⅢ型呈小核糖核酸病毒。DHVI、Ⅱ、Ⅲ型有明显差异，各型之间无交叉免疫性。病毒的大小为20～40 nm。该病毒对氯仿、乙醚、胰蛋白酶和pH 3.0均有抵抗力，56 ℃下加热60 min仍可存活，62 ℃下加热30 min可以灭活，1%甲醛、2%氢氧化钠或2%漂白粉作用2～3 h均可使其灭活。

对外界环境的抵抗力很强，在污染的育雏室内的病毒至少能够存活 10 周，阴湿处粪便中的病毒能够存活 37 d。含有病毒的胚液保存在 2～4 ℃冰箱内，700 d 后仍保持存活。

（二）病毒分离鉴定

1. 病料采集　无菌采取患病雏鸭肝脏或脾脏，将病料剪碎、磨细，用灭菌生理盐水或 PBS 液作 1∶5 稀释，3 000 r/min 离心 30 min，取上清液用 5%～10%的氯仿在室温下处理 10～15 min，再经 3 000 r/min 离心 30 min，取上清液加入青霉素、链霉素各 1 000 IU/ml，冰箱保存。

2. 病毒分离培养

（1）雏鸭接种　易感雏鸭接种是分离鸭病毒性肝炎病毒的最敏感、最可靠的方法。取 1～7 日龄易感雏鸭，每只皮下或肌内注射 0.2～0.5 ml 上述病料悬液。接种 24 h 后开始发病和死亡，并具有与自然病例相同的临床症状和病理变化，基本上可以确诊。

（2）鸭（鸡）胚胎接种　将病毒分离材料接种于 11～13 日龄易感鸭胚或 10～11 日龄鸡胚 6～8 枚，每胚尿囊腔接种 0.1～0.2 ml。鸭胚一般 48～96 h 死亡。鸡胚死亡差异较大，较不稳定，通常在接种后 96～120 h 死亡。胚胎特征性病变是胚体生长停滞，全身皮肤和皮下充血、出血，腹部和股部皮下水肿，尿囊液增多和变为淡绿色。肝脏肿大，呈淡绿色或红黄色，表面有淡黄色的坏死灶。死亡时间较长的胚胎中，尿囊液明显变绿，肝脏病变和胚胎发育受阻更加明显。

（3）细胞培养　将病毒分离材料接种到鸭胚肝细胞单层上，在室温吸附 15 min，加入细胞培养液，于 37 ℃温箱培养观察，本病毒能引起细胞变圆等病变。

四、血清学检验

（一）雏鸭保护试验

用已知抗鸭病毒性肝炎高免血清或抗鸭病毒肝炎特异蛋黄抗体注射 5 只 1～7 日龄健康的雏鸭，每只雏鸭皮下注射 1～2 ml，同时设 5 只不注射抗血清的雏鸭作为对照，12～24 h 后两组都注射 0.2 ml 的病料悬液攻毒。逐日观察，如果注射特异抗体组的雏鸭有 80%～100%存活，而对照组雏鸭有 80%～100%死亡，即可判定分离毒株为鸭肝炎病毒。

（二）鸭胚中和试验

取病料悬液与等量的高免血清混合，56 ℃水浴 40 min，接种 13～14 日龄鸭胚或 8 日龄鸡胚尿囊腔，每胚 0.1 ml，同时设不加血清的对照。加血清组胚胎发育正常，不加血清的对照组胚胎 2～3 d 后死亡，并有明显的病理变化，即可判定病料中含有鸭肝炎病毒。

五、鉴别诊断

根据本病特征性症状和病理变化、病原学、血清学检验可以确诊，但应注意与鸭瘟、鸭巴氏杆菌、鸭霍乱、雏鸭副伤寒、鸭传染性浆膜炎等病区别诊断。

六、建议防治措施

（一）免疫接种

鸭病毒性肝炎的防治措施，最重要的是保护雏鸭群，特别是 3 周龄以内的雏鸭群必须严格隔离饲养。在流行鸭病毒性肝炎地区，给母鸭开产前 28 d 和 14 d 各接种鸡胚弱毒疫苗 1

次，每只肌内注射1～2头份，产蛋中期每只再肌内注射2～4头份。通过母源抗体，使孵出的雏鸭获得被动免疫，免疫力可维持3周。这是一种方便、有效的预防方法。也可于雏鸭出壳后1日龄每只皮下注射1头份。

当采用标准DHVⅠ弱毒疫苗不能控制疫情时，在排除该疫苗质量不佳和合并感染等前提下，应分离鉴定病毒，检测是否为DHVⅡ型、Ⅲ型感染或者DHVⅠ型变异毒株感染，可以尝试使用本地毒株制备自家疫苗。

（二）被动免疫

在鸭肝炎流行地区对初生雏鸭接种高度免疫血清、康复病鸭的血清、高免卵黄液或病愈鸭的卵黄液，每只雏鸭注射0.3～0.5 ml，均能获得良好效果。

在鸭病毒性肝炎刚开始流行时，立即隔离病鸭，并对鸭舍或水域进行彻底消毒。立即给每只雏鸭接种高度免疫血清、康复病鸭的血清、高免卵黄液或病愈鸭的卵黄液，每只雏鸭注射0.5 ml，同时注意控制继发感染，能够减少发病和降低死亡率。

第十六节　鸭病毒性肿头出血症的检验与防治

鸭病毒性肿头出血症（Duck viral swollenhead haemorrhagic disease）是由鸭病毒性肿头出血症病毒引起的鸭的急性败血性传染病。以鸭头肿胀、眼结膜充血、出血，全身皮肤广泛出血，肝脏肿大呈土黄色并伴有出血斑点，体温43℃以上，排草绿色稀粪等为临床特征。发病率在50%～100%，死亡率为40%～80%，甚至100%，是严重危害养鸭业的一种新的传染病。

一、临诊检查

初次发生本病的鸭场，呈急性暴发，发病率和死亡率常常高达100%，鸭群中突然出现少数病鸭，2～3d后出现大量病鸭和死亡，4～5 d后死亡达到高峰，病程一般为4～6 d，反复发生的地区和鸭场，发病率在50%～90%或更高，死亡率在40%～80%或更高。各种年龄阶段、各品种的鸭均可感染发病，涉及品种有天府肉鸭、奥白星鸭、樱桃谷鸭、北京鸭、四川麻鸭、四川白鸭、建昌鸭、番鸭、野鸭、花边鸭及各种杂交鸭等。最早3日龄开始发病，也有500日龄仍然发病的。使用抗菌药物如青霉素、链霉素、黏杆菌素、环丙沙星、氧氟沙星、氟甲砜霉素、二氟沙星、磺胺类药物等或抗病毒药物如板蓝根、抗病毒冲剂等进行治疗，仅能延长疾病的流行期而无有效治疗效果。使用分离毒株制备的高免血清或康复鸭血清对未发病鸭群紧急注射可预防本病，对出现临床症状的鸭可获得40%～90%的治愈率。

自然感染潜伏期为4～6 d，人工感染潜伏期为3～4 d。病鸭初期精神委顿，不愿活动，随着病程发展，病鸭卧地不起，羽毛凌乱无光并沾满污物，食欲降低但饮欲增加。所有病鸭头部明显肿胀，体温升高至43℃以上，后期体温下降，迅速死亡。腹泻，排出草绿色稀便甚至血便。眼睑严重肿胀，眼结膜充血、出血，流泪，个别鸭眼流血性分泌物。鼻腔流出浆液性或血性分泌物，呼吸困难。

二、病理学检验

（一）大体病理变化

病死鸭特征性眼观病理变化为头颈部水肿，皮下有黄色胶冻样渗出物。心包积有淡黄色透明液体，心脏表面、冠状脂肪和心尖处有大小不一的出血点。肝脏呈土黄色或淡黄色，表面特别是肝脏边缘有大小不一的出血斑点。脾脏严重瘀血和出血。气管环、胸腺和法氏囊严重出血，胸腺和法氏囊呈乌黑色。哈德氏腺点状出血。食管黏膜面弥漫性出血，甚至出现黄色结痂并钙化。食管与腺胃交界处有深红色出血环。直肠黏膜面出血。肠浆膜有 4 条红色出血环，其中回肠有 2 条。盲肠中部明显膨大，内充满黑色内容物。直肠内充满暗红色内容物。肺脏出血。胰腺边缘有片状出血和点状出血。

（二）病理组织学变化

1. 免疫器官（胸腺、法氏囊、脾脏和哈德氏腺）　前期主要表现为小血管和毛细血管扩张充血，嗜酸性粒细胞和异嗜性粒细胞浸润，淋巴细胞数量减少。胸腺皮质区扩大。法氏囊黏膜上皮细胞空泡变性，髓质区网状内皮细胞增生。脾脏小动脉壁平滑肌纤维空泡变性。后期组织严重弥漫性出血。胸腺、法氏囊和脾脏中淋巴细胞明显减少，甚至消失，被大量红细胞取代，实质固有结构消失，组织中出现大小不等的坏死灶。胸腺和脾脏有大小不等的均质嗜酸性坏死样结构，被染成粉红色，哈德氏腺上皮细胞大面积坏死、脱落。

2. 消化器官（肝脏、胰腺）　前期主要表现为组织细胞颗粒变性和脂肪变性，并充血、出血，大量异嗜性粒细胞和淋巴细胞浸润。肝细胞索紊乱，肝血窦闭合、消失。后期主要表现为整个组织弥漫性充血、出血或局灶性出血。组织中出现大小不等的坏死灶，周围伴有大量炎性细胞浸润。肝组织中小胆管和毛细胆管内胆汁瘀积。食管、腺胃和各段肠管前期主要表现为肠绒毛顶端黏膜上皮细胞坏死、脱落。肠绒毛中轴固有膜结缔组织增生，并充血、出血，嗜酸性粒细胞、异嗜性粒细胞和淋巴细胞浸润。肠腺肿胀或萎缩。后期肠绒毛黏膜上皮细胞坏死向中、基部发展，最后完全坏死、脱落，固有膜裸露，并充血、出血，大量结缔组织增生，淋巴细胞增多。有的固有膜出现棕黄色颗粒（含铁血黄素）。

3. 肾脏　前期主要表现为肾小管上皮细胞颗粒变性和脂肪变性，静脉瘀血。炎性细胞浸润。肾小球肿胀，充满整个肾小囊腔。后期整个组织广泛性充血、瘀血。组织中有许多大小不一的坏死灶。部分肾小球萎缩，间质增宽。肾小管上皮细胞严重脂变或萎缩、坏死、溶解。

4. 大脑　前期主要表现为脑膜水肿、脑回增宽。血管周间隙增宽。神经元肿大、变性、坏死。后期脑膜仍水肿、脑回增宽。血管周间隙显著增宽。神经元变性、坏死、溶解、消失。神经胶质细胞增多。脑组织表现脱髓鞘样改变。

5. 肺脏　前期主要表现为小血管和毛细血管轻微扩张充血，少量异嗜性粒细胞浸润。后期间质水肿、间质增宽，血管和毛细血管显著扩张，三级支气管、肺房以及肺毛细管均有红细胞渗出。出现大小不等的出血灶。

三、病原学检验

（一）病原特征

鸭病毒性肿头出血症病毒初步被认为是一种呼肠孤病毒。病毒粒子呈球形或椭圆形，直径约 80 nm，无囊膜，核酸为 RNA，不凝集鸡、鸭、鹅、鸽、黄牛、水牛及猪的红细胞。pH 4.0～8.0 条件下稳定。对氯仿有抵抗力。中和试验和交叉保护试验证实与鸭瘟病毒和鸭病毒性肝炎病毒无抗原相关性。琼脂扩散试验证实与番鸭细小病毒、流感病毒、鸡传染性法氏囊病病毒、禽病毒性关节炎病毒和鹅副黏病毒无抗原相关性。分离毒经口服、皮下注射、肌内注射和滴鼻途径感染鸭均能成功复制与临床病例一致的症状和病变。不能感染 SPF 鸡(鸡胚)、鹅。

(二)病原分离鉴定

取典型发病死亡鸭的肝脏、心脏、脾脏、脑组织等，经过常规处理并除菌后，接种鸭胚成纤维细胞，37 ℃培养。观察 10 d，有病变者做进一步鉴定，无病变者盲传 7 代。出现细胞病变的经反复冻融 3 次后，8 000 r/min 离心 30 min，上清液经负染后于透射电子显微镜下观察。

人工感染鸭试验，将 60 日龄商品肉鸭若干只随机分成试验组和对照组，试验组每只皮下注射细胞培养物 0.5 ml，对照组皮下注射灭菌生理盐水 0.5 ml，隔离饲养，观察 30 d。试验组鸭死亡率 90%以上，并具有本病的特征性临床症状和病理变化，对照组鸭存活，可认为所分离的病毒为鸭病毒性肿头出血症病毒。

四、血清学检验

中和试验和交叉保护试验，可利用鸭胚成纤维细胞或易感雏鸭进行。用易感雏鸭进行中和试验，取同日龄雏鸭分为两组，一组直接注射分离到的病毒或组织悬液，另一组注射分离到的病毒或组织悬液与高免血清等量的混合液，分别观察 7～10 d。不加血清组发病死亡，出现典型症状和病理变化，加血清组不发病，健康存活，即可判定该分离物和病料中有本病病毒。

五、鉴别诊断

本病与鸭瘟、鸭病毒性肝炎、鸭流感都是急性危害严重的传染病，而且有相似的症状，应注意区别诊断。

(一)与鸭瘟(大头瘟)区别诊断

(1)鸭瘟病毒属于疱疹病毒，有囊膜，对氯仿敏感。

(2)本病近 100%病例出现头肿大，鸭瘟仅有部分病鸭头颈肿大。

(3)两者均有消化道黏膜出血病变，但本病缺乏鸭瘟消化道黏膜坏死和纤维素性假膜覆盖等特征性病变。

(4)肝脏大体变化与组织学变化具有明显区别，本病缺乏鸭瘟肝脏的灰白色坏死点而呈土黄色肿大，质脆并有出血斑点；鸭瘟肝脏的组织学变化有明显的包涵体，而本病无。

(5)鸭瘟在自然流行中以成年放牧鸭群发病和死亡较为严重，圈养的 1 月龄以下的雏鸭鲜见大批发病，而本病各种年龄段的发病和死亡都很严重，尤以雏鸭更甚。

在生产实践中值得重视的是本病与鸭瘟混合感染的发生频率较高，特别是在广大农村散养没有进行鸭瘟疫苗免疫的鸭群，有 40%左右是两者的混合感染或流行后期鸭瘟继发感染。其特点是，凡有鸭瘟病毒的混合或继发感染病例都能于食管和直肠观察到坏死灶和黄色纤维素性假膜，以及肝脏的灰白色坏死点和组织学光镜下的包涵体，1 月龄以下雏鸭死亡后常常能于小肠浆膜面发现 4 条环状出血带，表明食管和直肠坏死灶、黄色纤维素性假膜和肝脏的灰白色坏死点，以及雏鸭小肠环状出血带是鸭瘟具有诊断意义的病变。

(二)与鸭病毒性肝炎区别诊断

本病的肝脏呈土黄色肿大，质脆并有出血斑点，易与鸭病毒性肝炎混淆，但鸭病毒性肝炎病毒属微 RNA 病毒科成员，直径约 25 nm，发病具有明显年龄特点（主要侵害 3 周龄以下雏鸭），肝脏的组织学变化表现为坏死、炎性细胞浸润和胆管上皮细胞增生。

（三）与鸭流感区别诊断

鸭流感病毒可引起鸡、火鸡、鸭和鹌鹑等多种家禽和鸟类发病，属正黏病毒科成员，有囊膜和血凝性。而本病的发病鸭群与鸡群混养时未见发病，流行区域的鸡群也未见禽流感发生，分离的病毒无血凝性，且不感染 SPF 鸡胚（雏鸡）、雏鹅等。

六、建议防治措施

目前，还没有对本病有确实疗效的抗菌和抗病毒药物，但由于抗菌药物在一定程度上控制了细菌的继发感染而使得疾病的流行期延长；加强兽医卫生措施和环境的消毒是控制该病发生的不可缺少的有效措施；对发病鸭群中未出现临床症状的鸭紧急注射高免血清或康复鸭血清可预防疾病的进一步发展，对出现临床症状的鸭可获得 40%～90%的治愈率；自家组织苗或分离病毒制备的油剂灭活疫苗在该病流行地区应用，可获得良好的预防效果；在疫情严重地区，应在发病日龄前给鸭群注射高免血清或高免蛋黄液。也可用生物制剂如干扰素、转移因子、胸腺素等进行辅助治疗。

第十七节　鹅副黏病毒病的检验与防治

鹅副黏病毒病（Goose paramyxovirus disease）又叫“鹅新城疫”，是由鹅源禽Ⅰ型副黏病毒（Avian paramyxovirus - 1，APMV - 1）引起的鹅的一种急性、高度接触性传染病。以消化道呈糠麸样病变，并有溃疡、胰腺肿胀，表面有灰白色点状坏死灶为特征的急性病毒性传染病。这一病毒可致鸡和鹅发病，并且在两者之间可以相互感染。此病一旦发生，其发病率和死亡率都很高，给养殖业带来了巨大的经济损失。我国学者王永坤等于 1997 年首次发现本病，并从鹅体内分离到 13 株鹅副黏病毒；单松华等 1999 年 12 月，在上海地区部分养鹅场发现了鹅副黏病毒感染；任涛等也在广东分离到感染鹅的鹅副黏病毒强毒株。20 世纪 90 年代以来，越来越多的报道显示禽Ⅰ型副黏病毒对水禽的致病力逐渐增强。鹅、鸭、企鹅、鸵鸟等不再单是禽Ⅰ型副黏病毒的宿主和储存库，而已成为禽Ⅰ型副黏病毒的易感禽类。其中鹅的易感性最高，且不同日龄的鹅均易感，日龄越小，发病率、死亡率越高，15 日龄以内的雏鹅发病率和死亡率最高。

一、临诊检查

不同品种、不同年龄的鹅都能发病，雏鹅的发病率和死亡率较高。一般发病率在 30%，死亡率在 10%，雏鹅死亡率可达 100%。鸡有易感性，鸭没有易感性。本病一年四季都能发生。

病鹅的胴体、内脏、排泄物或分泌物，以及污染的饲料、水源、草地、用具和环境等是主要的传染来源，种蛋和孵坊也是传染来源。从疫区引进带毒的“健康”鹅，是发病的重要原因，在流行地区的水塘中放养十分危险。

本病经消化道、呼吸道、皮肤或者黏膜的损伤均可引起感染。也很可能会经种蛋垂直传播。

自然感染潜伏期平均为2～5 d（雏鹅2～3 d，青年或成年鹅3～6 d）。人工感染潜伏期，雏鹅和青年鹅2～3 d。病程一般为5～6 d，雏鹅1～2 d，青年鹅或成年鹅2～6 d。

发病率为40%～100%，平均为60%左右。死亡率为30%～100%，平均为40%左右。其中，15日龄以内雏鹅的发病率和死亡率可高达100%。患病鹅群日龄越小，发病率和死亡率越高，病程短，康复少。

雏鹅发病后呼吸道和消化道症状明显。试验鹅在接种后60～72 h发病。精神委顿，不愿行走。感冒样症状明显，流出清水样鼻液，咳嗽，呼吸急促，甩头。眼睛湿润，多泪水，半闭。减食或不食，多数鹅排白色稀粪。84 h出现死亡，至120 h全部死亡。

青年鹅或成年鹅发病初期，排出灰白色稀粪。随着病程的发展，排出水样稀粪，呈暗红色、黄色、绿色或墨绿色。精神委顿，两腿无力，常蹲地或跛行。减食或拒食，体重减轻。后期部分病鹅有神经症状，扭颈、仰头或转圈。不死的鹅发病后6～7 d好转，9～10 d康复。产蛋鹅产蛋率迅速下降，降幅可达50%左右，并在低水平产蛋率上持续十多天。疫情得到控制后，经3～4周产蛋率才能逐渐恢复。

二、病理学检验

（一）大体病理变化

人工感染的雏鹅与自然感染的成年鹅或雏鹅的病理变化基本一致，以出血为主。实质器官的病变主要表现为脾脏有较大的圆形灰白色或浅黄色坏死灶，胰腺有较小的白色坏死灶。消化道从食管到直肠的黏膜都以出血或结痂为特征。

青年鹅或成年鹅的病理变化表现为：头部皮肤瘀血，皮下有胶冻样水肿，约有50%的病鹅皮下脂肪组织、胸肌、腿肌出血；约有60%肺出血，喉头黏膜出血，支气管内充满黄色干酪样物；约有40%心肌变性，心包有淡黄色积液，心冠脂肪沟点状出血；部分病例肝脏稍肿大，有细小白色坏死点，瘀血，质地变硬，胆囊扩张，充满胆汁；脾脏表面和切面都能见到粟粒大灰白色或浅黄色坏死灶；胰腺出血并可见实质中有粟粒大小灰白色坏死灶；肾脏肿胀，肾小管和输尿管扩张，充满黄白色的尿酸盐结晶；胸腺、法氏囊萎缩；有神经症状的病例脑部充血，大脑和小脑充血；约1/3的病鹅法氏囊出血；消化道呈糠麸样病变，食管可能膨大，充满发酵的食物，黏膜出血或有坏死结痂。腺胃黏膜下出现白色坏死灶或米粒大小的白色结痂。部分鹅食管与腺胃、腺胃与肌胃交界处出血。肠道包括小肠和大肠黏膜坏死、结痂、剥离后出血或溃疡，部分病鹅肠道黏膜呈斑块状或广泛的针尖样出血。从十二指肠开始，以后肠段病变更加明显和严重，直肠尤其明显，散在性溃疡病灶，有的覆盖红褐色结痂。患病雏鹅以肠黏膜出血为主，伴有散在性溃疡结痂病灶为主要特征性病理变化，日龄较大的病鹅肠黏膜以弥漫性大小不一的纤维素性结痂的溃疡病灶和出血斑为主要特征性病理变化。

（二）病理组织学变化

可见肝细胞严重水疱变性或脂肪变性，并且大量坏死溶解。脾脏淋巴细胞坏死，脾小体消失。腺胃及肠道上皮细胞变性、坏死、脱落，整个肠道黏膜发生急性、卡他性炎症，肠绒毛肿胀，有的发生凝固性坏死，上皮细胞变性、坏死、脱落，肠腺结构破坏。固有层炎性水肿，黏膜层水肿、出血，平滑肌发生实质变性，淋巴组织内淋巴细胞变性坏死。部分病鹅肠黏膜固有层充血、出血。肾小管上皮细胞颗粒变性，有的上皮细胞坏死、脱落。胸腺、法氏囊淋巴滤泡髓质区淋巴细胞严重变性、坏死。脑表现非化脓性脑炎变化，血管周围淋巴间隙扩张，神经胶质细胞弥漫性或呈灶状增生，部分神经细胞变性、坏死。心肌实质变性，肌纤维肿胀、断裂、坏死。呼吸系统气管黏膜上皮细胞坏死脱落，杯状细胞数量增多，固有层充血，毛细血管瘀血。

三、病原学检验

（一）病原特征

本病病原为禽副黏病毒Ⅰ型，F 蛋白为基因Ⅶ型。病毒粒子大小不一，平均直径为 120～260 nm，呈多形性，以圆形居多，病毒颗粒表面囊膜上的纤突具有血凝素和神经氨酸酶活性。其基因组为单股 RNA，主要包括 6 组基因，分别编码 6 种结构蛋白，即神经氨酸酶蛋白（HN）、融合糖蛋白（F）、膜蛋白（M）、核衣壳蛋白（NP）、磷蛋白（P）及高分子量蛋白（L）。

鹅副黏病毒与鸡新城疫病毒的血凝素在结构和活性上存在差异，其结构蛋白与鸡新城疫病毒及鸽副黏病毒也具有一定差异。

病毒抵抗力较弱，在阳光、腐败、干燥及室温以上温度的环境中易于死亡，在低温、阴湿条件下生存较久。尿囊液中的病毒在冻结条件下可以存活 1 年以上。常用消毒药可在数分钟内灭活病毒。56 ℃下作用 25 min，对鸡红细胞的血凝性会消失。

本病毒能凝集鸡、鸭、鹅、鸽、鹌鹑的红细胞，血凝谱与鸡新城疫病毒相似，但凝集价略有差异，且不同来源病毒株间的凝集价差异一般在 2～3 个滴度，同一毒株对不同红细胞的凝集价差异也一般在 2～3 个滴度。

BY 株与 HJ 株均能凝集牛蛙、蛇、鸡、鸭、鹅、小鼠、豚鼠、猪、狗、牛、山羊、绵羊及人等 13 种动物的红细胞，与 La Sota 株没有差异。但对哺乳类红细胞的 HA 效价与 La Sota 株相近，对鸭、鹅红细胞的 HA 效价则显著低于 La Sota 株。此外，BY 株与 HJ 株对哺乳类红细胞的解凝起始时间（0.5～1 h），显著迟于 La Sota 株（0.5 h），而对禽类红细胞的解凝起始时间则早于 La Sota 株。另外，BY 株与 HJ 株对同种动物鹅红细胞的 HA 效价，比异种动物鸡红细胞的 HA 效价低 2～3 个滴度。

病毒可在鹅胚、鸡胚及鹅胚成纤维细胞中增值。

（二）病原分离鉴定

病毒分离是诊断鹅副黏病毒最为确切的一种方法。常用的分离材料有鸡胚、鸭胚、鸡胚成纤维细胞、鸡胚肾细胞等。

1. 病料制备和接种　将无菌采集的病料剪碎后用灭菌的生理盐水按照 1∶5 的比例研磨，然后以 5 000 r/min 离心 10 min，取上清液加入双抗，使双抗的浓度达到 2 000 IU/ml，混匀后放在 4 ℃冰箱内过夜。然后，接种于 12 日龄的鹅胚尿囊腔，每胚接种 0.2 ml，弃去 24 h 内死亡的鹅胚，以后每天观察一次；病料接种鸡胚后，一般培养 36～96 h 鸡胚发生死亡，可见头、翅、颈、胸等处出血。尿囊液清亮，内含大量病毒，呈现较高的血凝性。将死亡胚尿囊液收集起来作为传代病毒和做病毒鉴定。

2. 血凝和血凝抑制试验　用 1%健康鸡的红细胞悬液对收集的鹅胚病毒做血凝试验，同时用鹅副黏病毒阳性血清做血凝抑制试验，如果出现血凝性和血凝抑制现象，说明该病为鹅副黏病毒病。

3. 动物试验 将分离到的鹅副黏病毒接种于20日龄的雏鹅，若雏鹅能够发病并能从人工发病的病鹅组织中分离到了该病毒，说明该病毒是致病毒株。

四、血清学检验

（一）血凝试验（HA）和血凝抑制试验（HI）

操作方法与鸡新城疫的检验相同。经鸡胚、鹅胚传代的鹅副黏病毒对鸡、鸭、鹅、鸽、鹌鹑的红细胞均有较强的凝集性，血凝谱与鸡新城疫相似，但血凝效价略有差异。该病毒与新城疫阳性血清具有一定交叉反应，说明鹅源副黏病毒与鸡新城疫病毒具有类似抗原性，很可能是新城疫病毒的变异株。HA、HI试验具有操作简单、不需特殊仪器等优点，是目前最常用的检测方法之一。但在实际操作过程中容易造成误差，而缺乏一定的可靠性。

（二）荧光抗体技术

荧光抗体技术是荧光色素标记抗体的一种免疫检测方法，该方法简便、快速、敏感、准确，适用于鹅副黏病毒的快速诊断。

（三）ELISA试验

ELISA检测方法，适用于基层兽医部门血清学诊断和流行病学调查。王永坤等应用1株鹅副黏病毒制备单克隆抗体建立了快速ELISA检测方法，除了获得具有禽副黏病毒共同反应的单克隆抗体外，还获得仅对鹅副黏病毒株和鸡分离株呈阳性反应，而对标准新城疫F48E8、La Sota毒株不反应的单克隆抗体。朱国强等应用间接ELISA检测表明，禽副黏病毒单克隆抗体7C2216既能识别NDVF48E8和NDVN88标准株，也能识别新城疫SD20和AH20分离株，而型特异性单克隆抗体2229仅能识别SD20和AH20分离株。

（四）RT-PCR技术

目前，RT-PCR技术单独或结合其他分子生物学评估技术已经在鹅副黏病毒的检测、鉴定和特性分析方面得以应用。曹殿军等建立了直接从组织病料中检测，并同时鉴定出APMV-1强、弱毒株的RT-PCR技术；严维巍、赵文华等应用RT-PCR技术对多株鹅副黏病毒的F基因重要功能区片段进行扩增和测序，并采用基因型分类法，在分子基础上对鹅副黏病毒毒株的基因型做出鉴定；刘禄等依据APMV-1F基因裂解位点的核苷酸序列与其毒力的相关规律，分别设计合成了4条寡核苷酸引物，建立了一个可快速检测所有APMV-1，并可鉴别强、弱毒株的RT-PCR技术；邹健等在分析鹅副黏病毒F基因序列的基础上，设计3条引物，建立了一种新的多重RT-PCR方法，能区分鹅副黏病毒与传统新城疫病毒；单松华等建立了一种可以区分鹅副黏病毒与新城疫病毒的复合RT-PCR检测方法，并在对2株鹅副黏病毒、12株鸡源新城疫、2株鸽源新城疫、1株鸭源新城疫病毒的检测中得到验证，从而为生产实践中区别鹅副黏病毒与新城疫病毒提供了技术保证。

（五）核酸探针检测技术

核酸探针检测技术是在获得病毒特异片段上标记放射性同位素或生物素作为探针而建立的一种分子杂交诊断方法。Jarecrei-Blacle等针对中发型和缓发型分离株的连接肽特性，设计1个寡核苷酸，并用这个寡核苷酸作为探针进行狭缝印迹杂交试验，表明该探针至少可检出0.25～0.5 μg的新城疫病毒RNA，并能鉴定出疫苗接种和速发型NDV强毒株引起的阳性反应。

五、鉴别诊断

鹅群发病不分季节、日龄。雏鹅发病用小鹅瘟血清治疗无效。同时，鸡群可能发病。本病的临床特征是消化道症状明显，大便稀薄，或有神经症状。雏鹅的感冒样症状如眼流泪、流鼻涕、呼吸困难等十分明显。本病的病理变化具有明显特点，肠道病变突出，出血或结痂，雏鹅以出血为主。实质器官的病变以脾脏较大的圆形白色坏死灶，胰腺较小的白色坏死灶为特征。根据以上流行病学，临床症状和病理变化即可做出初步诊断。必要时做实验室诊断，进行病毒分离鉴定，如鸡胚或鹅胚接种试验、雏鹅或雏鸡人工感染试验、红细胞凝集试验及凝集抑制试验、中和试验、PCR 等。注意与小鹅瘟、雏鹅新型病毒性肠炎及禽流感的区别。小鹅瘟、雏鹅新型病毒性肠炎的特征性变化是在肠道形成纤维素性栓子。鹅禽流感常伴有体温升高，眼睛流泪甚至流血，皮下、肌肉及脚鳞出血，气管环程度不同的出血，心肌出血，胰腺充血、出血、坏死、萎缩甚至液化，卵巢严重出血甚至萎缩，输卵管水肿导致产蛋鹅产蛋量快速下降且恢复缓慢。

六、建议防治措施

目前，尚未发现对 GPMV 有特效的药物，本病的防治必须以预防为主，有计划地做好鹅群的免疫监测和疫苗接种工作是防制本病发生和流行的重要措施。

（一）雏鹅的免疫

未免疫种鹅所产种蛋孵化的雏鹅，应在 7 日龄进行免疫接种，每羽皮下或肌内注射油乳剂灭活疫苗 0.3～0.5 ml。接种后 10 d 内隔离饲养，防止雏鹅免疫力产生之前被感染；免疫种鹅所产种蛋孵化出的雏鹅，由于其体内存在较高水平的母源抗体，可在 15～20 日龄进行免疫，每羽皮下或肌内注射油乳剂灭活疫苗 0.3～0.5 ml。首免 2 个月后应实施第二次免疫。免疫期为 3 个月。

（二）种鹅的免疫

产蛋前 2 周，每羽皮下或肌内注射油乳剂灭活疫苗 0.5～1.0 ml。1 周产生抗体，维持 6 个月左右，高峰在 1.5～2 个月。在免疫期内所产的种蛋孵化的雏鹅在 2～3 周内因具有母源抗体，可以抵抗强毒的感染。

（三）被动免疫

当鹅群受到威胁时用当地发病鹅分离毒株制备油乳剂灭活疫苗，对易感鹅群紧急接种，可获得较好的防制效果。

一旦发病应尽快用抗鹅副黏病毒病高免血清或卵黄抗体对发病鹅进行注射，每千克体重注射 1 ml，同时使用具有提高免疫功能的中药和抗生素控制细菌混合或继发感染。对发病早期的鹅具有良好的疗效，对发病雏鹅、雏鸭的保护率为 80%～100%。

第十八节　鸽副黏病毒病的检验与防治

鸽Ⅰ型副黏病毒病（Pigeon paramyxovirus 1，PPMV－Ⅰ），又称鸽瘟或鸽新城疫，是由禽Ⅰ型副黏病毒（Avian paramyxovirus 1，PMV－Ⅰ）引起的、流行于鸽群的高度接触性急性传染病，它以肠炎、严重腹泻和神经症状为特征，是危害养鸽业的主要疫病之一。该病于1981年首次在苏丹和埃及的信鸽中发现，随后迅速传播到欧洲、美国和加拿大等地，1985年传入亚洲。在1986年前后，我国的鸽群中也发现了该病。该病已经给肉鸽养殖业造成了巨大的经济损失。因此，对该病的诊断技术和防制措施的研究具有重要意义。

一、临诊检查

鸽Ⅰ型副黏病毒对不同品种、不同年龄的鸽都有感染性，传播迅速，死亡率高。在自然条件下，肉鸽、信鸽和赛鸽等各类鸽子均可感染发病；母鸽比公鸽易感，乳鸽和童鸽比种鸽易感。成年鸽感染后，呈慢性经过，无明显的死亡高峰，最后因采食困难，消瘦而衰竭死亡。发病鸽和带毒鸽是本病的主要传染来源。该病主要通过呼吸道和消化道传播，属接触性传染病。从疫区引进种鸽是导致本病发生的重要因素，人员的流动、运输工具的机械传播也是不容忽视的原因。另外，饲养密度较高、通风不良，寒冷刺激都有可能诱发本病。活禽及禽类产品的调运，未完全灭活的疫苗也能传染。没有接种疫苗的种鸽所产乳鸽因无母源抗体，对本病毒最易感，严重时发病率和死亡率均可高达100%。鸽与鸡的相互传染对本病的传播也有着不可忽视的作用，如英国1984年发生的23起鸡ND，在分离到的21个病毒中有20个属P群，认为受野鸽污染的饲料是引起鸽ND的重要来源。同样，从鸽病毒中发现速发型NDV，有可能是市售鸡群已受感染的表现。Weisman曾同时从鸽分离到PPMV-Ⅰ和NDV。因此，在传播新城疫病毒方面，鸡和鸽之间的相互传染也是不可忽视的。该病的发生无明显的季节性。一年四季均可发生，但以秋冬、冬春多发。其潜伏期据其毒力的大小、鸽的品种及鸽的营养管理水平而长短不一，从1～2 d到7～8 d，一般自然发病潜伏期3～5 d。本病的发病率和死亡率差异较大，与日龄、饲养环境和鸽群大小密切相关。日龄小、饲养环境差的鸽群发病较严重，反之则相对较轻。

鸽Ⅰ型副黏病毒病发病初期表现精神不振，缩头闭目，羽毛蓬松，不愿活动，食欲减退。随后出现腹泻症状，排出黄白色水样或绿色黏糊状粪便。2～3 d后出现典型的神经症状，几乎所有的病鸽都出现，因而具有诊断价值，如出现歪头扭颈，头向后仰，在地上转圈，有时倒地，羽毛上粘满黄绿色粪污。受到惊吓或刺激，神经症状表现更为明显（彩图8-79）。童鸽3～5 d后出现大批死亡，夜间死亡较多。成年鸽由于神经症状影响到正常的采食饮水，表现消瘦、脱水。

二、病理学检验

急性死亡病鸽，病理特征明显，全身败血症。表现颈部皮下广泛性出血，呈紫红色。嗉囊内充满酸臭的米汤样液体。咽部黏膜充血，偶有出血。腺胃乳头出血，肌胃角质层下有出血斑。肠道黏膜广泛性出血，盲肠扁桃体出血。脑水肿，脑血管局部出血。慢性死亡病例，消瘦脱水，皮肤不易剥离，消化道内容物减少，嗉囊无食物，肠道出血严重。一般多有细菌、霉菌合并感染，如大肠杆菌、曲霉菌等。

三、病原学检验

（一）病原特征

鸽Ⅰ型副黏病毒是禽副黏病毒的一种。禽副黏病毒属副黏病毒亚科腮腺炎病毒属，包括

9个血清型（PMV－Ⅰ至PMV－Ⅸ）。禽Ⅰ型副黏病毒只有1个血清型，其宿主范围广，包括家禽、野禽和观赏鸟等。不同毒株生物学特性和毒力差别很大。

PPMV－1颗粒呈多形性，直径为100～250 nm，有不同长度的细丝。有囊膜，在囊膜的外层有呈放射状排列的突起物或纤突。和NDV一样具有血凝素和神经氨酸酶。采用红细胞凝集试验，通过对鸽Ⅰ型副黏病毒在鸡胚上增殖动态的研究表明：PPMV－1病毒经尿囊腔接种9～10日龄鸡胚，24 h内病毒处于“掩蔽期”，24 h后开始增殖，72 h左右鸡胚死亡。鸽Ⅰ型副黏病毒在尿囊膜、羊膜、尿囊液和羊水中含量较高，而在卵黄、胚体中含量较低。

（二）病原分离培养

无菌采集病死鸽的肝脏、脾脏、胰脏及脑组织，将病料置于研磨器内磨碎，用生理盐水将病料作1∶5稀释制成悬液，冻融3次后，5 000 r/min离心10 min，取上清，加抗生素（青霉素1 000 U/ml、链霉素1 000 mg/ml），室温下作用4 h。取处理好的样品上清入液，经尿囊腔接种10日龄SPF鸡胚，每胚0.2 ml，37 ℃下继续孵化，弃去24 h内死亡的鸡胚，以后死亡鸡胚及时收取，取其尿囊液进行HA试验，尿囊液能凝集鸡红细胞者可认为分离到病毒。对HA试验阴性者盲传3代，再做血凝试验。经尿囊腔接种的SPF鸡胚在96 h内全部死亡，死亡胚全身出血。

四、血清学检验

血凝试验和血凝抑制试验的方法同新城疫。

此外，还可进行ELISA试验等。

五、鉴别诊断

本病应与禽脑脊髓炎以及鸽副伤寒（沙门氏菌病）相区别。禽脑脊髓炎有明显的震颤，剖检时可见腹部皮下和脑有蓝绿色区，少数幼龄禽的单侧或双侧眼睛有同样的变色区。鸽副伤寒也有水样或黄绿色下痢及肢体麻痹，但无颈部皮下广泛瘀斑性出血及颅骨、肌胃角质膜下斑状出血和胰腺大理石状病变，且用抗生素治疗有效。确诊须经病毒的分离和鉴定。用鸡胚初次分离时，有时会出现鸡胚有病变而鸡胚尿囊液无血凝现象，此时要继续传代，就会出现血凝性，但鸽Ⅰ型副黏病毒感染鸡胚尿囊液凝集价不高，一般为1∶24左右，而且鸡胚死亡时间较迟，多在72～96 h。分离毒株可用PMV－Ⅰ阳性血清做血凝抑制试验进行鉴定。分离到的病毒株必要时都进行毒力型鉴定。要想鉴别PPMV－Ⅰ和NDV，还须用单抗对分离株进行进一步鉴定。

六、建议防治措施

虽然PPMV－Ⅰ与NDV存在较高的交叉反应，不少学者也认为新城疫疫苗能预防鸽Ⅰ型副黏病毒感染，但在生产实践中这种免疫效果常不够确实。目前，治疗该病尚无特效药，许多研究人员都在致力于研究一种有效的疫苗或药物防治此病。李鹏等制备的高免卵黄抗体对3个地方的病鸽总治愈率达95%以上。贺杰等以鸽新城疫ND－GS 01株毒为种毒制备的油乳剂灭活疫苗和进口鸡源油乳剂灭活苗进行对鸽的免疫保护试验对比，发现鸽ND油乳剂灭活疫苗保护率为100%，鸡ND油乳剂灭活疫苗保护率仅为65%。由此可见，预防本病最好用鸽瘟专用疫苗。在没有鸽瘟专用疫苗时，采用鸡ND疫苗预防鸽瘟的也有一定的保护效果。乳鸽阶段只能用弱毒苗进行免疫，常用的弱毒苗为鸡新城疫Ⅱ系和Ⅳ系疫苗，灭活疫苗为鸽Ⅰ型副黏病毒油乳剂灭活苗。在做好疫苗接种的同时，还必须加强饲养管理，保证供给洁净的饮水，饲粮不霉变、无污染，保持饲养环境清洁，尤其是做好日常消毒。日常适当添加抗病毒药物，配合多种维生素饮水，可增强鸽群的抵抗力。肉鸽饲养应执行严格的隔离饲养制度，切断病原的传播途径，种鸽场要远离其他家禽饲养场，尤其是鸡场和鸽场，四周最好有生物隔离带，如耕地、草地、树木和沟壑等。鸽场四周应设围墙，场区大门设消毒池，进去场区的车辆应严格消毒车体进行喷雾消毒。消毒液可用2%～3%烧碱或3%～5%来苏儿。场区分为办公区和生产区，生产区中不同阶段的肉鸽应分开饲养。乳鸽对鸽瘟最易感，应避免和其他鸽接触。引种时要防止病原的传入，不从疫区引种，新引入的种鸽应隔离观察1个月，确定健康后才能混入大群。鸽舍中如发现病鸽，应立即隔离，及时对病鸽进行无害化处理，对假定健康鸽群紧急预防接种，并带鸽消毒。

第十九节　鸡传染性贫血的检验与防治

鸡传染性贫血（Chicken infectious anaemia，CIA）是由鸡传染性贫血病毒（CIAV）引起的雏鸡再生障碍性贫血和全身性淋巴组织萎缩性传染病。与传染性法氏囊病一样，也是一种严重的免疫抑制病。该病曾被称为蓝翅病、出血性综合征或出血性皮炎综合征。

鸡传染性贫血（CIA）最早是1979年日本Yuasa等人发现的。是一种由单股环状DNA病毒引起的免疫抑制性传染病，常导致1～3周龄小鸡死亡。特征症状是贫血，淋巴器官尤其是胸腺萎缩，皮下和肌肉出血。由于该病能造成多种疾病的免疫失败而越来越受到重视。CIA已呈世界性分布。近年来，德国、瑞典、荷兰、英国、美国均有该病发生的报道，先后在欧洲、非洲、亚洲及澳洲的鸡群中发现该病的血清学证据。目前，该病在我国已经普遍发生，给养鸡业造成重大损失。

一、临诊检查

鸡是本病唯一的易感动物。肉用鸡尤其是公鸡更易感。1～7日龄雏鸡最敏感，6周龄内均可发病，6周龄以上多呈亚临床感染，但成年鸡仍具易感性。CIA流行病学的主要特点是：既可以经蛋垂直传播，在母源抗体不足时也可发生水平传染，以经蛋传播最为重要。CIA的病理发生与体液抗体的产生密切相关，雏鸡母源抗体可防御CIAV感染。免疫抑制的雏鸡，对其他病原敏感性增强，即使检出抗体后，CIAV依然于各种脏器内存在。CIAV感染种鸡群所产生的后代，母源抗体仅能维持3周左右，随后整个鸡群就对CIAV的横向传染易感，但却不表现明显的症状而呈亚临床病型。资料表明，大多数种鸡群在8～12周龄后都发生CIAV抗体阳转，显然是由横向传染造成的。世界各鸡群中CIAV感染率都很高，甚至包括曾经认为是SPF的鸡群，也有40%～50%表现出CIAV抗体阳性。亚临床感染的鸡群，虽然一般可在感染后10 d左右产生血清抗体，但细胞免疫抑制状态可持续很长时间，以加剧其他原发性传染病的严重程度（如马立克氏病、传染性法氏囊病和传染性支气管炎），也会激发某些继发性感染（如大肠杆菌病、隐孢子虫病、包涵体肝炎等），它的这种危害远远超过临床发病型。据McNalty(1991）对爱尔兰肉鸡群的统计，生长期因CIAV亚临床感染所造成的屠宰损失，千只鸡纯利润、饲料转化率及每只平均体重，分别比CIA阴性的未感染鸡群降低13%、2%和2.5%。种鸡开产前不久或产蛋期感染CIAV后8～14 d，会有3～6周的垂直传播期。此时，种鸡本身不表现明显症状，也不影响产蛋性能及种蛋的质量，但病毒可经蛋传给子代。子代小鸡在孵化过程中表现正常。但由于缺乏母源抗体，在出生后2周龄左右雏鸡易发生蓝翅病和急性贫血—皮炎综合征，死亡率常在5%～15%。CIAV可以和许多其他的病毒混合感染，彼此有相互加重作用，并造成免疫抑制。目前，研究最多的是传染性法氏囊病病毒与CIA的关系。1日龄无母源抗体的鸡感染IBDV后，对CIA的易感性至少提高100倍，易感期延长3周。当CIAV和IBDV共同作用时，对新城疫和传染性支气管炎免疫的抑制作用大大增加。当前，国内许多地区IBD免疫效果不佳，往往与CIA的混合感染有关。此外，CIAV常与马立克病病毒（MDV）、呼肠孤病毒（MDRV）、网状内皮组织增生症病毒（REV）、新城疫病毒（NDV）等混合感染，且存在相互作用。CIAV与MDV混合感染，可抑制HVT疫苗对MD的免疫力，而MDV又可增强CIAV对雏鸡的致病力。可见，CIAV感染的严重性不仅表现在垂直传染的后代所表现的贫血、出血和死亡，更为重要的是亚临床感染的普遍性，以及由此而引起的免疫抑制和对经济效益的无形损害。

本病的特征性症状是严重的免疫抑制和贫血，其他症状可见发育不全，精神不振，皮肤苍白，软弱无力，死亡率增加等。死亡高峰发生在出现临床症状后的5～6 d，其后逐渐下降，5～6 d恢复正常。有的可能有腹泻，全身性出血或头颈皮下出血、水肿。血液稀薄如水，血凝时间长，血液颜色变浅，血细胞比容值下降，红细胞、白细胞数显著减少。采用1日龄SPF雏鸡接种感染CIAV后发生贫血症状，测定红细胞压积值，病鸡血液的血细胞压积值（HCT）明显降低，各种血细胞数量明显减少，发病严重情况下HCT值可降到10%以下，红细胞数可降到200万个/ml以下，白细胞数低于5 000个/ml。实验室内常将HCT作为CIA的一个诊断指标，一般将HCT低于27%判为发病。

二、病理学检验

（一）大体病理变化

感染本病的鸡消瘦、贫血、冠髯、喙和脚趾苍白，肌肉和内脏器官苍白，皮下、肌肉间出血。有时可见腺胃黏膜出血、食管黏膜下出血。血液稀薄，红细胞、白细胞和血小板均减少，凝血时间延长。脾脏萎缩，胸腺萎缩、出血（彩图8-80），法氏囊萎缩，体积缩小，外观呈半透明状。肾脏肿大、苍白。骨髓萎缩，红骨髓减少，黄骨髓增多（彩图8-81）。

（二）病理组织学变化

表现为再生障碍性贫血和全身淋巴组织萎缩。骨髓发育不全或萎缩，窦内成熟红细胞显著减少，并充满成红细胞，窦外散在吞噬了变性红细胞的巨噬细胞，造血细胞完全为脂肪细胞或增生的基质细胞所代替，后期可见网状细胞增生。股骨骨髓萎缩，红骨髓萎缩，被大量脂肪组织取代（彩图8-82）。胸腺、法氏囊、脾脏、盲肠扁桃体和许多其他组织内淋巴样细胞大量坏死、消失，并被增生的网状细胞和纤维细胞所取代。脾红髓中血细胞成分减少，髓鞘中网状细胞增大。肝细胞和肝窦内皮细胞肿大、变性，间质水肿。

三、病原学检验

（一）病原特征

CIA的病原体是在1974年一个偶然的机会被发现的。当时由于日本火鸡疱疹病毒疫苗中污染了网状内皮组织增生症病毒而发生事故，在对接种了该疫苗鸡的病料做病原分离时，发现了一种引起雏鸡贫血和致死的病毒，最初被称作鸡贫血因子（CAA）。当对其形态学和生化特性确定后被重新命名为鸡贫血病毒（CAV）。因为该病通常被称为鸡传染性贫血，从逻辑上讲该病毒应称为鸡传染性贫血病毒（CIAV）。CIAV是一种无囊膜的小病毒，呈球形或20面体（有人认为是6面体），直径为18～22 nm，可通过25 nm滤膜。自该病毒被分离以来，分类属性一直未能定论。1995年国际病毒分类委员会第六次病毒分类报告确定了1个新的病毒科（单股环DNA病毒科）。该病毒科现包括3个病毒，即猪单股环DNA病毒、鹦鹉啄羽病病毒及鸡传染性贫血病毒，并且CIAV成为单股环DNA病毒科的代表病毒。

CIAV能在鸡胚中增殖，最为适宜的是5日龄鸡胚，接种后14 d毒价最高。对鸡胚不呈现致病变作用。CIAV不能在各种鸡胚源或鸡源细胞培养物上增殖，却可以在MDV转化的淋巴肿瘤细胞系上良好地生长和增殖。CIAV在病鸡组织及培养细胞的核内复制，可检出核内抗原，但不形成包涵体。到目前为止，所有被鉴定的CIAV均属于同一个血清型和病理型。CIAV的靶器官是淋巴器官和造血器官，包括胸腺、脾脏、骨髓、法氏囊和全身淋巴结。靶细胞是T淋巴母细胞、骨髓成血细胞和网状细胞以及胸腺皮质细胞。CIAV在感染细胞内复制很慢，不像其他病毒那样造成细胞裂解。致病性在于通过CIAV编码产生的细胞凋亡因子造成的程序性死亡，主要是造血和淋巴细胞的程序性死亡，从而引起鸡贫血、出血和免疫抑制。

该病毒相当稳定，耐热、耐酸，抗氯仿、乙醚，70 ℃下加热1 h或80 ℃下加热5 min仍具感染力。在37 ℃下，5%常用消毒剂如季胺化物、两性碱、正二氯苯等作用2 h不被灭活。但100 ℃下加热15 min则完全丧失感染力，50%酚作用5 min即可失活。

（二）病毒的分离培养

1. 病料的采取和制备　无菌采取病死鸡的肝脏作为分离材料。将肝组织捣碎加Eagle氏液或RPMI-1640培养液制成20%组织乳剂，加入终浓度为1 000 IU/ml的双抗，于37 ℃下作用30 min，反复冻融3～4次，3 000 r/min离心20 min。上清液加入50%体积氯仿作用15 min，期间不停振摇。经0.22 μm滤膜过滤，分装后置低温冰箱内冻存备用。

2. 雏鸡接种　取1日龄SPF雏鸡5只，每只肌肉或腹腔注射病料0.1 ml，14～15 d后采血测定红细胞压积值和观察骨髓病变。当5只中有1只红细胞压积值低于25%并出现骨髓病变，无其他已知病毒感染时，即可判为阳性。

3. 鸡胚接种　将上述病料经卵黄囊接种5～10日龄鸡胚，每胚接种0.2 ml，10～14 d后毒价最高，此时可收获部分鸡胚，冻存。另一些鸡胚仍能正常发育。至孵出后14～15日龄时发生贫血而死亡，可判为阳性。

4. 细胞培养　将上述病料或鸡胚培养物接种于MDCC-MSB1细胞，每管接种0.1 ml，置37 ℃、5% CO_2条件下培养，每隔2～3d传代1次，连续传4～7代，如果出现细胞肿胀，变大变圆，细胞培养液不再变色，无法继续传代，可以初步确定为有CIAV的存在。一般要传7代，以决定病料中有无本病毒存在。至于分离物中是否有本病毒存在，可以用已知阳性血清做病毒中和试验和间接免疫荧光试验予以证实。

5. 病毒的鉴定　可以采用间接荧光法检测抗原。取实验感染鸡肝脏做组织冰冻切片，CIAV感染的阳性组织切片在显微镜下可见荧光标记。CIAV感染阳性细胞涂片在荧光显微镜下可见MDCC-MSB1细胞肿胀，细胞核内颗粒状或弥散状荧光标记，荧光标记细胞的多少与毒株的感染力有关。阳性对照可见到同样结果，荧光标记细胞在30%～60%，阴性对照细胞内不出现荧光颗粒。

四、血清学检验

CIAV感染1日龄雏鸡后产生的中和抗体能维持20周，感染10周龄以上的成鸡后所产生的中和抗体能维持10～63周（一般为44周以上）。但研究表明，CIAV感染鸡血清中的中和抗体滴度较低，最高值为1∶512，最低值为1∶20，低水平的母源抗体能有效地抵抗CIAV的感染。病毒中和试验（VN）、间接荧光抗体试验、免疫过氧化物酶试验（IFA）和ELISA试验可用于检查血清和卵黄中的抗体。

（一）病毒中和试验（VN）

用雏鸡作中和试验时，将待检血清作5倍稀释，56℃下灭活30 min，与等量含2×1 000 CED_{50}（可使50%雏鸡发病的有效剂量）的鸡传染性贫血病毒混合，37℃下作用1 h后，肌内注射5只1日龄雏鸡，每只0.1 ml，接种后观察14 d，当有3只被接种鸡健存时，判为抗体阳性，2只或1只健存时判为可疑，全部发病时判为阴性。

（二）间接免疫荧光试验

将1 000 000个MDCC-M1细胞悬浮于2 ml鸡传染性贫血病毒（含1 000 000 $TCID_{50}$/ml），取细胞培养悬液以1 000 r/min离心5 min，弃上清，取50 μl上清和沉淀的细胞混合，吸取其10～20 μl滴加于载玻片上，制成直径5 mm的细胞薄层，风干后用冷丙酮固定10 min，保存在－20℃下。以鸡血清作为第一抗体，标记荧光素的兔抗鸡IgG作为第二抗体，37℃水浴染色30 min。间接免疫荧光检出耐过鸡血清为1∶320左右，检查抗原时，接种后12 h即可在细胞核内见到荧光颗粒。

（三）ELISA试验

直接法是用稀释的鸡传染性贫血病毒抗原包板（50 μl/孔），4℃下过夜，用含0.05%吐温-20生理盐水洗涤4次后，每孔加入0.01%吐温-20、5%牛血清的1∶200稀释血清样品，37℃下感作30 min，洗涤4次后每孔加入酶标二抗，37℃下孵育15 min，洗涤4次后加入0.04%（*V/V*）OPD、0.6%（*W/V*）过氧化氢、pH 5.0柠檬酸缓冲液，室温下作用20 min，最后每孔加入2 mol/L硫酸50 μl终止反应，用酶标仪测定492 nm的吸光度值（OD），凡OD＞0.121者，血清样品判为阳性。

（四）分子生物学技术

随着分子生物学新方法的不断出现，PCR技术、核酸探针技术以及第二代ELISA技术等已用于CIAV特异性检测。对CIAV抗原的检测可采用PCR方法，C. Some（1993）报道，利用PCR技术可以从CIAV感染鸡体组织内或感染细胞内检测其DNA。Noteborn等采用同位素标记克隆化的CIAV基因组作探针进行杂交实验，能够检测出不同毒株感染的细胞中双链复制型及单链环状CIAV基因组。Todd等用P_{32}标记的克隆化CIAVDNA片段作探针，可检测到CIAV感染鸡组织中特异性DNA。随后，Noteborn等用非放射性的地高辛（Digoxigenin）标记探针，成功地检测了多株CIAV分离株。1995年，Nielsen等用生物素标记的双股DNA探针进行原位杂交试验，不仅可以检测到人工感染发病鸡体内的CIAV，而且可以检测患蓝翅病病鸡体内所含的CIAVDNA。

为适应检测敏感性的需要，CIAV特异性PCR技术在实验室诊断及疫苗试验上充分体现了该法不可比拟的优势，它不仅与病毒分离法一样敏感，而且能检测到高背景DNA下的CIAV分子。Soine等利用巢式PCR法（多组引物）扩增出能和特异性探针发生杂交的CIAV基因，但此法易造成假阳性结果。CIAV感染剂量大小将直接影响其致病程度，故检出敏感细胞或组织中的病毒含量尤为重要。Dren等采用热启动PCR法不仅克服了上述缺陷，而且还成功地检测到1个感染细胞，相当于10$TCID_{50}$的CIAV分子。

五、鉴别诊断

根据临诊症状和剖检变化，可做出初步诊断。确诊须进行病理组织学检查、病毒分离鉴定和血清学试验。其特征是病理组织学变化是再生障碍性贫血和全身淋巴器官萎缩。肝脏是分离CIAV的最佳材料，可接种到MDCC-MSB1细胞进行。血清学方法有病毒中和试验、免疫荧光法和间接ELISA法等，均可用于检测鸡血清或卵黄中的抗体以及鉴别磺胺类药物和真菌毒素中毒等病。本病应注意与包涵体肝炎、鸡卡氏住白细胞虫病、磺胺中毒、氯霉素中毒、传染性法氏囊病等区别。包涵体肝炎多发于5～7周龄肉鸡，鸡突然发病，精神沉郁，嗜睡，颜面苍白，鸡冠褪色，皮肤呈黄色，并可见到皮下出血。病鸡呈现一过性水样腹泻，常蜷曲于鸡舍内一角。剖检可见肝脏肿大，有不同程度的出血点和出血斑，肝脏褪色，质脆，表面凹凸不平，骨髓呈淡红色至淡黄色。磺胺类药物中毒的病鸡表现为食欲减退，饮水增多，腹泻或便秘，严重贫血，冠髯、面部、可视黏膜苍白，有出血。剖检可见皮肤肌肉内脏器官出血，骨髓由深红色变成粉红色或黄色。氯霉素中毒的病鸡沉郁、衰弱，排水样便，羽毛蓬乱，翅下垂，行走摇摆，严重时瘫倒在地。剖检可见肠道内充满水样积液，少数心包膜、肠壁等处有出血点，无其他明显变化。诊断本病要根据流行病学、临床症状、剖检变化以及用药史进行综合判断。传染性法氏囊病多发生3～6周龄中雏，突然发病，精神沉郁，羽毛逆立，不愿走动，排白色奶油状粪便，嗉囊积液。剖检可见腿肌、胸肌等处肌肉条纹状出血，法氏囊出血坏死。

六、建议防治措施

本病无特异性治疗方法，通常采用抗生素控制继发性的细菌感染，但没有明显的治疗效果。尤其对肉鸡的威胁很大，可降低饲料转化率和体重，所造成的损失相当大。如与其他免疫抑制性传染病相互作用，所造成的损失更大，所以对该病的防治具有双重意义。在引种前，必须对CIAV抗体监测，严格控制CIAV感染鸡进入鸡场。同时，要加强卫生防疫措施，防止CIAV的水平传播。

第二十节　禽痘的检验与防治

禽痘（Avian pox，AP）是由禽痘病毒引起的家禽的一种急性、接触性传染病，其特征是在家禽无毛和少毛的皮肤上发生痘疹（皮肤型），或在口腔、咽喉、喉头、气管等部位的黏膜上形成痘斑或纤维性坏死性假膜（黏膜型）。有时皮肤和黏膜均被侵害（混合型），偶见败血型。一般情况下呈良性经过，但可引起生长缓慢、产蛋减少。本病死亡率高低不等，严重感染时死亡率可达50%。发生鸡痘时新城疫抗体滴度下降，因而推测痘病毒的感染可能会干扰新城疫抗体的形成。近年，鸡痘的死亡率有明显升高的趋势。家禽中鸡、火鸡、鸽、鹌鹑以及各种野鸟都易感染，鸭、鹅等水禽易感性较低。禽痘病毒不感染人和其他哺乳动物，在公共卫生上无意义。

一、临诊检查

禽痘主要发生于鸡、火鸡、鸽，金丝雀可发病并造成流行，鹌鹑也可发生。各种野禽对痘症易感。鸭、鹅等水禽感受性很低，也少见明显症状。各种年龄、性别、品种的禽都能感染，但以雏禽和青年禽最常发病。

本病一年四季均可发生，但以夏、秋蚊虫孳生季节多发。

本病的传播媒介是吸血昆虫，主要是库蚊、伊蚊、按蚊、鸡皮刺螨、蜱、虱等吸血昆虫，特别是蚊子在本病的传播中起重要作用。蚊虫吸吮病禽血液后，病毒可在其体内存活10～30 d，其间再叮咬易感禽，即可传播给被叮咬禽。此外，各种原因造成的皮肤损伤都可成为病毒侵入的门户。病毒不能侵入健康的皮肤和黏膜，也不能经口感染。

不良环境因素，拥挤、通风不良、阴暗、潮湿、体外寄生虫、啄癖或外伤、饲养管理不良、维生素缺乏等，可使禽痘加速发生或病情加重，如有慢性呼吸道病等并发感染时，则可造成大批家禽的死亡。

鸡和火鸡感染本病的潜伏期为4～10 d，鸽子、金丝雀约为4 d。

本病一般呈良性经过，如发生继发感染，如继发或并发传染性鼻炎、传染性喉气管炎、慢性呼吸道病时，可造成大批死亡。

禽痘可分为皮肤型、黏膜型和混合型，偶见败血型。

（一）皮肤型禽痘

主要是在禽体的无毛和少毛部位，特别是鸡冠、肉髯、眼睑和喙角，翅下、趾部等处发生痘疹（彩图8-83，彩图8-84）。起初呈灰白色麸皮样，以后迅速增大，突起而形成灰黄色绿豆大或更大的结节，质地坚硬、表面干燥，内含黄色油脂样物。再后结节溃烂，表面被覆褐色痂，有时结节互相融合形成大块痂皮。大约20 d后，痂皮脱落而痊愈。皮肤型禽痘一般呈良性经过，但在发痘期间精神沉郁，食欲不振，生长缓慢，产蛋量明显减少，如继发感染时可造成死亡。

（二）黏膜型禽痘

主要在眼结膜、鼻黏膜、口腔黏膜、食管黏膜、喉头、气管等处发生痘斑，病鸡眼睑、鼻部、眶下窦肿胀，鼻腔和眼结膜发炎，流出黄白色脓样黏液。口腔和喉头发生纤维素性炎症，形成很厚的灰白色痂膜，俗称“鸡白喉”，此型病鸡多窒息而死亡。有时可见喉头或气管黏膜上形成灰白色不规则隆起的痘斑。鸽痘时，喉头和食管黏膜上有多量大小不等的梅花样痘斑（彩图8-85，彩图8-86，彩图8-87，彩图8-88）。

（三）混合型禽痘

混合型禽痘是皮肤和黏膜同时发生病变，病情严重，死亡率高。

（四）败血型禽痘

此型少见，一旦发生，先出现严重的全身症状，继而发生肠炎。有的病禽迅速死亡，有的耐过，转为慢性腹泻而死亡。

二、病理学检验

禽痘的病理变化容易识别，皮肤型病变典型的主要是形成痘疹和痂皮，黏膜型容易和传染性鼻炎、传染性喉气管炎、维生素 A 缺乏症等混淆，应注意区别。

三、病原学检验

（一）病原特征

禽痘病毒属于痘病毒科（Poxviridae）、禽痘病毒属。禽痘病毒是指以鸟类为宿主的痘病毒的总称，禽痘病毒包括鸡、火鸡、金丝雀、鹌鹑、麻鸡、鸽子等痘病毒。一般情况下每种痘病毒都有专一的宿主，通过人工接种也可以感染异种宿主，但是致病性不同，因而初次分离时最好用原宿主。

痘病毒的形态基本一致，其大小为 300～400 μm×170～260 μm，是所有病毒中体积最大的病毒。在病变的上皮细胞和感染鸡胚绒毛膜细胞的胞浆中，可见到一种卵圆形或圆形的包涵体，叫做 Bollinger 氏小体，此包涵体内含更小的颗粒，称为原质小体，或叫 Borrel 小体。每个原质小体都具有致病性，原质小体可被特异性抗鸡痘病毒血清凝集，每个包涵体至少含有 20 000 个原质小体。

鸡痘病毒可在 10～12 日龄鸡胚绒毛膜尿囊膜上复制，导致绒毛尿囊膜产生病变，接种 6 d 后在绒毛尿囊膜上形成局灶性或弥漫性、灰白色、致密、坚实隆起的痘斑，其中心坏死。

不同种禽痘病毒之间有一定的交叉保护性，如鸽痘病毒与鸡痘病毒抗原性十分相似，鸽痘病毒对鸡的致病性很低，但具有很强的免疫原性。因此，可将鸽痘病毒制成疫苗用于预防鸡痘。

痘病毒大量存在于病禽的皮肤、黏膜的病灶中。痘病毒对环境抵抗力很强，在病鸡干燥的皮屑和痘痂中可存活数月，阳光照射数周仍可存活，60 ℃下加热 1.5 h 才能杀死。－15 ℃下保存多年仍有致病性。用 1%的火碱或 1%的醋酸经 5～10 min 可杀死该病毒，甲醛熏蒸 1.5 h 可以将其杀死。

（二）病原分离培养

1. 病料采集 取病变组织（最好采取新出现的病变组织），在研磨器内研磨后，用生理盐水制成 10%乳剂，低速离心后，取上清液，过滤除菌。该上清液即可用于病毒分离。

2. 鸡胚接种 用上述的上清液 0.1 ml 接种于 9～12 日龄鸡胚的绒毛尿囊膜上，继续孵化 5～7 d 后，检查绒毛尿囊膜的病变，痘病毒引起的病变包括绒毛尿囊膜上有白色不透明的痘斑和整个绒毛尿囊膜的增厚。

3. 细胞培养 鸡痘病毒可在原代鸡胚成纤维细胞、鸡胚肾细胞、鸡胚皮肤细胞和鸭胚细胞上繁殖，一般在接种 4～6 d 产生细胞病变，细胞变圆，折光性增强，接着细胞发生变性。鸡胚皮肤细胞在接种后 36～48 h 有 20%～35%的感染细胞出现胞浆包涵体。通常适应细胞的毒株才能产生蚀斑。做毒价滴定时，细胞培养物不如鸡胚绒毛尿囊膜接种敏感。

（三）病毒包涵体检查

该方法极为快速，一般 3 h 内即可获得结果。具体步骤如下：在载玻片上加 1 滴蒸馏水和少许皮肤或白喉病变组织，用另一载玻片将组织压成薄涂片；自然干燥后，火焰上轻微固定；用新配制的碱性复红染色 5～10 min；自来水冲洗；用 0.8%孔雀石绿溶液复染 30～60 s；蒸馏水冲洗，干燥，油镜下观察。鸡痘病毒原质小体呈红色，存在于大小不等（0.2～0.3 μm）、结构完整的包涵体内或散在。

四、血清学检验

常用的血清学方法有琼脂扩散试验、血凝抑制试验、中和试验及免疫过氧化物酶试验等。

（一）琼脂扩散试验

取感染鸡的皮肤痘斑、白喉性假膜等病料，或感染的鸡胚绒毛尿囊膜经超声波裂解处理，3 000 r/min 离心 30 min，收取上清液即为琼扩抗原。琼扩介质采用 1%琼脂、8%氯化钠。中央孔加入抗原，周边孔加入被检血清，抗原和抗体的反应在 24～48 h 后即可观察到沉淀线。该法可用于检测自然感染和免疫鸡血清中的抗体。反之，中央孔加入已知的禽痘阳性血清，周边孔加入用被检鸡皮肤和白喉病假膜制备的待检抗原，即可用于检测抗原。

（二）间接血凝抑制试验

1. 抗原和待检血清　用上述琼扩试验中制备的抗原，致敏经醛化处理的绵羊或马红细胞作为抗原，用于检测禽痘病毒抗体（待检鸡血清）。

2. 操作方法　试验在 96 孔 V 形血凝板上进行。在反应板中加入 PBS，每孔加 25 μl；取待检鸡血清 25 μl 加入第 1 孔，充分混匀后，吸取 25 μl 加至第 2 孔，依此稀释至第 10 孔，从第 10 孔吸取 25 μl 弃去。第 11 孔不加血清作为抗原对照，第 12 孔不加抗原作为血清对照。然后，各孔加入 4 个血凝单位的抗原 25 μl，置于振荡器振荡 3～5 min 后，20 ℃下静置 20～30 min。各孔加 0.5%鸡红细胞悬液 25 μl，振荡 3～5 min 后静置 30 min，判定结果。

3. 结果判定　在对照孔成立的情况下，试验孔红细胞分散在孔底四周，呈颗粒状判为血凝阳性；红细胞沉在孔底，呈圆点状，倾斜微量反应板时，圆点能流呈一直线，可判为血凝阴性。以能抑制血凝的待检血清的最高稀释倍数作为该血清的血凝抑制滴度。通常将待检血清的血凝抑制滴度在 1∶8 以上者，判为阳性反应。

血凝抑制试验抗体一般在感染后 1 周即可测出，持续时间可达 15 周，较沉淀抗体在体内的持续期要长一些。

（三）中和试验

用鸡胚或细胞培养物可以进行病毒中和试验，中和抗体一般在感染或接种后 1～2 周才出现，因而该方法不适用于常规诊断。

五、鉴别诊断

本病应与传染性喉气管炎、白念珠菌病、毛滴虫病、维生素 A 缺乏症、啄癖及外伤相区别。感染传染性喉气管炎时，喉头和气管出血明显。白念珠菌和毛滴虫的感染与黏膜型禽痘引起的口腔黏膜病变相似，但形成的假膜附着程度有很大差异，白念珠菌、毛滴虫的感染，病变是较松脆的干酪样物，容易剥离，且剥离后不留痕迹。维生素 A 缺乏时，眼和口腔黏膜也有与禽痘相似的病变，但它的全身症状较为明显，眼睑明显肿胀，并有多量的干酪样渗出物。肾脏肿大，肾小管充斥着大量尿酸盐而使之成网状结构，输尿管肿胀。且食管有白色的小脓灶。

六、建议防治措施

对本病的预防应着重做好平时的卫生防疫工作，搞好禽场及周围环境的清洁卫生，做好定期消毒，减少或尽量避免蚊虫叮咬。

防制本病最有效的方法是接种禽痘疫苗。在种禽场和经常有本病发生的养禽场，应对易感幼禽进行免疫接种。目前，国内的鸡痘弱毒疫苗有鸡胚化弱毒疫苗、鹌鹑化弱毒疫苗、鸽痘原鸡痘蛋白筋胶弱毒疫苗等。鹌鹑化弱毒疫苗在接种体质较弱的鸡后，偶尔会有较重的不良反应，应严格按照说明书使用。疫苗的接种方法可采用翼膜刺种法和毛囊涂擦法两种。翼膜刺种法是用消毒的刺种针蘸取疫苗，在翅膀内侧无血管处刺种。毛囊涂擦法是在雏鸡的腿部外侧拔去几根羽毛，用消毒的毛笔或小毛刷蘸取经 1∶10 稀释的疫苗涂擦在局部皮肤上。无论用哪种方法接种，经 5～7 d 后应抽样检查，局部出现红肿、结痂或毛囊肿胀的反应，即可获得免疫力，若不出现反应，则应重复接种。对鸽痘的预防，国内外已有致弱的鸽痘疫苗，免疫效果良好。金丝雀痘和鹌鹑痘在国外亦有相应疫苗供接种用。在秋季和冬季发生本病的地区，通常是在春季和夏季进行接种。在热带气候的地区，本病常年都可发生，只要认为有必要，在任何时候均可进行疫苗接种，存在下列情况的鸡群均应进行接种：

（1）上一年曾经发生过本病的鸡群应进行接种。本场孵化或由其他场引进的幼雏应接种疫苗。

（2）以前鸡场曾有鸡痘发生，并使用过鸽痘疫苗，因鸽痘疫苗免疫期不长，应采用鸡痘弱毒疫苗再接种一次。

（3）在禽痘流行严重的地区，每批鸡群均应在适当的日龄进行接种，以防来自邻近鸡群的感染。应保证接种的质量，对较大的鸡群，接种后至少抽查 10％的鸡，检查有无“反应”，不出现反应的则应检查原因，并及时补种。

局部继发细菌感染时可用龙胆紫药水或碘甘油涂抹。

第二十一节　鸡病毒性关节炎的检验与防治

病毒性关节炎（Viral arthritis）是由禽呼肠孤病毒（Avianreovirus）引起的主要发生于肉用鸡的一种传染病，以侵害胫跖关节、趾关节及其肌腱为特征，故又称病毒性腱鞘炎、腱裂综合征等。该病分布广泛，世界各地均有发生，给养鸡业带来的经济损失很大。

该病在多数情况下呈亚临床感染，死亡率低于 5％。但因运动障碍、生长停滞、淘汰率高（有时废弃率高达 20％～40％）、屠宰率下降、饲料转化率低，以及产蛋鸡减蛋等造成的经济损失非常严重，所以在养禽业发达的欧美国家被列为重要的家禽传染病之一。

一、临诊检查

该病的自然宿主是鸡和火鸡，尤其肉鸡多发。各种年龄的鸡均易感，但日龄越小易感性越高，特别是 5～7 周龄的肉用仔鸡最为常见。大龄鸡感染后可长期带毒，成为传染源。该病以水平传播为主，病鸡或带毒鸡通过粪便排毒。不同毒株、不同用途的鸡以及不同的饲养方式对水平传播程度有较大影响。在平养的肉鸡群中传播较快，在笼养蛋鸡群中则传播较慢。该病也能经种蛋垂直传播，但传播效率不高。

大部分鸡感染后呈隐性经过，平时观察不到关节炎的症状，但屠宰时约有 5％的鸡可见趾曲肌腱、腓肠肌腱肿胀。鸡群平均增重缓慢，饲料转化率低。色素沉着不佳，羽毛异常，骨骼异常，腹泻时粪便中含有未消化的饲料。种鸡或蛋鸡受到感染时，产蛋量可下降

10%～15%，受精率也会下降。急性病例多表现为精神不振，全身发绀和脱水，鸡冠呈紫色，如病情继续发展则变成深暗色，直至死亡，关节症状不显著。临床上多数病例表现为关节炎型，病鸡跛行，胫关节和趾关节（有时包括翅膀的肘关节）以及肌腱发炎肿胀。病鸡食欲和活动能力减退，行走时步态不稳，严重时单脚跳，单侧或双侧跗关节肿胀，可见腓肠肌断裂。病鸡不能站立，日渐消瘦，贫血，发育不良，最后衰竭死亡。（彩图 8－89）

二、病理学检验

（一）大体病理变化

病变主要表现在患肢的跗关节，关节周围肿胀，可见关节上部腓肠肌腱水肿，关节腔内含有棕黄色或棕色血染的分泌物，若混合细菌感染，可见脓样渗出物。青年鸡或成年鸡易发生腓肠肌腱断裂，局部组织可见到明显的出血性浸润（彩图 8－90）。慢性经过的病例（主要是成鸡）腓肠肌腱增厚、硬化，并与周围组织癒着、纤维化，肌腱不完全断裂，和周围组织粘连，关节腔有脓样或干酪样渗出物。

（二）病理组织学变化

组织病理学变化为肌腱明显水肿、坏死，异嗜性粒细胞集聚于血管周围，并伴有滑膜细胞的萎缩或增生，滑膜腔内有异嗜性粒细胞、淋巴细胞、浆细胞和巨噬细胞的浸润，并有网状细胞集聚，心肌纤维之间发生明显的异嗜性粒细胞浸润，并伴有灶性的网状细胞增生。

三、病原学检验

（一）病原特征

该病的病原为禽呼肠孤病毒，属于呼肠孤病毒科呼肠孤病毒属。为双股分节段的 RNA 病毒，无囊膜，呈正 20 面体对称，有双层衣壳结构，病毒粒子呈六角形，完整病毒粒子直径约为 75 nm。由于缺乏对多种动物红细胞的凝集性而有别于其他动物的呼肠孤病毒。对热有抵抗力，能耐受 60 ℃8～10 h、80 ℃1 h，对 H_2O_2、pH 3、2%来苏儿、3%福尔马林等均有抵抗力。用 70%乙醇和 0.5%有机碘或 2%～3%的 NaOH 可将其灭活。病毒在较低温度下存活时间较长，4 ℃下可存活 3 年，－20 ℃下则可存活 4 年以上。病毒能在鸡胚中培养，其中以卵黄囊和绒毛尿囊膜接种效果较佳，经尿囊腔接种效果次之。病毒也可在禽原代细胞培养物中增殖，包括鸡胚成纤维细胞以及肝、肺、肾、睾丸细胞，其中以鸡肾细胞应用较多。

（二）病毒分离培养

1. 病料的采集　以无菌棉拭子由胫跗关节或胫股关节收集滑液，或将有水肿的滑膜用营养肉汤或细胞培养营养液制成 10%悬液，也可取脾脏制备悬液，病料悬液经过除菌过滤，－20 ℃下保存备用。

2. 鸡胚接种　病毒能在鸡胚的卵黄囊内、绒毛尿囊膜上增殖，初次分离应选用卵黄囊内接种。所用鸡胚应是 SPF 胚或来自无呼肠孤病毒感染的鸡群。将病料 0.2 ml 接种于 5～7 日龄鸡胚的卵黄囊内，35.5 ℃恒温孵化，鸡胚于接种后 3～5 d 死亡，胚体出血，内脏器官充血或出血。存活胚发育不良，肝、脾、心脏肿大，并有坏死灶。鸡胚于绒毛尿囊膜接种后 7～8d 内死亡，在绒毛尿囊膜出现痘斑并产生胞浆包涵体，但鸡胚死亡率不稳定。

3. 细胞培养　呼肠孤病毒能在多种细胞上生长，以原代鸡肾细胞或肝细胞培养物为最合适。鸡肾细胞在接种病毒 24～48 h 后形成合胞体，脱落后形成多核巨细胞，在细胞单层上留下空斑。在感染细胞内可见到嗜酸性或嗜碱性胞浆包涵体。

四、血清学检验

琼脂扩散试验（AGP）是最常用的鸡病毒性关节炎的诊断方法。病毒感染 2～3 周后，用该方法能检查出呼肠孤病毒的特异性抗体。将病毒接种鸡胚尿囊膜，制备呼肠孤病毒 AGP 抗原。将制备的含毒鸡胚尿液经点眼、滴鼻等途径接种成年鸡制备阳性血清。按常规方法进行 AGP 试验，待检抗原与阳性血清之间出现白色沉淀线，可判为阳性。

五、鉴别诊断

（一）禽脑脊髓炎

禽脑脊髓炎的病原是禽脑脊髓炎病毒。受害禽多为幼鸡、幼火鸡和野鸡。症状为头、颈和腿部震颤，常以跗关节着地，轻度瘫痪或肢体麻痹，眼晶状体浑浊失明。

（二）传染性滑膜炎

传染性滑膜炎的病原为滑膜支原体。受害禽有鸡和火鸡。症状是跛行，病鸡蹲于地上。病禽的关节和腱鞘肿胀，受害关节囊内常见黏稠的脓性渗出物。

（三）维生素 E-硒缺乏症

禽病毒性关节炎与该病的相似症状是跗关节肿大，跛行，走路不便。不同处是维生素 E-硒缺乏症一般在 15～30 日龄发病，头向下或向后扭曲，两腿发生痉挛性急收急松。火鸡在 6 周龄肿大消失，严重时 14～16 周龄关节再肿大。剖检可见脑软化，即小脑软化，水肿，有出血点和坏死灶，坏死灶呈灰白色斑点。渗出性素质，病患鸡的翅、胸、颈等部位水肿，腹部皮下呈蓝绿色冻胶样水肿。表现为白肌病，胸肌和腿肌色浅、苍白，有灰白色条纹，心肌色淡变白。肝脏肿大。

（四）胆碱缺乏症

两种病在关节肿大、步态不稳、母鸡产蛋率下降方面相似。不同处是胆碱缺乏导致发病，症状骨粗短，跗关节轻度肿胀，并有针尖状出血，后期跗关节变平，跗关节弯曲成弓形。跟腱与髁骨滑脱。剖检可见肝肿大、色变黄，表面有出血点，质脆，有的肝破裂，腹腔有凝血块。

（五）钙磷缺乏或比例失调

禽病毒性关节炎的关节肿大、少数关节不能运动、跛行、产蛋率下降等症状与该病相似。不同处是钙磷缺乏或比例失调导致发病。幼禽喙与爪较易弯曲，肋骨末端有串珠状小结节。成年鸡产薄壳蛋、软壳蛋，后期胸骨呈 S 状弯曲，肋骨失去硬度变形。剖检可见骨骼肿胀、疏松易折，骨髓腔变大。关节面软骨有肿胀缺损。

（六）禽痛风

禽痛风是由于禽尿酸产生过多或排泄障碍，导致血液中尿酸含量显著升高，进而以尿酸盐沉积在关节囊、关节软骨、关节周围、胸腹腔及各种脏器表面和其他间质组织中的一种疾病。临床上以病禽行动迟缓、腿与翅关节肿大、厌食、跛行、衰弱和腹泻为特征。其病理特征是血液中尿酸水平增高，病理剖检时见到关节表面或内脏表面有大量白色尿酸盐沉积。

六、建议防治措施

加强饲养管理，注意鸡舍及环境卫生。应从未发生过该病的鸡场引种。

坚持执行严格的检疫制度，淘汰病鸡。

易感鸡群可采用疫苗接种。目前，国内外已有多种弱毒疫苗和灭活疫苗供生产使用，由于禽呼肠孤病毒有多个血清型，所以在未确定所感染病毒的血清型之前，一般选择抗原性较广的疫苗。常用的弱毒疫苗是呼肠孤 S1133 弱毒疫苗，适用于 5 日龄左右的雏鸡和后备种鸡的基础免疫。在呼肠孤病毒高度污染的地区，一般在 5 日龄首免后于 5～7 周龄或 9～11 周龄进行二免。在污染较轻的地区，可在 5～7 周龄进行首免，9～11 周龄进行二免。灭活疫苗适用于种鸡的加强免疫，除可预防种鸡在产蛋期因病毒感染而导致产蛋下降外，经卵黄囊传递的母源抗体还能使雏鸡在幼龄时抵抗该病的感染。常用的灭活疫苗除了单价苗外，还有多联灭活苗。对该病目前尚无有效治疗方法。

第二十二节　禽腺病毒病的检验与防治

1949 年，Vanden Ende 等无意中自牛结节性皮炎中分离到一株病毒，并认为是牛结节性皮炎的病原。实际上这是人们获得的第一株腺病毒。此后，人们相继在多种动物中分离到 100 个血清型的腺病毒。1956 年，Enders 根据该病毒经常存在于腺体中，提出腺病毒这一命名，随即被采纳。腺病毒属于腺病毒科腺病毒属。目前，已经定型的腺病毒包括：鸡的 12 个型、鸭的 2 个型、鹅的 3 个型、雉的 1 个型、火鸡的 2 或 3 个型。根据病毒的血凝性、致病性、抗原性、血清学特性等将其分为 3 个群。Ⅰ群腺病毒包括传统的仔鸡、火鸡、鹅及其他禽种分离的腺病毒，它们有共同的群抗原，在标准禽细胞培养物上易增殖，称为“常规”腺病毒。该病毒广泛存在于病禽的粪便和组织中，可引起胃肠炎、矮小/吸收不良综合征、雏禽肠炎死亡综合征、鸡包涵体肝炎、鹌鹑支气管炎以及肉仔鸡和火鸡的呼吸道综合征等。Ⅱ群禽腺病毒可以引起火鸡出血性肠炎、雉鸡大理石脾病和鸡大脾病，这些病毒具有一种与Ⅰ群病毒不同的共同群抗原，不易在标准禽细胞培养物上增殖。自然界中也存在着无病原性的这类腺病毒，并可用作免疫预防。Ⅲ群腺病毒，即与鸡产蛋下降综合征有关的一类病毒，可从鸡、鸭、鹅体内分离获得，致病性差异很大，与Ⅰ群禽腺病毒有部分共同抗原。

腺病毒对养禽业的危害十分严重，如鸡产蛋下降综合征广泛存在，已引起世界养鸡业界和禽病工作者的广泛关注。本节将着重讨论鸡产蛋下降综合征和鸡包涵体肝炎。

一、鸡产蛋下降综合征

鸡产蛋下降综合征（Egg drop syndrome，EDS－76）是由Ⅲ群腺病毒—产蛋下降综合征病毒引起的鸡的以产蛋下降为特征的一种传染病。其临床特征为鸡群产蛋量突然下降，大量出现软壳蛋和畸形蛋，蛋壳颜色变浅，但鸡群一般不出现临床症状。该病于 1976 年发生于荷兰，1978 年分离到病原。1986 年，我国学者通过血清学调查证实在鞍山、北京、广州等地的鸡场有本病存在。此后，有学者在广东等地通过血清学调查数十个鸡场和鸭场，也证实有本病存在。1992 年，李刚等在南京首次分离到 EDS－76 病毒。以后全国各地均有报道，表明该病可能已经广泛存在。由于疫苗的推广使用，近年来 EDS－76 的危害明显下降。

(一) 临诊检查

鸭、鹅和多种野鸭或野生鸟类是EDS－76病毒的自然宿主，但是它们不表现症状。当病毒传播给鸡时，引起鸡的产蛋下降综合征。鸡产蛋下降综合征主要发生于24～26周龄的产蛋鸡。尽管本病可以水平传播，但垂直传播是主要的传播途径。虽然雏鸡已被感染，但却不表现任何临床症状，血清抗体也为阴性，但在开产前血清抗体阳转，并在产蛋高峰表现明显。这可能是由于激素和应激因素的作用，使病毒活化。在进入产蛋高峰期前后出现产蛋量突然下降，可使产蛋量下降20%～30%，甚至50%；产薄壳蛋、软壳蛋、沙皮蛋、畸形蛋等；褐壳蛋表面粗糙、褪色，呈灰白或灰黄色；蛋清变稀，蛋黄变淡，蛋清中可能混有血液等异物；种蛋孵化率降低，弱雏增多；减蛋持续4～10周后可能恢复正常，对鸡生长无明显影响。

(二) 病理学检验

患病鸡群一般不表现大体病理变化，有时可见卵巢静止不发育和输卵管萎缩，少数病例可见子宫黏膜水肿，子宫腔内有灰白色渗出物或干酪样物，卵泡有变性和出血现象。

病理组织学变化主要为输卵管和子宫黏膜明显水肿，腺体萎缩，并有淋巴细胞、浆细胞和异嗜性粒细胞浸润，在血管周围形成管套现象。上皮细胞变性、坏死，在上皮细胞中可见嗜伊红的核内包涵体。子宫腔内渗出物中混有大量变性、坏死的上皮细胞和异嗜性粒细胞。少数病例可见卵巢间质中有淋巴细胞浸润，淋巴滤泡数量增多，体积增大。脾脏红、白髓不同程度增生。

(三) 病原学检验

1. 病原特征 鸡产蛋下降综合征病毒（Egg drop syndrome virus，EDSV－76）是腺病毒科禽腺病毒属Ⅲ群的成员。病毒粒子大小为76～80 nm，呈正20面体对称，是无囊膜的双股DNA病毒，衣壳的结构、壳粒的数目等均具有典型腺病毒的特征。本病毒对乙醚不敏感，pH耐受范围广（如pH 3～10时不死）。加热至56 ℃可存活3 h时，60 ℃下经30 min丧失致病性，70 ℃下经20 min完全灭活，室温条件下，至少可存活6个月以上。0.1%甲醛作用48 h、0.3%甲醛作用4 h可使病毒灭活。

本病毒能凝集鸡、鸭、鹅、鸽等禽类的红细胞，这种特性可被用于血凝抑制（HI）试验，以检测病鸡的特异性抗体。本病毒不凝集哺乳动物（家兔、绵羊、马、猪、牛）的红细胞。这与其他腺病毒不同。目前，世界各地所分离到的EDS－76病毒只有1个血清型。

EDS－76病毒能在鸭胚和鹅胚中增殖，也能在鸭肾细胞、鸭胚成纤维细胞（DEF）、鸭胚肝细胞、鸡胚肝细胞、鸡肾细胞和鹅胚成纤维细胞培养物上良好生长。EDS－76病毒接种7～12日龄鸭胚能良好地繁殖，并使鸭胚致死，尿囊液具有很高的血凝滴度（可达18 $\log_2$～20 $\log_2$），而接种鸡胚的卵黄囊，可使胚体萎缩，出壳率降低或延缓出壳，尿囊液病毒的HA滴度较低。

2. 病毒分离培养

（1）病料的采取和制备　分离病毒最好的材料是病鸡的输卵管，将输卵管用生理盐水制成1∶5的组织匀浆，反复冻融3次，3 000 r/min离心20 min，上清液加抗生素除菌，或0.22 μm微孔滤膜过滤除菌，0 ℃以下冰箱保存备用。

（2）鸭胚接种　将上述病料接种于10日龄鸭胚绒毛尿囊膜，每胚0.2 ml，继续孵化48 h后将死亡鸭胚弃去，120 h后收取尿囊液和羊水，检测尿囊液血凝滴度。尿囊液血凝滴度最高，可达 18 $\log_2$ 以上，其次是绒毛膜和羊水，胚体含毒极微。如检测不到凝血素，可盲传几代。

（3）鸡胚肝细胞培养　将病料或收取鸭胚尿囊液接种到已经长成单层的鸡胚肝细胞，37 ℃下吸附 1 h，用 MEM 冲洗 3 次，再加入 MEM 培养 48 h。EDS－76 病毒可引起细胞病变，传代次数越多病变越明显。收取培养液于－40 ℃下保存，供做进一步鉴定。

（四）血清学检验

1. 血凝试验和血凝抑制试验

（1）血凝试验（HA）将病毒在微量反应板中用生理盐水或 PBS 作倍比稀释，每孔再加入 0.5%的鸡红细胞 50 μl，混合均匀，室温下作用 30 min 左右，判定结果，以完全凝集红细胞的最大稀释倍数作为血凝效价。如果出现凝血并且凝集价很高，可以认定分离到病毒。

（2）血凝抑制试验（HI）用 β 微量法，此法可以用标准抗原检测待检血清，也可以用标准血清检测待检抗原。以检测待检血清为例，将标准抗原配置成 8 单位和 4 单位备用。

在微量反应板中第 1 孔加入 8 单位抗原 50 μl，第 2 孔到 11 孔加入 4 单位抗原 50 μl，第 12 孔加生理盐水或 PBS。然后吸取 50 μl 待检血清加到第 1 孔混匀后，吸取 50 μl 加到第 2 孔，依次稀释到第 11 孔，从第 11 孔中弃去 50 μl，室温下作用 10 min。最后每孔各加 0.5%鸡红细胞悬液 50 μl，轻轻震荡混均，室温下作用 30 min 左右，观察结果。以能完全抑制凝集的血清的最高稀释倍数为待检血清的血凝抑制价。血清 HI≤4 为阴性，HI＝8 为可疑，HI≥16 为阳性。试验时应设标准阳性血清对照。此法也可用于检测鸡卵黄中 EDS－76 的抗体滴度。

2. 琼脂凝胶扩散试验（AGPT）　此法可以检测血清也可检测抗原，也可检测血清滴度。按常规制板、打孔。如检测血清在中央孔加入标准抗原，周围孔加待检血清，1 组孔可检测 6 个样品；如要检测血清琼扩滴度，可将血清作不同倍数稀释，加入周围孔，1 组孔检测一个样品；如检测抗原，则在中央孔加标准阳性血清，周围孔加待检抗原，1 组孔可检测 6 个样品。加样结束后将平皿置 37 ℃温箱中 24～48 h，观察结果，血清孔与抗原孔中间出现灰白色沉淀线者为阳性，否则为阴性。

此外，也可进行病毒中和试验、荧光抗体试验和免疫酶联吸附试验（ELISA）等，可根据实验室条件选择。

（五）鉴别诊断

导致鸡产蛋减少的因素很多，如营养、光照、应激、疾病等。可导致产蛋下降的疾病也很多，如传染性支气管炎、禽流感、新城疫、传染性喉气管炎、鸡痘、支原体感染、大肠杆菌病等等。本病的特征是仅表现为产蛋量的大幅度下降，蛋壳质量下降，精神食欲均正常。感染其他疾病时，除了产蛋量变化外，还会有明显的特征性症状和病理变化。本病的疫苗免疫效果较好，只要合理免疫一般不会发生。必要时可进行病原分离鉴定或血清学试验。

（六）建议防治措施

1. 防止经种蛋传播　由于本病是垂直传播的，所以应对种鸡群采取净化措施，防止经蛋传播。

2. 免疫预防　国内已研制出 EDS－76 油乳剂灭活苗、鸡减蛋症蜂胶苗等，于鸡群开产前 2～4 周注射 0.5 毫升，由于本病毒的免疫原性较好，对预防本病的发生具有良好的效果，可保护 1 个产蛋周期。

本病目前尚无有效治疗方法。使用多种维生素和增蛋药，可能有助于产蛋量的恢复。

二、鸡包涵体肝炎

鸡包涵体肝炎（Inclusion body hepatitis，IBH）是由禽腺病毒（FAV）Ⅰ群引起的鸡的一种急性传染病。以鸡的死亡突然增多，严重贫血、黄疸，肝脏肿大、出血和坏死，肝细胞核内有包涵体为特征。该病又称贫血综合征。

本病于1951年首次发生于美国，随后流行于欧美，Helmbold和Frazier(1963) 首次描述报道，称之为雏鸡的一种意义不明的鸡包涵体病，随后Fadly等（1973）发现本病与腺病毒感染有关。我国于1976年在台湾省首次暴发本病。目前，可能所有养鸡地区都会有本病存在。

本病多发于3～6周龄的肉鸡，偶尔也发生于种鸡和产蛋鸡，其他禽类如火鸡、鹅、雉鸡、鹦鹉等也有发病的报道。

（一）临诊检查

本病主要感染肉仔鸡，病鸡、带毒鸡是主要传染源。通过粪便和分泌物污染环境。主要经呼吸道、消化道及眼结膜感染，也可通过种蛋垂直传播。以春、夏两季发生较多。病愈鸡能获得终身免疫。

经自然感染的鸡潜伏期1～2 d，1日龄雏鸡感染时呈现严重贫血症状。不满5周龄的鸡感染时，一般到8周龄时即可痊愈。发病率可高达100%，而死亡率为2%～10%，如果有其他传染源感染时，如传染性支气管炎、慢性呼吸道病、大肠杆菌病、沙门氏菌病等，可使死亡率增加，有时可达30%～40%。初期不见任何症状而死亡，2～3d后少数病鸡精神沉郁、嗜睡、肉髯褪色、皮肤呈黄色，皮下有出血，偶尔有水样稀粪，3～5 d达死亡高峰，持续3～5 d后，死亡逐渐停止。在种鸡群或成年鸡群中往往不能察觉其临床症状，主要表现隐性感染，产蛋下降，种蛋孵化率低和雏鸡的死亡率增高。

（二）病理学检验

病鸡肝脏肿大，呈土黄色，质脆有出血斑点。肾脏、脾脏肿大，肾高度肿胀，呈灰白色。有些病例可见股骨骨髓色淡呈桃红色。胸肌和腿肌苍白并有出血斑点，皮下组织、脂肪组织和肠浆膜、黏膜可见明显出血斑点。此外，还常见法氏囊萎缩，胸腺水肿。

病理组织学检验，特征性的组织学变化是肝细胞内出现核内包涵体，常见的是呈圆形均质红染的嗜酸性包涵体，与核膜间有一透明环，少数病例可见到嗜碱性包涵体，其肝细胞核比正常大2～3倍。肝组织结构完全破坏，肝细胞严重空泡变性、坏死。间质中见大量红细胞。胆管上皮细胞显著增生，形成条索状的伪胆管，在汇管区，淋巴细胞呈局灶性增生。在人工感染病例中还可见脾脏白髓内淋巴细胞散在性坏死，鞘动脉周围网状细胞显著增生。法氏囊和胸腺中淋巴细胞坏死、减少。红骨髓减少，脂肪组织增多。肾小管上皮细胞空泡样变性，并见大量坏死。脑水肿，神经细胞变性。

（三）病原学检验

1. 病原特征 鸡包涵体肝炎的病原属于腺病毒科Ⅰ群病毒，其粒子直径为50～100 nm，呈20面体对称，无囊膜，内为线状的双股DNA与核蛋白构成的核，其直径为40～50 nm。该病病原至少有9～11个血清型，各血清型的病毒粒子均能侵害肝脏。该病毒对热有抵抗力，56 ℃下加热2 h、60 ℃下加热40 min均不能致死病毒，有的毒株70 ℃下加热30 min仍可存活。对紫外线、阳光及一般消毒药品均有一定抵抗力。对乙醚、氯仿、胰蛋白酶、5%乙醇有抵抗力。可耐受 pH 3～9，能被 1/1 000 的甲醛灭活。

个别血清型毒株能凝集大鼠红细胞，血凝最适 pH 为 6～9，最适温度在 4 ℃～20 ℃，多数血清型毒株都无血凝性。病毒分离可用鸡肾、鸡胚肝细胞、鸡胚成纤维细胞。病毒在鸡肾细胞上形成蚀斑。但不能在火鸡、兔、牛和人胎细胞中增殖。

2. 分离培养

（1）病料的采取和处理　在包涵体肝炎的早期，肝脏、法氏囊产生的病毒滴度最高。可以无菌采取病变肝脏、法氏囊、肾以及粪便作为病料。将组织病料制成 1∶5 乳剂。以粪便作为检验材料时，应做如下处理：将粪便用生理盐水 1∶5 稀释，3 000 r/min 离心 15 min，取上清液加等量氯仿，室温下处理 15 min，3 000 r/min 离心 15 min，取最上层水相加入抗生素，37 ℃下作用 2 h，除菌过滤，即可供接种用。

（2）病毒分离培养　禽腺病毒可在鸡胚肾、鸡胚肝细胞及鸡肾细胞内增殖。对鸡胚成纤维细胞不敏感，所以一般常用鸡胚肝、鸡肾细胞来分离病毒。病料接种已长成单层的鸡胚肝细胞或鸡肾细胞，培养 7 d，盲传 2 代，细胞出现 CPE 时，细胞变圆、折光性增强、脱落。另外，可用苏木精-伊红染色单层细胞，来证实核内包涵体的存在。

用鸡胚接种分离病毒时，应选用 SPF 胚或来自腺病毒阴性鸡群的胚，将病料接种 5～7 日龄鸡胚的卵黄囊内，在接种后 2～10 d 可见胚胎死亡和发育停滞，胚体出血，肝出血、坏死，在肝细胞中存在核内包涵体。此外，可以应用已知包涵体肝炎阳性血清做病毒中和试验或琼脂扩散试验，对病毒进行鉴定。

（四）血清学检验

包涵体肝炎的血清学检验方法有病毒中和试验、琼脂扩散试验、荧光抗体试验和 ELISA 等。但是由于健康鸡和发病鸡血液中普遍存在抗体，而且血清型较多，所以在结果判定上不易区分。

1. 病毒中和试验　将待检病料用生理盐水 5 倍稀释，与 10 倍稀释的阳性血清等量混合，室温下作用 1 h 或 37 ℃温箱中作用 30 min 后接种于已经形成单层的鸡胚肾、鸡胚肝细胞或鸡肾细胞，37 ℃下吸附 1 h，洗涤，再加入营养液继续培养。同时，将不加阳性血清的病料接种鸡胚肾、鸡胚肝细胞或鸡肾细胞。48 h 后观察结果，加血清的不出现细胞病变，不加血清的出现细胞病变，可判定病料中含有包涵体肝炎病毒。

2. 琼脂扩散试验　方法同 EDS－76。

3. 荧光抗体试验　取病鸡肝脏作冰冻切片或细胞培养物涂片，用标记的标准荧光抗体染色，荧光显微镜观察，看到细胞中有黄绿色荧光即可判定。

（五）鉴别诊断

本病根据流行情况、临床症状、病理变化一般可以初步诊断。但本病易与传染性贫血、磺胺类药物中毒、卡氏住白细胞虫病、黄曲霉毒素中毒和维生素 E 缺乏症等混淆，应注意区别。必要时做组织学检验或病原分离鉴定。

（六）建议防治措施

目前，对鸡包涵体肝炎尚无有效疗法，也无良好疫苗用于预防。多数鸡感染本病后，不出现症状，因而防治本病须采取综合防治措施。应注意卫生管理。因该病可经种蛋垂直传播，所以引种时谨防引进病鸡或带毒鸡。此外，本病也可经水平传播，故对病鸡应淘汰。经常用次氯酸钠进行环境消毒。增强鸡体抗病能力，病鸡可在饲料中添加维生素 K 及微量元素如铁、铜、钴等，也可同时在饲料中添加相应药物，以防继发其他细菌性感染。传染性法氏囊病病毒和传染性贫血病毒可以增加本病毒的致病性，因而应加强这两种病的免疫，或从环境中消除这些病毒。

第二十三节　禽传染性脑脊髓炎的检验与防治

禽脑脊髓炎（Avian encephalomyelitis，AE）是由小 RNA 病毒科肠病毒属禽脑脊髓炎病毒（Avian encephalomyelitisvirus，AEV）引起的鸡、火鸡、雉和鹌鹑的一种病毒性传染病。因病鸡以共济失调、瘫痪和头颈部快速震颤为特征，故又称流行性震颤。

本病首先由 Jones 于 1930 年在美国 2 周龄商品代洛岛红雏鸡中发现，并于 1934 年通过实验确定了病原。目前，几乎所有养禽的国家都存在本病。我国自 1980 年广东首先报道发生 AE 后，至今绝大多数省、市、自治区陆续发生了本病。AE 除了鸡易感外，其他禽类如雉鸡、鹌鹑、火鸡、山鸡等均可自然感染。在新疫区未免疫鸡群中一旦发生本病，其传播快速，并造成流行。雏鸡发病率一般为 40%～60%，死亡率可达 20%～50%或更高。

一、临诊检查

易感动物主要是鸡，其他多种雀形目鸟类也有感染的报道。发病日龄以 1～25 日龄多见，7～14 日龄最易感，40 日龄以上鸡只感染后其症状不明显。小鸡发病率为 40%～60%，死亡率为 20%～50%。自然条件下，主要是经口感染，实验条件下，脑内接种易发病。本病主要是垂直传播，亦可水平传播，在平养鸡中水平传播时 4～5 d 可波及全群，在笼养鸡中，水平传播较缓慢。传染源是患鸡与隐性感染鸡，这些鸡感染后 1 个月内均可经粪便排毒，粪便中的病毒可存活 28d 以上。

本病经胚胎感染，潜伏期为 1～7 d，经口感染，潜伏期至少 11 d，最长达 44 d，典型的症状最多见于 7～14 日龄雏鸡，偶见于 1 月龄的鸡。雏鸡感染发病初期，患鸡精神沉郁，反应迟钝，随后部分患鸡陆续出现共济失调，不愿走动，或步态不稳，直至不能站立，以两侧跗关节着地，双翅张开卧地，勉强拍动翅膀辅助前行，甚至完全瘫痪（彩图 8－91）。部分患雏头颈部肌肉震颤，尤其给予刺激时，震颤加剧。头颈震颤有时不易察觉，可用手握头颈检查。患鸡在发病过程仍有食欲，但常因瘫痪而不能采食和饮水衰竭死亡或被同类践踏致死，病程为 5～7 d。青年鸡感染时，少数鸡只发病，患鸡表现呆立、腿软，甚至出现中枢神经紊乱症状，偏头伸长颈，向前直线行走或倒退，或突然无故将头向左、右扭转等。个别患鸡可能发生一侧或双侧性晶状体浑浊，甚至失明。成年种鸡感染无明显症状，主要表现为一过性产蛋下降，一般产蛋率可下降 10%～20%，约 14 d 后恢复正常。所产种蛋的孵化率下降，胚胎多数在 19 日龄前后死亡。母鸡还可能产小蛋，但蛋的形状、颜色、内容物无明显变化。

二、病理学检验

（一）剖检病理变化

部分病例脑组织柔软，或有不同程度的充血、水肿，个别病例在大脑、中脑或小脑脑膜下有点状出血（彩图 8－92）。发生瘫痪或麻痹的病鸡，可见消瘦，腿部骨骼异常，肌肉萎缩，脚爪弯曲。16 日龄鸡胚经卵黄囊攻毒后，鸡胚发育受阻，体长、体重变小，脑组织水肿、柔软明显。

（二）组织学病理变化

呈弥漫性非化脓性脑脊髓炎，主要表现为神经元变性、神经胶质细胞增生和血管周围管套形成。发生变性的神经元胞体肿大、淡染或浓缩。有的呈现尼氏小体（即虎斑小体）溶解，胞核淡染、消失或存在于细胞边缘，胞核周围或细胞中央染色变浅甚至出现空白，边缘表现致密深染，即中央染色质溶解。这种变化在大脑、中脑、延脑和脊髓非常普遍，尤其以中脑的圆形核、卵圆核中的神经元，以及延脑和脊髓的大型神经元最为明显。严重变性的神经元及其周围组织可发生坏死、液化，形成大小不等的软化灶。肌胃和胰脏中有大量淋巴细胞浸润。

三、病原学检验

（一）病原特征

禽脑脊髓炎病毒（Avian encephalomyelitisvirus，AEV）是小 RNA 病毒科肠道病毒属的禽脑脊髓炎病毒。病毒粒子具有六边形轮廓，无囊膜，直径为 24～32 nm。只有 1 个血清型，本病毒的毒株可以分为嗜肠道性和嗜神经性病毒两大类。

AEV 对氯仿、乙醚、酸、胰蛋白酶、胃蛋白酶、DNA 酶及去氧胆酸盐有抵抗力。在氯化铯中的浮密度为 1.31～1.33 g/cm^3，沉降系数为 160 S，1 mol/L $MgCl_2$ 对病毒在 50 ℃下具有明显的稳定作用，在 3～4 ℃下 836 d 该病毒仍有感染性，37 ℃下 1 d 半数病毒死亡，1 周以上病毒完全失活。

（二）分离培养

1. 病料采集 自有禽脑脊髓炎早期临床症状发病 2～3 d 的病鸡，以无菌手术采取脑和胰脏，制成 10%～20%乳剂，以 1 500 r/min 离心 15 min，收集上清液，过滤除菌用于接种。

2. 鸡胚卵黄囊内接种 选取对禽脑脊髓炎易感的 6 日龄鸡胚，卵黄囊内接种 0.2～0.5 ml，接种后 12 d，取部分鸡胚检查病变，病变包括鸡胚静止不动（麻痹），腿部肌肉萎缩，有时出现死胚。如果鸡胚没有病变，则另外的鸡胚继续孵化至出壳。对出壳雏鸡观察 10 d，如出现临床症状，则采取雏鸡脑组织继续传代，分离物经多次传代之后，才能适应于鸡胚。

3. 1 日龄雏鸡脑内接种 选用 1 日龄的易感雏鸡，取上述处理的上清液脑内接种 0.025 ml。接种后，收取 1～4 周内有临床症状的病雏脑组织，并在易感雏鸡中传代。

四、血清学检验

（一）病毒中和试验

将已适应鸡胚生长的病毒液作 1∶20、1∶40 倍稀释后，接种于易感的 6 日龄鸡胚卵黄囊内，每一稀释度接种 5 枚鸡胚，于接种后 10 d 检查鸡胚有无 AEV 引起的典型病变，以确定病毒的滴定终点，并以中和指数（即 EID_{50} 病毒滴度和 EID_{50} 病毒-血清滴度之间的对数差）来表示。中和指数大于或等于 1.1，即被认为已感染过 AEV，新感染的中和指数一般在1.5～3.0。

(二) 荧光抗体试验

荧光抗体试验可作为诊断禽脑脊髓炎的优选方法，直接荧光抗体试验可用于诊断雏鸡的病例，而不用于成鸡。胰腺、腺胃和蒲金野氏细胞为该试验检测中的首选组织和细胞。

(三) 琼脂扩散试验

采取已感染发病的鸡胚脑组织作乳剂，经提纯后可作为琼脂扩散抗原，用于检查禽血清中的抗体。也可用已知的禽脑脊髓炎阳性血清，用感染病毒鸡胚脑组织制备的抗原做琼脂扩散试验，检查鸡胚脑组织中的抗原。操作方法同常规的琼脂扩散试验方法。

五、鉴别诊断

本病与鸡新城疫、鸡马立克氏病、维生素 E-硒缺乏症等疾病容易混淆，注意鉴别诊断。应用病毒分离与鉴定、中和试验、免疫荧光技术、琼脂扩散试验、ELISA 等方法可以确诊。

六、建议防治措施

本病尚无药物治疗，防治本病，必须坚持“预防为主”的原则，在本病流行或受威胁地区应做好鸡群的免疫接种工作。目前，免疫接种所使用的疫苗有禽脑脊髓 Calnek1143 株弱毒活疫苗和禽脑脊髓炎油乳剂灭活疫苗两种。其基本免疫程序是：首免，后备种鸡 12 周龄时，经饮水免疫接种弱毒活疫苗，每羽接种 1～2 头份；二免，16 周龄时，经饮水免疫接种弱毒活疫苗，每羽接种 2 头份，同时可肌内注射接种油乳剂灭活疫苗 0.5～1 ml。通过上述免疫接种，免疫期可达 1 年以上，必要时可在种鸡产蛋中期再肌内注射油乳剂灭活疫苗 1 次，或在种鸡发病时用油乳剂灭活疫苗做紧急免疫注射进行防治。

应从未发生过本病的鸡场引进种蛋或种鸡，平时做好消毒及环境卫生工作。

第九章　细菌性疾病的检验与防治

第一节　大肠杆菌病的检验与防治

禽大肠杆菌病（Avian colibacillosis）是由致病性大肠杆菌（*Escherichia coli*）引起的禽类多种病型的总称。病原菌通过消化道、呼吸道、蛋壳污染、交配感染等多种途径传播，还常与其他疾病混合感染或继发感染。由于大肠杆菌的血清型、致病力，以及感染年龄和机体状态的不同，临诊上呈现多种病型。急性型最为常见，危害最大，往往发生败血症而死亡；气囊炎型常与肝周炎和心包炎并发；慢性型常表现为长期顽固性腹泻。此外，还见有眼炎、中耳炎、肉芽肿、大肠杆菌性脑炎、肿头综合征、生殖器官感染、关节炎、足垫肿等。经卵感染或孵化后感染的幼雏，出壳后几天内即可发生大批急性死亡。

一、临诊检查

不同品种、不同年龄的家禽都可感染。发病没有季节性，几乎所有养禽场都不同程度存在本病。本病是近年来也是未来多发的重要禽病之一。

该病潜伏期从数小时到 3 d 不等，急性者体温上升，常无腹泻症状而突然死亡。慢性者有些病例呈顽固性腹泻，粪便灰白色。有的病鸡离群呆立，羽毛松乱，食欲减退或废绝；有的病鸡死前有抽搐和转圈运动等神经症状；有的病鸡还可见全眼球炎。

近几年，鸡大肠杆菌病常与支原体感染、禽流感或传染性支气管炎等疾病混合感染，给肉仔鸡饲养和蛋鸡饲养造成严重损失。肉鸡从十几日龄开始发病，日渐严重，每天死亡数只，甚至上百只，一直持续到出栏。由于本病控制困难，不得不将鸡只提前出售，给养鸡场（户）造成严重经济损失。

二、病理学检验

禽大肠杆菌病由于病型不同，临床表现和病理变化也不相同。

（一）鸡胚与幼雏的早期死亡

由于蛋壳被粪便污染或母鸡患大肠杆菌性输卵管炎使种蛋带菌，从而致胚胎的卵黄囊被感染，使鸡胚在临出壳前死亡。感染鸡胚的卵黄囊内容物呈黄绿色或黄棕色水样物，或呈干酪样。但也有一些鸡胚在出壳后 3 周内陆续死亡，其中 6 日龄以内的幼雏发病死亡最多。病雏除卵黄的变化外，还见部分病雏发生脐炎。如病程长至 3 d 以上时，常伴发心包炎、肝周炎、腹膜炎等。被感染的雏鸡也可能不死，但常见卵黄吸收不良，生长发育缓慢。

镜检病雏或死胚的卵黄囊，可见囊壁水肿，从囊壁的结缔组织依次向卵黄囊内部分别是：炎性细胞层，含有异嗜性粒细胞和巨噬细胞；巨噬细胞层，含有细菌团块和变性、坏死的异嗜性粒细胞；最内层是感染的卵黄，有些卵黄囊内含有少量浆细胞。

（二）呼吸道感染（气囊病）

气囊病是大肠杆菌与支原体合并感染所致，常发生气囊炎、心包炎、肝周炎、腹膜炎和输卵管炎。

气囊病主要表现为气囊炎，可见囊壁增厚、浑浊，常在气囊的呼吸面被覆干酪样渗出物或气囊腔中填塞数量不等的黄白色干酪凝块。

心包炎和肝周炎多见于鸡和鹅的大肠杆菌病。心包腔扩张，充满灰白色或灰黄色浆液-纤维素性渗出物，心包浑浊、增厚，心外膜粗糙。肝脏表面被覆厚薄不等的纤维蛋白膜（彩图 9-1）。镜检肝窦状隙扩张充血，肝细胞变性、坏死，在小坏死灶周围有数量不等的淋巴细胞和异嗜性粒细胞浸润。

腹膜炎包括肝脏被膜、腹壁浆膜、肠浆膜的炎症。可见这些部位附着大量灰白色纤维蛋白膜或卵黄，腹腔集有纤维素或卵黄液。打开腹腔可闻到明显的粪臭味。

输卵管炎常见于左侧腹气囊大肠杆菌感染。输卵管扩张，内含干酪样物质。这种干酪样凝块可以长时间存在，并逐渐增大，有时可达拳头大，切面可见层层包绕的黄色凝固物。

（三）急性败血症

急性败血症死亡的病鸡营养良好，肌肉丰满、嗉囊充实。特征性病变是肝脏呈绿色，或有灰白色坏死灶。胸肌充血，常见心包炎、腹膜炎。

（四）大肠杆菌性肉芽肿

肉芽肿型为慢性大肠杆菌病，多为败血症的后遗症，常发生于成年鸡。其病理特征是在肝、十二指肠、盲肠、肠系膜等处形成结节性肉芽肿。肉芽肿为粟粒大至玉米粒大或更大，黄白色或灰白色，切面略呈放射状或轮层状，有弹性，中央多有小化脓灶。

镜检可见结节中心是由大量细胞坏死物构成，其部外围是一层由上皮样细胞、淋巴细胞和少量巨噬细胞形成的肉芽组织，其间有异嗜性粒细胞浸润。

（五）脑炎型

某些血清型的大肠埃希氏菌可突破血脑屏障进入脑内引发脑炎。该病可单独由大肠埃希氏菌引起，亦可在支原体病、传染性鼻炎和传染性支气管炎等病的基础上继发大肠埃希氏菌感染而发生。患鸡多有神经症状。病变主要集中在脑部，可见脑膜增厚，脑膜及脑实质血管扩张充血，蛛网膜下腔及脑室液体增多。

镜检可见神经细胞肿大、变性，有的坏死、崩解。胶质细胞增生，有卫星现象和嗜神经元现象，淋巴细胞浸润，从脑组织中可分离到大肠埃希氏菌。

（六）关节炎型

多发生于幼雏及中雏，一般呈慢性经过，有些是败血症的后遗症。病鸡跛行，足垫肿胀。病变多出现于跗关节，可见跗关节呈竹节状肿胀，关节腔内液体增多，浑浊，有的有脓汁或干酪样物，有的发生腱鞘炎。从病鸡发炎关节和足垫中可分离到大肠杆菌。

（七）鸭大肠杆菌性败血症

又称新鸭病、鸭瘟证候群、鸭败血症。本病在雏鸭可出现心包炎、肝周炎和气囊炎等病变。本病的特征性病变是胸膜腔器官和气囊的表面覆有湿润的颗粒状或凝乳样渗出物，厚薄不一。剖检时经常闻到一种特殊的臭味。肝肿大，色深并浸染胆汁。脾肿大，色泽变深。

三、病原学检验

（一）病原特征

本病病原体是大肠埃希氏菌（*Escherichia coli*），简称大肠杆菌。本菌为革兰氏阴性短小杆菌，不形成芽孢，有的有荚膜，大小为 2～3 μm×0.6 μm，一般有周鞭毛，大多数菌株具有运动性。

本菌对环境抵抗力中等，对理化因素较敏感，55 ℃下 1 h 或 60 ℃下 20 min 可被杀死，120 ℃高压消毒该菌立即死亡。在禽舍内，大肠杆菌在水中、粪便、尘埃中可存活数周至数月。本菌对石炭酸、甲酚等多种消毒剂敏感。但粪便、黏液等有机物可降低消毒效果。

大肠杆菌在自然界广泛存，也是动物肠道的常在寄居菌，其中大多数是不致病的，与动物共栖。根据大肠杆菌的致病性可分为致病菌、条件性致病菌和非致病菌 3 种类型。只有少数菌株是致病性的病原菌，致病性大肠杆菌占大肠杆菌总数的 10%～15%。如果饲养管理和卫生条件差，或在其他应激因素的诱发下，条件性致病菌即可迅速繁殖，导致禽大肠杆菌病的发生。由于大肠杆菌质粒的转移，非致病菌可获得致病性，成为致病菌，所以致病性大肠杆菌的种类越来越多。我国报道的禽大肠杆菌的致病性血清型有 50 个，主要的有 O_1、O_2、O_5、O_7、O_{14}、O_{36}、O_{73}、O_{78}、O_{103}等。由于各地分离的大肠杆菌菌株之间，其交叉免疫性很低，即使在同一地区，甚至是同一禽群的大肠杆菌血清型，也有很大的差异。这是养禽生产中至今尚未能有理想的禽用大肠杆菌疫苗用于防制禽大肠杆菌病的主要原因。

（二）形态学检验

1. 显微镜检查　取病死禽肝脏、气囊渗出物、心包渗出物或腹腔渗出物等。直接涂片，用美蓝或瑞氏染色法染色镜检，可见两端钝圆，单个散在或成对排列的短杆菌，菌体着色均匀。革兰氏染色阴性，如未发现细菌，再做分离培养。

2. 分离培养材料的采取　取新鲜尸体的肝、脾或气囊渗出物、心包腔渗出物等病料作细菌分离材料。如果从小肠前段或空肠后段内容物取样，可先用灭菌生理盐水冲洗后，再用接种环从黏膜上蘸取材料划线做细菌分离培养。将被检材料划线接种于普通琼脂培养基上，置 37 ℃培养箱中 24 h 后，形成稍隆起、表面光滑、湿润灰白色的圆形菌落，直径为 2 mm。在麦康凯培养基上呈粉红色菌落，在远藤氏培养基上则为红色菌落，并常见闪烁金属光泽。挑取可疑菌落做溶血试验和生化试验，进一步鉴定。

（三）溶血试验

该菌在鲜血琼脂上呈 β 溶血。

（四）生化试验

本菌发酵葡萄糖、乳糖、甘露醇等多种糖类，产酸产气。靛基质和甲基红试验为阳性，V.P 试验阴性，通常不利用枸橼酸盐、不产生硫化氢，能使硝酸盐还原为亚硝酸盐（表 9-1）。

表 9-1　禽大肠杆菌的生化试验结果

试验项目	葡萄糖	甘露醇	乳糖	靛基质	硫化氢	甲基红	利用枸橼酸盐	硝酸盐还原	V.P 试验	M.R 试验
结果	⊕	⊕	⊕	+	−	+	−	+	−	+

注：“⊕”代表产酸、产气；“+”代表阳性；“−”代表阴性。

(五) 致病性试验

取可疑大肠杆菌的肉汤培养物接种于小鼠或小鸡腹腔内，可于 24 h 内致死，从死亡小鼠和小鸡尸体中可重新分离出该菌。

四、血清学检验

对已确定为大肠杆菌的分离株，用已知大肠杆菌因子血清进行鉴定，如为常见的致病性大肠杆菌血清型，即可作出诊断。

(一) 因子血清种类

生物药厂生产的大肠杆菌因子血清有两种类型，一种系 15 种为 1 套，仅包括 OB 血清型；另一种有 27 种，包括 OB 型血清及 O 型血清。

现仅将 27 种为 1 套的制品所包括的因子血清类型介绍如下。

1. 单价 OB(L) 型血清 O_{26}：B_6，O_{44}：L_{74}，O_{55}：B_5，O_{86}：B_7，O_{111}：B_4，$O_{112a112c}$：B_{11}，O_{119}：B_{14}，O_{124}：B_{17}，O_{125}：B_{15}，O_{126}：B_{16}，O_{127}：B_8，O_{128}：B_{12}等型。

2. 多价 OB(L) 型血清 第一瓶包括 O_{55}：B_5，O_{86}：B_7，O_{111}：B_4，O_{127}：B_8 型；第二瓶包括 O_{26}：B_6，O_{125}：B_{15}，O_{126}：B_{16}，O_{126}：B_{12}型；第三瓶包括 O_{44}：L_{74}，$O_{112a112c}$：B_{11}，O_{119}：B_{14}，O_{124}：B_{17}型。

3. 单价 O 型血清 O_{26}，O_{44}，O_{55}，O_{86}，O_{111}，$O_{112a112c}$，O_{119}，O_{124}，O_{125}，O_{126}，O_{127}，O_{128}型。

(二) 使用方法

1. 初步试验 将分离培养所得的纯培养大肠杆菌，先用接种环蘸取多价 OB 型血清第一、二、三瓶各少许，分别滴于玻片上，然后再从每一个平板上挑取 3～5 个或更多个边缘整齐、表面光滑半透明的疑似菌落，用接种环从菌落中央轻轻蘸取培养物少许与各血清混合，轻轻晃动玻片，如呈强阳性凝集，可初步认为阳性反应，再用生理盐水作对照，观察有无自凝现象。呈阳性者，再用接种环在余下的发生凝集的菌落上蘸取培养物接种于双糖铁培养基，于 37 ℃恒温箱中培养 19～20 h，进一步做证实试验。

2. 证实试验 根据在双糖铁培养基上的发酵情况，应进一步做生化反应及血清学检查。血清学检查包括玻片及试管凝集反应。从双糖培养基斜面上钓菌做玻片凝集反应。即取上述呈阳性反应的多价血清，并包括有单价 OB 型血清，分别做凝集试验，阳性者，再取双糖斜面上的培养物用生理盐水作成悬液，置 100 ℃水浴中加热 40 min，以破坏 K 抗原，冷却后，使其与单价 OB 型血清或相应的单价 O 型血清做玻片凝集反应，阴性者则弃去，如呈强阳性凝集者，可做出初步诊断，或再做试管凝集反应进一步证实，即把菌悬液用生理盐水稀释成 10 亿个菌/ml（相当于肉汤的培养物浓度），然后与 OB 型血清或 O 型血清做试管凝集反应，如效价达原血清 O 型效价的一半，同时生化反应符合肠道致病性大肠杆菌者，即可做出最后的证实鉴定。

五、鉴别诊断

本病应注意与禽巴氏杆菌病、鸭疫里默氏杆菌病等的区别。巴氏杆菌病时心脏外膜特别是冠状沟脂肪有点状出血，肝脏有灰白色点状坏死灶，心血涂片或肝脏触片经瑞氏或美蓝染色，镜检可见短小的两极着色的杆菌；鸭疫里默氏杆菌病的特征是病变主要局限于呼吸道，各脏器表面的渗出物较干燥，薄而透明，若较厚时，则色黄而坚实，鼻窦、呼吸道、输卵管中黏稠渗出物可凝成管型。

六、建议防治措施

（一）加强饲养管理和卫生管理

搞好环境卫生，保持舍内通风良好，粪便及时清理干净，病死禽及时进行无害化处理，注重消毒工作。无疾病发生时常规消毒应每周 2～3 次，发生疾病时应每天 1 次。

（二）免疫预防

由于禽致病性大肠杆菌的血清型很多，不同地区和鸡场的血清型不尽相同，往往造成单价灭活苗免疫失败。而以各地区最常见的有代表性优势血清型菌株制备成多价大肠杆菌病的灭活苗可获得理想的免疫效果，能够起到一定的预防作用。

（三）药物预防

大肠杆菌由于耐药性的普遍存在，而且新的耐药菌株不断出现。给本病的药物预防和治疗都带来了很大的困难。使用药物预防时，应多种药物交替使用，每种药物连续使用不要超过 1 周。发病后最好的方法是尽快确诊，进行药敏试验，根据抑菌圈的大小筛选出敏感药物。用单一药物或采用联合用药，治疗 3～5 d。不可盲目用药。

（四）中草药治疗

许多中草药具有抑制和杀灭细菌等病原体的作用，清热解毒类中草药有一定疗效。饮水或混料饲喂，常用的抗感染中草药有黄连、黄芩、黄柏、秦皮、双花、白头翁、大青叶、板蓝根、穿心莲、大蒜和鱼腥草等。

（五）使用微生态制剂

肠炎型大肠杆菌病可考虑使用微生态制剂，以调整肠道菌群。

第二节　巴氏杆菌病的检验与防治

禽巴氏杆菌病（Avian pasteurellosis）又称禽霍乱（Fowl cholera）、禽出血性败血症，是由多杀性巴氏杆菌（*Pasteurella multocida*）引起的，主要侵害鸡、鸭、鹅、火鸡等禽类的一种接触性传染病。急性病例主要表现为突然发病、下痢、败血症症状及高死亡率，剖检特征是全身黏膜、浆膜点状出血，出血性肠炎及肝脏的点状坏死。慢性病例的特点是鸡冠、肉髯肿胀化脓，病程较长，死亡率低。

该病呈世界性分布，是家禽常见病之一。在鸡、鸭群中时有发生，造成一定经济损失。

一、临诊检查

鸡、鸭最易感，主要通过污染的饲料和饮水，经消化道、呼吸道、眼结膜及皮肤伤口等感染。本病在集约化禽场的流行无明显的季节性，农村散养家禽多在夏、秋季发生，呈地方性散发。

本病潜伏期为 2～9 d。最急性者常常是肥壮、高产的家禽突然死亡，死前无明显症状。随着病程的发展，出现急性病例，病鸡表现为精神沉郁，不愿走动，闭目缩颈，羽毛松乱，食欲减少或废绝，喜饮水，呼吸困难，口鼻有黏液流出，拉灰白色或淡绿色稀粪，且有腥臭味。冠、肉髯发紫，甚至肿大，体温高达43～44 ℃，一般经1～3 d死亡。慢性型多出现在疫情流行后期，主要表现呼吸道症状或关节炎引起的跛行，经常腹泻，消瘦、贫血，生产性能长期得不到恢复。

鸭发生巴氏杆菌病时，往往突然死亡，常发生关节炎而出现跛行。

二、病理学检验

按临床经过可分为最急性、急性和慢性3型。

（一）最急性型病例

大多看不到明显的剖检变化，仅可见到冠、肉髯呈紫红色，心外膜有小出血点，肝脏表面有数量不等针尖大小的灰黄色或灰白色坏死灶（彩图9－2）。

（二）急性病例

大多可见明显的病变。以败血症为主要变化，可见鼻腔内有黏液，皮下组织和腹壁的脂肪、心外膜、肠系膜、肠浆膜、黏膜有大小不等的出血点，胸腔、腹腔、气囊和肠浆膜上常见纤维素性或干酪样灰白色的渗出物。肠黏膜充血，有出血性病灶，尤其是十二指肠最为严重，黏膜红肿，呈暗红色，有弥漫性出血，肠内容物含有血液。有时肠黏膜上覆盖一层黄色纤维素。肝脏的病变较为特征，表现为肿大、质脆，呈棕红色、棕黄色或紫红色，表面有很多针头帽大小或小米大小的灰白色或灰黄色坏死灶，有时可见点状出血（彩图9－3）。心冠脂肪、左右纵沟和心外膜上有很多出血点，心包内积有淡黄色液体，并混有纤维素。有的病例，肺脏有出血点或有实变区。

（三）慢性病例

病变多局限于某些器官，当以呼吸道症状为主时，可见鼻腔、气管、支气管呈卡他性炎症，分泌物增多，肺质地变硬，火鸡常有肺炎变化；当病变局限于肉髯、颈下、头顶时，可见局部有大小不等的结节，结节内有干酪样坏死物（彩图9－4）；病变局限于关节炎的病例，根据病程长短，主要见于腿部和翅膀等部位的关节肿大、变形，有炎性渗出物和干酪样坏死。慢性病例的产蛋鸡还可见到卵巢出血，卵黄破裂，腹腔内脏器官表面附着卵黄样物质。

患霍乱的鸭、鹅，表现为心包内充满透明的橙黄色渗出物，心冠脂肪、心内膜及心肌充血和出血。肝肿大，脂肪变性，有针头帽大小的出血点与坏死灶。肠道有充血和出血，尤以小肠前段最为严重，肠内容物呈污红色。发生关节炎时，关节面粗糙，内有黄色的干酪样物质或肉芽组织，关节囊增厚，内含红色浆液或灰黄色浑浊黏稠液体。

三、病原学检验

（一）病原特征

本病病原体为多杀性巴氏杆菌。本菌为卵圆形的短小杆菌，少数近于球形，无鞭毛，不能运动，不形成芽孢。革兰氏染色阴性，多呈单个或成对存在。在组织、血液和新分离培养物中的菌体呈明显的两极着色，许多血清型菌株有荚膜，用美蓝、瑞氏染色均可着色。巴氏杆菌为兼性厌氧菌。可在普通培养基上生长，37 ℃下培养18～24 h，可见灰白色、半透明、光滑、湿润、隆起、边缘整齐的露滴状小菌落，直径为1～2 mm。本菌在鲜血琼脂、血清琼脂或马丁琼脂平皿培养，生长良好，不溶血。在肉汤中培养时，初期呈均匀浑浊，24 h后上清液清亮，管底有灰白色絮状沉淀，轻摇时呈絮状上升。

多杀性巴氏杆菌的抗原结构比较复杂，分型方法有多种。该菌对各种理化因素和消毒药的抵抗力不强。在直射阳光和干燥条件下很快死亡。对热敏感，56 ℃下加热，15 min、60 ℃下加热 10 min 可被杀死。对酸、碱及常用的消毒药很敏感，5%～10%生石灰水、1%漂白粉溶液、1%火碱、3%～5%石炭酸、3%来苏儿、0.1%过氧乙酸和 70%酒精等均可在短时间将其杀死。

本菌对多数抗生素、磺胺类药物敏感，可用其防治本病。

（二）形态学检验

1. 病料的采取　用无菌操作采取病禽的心血、肝、脾等组织。

2. 显微镜检查　如被检病料为液体可做涂片，血液则做推片，如病料为脏器组织，可将其切开，用切面做涂片，可用碱性美蓝染色法（用甲醛固定）、瑞氏染色法（无需固定）和革兰氏染色法染色。镜检如见有卵圆形短杆菌、两极呈明显浓染、革兰氏阴性小球杆菌时，即可初步判定为巴氏杆菌病。

（三）分离培养

将血液或渗出液在血液琼脂平板划线分离。脏器应先除去表面的杂菌，即将组织块浸于 95%酒精中立即取出，在放于酒精灯上干燥，反复 2～3 次，或在沸水浸烫数秒种，然后用灭菌刀切开，用切面在琼脂平板一侧涂抹，涂抹面积约为平板的 1/5，再用接种环自涂层上划线分离，分离时应涂抹数个平板，以提高检出率。

当急性死亡的家禽病料中所含病原体数量很少时，除需用血液琼脂平板直接分离培养外，还应在普通肉汤或马丁肉汤中进行增菌培养，经 24～48 h 后，取肉汤培养物再接种于血液琼脂平板上，37 ℃下培养 24 h，多杀性巴氏杆菌的生长特点是：

（1）在血液琼脂平板上形成较小、极度湿润的无色透明菌落，然后呈淡灰白色，无溶血区。

（2）在肉汤培养基中先浑浊、后沉淀，振摇时沉淀物呈发辫状升起。陈旧培养物常形成菌膜，且于管底集成胶样沉淀。

（四）动物试验

应用实验动物分离巴氏杆菌其效果比培养法好，因本法不仅可分离到菌株，而且还能观察其致病性，故在分离培养的同时，最好做动物试验，实验动物以小鼠和家兔最敏感，其方法为将被检病料用灭菌生理盐水制成 1∶10 的悬液（或用肉汤培养的 24 h 培养物），接种于小鼠、家兔的皮下（或腹腔），接种量小鼠为 0.1～0.3 ml，家兔为 0.3～0.5 ml。如用家兔接种，应在接种前数日，每天以 0.2%～0.5%煌绿 2～3 滴滴鼻，如为巴氏杆菌带菌兔，则在滴鼻后 18～24 h 出现化脓性鼻炎，这种家兔则不宜再做接种。

如病料中含有巴氏杆菌强毒株，小鼠及家兔最早在 10 h 左右即死亡，一般在 24～72 h 死亡，剖检呼吸道及消化道黏膜有出血点，脾脏不肿大，肝脏常见充血、肿大及坏死。试验动物死亡后，应立即剖检，取其心血、肝、脾等脏器进行涂片镜检和培养。

（五）菌体鉴定

将病料中直接分离到的或经动物试验后分离到的可疑菌株，进行培养，并按下列方法鉴定。

1. 显微镜检查 将分离菌用碱性美蓝染色后镜检，菌体呈两极明显浓染的小杆菌，多呈球杆状，革兰氏染色阴性。悬滴标本检查，无运动性。

2. 细菌培养 该菌在肉汤中轻度浑浊，管底产生黏稠沉淀；在普通琼脂上形成较小的、湿润、透明、无色菌落，以后呈淡灰白色；在血液琼脂上不溶血，形成较平坦的水滴样菌落；在血清琼脂上生长旺盛。

3. 菌落的荧光检查 将菌接种在含 0.1%血红素的马丁琼脂平皿上，37 ℃下培养16～22 h后，将平皿放在体视（解剖）显微镜台上，在暗室内，使显微镜照明灯呈 45°角，将斜射光线经桌面上的反光镜反射到平皿上，放大 8～10 倍，观察菌落的荧光。当该病正流行时，新分离菌株的菌落呈橘红色荧光，毒力强。菌株在培养基上经长期传代后由慢性病灶中分离出的菌株，菌落荧光可能出现分化，常见者为蓝色荧光，菌落较小（1～2 mm），毒力弱。其次为楔形变化，即橘红色荧光菌落中出现 1 个或多个一样色彩的楔形荧光。这种荧光是菌株不稳定的表现，1～2 代之后即消失。偶尔可看到呈黄色荧光的菌落，表面有环状的粗糙纹。此种菌落不稳定，仍可出现橘红色荧光。蓝色荧光和黄绿色荧光是毒力弱的表现。培养基的成分、平皿的湿度和培养时间等，也在一定程度上影响菌落的荧光色泽。

（六）生化特性试验

将分离的巴氏杆菌接种于葡萄糖、蔗糖、乳糖、棉实糖、鼠李糖和蛋白胨水，培养 24 h 和 48 h，各检查 1 次 5 种糖的分解情况，特别是该菌不分解鼠李糖这一特点，可与结核菌相鉴别，在培养 48 h 以后，加入靛基质试剂于蛋白胨水中，检查是否有靛基质生成（表 9 - 2，表 9 - 3）。

表 9 - 2 巴氏杆菌生化特性

石蕊牛乳	明胶	靛基质反应	硫化氢试验	糖分解				
				葡萄糖	蔗糖	棉实糖	鼠李糖	乳糖
无变化	不液化	阳性	阴性	分解，产酸不产气	分解，产酸不产气	不分解	不分解	不分解

表 9 - 3 多杀性巴士杆菌与其他类似菌的鉴别

菌名	生化类型								
	运动性	溶血	胆汁内生长	靛基质	石蕊牛乳	蔗糖	乳糖	棉实糖	鼠李糖
多杀性巴士杆菌	−	−	−	+	中性	+	−	−	−
溶血性巴士杆菌	−	+	−	−	酸性	+	+	+	−
鼠疫杆菌	−	−	+	−	中性	−	−	−	−
土拉杆菌	−	−	−	−	不生长	−	−	−	−
伪结核杆菌	+	−	+	−	碱性	+	−	−	+

四、血清学检验

（一）玻片凝集试验

用每毫升含 10～60 亿菌体抗原，加上被检动物血清，在 5～7 min 内如发生凝集反应者为阳性反应，不凝集者则为阴性反应。

（二）琼脂扩散试验

1. 试验准备

（1）抗原　琼脂扩散试验所用的抗原是冻干抗原，用时按标签上标明的抗原量加蒸馏水溶解。

（2）待检血清　采自被检鸡的血清。

（3）琼脂板的制备　称取琼脂 0.6～1 g，氯化钠 8 g，加入 pH 6.4、0.01 mol/L 磷酸盐缓冲液至 100 ml，在水浴中充分煮沸融化，在加入 0.01%硫柳汞，倒入每个平皿内 18～20 ml，待凝固后放入冰箱内备用。

2. 操作方法

（1）打孔　从冰箱内取出平板，立即打孔（梅花孔，中央 1 个孔，周边 6 个孔），孔径 4 mm，孔距 4 mm。

（2）加样　中央孔滴加抗原，周边孔加血清，加样后放入 38 ℃温箱中，经 24～48 h 后观察结果。

3. 结果判定　见有明显沉淀线者为阳性，否则为阴性。

（三）间接血凝试验

本法具有较高的特异性和敏感性。

1. 试验准备

（1）鸡红细胞　采取未经免疫的鸡血，制备红细胞泥备用。

（2）抗原制备　用 P1059 菌株，接种于裂解血斜面培养基，经 24～48 h，达融合生长后，再以 10 ml 0.01 mol/L 三羟甲基氨基甲烷-盐酸（Tris - HCl）缓冲液（pH 7.2）洗下，将细胞悬液用超声法打碎 45 min，打碎的抗原液以 1 500 r/min 离心 30 min，取其上清液备用。

（3）致敏醛化红细胞的制备　将制备好红细胞泥用戊二醛制备醛化红细胞，用生理盐水配成 50%醛化红细胞悬液。在每毫升抗原中加入 50%醛化红细胞 0.2 ml，中间轻轻振动数次，离心后弃去多余抗原，用生理盐水洗涤 1 次，再加入生理盐水 10 ml，即为 1%致敏醛化红细胞。

（4）阴、阳性对照血清　用弱毒苗免疫健康鸡，共免疫 4 次，每次间隔 7 d，最后采取心血制成血清，即为阳性血清。未免疫的健康鸡血，分离的血清则为阴性血清。

2. 操作方法　取试管 10 支，第 1 管加入稀释液 0.6 ml，加血清 0.2 ml，成为 1∶4 倍稀释，第 2～7 管分别加入稀释液 0.3 ml。然后，从第 1 管吸取 0.3 ml 至第 2 管，使第 2 管成为 1∶8 倍稀释，再从第 2 管吸取 0.3 ml 至第 3 管，依次稀释到第 7 管，最后从第 7 管弃去 0.3 ml，这样从第 3～7 管分别成为 1∶16、1∶32、1∶64、1∶128 和 1∶256 的不同稀释倍数。然后，第 1～7 管分别加入生理盐水 0.3 ml，1%致敏红细胞 0.3 ml，第 8 管作血清对照，只加入生理盐水和鸡红细胞，第 9 管为抗原对照，只加入生理盐水和 1%致敏红细胞，第 10 管为红细胞对照，只加入鸡红细胞。其具体操作方法见表 9 - 4。

表 9-4 间接血凝试验操作方法

试管号	1	2	3	4	5	6	7	血清对照	抗原对照	红细胞对照
血清稀释倍数	1∶4	1∶8	1∶16	1∶32	1∶64	1∶128	1∶256			
血清量（ml）	0.2	弃 0.2 0.3	0.3	0.3	0.3	0.3	0.3	弃 0.3		
稀释液（ml）	0.6	0.3	0.3	0.3	0.3	0.3	0.3			
生理盐水（ml）	0.3	0.3	0.3	0.3	0.3	0.3	0.3	0.3	0.3	
1%致敏红细胞（ml）	0.3	0.3	0.3	0.3	0.3	0.3	0.3		0.3	
鸡红细胞（ml）								0.3		0.6

以上各成分加入试管后，摇匀，置室温 2～3 h，观察结果，按常规血凝规定标准，判定结果，以出现“++”以上的血清最大稀释倍数为试验血清的间接血凝滴度。

3. 结果判定 被检鸡间接血凝滴度在 16～32 倍以上时，证明以该批疫苗接种鸡时可抵抗强毒菌株攻击。患病鸡的间接血凝滴度在 16～32 倍以上时，则判为禽霍乱阳性。

五、鉴别诊断

鸡霍乱易和鸡新城疫混淆，鸡新城疫时肝脏无眼观病变，腺胃乳头出血明显，肠道发生纤维素性坏死性炎以及非化脓性脑脊髓炎等病变。此外，尚可进行病原学和血清学诊断。

六、建议防治措施

加强禽群的饲养管理和卫生管理，增强家禽抵抗力，认真做好清洁卫生工作，及时清除禽舍粪便，堆积发酵后回田。严禁从疫区和市场买入禽、蛋，不准在养禽场及附近宰食患传染病的病死禽。不得利用屠宰场的下脚料喂鸡、鸭、鹅。不到有疫情的地方放牧，新引进的禽群应来自安全地区，引入后隔禽观察 2 周左右，健康者才能入群饲养。采取措施防止飞禽等接近鸡舍，饲养人员进入禽舍，需经消毒后才能入内。定期消毒禽舍，每月用 1%石炭酸溶液或 3%克辽林喷雾消毒 1 次；饮水器和饲槽等用具每周都要刷洗、日晒，如用热碱水刷洗，需待 1 h 后再用清水冲洗，晒干。

发病后及时确诊，通过药敏试验选用敏感药物进行治疗，一般都能在短期内控制疫情。

第三节 沙门氏菌病的检验与防治

禽沙门氏菌病（Avian salmonellosis）是由沙门氏菌属中的一种或多种沙门氏菌所引起的禽类的急性或慢性疾病的总称。根据病原菌的抗原结构不同可区分为 3 种：由鸡白痢沙门氏菌所引起的称为鸡白痢；由鸡伤寒沙门氏菌引起的称为禽伤寒；由其他有鞭毛能运动的沙门氏菌引起的禽类疾病，则统称为禽副伤寒。

一、鸡白痢

鸡白痢（Polloorum disease）是由鸡白痢沙门氏菌引起的一种传染病。雏鸡和雏火鸡通常呈急性全身性感染，如果饲养管理不良、环境条件恶劣（卫生不良、密度过大、温度过低、通风不良等）可造成大批发病和死亡，是危害雏鸡的严重传染病；成年鸡则以局部或慢性感染最多见。该病可由种蛋垂直感染，也可在鸡群中通过排泄物、.污染物水平传播，饲养环境差、营养成分不平衡是诱发本病的重要因素。

（一）临诊检查

本病各个季节均可发生，不同年龄、不同品种的鸡都可感染，7～14 日龄雏鸡最易感，14～21 日龄以内雏鸡的发病率与病死率最高，表现为急性败血症经过，以发热、排灰白色粥样或黏液状粪便为特征。呈地方流行，是造成雏鸡死亡、育雏成活率低的主要疾病之一。青年鸡也可发生白痢，所造成的损失比雏鸡白痢和成鸡白痢大。成年鸡发病以慢性或隐性感染居多，以损害生殖系统为主的慢性或隐性感染为特征。是造成产蛋率不高和成年鸡死淘率增加的主要原因之一。轻型鸡易感性较重型鸡低。病原菌可经蛋垂直传播，也可水平传播。病鸡和带菌鸡内脏中都含有病菌，以肝、肺、卵黄囊、睾丸等处最多，是主要传染来源，可通过消化道感染。病鸡的排泄物、被污染的工具等是传播本病的媒介物。还可以通过交配、断喙、性别鉴定传播。另外，饲养管理条件差，雏群拥挤，环境卫生差，育雏室温度过高或过低，通风不良或同时有其他疫病存在等都是诱发本病和增加死亡率的因素。

鸡白痢沙门氏菌主要侵害雏鸡和雏火鸡。其他鸟类如鹌鹑、野鸡、鸭子、孔雀、珍珠鸡也易感。但除雏鸡和火鸡外，很少引起其他宿主明显的临诊症状、发病或死亡。12～15 日龄雏鸡的发病率和死亡率很高，常造成大批死亡。特征症状为白痢（粪便像石灰浆）、衰竭和败血症。成年鸡呈慢性或隐性感染。也时有报道成年鸡的急性感染，尤其是产褐壳蛋的鸡。亦有育成火鸡死亡病例的报道。感染后存活的鸡和火鸡，大多数可成为带菌者。

（二）病理学检验

鸡胚感染死亡时，缺乏明显的病理变化，仅见肝脏肿大、瘀血，肺充血、出血。

雏鸡患病后发生白色石灰浆样下痢，肛门部绒毛常污染白色粪便，往往将肛门堵塞造成排粪困难（彩图 9－5）。肝脏肿大、变性，表面散在灰黄色坏死灶或灰白色增生性结节（彩图 9－6）。胆囊肿胀，充盈胆汁。脾脏肿大、充血，被膜下散在灰白色坏死灶。肺早期充血和出血，后期常有灰黄色坏死灶和灰白色结节。心肌苍白柔软，有时见心包炎，心肌内有灰黄色或灰白色大小不等的结节，向外突起。肾脏肿大、充血，输尿管内充满灰白色尿酸盐。

病程较长的病雏，卵黄吸收障碍，卵黄囊萎缩，内容物呈淡黄色干酪样。

镜检可见心、肝、脾等器官中的灰黄色结节由核破碎的细胞组成，而灰白色的结节则是由大量增生的单核细胞和少量坏死细胞的碎片组成。

育成鸡的白痢呈亚急性经过，临床上以滑膜炎为主要特征，表现胫跖关节和胸骨滑液囊肿胀，呈严重的渗出性滑膜炎，从肿胀的关节滑膜液中可分离到鸡白痢沙门氏菌。

患病成年母鸡多取慢性经过，病变局限在生殖系统，卵黄从正常的深黄色变为灰色、红色、褐色、淡绿色或浅黑色。卵泡形状由原来的圆形变为长圆形、多角形，大小不等，有些以细长的蒂与卵巢组织连接（彩图 9－7）。内容物呈稀薄的油样或干酪样。当这些变性、坏死的卵泡脱落后可在腹腔内形成干酪样凝块或导致卵黄性腹膜炎。此外，有的患病鸡还可见输卵管增粗、变硬，内有灰黄色或黑褐色卵黄凝块。

公鸡表现为一侧睾丸肿大或硬缩，被膜增厚，实质内有许多小坏死灶或化脓灶。输精管增粗，管腔内有黏稠均质的渗出物。

成年鸡急性感染死亡时，可见尸体消瘦，肝、肾肿大、变性，肺充血、水肿，心脏增大、变性，有灰白色结节。腹腔器官（如肝）表面被覆有纤维素性渗出物。

（三）病原学检验

1. 病原特征 鸡白痢病原菌是鸡白痢沙门氏菌，属肠杆菌科。该菌为革兰氏阴性，无荚膜、芽孢和鞭毛，呈杆状或卵圆形，单个或成对排列，为兼性厌氧菌，对热的抵抗力不强，在沸水中 5 min、60 ℃下加热 20 min 或 70 ℃下经过 10 min 即可杀死，普通消毒药，如 0.1%高锰酸钾液、0.2%福尔马林液、2%石炭酸液可于数分钟内将其杀死。在自然条件下，病菌的抵抗力较强，在土壤中可以存活 14 个月，鸡舍内的病菌可以生存至第二年。本菌可在普通肉汤琼脂或肉汤中生长，也可在营养性培养基中生长。

2. 形态学检验

（1）病料的采取 采取发病禽的肝、脾、肾等做涂片镜检或分离培养。

（2）显微镜检查 取被检材料制成涂片，自然干燥，用革兰氏染色法染色镜检。沙门氏菌呈两端椭圆或卵圆形，不运动，不形成芽孢和荚膜的革兰氏阴性小杆菌。

3. 细菌的分离培养 将病料划线接种在选择培养基（S.S 琼脂、D.C 琼脂）和鉴别培养基（麦康凯琼脂、伊红美蓝琼脂），置 37 ℃下培养 24 h。

将被检病料接种沙门氏菌增菌培养基（亚硝酸盐、煌绿肉汤），置 37 ℃下培养 16～18 h，如有细菌生长再接种到选择培养基及鉴别培养基。

经培养后的平板上，沙门氏菌的菌落一般为无色透明或半透明，中等大小，边缘整齐、光滑、较扁平的菌落。有的菌落因产生硫化氢，在 S.S 或 D.C 琼脂上形成中心带黑色菌落。

将沙门氏菌接种于双糖铁（或三糖铁）斜面，置 37 ℃下培养 18～24 h，底层葡萄糖被分解产酸或产酸产气，产生硫化氢后变棕黑色，上层斜面乳糖不分解、不变色。

4. 生化试验 将沙门氏菌接种在生化反应培养基，包括尿素酶、V.P、氰化钾、赖氨酸脱羧酶、吲哚试验、丙二酸钠试验、卫矛醇试验、葡萄糖等，其生化反应结果见表 9-5。

表 9-5 禽沙门氏菌生化反应结果

序号	生化项目	反应结果
1	尿素酶试验	－
2	V.P 试验	－
3	氰化钾试验	－
4	赖氨酸脱羧酶试验	＋
5	吲哚试验	－
6	丙二酸钠试验	－
7	卫矛醇试验	反应不定
8	葡萄糖试验	＋

（四）血清学检验

1. 因子血清试验 挑取双糖铁（三糖铁）斜面培养物作玻片凝集试验，将沙门氏菌 A－F 多价血清 1 滴置玻片上，然后用接种环挑取双糖铁斜面培养物少许，在血清滴中混合均匀后观察，如发现凝集呈现阳性结果时，再分别用 O 单价血清做定组鉴定，以确定所属群别。

鸡白痢沙门氏菌、鸡伤寒沙门氏菌、鸡副伤寒沙门氏菌、鸡巴氏杆菌的生化反应鉴别见

表 9－6。

表 9－6　鸡白痢、鸡伤寒、鸡副伤寒沙门氏菌及鸡巴氏杆菌生化特性鉴别

菌名	生化类型							
	葡萄糖	乳糖	卫矛醇	麦芽糖	蔗糖	硫化氢	靛基质	运动
鸡白痢沙门氏菌	＋	－	－	－	－	－	－	－
鸡伤寒沙门氏菌	＋	－	＋	＋	－	－	－	－
鸡副伤寒沙门氏菌	－	－	－	－	－	－	－	＋
鸡巴氏杆菌	＋	－	－	－	＋	＋	＋	－

2. 免疫荧光抗体检查

（1）试验准备

① 沙门氏菌多价荧光抗体。

② 被检样品为用各种组织或脏器培养的单个菌落。

（2）操作方法　取经增菌培养的被检样品 1 环，制成薄的涂片，置 37 ℃温箱中（或室温）晾干后，用固定液（乙醇 60 ml，三氯甲烷 30 ml，甲醛 10 ml 混合）固定 5～10 min，再用 95％乙醇浸洗后晾干。

将沙门氏菌荧光抗体滴加于标本涂片上，放湿盒内，在 37 ℃经 30 min 后取出，用 0.01 mol/L pH 9.0 磷酸盐缓冲液冲去多余的荧光抗体；再用相同的磷酸盐缓冲液浸洗10 min，然后用蒸馏水冲洗、晾干，再滴加 pH 9.0 的碳酸盐-甘油缓冲液后，加盖玻片封片，镜检。

（3）结果判定

＋＋＋＋：表示有黄绿色闪亮荧光，菌体周围及中心轮廓清晰。

＋＋＋：　表示有黄绿色荧光，菌体周围及中心轮廓清晰。

＋＋：　　表示黄绿色荧光较弱，菌体周围及中心轮廓清晰。

＋：　　　表示仅有暗淡的荧光，菌体尚可见。

－：　　　表示无荧光，菌体形状不清晰。

阳性：菌体荧光亮度达＋＋以上，菌体形态符合沙门氏菌，多数视野中均能检出数个或更多菌体。

阴性：荧光亮度在＋＋以下，均判为阴性。

凡是荧光阳性、培养不典型的菌株，应用原增菌液重新进行纯培养和检查，根据分离培养的结果，再确定是否为沙门氏菌。

3. 鸡白痢、鸡伤寒全血平板凝集试验

（1）试验准备

① 全血平板凝集抗原　用鸡白痢沙门氏菌培养物加甲醛溶液灭活制成（每毫升含菌 100 亿），抗原静置时呈乳白色或微带黄色液体，瓶底有灰白色的沉淀物，震荡后成均匀浑浊的悬浮液。

② 阴、阳性对照血清　阳性血清凝聚价应不低于 1∶1 600(＋＋)。

（2）操作方法　现将抗原充分震荡均匀，用滴管吸取抗原 1 滴（约 50 μl），垂直滴在玻板上，随即用针头刺破被检鸡的翅静脉或鸡冠，用取血液 1 滴（约 50 μl）放于抗原滴中，并搅拌均匀，静置判定结果，每次试验，均需做阴、阳性血清对照。

（3）结果判定

① 抗原与血液混合后，在 2 min 内出现明显凝集或块状凝集的为阳性反应。

② 抗原与血液混合后，在 2 min 内不出现凝集反应，呈现均匀一致的微细颗粒或在边缘处形成有细絮状物等，均为阴性。

③ 除上述反应外，不易判定为阳性或阴性的，可判为疑似反应。

（4）注意事项

① 本抗原需保存于 8～10 ℃冷暗干燥处，用时充分震荡均匀，在做凝集反应时，应在 20 ℃以上室温中进行。

② 鸡白痢全血平板反应抗原，只适用于产卵母鸡和 1 年以上的公鸡，幼龄仔鸡敏感性较差。由于本抗原与鸡伤寒沙门氏菌具有相同的“O”抗原，故成年鸡如感染鸡伤寒检验时，也出现阳性反应。

③ 所用过的接种环、采血针、玻璃板等必须经消毒后再用。

4. 鸡白痢、鸡伤寒血清平板凝集试验

（1）试验准备

① 血清平板凝集抗原　同全血平板凝集抗原。

② 阴、阳性对照血清　阳性血清凝集价不低于 1∶1 600（++）。

③ 被检血清　用三棱针刺破翅下静脉，用细塑料管引流血液至 6～8 cm 长，在火焰下将管一端烧烧熔封口，标明记号，置 37 ℃温箱中 2 h，待血清析出后，用 100 r/min 离心3～5 min，剪断烧熔的一端，将血清倒入塑料板孔中。

④ 器材　玻板（洁净无油脂）、酒精灯、吸管、接种环、采血针等。

（2）操作方法　在玻板上，滴加被检血清和抗原各 1 滴，将抗原和被检血清充分混合均匀。

（3）结果判定　观察 30～60 s，凝集者为阳性，否则为阴性。此试验在 10 ℃以上室温中进行。

5. 鸡白痢卵黄平板凝集试验

（1）试验准备

① 抗原　同鸡白痢全血凝集抗原，为便于观察，可在 100 ml 抗原中加入 1%的灭菌结晶紫溶液 1 ml，置 4 ℃冰箱中 3～4 d（每日振动几次），即成淡紫色抗原。

② 被检鸡卵　随机采集被检鸡群同一日内所产新鲜蛋或采编号的种鸡蛋。

（2）操作方法　现在蛋壳上打孔，用 1 ml 注射器插入卵黄中，吸取 0.5 ml 卵黄液于等量 10%氯化钠溶液中。混匀后用滴管吸取 1 滴于玻板上，再加标准染色抗原 1 滴，充分混合，在室温下观察反应。

（3）结果判定

++++：表示在 2 min 内出现大片的凝集，背景澄清。

+++：　表示在 2 min 出现较大的凝集。

++：　表示在 2 min 内凝集明显，但凝集颗粒较小。

+：　表示在 2 min 内出现微量细小的凝集颗粒。

±：表示在 2～3 min 内出现微量细小的凝集颗粒。

－：表示在滴加抗原后一直不出现凝集。

＋＋以上则判断为阳性反应。

6. 鸡白痢卵黄（或血清）琼脂扩散试验

（1）试验准备

① 抗原　用鸡白痢沙门氏菌培养物加甲醛溶液处理而制成（每毫升含菌 100 亿）。

② 阴、阳性对照血清　阳性血清凝集价不低于 1∶1 600(＋＋)。

③ 被检血清　采自被检鸡的翅静脉血分离的血清。

④ 蛋黄　采自鸡白痢阳性母鸡与被检母鸡所产蛋的蛋黄。

⑤ 琼脂平板的制备　取优质琼脂粉 1 g，加入含 0.01%硫柳汞的 pH 7.4 磷酸盐缓冲液 100 ml，经煮沸溶解后倒入无菌平皿，待凝固后在 4 ℃冰箱内保存备用。

（2）操作方法　取制备好的琼脂平板打孔，中央 1 个孔，孔径 5 mm 加鸡白痢抗原，周边 6 个孔，孔径 3 mm，1、4 孔加阳性血清，2、3、5、6 孔加被检血清（或蛋黄），孔间距 4 mm，以加满不溢出为宜，放入湿盒内，置 37 ℃温箱中 24～48 h 后观察结果。

（3）结果判定　抗原孔与阳性血清孔和被检血清（或蛋黄）孔之间出现细长、清晰的白色沉淀线，可判为阳性反应。而抗原孔与阳性血清孔之间虽出现清晰沉淀线，但抗原孔与被检血清（或蛋黄）孔之间不出现沉淀线时判为阴性。

（五）鉴别诊断

雏鸡白痢在肺内形成灰白色坏死点和黄色小结节是特征之一，这种结节与曲霉菌感染区别，后者在气囊和气管表面可见霉斑，病灶涂片镜检可发现曲霉菌。

禽伤寒与禽霍乱和鸡新城疫相区别。鸡伤寒的病程一般不及禽霍乱和鸡新城疫急骤。尸检时，鸡伤寒的肝、脾极度肿大，肝脏呈青铜色，而禽霍乱和鸡新城疫的肝、脾没有显著肿大，有明显的全身性出血现象。与鸡白痢的鉴别，应用细菌学方法。

禽副伤寒虽有一些特征病变，但因病变多样而且不恒定，单靠病理变化较难诊断，对怀疑病例需作病原学检查。并且要与鸡白痢、鸡伤寒和球虫病等做鉴别诊断。

（六）建议防治措施

由于现在禽沙门氏菌病还没有一种有效的疫苗，因而对禽沙门氏菌病要在全国范围内建立统一防治措施，以全血凝集实验进行定期检疫，淘汰阳性禽。认真执行兽医卫生综合防制措施，同时在育雏、育成和成年产蛋阶段选择敏感药物及时投喂。而具体到各养禽场、养禽户，则应制订和实施严格的卫生管理制度，在小范围内做好防治和净化工作。

二、禽 伤 寒

禽伤寒（Fowl tphoid）是由鸡伤寒沙门氏菌引起的鸡、鸭和火鸡的一种急性或慢性败血性传染病。随着家禽业的迅猛发展以及高密度饲养模式的推广，沙门氏菌病已成为家禽最重要的蛋传递性细菌病之一，给养禽业造成的经济损失较大。本病主要发生于成年鸡（尤其是产蛋期的母鸡）和 3 周龄以上的青年鸡，3 周龄以下的鸡偶尔可发病。

（一）临诊检查

本病通常经消化道感染，但也可通过眼结膜感染。呈急性或慢性经过。带菌鸡卵巢带菌，病原菌可经蛋传染后代。带菌的鼠类、野鸟、蝇类和其他动物是传播本病的媒介。潜伏期 4～5 d。病鸡精神沉郁、呆立、眼半闭、头下垂急性病例冠和肉髯呈暗红色，病程稍长则冠、髯苍白、萎缩，食欲废绝，喜饮水，体温 43～44 ℃，呼吸加快，粪便呈黄色或黄绿色，有时排血便。慢性病例消瘦、贫血，病禽于昏迷中死亡，有的康复后成为带菌者。

（二）病理学检验

禽伤寒的病理变化同鸡白痢。最急性病例无明显眼观病变。病程稍长者，可视黏膜苍白，冠及肉髯白，肝脏肿大，呈古铜色，质脆，被膜下实质有针头大或粟粒大的灰白色坏死灶（彩图 9-8）。胆囊肿大，脾肿大、呈灰红色，肾肿大、充血，有的病例心外膜有小点出血。卵黄膜充血或出血，卵子破裂，引起腹膜炎。公鸡睾丸和附睾肿胀。病程稍长者，可视黏膜苍白，冠及肉髯白，肝脏肿大，其色泽苍白或稍带绿色，质脆，被膜下实质有针头大或粟粒大的坏死灶，胆囊肿大，脾肿大、呈灰红色，肾肿大、充血。

（三）鉴别诊断

本病应注意与禽霍乱和鸡新城疫相区别。禽伤寒的病程一般不及禽霍乱和鸡新城疫急骤。尸检时，禽伤寒的肝、脾极度肿大，肝脏呈青铜色，而禽霍乱和鸡新城疫的肝、脾没有显著肿大，但有明显的全身性出血现象。

（四）建议防治措施

控制禽伤寒首先应增强禽的抵抗力。改善饲养管理，饲喂麦粒能使胃液中的酸碱度降低，使禽伤寒菌死亡。饲料蛋白质含量过高或过低都会使禽体抵抗力降低。供给充足的维生素能增强抵抗力。应注意饲料搭配和增加青饲料供给。搞好环境卫生，禽舍及用具常消毒，运动场保持干燥，禽舍保持通风，防暑防寒，不要过于拥挤。疑似病鸡用氟苯尼考拌料饲喂。庆大霉素、卡那霉素、新霉素、痢菌净、氟哌酸等投水饮用也有良好的防治效果。

三、禽副伤寒

禽副伤寒（Paratyphoid infectious）是由带鞭毛能运动的沙门氏菌引起的一种禽类肠道传染病，以下痢和内脏器官的局灶性坏死为特征。各种家禽都能感染，但雏禽多发，常造成大批死亡；成年禽则为慢性或隐性感染，以下痢、结膜炎和消瘦为特征。常可引起人的食物中毒，在公共卫生上有重要意义。

（一）临诊检查

本病在雉科禽类、游禽类、鸣禽类以及属于不同科属的野禽均可感染，并能互相传染。雏鸡、雏鸭、雏鹅对副伤寒十分敏感，常呈暴发流行。在马、牛、羊、猪、狗、猫等家畜体内及皮毛兽、肉食兽中也经常能发现病菌，也可传染给人类。鼠类和苍蝇等都是副伤寒菌的主要带菌者，对传播本病起着重要作用。禽副伤寒与禽伤寒的传播方式相同，主要是通过消化道。带菌动物是传播本病的主要来源，粪便中排出的病原菌污染了周围环境，从而传播疾病。本病也可以通过种蛋传染，当蛋通过带菌鸡的泄殖腔时，蛋壳表面沾染大量副伤寒杆菌，沾染在蛋壳表面的病菌能够通过气孔进入蛋内，侵入卵黄部分。在孵化时也能通过污染的孵化器和育雏器，在雏群中传播疾病。

本病病变与鸡白痢、禽伤寒很相似，难以区分。雏鸡副伤寒以急性败血型为主，往往孵出后不久很快死亡，看不到明显症状，10 d 以上的雏鸡发病后，精神委顿，怕冷，头和翅膀下垂，羽毛松乱，喜欢拥挤在温暖的地方，食欲废绝，下痢，排出水样稀粪，肛门周围常有稀粪沾污。有的发生眼炎、失明，有的表现呼吸困难。常在 1～2 d 内死亡，死亡率10%～80%。

（二）病理学检验

最急性病例往往病变不显著，仅见肝脏瘀血、肿大，胆囊扩张，充满胆汁。病程稍长的病鸡死后显现消瘦、脱水，卵黄凝固。肝脏和脾脏发生瘀血和有出血条纹或针尖大灰白色坏死点，肾脏瘀血。心包炎，心包液增多，含有纤维素性渗出物。小肠有出血性炎症，尤以十二指肠最严重，盲肠扩张，肠腔中有时有淡黄白色干酪样物质堵塞。10日龄以内幼雏常有肺炎病变。雏鸭大多数是由带菌鸭蛋所引起的，1～3周龄雏鸭的易感性最高。病鸭食欲废绝，颤抖，气喘，眼睑水肿，眼和鼻流出清水样分泌物，身体衰弱，动作迟钝不协调。肛门常粘有稀粪，烦渴，步态不稳，常突然跌倒死亡，故有“猝倒病”之称。病变与雏鸡变化相似，肝肿大，呈古铜色，表面常有灰白色坏死点，盲肠内有干酪样物质形成的栓子，直肠扩张增大，充满秘结的内容物。肾脏苍白。气囊膜混浊不透明，常附着黄色纤维素性渗出物。成年鸡感染后多不表现症状，成为慢性带菌者，肠道带菌的时间长达9个月以上。厌食、下痢、脱水，全身衰弱，翅膀下垂和羽毛松乱，死亡率约10%，大部分能在短期康复。剖检时，急性型见肝、脾、肾充血肿胀，发生出血性或坏死性肠炎、心包炎和腹膜炎。有些产蛋母鸡可见输卵管坏死和增生性病灶，卵巢中化脓、坏死，继而引起腹膜炎。慢性型，病鸡消瘦，肠黏膜有坏死溃疡，肝、脾、肾肿大，心脏有坏死小结节，腿部常见关节炎。

（三）病原学检验

引起禽副伤寒的沙门氏菌，革兰氏染色阴性。常见的有6～7种，最主要的是鼠伤寒沙门氏菌，其他如鸭沙门氏菌、肠炎沙门氏菌埃森氏变种和乙型副伤寒杆菌等。病原菌的种类常因地区、家禽种类不同而有差别。副伤寒病菌的抵抗力不强，60 ℃下加热5 min死亡。一般消毒药能很快杀死病菌。病菌在土壤、粪便和水中的生存时间很长。鸭粪中的沙门氏菌能够存活28周，鼠伤寒沙门氏菌在土壤中可以生存280 d，在池塘中能生存119 d，在饮水中也能够生存数周至3个月之久。有些沙门氏菌在蛋壳表面、壳膜和蛋内，于室温条件下可以生存8周。

检验方法同鸡白痢。

（四）鉴别诊断

禽副伤寒虽有一些特征性病变，但因病变多样而且不恒定，单靠临诊症状和病理变化较难诊断，对怀疑病例需做病原学检查。并且要与鸡白痢、鸡伤寒和球虫病等做鉴别诊断。

（五）建议防治措施

要加强禽群的环境卫生和消毒工作，产蛋箱和地面上的粪便要经常清除，防止沾染饲料和饮水。雏禽和成年禽要分开饲养，防止间接或直接接触。同时，要加强种蛋和孵化、育雏用具的清洁消毒，种蛋外壳切勿沾污粪便，孵化前进行适当的消毒。孵化器和育雏器每次用过后，必须彻底清洗、消毒。采用本地区常见的沙门氏菌制成菌苗或血清，供预防接种用。

禽副伤寒对人类公共卫生有重要意义，需加强防范。带菌鸡的肉、蛋等产品，应该加强卫生检验和无害处理，防止发生食物中毒。

本病病变常局限于肠道，可用四环素类、喹诺酮类等药物混在饲料或溶于水中服用。由于这类药肠道吸收较少或者中等，可使药物作用于消化道的局部，同时动物体内残留量很低，停药后较短时间体内即不被检出，对人体无影响。

第四节　禽葡萄球菌病的检验与防治

禽葡萄球菌病（Avian staphylococcosis）是由金黄色葡萄球菌或其他葡萄球菌感染引起的禽的急性或慢性传染病。临诊表现为急性败血症状、关节炎、雏禽脐炎、皮肤坏死和骨膜炎。雏禽感染后多为急性败血症的症状和病理变化。中雏为急性或慢性，成年禽多为慢性。雏禽和中雏死亡率较高，是集约化养禽中危害严重的疾病之一。

葡萄球菌病是由金黄色葡萄球菌或其他葡萄球菌感染所引起的人兽共患传染病。1880年，巴斯德氏首次从疖脓汁中分离到葡萄串状排列的细菌，给家兔皮下注射时能引起脓疡。1882年，奥格斯顿确定，化脓过程中一部分是葡萄球菌引起的。老森巴赫氏在1884年首次从人的创伤脓液中分离到并详细地介绍了葡萄球菌的培养特征。

一、临诊检查

各品种和年龄的禽均可感染，通常肉用禽比蛋用禽多发，笼养禽比平养禽多发，而以45～90日龄的禽多见，常呈败血症经过，育成禽和成禽常以慢性局灶性感染为主。葡萄球菌广泛分布于自然界中，在禽的羽毛、皮肤、黏膜、口腔、肠道中常有存在，呈无害性寄生，是一种条件性致病菌。主要是通过皮肤和黏膜的损伤而感染，也可通过蛋壳表面微孔侵入种蛋造成胚胎感染。禽群密度过大、通风不良、环境污秽、断喙、接种疫苗、啄伤等因素是本病发生的诱因。

急性败血症型为常见病型，多发生于中雏。患禽精神沉郁，呆立不动，两翅下垂，羽毛粗乱无光泽，食欲减退或废绝，部分病鸡下痢，粪便呈黄绿色，颈下、腹下、大腿内侧皮下水肿，有血样渗出液，外观呈紫色或紫黑色，触摸有波动感，局部羽毛脱落或用手一摸即掉落。皮肤破溃后流出褐色或紫红色的液体，使周围羽毛又湿又脏。部分鸡在翅膀背侧及腹面、翅尖、尾部、头脸、肉垂等部位，出现大小不等的出血斑，局部发炎、坏死或干燥结痂。最急性者可在1～2 d死亡，急性病禽多在2～5 d死亡，死亡率为5%～10%，少数急性暴发病例，死亡率高达60%以上。

慢性关节炎型可见多个关节发生炎性肿胀，趾关节更为多见，局部紫红色或黑紫色，破溃后形成黑色的痂皮，有的出现趾瘤，脚垫刺伤引起肿胀，运动出现跛形，不能站立，伏卧在水槽或食槽附近。仍能采食和饮水，但因采食困难，逐渐消瘦，最后衰竭死亡。有的病鸡表现为趾端坏疽，最后干燥脱落。病程多在10 d以上。

脐炎型病禽精神沉郁，体弱怕冷，不爱活动，常拥挤在热源附近，发出叽叽的叫声。突出的表现是腹部膨大，脐孔闭锁不全，脐孔及周围组织发炎肿胀或形成坏死灶，俗称"大肚脐"。一般在2～5 d死亡。

眼型和肺型随着病程的延长，于发病中期可出现典型的症状。病鸡头部肿大，病侧眼睑肿胀粘连，不能睁开。打开眼睑时可见结膜肿胀，眼角内有多量分泌物，并有肉芽肿。病程久者眼球下陷，眶下窦肿胀，眼失明，最后因不能采食导致饥饿、衰竭死亡。肺型葡萄球菌病以肺部瘀血、水肿和肺实质变化为特征。

二、病理学检验

雏禽感染多呈急性败血症。主要病变是翅膀、胸腹部以及大腿内侧等处皮下炎性水肿，呈暗红或黑紫色胶冻样，肌肉出血。有的病例皮肤各处出血和坏死，脱毛，甚至破溃流出血水，最后形成紫黑色干痂（彩图 9－9，彩图 9－10）。剖检可见皮下胶样浸润，皮肤坏死或坏疽，病变区肌肉出血。实质器官变性、出血或有坏死点。肝脏肿大，淡紫红色，病程长者有灰白色点状坏死灶。脾脏肿胀，紫红色，有灰白色坏死点。心包积液。

镜检肝细胞变性坏死，窦状隙扩张瘀血，血管周围病灶内有单核细胞与异嗜性粒细胞浸润。病变区骨骼肌细胞肿胀、松解、断裂、变性坏死，间质水肿，炎性细胞浸润，偶见细菌团块。

幼雏多因脐孔感染而表现脐炎，脐孔周围红肿湿润，呈紫红色。腹部膨大，卵黄囊吸收不良，呈黄绿或黄红色。病变与大肠杆菌病相似，需要做病原学检查进行鉴别诊断。

慢性病例，多呈关节炎症，受害关节肿大，呈紫红或紫黑色，关节囊内含血样浆液或干酪样物（彩图 9－11）。

三、病原学检验

（一）病原特征

典型的葡萄球菌为圆形或卵圆形，常单个、成对或呈葡萄串状排列。在固体培养基上生长的细菌呈葡萄串状，致病性菌株的菌体稍小，且菌体的排列和大小较为整齐。本菌易被碱性染料着色，革兰氏染色阳性。衰老、死亡或被中性的细胞吞噬的菌体为革兰氏阴性。无鞭毛，无荚膜，不产生芽孢。

葡萄球菌对营养要求不高，普通培养基上生长良好，培养基中含有血液、血清或葡萄糖时生长更好。最适生长温度为 37 ℃，最适 pH 为 7.4，在普通琼脂平皿上形成湿润、表面光滑、隆起的圆形菌落。菌落依菌株不同形成不同颜色，初呈灰白色，继而为金黄色、白色或柠檬色，在室温中产生色素最好。血液琼脂平板上生长的菌落较大，有些菌株菌落周围还有明显的溶血环（β 溶血），溶血菌落的菌株多为病原菌。在普通肉汤中生长迅速，初浑浊，管底有少量沉淀。

不同菌株的生化特性不相同，多数菌株能分解乳糖、葡萄糖、麦芽糖和蔗糖，产酸不产气，致病菌株多能分解甘露醇，产酸，非致病菌则无此作用。还原硝酸盐，不产生靛基质。

（二）病原的形态检验

涂片镜检无菌采取病死鸡的肝、脾及皮下病变组织渗出物触片，革兰氏染色镜检，可见排列不规则、呈葡萄串状的球菌，无鞭毛、无芽孢、无荚膜，革兰氏染色阳性。

（三）细菌培养

无菌采取病死鸡的肝、脾及皮下病变组织渗出物，分别接种于普通营养琼脂、肉汤培养基和血液琼脂中，置于 37 ℃培养箱内培养 24 h。在普通营养琼脂培养基上生长出表面湿润、光滑、边缘整齐、不透明、隆起的圆形菌落，菌落颜色为金黄色；在普通肉汤培养基中呈均匀混浊，培养 2～3 d 后肉汤表面有菌膜形成，管底形成多量的黏液沉淀；在血琼脂上生长的菌落周围呈明显的 β 型溶血。

（四）致病性和非致病性葡萄球菌的区别

1. 凝固酶试验 以家兔血浆用玻片法做血浆凝固酶试验，致病菌多为阳性。

2. 菌落颜色 金黄色者为致病菌。

3. 溶血试验 溶血环大者为致病菌。

4. 生化反应 分解甘露醇者多为致病菌。

（五）动物试验

1. 家兔、家禽致病试验 家兔皮下注射肉汤培养物 0.1 ml，可引起兔的局部皮肤溃疡、坏死。静脉接种肉汤培养物 0.1～0.5 ml 于 24～48 h 家兔死亡。剖检可见浆膜出血，肾、心及其他脏器有大小不等的脓肿；鸡皮下接种肉汤培养物 1 ml，经 20 h 在注射部位可见有炎性肿胀，有的皮肤开始出现破溃，流出大量液体，最早于 24 h 死亡，亦可延迟至 5 d 以后死亡。再用渗出物和肝涂片，革兰氏染色镜检，可见有革兰氏阳性葡萄球菌。

2. 动物试验 取 18 h 肉汤培养物接种于 4 只小鼠腹腔内，每只 0.25 ml，均可在 18 h 内死亡。对照的小鼠仍健活。取死亡的小鼠心血与培养物涂片镜检，结果相同，均可见有革兰氏阳性葡萄球菌。

四、鉴别诊断

本病应注意与某些败血性传染病如大肠杆菌病、卡氏白细胞虫病、硒缺乏症等区别。根据症状、病理变化，特别是病原学检验很容易区分开。

五、建议防治措施

加强综合防制，人员进出鸡场要消毒，同时搞好鸡舍内外环境的清洁卫生，减少葡萄球菌入侵和感染的几率。给禽群提供营养成分合理的饲料，特别注意补充维生素并适时通风，保持禽舍干燥，适时断喙。禽群密度不宜过大，防止拥挤。光照要强弱适中，防止相互啄羽。定期消毒，用 0.3%过氧乙酸进行禽舍带禽喷雾消毒，可以减少环境中的含菌量，降低感染机会，防止发病。及时收集种蛋，进行福尔马林熏蒸消毒，并定期对孵化器进行熏蒸消毒。孵化过程使用的工具要清洁卫生，防止病菌污染，以减少胚胎的感染和雏禽发病，用禽葡萄球菌病多价氢氧化铝灭活苗进行免疫接种。也可用抗生素拌料或饮水作预防给药，每只用庆大霉素 3 000 IU 或卡那霉素 1 000 IU。当禽群死亡明显减少且采食量增加时，可改用口服给药 3 d，以巩固疗效。中药用黄芩、黄连、大黄、板蓝根、茜草、大蓟、建曲、甘草各等份，混合粉碎，口服。

第五节　鸭疫里默氏杆菌病的检验与防治

鸭疫里默氏杆菌病（Riemerella anatipestifer，RA），又称鸭传染性浆膜炎、鸭疫巴氏杆菌病、鸭败血症。是由鸭疫里默氏杆菌引起的鸭、鹅、火鸡和各种其他鸟类的一种接触性传染性疾病。临床上主要是以纤维素性心包炎、肝周炎和气囊炎和神经症状为特征。是养鸭业最为严重的传染病之一。

本病 1932 年首次在美国长岛发现。我国于 1982 年由中国农业大学郭玉蹼教授首次发现此病，以后 20 年中，本病不断向全国各地蔓延，随着我国养鸭业的蓬勃发展，鸭传染性浆膜炎成为主要传染病之一，严重影响到养鸭业的发展。本病发病率高、死亡严重，其发病率为24%～90%，死亡率为10%～60%，若治疗不当或延误治疗时，死亡率可达90%以上。由于耐药菌株不断出现，多种药物疗效不佳，因而该病给养鸭业造成了严重的经济损失。

一、临诊检查

自然感染主要见于1～8周龄的鸭，以2～3周龄雏鸭最易感，1周龄内的雏鸭很少发病，外来鸭比本地鸭易感。也有1～5日龄雏鸭发生严重死亡和70日龄及其70日龄以上鸭发病的报道。本病在鸭群中感染率很高，有时可达90%以上，死亡率差异大，3%～75%不等，一般为10%～20%。除鸭感染外，曾有鸡、小鹅、火鸡、雉鸡感染的报道，但较少见，鸽、兔、小鼠有抵抗力。

本病主要通过污染的饲料、饮水、飞沫、尘埃经呼吸道和损伤的皮肤等途径传播，也有人认为可经蛋垂直传播，现尚缺乏有力证据。病鸭是本病主要的传染源，其次是带菌鸭及其他健康带菌者。另外，病死鸭处理不当也可成为传染来源。

本病一年四季均可发生，以冬、春季为主，入冬后日趋严重，多认为感染发病与幼鸭受寒、淋雨、密度过大、湿度过高、育雏室温度过高过低、卫生差、饲料中蛋白质含量低、维生素缺乏、微量元素缺乏、转舍及感染其他传染病（如大肠杆菌病、禽霍乱、沙门氏杆菌病、葡萄球菌病、曲霉菌病、鸭病毒性肝炎等）有关。

最急性病例无症状而死亡。急性病例主要表现沉郁、嗜眠、缩颈呆立、食欲减少或废绝，脚软，关节肿大不愿走动，共济失调，两眼流泪，眼眶周围羽毛被沾湿，鼻有分泌物，有轻微咳嗽、打喷嚏，拉黄绿色稀粪，后期病鸭表现不停点头或左右摆动，转圈、头颈扭歪、后仰呈“观星”姿势，有的两脚伸直、头颈扭曲于背上呈角弓反张状，抽搐而死，病程2～5 d，日龄较大的呈亚急性经过，主要表现缩颈、沉郁、痉挛性点头，脚软不愿走动，常伏卧，少数表现头颈歪斜，遇惊则不断鸣叫、转圈、倒退等，生长发育不良，最后衰竭死亡。

二、病理学检验

（一）大体病理变化

本病最明显的病理学特征是浆膜炎症的全身化，导致全身浆膜面有大量纤维素性物质渗出，而出现心包炎、肝周炎、气囊炎。随着时间延长（慢性病例），渗出物可部分机化。中枢神经系统感染可出现纤维素性脑膜炎。此外，肝、脾肿大，少数病例可见输卵管炎。慢性局灶性感染常见于皮肤，偶尔出现在关节。皮肤病变多为背部或肛门周围的坏死性皮炎，皮肤或脂肪呈黄色，切面呈海绵状，似蜂窝织炎变化。跗关节肿胀，触之有波动感，关节液增多、黏稠，呈乳白色。

（二）病理组织学变化

气囊病变为囊膜增厚，纤维素渗出，异嗜性粒细胞浸润。随病情发展，炎性渗出更加突出，炎症细胞大量浸润，纤维素渗出增多。肝脏以颗粒变性与局灶性脂肪变性为特点，脂变肝细胞胞浆充满多量空泡，或空泡融合形成典型的“戒指细胞”，胞核核膜皱缩，呈锯齿状，核仁消失。后期，肝组织在纤维素渗出、异嗜性粒细胞为主的炎症细胞浸润和肝细胞脂变的基础上出现肝小叶局灶性坏死和小叶间结缔组织与淋巴细胞增生。心肌呈颗粒变性，变性肌纤维横纹不清，肌原纤维呈颗粒状。部分肌纤维束松散，有炎性浆液渗出和纤维素渗出。脑膜充血，脑实质分子层结构松散，多量异嗜性粒细胞浸润，脑神经细胞变形，核偏于一侧，并出现核空泡化或核溶解，小胶质细胞广泛增生，以及卫星现象和噬神经现象。脾窦高度瘀血，脾小体萎缩，淋巴细胞稀散，网状细胞及网状纤维增生，脾小梁结构疏松，巨噬细胞及异嗜性粒细胞浸润。肾小管上皮细胞肿胀，颗粒变性，管腔狭窄，或出现肾小管上皮细胞坏死，严重病变区其胞浆完全消失，仅剩下固缩或碎裂的胞核。

三、病原学检验

(一) 病原特征

鸭疫里默氏杆菌为革兰氏阴性小杆菌，无芽孢，不运动。菌体单个散在，少数成对，具两极着色性。菌体大小为 0.3～0.5 μm×0.7～6.5 μm。郭玉璞等（1997）关于鸭疫里默氏杆菌超微结构的研究证明，细菌的荚膜为一电子透明层，经抗体处理则表现为较疏松的絮状结构。细菌胞壁为一电子致密层，细胞膜有 3 层结构，外层与内层呈电子致密层。细胞膜与细胞质中有一明显的周边隙。在菌体上有圆形或卵圆形的空泡状结构，位于菌体一端。

细菌生长要求并不苛刻，在巧克力琼脂、血液琼脂、胰酶大豆琼脂上生长良好，普通营养琼脂上亦可生长，初次分离应在二氧化碳培养箱（二氧化碳浓度 10%）或烛缸中 37 ℃培养 24 h，菌落长势旺盛。巧克力琼脂上呈现直径为 1～2 mm、隆起、边缘光滑、发光、奶油状菌落，血液琼脂上不溶血。该菌不发酵碳水化合物，但某些菌株可分解葡萄糖、麦芽糖、肌醇和果糖产酸产气，通常可液化明胶，石蕊牛乳缓慢变碱，不产生吲哚和硫化氢，不能还原硝酸盐，不水解淀粉，过氧化氢和氧化酶阴性，可以产生磷酸酶，可使精氨酸和马尿酸水解，50%左右的菌株可产生尿素。

(二) 细菌的形态学观察和分离培养

1. 样品的采集和保存　采集病、死鸭的心血、肝脏、脾脏、脑、气囊、肺脏等病变组织或胸、腹腔渗出物作为检验材料。如当天检验无需低温保存，如需寄送则应低温保存，0～4 ℃下保存可供在 1 周内检验使用。

2. 直接涂片镜检　取病料直接涂片或印片，干燥后甲醇固定，瑞氏染液染色，镜检。菌体单个散在，少数成对，两极着色，不形成芽孢。革兰氏染色阴性。

3. 分离培养　鸭疫里默氏菌在麦康凯琼脂培养基上不生长，其最适培养温度为 37 ℃。在血清肉汤中 37 ℃下培养 24 h，可见肉汤上下一致浑浊，管底仅有少量灰白色沉淀物；在血液琼脂培养基上，烛缸中 37 ℃下培养 24 h，可形成直径 1～2.5 mm、圆形、隆起、边缘光滑、闪光的菌落；在巧克力琼脂培养基上烛缸中 37 ℃下培养 24 h，可形成直径 0.5～1.5 mm、表面光滑稍有凸起、圆形奶油状菌落。在普通环境中培养，菌落细小，呈露珠状。

4. 生化特性　鸭疫里默氏菌不发酵葡萄糖、麦芽糖、乳糖、果糖、蔗糖、甘露醇、甘露糖。吲哚和硫化氢试验、硝酸盐还原及枸橼酸盐利用试验均为阴性。

四、血清学检验

(一) 玻片凝集试验

取洁净载玻片 1 张，滴蒸馏水 1 滴，用接种环蘸取待检菌的纯培养物少许，于蒸馏水中混匀，滴加未稀释的阳性血清 1 滴。将载玻片轻轻反复摆动，或用接种环涂布混匀，同时观察结果，几秒钟后，出现清晰的乳白色絮状凝集块者为阳性反应。

（二）琼脂扩散沉淀试验

取琼脂 1.0 g、氯化钠 8.5 g、蒸馏水 100 ml 加热融化，倾于平皿或玻片上，琼脂凝胶厚度 2～3 mm，用打孔器打孔，孔径 4 mm，孔距 4 mm，即中央 1 个孔，周围 6 个孔。中央孔加标准阳性血清，周围孔加待检抗原（细菌培养物）。加满后置湿盒内，于 37 ℃温箱中孵育过夜。出现清晰沉淀线者，即为阳性。

（三）直接荧光抗体检验

取待检病鸭的肝脏、脾脏或脑组织直接涂片或印片，火焰固定，加特异性荧光抗体染色，荧光显微镜观察，鸭疫里默氏菌呈黄绿色环状结构，多为单个存在或呈短链排列。其他细菌不着色。

五、鉴别诊断

本病应注意与鸭大肠杆菌病、鸭霍乱、鸭副伤寒、鸭肝炎等区别。与大肠杆菌病、鸭霍乱的区别要点见表 9－7。

表 9－7 鸭疫里默氏杆菌病、鸭大肠杆菌病、鸭霍乱鉴别诊断要点

病名	鸭疫里默氏杆菌病	鸭大肠杆菌病	鸭霍乱
病原	鸭疫里默氏杆菌	大肠杆菌	多杀性巴氏杆菌
病原特性	革兰氏阴性小杆菌，无芽孢，不运动。具两极着色性。巧克力琼脂上形成隆起、边缘光滑、发光、奶油状菌落，血液琼脂上不溶血。不能在麦康凯琼脂培养基上生长。不发酵葡萄糖、麦芽糖、乳糖、果糖、蔗糖、甘露醇、甘露糖。吲哚和硫化氢试验、硝酸盐还原及枸橼酸盐利用试验均为阴性	周身有鞭毛，能运动，能分解葡萄糖、甘露醇，产酸产气，在麦康凯和普通琼脂上生长良好	无鞭毛，不运动，产生硫化氢和吲哚，能分解葡萄糖、甘露醇，产酸不产气，能在普通琼脂培养基上生长，不能在麦康凯琼脂培养基上生长
流行病学	主要侵害 2～7 周龄幼鸭，发病率、死亡率高	传播缓慢可发生于各种年龄鸭	成年鸭及种鸭发病率高
症状	有神经症状	无神经症状	发病急促，病程短，常突然死亡
病理变化	心包炎、肝周炎，少数病例出现干酪性输卵管炎，慢性病例常有关节炎	与鸭疫里默氏菌病相似	心冠脂肪出血，肝脏有灰白色坏死点
动物实验	不致死家兔和小鼠	致死家兔和小鼠	致死家兔和小鼠

六、建议防治措施

（一）加强饲养管理

要注意育雏室的通风、干燥、清洁卫生，注意冬季防寒、夏季防暑工作，勤消毒、勤换垫料，保持适宜的饲养密度，实行“全进全出”制度。

（二）疫苗预防

国内外均研制了相应的疫苗并成功地用于该病的预防，效果较好。

1. 灭活疫苗 高福等（1987）用RAⅠ型北京株制备了鸭疫里默氏杆菌灭活苗，对7日龄雏鸭皮下注射1.0 ml，保护率在86.67%～100%；胡清海等以Ⅰ、Ⅱ、Ⅹ型鸭疫里默氏杆菌分离株为菌种，研制鸭疫里默氏杆菌病三价油乳剂灭活疫苗，对6日龄樱桃谷雏鸭颈部皮下接种0.4 ml/只，免疫后10、14、21 d和35 d分别用Ⅰ、Ⅱ、Ⅹ型RA强毒株攻击，免疫后14 d的攻毒保护率为91.7%～100%，35 d攻毒保护率为66.6 %～83.3%。田间试验结果表明，雏鸭5～7日龄免疫后至上市，保护率可达95.0%～100%。

2. 亚单位苗 林世棠等（1996）利用鸭疫里默氏杆菌亚单位成分（蛋白含量为2.4 g/L）每只0.5 ml经皮下或腿肌接种7日龄雏鸭，1周后攻毒，保护率为81.5%～100%。

3. 鸭疫里默氏杆菌和大肠杆菌二联苗 由于在鸭传染性浆膜炎流行时，常常伴随大肠杆菌感染，为了控制双重感染，苏敬良等进行了鸭疫里默氏杆菌和大肠杆菌二联苗的研究，Ⅰ型鸭疫里默氏杆菌和大肠杆菌O_2二联铝胶苗，经皮下注射10日龄雏鸭，免疫10 d后，用同源强毒攻击，均有很高的保护力。刘永德等将大肠杆菌O_{78}与鸭疫里默氏杆菌灭活菌液混合，加入盐酸左旋咪唑制成疫苗Ⅰ，用培养鸭疫里默氏杆菌鸭胚，取尿囊液和胚体，捣碎灭活后与大肠杆菌O_{78}灭活液混合，加入盐酸左旋咪唑制成疫苗Ⅱ。经实验室和野外免疫试验，证实均具有很好的预防效果。

由于RA的血清型越来越趋向多样化，国外已报道有21个血清型，而且各型之间缺乏交叉保护（Sandhu，1979），给疫苗接种增加了难度。Sandhu及Harry(1981) 经平板凝集试验指出，在同一个鸭场，甚至在同一批鸭群可同时分离出1个以上型别的RA菌株。

（三）药物防治

一旦发生本病，用药前最好先做药敏试验，选择高度敏感的药物，并注意交替使用。常用药物有复方敌菌净按0.02%的比例拌料，连用3～5 d；磺胺喹噁啉按0.1%～0.2%比例拌料口服3 d，停药2 d后再喂3 d；庆大霉素4 000～8 000 IU/kg（按体重）肌内注射，每天1～2次，连用2～3 d；青霉素、链霉素，雏鸭各1 000～5 000 IU、中幼鸭各40 000～80 000 IU肌内注射。

第六节　鸡传染性鼻炎的检验与防治

鸡传染性鼻炎（Infectious coryza，IC）是由鸡副嗜血杆菌感染引起的鸡的急性呼吸道疾病。主要症状为鼻腔与鼻窦发炎，颜面肿胀，流鼻涕和打喷嚏。主要病理变化为鼻腔和眶下窦的急性卡他性炎症，黏膜充血、肿胀，表面覆有浆液-黏液性分泌物。眼结膜充血、肿胀。部分鸡可见下颌及肉髯皮下水肿。内脏器官一般不见明显变化。流行后期死亡鸡只多见慢性呼吸道疾病、大肠杆菌和鸡白痢的病理变化。

该病分布较广，由于造成鸡只发育停滞，淘汰增加，产蛋鸡产蛋率明显下降，给养鸡业带来较大经济损失。

一、临诊检查

本病发生的特点是潜伏期短，传播迅速，短时间内便可波及全群。发病率高，死亡率与饲养管理是否得当，治疗是否及时和有无其他细菌性疾病继发有直接关系。

病鸡精神委顿，垂头缩颈，食欲明显降低。最初看到自鼻孔流出水样鼻液，继而转为浆液性、黏液性分泌物，病鸡有时甩头，打喷嚏。眼结膜发炎，眼睑肿胀，有的流泪。一侧或两侧颜面肿胀。部分病鸡可见下颌部或肉髯水肿。育成鸡表现为生长不良，产蛋鸡产蛋量明显下降。处在产蛋高峰期的鸡群产蛋呈大幅度下降，特别是肉种鸡几乎绝产。老龄鸡发病产蛋量下降幅度较小。一般情况下鸡只死亡较少，流行后期鸡群中常有死鸡出现，多数为瘦弱鸡只，或其他细菌性疾病继发感染所致，没有明显的死亡高峰。

二、病理学检验

经常可见鼻腔、鼻窦、结膜发生卡他性炎症，流出灰白色黏液样分泌物，面部单侧或双侧水肿，肉髯水肿。并常与其他细菌（霉菌、巴氏杆菌、大肠杆菌）、病毒（支气管炎病毒、喉气管炎病毒、禽痘病毒等）同时感染，使病变严重，分泌物恶臭。偶发肺炎和气囊炎。

三、病原学检验

（一）病原特征

鸡副嗜血杆菌为革兰氏阴性的多形性小杆菌，不形成芽孢，无荚膜、鞭毛，不能运动。本菌为兼性厌氧菌，在有5%～10%CO_2的环境中易于生长。该菌对营养的需求较高，常用的培养基为血液琼脂或巧克力琼脂。因本菌生长中需要V因子，所以分离培养时应与金黄色葡萄球菌交叉接种在血液琼脂平板上，如在金黄色葡萄球菌菌落周围形成细小透明的菌落可以认为该菌生长。鸡副嗜血杆菌易自鼻窦渗出物中分离。但该菌的抵抗力很弱，培养基上的细菌在4℃条件下能存活2周。在自然环境中很快死亡，对热和消毒药也很敏感。因此，该菌种多采用真空冷冻干燥的方法保存。冻干后可长时间存活。

该菌抗原型有A、B、C三个血清型。各血清型之间无交叉反应。

（二）细菌分离培养与形态特征

用棉拭子从眼结膜蘸取分泌物少许，作为被检材料，或从眶下窦采取渗出液作为被检材料。接种于5%～10%鲜血琼脂平板，使成一条直线，再用接种环接种葡萄球菌，使成一直线与其交叉，然后置于密闭并点燃蜡烛的玻璃容器内，待蜡烛自熄后，置37℃温箱中培养24～48 h。如在接近葡萄球菌生长处发现小而透明卫星状生长的菌落时，做涂片镜检及接触酶试验，如接触酶为阴性，革兰氏染色阴性的卵圆形小杆菌，则可初步认为是鸡嗜血杆菌。

另外，可采取眶下窦内的渗出物或上述细菌培养物，接种于2～3只正常雏鸡眶下窦内，如在接种2～7 d内有鼻涕和面部肿胀等传染性鼻炎症状时，可认为是该菌。

四、血清学试验

（一）凝集试验

在40日龄以前的病鸡，很难证明有抗体存在，只有通过细菌培养，证明有无病原菌；40日龄以后的病鸡则可用试管或平板凝集试验进行诊断。

1. 平板法 取1∶5稀释的血清与菌液（试管法诊断菌液的10倍浓度）各1滴，在玻板上混合，3 min内发生凝集者，判定阳性。

2. 试管法

（1）抗原制备 将鸡嗜血杆菌或鸡副嗜血杆菌，接种于含鸡血清的肉汤培养物中，经24 h培养后，离心沉淀，取沉淀用生理盐水反复洗涤3次，使浓度达到麦氏（McFarland）

比浊管第 2 管的浓度（含菌量约 6 亿），再加入 1/10 000 的噻汞撒（merzonim）制成诊断抗原。

（2）操作方法　其操作方法见表 9－8。

表 9－8　鸡传染性鼻炎凝集反应操作

试管号	1	2	3	4	5	6	7
血清稀释倍数	1∶5	1∶10	1∶20	1∶40	1∶80	1∶160	对照组
生理盐水（ml）	0.4	0.25	0.25	0.25	0.25	0.25	0.25
被检血清（ml）	0.1	0.25	0.25	0.25	0.25	0.25	弃去 0.25
抗原（ml）	0.25	0.25	0.25	0.25	0.25	0.25	0.25

注：37 ℃下作用 2 h，5 ℃下静置，次日判定。

（3）结果判定　在 1∶5 以上表现＋＋时判为阳性。

（二）琼脂扩散试验

1. 试验准备

（1）抗原　将菌体培养物用超声波裂解，并加以反复冻融。一般使用的琼脂扩散抗原比平板抗原要浓缩 50 倍。

（2）被检血清　采取被检鸡血分离的血清。

（3）琼脂平板的制备　在含 8%氯化钠和 0.01%硫柳汞的 pH 7.2 磷酸盐缓冲液中，加入 1%的琼脂，融化后倒入玻片或平皿，凝固后置 4 ℃冰箱中备用。

2. 操作方法　在制备好的琼脂平板上，用直径 4 mm 的打孔器，打 7 个孔，中心孔加抗原（约 0.03 ml），外周 4 个孔加被检血清，1 个孔加阴性血清，1 个孔加阳性血清（约 0.03 ml），抗原孔与被检血清孔之间出现沉淀线，判为阳性，不出现沉淀线者则判为阴性。

（三）红细胞凝集抑制试验

1. 试验准备

（1）抗原　每毫升含 20 个血凝单位。

（2）0.5%鸡红细胞　按常规采自健康鸡血，制备而成。

（3）缓冲液含 0.01%硫柳汞的 pH 7.2 磷酸盐缓冲液（PBS）。

2. 操作方法　在 0.2 ml 倍比稀释的血清中加入 0.5 ml 抗原。置室温感作 10 min，再加入 0.5%鸡红细胞 0.4 ml。在室温经 30～40 min 后，判定血凝抑制效价。

3. 结果判定　出现 2 个滴度以上的血凝抑制价时，判为阳性。

五、鉴别诊断

该病与慢性呼吸道病、黏膜型鸡痘和传染性支气管炎容易混淆。

慢性呼吸道病以侵害中雏为主，特征性症状为流脓性鼻液、咳嗽、打喷嚏，很少出现颜面肿胀现象，用磺胺类药物治疗无效。

黏膜型鸡痘，眼睑肿胀多呈糜烂状，流泪严重，严重者上、下眼睑粘连在一起，使眼失明。

感染传染性支气管炎时，虽有呼吸困难症状，但无颜面肿胀现象。

六、建议防治措施

（一）疫苗免疫

健康鸡群应在25日龄和120日龄分别接种鸡传染性鼻炎油乳剂活疫苗，能有效控制本病的传染和流行。

鸡群发病初期在使用药物治疗的同时，应及早接种鸡传染性鼻炎油乳剂活疫苗，能有效地控制疫病的流行，减少损失。

（二）药物防治

在饲料中添加磺胺类药物、四环素等，对本病有一定的预防作用。

（三）综合防治

病鸡舍是一个大的污染场所，其中的空气、粪便、脱落的羽毛以及尘埃中都含有大量的病毒和细菌，如果对病鸡舍的清洗消毒不严，便很快引起本病的流行。因此，要重视对鸡舍的消毒工作，及时清理粪便和其他污染，对鸡舍要进行认真的清洗消毒，消毒检验合格后，才能接进新鸡。

鸡舍内氨气含量过大是发生传染性鼻炎的重要原因。冬季舍内温度不易保持，影响产蛋，饲养员为了保温，往往把门窗关严，这样会使鸡舍通风不良，氨气大量积聚，刺激鸡的上呼吸道黏膜，很容易诱发本病。因此在冬季要解决好保温和通风的矛盾。

冬季气候比较干燥，干燥和不洁净的空气，进入鸡舍很容易诱发鸡传染性鼻炎，可用0.2%的次氯酸钠对鸡舍进行喷洒，净化空气，对控制本病有很好的作用。

加强环境卫生的消毒工作，及时清除场内和鸡舍面的污物、杂草，经常保持场区清洁卫生，每周可用2%火碱溶液对周围环境喷洒2次。

被污染的饮水能很快的造成本病的传播，可每天用0.1%高锰酸钾溶液清洗消毒水槽或饮水管线，或对饮水进行消毒。

人也是病菌的重要传播者和携带者，鸡舍一般应禁止外人进入，进入人员一定要注意消毒，更换衣服鞋帽，以防将病原带入鸡舍。

第七节 禽亚利桑那菌病的检验与防治

禽亚利桑那菌病（Avian arizonosis）也称阿利桑那菌症，是由辛绍亚利桑那菌（*Arizona hinshawii*）引起的一种传染病。本病主要发生于幼火鸡、幼鸡呈急性或慢性败血症，其特征是病禽眼球皱缩、失明，下痢，肝脏肿大呈浅黄色斑驳状，十二指肠充血，盲肠内有干酪样物。1939年，Caldwil等在美国亚利桑那地区的爬虫类致死性感染中分离出此菌。该菌后经鉴定为沙门氏菌亚种，即沙门氏菌Ⅲ亚属。

亚利桑那菌与沙门氏菌相似，广泛分布于自然界。本菌不但感染火鸡和鸡，也可感染鸭、鹅、珍禽、野鸟、爬虫类、哺乳类和人类。1968年，英国首次报道了禽的亚利桑那菌病，从此引起各国养禽业的关注。鉴于本病对火鸡业的危害日益严重，1976年，美国禽病协会将其列为重要的传染病之一，以后在世界各养鸡地区均有发现。

一、临诊检查

该菌在自然中广泛存在于禽类，如鸡、鸭、火鸡等，哺乳动物有羊、猪、兔、鼠等，鸟类有金丝鸟和鹦鹉等，爬虫类如蛇等。同时，此菌也感染人类，所以本病被列入人畜共患病。带菌禽是主要传染源。母禽通过蛋、粪便，公禽通过精液传播本病。此菌也可通过直接接触、污染饲料和饮水及在孵化器和育雏器中传播。成鸡隐性感染为带菌者，雏鸡引起发病。雏火鸡对本病最易感。

病禽精神沉郁、食欲减退、腹泻，粪便呈黄绿色，肛门周围粘有粪便。有的病禽出现运动失调、腿麻痹、跗关节着地等现象。当脑部受到感染时，出现痉挛、抽搐等神经症状。死亡多发生于 20 日龄以前，4 周龄后很少发死亡。在雏火鸡常见单侧或双侧眼睛浑浊、皱缩、视网膜上覆盖一层干酪样物质，导致病禽失明。成年鸡和火鸡感染后一般无临床症状。

二、病理学检验

病雏鸡和雏火鸡呈典型的全身败血症，腹膜炎、卵黄吸收不良。在气囊和腹腔中，也见有淡黄色干酪样渗出物，也可能有滞留的卵黄。肌肉充血、出血。肝肿大 2～3 倍，呈土黄色，瘀血，表面有红砖色条纹，质地脆弱，切面有针尖大灰色坏死灶和出血点。胆囊肿大，胆汁浓稠 。心脏表面有出血点，有的呈紫红色，出血。肺偶有出血，脾有的肿大，肾充血肿大 1～3 倍。肌胃黏膜有出血点和出血带，十二指肠显著充血。脑和血管怒张，小脑或大脑充血或出血。特征性病变是病雏单侧或双侧眼睛浑浊，视网膜覆盖一层黄色干酪物。

组织学病理变化 人工感染的雏鸡和自然感染的雏鸡病理组织学的变化相似。多数器官均有炎症，退行性坏死性变化。中枢神经和眼组织的变化为急性，而其他器官则为亚急性变化。心肌纤维和肝细胞变性坏死。脑神经胶质细胞核溶解、浓缩。法氏囊实质内淋巴细胞增生。

三、病原学检验

(一) 病原特征

亚利桑那菌与沙门氏菌在生化和抗原上具有相似性，但差异很大，故将其列入沙门氏菌亚利桑那菌属（第Ⅲ菌属）。该菌与其他肠道菌相似，革兰氏阴性，不产生芽孢，周身有鞭毛，有运动性。在 S.S 和亮绿琼脂上生长良好。在沙门氏菌固体培养基上生长也很好。初次分离时，菌落与沙门氏菌相似，表现出乳糖发酵菌的典型特征。在培养基中抑制大肠杆菌生长。在加热与普通消毒剂中能很快杀死本菌。该菌在污水中存活 5 个月，在饲料中存活 17 个月，在禽舍设备和用具上能存活 25 周左右。

亚利桑那菌在培养基中生长良好，菌落直径 1 cm 左右，圆形、光滑、湿润、不溶血。该菌在肉汤中生长迅速。

(二) 细菌形态特征和分离培养

取死雏的心、肝、脑组织触片，革兰氏染色镜检，见有较纯的革兰氏阴性杆菌。取病料接种普通琼脂和 S.S 琼脂平板上，37 ℃下培养 24 h，形成圆形、光滑、无色透明小菌落，表面稍平。抹片镜检，见革兰氏阴性杆菌，两端呈颗粒样浓染，一端微弯曲或直杆状，有运动性。

（三）生化反应

一般在培养 7～10 d 时发酵乳糖。在胆硫乳琼脂（DHL）中，乳糖阴性菌株菌落类似其他亚种菌落，乳糖阳性菌株为粉红色，有暗色中心。在亚硫酸铋（BS）中呈黑色，有金属光泽，有些菌株呈灰绿色，带黑心或不带黑心。分解葡萄糖，产酸产气，不发酵蔗糖，不形成吲哚，产生 H_2S，能利用枸橼酸盐，氧化酶、尿素酶阴性，接触酶、鸟氨酸脱羧酶阳性。丙二酸盐利用试验阳性，M. R 试验阳性，V. P 试验阴性。在含有准确规定浓度 KCN 的培养基中不生长。不发酵卫矛醇、肌醇或 D-酒石酸盐，液化明胶缓慢，对缩苹果酸钠与 β-半乳糖酶呈阳性反应，这些是亚利桑那菌区别于沙门氏菌的生化特性。

四、血清学检验

用多价的抗亚利桑那菌血清做凝集试验，检查本病效果很好。此外，也可用本菌鞭毛多价抗血清、沙门氏菌鞭毛 Z32 抗血清和沙门氏菌菌体 16 抗血清检查亚利桑那菌培养物。

五、鉴别诊断

亚利桑那菌病由于临床症状不典型，并且与沙门氏菌病有相似之处，确诊需要进行细菌分离鉴定。可用肝、脾、心等内脏器官划线接种于伊红美蓝培养基（EMB）及血培养基上。培养物在肉汤中生长迅速、均匀混浊、不溶血，菌落光滑湿润，菌体为革兰氏阴性无芽孢杆菌，不产生靛基质，可据此做出初步诊断。

六、建议防治措施

发现有此症状的雏鸡应及时隔离，确诊。

雏鸡皮下注射青霉素、链霉素、庆大霉素及奇异霉素效果较好；二甲氧苄氨嘧啶 0.01%和 0.02%两种剂量对雏鸡也有较好的治疗作用。

因为种蛋能直接传播本菌，所以对孵化器和育雏器用前要进行彻底消毒，对种蛋在用前也要用福尔马林熏蒸消毒。

对种蛋要加强管理。每日定时收蛋，不用产于地面上的蛋作种蛋，经常清理擦拭蛋箱。应及时擦去蛋壳上的小污点，贮蛋室应与其他房间分开，收下的蛋应尽快用福尔马林熏蒸消毒。

鉴于病禽及带菌禽消化道是排泄此菌的主要场所，易污染饲料和饮水。所以对禽舍和运动场要定时清扫和消毒，防止饲料和饮水被污染。对种鸡应进行监测。

由于鼠类、爬虫类及野鸟类也能传播此病，所以在禽场内要消灭鼠类及爬虫类，在禽的运动场要设上铁纱网，防止野鸟侵入禽舍。

国外许多学者研制了几种类型的亚利桑那菌苗已用于生产实际。如用福尔马林处理全培养物制成氢氧化铝胶菌苗，产生极佳的保护力。也有人用油乳剂菌苗，在室内外试验均取得了满意的防制效果。

第八节　鸡弯曲杆菌性肝炎的检验与防治

鸡弯曲杆菌性肝炎（Avain vibrionic hepatitis）又称禽弧菌性肝炎，是由弯杆菌属的嗜热弯杆菌引起的雏鸡和成年鸡的一种传染病。本病以肝脏出血、坏死性肝炎伴发脂肪变性、发病率高、死亡率低及慢性经过为特征。自然条件下，可发生于各年龄的鸡，实验感染时，成年鸡可发病。因腹腔内常积聚大量血水，故又称为“血水病”。

本病首先由 Tutor(1954) 在美国新泽西州报道，是产蛋鸡群发生的一种肝脏退行性疾病。美国的 Delaplane(1958) 最早分离出本病病原菌。该病原能在 7 日龄鸡胚繁殖。1958 年，Packham 从肝炎综合征病例中分离出弧菌样微生物，在血琼脂平板上培养成功，并用该病原复制出本病，从而将本病正式命名为弧菌型肝炎，现多称弯曲杆菌性肝炎。随后，加拿大、荷兰、德国、意大利及瑞典相继报道了本病。本病在我国普遍存在。

一、临诊检查

自然感染仅见于鸡群，雏鸡、临近开产的后备母鸡和产蛋数月的母鸡均可感染。实验动物中，家兔、小鼠、大鼠、地鼠和灵长类等许多实验动物都对空肠弯杆菌易感，其中以家兔较为敏感。

本病的潜伏期约为 2 d，以缓慢发作和持续期长为特征。通常鸡群中只有一小部分鸡在同一时间内表现症状，此病可持续数周，死亡率为 2%～15%。

（一）急性型

发病初期，有的病鸡不见明显症状，雏鸡群精神倦怠、沉郁，严重者呆立缩颈、闭眼，对周围环境敏感性降低；羽毛杂乱无光，肛门周围污染粪便；多数鸡先呈黄褐色腹泻，然后呈糨糊样，继而呈水样，部分鸡此时即急性死亡。

（二）亚急性型

病鸡呈现脱水，消瘦，陷入恶病质，最后心力衰竭而死亡。

（三）慢性型

病鸡精神委顿，鸡冠发白、干燥、萎缩，可见鳞片状皮屑，逐渐消瘦，饲料消耗减低。

雏鸡常呈急性经过。青年蛋鸡群常呈亚急性或慢性经过，开产期延迟，产蛋初期沙壳蛋、软壳蛋较多，不易达到预期的产蛋高峰。产蛋鸡呈慢性经过，消化不良，后期因轻度中毒性肝营养不良而导致自体中毒，表现为产蛋率下降达 25%～35%，甚至因营养不良性消瘦而死亡。肉鸡则全群发育迟缓，增重缓慢。

二、病理学检验

病理变化突出的特征是肝炎和肝坏死。较常见的是肝脏肿大，色泽变淡，质地脆弱，肝实质中散在大小不等的灰黄色星芒状坏死灶，肝被膜下有不规则的出血斑点（彩图 9-12）。急性死亡者多营养良好、肌肉丰满，肝被膜下有较大的血肿（彩图 9-13），剖检时血肿多已破裂而使腹腔充满血液或血凝块，隔着腹壁即可看到腹腔充满暗红色血液。有的病例可能发生 2～3 次血肿破裂，但并未死亡，凝血块发生机化或吸收，这种变化在死亡后仍可清楚地看到。慢性病例肝脏密布灰黄色坏死灶，出血变化较少，色污黄质地坚硬。有时可见腹水增多，心包积液，心肌变性。肾脏肿大，充血或苍白。卵巢变形、出血或萎缩。

镜检可见肝被膜下血管扩张充血，局部出血，肝细胞变性、坏死。汇管区有淋巴细胞和粒性白细胞浸润。窦状隙扩张充血。慢性病例还可见肝小叶内和汇管区有结缔组织增生，偶见肉芽肿形成。肾实质有变性坏死，间质有异嗜性粒细胞和淋巴细胞浸润。

三、病原学检验

（一）病原特征

弯杆菌属的嗜热弯杆菌有3个种：空肠弯曲杆菌、结肠弯曲杆菌和鸥弯曲杆菌。其中，空肠弯曲杆菌是从禽类分离出来的最常见致病菌；结肠弯曲杆菌可以从禽类肠道及禽类肉品中分离到；鸥弯曲杆菌主要从野生的海鸟，如海鸥中分离到。

该菌形态呈逗号状、香蕉状、螺旋状、S形等，所有的种都有单极鞭毛，有运动性，但有时可见到两极鞭毛的细菌。所有的弯曲杆菌革兰氏染色均为阴性。在人工培养基上，弯曲杆菌于43℃生长最好，但最低的生长温度为37℃。弯杆菌是微嗜氧菌，在含有5%氧气、10%二氧化碳和85%氮气的环境下生长最好。通常要培养24 h后才能见到菌落，如果接种量小或使用选择培养基，有时要72 h才能见到菌落。菌落细小、圆形，呈半透明或灰色，新制备的培养基湿度大，菌落长成片状，在放置数天才用的培养基上，菌落边缘不整齐。菌落在血琼脂平板上不溶血。

弯曲杆菌可在细胞培养基上增殖，其中包括中国的地鼠细胞、Hela细胞和人上皮细胞系。鸡胚是分离和增殖弯曲杆菌的一个易于使用的系统，它还可用于鉴别人和动物结肠炎分离出的空肠弯曲杆菌和结肠弯曲杆菌的相对毒力。

该菌在人工培养基上传代亦较困难，但易在鸡胚中生长繁殖，接种卵黄囊或绒毛尿囊腔均可，但在初次分离或为了获得高滴度的培养物，以卵黄囊接种最好，每毫升卵黄中可达到$10^6 ELD_{50}$的细菌滴度，鸡胚一般于接种后4 d死亡，表现卵黄囊及胚体充血。

（二）显微镜检查

取病鸡的胆汁制成压片，镜检，鸡弯杆菌能运动，呈短逗号或S形，老龄培养物呈球形或弧形。革兰氏染色阴性。

（三）细菌培养

取病鸡的胆汁1～2滴，用接种环划线于鲜血琼脂平板厌氧培养，经24 h培养后，形成细小、圆形、潮湿、光滑、隆起、几乎完全透明的无色菌落。

如用胆汁接种于5～8日龄鸡胚卵黄囊，一般在接种后3～5 d鸡胚死亡。

（四）生化试验

大多数弯杆菌氧化氢酶反应呈阳性，能耐受1%氯化钠，接种于糖发酵管可见有不同的反应特性（表9－9）。

表9－9　弯杆菌生化反应特性

反应种类	甘露醇	麦芽糖	乳糖	葡萄糖	亚硝酸	硫化氢
反应结果	+	+	+	+	还原	－

四、血清学检验

鸡弯曲杆菌的血清学检验主要应用凝集试验（试管法）。

（一）试验准备

1. 抗原制备　将上述分离到的弯曲杆菌接种于普通肉汤或马丁肉汤或厌氧肉汤，在37℃培养48 h进行增菌培养，取增菌培养液20 ml，以3000 r/min离心洗涤3次，每次5 min，弃去上清，沉淀加0.5%石炭酸生理盐水适量，使其含菌量浓度为2.8×10^9/ml，用前煮沸10 min，冷却备用。

2. 被检鸡血清 按常规法采取被检鸡血，分离血清。

3. 0.5%石炭酸生理盐水 即用生理盐水配成0.5%石炭酸溶液。

(二) 操作方法

取标准康氏试管6支，将被检血清用0.5%石炭酸生理盐水作倍比连续稀释，第1管血清稀释度为1∶10，每管容量为0.5 ml。然后，向每一稀释度血清的试管和对照管内各加抗原0.5 ml，充分摇匀，在37 ℃下作用24 h后，判定结果。其操作方法见表9-10。

表9-10 鸡弯曲杆菌血清凝集试验

管号	1	2	3	4	5	6
稀释倍数	1∶10	1∶20	1∶40	1∶80	1∶160	1∶320
石炭酸生理盐水（ml）	0.5	0.5	0.5	0.5	0.5	0.5
待检血清（ml）	0.5	0.5	0.5	0.5	0.5	0.5 弃去0.5
抗原（ml）	0.5	0.5	0.5	0.5	0.5	0.5

(三) 结果判定

以50%凝集为其凝集价，凝集价在1∶80时，可判定为弯杆菌性肝炎阳性。

五、鉴别诊断

鸡白痢、鸡伤寒及鸡白血病都可引起肝肿大，并出现类似病灶，易与本病相混淆。鸡白痢、鸡伤寒病原为革兰氏阴性短杆状菌，可用相应的抗原与患鸡血清做平板凝集实验而加以区别。鸡白血病为病毒病，其显著特征是除肝脏外，脾和法氏囊也有肿瘤结节增生。

六、建议防治措施

本病目前尚无有效的免疫制剂。由于从临诊正常的母鸡肠道中亦能分离到弯曲杆菌，认为肝炎弯杆菌可能是一种条件性致病菌，常在不利环境因素或其他疾病（如马立克氏病、新城疫、慢性呼吸道病等）发生时，使本病的潜伏性感染转变为暴发流行。故加强平时的饲养管理和贯彻综合卫生措施，如定期对鸡舍、器具消毒等，是十分重要的。采用多层网上饲养可减少或阻断本病的传播。清除垫料，彻底消毒用具和房舍，房舍消毒后空置7 d，可有效清除禽舍内残余的弯曲杆菌。通过消毒笼具和在出栏前至少停食8 h来减轻对加工厂的污染，加工后用化学药物消毒胴体和分割鸡均可减少弯杆菌的数量。在人为控制的实验条件下，用0.5%乙酸或乳酸冲洗可有效控制活菌数。

治疗本病可选用磺胺甲基嘧啶等饮水。此外，卡那霉素、喹乙醇、氟哌酸结合庆大霉素等亦有较好疗效。治疗时应首先进行药敏试验，根据药敏试验结果确定用药。

第九节 鸡绿脓杆菌病的检验与防治

鸡绿脓杆菌病（Infection of pseudomonas aeruginosa in chicken）是由绿脓杆菌感染引

起的一种败血性疾病。该病在以前并不多见，但随着我国养禽业的迅速发展，在北京、天津、河北、福建、辽宁、四川等地均有本病发生的报道，对养鸡业造成一定经济损失，已引起人们的重视。

一、临诊检查

本病多发于1～35日龄雏鸡，其一年四季均可发生，但以春季多发。雏鸡随日龄的增加，对本病的抵抗力逐渐增强。育雏温度过低、通风不良、注射马立克氏病疫苗、孵化环境不良等因素可诱发本病。绿脓杆菌广泛分布于自然界中，也存在于动物肠道中。带菌或被污染的种蛋在孵化过程中爆裂，导致孵化器污染，引起出壳雏鸡大批感染发病。最常见的发病原因是出壳雏鸡接种马立克氏病疫苗时，由于器械和注射部位不消毒或消毒不严，造成绿脓杆菌严重感染。感染绿脓杆菌的发病鸡1～2 d内死亡，死亡率达70%～80%。

病鸡吃食减少，精神不振，不同程度下痢，粪便呈水样、淡黄绿色，严重病鸡粪中带血。腹部膨胀，手压柔软，病禽后期呈腹式呼吸。有的病禽眼周围不同程度水肿，水肿部位破裂后流出液体，形成痂皮，眼全闭或半闭，流泪，颈部皮下水肿，严重病禽两腿内侧皮下也见水肿。

二、病理学检验

剖检变化为病禽颈部、脐部皮下呈胶冻样浸润，肌肉有出血点或出血斑。内脏器官不同程度充血、出血。肝脏肿大而脆弱，呈土黄色，有淡灰黄色小坏死灶。胆囊充盈。肾脏肿大，表面有散在小点出血。肺脏充血，有的见出血点，肺小叶炎性病变，呈紫红色或大理石样变化。心冠脂肪出血，并有胶冻样浸润，心内、外膜有出血斑点。腺胃黏膜脱落，肌胃黏膜有出血斑，易剥落，肠黏膜充血、出血严重。脾肿大，有小出血点。气囊混浊、增厚。

三、病原学检验

（一）病原特征

绿脓杆菌属假单胞菌属，革兰氏阴性，为两端钝圆的短小杆菌，其能运动，菌体一端有1根鞭毛，单在或成双排列，偶见短链。

（二）病原形态学检验

取病死鸡的皮下胶冻样物质等病料涂片，革兰氏染色为阴性。在显微镜下观察，单个、成对或偶尔成短链，在肉汤培养物中可以看到长丝状形态。菌体有1～3根鞭毛，运动活泼。能形成芽孢及荚膜。

（三）分离培养

将病料接种于普通琼脂培养基，在37 ℃温箱中培养24 h后，形成的菌落为圆形，中等大小，隆起，湿润黏稠，多数边缘整齐，淡绿色，菌落周围的培养基为蓝绿色，有很浓的气味；在普通肉汤内培养24 h，呈均匀混浊，继续培养至72 h可产生菌膜，培养液呈蓝绿色，并且呈浆糊状。该菌在麦康凯培养基上生长良好，菌落呈灰绿色；在三糖铁培养基上不产生H_2S，菌落呈灰色，斜面部位呈粉红色，底部不变黄；在血液琼脂上菌落周围出现溶血环。

（四）生化特性

该菌能分解葡萄糖、伯胶糖、单糖、甘露糖，产酸不产气，不分解麦芽糖、甘露醇、乳糖及蔗糖，发酵糖类能力较低，能液化明胶。分解蛋白质能力甚强，分解尿素，不形成吲哚，氧化酶试验阳性，可利用枸橼酸盐。不产生 H_2S，M.R 试验和 V－P 试验均为阴性。

四、鉴别诊断

（一）与胚胎缺氧症的区别

胚胎缺氧多发生于寒冷的冬季。孵化室常因通风不良而缺氧。缺氧可导致雏鸡出壳困难或不能出壳。缺氧雏鸡出壳后不吃不喝，1～5 d 内大批死亡，死亡率可达 100%。缺氧时公雏、母雏均会出现死亡，病鸡脚爪干瘪。绿脓杆菌病只有母雏发生，公雏一般不发病（因为一般只有母雏鸡注射马立克氏疫苗）。

（二）与雏鸡脱水的区别

雏鸡在出雏器内时间过长、长途运输以及育雏环境高温低湿等原因可引起脱水。脱水鸡表现为鸡爪干瘪，体轻，羽毛发干，单侧性肾脏肿大，有尿酸盐，个别鸡内脏痛风。3～5 d 内可引起 1%～5%的雏鸡死亡。

（三）与雏鸡水中毒的区别

因长途运输等原因，雏鸡可能发生脱水，脱水雏鸡会因脱水暴饮而致发水中毒。剖检可见皮下有胶冻样渗出物，肠道水肿，有腹水。本病可造成 1%～5%的雏鸡死亡。

五、建议防治措施

加强禽舍、种蛋、孵化器、孵化室及孵化环境的消毒，并注意孵化室工作人员的消毒。接种马立克氏病疫苗时，一定要对所有器械进行严格消毒。

发病时应及早隔离或淘汰发病禽，对发病禽舍进行彻底消毒。治疗可用恩诺沙星（或环丙沙星、氟哌酸）0.005%浓度饮水或 0.01%浓度拌料。

第十节　禽结核病的检验与防治

禽结核病（Tuberculosis）是由禽结核分枝杆菌（*Mycobac－terium avium*）引起的鸡、火鸡、鸭、鹅、孔雀、鸽子等多种禽类的一种接触性、慢性、消耗性传染病。大多数感染禽无临床症状，感染后期表现为昏睡、消瘦、羽毛蓬松、贫血、渐进性消瘦、产蛋减少或不产蛋，最后衰竭死亡。剖检可见肝、脾以及腹膜表面形成不规则的浅黄色结核结节，结节切面呈灰黄色均质干酪样坏死。本病多呈慢性经过，各种年龄家禽均可感染，但多见于年龄较大的禽类。1882 年，Koch 首次发现结核分枝杆菌。1884 年，Cornil 和 Megnin 首次识别了鸡结核。1890 年，Maffucci 证明结核病分为人结核病、牛结核病和禽结核病 3 种。禽结核分枝杆菌至少有 30 个血清型，在美国，鸡和猪中血清 1 型和血清 2 型占多数，而在欧洲一些国家，通常自禽体内分离到的是血清 3 型。我国禽结核分枝杆菌的血清型尚无报道。有报道称禽结核分枝杆菌可引起猪和人发病，因而在诊断本病时，所有操作都必须在安全的生物防护装置中进行。

一、临诊检查

本病主要发生于各种家禽和鸟类，各年龄都可感染。主要发生于鸡，特别是在种鸡群中流行。该病的特点是慢性经过，一旦传入鸡群即长期存在。该病一年四季均可发生，传染途径主要经呼吸道和消化道或皮肤伤口传染，也有少数通过蛋感染。

该病潜伏期长，病情发展缓慢，初期看不到病状，随后精神委顿，食欲不振或废绝，羽毛松乱，呆立不活泼，鸡冠和肉髯苍白、萎缩。呈渐进性消瘦，胸骨突出如刀，贫血。产蛋下降可达30%以上，甚至停产。受精率、出雏率均较低。关节受侵害时，常呈现一侧性翅下垂和跛行，以跳跃态行走。肠道受侵害时，有顽固性腹泻，最后因衰竭或肝脾突然破裂而死亡。病程在2～3个月或1年以上。

二、病理学检验

（一）大体病理变化

患病家禽尸体极度消瘦，肝、脾、肠、骨髓中可见大小不等、形状不规则的灰黄或灰白色结核结节。肝肿大，质地坚实，呈灰黄或黄褐色。脾肿大2～3倍，实质萎缩。肠道结节突出于浆膜而形成所谓的“珍珠病”。严重时，肺、卵巢、腹壁、肾、嗉囊、食管、心包、气囊、胸腺等处均可见结核结节，切开各处结节的纤维膜内容物均呈干酪样，看不到钙化现象。股骨和胫骨结核时，可在骨髓中看到干酪样结核结节。

（二）病理组织学变化

肺脏的病变表现为肺泡和呼吸毛细管内皮增生，多量淋巴细胞浸润形成结核结节，结节突出于肺泡之中，干酪样坏死灶边缘有破碎的上皮细胞核，上皮样细胞互相融合成多核巨细胞，核呈栅栏状排列。结缔组织包膜较厚，有较多新生毛细血管、成纤维细胞、网状细胞、浆细胞、数量不等的小淋巴细胞和嗜酸性粒细胞。

肝脏的结核结节数量、大小不一，散在或融合，陈旧的病灶较大，常有干酪样坏死。结节类型有：最小的结节由3～4个或7～8个上皮样细胞松散排列组成，尚未形成典型结节，外无包囊；较大的结节是由上皮样细胞和淋巴所组成，外有菲薄的包囊；典型的结节是由上皮样细胞与多核巨细胞组成的结节，这种结节多见。结节中心为干酪样坏死区，是一片无结构的被伊红深染的坏死组织，在红色背景上散布很多细小的嗜碱性颗粒。坏死较轻者，还可见部分残存的肝细胞，或仅见浓染的胞核。干酪样坏死区的外围，是上皮样细胞、多核巨细胞、嗜酸性粒细胞构成的特殊肉芽组织（上皮样细胞带）。上皮样细胞体积增大，呈梭形或多角形，胞核呈椭圆形或圆形，染色质少，清亮，胞浆淡染，轮廓不清，多有空泡。多核巨细胞体积很大，胞浆丰富，出现大的空泡常与上皮样细胞浆突起相连，胞核较多。在这一区带中，有或多或少的淋巴细胞、嗜酸性粒细胞和异嗜性粒细胞。最外层是普通肉芽组织，其是由结缔组织细胞、数量不等的淋巴细胞、嗜酸性粒细胞形成的包囊，包囊较薄，有时不明显。结节周围肝细胞正常，或被结节所挤压、浓染，常出现多量淋巴细胞和淋巴样细胞，以及或多或少的嗜酸性粒细胞和异嗜性粒细胞。肝窦内皮细胞肿胀，并有少量巨噬细胞。在干酪样坏死区内可见大量抗酸菌，单个或成簇存在。较大结节的周围还可见新产生的小结节，数量不等。

脾脏的结节类型和结构与肝脏相似。不同的是中央动脉壁常增厚1～6倍，内皮细胞增生。结核性反应主要表现在白髓部分，白髓区域淋巴细胞密集，浓染，或淋巴细胞数量减少，但细胞体积增大，淡染，胞核变大，圆形或椭圆形，清亮，网状细胞增生。红髓变化与白髓相似，但较轻微。

肾脏的肾小管上皮细胞常脱离基底膜，管腔扩大，肾小管间淋巴细胞浸润，肾小球脏层和壁层内皮增生，肾小球内常有较多的淋巴细胞，结节与肝脏相似。

肠壁的结节多出现于黏膜固有层和肌层，不突破浆膜，结节周围为非特异性的肉芽组织，其中有数量不一的淋巴细胞以及嗜酸性粒细胞、浆细胞和网状细胞。

三、病原学检验

（一）病原特征

该病的病原是禽结核分枝杆菌，是分枝杆菌属的一种，其特点是菌体短小，具有多形性，细长、平直或略带弯曲，有时呈杆状、球菌状或链球状等。菌体两端钝圆，菌体大小为 1.0～4.0 μm×0.2～0.6 μm。禽结核分枝杆菌不形成芽孢，无荚膜，无鞭毛，不能运动。该菌对一般苯胺染料不易着色，革兰氏染色阳性。具有抗酸染色的特性，用萋尼氏（Ziehl-Neelsen）染色法染色时，禽结核分枝杆菌呈红色，而其他一些非分枝杆菌染成蓝色，这种染色特性，可用于该病的诊断。禽结核分枝杆菌为专性需氧菌，对营养的要求比较严格，必须在含有血清、牛乳、卵黄、马铃薯、甘油及某些无机盐类的特殊培养基中才能生长。培养该菌的适宜温度是 39～40 ℃，最适 pH 为 6.5～6.8。从自然感染的病料进行首次分离，需要鉴别培养基。培养基内含有甘油则菌落更大，但在 Dorst 氏培养基上生长更令人满意。将禽结核杆菌接种在含有全卵液培养基上，置 37.5～40 ℃培养，10～21 d 形成明显的、小而微凸起的、独立分散的、灰白色的菌落。如果接种在含营养丰富的培养基上，菌落多时，互相融合成颗粒状的团块；菌落量少时，则形成单个的菌落而散在。培养基含有甘油时，则可促进其生长，生长速度比哺乳动物型结核杆菌更快，在 4～5 d 内出现生长物。菌落可由灰白色变成赭色，随着培养时间延长变成较暗的颜色，有的呈淡黄色或被色素染成微粉红色。在盐类培养基上继代培养，几天内可见菌落生长，最长生长时间可达 6 周。培养物常呈潮湿和油状，易从培养基上刮下，最后表面变得粗糙。在液体培养基内，除表面可形成黏性的菌膜生长以外，还可以形成颗粒状的沉淀，培养液一般保持清亮，经摇振则易散开而形成混浊的悬浮液，这一点不同于哺乳动物型结核杆菌，后者生长成颗粒状或絮状。菌落形态与毒力有一定关系，凡光滑、透明菌落的纯培养物对鸡具有致病性，相反，不光滑或粗糙的禽结核杆菌的纯培养物一般对鸡无致病力，某些不产生色素的是无毒菌株。

禽分枝杆菌不产生烟酸，不水解吐温-80，过氧化物酶阴性。能产生接触酶，不产生尿酸酶或芳基硫酸酯酶，也不还原硝酸盐，但这些特性是不固定的。分枝杆菌能产生酰胺酶，除吡嗪酰胺酶和烟酰胺酶外，禽结核杆菌是缺乏某些酰胺酶的唯一细菌。

（二）形态学检验

1. 涂片和切片的制备 直接涂片可取肝脏、脾脏、腹膜等病灶中的干酪样坏死物涂片；病理切片可用肝、脾、肺脏腹膜等病变组织制备。

2. 染色液（萋尼氏染色液） 见第五章第一节。

3. 染色方法 在固定后的涂片上，滴加石炭酸复红染色液，将玻片在火焰上加热至发生蒸汽，但不能产生气泡，3～5 min 后冷却，用 3%盐酸酒精脱色，至无红色脱落为止

(1～3 min)，水洗后，以碱性美蓝染液复染 1 min。水洗，吸干，镜检。结核分枝杆菌被染成红色，呈杆状或球状，单个或成丛（彩图 9－14）。切片染色方法相同。

（三）细菌的分离培养

1. 样品采集　可采集脾、肝、骨髓或结核结节进行细菌分离。病料用无菌方法采集，加无菌蒸馏水充分研磨制成组织悬液，直接接种于固体斜面培养基上。由于分枝杆菌生长缓慢，为避免杂菌污染而干扰分枝杆菌生长，以及提高结核菌检出率，可对样品进行如下处理：取 10～20 ml 组织悬液，加等量 2%氢氧化钠液混匀，处理 5～10 min，再加等量中和剂（浓盐酸 82.5 ml、蒸馏水 917.5 ml、溴甲酚紫液 4.5 ml）中和，使溶液呈淡黄绿色（pH 6.8 左右），1 000 r/min 离心 10 min，取上清液于 5%石炭酸中，用棉拭子或接种环将管底沉淀物接种于固体斜面培养基。

2. 分离培养

（1）酸性改良罗氏培养基的成分　包括 KH_2PO_4 4.0 g，$MgSO_4$ 0.4 g，柠檬酸镁 1.0 g，谷氨酸钠 6.0 g，甘油 20 ml，马铃薯粉 30 g，2%孔雀石绿 20 ml，全卵液 1 000 ml，蒸馏水 600 ml。

（2）培养基制作方法

① 基础液制备　量取蒸馏水 600 ml，加入无机盐成分，谷氨酸钠和甘油溶解后加入马铃薯粉，混匀，沸水浴 1 h（不时搅拌），冷却。

② 新鲜鸡蛋卵液制备　用 75%乙醇将鸡蛋的壳拭净，取 10 个鸡蛋（约 500 g），以无菌操作将鸡蛋打入一个灭菌的三角烧瓶中，用消毒的玻璃棒将鸡蛋搅匀，通过消毒的纱布过滤成卵液。

③ 分装　将 600 ml 基础液和 1 000 ml 新鲜鸡蛋卵液混匀，加入 2%孔雀石绿 20 ml，混匀，静置 1 h。在无菌条件下，分装到灭菌的螺口试管中，每管装 8 ml。

④ 灭菌　将试管盖略旋松，85 ℃下加热 1 h，蒸汽灭菌（试管倾斜）。37 ℃下培养 24 h，使芽孢复性，重复该操作 1 次后，将余下的芽孢杀灭，旋紧管口，4 ℃下保存备用。

（3）接种培养　分枝杆菌对营养要求高，最适 pH 为 6.4～7.0，最适生长温度为 4.1 ℃。5%～10% CO_2 或 2%甘油可刺激其生长。初次分离时多用固体培养基，最好用 2 种以上培养基以提高检出率。每一样品接种 4～6 管，为防止干固，管口用软木塞塞紧并用石蜡封固，每周检查 1～2 次，连续培养 8 周。在 Lowenstein－Lensen 琼脂培养 14～21 d 可见生长，菌落圆形、光滑、有光泽，菌落颜色由淡黄色到微黄色，随时间延长逐渐变深。

四、血清学检验

（一）全血平板凝集试验

最简便、快速的方法是全血平板凝集试验，取抗原 1 滴滴于载玻片上，再滴加新鲜待检全血 1 滴，充分混匀，摇动 2 min，如出现明显凝集现象则为阳性反应。

（二）结核菌素试验

结核菌素试验主要用于鸡和火鸡，水禽少用。在肉髯或鸡冠皮内注射 0.05～0.1 ml 结核菌素，48 h 后观察。如注射部位出现明显肿大硬结乃至整个肉髯肿大，即为阳性。也可于眼睑皮内或胸肌内注射结核菌素后观察。

五、鉴别诊断

患结核病的鸡多无明显的症状，仅根据临床症状很难确诊。如病禽不明原因的日渐消瘦、贫血、产蛋下降或停止，又不能确诊为其他慢性病时，可怀疑有结核病的存在。在病鸡死亡或扑杀时，于肝、脾、肠道等脏器上常见有典型的结核病灶。采取结核结节进行病理组织学检查时，可见到典型的结核结节病变。

应注意与禽亚利桑那菌病、禽曲霉菌病等区别诊断。

禽亚利桑那菌病时肝肿大，有淡黄色斑点（类似结节），气囊有淡黄色干酪样物（类似结节）。但感染亚利桑那菌病的病禽有低头向一侧旋转如“观星”状，步态失调等神经症状，并有一侧或双侧结膜炎。剖检可见十二指肠明显充血，盲肠有干酪样物，脑膜血管充血、出血。病料做细菌学检查可见亚利桑那菌。

禽曲霉菌病病原为曲霉菌。雏鸡发病时闭目嗜睡，呼吸困难，摇头甩鼻，成年鸡也有呼吸困难症状。剖检可见肺的霉菌结节（粟米至绿豆大或更大），其色呈灰白、黄白、淡黄，周围有红色浸润，干酪样物有层状结构。将霉菌结节置载玻片上加生理盐水，镜检可见曲霉菌的菌丝体，气囊可见分生孢子柄和孢子。

六、建议防治措施

由于禽结核没有治疗价值，通常不使用抗结核病药物来治疗。主要采取综合性防控措施，净化污染禽群，培育健康禽群。采取加强检疫、隔离、淘汰等措施，防止该病传染人。不从有该病的鸡场引进种鸡。一旦发现病鸡，应立即进行禽结核菌素试验，淘汰阳性鸡，1个月后复检。如为种鸡群，不可再作种用，应全群淘汰并进行彻底消毒。

第十一节　鸭伪结核病的检验与防治

鸭伪结核病（Pseudotuberculosis in duck）是由伪结核（巴氏杆菌）耶尔辛氏菌引起的家禽和野禽的一种接触性传染病。该病的特点为病禽呈现持续期短暂的急性败血症，以后出现慢性局灶性感染，在内脏器官，尤其在肝、脾脏中产生干酪样坏死和结节。本病在家禽中很少发生。发病率和死亡率不是很高。

一、临诊检查

鸡、鸭、鹅、火鸡、珍珠鸡和一些鸟类，特别是幼禽可发生本病，此外还可引起多种哺乳动物发病。对实验动物中的豚鼠、小鼠、家兔等也很敏感。

该病的传染和传播主要是由于病禽或哺乳动物的排泄物污染土壤、食物或饮水而经消化道、损伤的皮肤或黏膜进入血液引起败血症。并在一些器官如肝、脾、肺或肠道中产生感染灶、形成结节状，类似于结核样病变。各种应激因素如受寒、饲养不当、寄生虫侵袭等，可以促进该病的发生和加重病情。

该病的症状变化较大。在最急性的病例中，看不到任何症状而突然死亡。在病程稍长的病例，可见病禽精神沉郁，食欲下降或不吃。羽毛颜色暗淡而松乱。两腿发软，行走困难，喜蹲于地面，缩颈，低头。眼半闭或全闭，流泪，呼吸困难。发生下痢，粪便水样，呈绿色或暗红色。后期病鸭精神委靡，嗜睡，便秘，消瘦，极端衰竭和麻痹。

二、病理学检验

病尸消瘦，泄殖腔周围污染稀粪。泄殖腔松弛，有的外翻。心包积液，呈淡黄红色。心冠脂肪有小点出血，心内膜有出血点或出血斑。肺有出血点或出血斑，切面流出带泡沫红色液体。肝、脾、肾脏肿大，有小出血点。在肝、脾、肾脏表面有小米粒大小黄白色坏死灶，或粟粒大小乳白色结节。胆囊肿大，充满胆汁。气囊增厚、浑浊，表面粗糙，有淡黄色高粱粒大小干酪样物。肠壁增厚，黏膜严重充血、出血，尤以小肠黏膜明显。

病理组织学变化可见肝组织严重破坏，呈分散的不完整形岛屿状，网状细胞弥漫性增生。在网状细胞大量增生区中央偶见坏死。小叶间胆管大量增生，汇管区淋巴细胞及异嗜性粒细胞浸润，并与增生的网状细胞连接成片。残存的肝组织充血，枯否氏细胞吞噬棕色色素。脾大部分白髓及鞘动脉区坏死，周围上皮样细胞广泛增生，其中偶见多核巨细胞，残存的红髓充血，淋巴细胞减少。

三、病原学检验

（一）病原特征

该病的病原为伪结核（巴氏杆菌）耶尔辛氏菌，属于革兰氏阴性杆菌。病料组织抹片呈球杆菌状，或细杆菌状，多形性，单个或成对排列。瑞氏染色可见两极染色特点。具有微抗酸性，无荚膜，不形成芽孢，但单个杆菌偶见有周身鞭毛。该菌为兼性厌氧菌，最适培养温度为 30 ℃，在普通蛋白胨肉汤中生长良好。伪结核耶尔辛氏菌易被阳光、干燥、加热或一般的消毒药破坏。

（二）形态检验

取培养分离所得的细菌涂片，革兰氏染色，镜检，为革兰氏阴性杆菌，但有的细菌呈球形和长丝状。

（三）细菌培养

采病鸭心血或有病变的肺、肝接种于肉汤、普通琼脂、血液琼脂和麦康凯琼脂，于 30 ℃培养 24 h，肉汤变混浊，普通琼脂上生长出灰黄色奶油状菌落，直径为 0.5～1.0 mm。血液琼脂和麦康凯琼脂于 22 ℃培养 36 h，长出表面光滑、边缘整齐的菌落，但于 37 ℃培养 24 h 则长出表面粗糙、稍干燥、边缘不整齐的菌落。在鲜血琼脂平皿中不溶血。

（四）生化试验

将所分离菌接种生化培养基，30 ℃培养 24～72 h，此菌能发酵果糖、阿拉伯糖、木糖、葡萄糖、麦芽糖和鼠李糖；不发酵乳糖、山梨糖、卫矛醇、棉实糖、肌醇，不液化明胶；M. R 试验阳性，尿素酶试验阳性，不产生吲哚。

四、鉴别诊断

在临诊上，本病易于鸭结核病、鸭霍乱、雏鸭副伤寒、雏番鸭呼肠孤病毒病等相混淆，应根据各病的流行病学、特征性临床症状与剖检病变，以及病原的分离鉴定等加以区分。

五、建议防治措施

目前对本病尚无特效预防办法，可以采取一般预防措施。治疗病鸭可采用对本病原敏感的药物如磺胺-5-甲氧嘧啶、庆大霉素、卡那霉素，效果良好。如用磺胺-5-甲氧嘧啶，可按0.05%～0.2%混于饲料中，其钠盐则按0.025%～0.05%混于饮水中，可能控制疫情的发展。

第十二节　梭状芽孢杆菌病的检验与防治

梭状芽孢杆菌病（Clostridiosis）是指由梭状芽孢杆菌属的细菌引起的疾病的总称。梭状芽孢杆菌属包括90多种细菌，多数是人和动物肠道中的非致病菌，能引起人和动物疾病的细菌不超过10种，这些细菌均为厌氧的革兰氏阳性菌。由于本属细菌均能形成芽孢，而且芽孢大于菌体，外观呈梭状，故名为梭状芽孢杆菌。家禽中常见的有A型魏氏梭菌和C型魏氏梭菌（亦称产气荚膜梭状芽孢杆菌）引起的鸡和火鸡的坏死性肠炎；由大肠梭菌引起的溃疡性肠炎或鹑病；由腐败梭菌引起的坏疽性皮炎；由肉毒梭菌引起的肉毒中毒等。

一、坏死性肠炎

坏死性肠炎（Necrotic enteritis，NE）是由产毒性A型魏氏梭菌和C型魏氏梭菌引起的鸡和火鸡的一种散发性肠黏膜坏死性炎症。患病鸡精神沉郁，羽毛松乱，腹泻，厌食，死亡率高。病理特征为小肠（主要是空肠或回肠）充满气体和红褐色液体，或多量纤维素性坏死物。1892年，Welch和Nuttal首次分离到本菌。Parish首先描述了鸡的坏死性肠炎，并对6～7周龄鸡群出现的以褐色乃至血样便为主要特征的疾病进行了调查。

（一）临诊检查

在正常的动物肠道就有魏氏梭菌，它是多种动物肠道的寄居者，因此，粪便内就有它的存在，粪便可以污染土壤、水、灰尘、饲料、垫草、一切器具等。另外发病的鸡多为2～3周龄到4～5月龄的青年鸡，它们受到各种应激因素的影响，如球虫的感染，饲料中蛋白质含量的增加，肠黏膜损伤，口服抗生素，环境中魏氏梭菌的增多等都可造成本病的发生。

2周到6个月的鸡常发生坏死性肠炎，尤以2～5周龄散养肉鸡为多。临床症状可见病鸡精神沉郁，食欲减退，不愿走动，羽毛蓬乱，病程较短，常呈急性死亡。

（二）病理学检验

新鲜病尸打开腹腔后即可闻到一般疾病所少有的尸腐臭味。病变主要集中在小肠后段，尤其是回肠和空肠部分，盲肠也有病变。最特征的变化是肠浆膜面呈污灰黑色或污绿色，肠腔扩张充气，是正常肠管的2～3倍，肠壁增厚。肠内容物呈液状，有泡沫，为血样或黑绿色。肠壁充血，有时见有出血点，黏膜坏死，呈大小不等、形状不一的麸皮样坏死灶。有的形成伪膜，易剥脱。其他脏器多为瘀血，无特异变化，有的可见肝脏有广泛性的变性坏死性病变。实验感染病变显示，感染后3 h十二指肠呈现肠黏膜增厚、肿胀、充血，感染后5 h肠黏膜发生坏死，并随病程进展表现严重的纤维素性坏死，继而出现白喉样的伪膜。肝脏充血肿大，有不规则的坏死灶。

组织学变化可见肠黏膜上皮彼此分离，脱离基底膜。固有层充血、出血，没有明显的炎症反应。病程稍长者，绒毛和上皮崩解、脱落，固有层充血，淋巴细胞增多，肠腺扩张呈囊状，内积黏液及坏死崩解的上皮细胞。局灶性黏膜坏死、红染，结构消失，肠腺残留阴影。黏膜肌层甚至内环形肌也坏死、红染，有大量细菌侵入黏膜肌层，坏死灶底部成纤维细胞增生。

（三）病原学检验

1. 病原特征　本病的病原为A型产气荚膜梭状芽孢杆菌，又称魏氏梭菌。革兰氏染色阳性，长4～8 μm，宽0.8～1 μm，为两端钝圆的粗短杆菌，单独或成双排列，在自然界中形成芽孢较慢，且芽孢呈卵圆形，位于菌体中央或近端。在机体内形成荚膜是本菌的重要特点，但没有鞭毛，不能运动，人工培养基上常不形成芽孢。其最适培养基为血液琼脂平板。

魏氏梭菌能发酵葡萄糖、麦芽糖、乳糖和蔗糖，不发酵甘露醇。主要糖发酵产物为乙酸、丙酸和丁酸。液化明胶，分解牛乳，不产生吲哚，在卵黄琼脂培养基上生长可产生卵磷脂酶，但不产生脂酶。毒素与抗毒素的中和试验可用于鉴定魏氏梭菌毒素的型别。

A型魏氏梭菌产生的α毒素，C型魏氏梭菌产生的α、β毒素，是引起感染鸡肠黏膜坏死的直接原因。这两种毒素均可在感染鸡粪便中发现。试验证明由A型魏氏梭菌肉汤培养物上清液中获得的α毒素可引起普通鸡及无菌鸡的肠道病变。除此之外，本菌还可产生溶纤维蛋白酶、透明质酸酶、胶原酶和DNA酶等，它们与组织的分解、坏死、产气、水肿及病变扩大和全身中毒症状有关。

本菌能形成芽孢，因而对外界环境有很强的抵抗力。其卵黄培养物在－20 ℃下能存活16年，70 ℃下能存活3 h，80 ℃下存活1 h，而在100 ℃时仅能存活3 min。

2. 细菌分离培养　取死后不久或扑杀的病鸡小肠内容物接种培养基。

（1）鲜血（兔、绵羊）琼脂　37 ℃厌氧条件下培养过夜，可形成灰白色、圆形、光滑、边缘呈锯齿状的大菌落（直径2～4 mm），周围有棕红色溶血区，有时可见双重溶血，即内部呈完全透明的溶血，外部变暗但不溶血。

（2）葡萄糖血清琼脂　于培养基上形成周边隆起或圆盘状的大菌落，菌落表面有放射状条纹，边缘呈锯齿状、灰白色、半透明的勋章样。

（3）牛乳培养基　培养8～10 h后，因乳糖分解而产生大量气体，出现“爆裂发酵”现象，使培养基呈海绵状。此法可用于快速诊断。

（四）动物试验

1. 小鼠致死试验　将病死鸡小肠后部内容物无细胞滤液或培养物分作两份，一份70 ℃下加热30 min，另一份不加热，分别给小鼠尾静脉注射0.2～0.5 ml，注射不加热病料的小鼠发病、死亡，注射加热病料的小鼠健康存活，表明不加热病料中有毒素存在。也可用魏氏梭菌A、B、C、D、E抗毒素血清做毒素中和试验，进行鉴别。将死亡小鼠放置37 ℃温箱中经4～5 h剖检，小鼠肝脏肿胀，呈泡沫状，肝组织呈烂泥状，一触即破。肠腔中也产生大量的气体。

2. 豚鼠皮肤蓝斑试验　分点皮内注射魏氏梭菌检样0.05～0.1 ml，经2～3 h后静脉注射10%～25%伊文斯蓝1.0 ml，30 min后观察局部毛细血管渗透性，一般于1 h后局部呈环状蓝色反应，即为阳性。

3. 结扎肠袢试验　将病料培养物注入家兔肠管结扎段内，90 min后测量结扎段肠管的体积、积液量，邻近肠管段内注入生理盐水作对照。回盲结合部上端5 cm处不宜做试验，因其易呈非特异性阳性反应。

（五）鉴别诊断

本病应注意与溃疡性肠炎和布氏艾美耳球虫感染相区别。另外，本病经常并发球虫病。溃疡性肠炎由鹑梭菌所致，其特征性病变为小肠远端及盲肠上有多处坏死和溃疡灶，肝脏也有坏死灶。坏死性肠炎病变仅局限于空肠和回肠，而盲肠和肝脏几乎无变化。在临床上，容易将坏死性肠炎和小肠球虫病混淆，认为有血痢便是球虫病，但使用抗球虫药却得不到理想效果。其实，急性鸡坏死性肠炎和鸡球虫病的主要区别并不在于血痢，而是：坏死性肠炎仅在小肠的中后段有病变，肠管因充气而明显膨胀增粗 2～3 倍，其他肠段无明显变化；而小肠球虫病的病变主要在中段，但肠壁明显增厚，剪开病变肠段出现自动外翻等。此外，还需综合临床症状、病原学检查来做出诊断（表 9-11）。

表 9-11　坏死性肠炎的类症鉴别要点

病名	病原体	发生特点及症状	眼观变化	病原体检查方法
坏死性肠炎	产气荚膜梭菌	主要发生于 11 周龄以下鸡，发病突然，呈急性经过；排褐色便	小肠胀满，肠壁菲薄，肠黏膜脱落，肠内容物呈血样；肝有坏死灶	粪便或肠黏膜直接涂片镜检或培养
溃疡性肠炎	鹑梭菌	主要发生于 12 周龄以下鸡，发病突然；排乳白色稀便	十二指肠到盲肠有点状出血和溃疡灶；脾脏有坏死灶	肝脏直接抹片镜检或培养
球虫病	艾美耳球虫	4～6 周龄鸡多发，多呈慢性经过；排血便、黏液便或稀便	肠壁肥厚、出血，肠内容物中多含血液或黏液	粪便或肠黏膜直接涂片镜检或培养

（六）建议防治措施

1. 预防　加强饲养管理和环境卫生工作，避免密饲和垫料堆积，合理贮藏饲料，减少细菌污染等，严格控制各种内、外因素对机体的影响，可有效地预防和减少本病的发生。

2. 治疗　杆菌肽、土霉素、青霉素、弗吉尼亚霉素、泰乐菌素、林肯霉素等对本病具有良好的治疗和预防作用，一般通过饮水或混饲给药。

二、溃疡性肠炎

溃疡性肠炎（Ulcerative enteritis，UE）是由大肠梭菌（*Clostridium colinum*，又称肠梭菌）引起的幼龄鹌鹑、鸡、鹧鸪、火鸡、鸽、雉及野禽等的一种高度致死性急性肠道传染病，以突然发病、急性死亡为特征。1907 年，美国的 Morse 首先报道了此病。由于鹌鹑的发病率高，受害严重，故命名为鹑病（Quail disease，QD）。但由于其他禽类也可发生，现称为溃疡性肠炎。鸡也常发病，但用鸡不能复制出本病，据推测鸡发病可能还有其他因素的作用。突然死亡的禽类体质良好。病变主要集中在十二指肠、空肠、回肠和盲肠，从浆膜面即可看到大小不等的灰白色病灶，黏膜有大小不等的溃疡灶，如溃疡穿孔可引起腹膜炎和肠管粘连。肝、脾散在有灰黄色坏死灶。4～12 周龄鹌鹑最易感，急性死亡率可达 80%～90%。鸡感染本病后死亡率为 2%～10%。

（一）临诊检查

大部分禽类都可感染本病，鹌鹑最敏感，且人工感染可获得成功，其他多种禽类都可自然感染。该病常侵害幼龄禽类，4～19 周龄鸡、3～8 周龄火鸡、4～12 周龄鹌鹑等幼龄禽类较易感，成年鹌鹑也可感染发病。本病常与球虫病并发，或继发于球虫病、再生障碍性贫血、传染性法氏囊病及应激反应之后。

自然情况下，本病主要通过粪便传播，经消化道感染。

急性死亡的禽几乎不表现明显的症状。病禽常发生下痢，排出白色水样稀粪，精神委顿，羽毛松乱无光泽，如果病程超过 1 周或更长，病禽胸肌萎缩，机体异常消瘦。幼龄鹌鹑死亡率可达 100%。鸡抵抗力较强，常可痊愈，死亡率为 2%～10%。慢性感染的鹧鸪拉水样稀粪，粪便中充满尿酸盐，有少数粪便为糊状，羽毛蓬乱无光泽。后期，病鹧鸪精神极度委靡，目光呆滞，食欲完全消失，站立不稳，最后因脱水衰竭而死。病程一般为 2～4d，如治疗不及时，死亡率很高。

（二）病理学检验

急性病例特征性的病变是十二指肠有明显的出血性炎症，可在肠壁见到小出血点。病程稍长者肠道发生坏死和溃疡。坏死和溃疡可以发生于十二指肠、空肠、回肠和盲肠。早期病变的特征是小的黄色病灶，边缘出血，在浆膜和黏膜面均能看到。当溃疡面积增大时，可呈扁豆状，有时融合成大的被覆坏死性假膜的斑块。溃疡可能深入黏膜，但较陈旧的病变常比较浅表，边缘突起，呈弹坑样溃疡。盲肠黏膜上有黄豆粒大圆形的溃疡灶，溃疡中心凹陷，其中凝固有深色物质，且不易洗去。溃疡穿孔后，可导致腹膜炎和肠管粘连。肝脏病变表现不一，由轻度淡黄色坏死斑点状到较大的不规则坏死区。脾充血、肿大和出血。其他器官没有明显病变。

镜检可见肝实质散在明显的坏死灶，中央静脉和叶间静脉扩张充血，坏死灶中的肝细胞崩解，伴有淋巴细胞和异嗜性粒细胞浸润，坏死灶边缘有深蓝色的细菌团块。叶间结缔组织疏松，有较多的淋巴细胞、异嗜性粒细胞浸润。胆管扩张，内有胆汁淤积。脾脏白髓和红髓境界不清，其中有大量红细胞，淋巴细胞稀少，伴发坏死、崩解，形成大小不一的坏死灶，并有均质红染的渗出物，有的其中混有纤维素样物和数量不等的异嗜性粒细胞，有些坏死灶内还见类似肝脏内的蓝色细菌团块。小动脉、静脉内皮细胞肿胀、脱落，管壁疏松增厚，平滑肌变性，部分血管内有血栓形成。盲肠黏膜上皮大片坏死，呈均质无结构的红染团块并脱落，内有大量的红细胞，坏死灶周围有蓝染的细菌团块。固有层血管扩张充血，明显水肿，黏膜下层水肿，有多量淋巴细胞浸润。如并发球虫感染，小肠的黏膜上皮细胞内见有大量球虫寄生和卵囊。

（三）病原学检验

1. 病原特征 本菌是革兰氏阳性杆菌，长 3～4 μm，菌体平直，两端钝圆。对营养要求丰富，严格厌氧。其最适培养基为含 0.2%葡萄糖、8%马血浆和 0.5%酵母抽提物的色氨酸磷酸琼脂或胰蛋白示磷酸盐琼脂；最适 pH 为 7.2；最适生长温度为 35～42 ℃。能形成芽孢，因而对外界环境有很强的抵抗力。其卵黄培养物在−20 ℃下能存活 16 年，70 ℃下能存活 3 h，80 ℃下存活 1 h，而在 100 ℃时仅能存活 3 min。在厌氧条件下培养的肠梭菌纯培养物具有极高的致病性。

该菌能发酵葡萄糖、甘露糖、棉籽糖、蔗糖和海藻糖，微发酵果糖和麦芽糖。发酵的主要产物为乙酸和甲酸。不发酵伯胶糖、纤维二糖、赤癣糖、糖原、肌醇、乳糖、松三糖、蜜二糖、鼠李糖、山梨醇和木糖等。能水解七叶苷，不水解淀粉，不产生亚硝酸盐，对牛乳无变化，不液化明胶，不消化酪蛋白。

2. 压片镜检 无菌采取坏死肝组织，用 2 张玻片作肝组织压片，火焰固定，革兰氏染色后镜检，可见革兰氏染色阳性、有内生芽孢的杆菌。

3. 分离培养 无菌采集病死鸡肝脏和脾脏，划线接种于普通营养琼脂培养基和色氨酸磷酸琼脂培养基，普通营养琼脂培养基于 37 ℃下培养 24 h 后观察，无细菌生长。色氨酸磷酸琼脂培养基放入厌氧罐内，37 ℃下恒温培养 24 h 后观察，可见白色、圆形、隆起、半透明的菌落。经涂片、染色和镜检，可见菌体形态与压片相同。或取具有典型病变的肝脏、脾脏组织，接种于含 8%马血浆的色氨酸磷酸液体培养基及琼脂培养基上，37 ℃下厌氧培养，细菌在液体培养基上生长旺盛，15 h 后培养基变混浊，并有大量气体产生，持续约5 h，24 h 后细菌开始沉入管底，5 d 后培养基变清亮，管底有絮状沉淀物，轻摇沉淀物似绸纱状摆动，有菌膜一摇即破。在固体培养基上厌氧培养 24 h，形成白色、圆形、凸起、半透明的菌落，在半固体培养基上呈直线生长。

（四）鉴别诊断

溃疡性肠炎根据死后肉眼病变较易获得诊断，根据典型的肠道溃疡以及伴发的肝坏死和脾肿大出血，可做出临床诊断。确诊需进一步做病原学检查。

本病应与球虫病、组织滴虫病、坏死性肠炎以及包涵体肝炎等病相鉴别诊断。球虫病不引起肝的灶性坏死以及脾的肿大和出血。当有这些病变伴发于盲肠和其他部位，且肠管溃疡，并在肝涂片的染色标本中发现杆菌和芽孢时，即可做出溃疡性肠炎的诊断。坏死性肠炎由魏氏梭菌引起，与溃疡性肠炎是两种不同的证候群，但症状十分相似。病死鸡以小肠后段黏膜坏死为特征。在肝组织涂片中，溃疡性肠炎病料可见到菌体和芽孢，坏死性肠炎仅见有菌体。给健康鸡饲喂患溃疡性肠炎的病鸡的粪便或肠混悬液，可引起人工感染。而坏死性肠炎以同样方法不能引起鸡的人工感染。感染组织滴虫病时，盲肠壁增厚和充血，渗出物常发生干酪化，形成干酪样的盲肠肠心，肝内形成大小不等的坏死区。取肝或盲肠内容物做病原学检查，病料用加温至 40 ℃的生理盐水稀释后做成悬滴标本，在显微镜旁放置 1 个小灯泡加温，即可在显微镜下见到能活动的组织滴虫。溃疡性肠炎的特征是可见到肿大和出血的脾以及肠管溃疡。

（五）建议防治措施

搞好环境卫生及清洁消毒工作，不使家禽接触腐败动物尸体，不用腐败和霉变的精饲料、青饲料（尤其是变质鱼粉），避免饲料中小麦含量大于 30%，且需加入足量优质小麦专用酶。日粮中配入适量食盐、钙、磷，以防异食癖。添加多种抗生素，如北里霉素、庆大霉素、泰乐菌素、青霉素、氨节青霉素、杆菌肽，可降低粪便中产气荚膜梭菌的排出数量，能有效地预防和控制本病。微生态制剂对本病有控制作用，如促菌生、益生素、乳酸杆菌、粪链球菌，可减轻坏死性肠炎的危害。暴发本病后全群采用 TMP+0.2%氟苯尼考饮水，每天饮水 3 次，连饮 5~7 d。饲料中添加复合维生素，连喂 5～7 d。同时，加强通风换气和消毒。也可加杆菌肽、林可霉素、土霉素、青霉素、酒石酸泰乐菌素等药物饮水 5~7 d。也可试制自家灭活菌苗，15～20 d 首免，免疫剂量为 0.5 ml，70～80 d 二免，免疫 15 d 后产生免疫力，免疫期可持续 6 个月。

三、坏疽性皮炎

坏疽性皮炎（Gangrenous dermatitis，GD）是由腐败梭菌、A 型魏氏梭菌及金黄色葡萄球菌（偶有大肠杆菌），单独或混合感染引起的散发性以皮肤、皮下组织坏疽为特征的细菌性疾病，主要感染育成鸡、大型肉鸡和火鸡。死亡率1%～60%，混合感染时死亡尤为严重。早在1939年，Niemann曾报道过本病。1960年以来，有关本病的报道逐渐增多。目前，世界各地均有发生，成为重要的疾病之一。引起本病暴发的主要潜在因素是导致免疫抑制的多种病因，如传染性法氏囊病病毒、传染性贫血病毒、马立克氏病毒、呼肠孤病毒、网状内皮增生症病毒、腺病毒、出血性肠炎病毒、真菌毒素、应激反应、维生素A缺乏、其他营养物质缺乏以及磺胺类药物中毒或其他有毒物质中毒等。

（一）临诊检查

本病多发生于17日龄到20周龄的鸡、火鸡，4～8周龄的肉鸡更为多发。土壤、粪便、灰尘、污染的垫料和饲料以及肠道内容物中均有大肠梭菌分布。正常鸡的皮肤、黏膜，禽舍、畜产品加工厂以及各种用具均有金黄色葡萄球菌分布。患病禽、带菌禽均可成为传染源。

本菌常继发于某些引起机体抵抗力或免疫力降低的疾病，如传染性法氏囊病、腺病毒感染、呼肠孤病毒感染及鸡贫血因子等。机体免疫功能低下是诱发坏疽性皮炎的一个重要条件。鸡、火鸡均可试验感染坏疽性皮炎，皮下或肌内注射3种细菌混合物或单一细菌培养物，均可引起与自然病例相似的病理变化。混合感染较单一细菌引起的感染更为严重。实验证明，火鸡肌内注射鸡源分离到的腐败梭菌培养物，可在24 h内导致死亡，并伴有局部组织的明显病变。

自然病例除局部体表发生湿性坏疽外，一般表现不同程度的精神沉郁、腿软、共济失调或运动障碍、厌食等。病程短，不超过24 h，常不表现任何明显症状而呈急性死亡。死亡率为1%～60%。

（二）病理学检验

常见病死鸡和患病鸡翅下、颈下、胸腹部、腰部、腿部等部处皮肤呈紫红色湿性坏疽，流出红褐色液体，羽毛脱落。患部皮下呈血样水肿，或有气体产生，病变深部肌肉呈灰色或灰褐色，肌束间有水肿或气体。少数病例表现肝脏病变，肝呈浅绿色或棕色，并可见有白色的灶性坏死区。

其特征性组织学病变为皮肤及皮下组织水肿、气肿、坏死，并伴有大量嗜碱性杆菌，有时也可见小球菌。骨骼肌常见充血、严重出血和坏死。肝脏有时可见凝固性灶性坏死，在坏死组织中可检出病原菌。

（三）病原学检验

1. 病原特征　坏疽性皮炎的主要病原为腐败梭菌、A型魏氏梭菌及金黄色葡萄球菌，后两者分别在葡萄球菌病及坏死性肠炎中叙述，在此主要介绍腐败梭菌。

腐败梭菌为专性厌氧菌，呈细长的两端钝圆的杆菌，其大小为3～10 μm×0.6～1.0 μm，在肝脏表面触片的标本中，本菌呈长丝状或长链状，在组织内侧呈膨大的柠檬状。芽孢呈卵圆形，位于菌体中央或近端，有鞭毛，能运动，无荚膜，革兰氏染色阳性。

可在普通培养基生长，在有葡萄糖的培养基上生长良好。在葡萄糖琼脂平板上，37 ℃下厌氧培养24 h，形成不规则、边缘不整齐、树枝状、突起的、有分枝的孤立菌落，初期透明，逐渐变为灰白色、不透明。若平板潮湿，也可长成薄膜状。

此菌繁殖型的抵抗力不强，常用浓度的普通消毒剂在短时间内可将其杀死。但芽孢的抵抗力强大，在腐败尸体中可存活 3 个月，在土壤中可以保持 20～25 年不失去活力，煮沸 2 min即可将其杀死，0.2%升汞、3%福尔马林在 10 min 内可将其杀死，对磺胺类及青霉素敏感。

腐败梭菌能发酵葡萄糖、麦芽糖、乳糖和水杨苷，不发酵蔗糖和甘露醇。糖发酵实验的主要产物为乙酸和丁酸。能液化明胶，使牛乳产酸凝固，M. R 试验阳性，V. P 试验阴性，不产生靛基质，能还原硝酸盐为亚硝酸盐。不产生吲哚。不产生卵磷脂酶和脂酶，能产生致死毒素、坏死毒素、溶血毒素和透明质酸酶等，这些毒素是致病的重要因素。

2. 分离培养 可采取病变肌肉、皮下组织等病料直接划线接种于含 2.5%琼脂的全血琼脂培养基上。37 ℃下厌氧培养 1～2 d，则在平板表面形成薄膜状培养物。若培养时间较长，则开始几天有 α 型溶血出现，以后转变为 β 型溶血。

(四) 鉴别诊断

根据症状及剖检变化可做出初步诊断，必要时可进行病原分离与鉴定。坏疽性皮炎常发生于鸡感染其他疾病之后，因而有必要进行病原学研究。Allen 等认为其他梭状芽孢杆菌也能引起坏疽性皮炎。

(五) 建议防治措施

1. 预防 坏疽性皮炎常继发于某些能导致家禽免疫力降低的疾病，有效地预防和控制这些疾病，可减少坏疽性皮炎的发生。

2. 治疗 在饮水中加入适量的土霉素、红霉素、青霉素及硫酸铜，对坏疽性皮炎可起到有效的预防和治疗作用。

四、肉毒中毒

肉毒中毒（Botulism）又名软颈症，是由肉毒梭菌（*Clostridum botulinum*）产生的外毒素引起的人和畜禽的一种中毒病，以运动神经麻痹和迅速死亡为特征。肉毒梭菌也叫腊肠杆菌，最早于 1896 年由 Van Ermengem 在比利时自腊肠中毒病人体内分离到。1917 年，Dickson 首次报道了鸡的肉毒中毒。我国 20 世纪 80 年代初，即有鸭和鸡的病例报道。大多数病例的病原为 C 型毒素。肉毒梭菌在嗉囊和盲肠中产生毒素，发病禽类的临床症状类似，最初表现腿部肌肉松软麻痹，然后自腰部向颈部和头部发展，出现肢体瘫软，喘息，最后心脏和呼吸衰竭而死亡。病死禽类缺乏肉眼和组织学变化。

肉毒中毒病广泛流行于鸭、鸡、鹅等禽类，尤其是对大型养鸭场，有时会造成大批发病和死亡。

本病的发生不受地域限制，世界各国均有发生，早期主要发生于放养家禽，近年来也有密集饲养的肉鸡场多次发生本病的情况。

(一) 临诊检查

肉毒梭菌广泛分布于自然界，也存在于健康动物的肠道和粪便中。本菌在有机质中且厌氧条件下能产生很强的外毒素，采食这种有毒的有机物后可引起中毒。家禽及水禽均可发生本病，以鸭最多，其次是鸡、火鸡、鹅等较常见。现代化养禽业由于较散养业减少了家禽误食污染食物的机会，而降低了本病的发病率。野生鸟类和鸟类饲养场也有本病发生。哺乳类动物如水貂、雪貂、牛、猪、犬、马以及许多动物园的观赏哺乳动物也可感染本病。鱼类也可发生肉毒中毒。此外，饲喂反刍动物鸟粪也可引起肉毒中毒，造成严重的经济损失。啮齿类动物对C型肉毒梭菌毒素非常敏感。

C型肉毒梭菌分布广泛，在所有鸟类群居地以及饲养场均存在本菌。在鸟类胃肠道中生长繁殖的C型肉毒梭菌是潜在的病原菌。C型肉毒梭菌芽孢普遍存在于养禽场及养雉场。野生和家养鸟类的胃肠道存在此菌，芽孢有较强的抵抗力，有利于本病的广泛传播。

发病率和死亡率与食入毒素的量有关，毒素量低则发病率和死亡率低，但这往往导致误诊。肉鸡群大流行时死亡率可高达40%，有的死亡率可高达90%～100%。

本病常在温暖季节发生，因为气温高，有利于肉毒梭菌生长和产生毒素，C型肉毒中毒可因误食含有毒素的饲料而引起。食肉鸟类误食含有毒素的鸟类尸体而发病。鸡、鸭以及雉啄食含毒的蛆蝇，也会导致肉毒中毒。

水生环境中的小甲壳类的内脏及某些昆虫卵中含有肉毒梭菌，因施药、水位反复波动等导致小甲壳类死亡、腐败，肉毒梭菌即可大量生长繁殖并产生毒素。鸭误食这些无脊椎动物尸体后即可发生C型肉毒中毒。

一般认为，误食污染有毒素的饲料等是本病唯一的致病因素，但近年来，也有报道C型肉毒梭菌可在动物体内产生毒素而致病。

本病潜伏期长短不一，如摄食腐败动、植物则1～2 h或1～2 d后出现症状。鸡和鸭皮下或静脉注射或口服C型毒素所引起的临诊症状与自然病例一致。高剂量毒素可在数小时内致病，低剂量时，则发生麻痹的时间一般为1～2 d。

鸡肉毒中毒时表现为突然发病，无精神、打瞌睡，头颈、腿、眼睑、翅膀等发生麻痹，麻痹现象从腿部开始，扩散到翅、颈和眼睑。病禽常蹲坐不动，驱赶时跛行，翅下垂，羽毛松乱，容易脱落。重症时颈部麻痹，头颈伸直，平铺地面，不能抬起。因此，本病又称为软颈病。病禽表现腹泻、排出绿色稀粪，稀粪中含有多量的尿酸盐，病后期由于心脏和呼吸衰竭而死亡。本病的死亡率与食入的毒素量有关，重症通常几小时内死亡；轻者则可能耐过，病程3～4 d，若延至1周，可以恢复。

（二）病理学检验

剖检鸡C型肉毒中毒尸体，可见整个肠道充血、出血，尤以十二指肠最严重，盲肠则较轻或无病变，喉和气管内有少量灰黄色带泡沫的黏液，咽喉和肺部有不同程度的出血点，其他脏器无明显变化。因此，大多数人认为本病缺乏肉眼和组织学变化。

（三）病原学检验

1. 病原特征　肉毒梭菌为革兰氏阳性的粗大杆菌，能形成芽孢，对营养要求不苛刻，厌氧生长。C型肉毒梭菌菌体长4～6 μm，宽1 μm，呈单个散在或短链状排列，革兰氏染色阳性。有鞭毛、能运动，老龄培养物涂片可看到芽孢。芽孢位于菌体中央，偶尔位于菌体顶端。细胞壁中的溶酶能使菌体迅速自溶，亦能引起老龄培养物革兰氏染色特性改变。菌体自溶时释放出毒素。肉毒梭菌依据培养特性分为4型（Ⅰ、Ⅱ、Ⅲ、Ⅳ型），依据毒素的抗原性不同分为8型（A、B、C_1、C_2、D、E、F、G型）。人类的肉毒中毒主要由A型、B型、E型和F型引起，禽类肉毒中毒主要由C型引起，但也有A型或E型。

肉毒梭菌毒素是迄今所知的几种毒性最强的毒素之一。C型肉毒梭菌在厌氧条件下10～47 ℃的温度范围内均可产生毒素，但最适温度为35～37 ℃。该菌的生长及分泌毒素需要0.92的活性水（aω）含量，可生长于pH 5～9，最适生长pH为6.8～7.6，产生毒素的最适 pH 为 7.8～8.2。

鸡、火鸡、雉以及孔雀对 A 型、B 型、C 型和 E 型毒素敏感，但对 D 型和 F 型毒素不敏感。鸡对通过静脉给予的 A 型和 E 型最敏感，相对耐 C_1 毒素作用。相反，鸭和雉对 C_1 毒素非常敏感。与其他毒素相比，鸡较易通过消化道吸收 C_1 和 C_2 毒素。老龄肉鸡对 C_1 毒素不太敏感。

本菌繁殖体抵抗力不强，80 ℃下加热 30 min 或 100 ℃下加热 10 min 能将其杀死。但芽孢的抵抗力极强，煮沸需 6 h、120 ℃高压需 10～20 min、180 ℃干燥需 5～15 min 才能将其杀死。C 型肉毒梭菌芽孢较 A 型肉毒梭菌和 B 型肉毒梭菌芽孢对热更敏感。肉毒毒素的抵抗力较强，在 pH 3～6 范围内毒性不减弱，正常胃液或消化酶 24 h 内不能将其破坏，但在 pH 8.5 以上即被破坏。1% NaOH、0.1%高锰酸钾均能破坏毒素。

2. 分离培养 病原菌分离培养对本病诊断意义不大，因为本菌在正常消化道中广泛分布。但对饲料及环境样品中肉毒梭菌的检测有助于流行病学调查。欲想从家禽或环境中分离出肉毒梭菌，应无菌采集病料（嗉囊、十二指肠、空肠、盲肠、肝、脾等）。环境样品可采集饲料、饮水、垫草、土壤等。

将病料接种于厌氧肉汤中，80 ℃下加热 30 min，除去其他杂菌，然后 37 ℃下培养 5～10 d，再移植于血液琼脂和乳糖蛋黄牛乳琼脂，厌氧培养。选择典型菌落供鉴定。

（1）蛋白胨酵母葡萄糖肉汤培养基　接种后，80 ℃下加热 30 min，然后 37 ℃下培养 5～10 d，如有细菌生长，则培养基浑浊，并产生点状或絮状沉淀，具有特殊臭味。

（2）血液琼脂培养基　将上述沉淀物接种于血液琼脂培养基，厌氧培养，可形成直径 1～3 mm、圆形或不规则、扁平或凸起且边缘呈叶状、扇贝状或树根状的半透明或灰白色菌落。常带有斑纹状或结晶状结构，β 型溶血。有时形成煎蛋样粗糙菌落，或扩展成薄层，盖满平皿表面。

（3）乳糖蛋黄牛乳琼脂培养基　将上述沉淀物接种到乳糖蛋黄牛乳琼脂培养基上，厌氧培养后，菌落产生乳光或珠光层，容易分离，不发酵乳糖。

（四）血清学检验

1. 病料采取与处理 取可疑饲料、患禽嗉囊、胃肠内容物加等量无菌生理盐水，4 ℃下浸泡过夜，20 000 r/min 离心 20 min，取上清液备用。

2. 小鼠腹腔注射法 取处理后的上清液，每只小鼠腹腔注射 0.5 ml，每个样品注射 2 只小鼠。注射后，定时观察小鼠，连续观测 4 d。小鼠中毒后一般数十分钟至 24 h 内发病，表现为竖毛、四肢麻痹、全身瘫痪、呼吸困难、腰部凹陷如“蜂腰状”，病程数小时，最后呼吸麻痹而死亡。如果 96 h 后小鼠不发病死亡，说明病料中无肉毒毒素。如果小鼠猝死，而且症状不明显，可将病料适当稀释后重新试验。

3. 鸡眼睑接种试验 取上述病料注射于鸡两侧眼睑皮下，一只鸡供试验用，另一只鸡作对照（注射煮沸灭菌的病料或生理盐水），注射量均为 0.1～0.2 ml。如注射 0.5～2 h 后，试验鸡的眼睑发生麻痹，逐渐闭合，并于 10 h 后死亡，而对照鸡的眼睑仍正常，则证明有肉毒毒素。

4. 豚鼠接种试验 取试验液体 1～2 ml 给豚鼠注射或口服，同时取对照液体以同样方法和用量接种其他豚鼠。如前者经 3～4 d 出现流涎、腹壁松弛和后肢麻痹等症状，最后死亡，而对照豚鼠仍健康，即可做出诊断。

5. 中和试验　中和试验可以作毒素定型。用无菌生理盐水溶解冻干的抗毒素，取 A、B、E、F4 种抗毒素注射于小鼠体内，同时取未注射抗毒素的小鼠作对照；注射抗毒素 30 min或 1 h 后，注射不同稀释度（覆盖 10、100、1 000 倍最小致死量）的含毒素样品，观察 48 h。如发现毒素未被中和，再取 C、D 型抗毒素和 A～F 多价抗毒素重复上述试验；如小鼠死亡，应将含毒素的样品稀释后再重复以上试验。另外用血凝抑制试验、免疫荧光试验、PCR 试验也可以鉴定肉毒毒素的型。

（五）鉴别诊断

由于肉毒中毒缺乏肉眼和组织学变化，鉴别诊断主要是基于特征性的临诊症状而定。肉毒中毒的初期症状是腿、翅的麻痹，这容易与马立克氏病、脑脊髓炎和新城疫相混淆。但通过病毒的分离，肉眼或显微镜的病变观察能与肉毒中毒相区别。由营养不良或抗球虫药物中毒引起的肌肉麻痹，可通过病史和分析可疑饲料来加以鉴别。

（六）建议防制措施

（1）清除环境中肉毒梭菌及其毒素来源。及时清除死禽对预防和控制本病非常重要。不使家禽接触腐败的动物尸体，凡死亡动物应立即清除或火化。及时清除污染的垫料和粪便，并用次氯酸或福尔马林彻底消毒，以减少环境中肉毒梭菌芽孢的含量。

（2）注意饲料卫生，不让动物采食腐败的肉、鱼粉和蔬菜。灭蝇以减少蛆的数目，这对本病的预防也有所裨益。

（3）本病尚无有效药物治疗，只能对症治疗。据测定，肉毒梭菌在体外对某些抗生素敏感，但抗生素对毒素无效。中毒较轻的病禽可口服硫酸钠或高锰酸钾水洗胃，有一定效果。5%～7%硫酸镁结合饮用链霉素糖水有一定疗效。

第十三节　禽李氏杆菌病的检验与防治

禽李氏杆菌病（Avian listeriosos）又称单核细胞增多症，是由李氏杆菌（*Listeria monodytogenes*）引起的一种散发性传染病。家禽感染后主要表现为单核细胞增生性脑膜脑炎、坏死性肝炎和心肌炎等症状。李氏杆菌病为人兽共患病，病重者表现为脑膜脑炎、流产、败血症和单核细胞增多，轻者表现为结膜炎。

禽李氏杆菌病引起散发性败血症，死亡率通常较低，但有时也高达 50%～100%。本病死亡率高低常与是否存在其他疾病混合感染有关。

一、临诊检查

该病为散发性，有些地区禽多在冬季和早春季节多发生。患病禽和带菌禽是该病的传染源，从患病禽的粪便及眼、鼻、生殖道的分泌物中都曾分离到李氏杆菌。传播途径尚不完全了解，自然感染可能是通过消化道、呼吸道、眼结膜以及皮肤损伤等途径。被污染的饲料和水可能是主要的传染媒介。冬季缺乏青饲料、天气骤变、体内寄生虫或沙门氏菌感染等均可成为该病发生的诱因。

潜伏期一般为 2～3 周。该病发病突然，病禽主要表现为精神委顿，羽毛粗乱，离群呆立，食欲不振，下痢，脱水，冠髯发绀，皮肤暗紫。随后，两翅下垂，行动不稳，卧地不起或倒地侧卧，腿划动。有的无目的地乱闯，尖叫，头颈侧弯，仰头，腿部阵发抽搐，神志不清，最后死亡。病程一般为2～3周，若与鸡白痢、禽白血病合并发生，症状将更加复杂。

二、病理学检验

心肌有坏死灶，心包积液，心冠脂肪出血；肝肿大，呈土黄色，有紫色瘀血斑和白色坏死点，质脆易碎；脾肿大，呈黑红色；腺胃、肌胃、肠黏膜出血，黏膜脱落，有的腹腔有大量血样物；肾肿大，有炎症。有神经症状的病禽，脑膜血管明显扩张充血。

三、病原学检验

（一）病原特征

该病的病原为产单核细胞的李氏杆菌。该病原菌为革兰氏阳性、不产生荚膜、无芽孢的杆状细菌。在20～25 ℃下培养可产生4根周生鞭毛，在37 ℃下培养至少可产生1根周生鞭毛，能运动。该菌在分类上属于李氏杆菌属。根据菌体抗原（O抗原）和鞭毛抗原（H抗原）的不同，最初用凝集素吸收试验曾查出本菌有4种抗原型（Ⅰ、Ⅱ、Ⅲ、Ⅳ型），其中有的可再分为若干亚型，Ⅰ型见于猪、禽、啮齿类，Ⅳ型见于畜、禽，4个型都可对人类致病。后来，又鉴定了12个血清型变种。

（二）病原形态检验

无菌采取疑似病禽肝、脾血液做病原学检验。将肝、脾病料各做触片，固定，分别做革兰氏染色。镜检可见两端钝圆、单个排列、呈V字形或并列、成堆的革兰氏阳性小杆菌。

（三）分离培养

将肝、脾病料接种于兔鲜血琼脂培养基，37 ℃下培养24 h，在血琼脂上菌落为乳白色、圆形、光滑透明的小菌落，有β溶血环。涂片染色，分离菌为革兰氏阳性小杆菌，其形态与触片观察一样。

在25 ℃下培养动力较好，37 ℃下培养动力较差。在葡萄糖肉汤中培养呈均匀浑浊，管底有颗粒状沉淀。在S.S琼脂和麦康凯琼脂培养基中不生长。在三糖铁琼脂的试管底部不产生硫化氢。

四、鉴别诊断

（一）肉毒中毒

肉毒梭菌毒素中毒症和本病都可群发，突然发病，精神萎靡，羽毛松乱，翅下垂，腿软弱无力，下痢，剖检可见肠道出血。但肉毒梭菌毒素中毒症的病因是采食含毒素的高蛋白腐败性饲料而发病。病鸡自腿向翅、颈、头发生麻痹，头颈无力，不能抬起，粪中含有大量的尿酸盐。

（二）鸡链球菌病

鸡链球菌病和本病都有传染性，突发精神委顿，羽毛粗乱，冠髯发紫，头颈弯曲，仰头，腿部痉挛或两腿软弱无力。剖检可见心冠脂肪有出血点，肝肿大及肝有紫色瘀血斑和坏死灶，肾肿大。但禽链球菌病的病原为链球菌，部分病禽冠髯苍白，腿部轻瘫，跗跖关节肿大，跛行，足底皮肤组织坏死。部分病禽翅部发炎、流分泌物，结膜发炎、流泪。剖检可见肝呈暗紫色，脾有出血性坏死，肺瘀血、水肿，喉干酪样坏死，气管和支气管充满黏液。无菌采取肝、脾血液涂片，革兰氏染色后镜检，可见革兰氏阳性的单个或短链状排列的球菌。

（三）维生素 B_1 缺乏症

维生素 B_1 缺乏症和本病都有羽毛粗乱、食欲不振、两腿无力、行动不稳、仰头、两翅下垂、部分病禽乱闯等症状。但维生素 B_1 缺乏症的病因是维生素 B_1 缺乏、饲料中缺乏谷类籽实，或食入过量的鲜鱼、虾、软体动物和蕨类植物。患病禽脚趾屈肌先麻痹，接着向大腿、翅、颈发展，体温降至 35.5 ℃。

（四）维生素 B_6 缺乏症

维生素 B_6 缺乏症和本病都有无目的地乱跑，翻倒在地抽搐以致衰竭死亡的症状。但维生素 B_6 缺乏症病因是维生素 B_6 缺乏。患病鸡食欲下降，生长不良，贫血，惊厥乱跑时翅膀扑击，轻者跗跖关节弯曲，成年禽产蛋率下降。

（五）鸡弓形虫病

鸡弓形虫病与本病都有传染性，都有下痢、行动不稳、弯颈仰头、腿部抽搐的症状。但鸡弓形虫病病原为弓形虫，患病鸡鸡冠苍白，贫血，排白色稀粪，歪头失明，后期麻痹。剖检可见心膜有圆形结节，腺胃壁增厚，小肠有结节且明显增厚，脾有坏死灶。用腹腔液或组织涂片后镜检可见虫体。

（六）呋喃类药物中毒

呋喃类药物中毒和本病都表现为患病禽呆立、行动不稳、卧地时腿划动、头颈弯曲、尖叫、腿部痉挛，剖检可见出血性肠炎。呋喃类药物中毒的病因是过量服用呋喃类药物。雏鸡做圆圈运动，成年禽头颈伸直，或头颈反转做回旋运动，抽搐，角弓反张。剖检可见口腔充满黄色泡沫，嗉囊扩张，肠内容物呈黄色。

（七）一氧化碳中毒症

一氧化碳中毒症和本病都表现为患病禽精神委顿、羽毛粗乱、呆立、瘫痪、阵发抽搐。一氧化碳中毒症的病因是一氧化碳中毒。病禽流泪，呕吐，重时昏睡，死前痉挛或惊厥。剖检可见血管及脏器内血液鲜红，脏器表面有出血点。

五、建议防治措施

为防止该病发生，平时应加强预防性工作，加强管理，搞好清洁卫生，定期消毒，要注意对雏禽加强管理，防止病禽进入无病禽场内。发现病禽后，要选择敏感药物进行隔离治疗，病死禽如尚有利用价值，必须经无害化处理后才可利用。场地用 3%石炭酸、3%来苏儿、2%火碱或 5%漂白粉严格消毒。

第十章　支原体病和真菌病的检验与防治

第一节　禽支原体病的检验与防治

禽支原体病（Avian mycoplasmosis）是由支原体（*Mycoplasma*）引起禽类的一类疾病的总称。支原体属微生物种类繁多，分布广泛，现已知有190种以上。自禽类分离到的有19种，其中12种以上可感染鸡和火鸡，我国经鉴定证实的有7种，对家禽具有致病性和经济意义的主要有4种，即鸡毒支原体（*M. gallisepticum*，MG）、滑液囊支原体（*M. synoviae*，MS）、火鸡支原体（*M. meleagridis*，MM）、伊阿华支原体（*Mycoplasma iowae*，MI）。支原体具有动物种属特异性，禽支原体通常只感染禽类，不感染哺乳动物。如MM仅感染火鸡，而MG可感染多种禽类，鸡最易感染。由MG引起的疾病通常称为慢性呼吸道病（Chronic respiratory disease，CRD），火鸡感染时称为传染性窦炎（Infectious sinusitis，IS）。MG是引起鸡、火鸡和其他禽类呼吸道病、生长发育受阻、产蛋下降，造成严重经济损失的重要病原体。MS可引起鸡、火鸡以及其他禽类的滑液囊炎和呼吸道病。MM仅引起青年火鸡呼吸道病、发育受阻、骨骼畸形。MI与火鸡晚期胚胎死亡及孵化率降低有关。鸭支原体可引起鸭传染性窦炎。

禽支原体病感染率很高，而发病率和死亡率差别很大。与应激因素、合并感染情况关系密切，一般死亡率为10%～30%，严重感染或合并大肠杆菌、禽流感时，死亡率可达40%～60%。产蛋鸡群感染时死亡率可能不高，但是产蛋率、种蛋受精率、孵化率、健雏率显著降低。肉仔鸡感染时生长发育受阻，饲料报酬降低，胴体废弃率升高。因此，禽支原体病严重危害养鸡业的健康发展。

禽支原体病分布于世界各养禽国家和地区，而且所有致病性支原体均可经蛋垂直传播，引起子代禽发病，一旦感染就难以清除，成为当今一个世界性难题。

一、鸡毒支原体感染

鸡毒支原体感染（Mycoplasma gallisepticam infection，MG）是由鸡毒支原体引起的鸡的一种慢性呼吸道传染病。临床特征是咳嗽，面颜肿胀，鼻流黏液，眼角有泡沫性浆液或黏液，喘气和气管啰音。病程冗长，在鸡群中长期蔓延。病变特征是鼻腔黏膜潮红发炎，气管内黏液较多，气囊内有泡沫样浆液或干酪样渗出物，如继发大肠杆菌，表现为纤维素性肝周炎、心包炎、气囊炎、腹膜炎等。

（一）临诊检查

各种年龄的鸡和火鸡都能感染，以1～2月龄时多见，也发现于鹌鹑、珠鸡、孔雀和鸽子。本病一年四季都可发生，但以寒冷季节较严重。病鸡和隐性感染鸡是本病的传染源。本病主要经种蛋、精液垂直传播，也可经飞沫或尘埃水平传播。不良环境（密度过大、通风不良、空气污浊、过热过冷等）、营养不良、应激因素、其他疾病（大肠杆菌病、禽流感、新城疫、传染性鼻炎、传染性支气管炎、传染性喉气管炎等）的合并感染等均可诱发本病。

潜伏期为4～21 d，主要呈慢性经过，病程1～4个月。单纯感染支原体的鸡群，在正常的饲养管理条件下，常不表现症状，呈隐性经过；幼龄鸡发病症状类似于鸡传染性鼻炎，但本病一般呈慢性经过。当临诊症状消失后，感染鸡生长发育受到不同程度的抑制。成年鸡感染很少死亡，仔鸡感染如无其他疫病并发，病死率也低，若并发感染，病死率可达30%；产蛋鸡感染，一般呼吸症状不显著，只表现产蛋量和孵化率低，孵出雏鸡的生活力降低。

典型症状主要发生于幼龄鸡，若无并发症，发病初期，鼻腔及其邻近的黏膜发炎，病鸡出现浆液或浆液—黏液性鼻漏，打喷嚏，窦炎，结膜炎及气囊炎，眼角流出泡沫样浆液或黏液；中期炎症由鼻腔蔓延到支气管，病鸡表现为咳嗽，有明显的湿性啰音；到了后期，炎症进一步发展到眶下窦等处时，由于渗出物蓄积而引起眼睑肿胀，眼睑向外突出如肿瘤，视觉减退，以至失明。

在上述炎症的影响下，病鸡新陈代谢受到干扰和破坏，导致食欲减退，鸡体因缺乏营养而消瘦，雏鸡生长缓慢。产蛋量大大下降，一般下降10%～40%。种蛋的孵化率降低10%～20%，弱雏增加10%。死亡率一般为10%～30%，严重感染或合并大肠杆菌、禽流感时，死亡率可达40%～60%。

（二）病理学检验

病理变化主要表现为一侧或两侧眼睑肿胀，眼角流出泡沫样黏液或有灰黄色豆腐渣样渗出物。眶下窦黏膜发炎肿胀，窦内也有干酪样渗出物（彩图10-1，彩图10-2）。鼻腔、气管、支气管和气囊中含有黏液性渗出物，气管黏膜轻度水肿。口腔黏膜有小米大到绿豆大结节，内含干酪样渗出物。气囊特别是胸部气囊有不同程度混浊、增厚、水肿。气囊表面有增生的念珠状结节病灶，腹腔有泡沫样液体，随着病情的发展，气囊内含有数量不等、灰黄色干酪样渗出物（彩图10-3，彩图10-4）。偶见肺炎病变。合并大肠杆菌感染时，发生纤维维素性或化脓性心包炎、肝周炎、腹膜炎。

显微镜检查可见感染组织黏膜由于单核细胞浸润、黏膜腺增生而显著增厚。肺部除发生肺炎和淋巴细胞增生外，还可见肉芽肿形成。气管黏膜纤毛上皮细胞纤毛丢失和细胞脱落。

（三）病原学检验

1. 病原特征 支原体是没有细胞壁的原核微生物，由于缺乏细胞壁，菌体有一定的可塑性，形态呈多形性。由于寄宿细胞或体外培养条件不同，繁殖期亦不同，菌体大小和形态也各异。在体外适宜培养条件下，菌体通常呈细丝状、螺旋丝状或球菌状等。菌体大小、形态也与支原体种类和生长状况等有密切关系。螺旋丝状菌体的直径为0.08～0.2 μm，长为2～5 μm，由于其直径小于光学显微镜的分辨力，在显微镜下不易观察到菌体。细丝状菌体的直径为0.2～0.4 μm，长度可达100 μm。球菌体直径为0.3 μm，长为0.3～0.8 μm，虽然球菌体的个体大于显微镜分辨力，但在相差显微镜下，仅可粗略地观察到菌体轮廓，不能分辨菌体的微细结构以及与宿主细胞之间的关系。患处分泌物混杂着局部组织或细胞的变性及崩解产物。因此，仅仅从球菌体的粗略形态或菌体与细胞黏附状况，不能确诊为支原体。

鸡毒支原体具有一般支原体生物学特性，革兰氏染色阴性，发酵葡萄糖，不水解精氨酸，不从尿素取得能源，对毛地黄皂苷敏感，还原四氮唑，吸附鸡红细胞，溶解绵羊红细胞，不形成膜与斑。鸡毒支原体具有缓慢运动的能力，此种能力可能与其具有一种特殊超微结构有关系，即在细胞的一端偶尔在两端有一小泡状物，支原体以此小泡接触于真核细胞，运动时顺小泡方向移动。

鸡毒支原体对环境抵抗力低，在水内立刻死亡，在 20 ℃的鸡粪内可生存 1～3 d。在卵黄内 37 ℃时生存 18 周，45 ℃下经 12～14 h 死亡。液体培养物在 4 ℃时生存不超过 1 个月，在－30 ℃中可保存 1～2 年，在－60 ℃下可生存 10 年以上，冻干培养物在－60 ℃中存活时间更长。但各个分离株保存时间极不一致，有的远远达不到这么长的时间。

鸡毒支原体致病力因菌株不同而不一致。致病力又受到在无细胞培养基中传代次数的影响，一些原来有致病力的菌株，经过传代致病力会很快丧失。即使是有致病力的菌株，在自然感染的鸡体上也经常不能引发症状。火鸡比鸡更易感。有致病力的鸡毒支原体经过卵黄囊接种鸡胚，可能导致鸡胚矮小、水肿、出血和死亡。

2. 形态观察 见第五章第三节支原体的检验。

3. 分离培养 见第五章第三节支原体的检验。

（四）血清学检验

见第五章第三节支原体的检验。

（五）鉴别诊断

根据本病的流行病学、临诊症状及病理变化，可做出初步诊断。但本病的确诊必须进行病原体分离鉴定或血清学检查。临诊上应注意与鸡传染性鼻炎、传染性支气管炎，传染性喉气管炎等呼吸道传染病相区别。

（六）建议防治措施

预防本病的根本措施是建立无支原体病鸡群，尽可能做到自繁自养，杜绝本病传染源的侵入；净化种鸡群，严格执行消毒隔离措施，并定期做血清学检查；改善饲养环境，做好通风，降低禽舍中氨、硫化氢等有害气体浓度，降低饲养密度；减少应激因素，做疫苗防疫时应投喂或饮用抗应激药物；做好传染性支气管炎、传染性喉气管、传染性鼻炎、新城疫、禽流感、大肠杆菌病的防疫工作；一旦发病，应投喂或饮用抗支原体药物，如支原净、替米考星、红霉素、泰乐菌素等，至少连用 5～7 d。也可投喂止咳平喘的中草药。种鸡可用疫苗免疫接种。

三、滑液囊支原体感染

滑液囊支原体感染（Mycoplasma synoviae infecyion，MS）又名滑膜支原体病、传染性滑膜炎。滑液支原体（*M. synoviae*）的菌体特征与鸡毒支原体相似。可感染鸡、火鸡和珍珠鸡、鸭、鸽等。急性感染 4～16 周龄鸡、10～24 周龄火鸡，成年鸡少见感染。发病率为 5%～15%，死亡率为 1%～10%。慢性感染可持续终生。通过飞沫或尘埃经呼吸道感染；被污染的用具、衣服及车辆等均能传播本病病原；也可经卵垂直传播，感染的雏鸡可在幼鸡群中传播本病。水平传播与鸡的密度有关，人为因素在传播中也很重要。

MS 引起鸡的关节病变和亚临诊呼吸道症状。造成鸡的生长发育不良，使得肉鸡胴体品质下降，种鸡的产蛋率、受精率和孵化率均下降，造成巨大经济损失。

潜伏期 5～10 d。典型病例先是急性，然后转为慢性。病鸡食欲、饮欲良好，但精神不振，生长停滞，消瘦，脱水，鸡冠苍白，严重时鸡冠呈紫红色；常腹泻，粪便含有大量白色尿酸盐并带青绿色。同时，病鸡跗关节肿胀，跛行，瘫痪。胸骨脊部有时出现起水疱或硬结，继而软化为囊肿，切开肿胀部位可见内有灰白色脓液（彩图 10-5，彩图 10-6）。在全身症状有所好转后，关节肿胀与跛行持续很久。病菌主要侵害跗关节和爪垫，严重时引起渗出性滑膜炎、滑液囊炎和腱鞘炎。

成鸡发病时，无明显症状，生长缓慢，贫血，消瘦，排黄色稀粪。关节轻微肿胀，体重减轻，产蛋减少 20%～30%。经呼吸道感染的鸡在 4～6 周时，可表现轻度啰音或咳嗽、喷嚏、流鼻涕等，有时无症状。

火鸡发病时与鸡的症状相似。跛行最明显，跛行的火鸡一个或多个关节发病，常有热而波动的肿胀，偶有胸骨滑液囊增大。严重感染的火鸡体重减轻。

脾、肝、肾肿大，气囊有时混浊增厚。受侵害关节常见腱鞘炎、滑膜炎和关节炎。受害关节腔内、滑液囊、肌腱鞘有灰白色渗出物或干酪样物质，有时关节腔内干燥无滑液，跗关节、足掌肿胀，足趾下有时溃破、结痂。胸部常见囊肿。重症鸡在头顶和颈上方出现干酪样物。受侵害关节色黄红，有时关节软骨糜烂。

火鸡关节肿胀不如鸡的常见，但切开关节时，常见纤维素性及脓性分泌物。呼吸道病变多种多样。

滑液支原体病的检验和防治措施可完全参照鸡毒支原体病进行。

四、火鸡支原体感染

火鸡支原体感染（Mycoplasma meleagridis infecyion，MM）又被称为“1 日龄型气囊炎”“气囊炎缺陷症候群”或“火鸡症候群-65”。该病由火鸡支原体（*M. meleagridis*）引起，主要发生于雏火鸡，是一种广泛存在于世界各地、各种日龄火鸡均可发生的传染性疾病。既可经种蛋垂直传播，也可通过交配、空气、人员、设备等直接和间接接触而水平传播。病原特征与鸡毒支原体相似。

成年火鸡往往是带菌鸡群，感染而不表现明显症状，但其生长速度、产蛋率、受精率、孵化率和健雏率都比支原体阴性率较低或无支原体的火鸡群低。当饲养管理不善，环境条件恶劣以及有其他应激因素存在时，会出现生产性能的进一步下降和精神委顿、采食下降等一般症状。大多数症状出现于 6 周龄以下的雏火鸡，主要表现为生长发育不良、身体矮小、增重速度降低。出现气囊炎症状。颈椎变形，歪脖。腿部出现症状，跗跖骨弯曲、扭转、变短，跗关节肿大。

支原体阳性率较高的火鸡群，其所产种蛋多在孵化后期出现死胚，死胚及出壳火鸡胸气囊可见浑浊和纤维素性斑点。6 周龄以下的发病雏火鸡胸、腹气囊均严重浑浊，气囊壁增厚，并有黄色纤维样或干酪样物。成年鸡往往无干酪样病变。

临床症状和病理变化只能作为诊断的参考依据，确诊本病必须采气管、鼻窦或气囊的渗出液，以及鼻甲骨或肺的悬浮液进行病原的分离和鉴定。血清学诊断是最简单、最常见的方法，用已知抗原与待检血清进行平板凝集试验，根据凝集程度做出判断。

建立无支原体的种火鸡群是控制本病的重要措施，杜绝引进带有支原体的火鸡，在饲养过程中加强防疫工作，定期对火鸡群进行免疫监测，发现阳性病鸡立即淘汰。为了减少下一代火鸡支原体病发生，也可对种蛋进行药液浸泡处理。一旦发病可选用泰乐菌素、替米考星、林肯霉素、壮观霉素、支原净等。有条件时最好分离菌株，通过药敏试验选择使用效果最佳的药物。应当注意，使用任何药物，都不可能消除火鸡的带菌现象。

五、鸭传染性窦炎

鸭传染性窦炎（Infectious duckling sinussitis）是由鸭支原体（*Mycoplasma anatis*）引起的主要危害雏鸭的一种呼吸道传染病，成年鸭亦可发生。发病特征是病鸭精神沉郁、喷嚏、眶下窦显著肿大，充满浆液-黏液性渗出物或干酪样物。本病发病率高，死亡率低，对生长发育有明显影响。

该病的病原是支原体，但也常分离到A型流感病毒、大肠杆菌等，它们可能会增强支原体的致病力。

本病一年四季均可发生，以春季和冬季多发，7～15日龄雏鸭易感性最高，30日龄以上鸭发病较少。初期病雏打喷嚏，从鼻孔流出浆液性渗出物，以后变成黏液性渗出物，在鼻孔周围形成干痂，病久则成干酪样变化。病鸭常踢抓鼻额部，致使局部皮肤溃烂（彩图10-7）。部分病鸭呼吸困难，频频摇头，患病后期，眶下窦积液，一侧或两侧面部肿胀（彩图10-8）。严重的病例眼结膜潮红，流泪，并排出脓性分泌物，有的甚至失明。

本病的病理变化随病情轻重和病程的长短而异。上呼吸道或整个呼吸道黏膜出血，眶下窦内积有大量浆液—黏液性渗出液或大量干酪样凝块，喉头、气管黏膜充血、水肿，并有浆液性或黏液性分泌物附着。严重病例，气管出血，肺水肿、出血。其他脏器不见异常。

根据眶下窦显著肿大和上呼吸道症状，结合流行病学及病理变化即可做出诊断。必要时进行病原分离、血清学检验，方法同鸡毒支原体。

预防本病应加强舍饲期鸭群的饲养管理，做好舍内清洁卫生、防寒保温及通风换气工作，防止地面过度潮湿及饲养密度过大等；鸭场实行“全进全出”制，空舍后用5%氢氧化钠等严格消毒；及时淘汰病鸭或隔离育肥。一旦发病可参照鸡毒支原体治疗方法。

第二节　禽曲霉菌病的检验与防治

禽曲霉菌病（Poultry aspergillosis）是由曲霉菌（*Aspergillus*）引起的鸡、鸭、鹅、火鸡、鸽等禽类的一种真菌病。主要侵害呼吸器官、眼、皮肤和皮下组织。以幼禽多发，常呈急性群发，发病率和死亡率较高，成年禽多为散发。本病的特征性病理变化是形成霉菌性肉芽肿，在受感染的器官引起霉菌性炎症。其中，发生最多的是霉菌性肺炎和霉菌性眼炎，此外，还可见到霉菌性皮炎和霉菌性脑炎等。

病理特征是在肺部、气囊和其他组织器官中形成肉芽肿结节，也见肾、腺胃、眼、皮下等处形成肉芽肿结节。其发生主要是空气潮湿，饲料、垫料霉变所致。

一、临诊检查

不同品种、不同年龄的禽类都可发生，尤以雏禽易感性最高。雏禽常呈急性暴发，青年禽多为慢性经过。本病多发生于高温、潮湿、阴雨连绵的季节，由于饲料、垫料发霉，大量霉菌孢子弥散在空气中，禽食入或吸入孢子导致发病。

迄今见于报道的曲霉菌病患禽有鸡、鸭、鹅、火鸡、珍珠鸡、七彩山鸡、乌骨鸡、榛鸡、鹌鹑、鸵鸟、蜡嘴鸡、鹧鸪、环颈雉、鹦鹉、企鹅、丹顶鹤、野生灰鹤等多种禽类。

自然感染的潜伏期为2～7 d，发病率不等，20日龄以内的禽鸡呈急性经过，病程大约1

周，发病严重或治疗不当时死亡率可达 50%以上。

急性感染的雏禽表现为霉菌性肺炎，初期食欲不振，精神沉郁，两翅下垂，羽毛松乱，闭目嗜睡。接着出现呼吸困难，举颈、张口喘气，喷鼻，甩头。鼻孔和眼角有黏液性分泌物。后期，雏鸡头颈频繁地伸缩，呼吸极度困难，最后窒息死亡（彩图 10－9）。

霉菌性皮炎时，雏鸡的羽毛呈黄褐色粘连在一起，不易分开，干枯易断，外观污秽不洁，患部皮肤潮红。

霉菌性眼炎时，病雏一侧或两侧眼睑肿胀，羞明，流泪，结膜潮红，结膜囊内有黄白色干酪样凝块，挤压可出，如黄豆瓣大小（彩图 10－10）。

有时可见霉菌性脑炎，病雏出现共济失调、向一侧转圈等神经症状。

青年鸡和成鸡感染时多为慢性经过，症状不明显，可见发育不良，羽毛松乱，消瘦，贫血，严重时呼吸困难，冠髯暗红。有时可在皮下、眼睑等处形成霉菌结节（彩图 10－11，彩图 10－12）。

二、病理学检验

（一）大体病理变化

急性曲霉菌病的病理变化主要表现在肺部、气囊以及腹腔浆膜等处。

肺脏上的霉菌结节从米粒大到绿豆大或更大，多个结节互相融合时可使病灶更大（彩图 10－13）。结节初期呈灰白色，半透明，较坚硬而有弹性。以后结节呈灰黄色，中心发生干酪样坏死。结节周围有暗红色的炎性浸润带。未受侵害的肺组织表现正常。

气囊和腹腔浆膜上散在大小不等的灰白色或黄色霉菌结节（彩图 10－14）。有时在气囊和腹腔浆膜上可见灰白色或灰绿色的霉菌斑块（彩图 10－15）。

较大的鸡感染时多呈慢性经过，在气囊、胸腔、肺、肾脏、腺胃、皮下等部位形成较大的霉菌结节，有时可达鸡蛋大，周围有结缔组织包膜（彩图 10－16，彩图 10－17，彩图 10－18）。这种结节实际上是多个小结节的融合。

（二）病理组织学变化

曲霉菌病特征性的组织学变化以霉菌结节为特征。霉菌结节也称霉菌肉芽肿，是机体对异物的反应。结节中心是霉菌菌丝体和坏死组织，菌丝体呈杆状、分支状，苏木素-伊红染色呈粉红色。坏死灶外围是特异性肉芽组织，其中有单核细胞、多核巨细胞、异嗜性粒细胞、淋巴细胞等，再外围是由大量淋巴细胞、组织细胞和成纤维细胞构成的普通肉芽组织。随着菌丝向周围组织生长延伸，单核细胞和多核巨细胞也随之增生除了这种特征性变化外，还可见弥漫性或局灶性肺炎等。

三、病原学检验

其病原体主要是曲霉菌属的烟曲霉菌，其他如黄曲霉菌、构巢曲霉、黑曲霉、土曲霉等也有不同程度的致病性。霉菌的孢子广泛存在于自然界，如土壤、饲料、动物体表、垫料、环境中都有存在。在高温、高湿季节孢子萌发并迅速繁殖，产生大量孢子污染畜禽生活环境。如禽舍通风不良，密度过大，很容易引起本病的发生。本病经呼吸道和消化道感染，对雏鸡的危害大，常呈急性暴发，发病率和死亡率较高，成年鸡多呈慢性散发，病程长、死亡率较低。

（一）病原特征

引起禽曲霉菌病的病原体主要为烟曲霉和黄曲霉，其次为构巢曲霉、黑曲霉和土曲霉等，这些曲霉菌都具有如下共同的形态结构：①菌丝分支、有隔，细胞多核；②分生孢子梗由膨大而厚壁的菌丝细胞（即足细胞）中部向上生长而成；③顶囊是分生孢子梗顶端的膨大部分，呈球形、椭球形、烧瓶形或棍棒形；④小梗被覆于顶囊周边，1层或2层，如为2层，则内层叫梗基，外层叫瓶梗；⑤分生孢子成串排列于小梗的游离端。

但是，不同的菌种在这些结构的形态上又有明显的不同。根据这些不同点，特别是分生孢子头（顶囊、小梗、分生孢子三部分的合称）的特征，结合菌落的形态和颜色，可将这几种曲霉菌区别开。

1. 烟曲霉

（1）菌落形态　烟曲霉在沙保氏葡萄糖琼脂培养基上生长良好，发育很快。开始菌落呈白色绒毛样或棉花丝样，3～4 d内，菌落中心变为烟绿色或深绿色，表面微细粉末状或绒毛样（形成大量分生孢子之故）。菌落在察贝克氏培养基上生长旺盛，呈绒毛状，气生菌丝直立而丰富，分生孢子头初呈白色或微带蓝色，也有呈绿色者，继而转变为黑褐色。菌落背面无色或呈黄色，老菌落则呈暗红色。

（2）菌体形态　分生孢子梗，光滑，较短（300～500 μm），宽5～8 μm，常带绿色；顶囊，烧瓶形，直径20～30 μm，绿色；小梗，生于顶囊上部，单层，梗长6～8 μm，梗粗2.5～3.0 μm，排列紧密；分生孢子，球形或近球形，直径2.5～3.0 μm，表面粗糙有细刺，带绿色；菌核，不产生。

2. 黄曲霉

（1）菌落形态　菌落生长迅速，至10～14 d时，直径可达3～7 cm。初似黄色粉末，继而密集隆起，变为黄绿色，日久则成棕绿色。表面平坦或有放射状沟纹。菌落背面无色或带褐色。

（2）菌体形态　分生孢子梗，长400～1 000 μm，宽10～20 μm，微弯曲，梗壁极粗糙，近顶囊处略膨大，无色；顶囊，烧瓶形、球形或近球形，直径10～65 μm，但多数在25～45 μm；小梗，单层、双层或单、双层并存于一个顶囊上，但以双层者居多，梗基长7～10 μm，宽4.0～5.5 μm，布满顶囊表面，瓶梗长6.5～10.0 μm，宽3～5 μm；分生孢子，球形、近球形或梨形，直径为3.5～6.0 μm，表面粗糙；菌核，有些菌系产生褐色菌核。

3. 构巢曲霉

（1）菌落形态　在察贝克氏琼脂培养基上于27 ℃下培养，菌落生长快速，至14 d时直径达5～6 cm。最初为光滑绒毛状，亮绿色，平铺生长，继而变为暗绿色，中心呈粉末状，边缘有绒毛状菌丝。菌落背面深红色至紫红色。当闭囊壳形成时，菌落中心向外长出一些小白点，菌落呈黄褐色。

（2）菌体形态　分生孢子梗，极短（长75～100 μm，宽3.5～5.0 μm），常有波状弯曲，近顶囊处稍膨大，壁光滑，带褐色或肉桂褐色；顶囊，半球形，直径8～10 μm；小梗，双层，梗基短（长5～6 μm，宽约2 μm），分布于顶囊的顶部，呈放射状排列，瓶梗长5～6 μm，宽2.0～2.5 μm；分生孢子，球形，直径3.0～3.5 μm，表面粗糙有小刺，绿色；闭囊壳，为该菌有性阶段的产物，球形，直径135～150 μm，略呈紫红色，内含子囊孢子。成熟的闭囊壳被淡黄色的壳细胞所包围。

4. 黑曲霉

（1）菌落形态　在察贝克氏琼脂培养基上于 25 ℃下培养，菌落扩展迅速，至 10～14 d 直径可达 2.5～3.0 cm。初期有丰富的白色羊毛状气生菌丝，并常出现鲜黄色区域，继而变成粗绒状，黑色、黑褐色。菌落背面无色，或仅中心部分略带黄褐色。

（2）菌体形态　分生孢子梗，长 200～400 μm，也有长 1 000 μm 以上者，宽 10～20 μm，壁厚、光滑，无色或梗的上部稍带黄色；顶囊，球形或近球形，直径 45～75 μm，无色或带黄褐色；小梗，双层，紧密排列于整个顶囊表面，呈放射状，褐色，梗基 400～500 个，每个梗基长 20～30 μm，宽 5～6 μm，有时更宽并具有横膈，瓶梗较短，长 7～10 μm，宽 3.0～3.5 μm；分生孢子，球形，直径 4～5 μm，褐色，表面极为粗糙；菌核，有些菌系产生菌核，从不定形到圆形，直径约 1 000 μm。

5. 土曲霉

（1）菌落形态　在察贝克氏琼脂培养基上生长较快，至 10 d 时菌落直径达 3.5～5.0 cm。呈圆形，初平坦，或有放射状皱纹，渐而表面呈绒毛状，偶呈絮状，肉桂色或沙褐色。菌落背面培养基黄色或污褐色。

（2）菌体形态　分生孢子梗，长 100～250 μm，宽 4.5～6.0 μm，微弯曲，近顶囊处稍膨大，光滑，无色；顶囊，半球形，直径 10～16 μm；小梗，双层，梗基长 5～7 μm，宽 20～2.5 μm，平行密集于顶囊顶部，瓶梗长 5.5～7.5 μm，宽 1.5～2.0 μm；分生孢子，球形或近球形，直径约 2 μm，表面光滑无棘；菌核，不产生。

（二）病原形态检验和分离培养

对病理学检查可疑的病禽，应无菌采取带有病变（如结节、霉菌斑等）的组织各数小块，置于灭菌容器内冷藏，并尽快送检，如果不能立即送检，可暂时保存于 30%甘油缓冲液中。

1. 压片检验　取结节置于载玻片上，用手术刀切开，由切面刮取干酪样坏死组织，或由病变组织表面刮取霉菌斑，或用接种针钩取纯培养物置于载玻片中央，加 1～2 滴乳酸酚棉蓝染色液或生理盐水，用接种针将组织块或菌团撕扯开，压上盖玻片，制成压滴标本。如果组织碎块较硬，可滴加 1～2 滴 20%氢氧化钾溶液，并在火焰上微微加温后压片。显微镜检查时，先用低倍物镜发现目标，再用高倍物镜仔细观察菌体形态。经棉蓝染色的菌体呈蓝色。

2. 霉菌的分离培养　取沙保氏葡萄糖琼脂培养基或改良察贝克氏琼脂培养皿若干个，做好标记。将接种环在火焰上烧灼灭菌，冷却后钩取干酪样坏死组织或霉菌斑，均匀涂抹于培养基表面；或者用接种环蘸取样品，接种于培养基表层。于 27 ℃或 37 ℃恒温箱内培养。通常于 36 h 后即可见菌落出现。

3. 结果判定　在可疑病禽的病变组织中，观察到或分离出曲霉菌，即可确诊为禽曲霉菌病。如要确定为何种曲霉菌所感染，可依据菌落和菌体的形态特征，对所分离的曲霉菌进行种别鉴定。

四、鉴别诊断

本病易与传染性支气管炎、霉菌感染、喉气管炎、气管比翼线虫病等有呼吸道症状的疾病混淆，注意鉴别。

五、建议防治措施

防制本病最好的方法是不使用发霉的饲料和垫料，保持禽舍干燥、通风良好。一旦发病，早期可用制霉菌素治疗，每 100 只雏鸡每天用 50 万 IU 拌料或饮水，连用 3～5 d，有一定疗效。慢性病例体内已形成大量的霉菌结节，对此已无法治疗。

第三节　禽念珠菌病的检验与防治

禽念珠菌病（Avian moniliasis）是由白色念珠菌（*Monilia albicans*）引起的禽类的霉菌性口炎，又称白色念珠菌病，俗称鹅口疮，其特征是在上消化道黏膜发生白色假膜和溃疡。

一、临诊检查

本病可发生于人类和多种动物，禽类中，鸡、火鸡、鸽、鸭、鹅、鹌鹑和观赏鸟均可发生。以幼龄禽多发，成年禽亦有发生。鸽以青年鸽易发且病情严重。该病发生与卫生、饲料、环境有关。病禽和带菌禽是主要传染来源。病原通过分泌物、排泄物污染饲料、饮水，经消化道感染。雏鸽感染主要是通过带菌亲鸽的“鸽乳”而传染，亦能经污染的蛋壳传播。在潮湿季节，特别是我国南方的雨季，本病的发生较常见。高密度饲养，霉变料，气候潮湿，维生素缺乏等可促使本病发生。本病病程一般为 5～15 d。6 周龄以前的幼禽发生本病时，死亡率可高达 75%。该病多发生在夏、秋炎热多雨季节。鸽群发病往往并发毛滴虫感染。

长期使用抗生素或饮用消毒药水可导致肠道菌群失调，继发二重感染，引起本病发生。

急性暴发时常无任何症状即死。病鸡减食或停食，消化障碍。精神委顿，消瘦，羽毛松乱。眼睑和口腔出现痂皮病变，散在大小不一的灰白色丘疹，继而扩大成片，高出皮肤表面，凹凸不平。口腔黏膜形成干酪样，吞咽困难，嗉囊胀满而松软，压之有痛感，并有酸臭气体自口中排出。有时病鸡下痢，粪便呈灰白色，一般 1 周左右死亡。

雏火鸡发病表现精神委顿，食欲减退，伸颈甩头，张嘴呼吸。口腔内有黏液并黏附着饲料，擦去饲料，在黏膜上见有一层白色的假膜。火鸡一旦发病，死亡逐日增多，发病率、死亡率高。

大小鸽子均可感染，但尤以青年鸽最严重。成年鸽一般无明显症状。雏鸽感染率亦较高，但症状不严重。口腔与咽部黏膜充血、潮红，分泌物稍多且黏稠。青年鸽发病初期可见口腔、咽部有白色斑点，继而逐渐扩大，演变成黄白色干酪样假膜。口气微臭或带酒糟味。个别鸽引起软嗉症，嗉囊胀满，软而无收缩力。食欲废绝，拉墨绿色稀粪，多在病后 2～3 d 或 1 周左右死亡。一般可康复，但在较长时间内成为无症状带菌者。

幼鸭患念珠菌病的主要症状是精神不振，呼吸急促，伸颈张口，呈喘气状，叫声嘶哑，最后抽搐而死。发病率和死亡率都很高。

二、病理学检验

病理变化主要集中在上消化道，可见喙缘结痂，口腔、咽和食管有干酪样假膜和溃疡。嗉囊黏膜明显增厚，被覆一层灰白色斑块状假膜，易刮落（彩图 10－19，彩图 10－20）。假膜下可见坏死和溃疡。少数病禽引起胃黏膜肿胀、出血和溃疡，颈胸部皮下形成肉芽肿。

病理组织学检查在嗉囊黏膜病变部位、上皮细胞间散在多量圆形或椭圆孢子，尚见少数分枝分节、大小不一的酵母样假菌丝。

三、病原学检验

（一）病原特征

本病的病原是一种类酵母样的真菌，称为白色念珠菌。在培养基上菌落呈白色金属光泽。菌体小而椭圆，能够长芽，伸长而形成假菌丝。革兰氏染色阳性，但着色不甚均匀。病鸡的粪便中含有多量病菌，在病鸡的嗉囊、腺胃、肌胃、胆囊以及肠内，都能分离出病菌。

白色念珠菌在自然界广泛存在，可在健康畜禽及人的口腔、上呼吸道和肠道等处寄居。从不同禽类分离的菌株其生化特性有较大差别。该菌对外界环境及消毒药有很强的抵抗力。

（二）直接镜检

刮取食管分泌物或嗉囊黏膜制成压片，在 600 倍显微镜下弱光检查，见椭圆形有核孢子，呈芝麻大小，革兰氏染色阳性，并可见边缘暗褐，中间透明，一束束短小枝样菌丝和卵圆形芽生孢子，是酵母状的真菌，又名白色假丝酵母。

（三）分离培养

取病料（心、肝、脾和小肠黏膜）接种于沙堡氏琼脂平板上，经 37 ℃培养 24 h 后，形成 2～4 mm 大小、奶油色、凸起的圆形菌落。菌落表面湿润，光滑闪光，边缘整齐，不透明，较黏稠且略带酒糟味（彩图 10－21）。涂片镜检见到两端钝圆或卵圆形的菌体。菌体粗大，呈杆状酵母样芽生，呈单个散在。本菌革兰氏染色阳性，有些芽生孢子着色不均，用乳酸酚棉蓝真菌染色法染色，芽生孢子和厚膜孢子为深天蓝色，厚膜孢子的膜和菌丝不着色，老菌丝有隔膜。

（四）动物接种

用 96 h 肉汤培养物 1 ml，颈部皮下注射家兔 1 只，2 周后接种部位有炎症，解剖后见肾和心有局部脓肿；自炎症部取小块组织接种沙堡氏琼脂培养基上，经培养分离到白色念珠菌，即可确诊。

四、鉴别诊断

一般根据流行病学特点、典型的临诊症状和特征性的病理变化可以做出诊断。确诊必须采取病变器官的渗出物做抹片检查，观察酵母状的菌体和菌丝，或是进行霉菌的分离培养和鉴定。

五、建议防治措施

改善卫生条件，减少应激因素，加强饲养管理，防止饲料霉变。

种蛋孵化前用消毒药浸洗消毒。垫料要干燥，定期更换。

每千克料加制霉菌素 50 万～100 万 IU（预防量减半），连用 1～3 周，或每只每次 20 万单位，每天 2 次，连喂 7 d；克霉唑混饲，每 100 只鸡每次用药 1 克，每天用药 2 次，连用

3～5 d；硫酸铜混饮，按 0.05%～0.07%比例混入水中，自由饮用 3～5 d。对口腔黏膜溃疡病灶，涂擦碘甘油或紫药水。嗉囊可灌入 4～6 ml 的 2%硼酸液消毒。本病与毛滴虫并发感染鸽群时，防治毛滴虫用达美素（二甲基硝基咪唑），以 0.05%溶液饮水，连用 7 d，或用 1∶1 500 碘液供鸽连饮 10 d。也可用万古霉素、两性霉素 B 等药物治疗本病。或用 0.025%雷佛诺尔液代替饮水，连用 4～7 d。

多种抗菌药物长期应用，可引起肠道菌群严重失调，正常代谢发生障碍，原来受抑制的某些病菌可大量繁殖，真菌病亦在其中，应引起用药者的高度重视。

第十一章　寄生虫病的检验与防治

第一节　球虫病的检验与防治

球虫病是由孢子纲真球虫目艾美耳科中的各种球虫引起的一种原虫病。家畜、家禽、野兽、爬虫、鱼类、两栖类和某些昆虫都可感染。球虫病对马、牛、羊、猪、骆驼、犬、兔、鸡、鸭、鹅、鹌鹑、孔雀等动物都有严重的危害，尤其是对幼龄动物常造成大批死亡。家禽中，鸡、鸭、鹅、鹌鹑、火鸡是最常受害的动物，常引起幼禽大批死亡，造成严重的经济损失。

一、鸡球虫病的检验与防治

鸡球虫病（Coccidiosis in chicken）是由艾美耳科、艾美耳属（*Eimeria*）的球虫寄生在鸡的肠上皮细胞内引起的一种原虫病。主要危害 10～40 日龄的雏鸡，发病严重时，死亡率可达 80%以上，病愈鸡生长发育受阻，成年鸡多为带虫者，无明显症状，但增重缓慢和产蛋量下降。本病在世界养鸡的地区普遍存在，给养鸡业造成严重经济损失。

（一）临诊检查

不同品种的鸡均有易感性。10～40 日龄的雏鸡发病率和死亡率都很高，成年鸡对球虫也很敏感。病鸡是主要传染源。凡被带虫鸡粪便污染过的饲料、饮水、土壤或用具等，都有虫卵存在。鸡感染球虫的途径主要是吃了感染性卵囊。人及其衣服、用具等可以成为传播者。苍蝇、甲虫、蟑螂、鼠类和野鸟都可成为传播媒介。

当存有带虫鸡并有传染性卵囊时，就会暴发球虫病。本病的暴发与气温、雨量有密切关系。通常在温暖的季节流行，室内温度高达 30～32 ℃、湿度为 80%～90%时，最易发病。

外界环境和饲养管理对球虫病的发生有重大关系，潮湿多雨，雏鸡过于拥挤、运动场积水，饲料中缺乏维生素 A、K 以及日粮配制不当等，都可成为本病流行的诱因。

按病程可以把鸡球虫病分为急性型和慢性型。急性型病程约数天到 2～3 周，多见于雏鸡。发病初期精神沉郁，羽毛松乱，翅膀下垂，不爱活动，共济失调，食欲废绝，饮欲增加，鸡冠及可视黏膜苍白。逐渐消瘦。排水样稀便，并带有少量血液。若是盲肠球虫，则粪便呈棕红色，以后变成血便。雏鸡死亡率高达 100%。慢性型多见于 2～4 月龄的雏鸡或成鸡。症状类似急性型，但不太明显，病程也长，拖至数周或数月。病鸡逐渐消瘦，产蛋减少，间歇性下痢，但较少死亡。若合并细菌特别是梭菌感染时常发生肠毒血症，使死亡加重。

（二）病理学检验

病死鸡消瘦，黏膜和鸡冠苍白或发青，泄殖腔周围羽毛被粪便污染，往往带有血液。内脏的主要变化在肠管，而肠管病变的部位和程度与病原种类有关。柔嫩艾美耳球虫主要侵害盲肠。急性型时盲肠显著肿大，是正常的 3～5 倍，肠内充满凝固的或新鲜的暗红色血液。

肠黏膜变厚并有糜烂。直肠黏膜可见有出血斑；毒害艾美耳球虫损害小肠中段，肠管扩张、肥厚、变粗，严重坏死的肠管中有凝固血块，使小肠在外观呈淡红色或黄色；巨型艾美耳球虫主要侵害小肠中段，肠管扩张，肠壁肥厚，内容物黏稠，呈淡灰色、淡褐色或淡红色，有时混有很少的血块；堆型艾美耳球虫多在上皮表层发育，而且同期发育阶段的虫体常聚集在一起，因而被损害的十二指肠和小肠前段出现大量淡灰色斑点，排列成横行，外观呈阶梯样；哈氏艾美耳球虫主要损害十二指肠和小肠前段，特征性变化是肠壁上出现针尖大的红色圆形出血点。（彩图 11－1，彩图 11－2）

（三）病原学检验

1. 病原特征 艾美耳属球虫有 14 种，国际公认的有 9 种，我国已报道的有 7 种，即柔嫩艾美耳球虫、毒害艾美耳球虫、堆型艾美耳球虫、巨型艾美耳球虫、哈氏艾美耳球虫、和缓艾美耳球和早熟艾美耳球虫。前两种的致病力较强，其余的几种依次减弱。柔嫩艾美耳球虫寄生在盲肠黏膜上皮细胞，称盲肠球虫。毒害艾美耳球虫寄生在小肠段黏膜内，称小肠球虫。球虫卵囊的形态呈卵圆形、圆形或椭圆形。

鸡球虫的发育要经过 3 个阶段，无性生殖和有性生殖阶段是在肠黏膜上皮细胞内进行，孢子生殖阶段是在体外形成孢子囊和孢子，进而成为感染性球虫卵囊 。

鸡感染球虫的过程是：从粪便排出的卵囊，在适合的温度和湿度下，经 1～2 d 发育成感染性卵囊，球虫卵囊的抵抗力很强，在土壤中保持感染力可达 4～9 个月，在阴凉湿润环境中可保存活力达 15～18 个月，但对高温和干燥抵抗力较弱；感染性卵囊被鸡吃了以后，子孢子游离出来，钻入肠上皮细胞内发育成裂殖体（无性生殖）、配子、合子（即卵囊）；合子表面很快形成一层被膜，然后随粪便排出体外，条件适宜时发育成为孢子化的卵囊，当被易感鸡食入后即可感染。鸡球虫在肠上皮细胞内不断进行有性和无性繁殖，使上皮细胞遭受到严重破坏，而引起发病。

2. 球虫的形态 球虫的形态和其他特征见表 11－1。

表 11－1 各种鸡球虫的形态特征

种类	卵囊形态				寄生部位	肠壁病变特征
	大小（μm）		形状	颜色		
	范围	平均				
柔嫩艾美耳球虫	20～20×20～15	22.6×18.05	卵圆形	淡绿	盲肠	盲肠出血
巨型艾美耳球虫	40～21.75×33～7.5	40.76×23.90	卵圆形	黄褐	小肠	出血
堆形艾美耳球虫	22.5～17.5×16.75～12.5	19.5×14.5	卵圆形	无色	十二指肠、小肠前段	肠壁增厚、出血
和缓艾美耳球虫	19.5～12.75×17～12.5	15.34×14.3	近圆形	无色	小肠前段	不明显
哈氏艾美耳球虫	20～15.5×18.5～14.5	17.68×15.78	宽卵圆	无色	小肠前段	出血，卡他性炎
早熟艾美耳球虫	25～20×18.5～17.5	21.75×17.33	椭圆	无色	小肠前 1/3 段	不明显
毒害艾美耳球虫	21.0～14.0×17.5～10.25	16.59×13.5	长卵圆		小肠前 1/3 段	肠壁出血、坏死
布氏艾美耳球虫	30.3～20.7×24.2～18.1	26.8×21.7	卵圆形		小肠后段、盲肠	出血，黏液增多
变位艾美耳球虫	11.1～18.9×10.5～16.2	15.6×13.4	椭圆	无色	小肠后段至直肠	灰白色卵囊斑点

3. 球虫的显微镜检查 取病鸡粪便或刮取肠黏膜直接压片镜检，可见卵囊或呈梭形的裂殖子。（彩图 11－3，彩图 11－4，彩图 11－5）

（四）鉴别诊断

根据发病日龄、症状、病理变化可以基本确诊，通过显微镜检查即可确诊。

（五）建议防治措施

（1）鸡舍要保持清洁、干燥、通风良好，及时清除粪便和潮湿的垫草。

（2）笼具、饲槽、饮水器、用具等要经常洗刷和消毒，减少感染机会。

（3）饲料中应保持有足够的维生素 A 和维生素 K，以增强抵抗力，降低发病率。

（4）药物预防和治疗

① 氯丙啉　预防量为每公斤饲料添加 40～250 mg，连喂 7 d，以后用量减半，再喂 14 d；治疗量为 500 mg，连用 7 d，以后减为 250 mg，连喂 10 d。

② 磺胺二甲氧嘧啶　预防量为饲料或饮水中加入 0.05%，连用 6 d；治疗量为预防量加倍，混饲 3～7 d。

③ 磺胺喹恶啉　以间断投药治疗为佳。0.1%混饲，连喂 2～3 d，停 3 d 再用 0.05%混饲 2 d。

④ 速丹（常山酮）　用量为每千克饲料添加 3 mg 速丹，混饲。

⑤ 泰灭净　按 0.1%浓度混饲，连用 5 d。

⑥ 盐霉素　按 0.007%混入饲料，预防从 15 日龄开始，连续投药 30～45 d。

二、鸭球虫病

鸭球虫病（Coccidiosis in duck）是由艾美耳属的球虫寄生于鸭的肠道或肾脏引起的一种原虫病。鸭球虫主要危害鸭，引起出血性肠炎。是鸭常见的寄生虫病，发病率和死亡率均很高。尤其对雏鸭危害严重，常引起急性死亡。耐过的病鸭生长发育受阻、增重缓慢，对养鸭业造成巨大的经济损失。

（一）临诊检查

球虫感染在鸭群中广泛发生，各种年龄的鸭均可发生感染。2～3 周龄的雏鸭对球虫易感性最高，轻度感染通常不表现临床症状，成年鸭感染多呈良性经过，成为球虫的携带者。因此，成年鸭是引起雏鸭球虫病暴发的重要传染源。鸭球虫的发生往往是通过病鸭或带虫鸭的粪便污染饲料、饮水、土壤或用具而引起传播的。发生感染后通常引起急性暴发，死亡率一般为 20%～70%，最高可达 80%以上。随着日龄的增大，发病率和死亡率逐渐降低。6 月龄以上的鸭感染后通常不表现明显的症状。发病季节与气温和湿度有着密切的关系，以 7～9月份发病率最高。

急性鸭球虫病多发生于 2～3 周龄的雏鸭，于感染后 4 d 出现精神委顿，缩颈，不食，喜卧，渴欲增加等症状；病初拉稀，随后排暗红色或深紫色血便，发病当天或第二、三天发生急性死亡，耐过的病鸭逐渐恢复食欲，死亡停止，但生长受阻，增重缓慢。慢性型一般不表现症状，偶见有拉稀，常成为球虫携带者和传染源。

（二）病理学检验

剖检急性死亡的病鸭，可见小肠呈弥漫性出血性肠炎，肠壁肿胀、出血；黏膜上密布针尖大小的出血点，有的见有红白相间的小点，肠道黏膜粗糙，黏膜上覆盖着一层糠麸样或奶酪状黏液，或有淡红色或深红色胶冻样血性黏液。

毁灭泰泽球虫危害严重，肉眼病变为整个小肠呈出血性肠炎，尤以卵黄蒂前后病变严重。肠壁肿胀、出血；黏膜上有出血斑或密布针尖大小的出血点，有的见有红白相间的小点，有的黏膜上覆盖一层糠麸样或奶酪状黏液，或有淡红色或深红色胶冻状出血性黏液，但不形成肠芯。

组织学病变为肠绒毛上皮细胞广泛崩解脱落，几乎为裂殖体和配子体所取代。宿主细胞核被挤压到一端或消失。肠绒毛固有层充血、出血，组织细胞大量增生，嗜酸性粒细胞浸润。感染后 7 d 肠道变化已不明显，趋于恢复。

菲莱氏温扬球虫致病性不强，肉眼病变不明显，仅可见回肠后部和直肠轻度充血，偶尔在回肠后部黏膜上见有散在的出血点，直肠黏膜弥漫性充血。

(三) 病原学检验

1. 病原特性 鸭球虫病据记载约有 18 种之多，其中有 2 种寄生于肾小管上皮细胞内，其余 16 种寄生于肠道黏膜上皮细胞内。鸭球虫属于孢子虫亚门、孢子虫纲、球虫目、艾美耳科。18 种中有 10 种寄生于家鸭。在我国家鸭中寄生的主要是毁灭泰泽球虫（*T. perniciosa*）和菲莱氏温扬球虫（*W. philiplevinei*），毁灭泰泽球虫致病力最强。暴发性鸭球虫病多由毁灭泰泽球虫和菲莱氏温扬球虫混合感染所致，后者的致病力较弱。

(1) 毁灭泰泽球虫（*T. perniciosa*） 卵囊小，呈短椭圆形，浅绿色，卵囊外层薄而透明，内层较厚，无卵膜微孔。最大的卵囊为 9.2～13.2 μm×9.9 μm，最小的为 9.2 μm×7.2 μm，平均大小为 11 μm×8.8 μm，形状指数 1.2。初排出的卵囊内充满含粗颗粒的合子，孢子化后不形成孢子囊，8 个香蕉形的子孢子游离于卵囊内，无极粒，含一个由大小不同的颗粒组成的大的卵囊残体。随粪排出的卵囊在 0 ℃和 40 ℃时停止发育，孢子化所需适宜温度为 20～28 ℃，最适宜温度为 26 ℃，孢子化时间为 19 h。寄生于小肠上皮细胞内，严重感染时，盲肠和直肠也见有虫体。有两代裂殖增殖。人工感染后 5 d，粪便中发现卵囊，感染后 6 d 达到高峰。

(2) 菲莱氏温扬球虫（*W. philiplevinei*） 卵囊较大，呈卵圆形，浅蓝绿色，最大的 22 μm×12 μm，最小的 13.3 μm×10 μm，平均 17.2 μm ×11.4 μm，形状指数 1.5。卵囊壁外层薄而透明，中层黄褐，内层浅蓝色。新排出的卵囊内充满含粗颗粒的合子，有卵膜孔，孢子化卵囊内含 4 个瓜子形孢子囊，狭端有斯氏体，每个孢子囊内含 4 个子孢子和一个圆形孢子囊残体，有 1～3 个极粒，无卵囊残体。随粪排出的卵囊在 9 ℃和 40 ℃时停止发育，24～26 ℃的适宜温度下完成孢子化需 30 h。寄生于回肠、盲肠和直肠绒毛的上皮细胞内及固有层中。

2. 卵囊检验 取病鸭的粪便直接镜检或鸭圈表层土 10～50 g，加入 100～150 ml 清水，调匀，用 50 目或 100 目的铜筛过滤。取滤液，3 000 r/min 离心 10 min。离心后，倾去上清液，再向沉渣中加入 64.4%硫酸镁溶液 20～30 ml，再离心 5 min。然后用直径约 1cm 的铁丝圈蘸取离心管表面液体，将铁丝圈上的液膜抖落在载玻片上，加盖玻片后，在高倍镜下检查。如见大量球虫卵囊，即可认定为本病。剖检病死鸭时可用肠内容物直接压片检查。

(四) 鉴别诊断

鸭的带虫现象极为普遍，所以不能仅根据粪便中有无卵囊做出诊断，应根据临诊症状、流行病学资料和病理变化，结合病原检查综合判断。急性死亡病例可从病变部位刮取少量黏膜置载玻片上，加 1～2 滴生理盐水混匀，加盖玻片用高倍镜检查，或取少量黏膜作成涂片，用姬氏或瑞氏液染色，在高倍镜下检查，见到有大量裂殖体和裂殖子即可确诊。耐过病鸭可取其粪便，用常规沉淀法沉淀后，弃上清液，沉渣加 64.4%(W/V) 硫酸镁溶液漂浮，取表层液镜检，见有大量卵囊即可确诊。

（五）建议防治措施

加强饲养管理，鸭舍经常清扫消毒，及时更换垫草，保持干燥清洁。药物预防可用复方磺胺 5-甲氧嘧啶按 0.2%浓度混于饲料中，连喂 4～5 d，也可用地克珠利按每千克饲料加 1 mg混饲，均可以得到预防和治疗的效果。

在球虫病流行季节，当地面饲养达到 12 日龄的雏鸭，可将下列药物的任何一种混于饲料中喂服，均有良效。

1. 磺胺间六甲氧嘧啶（SMM）　按 0.1%混于饲料中，或复方磺胺间六甲氧嘧啶（SMM+TMP，以 5∶1 比例）按 0.02%～0.04%混于饲料中，连喂 5 d，停 3 d，再喂 5 d。

2. 磺胺甲基异恶唑（SMZ）　按 0.1%混于饲料，或复方磺胺甲基异恶唑（SMZ+TMP，以 5∶1 比例）按 0.02%～0.04%混于饲料中，连喂 7 d，停 3 d，再喂 3 d。

3. 克球粉　按有效成分 0.05%浓度混于饲料中，连喂 6～10 d。

三、鹅球虫病

鹅球虫病（Coccidiosis in googse）是由寄生于家鹅及雁形目鸟类的球虫引起的一种寄生性原虫病，呈世界性分布，是家鹅的一种常见病，国内直到 20 世纪 80 年代初才有报道。符敖齐等（1983）在国内首次报道了家鹅暴发球虫病，发病率为 90%～100%，死亡率为 10%～82%。近年来，随着我国水禽养殖业的发展，鹅的饲养规模不断扩大，饲养方式由个体农户放牧散养逐渐转变为集约化的大群舍饲，集约化饲养程度的提高给鹅球虫病的发生提供了有利条件，致使鹅球虫病时有发生。据吴雪琴（1999）报道，苏州地区有 60%左右的鹅养殖户不同程度地受到鹅球虫病的侵袭，平均发病率为 47.2%，耐过的鹅生长受阻、增重缓慢。鹅球虫病已经成为危害养鹅业发展的一种重要疾病，给养鹅业造成很大的经济损失。

（一）临诊检查

不同品种的家鹅均可感染球虫，幼鹅的发病率和死亡率都高。截形艾美耳球虫主要危害 3～12 周龄的幼鹅，发病迅速，病程仅 2～3 d，造成的鹅群损失可高达 87%。肠球虫可引起 6 日龄雏鹅全部发病，死亡率高达 82%；300 日龄的鹅也可发病，但发病率和死亡率低，仅为 40%和 1.3%。

野生水禽在鹅群饲养场地栖息，常可带入球虫。本病流行与气温和雨量有关，通常在 5～8月间流行，但也有鹅群在 10～12 月间发病。卵囊对外界环境有很强的抵抗力，赫尔曼艾美耳球虫的卵囊能够耐过寒冷的冬天。

截形艾美耳球虫引发 3 周龄至 3 月龄幼鹅的肾球虫病，通常呈急性经过，病鹅表现精神委靡，极度衰弱和消瘦，腹泻，粪便白色，眼光迟钝，眼球下陷，翅膀下垂，无食欲；鹅艾美耳球虫和有毒艾美耳球虫引发的雏鹅肠球虫病在感染大量卵囊时常呈急性型，呈现一过性临床症状，病程多在 1～3 d。病鹅精神委顿，缩头缩颈，羽毛松乱，两翅下垂，步履缓慢，运动失调，常呆立一隅不愿活动或卧地不起。食欲和饮欲减退或废绝。粪便稀薄，发病初期粪便呈糊状含白色黏液，后期排出水样稀粪，呈浅黄色蛋清样，含黏液和脱落的黏膜组织碎片而微显红色。肛门松弛，周围被排泄物污染。最后，病鹅因衰竭而死亡。耐过的病鹅生长发育受阻，增重缓慢。

（二）病理学检验

截形艾美耳球虫引发鹅肾球虫病的病变主要在肾脏。病死鹅肾脏明显肿大，由正常的红褐色变为浅灰黄色或红色，表面有出血斑和针尖大小的灰白色病灶或条纹。

组织检查可见肾小管上皮细胞被破坏，尿酸盐和卵囊充满肾小管，使管腔直径比正常的粗 5～10 倍。病灶区出现嗜酸性粒细胞或组织坏死病变。

鹅艾美耳球虫和有毒艾美耳球虫引发鹅肠球虫病的病变主要在肠道。鹅艾美耳球虫引起的病变主要局限在小肠中段（卵黄柄前后 15～20 cm），呈现严重的出血性卡他性肠炎。肠管肿胀增粗呈香肠样，浆膜面有少量点状出血点，严重时可延伸到小肠后段。剖开肠管后见肠腔内充满淡黄色或红棕色的黏液，呈蛋清状或胨胶状，混有少量的食物残渣及大量脱落的肠黏膜碎片。黏膜表面有许多点状出血或弥散性出血斑，感染后期死亡鹅的肠黏膜表面有大量的白色斑块，刮取白色斑块镜检可见大量的卵囊。其他脏器无明显病变。有毒艾美耳球虫引发的病变主要在空肠后部到直肠之间，主要表现为肠壁增厚，黏膜上有细小的出血点，肠内容物稀薄，内含大量的黏液、脱落的黏膜上皮和血液等。

组织病变可见肾球虫病鹅的肾脏肾小管内有尿酸盐和卵囊沉积，病灶区出现嗜酸性粒细胞或坏死病变。患肠球虫病鹅可见肠壁呈现不同程度的水肿，肠上皮细胞破碎、脱落，严重感染时整个绒毛基部细胞及部分绒毛上皮细胞被虫体寄生，绒毛基部及肠绒毛内有弥漫性的出血点及出血斑，部分肠绒毛变性坏死，有时可见黏膜基部及固有膜内存在淋巴细胞和异嗜性粒细胞浸润，黏膜基部淋巴滤泡肿大。

（三）病原学检验

1. 病原特征　能感染家鹅的球虫有 3 属 16 种，即泰泽属（*Tyzzesia*）的稍小泰泽球虫（*T. parvula*）；艾美耳属（*Eimeria*）的截形艾美耳球虫（*E. truncata*）、科特兰艾美耳球虫（*E. Kotlani*）、鹅艾美耳球虫（*E. anseris*）、有毒艾美耳球虫（*E. nocens*）、多斑艾美耳球虫（*E. stigmosa*）、巨唇艾美耳球虫（*E. magnalabia*）、克拉克艾美耳球虫（*E. clarkei*）、金黄艾美耳球虫（*E. fulva*）、赫尔曼艾美耳球虫（*E. hermani*）、粗艾美耳球虫（*E. crassa*）、条纹艾美耳球虫（*E. striata*）、法立兰艾美耳球虫（*E. farri*）、美丽艾美耳球虫（*E. pulchella*）、黑雁艾美耳球虫（*E. brantae*）；等孢属（*Isosposa*）的鹅等孢球虫（*I. anseris*）。前 13 种在我国的家鹅中已有发现，后 2 种在我国的野生水禽（大雁和黑天鹅）中也有报道。除截形艾美耳球虫寄生在肾脏外，其余各种都寄生于肠上皮细胞内。截形艾美耳球虫、科特兰艾美耳球虫和鹅艾美耳球虫致病性最强，有毒艾美耳球虫有一定的致病性，其余各种致病轻微或不致病，但有时混合感染可能严重致病。许多学者只承认上述 4 种和多斑艾美耳球虫与稍小泰泽球虫寄生于家鹅，认为其余几种有可能是这 6 种的同物异名，或是由其他野禽传入，并非鹅的固有种，鹅等孢球虫被认为是鹅的假寄生虫。

鹅球虫种类鉴定的方法与鸡球虫相同，主要依据球虫的寄生宿主与寄生部位、卵囊的形态结构特征、生活史及致病性等进行。

（1）稍小泰泽球虫　主要寄生在小肠前段和中段，小肠后段、直肠和盲肠也有寄生。除家鹅外，也可感染白额雁、垩雁和小天鹅等野禽。卵囊呈球形或亚球形，囊壁光滑、单层、无色、无卵膜孔。最大卵囊为 16.25 μm×13.75 μm，最小卵囊为 10 μm×10 μm，平均大小为 14.04 μm×11.99 μm。孢子化卵囊内不产生孢子囊，8 个香蕉状的子孢子常围绕着不规则的粒状大残余体。孢子化时间 18～21 h。人工接种后 4 d，鹅粪中查见卵囊。显露期为 12 d。

（2）截形艾美耳球虫　寄生于肾脏或输尿管与泄殖腔连接处。除家鹅外，还可感染家鸭和灰雁、加拿大黑雁、疣鼻天鹅、绒鸭等野禽。卵囊呈卵圆形，一端狭窄呈截断状，卵囊壁光滑、无色、脆弱，在高渗溶液中很快皱缩。有卵膜孔和极帽。卵囊大小为 20～27 μm×16～22 μm，平均为 24.2 μm×20.8 μm。孢子囊大小为 10.2 μm×5.7 μm，有内残余体。孢子化时间 1～5 d，潜隐期 5～14 d。

（3）科特兰艾美耳球虫　主要寄生于小肠后段及直肠，严重感染时也可见于盲肠、泄殖腔和小肠中段。卵囊呈长椭圆形，一端椭圆，另一端较窄小，顶部截平，内有一唇状结构。卵囊壁淡黄色、2 层、有卵膜孔。最大卵囊为 32.8 μm×22.5 μm，最小为 27.5 μm×20 μm，平均为 29.27 μm×21.3 μm。有一个极粒和外残余体。孢子囊大小为 12.94 μm×9.44 μm。内残余体呈散开的颗粒状。孢子化时间为 48～50 h，人工接种后 10 d，鹅粪中查见卵囊。

（4）鹅艾美耳球虫　主要寄生于小肠后段，严重时可见于直肠和盲肠。除家鹅外，垩雁和加拿大黑雁等野禽也可感染。卵囊呈梨形，大小为 16～24 μm×13～19 μm，平均为 21 μm×17 μm。卵囊壁单层，光滑无色，狭窄截平端有卵膜孔。无极粒，外残余体似 1 块不规则的塞状物，位于卵膜孔的正下方。孢子囊卵圆形，大小为 8～12 μm×7～9 μm，有内残余体。孢子发育时间为 1～2 d，潜隐期 6～7 d，显露期 2～8 d。

（5）有毒艾美耳球虫　寄生于小肠后段，也可见于十二指肠、盲肠和直肠。除家鹅外，雪雁等野禽也可感染。卵囊为卵圆形，有卵膜孔的一端略扁平，卵囊壁光滑，2 层，外层淡黄色，内层无色。卵膜孔在内层上，被外层覆盖。卵囊大小为 25～33 μm×17～24 μm，平均为 31 μm×22 μm。无极粒和外残余体。孢子囊呈宽椭圆形，大小为 9～14 μm×8～10 μm，平均为 12 μm×9 μm，有小的斯氏体和内残余体。孢子化时间 2.5 d 或以上，潜隐期 4～9 d。

（6）多斑艾美耳球虫　主要寄生于小肠前段、后段和直肠，小肠中段和盲肠也可寄生。除家鹅外，大雁等野禽也可被寄生。卵囊呈宽卵圆形，一端钝圆，另一端略小，顶端平。卵囊壁呈黄褐色，有明暗相间的辐射条纹，卵膜孔明显。最大的卵囊为 25 μm×18.75 μm，最小卵囊为 18.75 μm×16.25 μm，平均为 22.27 μm×17.76 μm。极粒 2 个，无外残余体。孢子囊卵圆形，大小为 10.85 μm×8.67 μm，有斯氏体，内残余体呈松散粒状。孢子化时间 32～34 h。人工接种后 5 d，鹅粪中查见卵囊。显露期 2 d。

（7）金黄艾美耳球虫　主要寄生于小肠前段及直肠。严重时，小肠中、后段及盲肠也可被寄生。除家鹅外，也见于雪雁、加拿大黑雁等野禽。卵囊呈卵圆形，后部钝宽，前端略变细，端部截平。卵膜孔下形成 1 个或多个瘤状突出物。囊壁 2 层，最大卵囊为 36.25 μm×28.75 μm 最小卵囊为 30 μm×22.5 μm，平均为 32.1 μm×24.93 μm。有极粒，无残余体，孢子囊大小为 12.3 μm×8.8 μm，有内残余体。孢子化时间为 51～52 h，人工接种后 8 d，鹅粪中查见卵囊。

（8）赫尔曼艾美耳球虫　主要寄生于直肠及小肠后段。严重感染时，小肠中段也有寄生。除家鹅外，雪雁和加拿大黑雁等野禽也可被感染。卵囊呈卵圆形，后端钝圆，前端略小，且在卵膜孔上方略截平。卵囊壁 2 层，无色、光滑。最大卵囊为 23.75 μm×17.5 μm，最小卵囊 20 μm×16 μm，平均大小为 22.41 μm×16.34 μm。无极粒和外残余体。孢子囊大小为 11.27 μm×7.76 μm，有内残余体，孢子化时间为 24～25 h，人工接种后 5 d，鹅粪中查见卵囊。

(9) 巨唇艾美耳球虫　寄生于肠道。除家鹅外，白额雁、小雪雁和加拿大黑雁等野禽也可被感染。卵囊略呈卵圆形，大小为 22～24 μm×15～17 μm，平均为 22 μm×16 μm。卵囊壁 2 层，厚约为 1.8 μm。外层淡棕黄色，有一系列直线条纹状的凹陷，内层薄而无色。卵囊孔明显，周围呈唇状结构。无外残余体。孢子囊大小约为 8 μm×12 μm，内残余体大，子孢子头尾排列在孢子囊内。

(10) 克拉克艾美耳球虫　寄生于肠道。除家鹅外，北美的雪雁等野禽也可被感染。卵囊像一个圆底瓶，大小为 25～30 μm×18～21 μm，平均为 27.3 μm×19.3 μm。卵囊壁 1 层，光滑无色。卵囊窄端有卵膜孔，其上有一个扁平的盖子。孢子化卵囊内似乎无外残余体或折光性颗粒。

(11) 法立兰艾美耳球虫　寄生于肠道。除家鹅外，北美的白额雁等野禽也可被寄生。卵囊呈椭圆形或卵圆形。卵囊壁 1 层，光滑，无色或淡黄色，卵囊大小为 22～23 μm×17～20 μm，平均为 22.6 μm×18 μm，有外残余体，无极粒。孢子囊呈长卵圆形，大小为 12～13 μm×6 μm。有斯氏体，内残余体为颗粒状。

(12) 条纹艾美耳球虫　寄生于肠道。除家鹅外，加拿大黑雁和黑天鹅等野禽也可被寄生。卵囊为椭圆或卵圆形，大小为 18.9～23.6 μm×13.7～18 μm，多数为 20.0～22.9 μm×15.5～17.5 μm。有 1 个突起的卵膜孔。卵囊壁由 2 层组成，外层淡黄色，有极细的条纹和压痕，内层光滑无色。有 1 个或多个极粒，无外残余体。孢子囊大小为 10～12 μm×7～8 μm，有小的斯氏体，内残余体呈粗糙的颗粒状。

(13) 黑雁艾美耳球虫　寄生于肠道。除家鹅外，还发现于加拿大黑雁等野禽。卵囊呈卵圆形，大小为 23.4 μm×17.7 μm。卵囊壁 2 层，无色，在卵囊的狭窄端有一明显的卵膜孔。孢子化卵囊的详细结构不了解。

(14) 粗艾美耳球虫　卵囊呈宽卵圆形或卵圆形，大小为 25.8～28.3 μm×19.2～24.3 μm，平均为 25.8 μm×21.2 μm。卵囊壁 2 层，外层稍有粗糙，内层光滑。有卵膜孔及 1 个大的和 3 个小的极粒。孢子囊为 14.1 μm×8.2 μm，有斯氏体。

(15) 美丽艾美耳球虫　卵囊为卵圆形，大小为 20.1～27.6 μm×12.1～18.2 μm，平均为 24.3 μm×14.8 μm，卵囊壁 2 层，外层光滑、无色或淡黄色，内层光滑无色。卵膜孔小，无外残余体。孢子囊大小为 11.9 μm×6.0 μm，有斯氏体和颗粒状的内残余体。

(16) 鹅等孢球虫　寄生于肠道，国内发现于大雁。卵囊呈椭圆形，大小为 10.1～13.8 μm×10.1～11.2 μm，平均为 11.9 μm×10.9 μm。卵囊壁 1 层，光滑无色。无外残余体，有一圆形的极粒。孢子囊 2 个，每个孢子囊内有 4 个子孢子。孢子囊大小为 6.7～10 μm×5～8.8 μm，有一个不明显的斯氏体，内残余体颗粒状。

2. 卵囊检验　同鸭球虫病。

3. 卵囊分离与培养　取粪样加适量的自来水搅拌均匀后，依次用 60 目铜筛和 260 目尼龙筛兜过滤，滤液收集于 1 000 ml 大量杯中，加自来水静置沉淀 1 h，倒掉上清液；下层浑浊沉淀于 3 000 r/min 离心 15 min，收集沉淀物，加入 2.5%重铬酸钾，置 29 ℃恒温下培养 5 d。将卵囊培养物用自来水洗去重铬酸钾后，采用 50%的饱和蔗糖—食盐溶液漂浮法分离卵囊，镜检，观察卵囊的形态结构，测量卵囊、孢子囊的大小，参照病原特性进行鉴定。

（四）鉴别诊断

根据流行病学、临床症状、剖检病变可以做出初步诊断，确诊需要进行粪便或肾和肠道病变组织的实验室诊断。取火柴头大的粪便（肠黏膜或内容物），放在载玻片上，粪便和水调匀，做成涂片，肠黏膜或内容物直接做涂片，在显微镜下观察。也可采用饱和盐水漂浮法在粪便中查到大量卵囊来确诊。

（五）建议防治措施

防治鹅球虫病，只有实施综合防治措施，才能收到较好的成效。具体应做到：幼鹅和成年鹅分开饲养，以减少交叉感染，流行季节应在饲料中添加抗球虫药；加强饲料管理，及时清除粪便和垫草，搞好清洁卫生和消毒工作，料槽和水槽必须每天清洗、消毒、晾晒。圈舍应定期消毒，鹅舍必须保持干燥，每天必须消除粪便，将清除物堆积发酵处理；饲养场地应保持清洁干燥，禁止在低洼潮湿及野生水禽常出没的地区放牧；保证青绿饲料供给，尤其应供给富含维生素 A 的青绿多汁饲料。青绿料不足时，应补充复合维生素，以提高对球虫的抵抗力。

早期治疗的重点是在出现临床症状时，立即用磺胺类药物或其他化学药物进行治疗，但抗球虫药物应在球虫感染的早期发挥作用，一旦出现症状和造成组织损伤，再使用药物往往无济于事。因此，预防性用药就显得比较重要。在大的养鹅场应随时储备一些效果好的药物，以防鹅球虫病的突然暴发。合理选择抗球虫药，采取轮换用药、穿梭用药、联合用药的方法也是防治鹅球虫和防止耐药的关键。在使用抗球虫药物治疗的同时配合使用维生素 A 和维生素 K 疗效更好。目前，治疗鹅球虫病的专用抗球虫药国内外尚未见报道。根据临床报道，治疗鹅球虫病的常用药物有以下几种：

（1）磺胺二甲基嘧啶（SM2），按 0.1%饮水浓度连用 3 d，停药 2 d 后再用 3 d。

（2）氯苯胍，按每千克体重 10 mg 混料喂服，连喂 3 d。或按 0.008%浓度混料喂 3 d 后，再用 0.004%浓度混料喂 3 d。

（3）氨丙啉，按每千克体重 500 mg 混料喂服，连喂 3 d。

（4）复方敌菌净，按每千克体重 30 mg 混料喂服，首次量加倍，连用 7 d。

（5）百球清（甲基三嗪酮），按 0.0025%饮水浓度连用 2 d。

第二节　禽隐孢子虫病的检验与防治

隐孢子虫病（Cryptosporidiosis）是由隐孢子虫引起的呈世界性分布的人畜共患原虫病，是一种引起人与动物腹泻的重要的原虫性疾病，也是仅次于轮状病毒的主要肠道疾病。隐孢子虫广泛寄生于哺乳动物、禽类、两栖类、鱼类及人的消化道及其他器官，造成消化吸收功能障碍，引起动物腹泻、呼吸道症状或隐性感染。

本病最早是在 1895 年由 Clark 观察到的，模式种小鼠隐孢子虫（*Cryptosporidium muris*）是 1907 年由 Tyzzer 描述的，目前报道的脊椎动物的隐孢子虫有 20 种，有效种已达到 8 个，其中已确定的鸟类有效种有 2 个，即贝氏隐孢子虫（*Crptosporidium baileyi*）和火鸡隐孢子虫（*C. meleagridis*），还可能存在其他有效种，如分离自白尾鹌鹑和驼鸟的 2 个虫株也可能是2个有效种。隐孢子虫宿主种类广泛，可以寄生于170多种动物。目前，已查明30多种禽类可以感染隐孢子虫，除幼禽之外，也可寄生于成年禽类并致病，造成一定的经济损失。禽类隐孢子虫在我国已普遍存在，鸡、鸭、鹅、鹌鹑、孔雀、珍珠鸡、雉鸡、丝毛乌骨鸡均可自然感染或人工感染。

隐孢子虫病已被列为世界最常见的4种腹泻疾病之一。对于禽类，隐孢子虫主要引起呼吸道和消化道疾病，导致生产性能下降和死亡，当与免疫抑制性或其他呼吸道和消化道病原共同感染时，会造成更为严重的经济损失。

禽隐孢子虫病是由隐孢子虫科、隐孢子虫属的贝氏隐孢子虫、火鸡隐孢子虫寄生于家禽的呼吸系统、消化道、法氏囊和泄殖腔内所引起的一种原虫病。隐孢子虫病是禽的第二位最普遍的原虫病。

一、临诊检查

隐孢子虫是一种多宿主寄生原虫，在中国发现于鸡、鸭、鹅、火鸡、鹌鹑、孔雀、鸽、麻雀、鹦鹉、金丝雀等禽类体内。隐孢子虫主要危害雏禽，成年禽则可带虫而不显症状。贝氏隐孢子虫主要侵害50日龄以下的雏鸡，尤其是10日龄以内的雏鸡易感性最高，发病和死亡主要见于10日龄以内感染的雏鸡。除薄型卵囊在宿主体内引起自身感染外，主要感染方式是发病的鸟禽类和隐性带虫者粪便中的卵囊污染了禽的饲料、饮水等经消化道感染，亦可经呼吸道感染。发病无明显季节性，但以温暖多雨的8～9月份多发，在卫生条件较差的地区容易流行。

病禽精神沉郁，缩头呆立，眼半闭，翅下垂，食欲减退或废绝，张口呼吸，咳嗽，严重的呼吸困难，发出“咯咯”的呼吸音，眼睛有浆液性分泌物，腹泻，便血。人工感染严重发病者可在2～3 d后死亡，死亡率可达50.8%。

火鸡隐孢子虫寄生于肠道、法氏囊和泄殖腔，但仅可引起火鸡腹泻和中等程度的死亡。贝氏隐孢子虫寄生于呼吸道（鼻窦、咽、喉、气管、支气管、气囊）、法氏囊和泄殖腔等组织，是一种广泛流行于家禽的隐孢子虫，且常常引起疾病。实验性感染时，贝氏隐孢子虫可以在宿主的许多组织器官中发育，卵囊接种途径似乎对最终寄生的部位起决定作用。自然条件下禽隐孢子虫主要引起呼吸道疾病，偶尔引起肠道、肾脏等疾病，但每次暴发一般只以一种疾病为主。呼吸道感染主要表现精神沉郁、嗜睡、厌食、消瘦、咳嗽、打喷嚏、啰音、呼吸困难和结膜炎等症状。消化道感染的症状以嗜睡、增重下降、色素沉着减少和腹泻为最常见。

二、病理学检验

剖检可见鼻腔、鼻窦、气管黏液分泌过多。球结膜水肿、充血。鼻窦肿大，双侧眶下窦内含黄色液体，肺有灰白色斑，气囊浑浊、增厚，法氏囊萎缩。

显微镜下可见眼、鼻和呼吸道上皮中有大量的隐孢子虫寄生，黏膜表面有大量黏液和细胞碎片，上皮充血、坏死并有化脓性炎症，黏液腺扩张或增生。泄殖腔、法氏囊及呼吸道黏膜上皮水肿，肺腹侧坏死。

从组织学检查，可见隐孢子虫主要感染宿主的空肠后段和回肠，倾向于后端发展至盲肠、结肠，甚至直肠。

三、病原学检验

（一）病原特征

隐孢子虫属于原生动物门、复顶亚门、孢子虫纲、真球虫目、艾美耳亚目、隐孢科、隐孢属。危害禽类的是贝氏隐孢子虫和火鸡隐孢子虫。

贝氏隐孢子虫的卵囊大多为椭圆形，部分为卵圆形和球形，卵囊大小平均为 6.3 μm×5.1 μm（大小范围为 6.64 ～5.2 μm×5.6 ～ 4.64 μm），卵囊指数平均为 1.24，卵囊壁光滑，无色，壁厚 0.5 μm。无卵膜孔、极粒和孢子囊。孢子化卵囊内含 4 个裸露的香蕉形子孢子和 1 个较大的残体。经人工感染试验证明，贝氏隐孢子虫可感染鸡、鸭、鹅、鹌鹑等多种禽类，引起严重的呼吸道疾病。虫体主要寄生在宿主的呼吸道、法氏囊和泄殖腔黏膜上皮细胞表面。

火鸡隐孢子虫的卵囊大小平均为 4.72 μm×4.01 μm（大小范围为 5.2～4.0 μm×4.16～3.84 μm），卵囊指数平均为 1.18，较贝氏隐孢子虫小，近似于球形，卵囊壁光滑，无色，厚度约 0.5 μm。无微孔、极粒和孢子囊。孢子化卵囊内含 4 个裸露的香蕉形子孢子和 1 个较大的残体。经人工感染试验证明，火鸡隐孢子虫可感染鸡、火鸡和鹌鹑。寄生部位是十二指肠、空肠和回肠，可引起家禽腹泻。

隐孢子虫的发育可分为裂体生殖、配子生殖和孢子生殖 3 个阶段。孢子化的卵囊随受感染的宿主粪便排出，通过污染食物和饮水而被禽吞食。亦可经呼吸道感染。在禽的胃肠道或呼吸道，子孢子从卵囊脱囊逸出，进入呼吸道和法氏囊上皮细胞的刷状缘或表面膜下，经无性裂体生殖，形成Ⅰ型裂殖体，其内含有 6 个或 8 个裂殖子。Ⅰ型裂殖体裂解后，各裂殖子再进行裂体生殖，产生Ⅱ型裂殖体，其内含有 4 个裂殖子。从Ⅱ型裂殖体裂解出来的裂殖子分别发育为大、小配子体，小配子体再分裂成 16 个没有鞭毛的小配子。大小配子结合形成合子，由合子形成薄壁型和厚壁型两种卵囊，在宿主体内行孢子生殖后，各含 4 个孢子和 1 团残体。薄壁型卵囊囊壁破裂并释放出子孢子，在宿主体内行自身感染；厚壁型卵囊则随宿主的粪便排出体外，可直接感染新的宿主。

（二）卵囊检验

卵囊的检验方法很多，如直接涂片法、蔗糖漂浮法、福尔马林—乙酸乙酯沉淀法以及其他多种沉淀法和漂浮法等。直接涂片法虽简便，但检出率不高，利用沉淀或漂浮法使卵囊浓集可以提高检出率。卵囊直接镜检常难以分辨，而染色后分辨率明显提高，便于识别。

1. 制片　新鲜或甲醛固定的粪便或肠内容物、胆汁、痰液、胰液气管分泌物等均可作为检验材料。

（1）直接涂片　刮取病鸡喉头、气管、盲肠和法氏囊黏膜，按 1∶1 比例与甘油混合，涂片镜检，或粪便稀释后除去残渣直接涂片镜检。该方法具有省时、操作简便的优点，效果良好，但检出率不高。

（2）蔗糖漂浮法　取疑为贝氏隐孢子虫感染阳性的粪便 5 g，加 10 倍自来水稀释并混匀，用 3 层纱布过滤，然后将滤液转移到适当的离心管中以 3 000 r/min 离心 10 min，弃上清，留下沉淀，与适当自来水混悬，将混悬液与 Sheather' s 蔗糖漂浮液（在 320 ml 蒸馏水中加入 500 g 蔗糖和 9 ml 苯酚溶解即成）按 3∶7 的比例混匀，1 500 r/min，离心 20 r/min，然后用小铁丝环蘸取漂浮液表层涂片，400～1 000×倍显微镜下检查，可发现呈玫瑰红色的卵囊，卵囊壁薄、光滑、无色，无微孔和极粒，卵囊内有4个子孢子和1个残体。

(3) 福尔马林—乙酸乙酯沉淀法（FEA） 取福尔马林固定的粪便悬液，水洗，过滤离心沉淀，将沉淀重新悬浮于10%的福尔马林和乙酸乙酯的混合溶液中（3：1），摇匀后离心，溶液从上至下依次为：乙酸乙酯层、碎片层、福尔马林层含卵囊的沉淀，取沉淀涂片观察。

2. 卵囊染色

(1) 金胺-酚染色法 将已固定的涂片以0.1%金胺-酚染液染色10～15 min，再以3%盐酸酒精脱色1 min，最后在0.5%高锰酸钾溶液中处理1 min，水洗干燥后荧光显微镜检查。卵囊发乳白色或略带黄绿色的荧光，中央浅周边深，似厚环状，部分卵囊深色结构偏位或全为深色。

(2) 抗酸染色法 有改良抗酸染色、Trichrome抗酸染色、改良Kinyoun抗酸染色、Zeihl-Neelsen抗酸染色。

① 改良抗酸染色 粪膜以石炭酸品红溶液染数分钟后水洗，加10%硫酸数分钟，水洗后加1：10的孔雀石绿工作液，1 min后水洗，干燥后油镜镜检，蓝绿色背景下可见直径为3～5 μm的圆形或椭圆形玫瑰红色卵囊，囊内有排列不规则的子孢子及暗棕色颗粒状的残余体。

② Trichrome抗酸染色 粪膜以石炭酸品红溶液染10 min，水洗后以0.5%盐酸酒精脱色，再以37 ℃的Didiver's Trichrome液染30 min，酸性乙醇洗10 s，最后以95%乙醇洗30 s，干燥后油镜镜检。镜下卵囊呈亮粉红色或紫蓝色，有时可观察到子孢子。

(3) 碘液染色 仅适用于短期观察。在粪涂片上滴1滴卢戈氏碘液，加上盖玻片，油镜下卵囊呈圆形或卵圆形折光颗粒，不吸收碘液，易与酵母菌鉴别。

(4) 沙黄-美蓝染色 涂片火焰或甲醛固定，加3%盐酸甲醇溶液，3～5 min后水洗，加1%沙黄水溶液，加热蒸发1～2 min，冷却后水洗，再加1%美蓝溶液染30 s，水洗，干燥后镜检，卵囊桔红色，子孢子纤细淡染。

除以上常用方法外，还有吉氏染色、亚甲蓝染色、阿新蓝染色、Kohn氏染色、藤黄染色、海因染色等方法。

四、血清学检验

(一) 免疫荧光试验（IFA）

抗原制备有两种方法：一是直接取卵囊涂片，干燥固定后即可使用，另一种是取病禽气管、盲肠和法氏囊做新鲜冰冻切片黏附于载玻片，固定后使用。在固定好的玻片上滴加隐孢子虫病阳性血清，37 ℃下反应，洗涤、干燥后滴加荧光素标记的二抗，37 ℃下反应30 min，PBS冲洗干净后封片，荧光镜检卵囊呈黄绿色荧光；以肠黏膜作抗原时镜下可见微绒毛边缘的虫体显示黄绿色荧光，依据其色度和形态可分辨卵囊的发育阶段。此法具有高度的敏感性和特异性，可分直接免疫荧光试验和间接免疫荧光试验两种。

(二) 酶联免疫吸附试验（ELISA）

先以卵囊抗体包被反应板，4 ℃下过夜，用含2%牛血清的PBS封闭，低温保存，使用前以含10%牛血清的PBS再次封闭30 min。样品检测同ELISA常规操作，结果可直接观察或在492 nm读数。ELISA技术可检测粪便、血清、十二指肠液、胰液、胆汁、痰液等多种样品，对于恢复期患者、慢性期间歇排卵囊者、携带者具有重要的诊断意义。已有多种ELISA试剂盒出售。

（三）免疫酶染色技术（IEST）

该技术结合了免疫反应的高特异性和酶促反应的高效性。生物素连接的单抗能识别粪便和病变小肠黏膜中的卵囊，在隐孢子虫病诊断中常用的免疫过氧化物酶反应底物有3,3-二氨基联苯胺（DAB）和3-氨基-9-乙基咔唑（AEC），两种方法的过程相似，现以DAB法为例简述如下：PBS稀释的OW3生物素50 μl加于粪涂片上，湿反应30 min，以PBS洗；加50 μl辣根过氧化物酶，反应30 min，以PBS洗；再加100 μl DAB工作液，避光反应15 min，以PBS及H_2O_2洗；加0.5%硫酸铜溶液作用5 min，水洗后以1%美蓝复染15～30 min，水洗、干燥后封片镜检。DAB染色结果为背景呈淡蓝色，卵囊为棕色；AEC染色卵囊呈红色。

（四）反向被动血凝反应

将粪样以25%比例悬于PBS中，沸水处理后取上清，将上清液以含0.1%鼠血清的PBS稀释，即为卵囊抗原。将此卵囊抗原加入预先制备好的结合了绵羊红细胞抗卵囊单克隆抗体的反应板，抗原抗体反应后，反应孔底部红细胞凝集的，判断为阳性反应。

五、建议防治措施

本病应当预防为主，加强饲养管理，对禽舍和环境进行严格的消毒，以杀灭和减少环境中的隐孢子虫卵囊。据报道，10%的福尔马林、5%的氨水或5%的漂白剂对隐孢子虫虫卵有一定的杀灭作用。使用蒸汽可能是一种较安全和有效的方法，因为65 ℃以上的温度可杀灭虫卵。饲养场地和用具等应经常用热水、5%氨水或10%福尔马林消毒。粪便污物定期清除，进行堆积发酵处理。防止合并感染和继发感染对控制本病都是必要的。感染隐孢子虫的鸡可产生很强的免疫保护力，因而探索有效的治疗药物和免疫控制方法是未来控制本病的两个主要途径。

岳道友等报道，重组鸡IFN-α对雏鸡隐孢子虫病有一定的防治作用，其可以减轻雏鸡感染隐孢子虫后的临床症状，减少雏鸡体重损失，促进免疫器官增重，提高机体免疫功能，降低排卵囊量及缩短显露期。以每只1 000 IU进行重组鸡IFN-α注射，每周1次连用2周，对雏鸡的治疗效果最好。饮水中加入二氧化氯可杀灭水中大部分卵囊。

目前，公认最佳的抗隐孢子虫药物硝唑尼特是美国FDA唯一批准的口服抗隐孢子虫药物，可以用于治疗1岁以上免疫功能正常的隐孢子虫病患者。使用大蒜素（600 mg/kg）对本病有一定治疗效果。

第三节　组织滴虫病的检验与防治

组织滴虫病（Histomoniasis）又名盲肠肝炎或黑头病（Black head disease），是由火鸡组织滴虫（*Histomonas meleagridis*）寄生于禽类盲肠和肝脏而引起的一种急性原虫病。Smith首先描述了组织滴虫病，认为其原发性病原是一种原生动物。然而，Tyzzer却是第一个观察到这种寄生虫有鞭毛和伪足，于是，将病原体重新命名为火鸡组织滴虫。禽组织滴虫病广泛分布于世界各地。该病在我国也有不同程度地发生，国内最早报道本病是1965年汪志楷在南京动物园的孔雀、锦鸡、珍珠鸡中发现，此后全国陆续有本病的报道。该病以侵害火鸡为主，其他家禽易感性不高，但组织滴虫可引起家禽的生长发育缓慢，产蛋下降，对养禽业生产造成较大的经济损失。由于组织滴虫寄生于盲肠和肝脏，引起肝脏坏死和盲肠溃疡。病鸡表现羽毛松乱，下痢，排淡黄色或淡绿色粪便，剖检可见盲肠发炎，肝表面形成圆形或不规则的坏死溃疡灶。

一、临诊检查

本病全年均有发生，但多发生于春、夏季节。本病在秋、冬季节因鸡舍潮湿，鸡群拥挤，通风不良，鸡粪处理不当，也时有发生。本病主要发生于 3 周龄至 16 周龄之间的鸡和火鸡，在新发病地区死亡率很高。成年鸡和火鸡也可感染，但病状轻微，多为隐性经过，并成为带虫者。本病通过消化道感染，患病的鸡和火鸡为主要传染源，粪便以及被污染的饲料、饮水、用具和土壤均可成为传播媒介。此外，蝇类、蚯蚓、蚱蜢、蟋蟀等由于吞食了土壤中的异刺线虫的虫卵和幼虫，而成为机械的带虫者。患本病的鸡群常并发或继发大肠杆菌病、沙门氏菌病或禽霍乱，凡有并发或继发感染的鸡群、火鸡群，其发病率和死亡率明显高于本病的单一感染。鸡群饲养管理条件不良，环境卫生恶劣等，均能诱发和加剧本病的发生。

组织滴虫的自然宿主很多，火鸡最易感，死亡率可达 100%。野鸡、鹌鹑、孔雀、珍珠鸡、锦鸡、家鸭、鸵鸟等均可感染，但症状较轻。鸭虽然不是黑头病的易感宿主，但也可以感染组织滴虫病。

火鸡的发病率非常高，可高达 100%，鸡的发病率也可高达 20%。马文戈等于 1999 年对一起珍珠鸡组织滴虫病进行了报道，其发病率为 17.3%，病死率为 57.7%。除此之外，组织滴虫还可与球虫、蛔虫、隐孢子虫、大肠杆菌、沙门氏菌等混合感染。

1996 年，傅运生等对肉鸡实验性感染组织滴虫病显示，其潜伏期为 5～8 d，在 15 d 左右症状最明显，5 d 肝脏就出现表面坏死，10 d 肝脏出现本病的典型病变，并在所有感染的鸡只中都可见盲肠肿大。同年，邓治邦等采集组织滴虫病疫区的异刺线虫卵，并孵育成感染性虫卵后，经口成功感染健康火鸡及乌鸡，并观察到火鸡组织滴虫病潜伏期为 7～9 d，14 d 时症状明显，15 d 便开始死亡，16～18 d 为死亡高峰期，发病率高达 100%；乌鸡潜伏期为 5～7 d，9～13 d 为死亡高峰期，病程 1～2 d，发病率为 45%，虫体检出率 85%。火鸡组织滴虫病主要发生在 6～8 月份，4～8 周龄的火鸡感染此病多见，但也有少数是发生在 3 周龄和 17 周龄的火鸡。

组织滴虫主要侵害肠黏膜细胞，随血液进入肝脏并形成病灶。病禽表现全身症状，如精神委顿，食欲减退甚至废绝，羽毛粗乱无光泽，翅膀下垂，身体蜷缩，怕冷嗜睡。发病早期，病禽出现下痢，并可见硫黄色粪便，急性病例粪便带血或全是血便，临死前出现长时间痉挛。发病后期，病禽血液循环障碍，皮肤变成紫蓝色或黑色，所以该病有“黑头病”之称。

病鸡血液红细胞和血红蛋白下降，而白细胞和淋巴细胞随病程发展显著增加，血糖、血清白蛋白、血清胆固醇、血清总蛋白、血清总脂含量明显下降。鸡在感染后 10～15 d 各项指标与火鸡相似，但 15 d 后各项指标均逐渐恢复。肝功能的变化是评定组织滴虫病的一个重要依据，病火鸡血清中谷丙转氨酶、乳酸脱氢酶和碱性磷酸酶的活性显著升高，淀粉酶活性下降，而鸡的血清谷草转氨酶活性升高，其他指标与火鸡差别不大。

二、病理学检验

组织滴虫病的损害常局限于盲肠和肝脏，盲肠的一侧或两侧发炎、坏死，肠壁增厚或形成溃疡，有时盲肠穿孔，引起腹膜炎，盲肠表面覆盖有黄色或黄灰色渗出物，并有特殊恶臭。有时这种黄灰绿色干酪样物充塞盲肠腔，形成轮层状栓子（彩图 11－6）；肝脏出现颜色各异、不正圆形、稍有凹陷的溃疡病灶，通常呈黄灰色，或是淡绿色。溃疡灶的大小不等，一般为 1～2 cm 的环形病灶，也可能相互融合成大片的溃疡区（彩图 11－7）。经过治疗或发病早期的雏火鸡，可能不表现典型病变，感染鸡群只有通过剖检足够数量的病死禽只，才能发现典型病理变化。

病理组织学变化主要表现在肝脏和盲肠。

盲肠黏膜充血、瘀血，上皮细胞变性、坏死、脱落，纤维素渗出，固有层可见红色圆形或椭圆形虫体，并见淋巴细胞、异嗜性粒细胞和巨噬细胞浸润（彩图 11－8）。病变严重部位，可在肌层内发现含虫体的病灶。

肝脏可见坏死灶中心部位的肝细胞坏死、崩解，形成均质团块，外围区域的肝细胞索排列紊乱，肝组织中的虫体与病灶同时出现，肝坏死区内有大量浆液和炎症细胞浸润，坏死灶周边区较多而中央区较少，多核巨细胞内亦有虫体（彩图 11－9）。

三、病原学检验

（一）病原特征

和很多寄生虫一样，组织滴虫的生活史非常复杂。该原虫有两种形式：一种是组织型原虫，寄生在细胞里，虫体呈圆形或卵圆形，没有鞭毛，大小为 6～20 μm；另一种是肠腔型原虫，寄生在盲肠腔的内容物中，虫体呈阿米巴状，直径为 5～30 μm，具有 1 根鞭毛，在显微镜下可以看到鞭毛的运动（图 11－1）。随病鸡粪排出的虫体，在外界环境中能生存很久，鸡食入这些虫体便可感染。但主要的传染方式是通过寄生在盲肠的异刺线虫的卵而传播。异刺线虫卵中约有 0.5%带有这种组织滴虫。这些组织滴虫在异刺线虫卵的保护下，随粪便排出体外。异刺线虫卵在外界环境中能生存 2～3 年。当外界环境条件适宜时，可发育为感染性虫卵。鸡吞食了这样的虫卵后，卵壳被消化，异刺线虫的幼虫和组织滴虫一起被释放出来，移行至盲肠部位繁殖。异刺线虫幼虫对盲肠黏膜的机械性刺激，致盲肠黏膜损伤有利组织滴虫钻入肠壁，引起盲肠发炎，由肠黏膜进入血流的组织滴虫，寄生于肝脏而导致肝脏发炎和坏死。节肢动物中的蝇、蚱蜢、土鳖和蟋蟀都可作为机械性媒介。

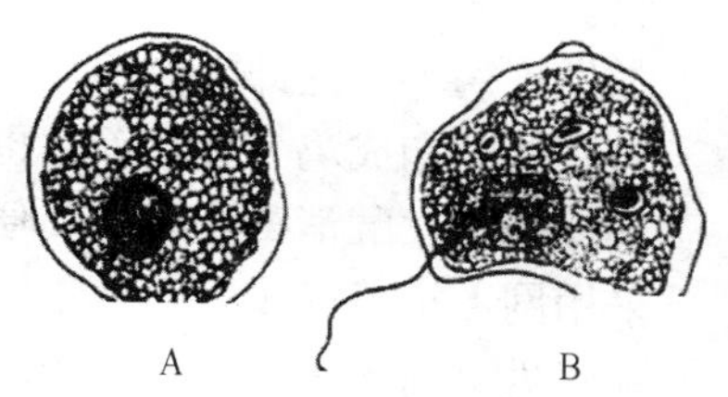

图 11－1　组织滴虫病模式图
A. 肝脏中的虫体　B. 盲肠中的虫体
（甘孟侯．中国禽病学．2003）

本病主要通过消化道感染，病鸡排出的粪便中含有大量的原虫，污染饲料、饮水和土壤，鸡采食后即可感染。采集疫区的鸡盲肠腔内的异刺线虫和土壤中的蚯蚓接种宿主，均能成功感染组织滴虫病。用 1%甲醛防腐的异刺线虫卵在 1～5 ℃保存 6 个月后仍具感染性。

（二）病原体检验

取病鸡盲肠内容物或粪便，用生理盐水稀释，制成压片，做显微镜检查，适当将玻片加温，此时可见活泼运动的虫体，呈不规则形，大小为 5～30 μm，有 1 根鞭毛。或取肝病变组织做切片，镜下可见坏死病灶中有大量呈圆形、卵圆形，大小为 6～20 μm，没有鞭毛的虫体。

四、鉴别诊断

根据流行病学、临床症状及特征性病理变化基本可以确诊。必要时需进行实验室检验。鸡球虫病也可引起盲肠病变，因而应注意与球虫病的鉴别诊断。鸡组织滴虫病初期排淡黄色、浅绿色带泡沫的稀粪，少见血便，中期排褐色恶臭稀粪，后期头部皮肤呈蓝紫色；球虫病则排红色或暗红色的黏稠粪、带血稀粪或血水，且鸡冠苍白。组织滴虫病一侧或两侧盲肠肿大，肠壁增厚，黏膜出血，内有干酪样渗出物或坏死物形成凝固栓子堵塞肠腔，使盲肠肥厚坚实，像香肠，横切盲肠，切面呈同心圆的层状，肝脏表面有特征性溃疡病灶；球虫病则两侧盲肠肿大，盲肠黏膜糜烂，内有血粪或黏膜碎片，但一般不形成栓塞，肝脏一般见不到溃疡病变。取肠内容物压片镜检可见大量球虫卵囊。

五、建议防治措施

（一）预防

必须加强卫生管理，保持鸡舍清洁干燥，以防止异刺线虫侵入鸡体内，同时定期用左旋咪唑（按每千克体重 25 mg 的剂量 1 次口服）驱除盲肠中的异刺线虫，也可以用其他驱蛔虫的药物。

如发现病鸡，立即隔离治疗，重病鸡宰杀淘汰，鸡舍地面用 3%的苛性钠溶液消毒。

做到幼鸡和成鸡分开饲养，也是预防本病发生的主要措施。

粪便堆积发酵消毒，减少粪便对饲料、饮水的污染。

采用网上饲养或笼养，鸡不接触地面，可以减少感染异刺线虫卵的机会。

在引进鸡前或鸡出栏后用生石灰撒在鸡栏和活动场所的地面杀灭蚯蚓，经 10～15 d 蚯蚓腐烂后再引进鸡。

（二）治疗

将甲硝唑（灭滴灵）配成 0.05%水溶液代替饮水，连用 7 d，停药 3 d 后再饮用 7 d。重者可按每千克体重直接口服 0.1 g 灭滴灵，每天 2 次。

预防可用 0.015%～0.02%卡巴胂混料，连用 5 d。

第四节　鸡住白细胞虫病的检验与防治

鸡住白细胞虫病（Leucocytozoonosis）是由住白细胞虫属的多种住白细胞虫寄生于鸡的白细胞和红细胞而引起的一种急性血液原虫病。病鸡因红细胞被破坏及广泛性出血，鸡冠呈苍白色，故又名白冠病。住白细胞虫属于原生动物门、复顶亚门、孢子虫纲、血孢子虫亚目、疟原虫科、住白细胞虫属。目前，已知的有西氏住白细胞原虫（*L. simondi*，Mathis and Leger，1910）、史氏住白细胞原虫（*L. simithi*，Laveran and Lucet，1905）、卡氏住白细胞原虫（*L. caulleryi*，Mathis and Leger，1909）、沙氏住白细胞原虫（*L. sabrezi*，Mathis and Leger，1910）、休氏住白细胞原虫（*L. schoutedeni*，Rodham 等，1913）。

我国已发现 2 种鸡住白细胞虫：卡氏住白细胞虫和沙氏住白细胞虫。卡氏住白细胞虫危害严重，本病在我国许多地区暴发流行，对养鸡业的危害日趋严重。

一、临诊检查

卡氏住白细胞虫的中间宿主是库蠓（彩图 11－10），沙氏住白细胞虫的中间宿主是蚋，本病的流行季节与库蠓和蚋的活动密切相关。一般在气温 20 ℃以上时，库蠓繁殖快，活动力强，该病的流行也严重。广州地区多在 4～10 月份，严重发病见于 4～6 月份，发病的高峰季节在 5 月份。河南地区多发生于 6～8 月份。沙氏住白细胞虫的流行季节与蚋的活动密切相关，本病常发生在福建地区的 5～7 月及 9 月下旬至 10 月。

各种年龄的鸡均可感染发病，幼雏和青年鸡易感性最高、病情最为严重。鸡的年龄与住白细胞虫病的感染率成正比例，而与发病率却成反比例。一般中雏的感染率和发病率均较高，而 8～12 月龄的成年鸡或 1 年以上的种鸡，虽感染率高，但发病率不高，血液里的虫体也较少，大多数为带虫者，成为次年发病的传染源。土种鸡对住白细胞虫病的抵抗力较强。已报道的卡氏住白细胞虫的传播媒介有荒川库蠓（*Culicoides arakawae*）、环斑库蠓（*C. cir－cumscriptus*）、尖喙库蠓（*C. schultzei*）、恶敌库蠓（*C. odibilis*）等，前 3 种库蠓在我国各地广泛存在。

自然感染时的潜伏期为 6～10 d。雏鸡和青年鸡的症状明显，死亡率高。病初体温升高，食欲不振，精神沉郁，流涎，下痢，粪便呈翠绿色，贫血，鸡冠和肉髯苍白，鸡冠上有针尖大小出血点（库蠓叮咬所致）（彩图 11－11）。生长发育迟缓，两肢轻瘫，活动困难。感染后 12～14 d，病鸡突然因咯血、呼吸困难而死亡。中鸡和成年鸡感染后病情较轻，死亡率也较低，病鸡鸡冠苍白，消瘦，拉水样的白色或绿色稀粪，中鸡发育受阻，成年鸡产蛋率下降，甚至停止产蛋。

二、病理学检验

死后剖检的主要特征是：鸡冠苍白，全身性皮下出血，肌肉（尤其是胸肌、腿肌、心肌）有大小不等的出血点，出血点中心有灰白色小点。各内脏器官上（肠浆膜、肠系膜、心、肝肾等）有灰白色或稍带黄色的、针尖至粟粒大的、与周围组织有明显界限的白色小结节（彩图 11－12，彩图 11－13）。将这些小结节挑出并制成压片，可见大小不等的球形裂殖体，内含大量裂殖子。肺脏瘀血、出血，有时肾脏严重出血，肾被膜下集聚大量血液或血凝块。

肝脏肺脏切片中可见数量不等大小不一的巨型裂殖体，裂殖体有一较厚的包膜，内有大量深蓝色裂殖子（彩图 11－14）。

三、病原学检验

（一）病原特性

住白细胞虫的生活史由 3 个阶段组成：孢子生殖在昆虫体内进行；裂殖生殖在宿主的组织细胞中进行；配子生殖在宿主的红细胞或白细胞中进行。虫体的发育需要有媒介昆虫，卡氏住白细胞虫的发育在库蠓体内完成，沙氏住白细胞虫的发育在蚋体内完成。

孢子生殖发生在昆虫体内，可在 3～4 d 内完成。进入昆虫胃中的大、小配子迅速长大，大配子和小配子结合成合子，逐渐增长为 21.1 μm×6.87 μm 的动合子，这种动合子可在昆虫吸血后12 h的胃内发现。在昆虫的胃中，动合子发育为卵囊，并产生子孢子，子孢子从卵囊逸出后进入唾液腺。有活力的子孢子曾在末次吸血后18 d的昆虫体内发现。

裂殖生殖发生在鸡的内脏器官（如肾、肝、肺、脑和脾）。当昆虫吸血时随其唾液将住白细胞虫的子孢子注入鸡体内。首先在血管内皮细胞繁殖，1个子孢子形成10多个裂殖体，感染后9～10 d，宿主细胞破裂，裂殖体随血流转移至其他寄生部位，如肾、肝和肺等。裂殖体在这些组织内继续发育，至10～15 d裂殖体破裂，释放出成熟的球形裂殖子。这些裂殖子进入肝实质细胞形成肝裂殖体，肝裂殖体成熟后直径可达45 μm；某些裂殖子可被巨噬细胞吞噬，而后发育为巨型裂殖体或大裂殖体，大小可达400 μm；而另一些裂殖子则进入红细胞或白细胞进行配子生殖。肝裂殖体和巨型裂殖体可重复繁殖2～3代。

配子生殖是在鸡的末梢血液或组织中完成的，宿主细胞是红细胞、成红细胞、淋巴细胞和白细胞。配子生殖的后期，即大配子体和小配子体成熟后，释出大、小配子是在库蠓体内完成的。

卡氏住白细胞虫在鸡体内的配子生殖阶段可分为五个时期。

第一期：在血液涂片或组织印片上，可见虫体游离于血液中，呈紫红色圆点状或类似巴氏杆菌两极着色状，也有3～7个或更多成堆排列者，大小为0.89～1.45 μm。

第二期：其大小、形状与第一期虫体相似，不同之处在于虫体已侵入宿主细胞内，多位于宿主细胞一端的胞浆内，每个红细胞有1～2个虫体（彩图11－15）。

第三期：常见于组织印片中，虫体明显增大，其大小为10.87 μm×9.43 μm，呈深蓝色，近似圆形，充满于宿主细胞的整个胞浆，将细胞核挤向一边，虫体核的大小为7.97 μm×6.53 μm，中间有一深红色的核仁，偶见有2～4个核仁。

第四期：已可区分出大配子体和小配子体。大配子体呈圆形或椭圆形，大小为13.05 μm×11.6 μm；细胞质呈深蓝色，核居中，呈肾形、菱形、梨形、椭圆形，大小为5.8 μm×2.9 μm，核仁为圆点状。小配子体呈不规则圆形，大小为10.9 μm×9.42 μm；细胞质少，呈浅蓝色，核几乎占去虫体的全部体积，大小为8.9 μm×9.35 μm，较透明，呈哑铃状、梨状，核仁呈紫红色，杆状或圆点状。被寄生的细胞也随之增大，大小为17.1 μm×20.9 μm，呈圆形，细胞核被挤压成扁平状。

第五期：其大小及染色情况与第四期虫体基本相似，不同之处在于宿主细胞核与胞浆均消失。虫体容易在末梢血液涂片中观察到。

沙氏住白细胞虫的成熟配子体呈长形，宿主细胞呈纺锤形，细胞核呈深色狭长的带状，围绕着虫体的一侧。大配子体的大小为22 μm×6.5 μm，呈深蓝色，色素颗粒密集，褐红色的核仁明显；小配子体的大小为20 μm×6 μm，呈淡蓝色，色素颗粒稀疏，核仁不明显（图11－2）。

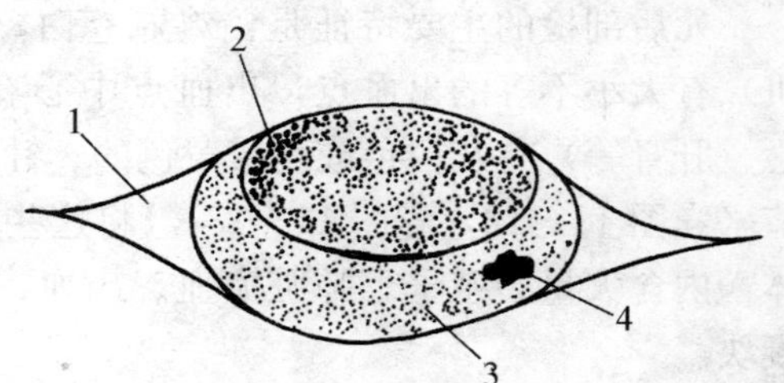

图11－2　沙氏住白细胞虫

1. 白细胞原生质　2. 白细胞核　3. 配子体　4. 配子体的核

（甘孟侯．中国禽病学．2003）

（二）病原检验

病原学诊断是使用血片检查法。取病鸡外周血1滴，涂片，姬氏或瑞氏染色，镜检，可见几乎占据整个白细胞的大配子体，或在红细胞内呈红点状的小配子体。挑取肌肉或内脏器官上的白色结节置载玻片上，加数滴甘油，将结节破碎后，覆以盖玻片镜检，可发现裂殖体和裂殖子。取病变部肌肉或从肺、肝、脾、肾等内脏器官取材，切片，镜检，可发现大型球状、内含大量裂殖子的裂殖体。

四、鉴别诊断

根据流行病学资料、临诊症状和病原学检查即可确诊。必要时可进行血液涂片检验或组织切片检验。本病容易与其他出血性疾病，如鸡传染性法氏囊病、包涵体肝炎、磺胺类药物中毒、传染性贫血、血管瘤等混淆，应注意区别。本病的出血在肌肉中多表现为点状，出血点中心有灰白色的巨型裂殖体。肠浆膜等处的裂殖体压片可以看到单个或成堆的裂殖体。

五、建议防治措施

鸡住白细胞虫的传播与库蠓和蚋的活动密切相关，因而消灭这些昆虫媒介是防治本病的重要环节。防止库蠓和蚋进入鸡舍，可用杀虫剂在鸡舍及周围环境中喷洒，每隔 6～7 d 用杀虫药进行喷洒 1 次，可收到很好的预防效果。清除鸡舍周围的积水和杂草，喷洒杀虫药剂，防止库蠓和蚋的孳生。

一旦发病应尽早确诊，及时用药，治疗越早越好。最好是在疾病即将流行前或流行的初期进行药物预防，可取得满意的防治效果。常用的治疗药物包括：磺胺二甲嘧啶，0.05%的浓度饮水 2 d，浓度减半后再用 2 d；乙胺嘧啶 1 g 和磺胺二甲氧嘧啶 10 g，混合后加入 1 吨饲料中，连续饲喂 2～3 d；磺胺喹噁啉，每吨饲料中加 50 g，长期饲喂；氯喹，按每千克体重 10 mg，口服，每天 1 次，连喂 3 d；盐酸二奎宁，每只鸡胸肌注射 0.25 ml（每支 1 ml，含本药 0.25 g），每天 1 次，连续注射 3 d；可爱丹，每吨饲料加入 125 g，混匀后连续饲喂；复方泰灭净，按 0.01%混于饮水中投服。

第五节　鸽毛滴虫病的检验与防治

鸽毛滴虫病（Trichomoniasis）又称口腔溃疡，俗称“旧病”。是由禽毛滴虫引起，主要侵害上消化道，是鸽类最常见、最顽固、最易复发，并对鸽体健康危害极大的寄生虫病。该病常与念珠菌病（俗称鹅口疮）并发，且在诊断上极易与鸽念珠菌病和白喉型鸽痘病相混淆，造成确诊和治疗上的困难。本病主要侵害幼鸽、小野鸽、鹌鹑、隼和鹰，有时也感染鸡和火鸡。

一、临诊检查

不同品种、年龄的鸽及其他禽和鸟均可发病。主要危害幼（乳）鸽，死亡率可达 30%～80%。病鸽（禽）是主要的传染源，大约 20%的野鸽和 60%以上的家鸽都是本病的带虫者。这些鸽子不表现出明显的临床症状，但能不断地感染新鸽群，使得本病在鸽群中连绵不断。其口腔溃疡病灶及唾液内聚集大量虫体，成鸽通过“接吻”或哺育幼鸽而直接感染，也可通过被污染的饲料、饮水及创伤感染，主要寄生、损害部位在消化道。野禽特别是麻雀也常常是带虫者，它们常通过偷饮鸽子的饮水而造成饮水污染，导致 1 周龄左右的乳鸽和换羽期的童鸽感染。

本病潜伏期为 7～20 d，病鸽表现精神委靡，活动量减少或呆立不动，闭眼，羽毛松乱，消化紊乱，腹泻和消瘦，食欲大减，常有吞咽动作，并从口腔流出黏稠、浅黄色的黏液，有时带有大量泡沫，饮水增加。病鸽嗉囊下垂，咳嗽，呼吸困难，有轻微的“咕噜”声。下颌处有时可见凸出，用手触摸可摸到黄豆大小的硬物。乳鸽与幼鸽感染的发病率和死亡率高于成鸽。严重感染的幼鸽很消瘦，4～8 d 内死亡。根据鸽毛滴虫病症状表现，该病可分为咽型、脐型、内脏型和泄殖腔型 4 种。

（一）咽型

最为常见，也是危害最大的病型。鸽子摄入谷物和较粗的砂子时造成黏膜损伤而感染发病。初期病鸽咽喉部潮红、充血，可见白色浓痰。后期，口腔可见黄色干酪样积聚物，并可能在鼻咽黏膜上形成平坦的针头大的白色病灶。晚期可因气管内形成大量黄色干酪样物堆积而造成雏鸽窒息死亡。雏鸽多感染急性弥漫性咽型毛滴虫病。

（二）脐型

这一类型较少见。当巢盘和垫料受污染时，禽毛滴虫可以通过脐孔侵入体内。表现为鸽的脐部皮下形成炎症或肿块。患病乳鸽外观呈前轻后重，行走困难，鸣声微弱，抬头伸颈困难。部分病鸽发育不良，变成僵鸽，严重的还会导致死亡。

（三）内脏型

本型一般是因食入被污染的饲料和水而引起感染。病鸽常表现精神沉郁，羽毛松乱，采食减少，饮水增加，有似硫磺色、带泡沫的下痢。

（四）泄殖腔型

本型多发生于刚开产的青年母鸽或难产母鸽。表现为泄殖腔变窄，排粪困难，粪便往往积蓄于泄殖腔中。粪便中有时还带血液和恶臭味，肛门周围羽毛被稀粪污染，双翅下垂，缩颈呆立，尾羽拖地，常呈企鹅状，最后全身消瘦，衰竭死亡。

二、病理学检验

病死鸽的口腔、鼻腔、咽、食管、嗉囊、气管、腺胃黏膜上有隆凸的灰白色结节或溃疡灶，病灶表面覆盖一层难闻的乳酪样假膜。口腔病变可扩大连成一片。由于干酪样物质的堆积，可能部分或全部堵塞食管，这些病变可向深部扩散至鼻咽部、眼眶和颈部组织。

肝脏、脾脏的表面也可见灰色界线分明的小结节。在肝实质内，出现灰白色或深黄色的圆形病灶。

三、病原学检验

（一）病原特征

禽毛滴虫（*Trichomonas gallinae*）属鞭毛亚门、动鞭毛纲、毛滴虫目、毛滴虫科、毛滴虫属。毛滴虫体呈卵圆形或椭圆形，长 5～9 μm，宽 2～9 μm，有 4 条游离的前鞭毛，一条细长的轴刺从前端延伸到虫体后缘之外，波动膜起始于虫体前段，终止于虫体稍后方。虫体凭借波动膜和轴刺在体液中作螺旋式运动。以分裂方式增殖，约 4 h 便可增殖 1 世代。对外界抵抗力不强，在温度为 20～30 ℃的生理盐水中经过 3～4 h 死亡。

（二）病原体检验

用棉签擦拭病鸽食管黏膜上的干酪样物，涂抹在载玻片上，加入 1 滴生理盐水，盖上盖玻片，镜检，可见有梨形或圆形作螺旋式活泼翻动的活虫体。温度过低时运动减弱，将玻片稍稍加温时活动明显。

取干酪样物涂片，干燥，用稀释石炭酸复红染色，镜检，可见虫体有4条前鞭毛，1片沿虫体边缘向后伸延的波动膜与1根伸出虫体末端的轴刺（图11-3）。

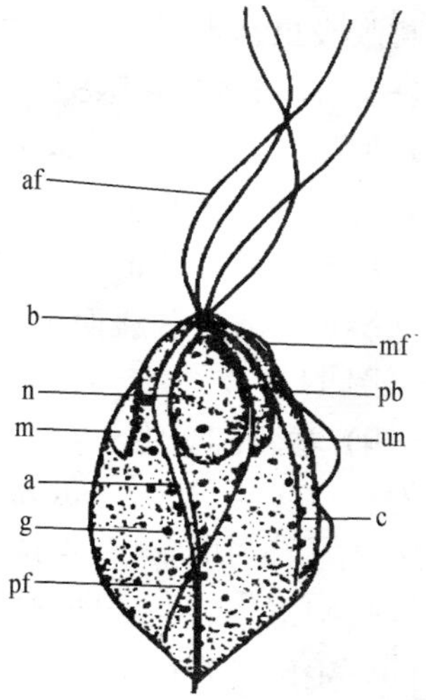

图11-3　禽毛滴虫模式图
a. 轴刺　af. 前鞭毛　b. 毛基体
c. 肋　g. 细胞质粒　m. 口部
mf. 波动膜的缘线　n. 核　pb. 副基体
pf. 副基纤维　un. 波动膜
（甘孟侯．中国禽病学．2003）

四、鉴别诊断

根据发病情况、临床症状、剖检变化及虫体检验等即可确诊。但本病与念珠菌病、禽痘和维生素A缺乏症类似，应注意区别。

（一）与念珠菌病的区别

鸽毛滴虫与念珠菌病虽然病变相似，但是病原不同，可以通过病原体检验区分开。

（二）与维生素A缺乏症的区别

鸽的维生素A缺乏症与其他禽类的症状极其相似，但在养鸽业集约化生产时，由于在保健砂中加有大量多维，在饲料中加有富含维生素A的鱼肝油之类的添加剂，很少发生维生素A缺乏症。

（三）与禽痘的区别

禽痘不仅食管、气管黏膜有病变，在面部、趾部体表无毛区也会有痘疹形成，容易区分。

五、建议防治措施

加强日常饲养管理，严格鸽群检疫，保证环境、饮水、食槽和水槽的清洁卫生与消毒等。坚持每月1次使用驱虫药物预防；患病鸽舍、场地、用具等用0.1%硫酸铜溶液喷雾消毒，每天1次，连用5 d；病鸽用0.05%二甲硝咪唑水溶液饮水治疗，连用4 d。

第六节　吸虫病的检验与防治

吸虫病是由吸虫引起的禽类的寄生虫病。吸虫属于扁形动物门、吸虫纲。吸虫纲又分盾腹亚纲、单殖亚纲（这两纲吸虫是无脊椎动物或冷血脊椎动物的寄生虫，包括鱼类、两栖类、爬行类、软体及甲壳动物）和复殖亚纲（几乎全部是畜禽的内寄生虫）。

一、引起禽类发病的吸虫

（一）涉禽嗜眼吸虫

涉禽嗜眼吸虫（*Philophthalmus grail*）虫体呈矛头状，前端较狭窄呈棒槌形，体表粗糙不平。腹吸盘大于口吸盘，生殖孔开口于口吸盘、腹吸盘之间。睾丸前后排列，卵巢位于睾丸之前。虫体淡黄色，半透明。虫卵椭圆形，内含毛蚴（图11-4）。

（二）嗜眼科其他吸虫

常见的有中华嗜眼吸虫、安徽嗜眼吸虫、小肠嗜眼吸虫、鸭嗜眼吸虫、广东嗜眼吸虫、华南嗜眼吸虫、米氏嗜眼吸虫、翡翠嗜眼吸虫、麻雀嗜眼吸虫等20多种。

（三）舟形嗜气管吸虫

舟形嗜气管吸虫（*Tracheophilus cymbium*）虫体扁平，长卵圆形，淡红到粉红色，口吸盘发育不全，无腹吸盘，肠管先分两支，在虫后部连接，有数个中侧憩室。睾丸和卵巢位于虫体后部，睾丸圆形，子宫高度盘曲于体中部。虫卵椭圆形，内含毛蚴。当水禽吞食含囊蚴的螺蛳后，囊蚴脱囊而出，经肠壁随血流入肺，进入气管等处寄生，经2～3个月发育为成虫（图11－5）。

（四）卷棘口吸虫

卷棘口吸虫（*Echinostoma revolutum*）虫体呈长叶片状，肉红色，头冠发达，上有小刺35～37枚，其两侧各有角刺5枚。有口吸盘与发达的腹吸盘，腹吸盘位于体前方1/4处。虫体为长圆形。睾丸长椭圆形，前后排列，位于卵巢后方。贮精囊位于腹吸盘之前，肠管分支之间。生殖孔开口于腹吸盘前方。卵巢呈圆形或扁圆形，位于体中央或稍前方。子宫内充满卵。卵黄腺发达，分布于腹吸盘后方的两侧，直到虫体后端。虫卵椭圆形，金黄色，内含卵细胞，前端有卵盖（图11－6）。

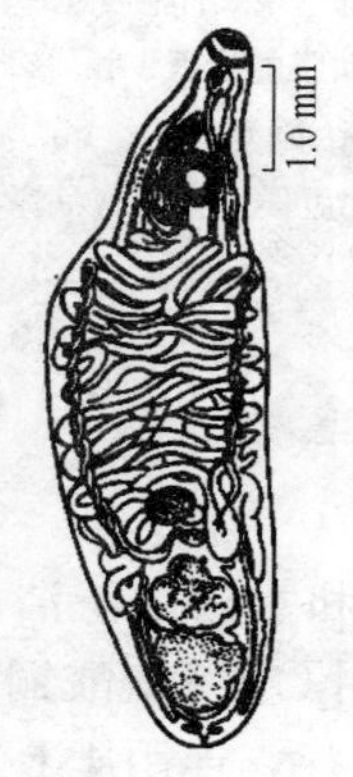

图11－4　涉禽眼吸虫
（甘孟侯．中国禽病学．2003）

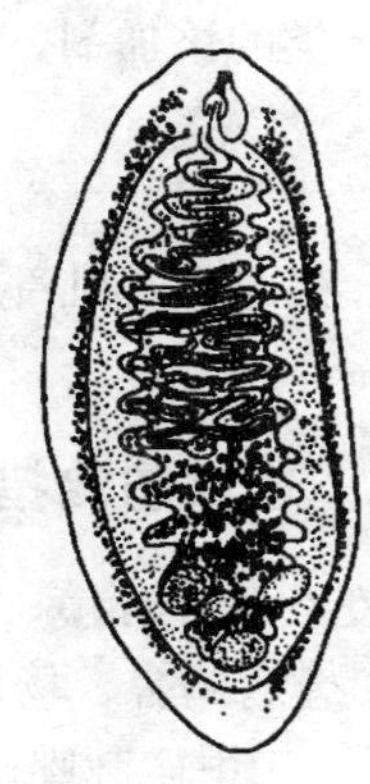

图11－5　舟形嗜气管吸虫
（甘孟侯．中国禽病学．2003）

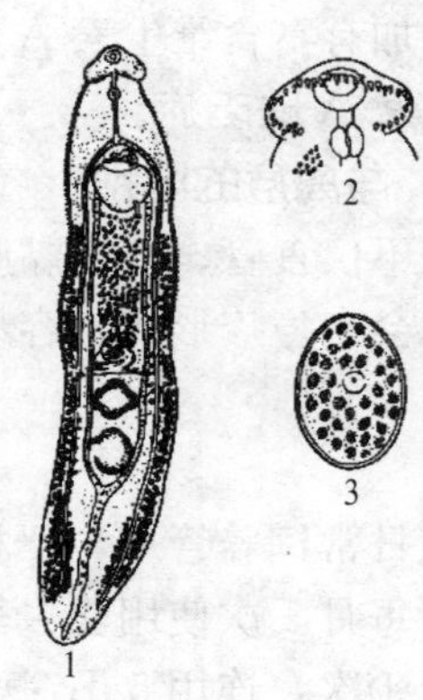

图11－6　卷棘口吸虫
1. 成虫　2. 头冠　3. 虫卵
（甘孟侯．中国禽病学．2003）

（五）曲领棘缘吸虫

曲领棘缘吸虫（*Echinoparyphium recurvatum*）虫体前部向腹侧弯曲，体表前部有较多的大刺。头襟发达，上有45个小棘，排列2行。口吸盘长圆形，腹吸盘圆形或长卵圆形，位于体前1/4处。睾丸2个，椭圆形，位于体后部，并前后排列于卵巢后方。卵巢圆形或椭圆形，位于体中央稍前方。卵黄腺发达，分布于腹吸盘后的两肠枝的外侧，直达肠枝末端。子宫短，内有少量虫卵（图11－7）。

（六）球形球盘吸虫

球形球盘吸虫（*Sphaeridiotream globulus*）虫体呈球形或梨形，吸盘发达，腹吸盘大而厚。生殖孔开口侧面，位于吸盘后缘。睾丸位于体后部。卵巢在睾丸之前。卵黄腺由大滤泡组成，分布于肠分叉处至睾丸前缘之间。子宫很短，位于腹吸盘之前（图11－8）。

（七）鸡后口吸虫

鸡后口吸虫（*Posharmostomum gallinum*）虫体呈舌形，有口盘和咽，腹吸盘很发达，约位于虫体前 1/3 与中 1/3 交界处。盲肠弯曲，迂回蜿蜒。卵巢在两睾丸之间，靠近体后端。侧部的卵黄腺从睾丸延伸到腹吸盘。子宫位于生殖腺之前，向前延伸到肠管分叉处（图 11－9）。

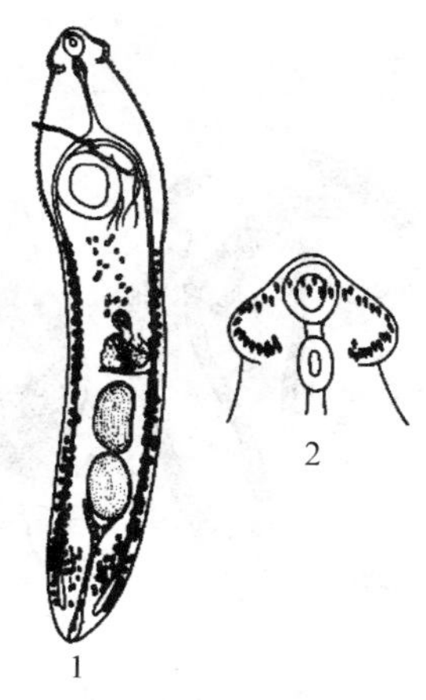

图 11－7　曲领棘缘吸虫
1. 成虫　2. 头冠
（甘孟侯．中国禽病学．2003）

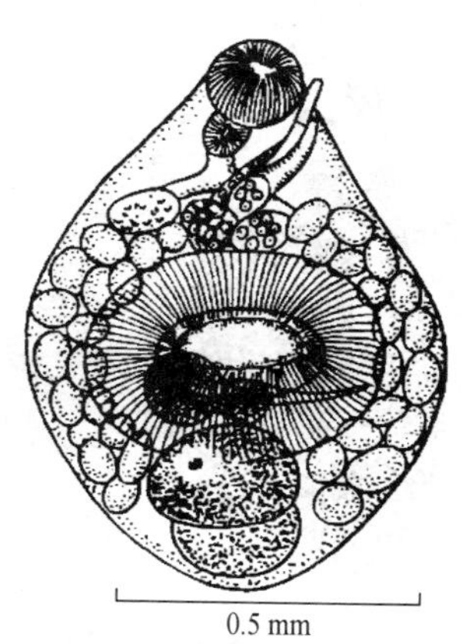

图 11－8　球形球盘吸虫
（甘孟侯．中国禽病学．2003）

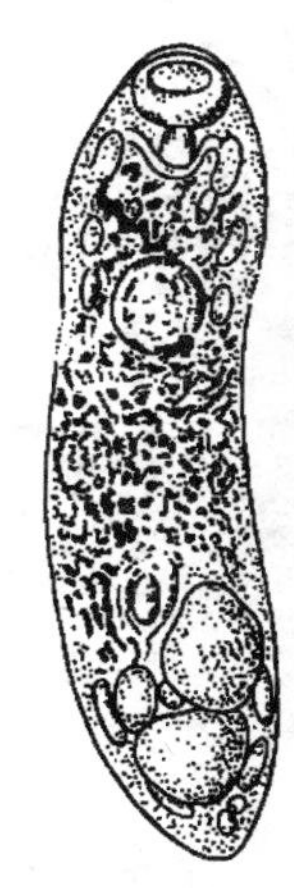

图 11－9　鸡后口吸虫
1. 成虫　2. 头冠
（甘孟侯．中国禽病学．2003）

（八）细背孔吸虫

细背孔吸虫（*Notocotylus attenuatus*）虫体细长，两端钝圆，有口吸盘，无腹吸盘和咽。腹面有 3 行腹腺，中行 14～15 个，两侧行各有 14～17 个，腹腺椭圆形或长椭圆形。睾丸分叶，左右排列于虫后端。卵巢分叶，位于两睾丸之间。子宫左右回旋弯曲于虫体中部。生殖孔开口于肠管分叉处的下方。卵黄腺呈颗粒状，分布于虫后半部两侧。卵小，两端各有 1 条卵丝（图 11－10）。

（九）楔形前殖吸虫

楔形前殖吸虫（*Prosthogonimus cuneatus*）虫体扁平红色，前尖后钝，外形似梨，体表有小刺。口吸盘呈圆形，腹吸盘位于虫体前方 1/3 处后方。睾丸卵圆形，对称排列于腹吸盘之后。雄茎囊长而弯曲，越过直叉。卵巢分 3 个以上主叶，每主叶又分 2～4 个小叶，位于腹吸盘后方，虫体右侧。两性生殖孔在口吸盘附近分开。受精囊卵圆形，位于卵巢后方。卵黄腺成簇，多分布虫体两侧肠支的外方，从腹吸盘直达睾丸的后方。子宫盘曲，由睾丸直达体末端，大都在体后部；子宫向前延伸越过腹吸盘，开口于前端的生殖孔。虫卵椭圆形，棕褐色，一端有卵盖，另一端有小刺（图 11－11）。

（十）包氏毛毕吸虫

包氏毛毕吸虫（*Trichobilharzia paoi*）雄虫细长，口吸盘位于虫体前端，腹吸盘圆形，有小刺突出体外，两个吸盘大小相似。缺咽，食管短。抱雌沟很短，其边缘有小刺。两肠管在抱雌沟后方联合成 1 支。雄虫生殖器官充满肠管分叉之间。睾丸圆形，70～90 个，呈单行纵列，位肠支汇合处后方。贮精囊位腹吸盘后方，迂回折叠。雄性生殖孔开口抱雌沟前方。雌虫较纤细，口吸盘略大于腹吸盘。两肠管至卵巢后汇合为1条。卵巢狭长，位于虫体前部，有3～4个螺旋扭曲。受精囊圆筒状。卵黄腺呈颗粒状，布满虫后部。子宫短，内含1个卵。卵纺锤形，中部膨大，两端尖，一端有小而弯的小钩，卵壳薄，内含毛蚴（图11－12）。

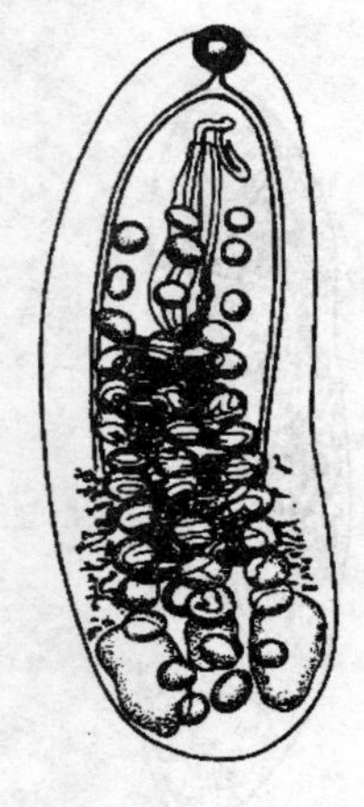

图11－10　细背孔吸虫
（甘孟侯．中国禽病学．2003）

图11－11　楔形前殖吸虫
（甘孟侯．中国禽病学．2003）

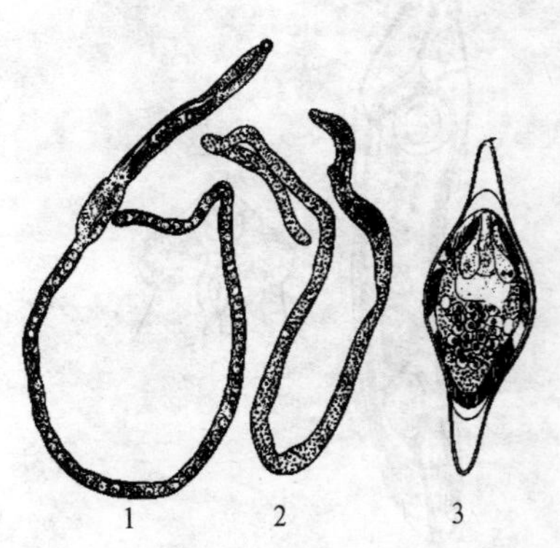

图11－12　包氏毛毕吸虫
1. 雄虫　2. 雌虫　3. 虫卵
（甘孟侯．中国禽病学．2003）

（十一）优美异幻吸虫

优美异幻吸虫（*Apatemon gracilis*）虫体弯曲或伸直，吸盘位前体部，腹吸盘较大。生殖器官位于体后，睾丸形状不规则，前后排列，卵巢位于睾丸之前。

二、寄生部位和致病作用

（一）涉禽嗜眼吸虫

1. 寄生部位　鸡、火鸡、鸭、鹅和孔雀等禽类的结膜囊和瞬膜下。

2. 致病性　结膜充血、糜烂。角膜混浊、溃疡、坏死，甚至化脓。眼睑肿大、紧闭，流泪。有的双目失明，瘫痪离群，消瘦而死。

（二）嗜眼科其他吸虫

1. 寄生部位　瞬膜、结膜囊、眼眶、眼窝，个别寄生于小肠。

2. 致病性　与涉禽嗜眼吸虫相似。

（三）舟形嗜气管吸虫

1. 寄生部位　鸡、鸭、鹅等的气管、支气管、气囊和眶下窦。

2. 致病性　表现为气喘，咳嗽，伸颈，摇头，张口，鼻流多量液体，进行性消瘦、贫血，虫可阻塞气管，造成禽呼吸极度困难，窒息死亡。

（四）卷棘口吸虫

1. 寄生部位　鸡、火鸡、鸭、鹅和多种野禽的盲肠、小肠、直肠及泄殖腔。

2. 致病性　在于其毒素和机械刺激的作用，可引起禽下痢、贫血、消瘦，终因衰竭而死。剖检肠道有炎症，肠内充满黏液，肠黏膜上附着大量虫体，引起黏膜损伤和出血。

（五）曲领棘缘吸虫

1. 寄生部位　鸡、火鸡、鸭、鹅及多种野禽的小肠和盲肠。

2. 致病性　大量感染时导致禽发生肠炎，贫血，消瘦，瘫痪，肠膨胀，无神，减食，产蛋少等症状。

（六）球形球盘吸虫

1. 寄生部位　鸡、鸭、野鸭和天鹅的小肠。

2. 致病性　禽小肠充血、出血、溃疡。

（七）鸡后口吸虫

1. 寄生部位　鸡、火鸡、珍珠鸡、鸽或鸭的盲肠。

2. 致病性　引起禽盲肠发炎和出血。

（八）细背孔吸虫

1. 寄生部位　鸭、鸡、鹅、天鹅和野鸭的小肠、盲肠、直肠内。

2. 致病性　引起禽肠黏膜损伤和炎症，虫分泌毒素使禽贫血和生长受阻。

（九）楔形前殖吸虫

1. 寄生部位　鸡、鸭、鹅、野鸭和野鸟的腔上囊、输卵管、泄殖腔、直肠或鲜蛋内。

2. 致病性　虫体刺激禽输卵管黏膜，破坏腺体正常功能，产生畸形蛋。病禽精神沉郁，减食，消瘦，腹泻，泄殖腔脱出，继发腹膜炎等症状。剖检病变器官有炎症、充血、增厚。

（十）包氏毛毕吸虫

1. 寄生部位　鸭、鹅等水禽的肝门静脉、肠系膜静脉。

2. 致病性　引起禽肠炎并在肠壁上形成小结节，导致消瘦，发育受阻。

（十一）优美异幻吸虫

1. 寄生部位　鸡、鸭、鹅的胃和小肠。

2. 致病性　引起禽肠上皮脱落，有许多出血区，血块中含虫。

三、检验方法

检查虫卵的方法见寄生虫检验章节。以发现粪便中有卵盖的吸虫卵为依据，或对病禽剖检，查到吸虫体即可确诊。

四、建议防治措施

（一）预防

要注重环境卫生，及时清理粪便，做堆肥发酵，以杀灭虫卵。水禽要按年龄分群饲养，推广幼禽舍饲。对流行吸虫病区域，水禽要定期驱虫，可每半月做1次预防性驱虫，用丙硫咪唑，每千克体重10 mg。不到不安全水域放养，不生喂有感染吸虫囊蚴的贝类、蝌蚪和鱼类、水草等。放养的池塘也要用化学药物杀灭中间宿主——淡水螺、鱼、虾、水草等。灭螺可用五氯酚钠，每667 m^2 用1～3 kg或氨水每667 m^2 用15～25 kg；生物灭螺在冬天低温时，可大量放养水禽（鸭）。

（二）治疗

对涉禽嗜眼吸虫等用75%～90%酒精滴眼，一人保定好水禽，另一人把眼睑打开，滴入酒精液，该药有局部刺激性，但效果好；或人工取出虫体，后用2%硼酸水冲洗患眼。

对舟形嗜气管吸虫等用 0.1%～0.2%碘溶液注入气管，每只成年水禽 1.5～2 ml，雏水禽 0.5～1 ml，隔 2 d 再注射 1 次，同时服 0.2%土霉素溶液饮用 2 d；或用丙硫咪唑，每千克体重 10～25 mg，拌料 1 次喂服；或用硫双二氯酚，每千克体重 150～200 mg，拌料 1 次喂服；或用吡喹酮，每千克体重 20 mg，拌料 1 次喂服，连用 2 次，效果良好。

治疗消化道吸虫，可按虫的种类等情况选用下列药物（可先小群试验，无不良反应后再大群治疗）：

1. 棘口吸虫 氯硝柳胺，按每千克体重 50～150 mg，拌料 1 次喂服；丙硫咪唑，按每千克体重 10～25 ml，拌料 1 次喂服；吡喹酮，按每千克体重 5～10 mg，拌料 1 次喂服；硫双二氯酚，按每千克体重 150～200 mg，拌料 1 次喂服。

2. 鸮形科的吸虫 吡喹酮，按每千克体重 10 mg，拌料 1 次喂服。

3. 细背孔吸虫等 硫双二氯酚，按每千克体重 200～500 ml，拌料 1 次喂服（对鸭敏感，应慎用）；丙硫咪唑，按每千克体重 10 ml，拌料 1 次喂。

4. 微茎科吸虫 硫双二氯酚，按每千克体重 30～50 mg，拌料喂服。

5. 东方杯叶吸虫等 硫双二氯酚，按每千克体重 150～200 mg，拌料 1 次喂服；丙硫咪唑，按每千克体重 60 mg，拌料 1 次口服；四氯化碳，按每千克体重 2～3 mg，拌料 1 次喂服或 3 倍米汤水混匀后灌服。

6. 东方次睾吸虫及后睾科的吸虫 硫双二氯酚，按每千克体重 150～200 mg，拌料 1 次喂服；氯硝柳胺，按每千克体重 50～60 mg，拌料 1 次喂服；丙硫咪唑，按每千克体重 75～120 mg，拌料 1 次喂服；吡喹酮，按每千克体重 15 mg，拌料 1 次喂服。

7. 前殖吸虫 丙硫咪唑，按每千克体重 100～120 mg，拌料 1 次喂服；吡喹酮，按每千克体重 60 mg，拌料 1 次喂服，连用 2 次；硫双二氯酚，按每千克体重 200 mg，拌料 1 次喂服；六氯乙烷，按每只鸭用 0.2～0.5 g，拌料喂服，每天 1 次，连用 3 d。

8. 对曲领棘缘吸虫和锥形低颈吸虫 用吡喹酮，按每千克体重 25 mg，拌料 1 次喂服，每天 1 次，连用 3 d。

第七节　绦虫病的检验与防治

绦虫病（Cestodasis）是由赖利属的多种绦虫寄生于家禽的十二指肠中引起。绦虫属于扁形动物门的绦虫纲（Cestoda），虫体扁平带状、分节。所有绦虫都是雌雄同体的两性动物。绦虫的种类很多，据记载发生于家禽和野禽的绦虫有 1 400 多种。绦虫体长由 0.5 mm 到 12 m 或更长。虫体由头节、颈节和体节 3 部分组成。头节和颈节各 1 节而且很小，体节较大，其数目因种的不同而各异。各种年龄的鸡均能感染，其他禽如火鸡、雉鸡、珠鸡、孔雀等也可感染。由于绦虫大量寄生可导致禽类严重营养障碍，消瘦贫血，肠炎。特别是地面平养或野外散养的禽类，更易患病。17～40 日龄的雏鸡易感性最强，死亡率也最高。

对家禽危害较大的绦虫有节片戴文绦虫（*Davainea proglottina*）、四角赖利绦虫（*Raillietina tetragona*）、棘沟赖利绦虫（*R. echinobothrida*）、有轮赖利绦虫（*R. cesticillus*）等。

一、临诊检查

绦虫病呈世界性分布，我国各地均有发生。不同年龄的鸡均能感染，但以小鸡易感性最强，25～40 日龄雏鸡死亡率最高。孕卵节片在外界抵抗力不强，只能存活几天。但在中间宿主体内存活时间较长，如在蛞蝓体内可存活 1 年。

幼鸡感染时病情严重，成鸡较轻。由于各种绦虫都寄生在禽类的小肠中，其头节插入肠壁不仅破坏肠壁的完整性，引起黏膜出血，肠道炎症，严重影响消化机能，还大量夺取机体营养。因此，病禽表现为食欲不振，精神沉郁，贫血，鸡冠和黏膜苍白，极度衰弱，两足常发生瘫痪，不能站立，下痢，粪便中有白色黏液和泡沫，有时可见白色绦虫节片。轻度感染造成发育受阻，产蛋量下降或停止。寄生绦虫量多时，可使肠管堵塞，肠内容物通过受阻，造成肠管破裂和引起腹膜炎。绦虫代谢产物可引起鸡体中毒，出现神经症状，最后病鸡因衰竭而死亡。

二、病理学检验

剪开肠道，在充足的光线下，可发现白色带状的虫体或散在的节片。如把肠道放在一个较大的黑色底的水盘中，虫体更易辨认。因绦虫的头节对种类的鉴定是极为重要的，所以要仔细寻找。剥离头节时，可用外科刀深割下那块带头节的黏膜，并在解剖镜下用 2 根针剥离黏膜。对细长的膜壳绦虫，必须快速挑出头节，以防其自解。

三、病原学检验

（一）病原特征

各种绦虫的形态、大小、寄生部位不同，致病性也不同，据此可以进行区别诊断。

1. 节片戴文绦虫

（1）形态　成熟的虫体很短，不超过 4 mm，头节很小，其节片有 4～9 个（图 11－13）。

（2）宿主　鸡、鸽、鹌鹑。

（3）寄生部位　小肠（十二指肠）。

（4）致病性　不同年龄的鸡都可感染，但对幼禽的致病力较强，可使幼禽的生长率下降 12%。病鸡发生急性肠炎，腹泻，粪便带血和腥臭的黏液，精神沉郁，羽毛污秽，行动迟缓，呼吸困难，麻痹，以至死亡。

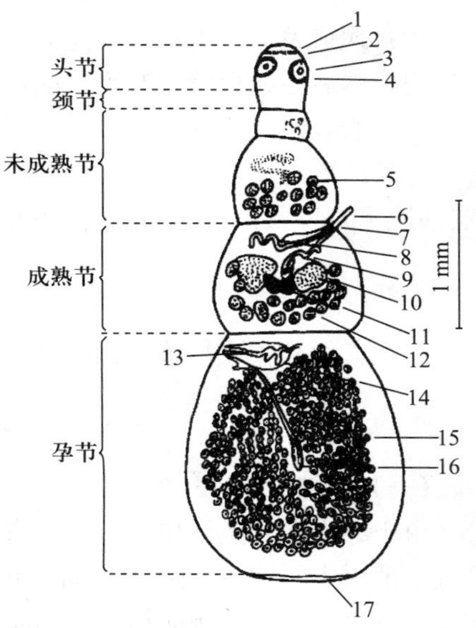

图 11－13　节片戴文绦虫

1. 顶突　2. 顶突钩　3. 吸盘　4. 吸盘钩　5. 睾丸　6. 雄茎　7. 生殖孔　8. 输精管　9. 阴道　10. 卵巢　11. 卵黄腺　12. 睾丸　13. 雄茎　14. 雄茎囊　15. 六钩蚴　16. 受精囊　17. 脱落节片附着点

（甘孟侯．中国禽病学．2003）

2. 四角赖利绦虫

（1）形态　中等大小，长 25 cm，宽 0.3 cm。头节顶突较小，有 1～2 个圈钩（90～100 个钩）。

（2）宿主　鸡、火鸡、孔雀和鸽。

（3）寄生部位　小肠后段。

3. 棘沟赖利绦虫

（1）形态　与前者相似，但较大，长 34 cm，宽 0.4 cm。顶突上有 2 个圈钩（200～250 个钩）。

（2）宿主　鸡、火鸡和雉。

（3）寄生部位　小肠。

4. 有轮赖利绦虫

（1）形态　虫体较小，一般不超过 4 cm，偶有长达 13 cm 的。顶突宽大而肥厚，呈轮状，其上有 2 个圈钩（400～500 个钩）。

（2）宿主　鸡、火鸡、雉和珍珠鸡。

（3）寄生部位　小肠（十二指肠和孔肠）。

（4）致病性　以上几种赖利绦虫均为全球性分布，危害很广。各种年龄的鸡均可感染，死亡率最高的通常是 20～40 日龄的雏鸡。虫体夺取大量营养，产生毒素和机械刺激，从而引起肠炎、腹膜炎、神经性痉挛，产蛋量减少或停产。雏鸡生长发育受阻，并常继发其他疾病，严重时可引起死亡。

（二）虫体和卵袋检验

病禽生前可检查粪便，如发现白色小米粒样的孕卵节片，或将粪便压片，用沉淀法检出卵袋即可确诊。捡出的绦虫成虫，可用下述方法处理后鉴别。

（1）将头节和虫体末端部的孕卵节直接（不需固定）放入乳酸苯酚液中，透明后在显微镜下观察。乳酸苯酚液的成分为乳酸 1 份，石炭酸 1 份，甘油 2 份，水 1 份。为了在高倍镜下检查头节上的小钩，可在载玻片上滴加 1 滴 Hoyer 氏液使头节透明。Hoyer 氏液的配制：在室温下依次加入 50 ml 蒸馏水，30 g 阿拉伯胶，20 g 水合氯醛和 20 ml 甘油，混匀。有时为了及时诊断，可用生理盐水或常水做成临时的头节压片，可立即做出鉴定。

（2）取成熟节片直接（不经固定）置于醋酸洋红液中染色 4～30 min，移入乳酸苯酚液中透明，然后在显微镜下观察。醋酸洋红液的配制方法：用 45％醋酸配制的洋红饱和溶液 97 份，加醋酸铁饱和液 3 份。此液需现用现配。

虫种的鉴别还需要测量节片的长度和宽度，并测量头节（在高倍镜下）顶突或吸盘钩（在油镜下）以及虫卵的大小和六钩蚴的钩长（在高倍镜下）。

四、鉴别诊断

通过粪便检查或尸体剖检即可确诊。

五、建议防治措施

（一）预防

由于绦虫在其生活史中必须要有特定种类的中间宿主参与，因而预防和控制鸡绦虫病的关键是消灭中间宿主，从而中断绦虫的生活史。采取笼养的管理方法，使鸡群避开中间宿主，这是易于实施的预防措施。但是，使用杀虫剂消灭水中中间宿主是比较困难的。以下措施可以减少中间宿主从而防止感染：经常清扫禽舍，及时清除粪便，饲料中长期添加环丙氨嗪（一般按每吨全价饲料添加 5 g）防止蝇虫孳生；幼禽与成禽分开饲养；采用全进全出制；定期进行药物驱虫，建议在 60 日龄和 120 日龄各预防性驱虫 1 次。

（二）治疗

当禽类发生绦虫病时，必须立即对全群进行驱虫。常用的驱虫药有以下几种。

1. 硫双二氯酚（别丁）　鸡每千克体重 150～200 mg，鸭每千克体重 200～300 mg，以 1∶30的比例与饲料配合，1 次投服。鸭对该药较为敏感。

2. 氯硝柳胺（灭绦灵）　鸡每千克体重 50～60 mg，鸭每千克体重 100～150 mg，1 次投服。

3. 吡喹酮　鸡、鸭均按每千克体重 10～15 mg，1 次投服，可驱除各种绦虫。

4. 丙硫咪唑　鸡、鸭均按每千克体重 10～20 mg，1 次投服。

5. 氟苯哒唑　鸡按 3×10^{-5}浓度混入饲料，对棘沟赖利绦虫有效，其驱虫率可达 92%。

6. 羟萘酸丁萘脒　鸡按每千克体重 400 mg，1 次投服，对赖利绦虫有效。

第八节　禽线虫病的检验与防治

线虫病（Nematodosis）是由线型动物门、线虫纲的线虫引起的疾病。虫体外形一般呈线状、圆柱状或近似线状，两端较细，头端偏钝，尾部偏尖。雌雄异体，雄虫较小，雌虫较大。线虫的发育多种多样，有的需要中间宿主，有的不需中间宿主。寄生部位、生活史、致病性各不相同。

禽线虫种类很多，我国已知有 45 种，如寄生于消化道的蛔虫、异刺线虫、毛细线虫、华首线虫，寄生于呼吸道的比翼线虫等。

线虫的危害主要是导致雏禽发病，生长发育受阻，饲料报酬降低。成年禽是线虫病的携带者和传播者，一般不发病，但增重和产蛋量下降。该病给养禽业造成严重危害。

一、气管比翼线虫病

气管比翼线虫（*Syngamus trachea*）是寄生在鸡的气管、支气管和细支气管中的小型线虫。虫体形态呈 Y 字形，故称杈子虫，新鲜虫体呈红色，故又称红虫。幼虫移行时可引起肺出血，成虫寄生于气管黏膜下，导致气管、支气管发生卡他性炎，致使病鸡呼吸困难，严重时窒息死亡。

（一）临诊检查

雌虫在气管内产卵，卵随气管黏液到口腔，或被咳出，或被咽入消化道后随粪便排到外界。在合适条件下，虫卵约经 3 d 发育为感染性虫卵，再被蚯蚓、蛞蝓、蜗牛、蝇类及其他节肢动物等吞食。鸡吞食了这些动物而被感染，幼虫钻入肠壁，经血流移行到肺泡、细支气管、支气管，于感染后 18～20 d 发育为成虫并产卵。由于幼虫移行可致肺出血和气管、支气管炎。病鸡呼吸困难，出现伸颈、张口喘气，并能听到呼气声。头部左右摇甩，以排出口腔内的黏性分泌物，有时分泌物中可见虫体。病初食欲减退，精神不振，消瘦，口内充斥泡沫性唾液。最后因呼吸困难，窒息死亡。本病主要危害幼鸡，死亡率几乎达 100%。

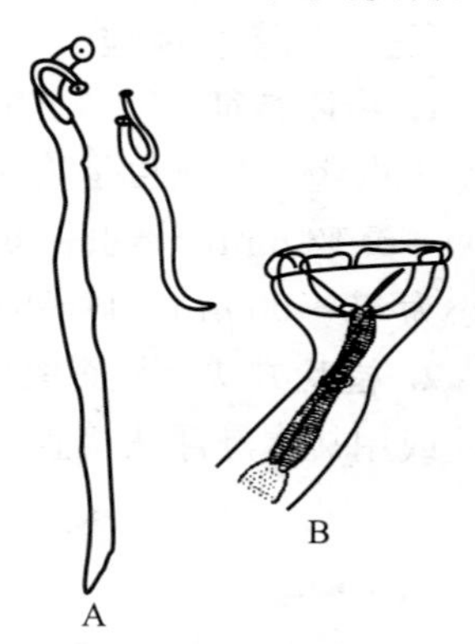

图 11－14　气管比翼线虫

A. 两对雌、雄虫的外形，小的雌虫尚未成熟，大的已经孕卵
B. 线虫头部

（甘孟侯．中国禽病学．2003）

（二）病原学检验

本病又称交合虫病、开嘴虫病、张口线虫病，其病原属于比翼科、比翼属的气管比翼线虫。寄生于鸡的气管内。虫体因吸血而呈红色。雌虫大于雄虫，虫卵大小为 78～110 μm×43～46 μm。气管比翼线虫见图 11－14。

粪便或口腔黏液检查见有虫卵或虫体，剖检病鸡，在气管或喉头附近发现虫体即可确诊。

二、鸡蛔虫病

鸡蛔虫病是由鸡蛔虫（*Ascaridia galli*）寄生在鸡、火鸡、鸭、鹅等禽类的消化道而导致的疾病，患病鸡极度消瘦，生长缓慢，甚至死亡。

（一）临诊检查

雌虫在小肠内产卵，随粪便排到体外。虫卵抗逆性很强，在合适条件下，约经 10 d 发育为含感染性幼虫的虫卵，在土壤内生存 6 个月仍具感染性。禽通过吞食被感染性虫卵污染的饲料或饮水而感染。幼虫在胃内脱掉卵壳进入小肠，钻入肠黏膜内，经血液循环和一段时间后返回肠腔发育为成虫，此过程需 35～50 d。

各种年龄的鸡都可感染，3～4 月龄的雏鸡最易感染和发病，病情严重，成年鸡即使感染也不显症状，多为带虫者。地面散养的鸡发病率高于笼养的鸡。多种禽类均可感染。

感染的雏鸡表现出精神沉郁，生长迟缓，羽毛松乱，行动迟缓，食欲不振，消瘦，下痢，贫血，黏膜和鸡冠苍白等症状，最终可因虚弱而死亡。严重感染者可因大量虫体阻塞肠管造成肠梗阻而死亡。

成年鸡严重感染时产蛋量下降，消瘦，下痢与便秘交替出现，有时在粪便中发现虫体。

鸽子感染时表现为消瘦，胸肌严重萎缩，病鸽严重腹泻，粪便中可见排出虫体。肛周羽毛被污秽，产蛋下降或停产。

（二）病理学检验

剖检病鸡可见小肠中有多量虫体，偶见于食管、嗉囊、肌胃、输卵管和体腔。肠黏膜充血、出血，胆囊膨胀，肝脏可见坏死性斑点或部分硬化，严重感染时可见大量虫体阻塞肠管（彩图 11－16）。

（三）病原学检验

1. 病原特征 鸡蛔虫病是由禽蛔科、禽蛔属的鸡蛔虫寄生于鸡小肠内而引起的一种常见寄生虫病。鸡蛔虫是鸡体内最大的线虫，呈黄白色，表皮有横纹，雄虫长 27～70 mm，宽 0.09～0.12 mm，雌虫长 60～116 mm，宽 0.9 mm。虫卵呈深灰色，椭圆形，卵壳厚。虫卵大小为 70～90 μm×47～51 μm。

2. 检验方法 检查粪便中有无虫体。剖检可见肠道中有虫体。虫卵检验可用粪便直接压片或用盐水漂浮法检查。

三、禽胃线虫病

禽胃线虫病是由华首科、华首属和四棱科、四棱属的线虫寄生于鸡的食管、腺胃、肌胃和小肠内而引起。病原有斧钩华首线虫，旋形华首线虫和美洲四棱线虫。

斧钩华首线虫（*Acuraia hamulosa*）的虫体前部有 4 条饰带，两两并列，呈不整齐的波浪形，由前向后延伸，几乎达到虫体后部，但不折回，亦不相互吻合。雄虫长 9～14 mm，雌虫长 16～19 mm。虫卵呈淡黄色，椭圆形，卵壳较厚，内含一个 U 形幼虫，虫卵大小为

40～45 μm×24～27 μm。该线虫寄生于鸡和火鸡的肌胃角质膜下。中间宿主为蚱蜢、象鼻虫和赤拟谷盗。

旋形华首线虫（*Acuraia spiralis*）的虫体常卷曲呈螺旋状，前部的 4 条饰带呈波浪形，由前向后，在食管中部折回，但不吻合。雄虫长 7～8.3 mm，雌虫长 9～10.2 mm。虫卵形态结构同斧钩华首线虫卵，大小为 33～40 μm×18～25 μm。该线虫寄生于鸡、火鸡、鸽和鸭的腺胃和食管，偶尔可寄生于小肠。中间宿主为鼠妇虫，俗称“潮湿虫”。

美洲四棱线虫（*Tetrameres americana*）与裂刺四棱线虫相似。雄虫纤细，游离于前胃腔中，平时很难发现。雌虫呈卵圆形，深咖啡色，寄生于腺胃腺窝中。虫体无饰带，雄虫和雌虫形态各异。雄虫纤细，长 5～5.5 mm。雌虫血红色，长 3.5～4 mm，宽 3 mm，近似球形，并在纵线部位形成 4 条纵沟，前、后端自球体部伸出，形似圆锥状附属物。虫卵大小为 42～50 μm×24 μm，内含幼虫。该线虫寄生于鸡、火鸡、鸽和鸭的腺胃内。中间宿主为蚱蜢和德国小蜚蠊（蟑螂）。少量寄生时病禽无明显症状，严重寄生的病鸭表现消瘦、贫血和腹泻。有四棱线虫寄生的腺胃壁出现不均匀的黑色斑点，浆膜面可见虫体寄生部位稍隆起，虫体可从腺窝处被挤出，压破虫体时有血性液体流出（彩图 11－17，彩图 11－18，彩图 11－19）。

该病的主要致病作用是在寄生部位造成损伤、炎症、化脓等，从而影响该部位的功能，少量虫体寄生时不显症状，但大量虫体寄生时，病鸡精神沉郁、翅膀下垂，羽毛蓬乱，消化不良，食欲不振，消瘦，下痢，贫血。雏鸡生长发育迟缓，严重者可因胃穿孔而死亡。

以上 3 种线虫的流行病学基本相似。雌虫在寄生部位产卵，卵随粪便排到外界，被中间宿主吞入后，经 20～40 d 发育成感染性幼虫，鸡吃了这些昆虫而感染。在胃内中间宿主被消化而释放出幼虫，并移行到寄生部位，经 27～35 d 发育为成虫。

剖检病鸡时，在腺胃或肌胃内查到虫体，或在显微镜检查粪便时查到虫卵即可确诊。

四、异刺线虫病

异刺线虫病（*Heterakis gallinarum*）又称盲肠虫病，是由异刺科异刺属的异刺线虫寄生于鸡的盲肠内而引起的一种线虫病。异刺线虫的幼虫可使盲肠黏膜发炎，肠壁增厚，严重感染时在黏膜或黏膜下层形成过敏性结节。另外，它的危害还表现在可以直接传播组织滴虫病。火鸡、珍珠鸡、鸡、鸭、鹅等禽类都可感染。

虫体较小，呈白色，头端略向背面迂回，食管末端有一膨大的食管球，长约 10 mm，尾部尖且直。虫卵呈灰褐色，椭圆形，大小为 65～80 μm×35～46 μm，卵壳厚，内含 1 个胚细胞，卵的一端较明亮。本病在鸡群中普遍发生。成熟雌虫在盲肠内产卵，卵随粪便排于外界，在合适条件下，约经 2 周发育成含幼虫的感染性虫卵，鸡吞食了被感染性虫卵污染的饲料和饮水而感染，在盲肠内而发育为成虫，共需 24～30 d。此外，异刺线虫卵常因感染组织滴虫而使鸡并发组织滴虫病。

病鸡消化机能减退，食欲不振，下痢，贫血。雏鸡发育迟缓，消瘦，逐渐衰竭而死亡。剖检在盲肠内查到虫体，或粪便检查发现虫卵即可确诊。

五、禽毛细线虫病

毛细线虫病是由毛首科、毛细线虫属的多种线虫寄生于鸡的消化道引起的。有轮毛细线虫，寄生于鸡的嗉囊和食管；封闭毛细线虫，寄生于鸡、鸽及雏的小肠；膨尾毛细线虫，寄生于鸡、鸭的小肠；领绳状线虫，寄生于鸡的肠道。这些毛细线虫形态相似，大小在 7～8 mm到 20～25 mm，最大的可达到 60 mm，雄虫略小于雌虫；虫卵小于蛔虫卵，大小在50 μm×25 μm 左右。壳厚，微棕色腰鼓状，两端有卵盖。在这些毛细线虫的生活史中，封闭毛细线虫不需要中间宿主，其卵排出体外后在卵壳内发育为第一期幼虫，幼虫被鸡吃入后在十二指肠黏膜内发育为成虫，成虫进入肠腔。而有轮毛细线虫和膨尾毛细线虫需要 1 个中间宿主——蚯蚓，虫卵排出体外发育为含幼虫的卵后，被蚯蚓吞食，发育为第二期幼虫，鸡吞食了这种蚯蚓而感染，第二期幼虫钻入鸡小肠黏膜中发育为成虫，然后返回消化道。鸡感染后可造成嗉囊、食管和小肠的炎症、出血，甚至坏死。病鸡表现食欲不振、委靡、消瘦、肠炎症状或常做吞咽动作，严重时，雏鸡和成鸡均可死亡。由于本病的虫卵特征性不强，诊断时需将临床症状、剖检发现虫体、相应部位的病变以及检查粪中虫卵相结合，做综合判断。

六、建议防治措施

严格注意禽群卫生，定期驱虫，经常清除粪便，并将其堆积发酵以杀死虫卵，减少场地污染，杜绝传染来源。如发现已经感染，可用左旋咪唑按每千克体重 20～40 mg，混料 1 次喂服；枸橼酸哌嗪按每千克体重 250 mg，混料 1 次喂服；丙硫咪唑按每千克体重 10～20 mg，混料 1 次喂服；伊维菌素按每千克体重 200～300 μg，口服或皮下注射均有疗效，但本品对鸡异刺线虫无效。

第九节　鸭棘头虫病的检验与防治

鸭棘头虫病由多形科，多形属（*Polymorphus*）和细颈属（*Filicollis*）的多种棘头虫寄生于鸭、鹅、天鹅、野生水禽和鸡等禽类的小肠而引起。虫体寄生于小肠中段，其吻突吸附肠胃壁时，引起出血、溃疡、化脓性炎症或造成其他病原菌的继发感染。同时，在虫体的毒素作用下，病鸭消瘦，发育受阻，粪便带血，食欲下降。幼禽的死亡高于成年家禽。

大多形棘头虫和小多形棘头虫以钩虾为中间宿主；腊肠状多形棘头虫以岸蟹为中间宿主；鸭细颈棘头虫以等足类的栉水虱为中间宿主。成虫寄生在宿主的小肠，虫卵随粪便排出体外，落入水中。虫卵不耐干燥，但在水中抵抗力强。钩虾等中间宿主分布于水生植物较多的水域，一些小鱼可充当贮藏宿主，当鸭摄食了钩虾或贮藏宿主后，即可感染。鸭棘头虫感染季节多为春夏季，高峰在 7～8 月份。成年鸭感染症状不明显，多为带虫者。幼鸭感染严重时，可造成大量死亡。病鸭消瘦，发育受阻，粪便带血，食欲下降。尸检时，可见橘红色的虫体固着在肠黏膜上（彩图 11－20）。

引起本病的病原有大多形棘头虫（图 11－15）、小多形棘头虫（图 11－16）、腊肠状多形棘头虫、四川多形棘头虫、鸭细颈棘头虫（图 11－17）。

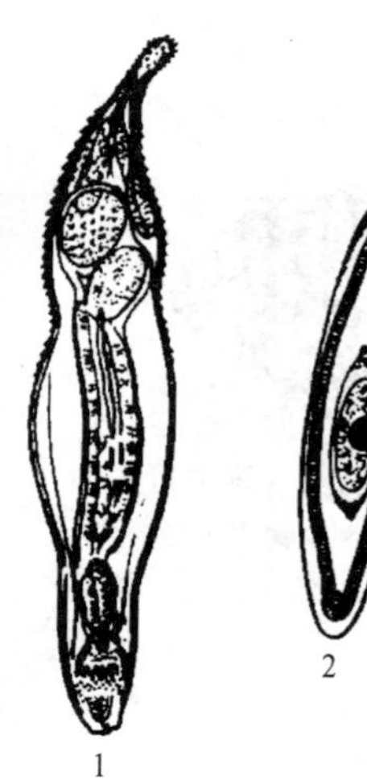

图 11-15　大多形棘头虫
1. 雄虫　2. 虫卵
（甘孟侯．中国禽病学．2003）

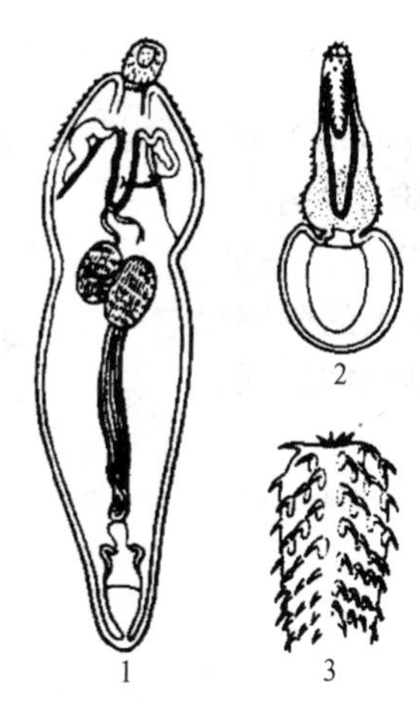

图 11-16　小多形棘头虫
1 雄虫　2. 吻突和吻囊　3. 吻钩
（甘孟侯．中国禽病学．2003）

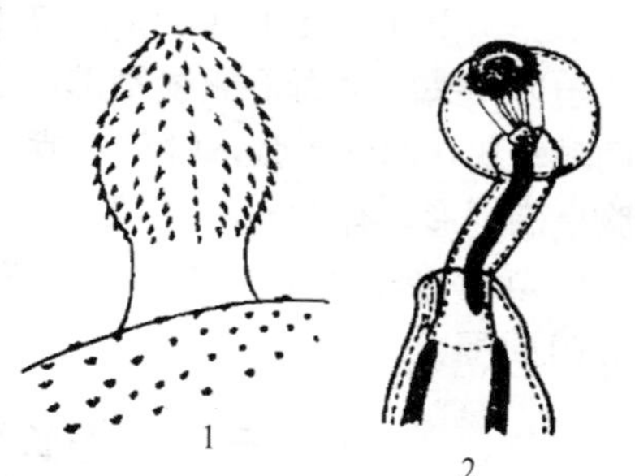

图 11-17　鸭细颈棘头虫
1. 雄虫前部　2. 雌虫前部
（甘孟侯．中国禽病学．2003）

鸭棘头虫均为小型虫体，其最主要的特征是虫体的前端有吻突，吻突上有小钩。整个虫体的外观呈纺锤形（前端大，后端狭细），雄虫长度通常在 10 mm 以下，雌虫长度 10～20 mm。它们的区别可根据吻突上的小钩的列数以及每列的数目来区别（如大多形棘头虫有 18 列，每列 7～8 个小钩；小多形棘头虫有 16 列，每列 18～20 个小钩；鸭细颈棘头虫有 18 列，每列 10～16 个小钩）。虫卵呈纺锤形，有厚卵壳，内含棘头幼虫，大小为 110～130 μm×20 μm。

本病无特异症状，确诊需靠实验室检查，可进行尸体剖检和进行虫卵检查。

在本病流行地区进行定期驱虫，雏鸭与成鸭分群饲养。发病鸭可用硝硫氰醚驱虫，每千克体重 100～125 mg，1 次喂服；三苯双脒按每千克体重 30 mg，混料 1 次喂服；左旋咪唑按千克体重 15 mg，混料 1 次喂服。

第十节　羽虱的检验与防治

虱（Lice）是禽类常见的外寄生虫，属于食毛目（Mallophaga），即所谓咀嚼虱。虱的种类很多，均为畜禽体表永久性寄生虫，具有严格的宿主特异性。寄生于禽类的有鸡虱、鸭虱、鹅虱和鸽虱。其一般特征是头部的腹面有咀嚼型上颚，身体扁平，有 1 对 3～5 节短的触角，无翅，眼退化。

一、鸡羽虱

鸡羽虱（*Menopon gallinae*）雄性长 1.7 mm，雌性长 2.0 mm。体淡黄色，头部后颊向两侧突出，有数根长毛。前胸后缘呈圆形突出。胸部与腹部联结明显，呈长椭圆形。后足腿节与第四节腹面有刚毛簇（图 11-18）。

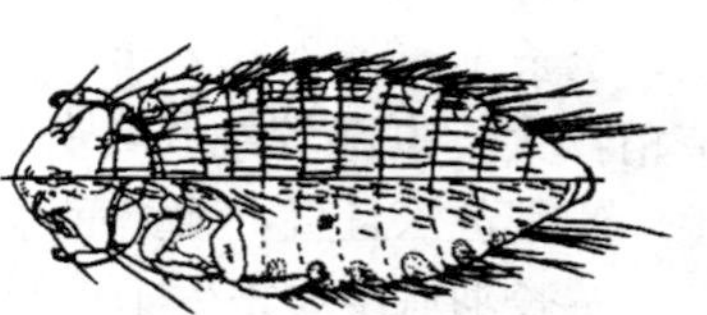

图 11-18　鸡羽虱（雄虫背面）
（黄兵，沈杰．中国畜禽寄生虫形态分类图谱．2006）

鸡羽虱主要寄生于鸡、鸭、鹅的体表。

二、草黄鸡体羽虱

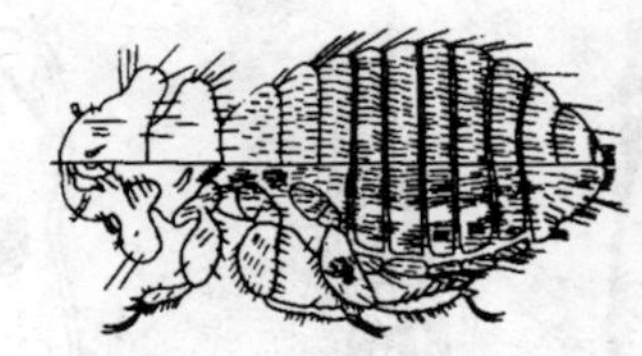
图 11-19 草黄鸡体羽虱（雄虫背腹面）
（黄兵，沈杰．中国畜禽寄生虫形态分类图谱．2006）

草黄鸡体羽虱（*Menacanthus stramineus*）雄性大小为 2.70～2.97 mm×0.93 mm，雌性大小为 2.90～3.10 mm×1.08 mm。虫体呈淡黄色，头呈三角形。头部腹面下颚须基部两侧有 1 对大的刺突。两颊较狭，向外扩张，触角 4 节，末节呈圆柱状。前胸呈椭圆形，有 14～16 根缘毛（图 11-19）。

草黄鸡体羽虱主要寄生于鸡的体表（胸、喉、肛门周围）。

三、鸡翅长羽虱

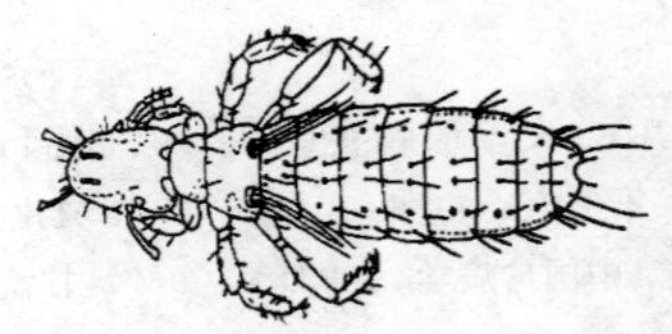
图 11-20 鸡翅长羽虱（成虫背面）
（黄兵，沈杰．中国畜禽寄生虫形态分类图谱．2006）

鸡翅长羽虱（*Lipeurus caponis*）雄性大小为 2.30 mm×2.40 mm×0.36 mm，头部呈长半圆形，唇基缘呈半圆形，有缘毛 4 根。头前部略窄，角前突呈指状。雌性大小为 2.41 mm×2.65 mm×0.55 mm。两颊部比头前部略宽，触角 5 节，呈丝状（图 11-20）。

鸡翅长羽虱主要寄生于鸡、鸭的体表（翅）。

四、广幅长羽虱

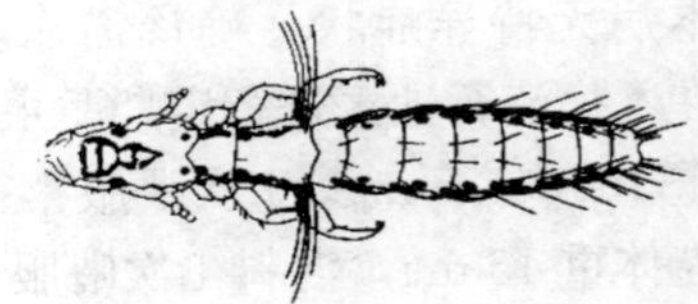
图 11-21 广幅长羽虱（成虫背面）
（黄兵，沈杰．中国畜禽寄生虫形态分类图谱．2006）

广幅长羽虱（*Lipeurus heterographus*）雄性体长 2.01～2.18 mm，雌性体长 2.31～2.80 mm，虫体黄白色，头部呈三角形，头前部较钝圆，后颊部略圆。雄性触角第一节特别膨大。前胸节呈梯形，胸侧缘有 2 根长毛，后缘列有 4 根长毛。胸腔呈长椭圆形，各腹节背板中央有 4 根长毛（图 11-21）。

广幅长羽虱主要寄生于鸡、鹅的体表（头、颈）。

五、鸡长羽虱

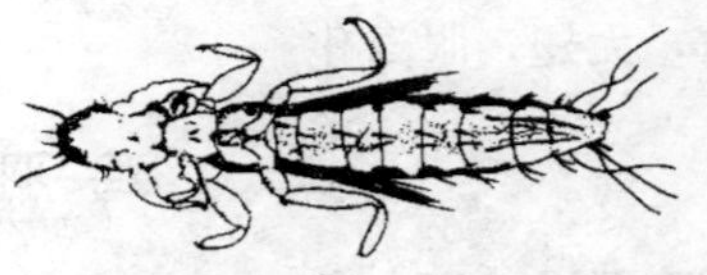
图 11-22 鸡长羽虱（成虫腹面）
（黄兵，沈杰．中国畜禽寄生虫形态分类图谱．2006）

鸡长羽虱（*Lipeurus variabilis*）虫体呈长圆柱状，全长 1.80～2.20 mm，头部呈长条状，触角第一节稍膨大。腹部较细长，各腹节背板中央有 2 根长毛，侧带色深且直，无突起（图 11-22）。

鸡长羽虱主要寄生于鸡的体表。

六、鸡圆羽虱

鸡圆羽虱（*Goniocotes gallinae*）虫体体型较小，

宽而短，头部扁宽，呈黄色。雄性长 0.9～1.0 mm，雌性长 1.0～1.5 mm。后颊部较圆，有 2 根长毛。胸部与腹部愈合呈椭圆形，腹节后角有 1～3 根长毛（图 11-23）。

鸡圆羽虱主要寄生于鸡的体表（背部、臀部）。

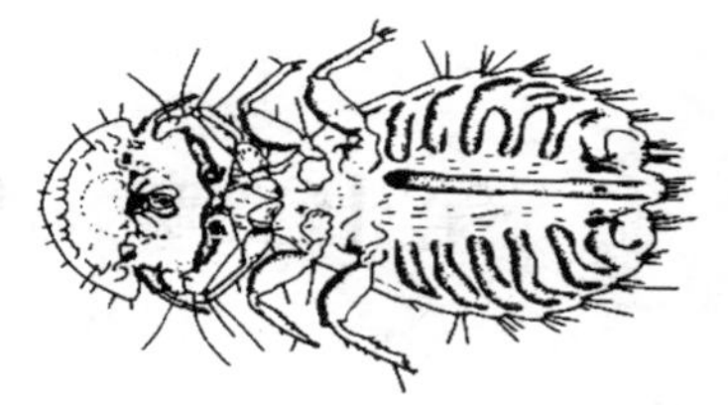

图 11-23　鸡圆羽虱（成虫腹面）
（黄兵，沈杰．中国畜禽寄生虫形态分类图谱．2006）

七、巨圆羽虱

巨圆羽虱（*Goniocotes gigas*）雄性大小为 3.30 mm×1.90 mm，头大而圆，两颊缘略扩张，颊缘毛 3 根，头后缘有角状突。触角 5 节，第二节最长，前胸短而宽，后缘毛 1 根，中后胸愈合，后缘中部向后突出，侧缘毛 3 根，后缘毛 4 根。腹部宽大且长。雌性大小为 4.2 mm×2.1 mm，触角短小，胸腹部与雄性类似（图 11-24）。

巨圆羽虱主要寄生于鸡的体表。

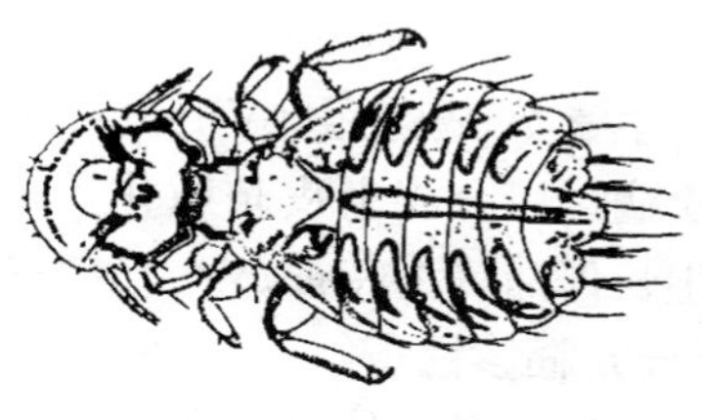

图 11-24　巨圆羽虱（成虫背面）
（黄兵，沈杰．中国畜禽寄生虫形态分类图谱．2006）

八、鸡角羽虱

鸡角羽虱（*Goniodes dissimilis*）雄性大小为 1.82～2.63 mm×1.29 mm，头前部宽圆，头后缘形成头角，有背刺 1 根，触角第一节粗大，第三节与第四节形成直角。前胸小，有侧缘毛 1 根。中后胸愈合，侧缘毛各 2 根。腹部宽大且长，呈长卵形，各节两侧有波纹状褐斑。雌性大小为 2.50～2.98 mm×1.49 mm（图 11-25）。

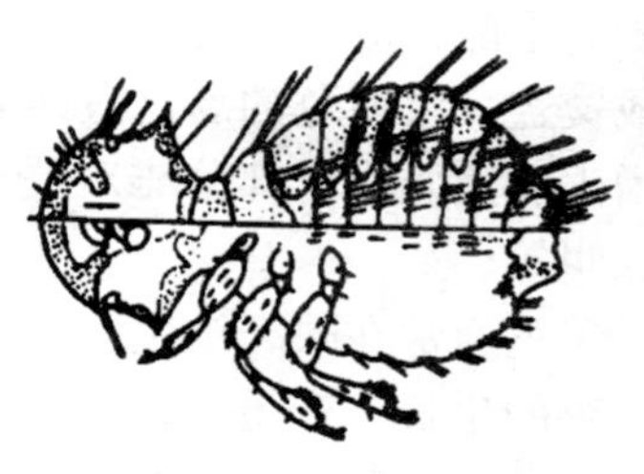

图 11-25　鸡角羽虱（成虫背腹面）
（黄兵，沈杰．中国畜禽寄生虫形态分类图谱．2006）

鸡角羽虱主要寄生于鸡的体表。

羽虱主要以羽毛、皮屑为食物。虫体在鸡体表爬行时引起瘙痒，致鸡不安，自我啄毛或互相啄，可致皮肤损伤导致细菌感染，严重感染羽虱时可致羽毛残缺不全，仅剩大的羽梗。羽虱通过直接接触传播或通过用具人员传播。多发生在秋冬季节。

近年来在一些卫生条件不好的鸡场，羽虱流行相当严重。防治时可用菊酯类农药喷洒，也可用敌百虫、敌敌畏等药物喷洒。但要注意用量，防止中毒。

第十二章　代谢性疾病的检验与防治

第一节　维生素缺乏症的检验与防治

一、维生素 A 缺乏症

维生素 A 缺乏症（Vitamin A deiciency）是由于饲料中缺乏维生素 A 而引起的营养代谢性疾病。以分泌上皮角质化，角膜、结膜、气管、食管黏膜角质化，以及夜盲症、干眼病、生长停滞等为特征。

（一）临诊检查

雏鸡和初开产的母鸡常易发生维生素 A 缺乏症。雏鸡一般发生在 1～7 周龄，若 1 周龄的鸡发病，则与母鸡缺乏维生素 A 有关。其症状特点为厌食，生长停滞，消瘦，倦睡，衰弱，羽毛松乱，运动失调，瘫痪，不能站立。喙和腿部黄色消褪，冠和肉垂苍白。病程超过 1 周仍存活的鸡，眼睑发炎或粘连，鼻孔和眼睛流出黏性分泌物，眼睑不久即肿胀，结膜囊内蓄积有干酪样的渗出物，角膜混浊不透明，严重者角膜软化或穿孔失明。口黏膜有白色小结节或覆盖一层白色的豆腐渣样的薄膜，但剥离后黏膜完整，无出血、溃疡现象。食管黏膜上皮增生和角质化。部分雏鸡受到刺激后发生阵发性神经症状，出现头颈扭转、转圈或后退、惊叫等。

成年鸡通常在缺乏维生素 A 的 2～5 个月出现症状，一般呈慢性经过。轻度缺乏维生素 A 时，鸡的生长、产蛋、种蛋孵化率及抗病力受到一定影响，往往不易被察觉，使养鸡生产在不知不觉中受到损失。严重缺乏维生素 A 的患鸡食欲不振、消瘦、精神沉郁，鼻孔和眼睛常有水样液体排出，眼睑常常粘连在一起，严重时可见眼内有灰白干酪样物质，角膜混浊，灰白色，发生软化甚至穿孔，最后失明（彩图 12－1）。鼻腔蓄积大量黏稠鼻液，呼吸困难（彩图 12－2）。呼吸道和消化道黏膜抵抗力降低，易诱发传染病。继发或并发家禽痛风或骨骼发育障碍，出现运动无力、两腿瘫痪，偶有神经症状，运动缺乏灵活性。鸡冠白、有皱褶，爪、喙色淡。母鸡产蛋量和孵化率降低，公鸡繁殖力下降，精液品质降低，受精率低。

（二）病理学检验

剖检可见口腔、咽、食管黏膜上皮角质化脱落，黏膜有小脓包样病变，破溃后形成小的溃疡（彩图 12－3）。支气管黏膜可能覆盖一层很薄的伪膜。结膜囊或鼻窦肿胀，内有黏性的或干酪样的渗出物。严重时肾脏呈灰白色，有尿酸盐沉积。小脑肿胀，脑膜水肿，有微小出血点。

（三）病因学检查

禽类不能合成维生素 A，必须从饲料中获得维生素 A 或类胡萝卜素。由于供给不足或需要量增加，如果饲料中维生素 A 含量不足或缺乏可引起缺乏症；维生素 A 性质不稳定，非常容易失活，在饲料加工工艺条件不当、存放时间过长、发霉、烈日暴晒等都可造成维生素 A 和类胡萝卜素损坏，脂肪酸败变质也能加速其氧化分解，导致维生素 A 缺乏；日粮中蛋白质和脂肪不足，不能合成足够的视黄醛结合蛋白质运送维生素 A，脂肪不足会影响维生素 A 类物质在肠中的溶解和吸收；胃肠道疾病引起的吸收障碍，腹泻，或肝胆疾病均能影响饲料中维生素 A 的吸收、利用及储藏。

饲料中维生素 A 的含量可以通过饲料分析化验进行检测。

（四）鉴别诊断

注意与传染性鼻炎、禽痘区别。

（五）建议防治措施

（1）饲喂全价饲料，饲料中维生素 A 含量应按 NRC（1994）推荐的维生素 A 最低需要量配制，雏鸡和育成鸡日粮维生素 A 的含量应为 1 500 IU/kg，产蛋鸡、种鸡为 4 000 IU/kg。

（2）全价饲料中添加抗氧化剂，可防止维生素 A 于贮存期间氧化损失；防止饲料贮存过久。

（3）改善饲料加工调制条件，尽可能缩短必要的加热调制时间。

（4）已经发病的鸡应按正常维生素 A 需要量的 3～4 倍混料投喂，连喂约 2 周后再恢复正常。或每千克饲料添加 5 000 IU 维生素 A，连用 1 个月。由于维生素 A 不易从体内迅速排出，注意长期过量使用可能引起中毒。

二、维生素 D 缺乏症

维生素 D 缺乏症（Vitamin D deiciency）是由于日粮中维生素 D 供应不足、消化吸收障碍或光照不足等引起的。维生素 D 缺乏时，鸡的钙、磷吸收和代谢障碍，骨骼、蛋壳形成受到一定影响。雏鸡发生佝偻病，产蛋鸡出现蛋壳变软、破蛋增多、胸骨变形等。

（一）临诊检查

雏鸡佝偻病，1 月龄左右雏鸡容易发生，发生时间与雏鸡饲料及种蛋情况有关。最初症状为腿软弱无力，行走不稳，喙和爪软而容易弯曲，以后跗关节着地，常蹲坐，平衡失调。骨骼柔软或肿大，肋骨和肋软骨的结合处可摸到圆形结节（念珠状肿）。胸骨侧弯，胸骨正中内陷，使胸腔变小。脊椎在荐部和尾部向下弯曲。长骨质脆易骨折。生长发育不良，羽毛松乱，无光泽，有时有下痢症状。

产蛋母鸡通常在缺乏维生素 D 的 2～3 个月开始表现缺钙症状。早期表现为产薄壳蛋和软壳蛋数量增加，以后产蛋量下降，最后停产。种蛋孵化率下降，胚胎多在 10～16 日龄死亡。喙、爪、龙骨变软，龙骨弯曲，慢性病例则见到明显的骨骼变形，胸廓下陷。胸骨和椎骨结合处内陷，所有肋骨沿胸廓呈向内弧形弯曲的特征。后期关节肿大，母鸡呈现身体坐在腿上的“企鹅形”特殊姿势，也能观察到缺钙症状的周期性发作。长骨质脆，易骨折。

（二）病理学检验

患维生素 D 缺乏症病死的雏鸡，特征性病理变化是肋骨与胸椎接界处出现念珠状肿，肋骨向后弯曲。胫骨或股骨的骨骺部分钙化不良。

成年鸡和产蛋鸡特征性病理变化局限于骨骼和甲状旁腺，骨骼变脆易断，肋骨与肋软骨交界处可见串珠状结节。

（三）病因学检查

维生素 D 缺乏症的发生不外乎两个方面：体内合成量不足和饲料供给缺乏。维生素 D

合成需要紫外线，所以适当的日晒可以防止缺乏症的发生。机体消化吸收功能障碍，患有肾、肝疾病的鸡只也会发生。购买商品饲料的养殖户应该向供货商咨询，或者通过化验来确定病因，采取相应措施。

家禽饲料中最少应有 200 IU/kg 的维生素 D，生产饲料时还应加上 10%～30%的保险系数。

饲料中维生素 A 的含量对维生素 D 的吸收有影响，维生素 A 添加量过多会影响维生素 D 的吸收。一般应保持维生素 A∶维生素 D=5∶1 的比例。饲料中钙、磷含量的比例也会影响维生素 D 的吸收，钙、磷缺乏或比例失调会增加维生素 D 的需要量。饲料中的钙磷比例应保持在 2∶1 左右。

（四）建议防治措施

（1）保证饲料中含有足够量的维生素 D_3，每千克日粮中，雏鸡、育成鸡需 200 IU，产蛋鸡、种鸡需 500 IU。

（2）防止饲料中维生素 D_3 氧化，应添加合成抗氧化剂。

（3）防止饲料发霉，破坏维生素 D_3，可添加防霉剂。

（4）已经发生缺乏症的鸡可补充维生素 D_3，饲料中使用维生素 D_3 粉或饮水中使用速溶多维，饲料中剂量可为 1 500 IU/kg。

（5）雏鸡缺乏维生素 D 时，每只可喂服 2～3 滴鱼肝油，每天 3 次。患佝偻病的雏鸡，每只每次喂给 10 000～20 000 IU 的维生素 D_3 油或胶囊疗效较好。多晒太阳，保证足够的日照时间对治疗也有帮助。

但必须注意，应用过大剂量维生素 D_3 喂鸡，即日粮中维生素 D_3 的含量大于 200 万 IU 时会引起中毒。

三、维生素 E 缺乏症

维生素 E 缺乏症（Vitamin E deiciency）是以脑软化症、渗出性素质、白肌病和成禽繁殖障碍为特征的营养缺乏性疾病。

（一）临诊检查

成年鸡的主要症状为生殖能力的损害，产蛋率和种蛋孵化率降低，公鸡精子形成不全，繁殖力下降，授精率低。雏鸡表现出弱雏增多，站立不稳，脐带愈合不良，曲颈，头插向两腿之间等神经症状。

1. 脑软化症　维生素 E 缺乏可引起脑软化症，多发生于 3～6 周龄的雏鸡，发病后表现出精神沉郁，共济失调，头向后或向下弯曲痉挛，身体常倒向一侧，瘫痪等神经症状（彩图 12－4）。

2. 渗出性素质　维生素 E 和硒同时缺乏时，雏鸡会表现渗出性素质，病鸡翅膀、颈、胸、腹部等部位呈蓝绿水肿。两腿向外岔开站立。

3. 白肌病　维生素 E 和含硫氨基酸同时缺乏时，则表现为白肌病。病鸡表现出肌肉松弛无力，消化不良，运动失调，贫血等症状。

（二）病理学检验

1. 脑软化症　病鸡可见小脑软化、水肿，有出血点和坏死灶，坏死灶呈灰白色斑点。

2. 渗出性素质　病患鸡的翅、胸、颈等部位水肿，腹部皮下呈蓝绿色冻胶样水肿。

3. 白肌病　病鸡的胸肌和腿肌色浅苍白，有白色条纹。心肌色淡变白。肝脏肿大。

（三）病因学检查

维生素 E 缺乏症的发生很大程度上与饲料有关。因为维生素 E 不稳定，极易被氧化破坏。饲料中其他成分也会导致维生素 E 被破坏，引起缺乏症。

（1）饲料中维生素 E 含量不足，如配方不当或加工失误的情况下，常会发生。

（2）饲料维生素 E 被氧化破坏。矿物质破坏、不饱和脂肪酸存在、饲料酵母曲、硫酸胺制剂等颉颃物质刺激、脂肪过氧化、制粒工艺不当等情况下均会造成维生素 E 损失。籽实饲料一般条件下保存 6 个月后，维生素 E 损失 30%～50%。

（3）维生素 A、B 族维生素、硒等其他营养成分的缺乏或不足时也会发生维生素 E 缺乏症。

（四）建议防治措施

（1）饲料中添加足量的维生素 E，鸡每千克日粮应含有 10～15 IU，鹌鹑为 15～20 IU。

（2）饲料中添加抗氧化剂。防止饲料贮存时间过长，或受到无机盐、不饱和脂肪酸所氧化及颉颃物质的破坏。饲料的硒含量应为 0.25 mg/kg。

（3）临床实践中，脑软化、渗出性素质和白肌病常交织在一起，若不及时治疗可造成急性死亡。通常每千克饲料中加维生素 E 20 IU，连用 2 周，可在用维生素 E 的同时用硒制剂。渗出性素质病时，每只禽可以肌内注射 0.1%亚硒酸钠生理盐水 0.05 ml。白肌病时，每千克饲料加入亚硒酸钠 0.2 mg、蛋氨酸 2～3 g 可收到良好疗效。脑软化症可用维生素 E 油或胶囊治疗，每只鸡 1 次喂 250～350 IU。饮水中供给速溶多维。

（4）植物油中含有丰富的维生素 E，在饲料中混有 0.5%的植物油，也可达到治疗本病的效果。

四、维生素 K 缺乏症

维生素 K 缺乏症（Vitamin K deiciency）是以鸡血液凝固过程发生障碍，发生全身出血性素质为特征的营养缺乏疾病。

（一）临诊检查

维生素 K 缺乏症发病潜伏期较长，一般在 3 周左右出现症状。雏鸡发病较多，表现为冠、肉垂、皮肤苍白干燥，生长发育迟缓、腹泻、怕冷，常发呆站立或久卧不起，皮下有出血点，尤其胸腿、腹膜、翅膀和胃肠道明显。血液不易凝固，有时因出血过多死亡。

（二）病理学检验

剖检可见肌肉苍白、皮下有血肿，肺等内脏器官出血，肝有灰白或黄色坏死灶，脑等有出血点。死鸡体内积有凝固不完全的血液，肌胃内有出血。病鸽常见鼻孔和口腔出血，皮肤血肿呈紫色。种鸡缺乏时种蛋孵化率降低，胚胎死亡率较高。

（三）病因学检查

（1）集约化饲养条件下，家禽较少或无法采食到青绿饲料，而且肠道微生物合成量不能满足需要。

（2）饲料中存在抗维生素 K 物质，如霉变饲料中真菌毒素、草木犀等会破坏维生素 K。

（3）长期使用抗菌药物，如抗生素和磺胺类抗球虫药，使肠道中微生物受抑制，维生素 K 合成减少。

（4）疾病及其他因素，如球虫病、腹泻、肝病或胆汁分泌障碍，消化吸收不良，环境条件恶劣等均会影响维生素 K 的吸收利用。

（四）建议防治措施

（1）在饲料中添加维生素 K，每千克饲料 1～2 mg，并配合适量青绿饲料、鱼粉、肝脏等富含维生素 K 及其他维生素和无机盐的饲料，有预防作用。

（2）病鸡每千克饲料中添加维生素 K 3～8 mg，或每只病鸡肌内注射维生素 K 0.5～3 mg，一般治疗效果较好，同时给予钙制剂疗效会更好。应注意维生素 K 不能过量，以免发生中毒。

五、维生素 B_1 缺乏症

维生素 B_1（硫胺素）缺乏症（Vitamin B_1 deiciency），是由于加工处理不当使硫胺素遭到破坏或饲粮中含有硫胺素颉颃物质，导致缺乏。硫胺素分子中含硫和氨基，为碳水化合物代谢所必需。维生素 B_1 缺乏导致糖代谢障碍，能量供给不足，且导致 α-酮酸（丙酮酸、α-酮戊二酸）氧化脱羧机能障碍，产生多量丙酮酸的蓄积而对神经系统发生损害，发生多发性神经炎、厌食和死亡。各种禽类均可发病，但以水禽发病较多。

（一）临诊检查

病鸡少食或停食，腿无力、步态稳。羽毛蓬松，鸡冠呈蓝紫色。继而发生多发性神经炎，肌肉痉挛或麻痹，首先表现脚爪的屈肌麻痹。继而蔓延到腿、翅、颈部和腿肌，并发生痉挛。由于腿部麻痹，不能站立和行走，常将躯体“坐”在自己的双腿上，头颈弯向背部，呈特征性的“观星姿势”或角弓反张，最后倒地，抽搐而死（彩图 12-5）。

病鸭倒向一侧，仰头转圈或全身抽搐，或角弓反张而死。

（二）病理学检验

因硫胺素缺乏症死亡的雏鸡皮肤呈广泛性水肿，其水肿的程度决定于肾上腺的肥大程度。肾上腺肥大，雌禽比雄禽的更为明显，肾上腺皮质部的肥大比髓质部更大一些。肥大的肾上腺内的肾上腺素含量增加。死雏的生殖器官呈现萎缩，睾丸比卵巢的萎缩更明显。心脏轻度萎缩，右心可能扩大，心房比心室较易受害。肉眼可观察到胃和肠壁的萎缩，而十二指肠的肠腺却会扩张。

在显微镜下观察，十二指肠肠腺的上皮细胞有丝分裂明显减少，后期黏膜上皮消失，只留下一个结缔组织的框架。在肿大的肠腺内积集坏死细胞和细胞碎片。胰腺的外分泌细胞的胞浆呈现空泡化，并有透明体形成。这些变化被认为是细胞缺氧，致使线粒体损害所造成。

（三）病因学检查

大多数常用饲料中硫胺素均很丰富，特别是禾谷类籽实的加工副产品，糠麸以及饲用酵母中维生素 B_1 的含量可达每千克 7～16 mg。植物性蛋白质饲料中每千克含硫胺素 3～9 mg。所以家禽日粮中都能含有丰富的硫胺素，无须给予补充。然而，家禽仍有硫胺素缺乏症发生，其主要病因是由于饲料中硫胺素遭受破坏所致。水禽或家禽大量吃进新鲜鱼、虾和软体动物内脏，它们含有硫胺酶，能破坏硫胺素而造成硫胺素缺乏症。饲料被蒸煮加热、碱化处理也能破坏硫胺素。另外，饲粮中含有硫胺素颉颃物质而使硫胺素缺乏，如饲粮中含有蕨类植物、球虫抑制剂氨丙啉、某些植物、真菌、细菌产生的颉颃物质时，均可能使硫胺素缺乏。

（四）诊断鉴别

主要根据家禽发病日龄、流行病学特点、饲料维生素 B_1 缺乏、多发性外周神经炎等特征症状和病理变化即可做出诊断。

在生产实际中，应用诊断性的治疗，即给予足够量的维生素 B_1 后，可见到明显的疗效。

根据维生素 B_1 的氧化产物是一种具有蓝色荧光的物质，称硫色素，其荧光强度与 B_1 含量成正比。因此，可用荧光法定量测定原理，测定病禽的血、尿、组织，以及饲料中硫胺素的含量。以达到确切诊断和对本病进行监测预报的目的。

（五）建议防治措施

（1）注意日粮配合，添加富含维生素 B_1 的糠麸、青绿饲料或添加维生素 B_1，日粮中水生动物性饲料不宜过多（水禽尤要注意）。

（2）发病后双倍量添加维生素 B_1 片剂或粉剂，并向日粮中添加复合维生素 B_1。对神经症状明显的可肌内注射维生素 B_1 针剂，雏禽每次 1 mg，成年禽每次 5 mg，每日 1～2 次，连用 3～5 d。

（3）种禽应检测血液中丙酮酸的含量，以免影响种蛋的孵化率。

（4）某些药物（抗生素、磺胺药、抗球虫药等）是维生素 B_1 的颉颃剂，不宜长期使用。

（5）天气炎热时，注意补充维生素 B_1，因此时需求量高。

应用硫胺素给病禽肌内或皮下注射，只要诊断正确，数小时后即可见到疗效。也可服用硫胺素。注意防止病禽厌食而未吃到拌在料内的药，达不到治疗目的。

针对病因采取有效的措施能防止本病的发生。如水禽大量吃食鱼肉而发病，可以减少吃食新鲜鱼、虾和软体动物内脏的量，或先破坏它们所含的硫胺酶。

六、维生素 B_2 缺乏症

维生素 B_2 缺乏症（Vitamin B_2 deiciency），又名蜷趾麻痹症、核黄素缺乏症，是由于维生素 B_2 缺乏导致以物质代谢中的生物氧化机能障碍为特征的疾病。该缺乏症多发生于雏禽。

（一）临诊检查

雏鸡喂饲缺乏核黄素日粮后，多在 1～2 周龄发生腹泻，食欲尚良好，但生长缓慢，消瘦、贫血，羽毛粗糙，背部脱毛，皮肤干而粗糙，有结膜炎和角膜炎。其特征性症状是足趾向内蜷曲，不能行走，以跗关节着地，展开翅膀以维持身体的平衡，两腿瘫痪（彩图 12－6）。腿部肌肉萎缩和松弛，皮肤干而粗糙。病雏吃不到食物而饿死。

育成鸡病至后期，两腿分开而卧，瘫痪。母鸡的产蛋量下降，蛋白稀薄，蛋的孵化率降低。如果母鸡日粮中核黄素的含量低，其所生的蛋和出壳雏鸡的核黄素含量也就低。核黄素是胚胎正常发育和孵化所必需的物质。种鸡缺乏维生素 B_2 可见有死胚，颈部弯曲，躯体短小，关节变形，脚趾蜷曲，水肿、贫血和肾脏变性，卵黄吸收慢等病理变化。有时也能孵出雏，但多数带有先天性麻痹症状，且体小、浮肿。

（二）病理学检验

病死雏鸡胃肠道黏膜萎缩，肠壁变薄，肠内充满泡沫状内容物。有些病例胸腺充血和成熟前期萎缩。病死成年鸡的坐骨神经和臂神经显著肿大和变软，尤其是坐骨神经的变化更为显著，其直径比正常的大 4～5 倍。

受损神经的组织学变化，表现为外周神经干髓鞘变性。可能伴有轴索肿胀和断裂，神经鞘细胞增生，髓磷脂（白质）变性，神经胶瘤病，染色质溶解。

另外，病死的产蛋鸡有肝脏增大和脂肪量增多现象。

（三）病因检查

禽类对维生素 B_2 的需求量大于维生素 B_1，而在谷类籽实和糠麸里维生素 B_2 的含量又低于维生素 B_1，日粮中不添加维生素 B_2 可导致其含量不足，饲料发霉变质导致维生素 B_2 被破坏。白色来航鸡的维生素 B_2 缺乏症与遗传因素有关。胃肠道疾病时，影响核黄素的转化和吸收。

（四）建议防治措施

注意日粮配合，添加蚕蛹、啤酒酵母、脱脂乳、三叶草等富含维生素 B_2 的饲料。白色来航鸡要多添加。发病后添加 2～3 倍于正常量的维生素 B_2 片剂或粉剂，并注意添加复合 B 族维生素。严重的病例肌内注射维生素 B_2 针剂，成鸡每只 10 mg、雏鸡 5 mg，或每千克日粮中添加核黄素 20 mg，连用 1～2 周可见效。喂高脂肪、低蛋白饲料时核黄素要增量，低温时要增量，种鸡用量应增加。

七、泛酸缺乏症

泛酸缺乏症（Pantothenic acid deficiency），泛酸又称遍多酸。泛酸是两种重要辅酶的组成部分，与脂肪代谢关系极为密切。泛酸遍布于一切植物性饲料中，在一般日粮中不易缺乏。但家禽日粮尤其玉米-豆粕型日粮中泛酸含量少，长期饲喂玉米容易发生缺乏症。在饲料加工时，经热、酸、碱处理等泛酸很易被破坏，也可引起泛酸缺乏症。所以，应补充泛酸（一般用泛酸钙）。

（一）临诊检查

泛酸缺乏主要损伤神经系统、肾上腺皮质和皮肤，其特征症状是皮炎，羽毛生长受阻且粗糙、松乱。雏鸡生长受阻，消瘦，眼睑常被黏液渗出物粘连，口角、泄殖腔周围有痂皮。口腔内有脓样物质。头部、趾间和脚底皮肤发炎，表层皮肤有脱落现象，并产生裂隙，以致行走困难，有时可见脚部皮肤增生角化，有的形成疣性赘生物。有些腿部皮肤增厚、粗糙、角质化，甚至脱落。羽毛零乱，头部羽毛脱落。骨粗短，甚至发生滑腱症。雏火鸡泛酸缺乏症与雏鸡相似，而雏鸭则表现为生长缓慢，死亡率高。成鸡产蛋量和孵化率降低，鸡胚皮下出血、严重水肿，胚胎死亡率增高，大多死于孵化后的 2～3 d，孵出的雏鸡体轻而弱，24 h 内死亡率可达 50%左右。

（二）病理学检验

剖检时可见腺胃有灰白色渗出物，肝肿大，可呈暗的淡黄色至污秽黄色。脾稍萎缩。肾稍肿。病理组织显微镜检查可见法氏囊、胸腺和脾脏淋巴细胞坏死、淋巴组织减少；脊髓神经和髓磷脂纤维呈髓磷脂变性，这些变性的纤维沿脊髓向下至荐部各节段都可发现。

（三）病因学检查

泛酸缺乏症通常与饲料中泛酸量不足有关，尤其饲料加工过程中的加热会造成泛酸的较大损失。特别是当长时间以 100 ℃以上高温加热，而且 pH 偏碱或偏酸情况下，损失更大。种鸡饲粮中维生素 B_{12} 不足时，对泛酸的需要量增加，有人证明维生素 B_{12} 缺乏的雏鸡，每千克饲料中需要 20 mg 泛酸才能维持正常生长。否则，也可造成泛酸缺乏症。养禽业中以玉米为主的日粮，需注意泛酸的供给，因为玉米含泛酸量很低，长期饲喂玉米，也可引起泛酸缺乏症。禽类不能像反刍动物那样在瘤胃中合成泛酸，所以较易引起泛酸缺乏。

（四）建议防治措施

家禽对泛酸的需要量，按 NRC 标准：雏鸡、肉仔鸡、种鸡为 10.0 mg/kg，产蛋鸡 2.2 mg/kg；鹌鹑生长期为 10.0 mg/kg，种用时 15.0 mg/kg；鸭和鹅均为 10.0 mg/kg。喂酵母、麸皮和米糠、新鲜青绿饲料等富含泛酸的饲料可以防止本病的发生。合理配合饲料，添加泛酸钙，每千克饲料蛋鸡需要量为 2.2 mg，其他家禽 10～15 mg。患病禽类可在饲料中添加是正常量 2～3 倍的泛酸钙，并补充多种维生素。

八、烟酸缺乏症

烟酸缺乏症（Nicotinic acid deficiency）是指由于烟酸和色氨酸同时缺乏引起的家禽物质代谢障碍，该缺乏症主要表现为癞皮病症状，烟酸又称为抗癞皮病维生素。

（一）临诊检查

烟酸缺乏时，家禽的能量和物质代谢发生障碍，皮肤、骨骼和消化道出现病理变化，患鸡以口炎、下痢、跗关节肿大为特征。多见于幼雏，以生长停滞、羽毛稀少和皮肤角化过度、增厚等为特有症状。发生严重化脓性皮炎，皮肤粗糙，舌呈暗黑色，口腔、食管发炎，呈深红色。食欲减退，生长受到抑制，并伴有下痢。胫骨变形弯曲，飞节肿大，呈短粗症状，腿弯曲，脚和爪呈痉挛状。成鸡较少发生缺乏症，其症状为羽毛蓬乱无光，甚至脱落。产蛋量下降，孵化率降低。皮肤发炎，可见到足和皮肤有磷状皮炎。

（二）病理学检验

剖检可见口腔、食管黏膜表面有炎性渗出物，胃肠充血，十二指肠黏膜萎缩，盲肠黏膜上有豆腐渣样物质覆盖，肠壁增厚而易碎。肝脏萎缩并有脂肪变性。

（三）病因学检验

（1）饲料中长期缺乏色氨酸，使禽体内烟酸合成减少，玉米等谷物类原料含色氨酸量很低，不额外添加即会发生烟酸缺乏症。

（2）长期使用某种抗菌药物，或鸡群患有热性病、寄生虫病、腹泻病、肝、胰脏和消化道等机能障碍时，引起肠道微生物烟酸合成减少。

（3）其他营养物如日粮中核黄素和吡哆醇的缺乏，也影响烟酸的合成，造成烟酸需要量的增加。

（四）建议防治措施

（1）避免饲料原料单一，尽可能使用富含 B 族维生素的酵母、麦麸、米糠和豆饼、鱼粉等，调整日粮中玉米比例。

（2）饲料中添加足量的色氨酸和烟酸，家禽的烟酸需要量雏鸡为每千克饲料 26 mg，生长鸡 11 mg，蛋鸡为每天 1 mg。

（3）患鸡口服烟酸（30～40 mg），或在饲料中给予治疗剂量（200 mg/kg）。

九、生物素缺乏症

生物素缺乏症（Biotin deficiency）是由于生物素缺乏引起机体糖、蛋白、脂肪代谢障碍的营养缺乏性疾病，其特征病变为鸡喙底、皮肤、趾爪发生炎症，骨发育受阻而呈现短骨。

（一）临诊检查

该症发生与泛酸缺乏症相似的皮炎症状。轻者难以区别，只是结痂时间和次序有别。雏鸡首先在脚上结痂，而缺乏泛酸的小鸡先在口角出现。雏鸡食欲不振，羽毛干燥变脆，逐渐衰弱，发育缓慢，脚、喙和眼周围皮肤发炎，有时表现出胫骨短粗症。鸡脚底粗糙、结痂，有时开裂出血。爪趾坏死、脱落。脚和腿上部皮肤干燥，嘴角出现损伤，眼睑肿胀、分泌炎性渗出物、粘连，病鸡嗜睡并出现麻痹。种母鸡产蛋率下降，所产种蛋孵化率低，胚胎死亡率以第一周最高，其次是最后3天。胚胎和出雏鸡先天性胫骨短粗，共济失调，骨骼畸形。曾经有报道生物素缺乏的母鸡所产种蛋的鸡胚出现并指症，跗跖骨短而扭转。

（二）病理学检验

剖检可见肝苍白肿大，小叶有微小出血点；肾肿大，颜色异常；心脏苍白；肌胃内有黑棕色液体。

（三）病因学检查

（1）谷物类饲料中生物素含量少，利用率低，如果谷物类在饲料中比例过高，就容易发生缺乏症。

（2）抗生素和药物影响微生物合成生物素，长期使用会造成生物素缺乏。

（3）其他影响生物素需要量的因素，如饲料中脂肪含量等。

（四）建议防治措施

（1）饲喂富含生物素的米糠、豆饼、鱼粉和酵母等可防治生物素缺乏症。

（2）因为谷物类饲料中生物素来源不足，所以添加生物素添加剂产品很有必要。种鸡日粮中应添加生物素200 μg/kg；产蛋鸡、肉鸡等添加生物素150 μg/kg。减少喂磺胺、抗生素类药物。

（3）生物素缺乏时，成鸡口服或肌内注射生物素制剂0.01～0.05 mg，或者每千克饲料中添加生物素40～100 mg。

十、维生素 B_6 缺乏症

维生素 B_6 缺乏症（Vitamin B_6 deiciency）是以食欲下降、骨短粗和神经症状为特征的营养代谢病。维生素 B_6 又称吡哆醇，是重要辅酶，家禽不能合成维生素 B_6，必须从饲料中摄取。

（一）临诊检查

维生素 B_6 缺乏时主要引起蛋白质和脂肪代谢障碍，血红蛋白合成受阻，以及神经系统的损害，导致家禽生长发育受阻，引起贫血和神经组织变性，因而具有生长不良、贫血及特征性神经症状。雏鸡在维生素 B_6 缺乏时，主要表现神经症状：异常兴奋，无目的奔跑，拍打翅膀，头下垂。之后出现全身性痉挛，运动失调，身体向一侧偏倒，头颈和腿脚抽搐，最后衰竭而死。此外，病雏表现食欲不振，生长迟缓，羽毛粗糙，干枯蓬乱，鸡冠苍白，贫血。成年鸡食欲不振，消瘦，产蛋下降，孵化率低，贫血，冠、肉垂、卵巢和睾丸萎缩，最后死亡。成年鸭表现为贫血苍白，一般无神经症状。

（二）病理学检验

死鸡皮下水肿，内脏器官肿大，脊髓和外周神经变性，有时肝脏变性。

(三) 病因学检查

维生素 B_6 的缺乏症一般很少发生，只有在饲料中维生素 B_6 极度不足、应激以及家禽对维生素 B_6 的需求量增加的情况下才导致缺乏症的发生。

(四) 建议防治措施

(1) 饲料中添加酵母、麦麸、肝粉等富含维生素 B_6 的饲料，可以防止本病的发生。饲料中的添加标准为雏鸡和产蛋鸡 3 mg/kg，种母鸡 4.5 mg/kg。

(2) 在使用高蛋白饲料时应增加维生素 B_6 的添加量。

(3) 应激状态下应额外添加维生素 B_6。

(4) 已经发生缺乏的成禽可每只肌内注射维生素 B_6 5～10 mg，饲料中添加维生素 B_6 10～20 mg/kg。

十一、叶酸缺乏症

叶酸缺乏症（Folic acid defciency）是由于动物体内缺乏叶酸而引起的以贫血、生长停滞、羽毛生长不良或色素缺乏为特征的营养缺乏性疾病。叶酸对于正常的核酸代谢和细胞增殖极其重要。如果饲料原料中叶酸含量不丰富，补充量不足很容易发生缺乏症。

(一) 临诊检查

叶酸缺乏时，雏禽贫血，红血球数量减少，红细胞比正常者大而且畸形，血红蛋白含量下降，血液稀薄，肌肉苍白，羽毛色素消失，出现白羽，羽毛生长缓慢，无光泽。雏鸡生长缓慢，骨短粗。产蛋鸡产蛋率、孵化率下降，胚胎畸形，出现胫骨弯曲，下颌缺损，趾爪出血。火鸡颈部麻痹，并很快死亡（一般 3 d 内）。

(二) 病因学检查

(1) 使用的商品饲料中叶酸添加量过低。

(2) 抗菌药物如磺胺类影响微生物合成叶酸。

(3) 特殊生理阶段和应激状态下需要量增加。

(4) 其他影响叶酸合成吸收的因素，如疾病等。

(三) 建议防治措施

(1) 添加酵母、肝粉、黄豆粉、亚麻仁饼等富含叶酸的物质，防止单一用玉米作饲料，可防止叶酸缺乏。

(2) 正常饲料中应补充叶酸，家禽对叶酸的需要量为每千克饲料中雏鸡和肉仔鸡 0.55 mg，大雏鸡和产蛋鸡 0.25 mg，种鸡 0.35 mg，鹌鹑和火鸡在育成期 0.8 mg，其余为 0.1 mg，鸭和鹅与鸡相同。

(3) 治疗用 5 mg/kg 剂量拌饲或肌内注射纯叶酸制剂，雏鸡每只 50～100 μg，育成鸡每只 100～200 μg，1 周内可恢复。配合维生素 B_{12}、维生素 C 进行治疗，效果更好。

十二、维生素 B_{12} 缺乏症

维生素 B_{12} 缺乏症（Vitamin B_{12} deiciency）是由于维生素 B_{12} 或钴缺乏引起的以恶性贫血为主要特征的营养缺乏性疾病。

(一) 临诊检查

雏鸡贫血症与维生素 B_6 缺乏症相同。病雏表现食欲不振，发育迟缓，羽毛生长不良，

稀少无光泽，发生软脚症，死亡率增加。成鸡产蛋量下降，蛋重减轻，种蛋孵化率低，鸡胚多于孵化后期死亡，胚胎出现出血和水肿。剖检可见肌胃糜烂，肾上腺肿大，鸡胚腿肌萎缩，有出血点，骨短粗。

（二）病因学检查

（1）饲料中长期缺乏钴。

（2）长期服用磺胺、抗生素等抗菌药，影响肠道微生物合成维生素 B_{12}。

（3）笼养和网养鸡不能从环境（垫草等）获得维生素 B_{12}。

（4）肉鸡和雏鸡需要量较高，必须加大添加量。

（三）建议防治措施

（1）补充鱼粉、肉粉、肝粉和酵母等富含钴的原料，或正常饲料中添加氯化钴制剂，可防止维生素 B_{12} 缺乏。鸡舍的垫草也含有较多量的维生素 B_{12}。种鸡饲料中每千克加入 4 μg 维生素 B_{12} 可使种蛋孵化率提高。

（2）患鸡每只肌内注射维生素 B_{12} 2～4 μg，或按 4 μg/kg 的治疗剂量添加于饲料中。

十三、胆碱缺乏症

胆碱缺乏症（Choline deficiency）是由于胆碱缺乏引起脂肪代谢障碍，使大量脂肪在鸡肝脏内沉积，以脂肪肝和骨短粗为特征的营养缺乏性疾病。

（一）临诊检查

雏鸡食欲减退，生长发育不良，飞节肿大，腿骨短粗，病鸡站立困难，常伏地不起。产蛋鸡产蛋量下降，孵化率降低。

（二）病理学检验

剖检可见肝、肾脂肪沉积，肝大、脂肪变性呈土黄色，表面有出血点，质地脆弱。飞节肿大部位有出血点，胫骨变形，腓肠肌脱位，死鸡鸡冠、肉垂苍白，肝包膜破裂，腹腔积有较大血凝块。

（三）病因学检查

（1）日粮中胆碱添加量不足。

（2）叶酸、维生素 B_{12}、维生素 C 和蛋氨酸都可参与胆碱合成，它们的不足导致胆碱需要量增加。

（3）胃肠和肝脏疾病影响胆碱吸收和合成；日粮中长期应用抗生素和磺胺类药物能抑制胆碱的合成。

（4）饲料中脂肪含量过高而没有相应提高胆碱的添加量。日粮中维生素 B_1 和胱氨酸增多也可促进胆碱缺乏症的发生。

（四）建议防治措施

（1）正常饲料中应添加足量的胆碱，按 NRC 标准，蛋鸡的胆碱需要量为 105～115 mg/d，雏鸡和肉仔鸡为每千克饲料添加 1 300 mg，其他阶段的鸡为每千克饲料添加 500 mg；鸭和鹅与鸡相同；鹌鹑生长期为每千克饲料添加 2 000 mg，种用期为每千克饲料添加 1 500 mg。

（2）患病鸡每天每只投喂氯化胆碱 0.1～0.2 g，连用 10 d，或饲料中添加氯化胆碱 1 g/kg，配合维生素 E10 IU，肌醇 1 g，连续饲喂 10 d。但已发生跟腱滑脱时，治疗效果差。

第二节　微量元素缺乏症的检验与防治

一、锰缺乏症

锰缺乏症（Manganese deficiency）是由于日粮中锰的含量不足或缺乏导致的代谢性疾病。锰是动物体内必需的微量元素，家禽的需要量相当高。饲料中锰的含量不足或缺乏、机体对锰的吸收或利用障碍都可引起缺乏症，锰缺乏症时由于腓肠肌腱滑脱，又称为"滑腱症"，骨骼发育不良，翅、腿骨短粗，出现骨短粗症。饲养密度过大也可诱发本病。

（一）临诊检查

由于集约化养殖，全价配合饲料的广泛应用，锰缺乏症较少见。

各种年龄的禽都可发生，但以2～4周龄的雏鸡、雏鸭多发，成年鸡也可发生。

种鸡锰缺乏时产蛋量下降，种蛋的孵化率降低，部分胚胎在即将出壳时死亡，胚体矮小，骨骼发育不良，翅、腿短粗，头呈圆球状，喙短而弯曲呈"鹦鹉嘴"样。

幼禽缺锰时生长发育停滞，出现骨短粗症，胫跗关节增大。特征性症状是一腿抬起向外侧或向前弯曲，呈现异常姿势（彩图12－7，彩图12－8，彩图12－9）。严重时家禽不能站立，无法采食，饥饿致死或被同类践踏致死。

（二）病理学检验

病雏一侧或两侧腓肠肌腱从跗关节腱槽中向外或向内侧滑脱（彩图12－10）。严重时管状骨短粗、弯曲，骨骺肥厚，骨板变薄。

（三）病因学检验

主要原因是日粮中锰含量不足。玉米、大麦的锰含量低，低锰地区生长的植物锰含量也低。不同品种的家禽对锰的需求量不同，重型品种的鸡对锰的需求量高。饲料中钙、磷、铁含量过高可影响机体对锰的吸收、利用。高磷酸钙日粮由于固体磷酸钙吸附导致可溶性锰减少，加重锰的缺乏。球虫病等肠道疾病时妨碍锰的吸收。鸡群密度过大可诱发锰缺乏症。

必要时可检测饲料中锰的含量。

（三）鉴别诊断

注意与病毒性关节炎、滑液支原体感染区别。

（四）建议防治措施

（1）合理搭配日粮，适量添加含锰量较高的糠麸（米糠中含锰量为300 mg/kg）、小麦等，禽饲料锰添加量的参考值为：鸡45～60 mg/kg，鸭50 mg/kg，火鸡70 mg/kg。

（2）为防止锰缺乏症可于饲料中添加硫酸锰，每千克饲料添加硫酸锰0.12～0.24 g。

（3）发病鸡群可饮水补锰，每千克饲料添加0.12～0.24 g硫酸锰，连用2～3 d，停用2 d后再用2 d。不可过多使用，以防中毒。或用1∶3 000的高锰酸钾溶液饮水，每天更换2～3次，饮2 d，停2 d，再饮2 d，连用1～2周。

（4）高浓度的锰可降低血红蛋白和红细胞的压积及肝脏铁离子的水平，导致贫血，影响雏鸡生长。过量锰对钙、磷的利用有不良影响。

二、硒缺乏症

硒缺乏症（Selenium deficiency）是由于饲料中硒含量的不足与缺乏所致。硒是家禽必需的微量元素，它是体内某些酶、维生素以及某些组织成分不可缺少的元素，为家禽生长发育和防止许多疾病所必需，缺乏时可引起家禽营养性肌营养不良、渗出性素质、胰腺变性，硒和维生素E对预防小鸡脑软化、火鸡肌胃变性有着相互补充的作用。

（一）临诊检查

硒缺乏病具有较明显的流行病学特征，主要表现有如下几点。

1. 有一定的区域性 发病地区一般属于低硒地区。据资料记载，在我国从黑龙江到云南存在一个斜行的缺硒带，全国约有2/3的面积缺硒。约有70%的县为缺硒区。已确认黑龙江、吉林、内蒙古、青海、陕西、四川和西藏七省为缺硒地区。但是，随着畜牧业集约化生产的发展，饲料的调运，也使不属于低硒环境地区暴发本病。

2. 有一定的季节性 多集中于每年的冬、春两季，尤以2～5月间多发，这主要反映季节性的特定气候因素（寒冷）对发病的影响。据研究，寒冷多雨等因素也是肌营养不良发病的诱因。此外，春季又是畜禽繁殖的旺季，硒缺乏症主要侵害幼龄畜禽，因而自然形成春季发病的高峰。

3. 群体选择性 本病呈群体性发病，无传染性。但是，各种畜禽均以幼龄期多发，此时机体正处于生长发育和代谢旺盛时期，对营养物质的需要相对增加；有些新引入的生长快、高产的品种也比本地的品种较易发病。

本病在雏鸡、雏鸭、雏火鸡均可发生。临诊特征为渗出性素质、肌营养不良（白肌病）、胰腺变性和脑软化。

1. 渗出性素质 常在2～3周龄的雏鸡开始发病，到3～6周龄时发病率高达80%～90%。雏鸡白肌病经常与渗出性素质同时存在。少数急性病鸡常不表现明显症状即突然死亡。多数病雏表现精神不振，减食，呆立，体温正常或稍低，运动障碍，腿向两侧分开，有的以跗关节着地行走，倒地后难以站立。随着病情发展，病禽缩颈、垂翅、蓬羽、白冠，腿后伸，胸部着地。头、颈、胸、腹、翅下及腿部出现水肿，皮肤呈蓝绿色，穿刺有黄白色胶冻样或蓝绿色水肿液流出。在后期，病禽瘫倒不起，很快衰竭死亡。40日龄左右的肉鸡由于生长速度加快，对营养的要求增加，如果饲料中缺硒，则以个体大的鸡最先出现症状。病初，驱赶病鸡表现类似鹅低头前进的步伐，俗称“鹅样步伐”，尤其是在给大群鸡喂料时，从远处就可看到“鹅样步伐”的鸡缓慢向料筒行进，这种症状有助于诊断。病鸭发病较急，病程较短，站立和运动障碍，排稀便，脱水，但无明显渗出性素质这一特征。成年鸡常无明显症状，但种蛋孵化率降低，常有死胚。公鸡睾丸有退行性变化，生殖能力降低。有的鸡也可见到渗出性素质症。多呈急性经过，重症病雏可于3～4 d死亡，病程最长的可达1～2周。

2. 白肌病（肌营养不良） 多发于4周龄左右的雏禽，当维生素E和含硫氨基酸同时缺乏时，可发生肌营养不良。表现全身衰弱，运动失调，无法站立。可造成大批死亡。一般认为单一的维生素E缺乏时，以脑软化症为主；在维生素E和硒同时缺乏时，以渗出性素质为主；而在维生素E、硒和含硫氨基酸同时缺乏时，以白肌病为主。雏鸭维生素E缺乏主要表现为白肌病。成年公鸡可因睾丸退化变性而生殖机能减退。母鸡产蛋的受精率和孵化率降低；胚胎常于4～7日龄时开始死亡。

3. 脑软化症 禽在7～56日龄内均可发生，但多发于15～30日龄，表现以运动失调或全身麻痹为特征的神经功能失常。主要表现共济失调，头向后方或下方弯曲或向一侧扭曲，向前冲，两腿呈有节律的痉挛（急促地收缩与放松交替发生），但翅和腿并不完全麻痹（彩

图 12－11)。最后病禽衰竭而死。

(二) 病理学检验

患渗出性素质的病雏，皮下可见有大量淡蓝绿色的黏性液体，心包内也积有大量液体。雏鸡胸肌和大腿肌肉可见白色条纹，胸、腹、翅、腿皮下有黄色胶冻样浸润，有的呈蓝绿色。皮下脂肪变黄。病变肌肉变性、色淡、似煮肉样，呈灰黄色、黄白色的点状、条状、片状不等；横断面有灰白色、淡黄色斑纹，质地变脆、变软、钙化。心包液增加，心肌有灰白色局灶性坏死，心脏扩张、心壁变薄，以左心室为明显，多在乳头肌内膜有出血点，在心内膜、心外膜下有黄白色或灰白色与肌纤维方向平行的条纹斑。胰脏变性、萎缩，体积缩小有坚实感，色淡，多呈淡红或淡粉红色，严重的则腺泡坏死、纤维化。肾脏肿胀、呈灰白色，肾实质有出血点和灰色的斑状灶。输尿管有尿酸盐沉积。肝脏肿大，硬而脆，表面粗糙，切面有槟榔样花纹；有的肝脏由深红色变成灰黄或土黄色。雏火鸡肌胃和心肌肉明显变白。成年鸡有时可见到肌肉萎缩和肝坏死灶。病鸭腿、胸和心脏肌肉出血、变性、坏死，肌肉色淡或变白，但体表、皮下无渗出性素质形成的水肿。

有的病雏主要表现平衡失调、运动障碍和神经扰乱症。这是由于维生素 E 缺乏为主所导致的小脑软化。其次，病火鸡雏或鸡雏发生肌胃变性。

患脑软化症的病雏可见小脑柔软和肿胀，脑膜水肿，小脑表面出血，脑回展平，脑内可见一种呈现黄绿色混浊的坏死区。

(三) 病因学检验

主要是由于饲料中硒含量的不足。一般认为饲料中适宜含硒量为 1×10^{-7}(1 ppm)，如果低于 5×10^{-8}(0.5 ppm) 便可引起不同程度的发病。饲料中硒含量又与土壤中可利用硒的水平相关。而土壤含硒量又受到多种因素的影响，决定性因素为土壤的酸碱度值。碱性土壤中的硒呈水溶性化合物，易被植物吸收；酸性土壤中的硒和铁等元素形成不易被植物吸收的化合物。土壤中含硫量大，可抑制植物吸收硒；河沼地带的硒易流失，土壤中含硒量也低；气温和降水量也是影响饲料植物含硒量的因素；寒冷多雨年份植物的含硒量低，干旱年份的植物含硒量高。另外，饲料中含铜、锌、砷、汞、镉等颉颃元素过多，均能影响硒的吸收，促使发病。

在生产实践中，较为多见的是微量元素硒和维生素 E 的共同缺乏所引起的维生素 E－硒缺乏症。

饲料中硒含量可以通过饲料分析化验检测。

在集约化养禽业中，正在研究快速监测机体内硒状态的指标，为早期诊断、预防和治疗提供有力的科学依据。目前，可用以下几项监测指标。

1. 机体组织和血液中硒与维生素 E 水平的测定　其值随饲料中含硒量的多少而波动。一般认为，全血硒含量低于 0.05 μg/ml 为硒缺乏，含量在 0.05～0.1 μg/ml 为缺硒边缘，含量大于 0.1 μg/ml 为适宜；肝硒含量在 0.05～0.1 μg/g (湿) 为缺乏，含量在 0.1～0.2 μg/g (湿) 为缺硒临界值，含量大于 0.2 μg/g 为适宜。

2. 血液中谷胱甘肽过氧化物酶 (GSH－Px) **活性的测定**　其值与血硒水平呈明显的正相关，测定血液 GSH－Px 活性可作为快速评价动物体内硒状态的指标。现在需要建立 GSH－Px 活性早位的正常参考值。

3. 肌酸磷酸激酶 (CPK) **的测定**　此酶对心肌和骨骼肌有高度特异性，其值呈持续升高的水平则提示肌肉呈进行性变性。由于维生素 E-硒缺乏引起肌营养不良时，血浆（清）CPK 升高，因而需要对家禽 CPK 酶谱进行研究。

（四）诊断鉴别

根据地方缺硒病史、流行病学、饲料分析、特征性的临诊症状和病理变化，以及用硒制剂防治可得到良好效果等做出诊断。

（五）建议防治措施

本病以预防为主，在雏禽日粮中添加 $1\times10^{-7}\sim2\times10^{-7}$（1～2 ppm）的亚硒酸钠和每千克饲料中加入 20 mg 维生素 E。注意要准确把添加量，搅拌均匀，防止中毒。

在治疗时，并用 0.005％亚硒酸钠溶液皮下或肌内注射，雏禽每只 0.1～0.3 ml，成年家禽每只 1.0 ml。或者配制成每升水含 0.1～1 mg 的亚硒酸钠溶液饮水，5～7 d 为 1 个疗程。对小鸡脑软化的病例必须以维生素 E 为主进行防治；对渗出性素质、肌营养性不良等缺硒症则要以硒制剂为主进行防治。

在一些缺硒地区，曾经给玉米叶面喷洒亚硒酸钠，测定喷洒后的玉米和秸秆，硒含量显著提高，并进行动物饲喂试验，取得了良好的预防效果。

第三节　钙磷缺乏及钙磷比例失调的检验与防治

钙磷缺乏及钙磷比例失调（Calcium and phosphorus deficiency and calcium phosphate ratio imbalance）是由于饲料中钙磷缺乏、不足、比例不当以及维生素 D 缺乏或不足，引起家禽对钙磷的吸收利用障碍，影响的禽类生长发育以及生产性能降低。主要表现为骨骼钙化不良、运动障碍、蛋壳品质下降，影响血液凝固、酸碱平衡和神经、肌肉的功能，从而造成巨大经济损失。

一、临诊检查

本病可发生于不同品种和年龄的鸡，没有季节性，其发生主要与日粮中的维生素 D 含量、钙磷含量和比例失调有直接关系。也与生长速度、产蛋量有关。此外，某些消化道疾病和肝、肾疾病也可导致本病发生。雏鸡发生本病时表现为生长缓慢，骨骼发育不良，进而导致软骨症或佝偻症。产蛋鸡多表现为产蛋减少，蛋壳变薄，容易骨折等所谓“蛋鸡笼养疲劳症”。

雏鸡通常在 2～3 周龄时出现症状，最早可在出壳后 10～11 d 发病，表现为骨软症或佝偻症，病鸡生长缓慢，行走吃力，躯体向两侧摇摆，不愿走动，常蹲卧。长骨、喙、爪等变得柔软，肋骨与胸椎连接处呈球状膨大，龙骨弯曲。

产蛋鸡一般在维生素 D-钙磷缺乏 2～3 个月后才出现症状，可引发笼养疲劳症，多发生在产蛋高峰期。病鸡不能站立，暂时性不能走动，瘫卧，有时产出蛋后能回复。如把病鸡放在室外，1～2 d 后可自行康复。产蛋量急剧下降，蛋壳变薄、变脆，破蛋增多，种蛋的孵化率显著降低。龙骨呈 S 状弯曲，股骨容易骨折。

二、病理学检验

种鸡维生素 D-钙磷缺乏时，雏鸡骨骼柔软，其喙可以任意弯曲。发生软骨病或佝偻病时，病禽的肋骨弯曲与胸椎接触处呈球状膨大，形成佝偻珠，龙骨弯曲，全身骨骼都有不同程度的肿胀，骨密质变薄，骨髓腔变大，骨质疏松变脆，容易折断。

组织学检查可见长骨骺生长板增生带的增生细胞极其紊乱。海绵骨类骨组织大量增生，包绕骨小梁。哈佛氏管内面类骨组织增生，致使哈佛氏管骨板断裂消失。

三、病因学检验

当家禽出现缺乏症时，在排除其他疾病后，检查饲料配方中钙磷和维生素 D 的含量和比例是否合适。不同品种、年龄的家禽对钙磷、维生素 D 的需要量不同，不能用一个饲料配方饲喂各种家禽，应根据实际情况进行调整。必要时要检测血清碱性磷酸酶、钙、磷的含量和维生素 D 的活性等。缺乏钙磷的雏鸡、雏鸭、雏鹅的血清碱性磷酸酶（AKP）活性显著升高，骨灰分减少（表 12－1，表 12－2，表 12－3）。

表 12－1　钙磷缺乏症雏鸡血清碱性磷酸酶活性、钙磷含量及骨灰分含量的变化

组别	AKP（金氏单位）	Ca(mg/dl)	P(mg/dl)	胫骨灰分（%）
缺钙组	496.00±6.08 *	10.10±0.36 *	6.41±0.30	26.43±0.30 *
缺磷组	304.00±6.00 *	10.79±0.83	5.10±0.26 *	26.26±0.04 *
对照组	230.67±50.13	11.60±0.35	6.73±0.25	35.59±0.10

注：* 表示与对照组差异极显著。

表 12－2　钙磷缺乏症雏鸭血清碱性磷酸酶活性、钙磷含量及骨灰分含量的变化

组别	AKP（金氏单位）	Ca(mg/dl)	P(mg/dl)	胫骨灰分（%）
缺钙组	252.00±32.72 *	2.063±0.101 *	5.573±0.013	28.62 *
缺磷组	534.50±34.62 *	2.932±0.082	1.720±0.281 *	2.12 *
对照组	230.25±18.025	2.928±0.046	3.523±0.065	39.34

注：* 表示与对照组差异极显著。

表 12－3　钙磷缺乏症雏鹅血清碱性磷酸酶活性、钙磷含量及骨灰分含量的变化

组别	AKP（金氏单位）	Ca(mg/dl)	P(mg/dl)	胫骨灰分（%）
缺钙组	51.47±6.08 *	2.21±0.10 *	5.11±0.15	24.70 *
缺磷组	51.70±5.09 *	2.94±0.06	3.66±0.12 *	22.67 *
对照组	30.40±2.03	3.06±0.09	5.22±0.13	26.12

注：* 表示与对照组差异极显著。

四、鉴别诊断

雏鸡注意与传染性脑脊髓炎、维生素 B_1 缺乏症区别；产蛋鸡注意与禽流感、传染性支气管炎、新城疫、产蛋下降综合征等区别。

五、建议防治措施

在现代养鸡生产中，钙磷饲料的科学利用是保证养鸡生产成功的关键问题之一，也是饲料生产企业非常关注的问题。如何根据鸡对钙磷营养需要的原理，在生产中科学地使用钙磷饲料应引起重视。

(一) 钙磷利用与需要量

1. 钙磷的利用 鸡对钙的利用率随着鸡的周龄增加和产蛋率的下降而降低，生长期的鸡对钙的利用率为 38%～50%，产蛋期利用率在 30%～50%。所以，在产蛋后期应适当增加蛋鸡饲料中的钙给量，并注意使用优质的钙源饲料。产蛋鸡一天中对钙利用最多的时间是晚上，因为蛋壳的形成多在夜间。所以，一天中应特别注意中午和下午钙源饲料的供应，必要时可考虑另外添加。

鸡对植物性饲料中植酸磷的利用率仅为 30%，并随着日龄而逐渐下降；对有机磷的利用率可视为 100%。

2. 钙磷需要量 生长期的鸡对钙磷的需求量为钙 0.8%～1%、磷 0.35%～0.45%；产蛋期的鸡对钙磷的需求量为钙 3.2%～3.5%、磷 0.32%～0.45%。

在对钙磷需要量进行估算，拟定饲粮配方时，除参考营养需要标准外，一定要结合饲料原料的种类和养殖场鸡所处的饲养环境条件进行调整。据研究表明，鸡对于钙磷的需要量可分为两个部分，即维持需要量和生长（生产）需要量。

生长期的鸡，每天的维持需要钙量约为 0.025 g，生长期对钙的需要量与增重有关，钙约占体重的 1.2%，所以每增重 100 g，需沉积 1.2 g 钙。生长期的蛋鸡每天增重为 10 g，每天需要的钙应为 0.12 g。0～8 周龄生长期蛋鸡钙的利用率为 50%，则每天的钙需要量应为 0.29 g[(0.025+0.12)÷0.5=0.29]，此期间生长期蛋鸡约需要 1.65 kg 配合饲料，平均每天需要 29.5 g，配合饲料中的钙含量应为 0.98%(0.29÷29.5×100%=0.98%)；9～18 周的生长蛋鸡钙的利用率为 38%，则每天的钙需要量应为 0.386 g[(0.025+0.12)÷0.384=0.386]，此期间生长蛋鸡约需要 4.8 kg 配合饲料，平均每天需要 68.6 g，配合饲料中的钙含量应为 0.56%(0.386÷68.6×100%=0.56%)。

肉用仔鸡每天增重为 40～50 g，则需要 1.16～1.45 g 的钙，每天需要饲料量平均在 100～120 g，所以，饲料中的钙应占 0.9%～1%。

产蛋鸡每天的维持需要钙量为 0.1～0.28 g，平均为 0.19 g，1 枚蛋中含钙量为 2.0～2.2 g，平均为 2.1 g，产蛋鸡对钙的利用率为 50%，如果鸡每天产 1 枚蛋，对钙的需要量为 4.58 g[(0.19+2.1)÷0.5=4.58]，产蛋鸡每天的饲料需要量平均为 125 g，配合饲料中的钙含量应为 3.66%(4.58÷125×100%=3.66%)。

鸡对于磷的需要量可以从钙磷比例考虑，生长鸡和肉用仔鸡钙和非植酸磷比以 1∶0.5 为宜，即饲料中以 0.8%～1%的钙与 0.4%～0.5%的非植酸磷比例为合适；产蛋期则以 1∶0.1为宜，即饲料中以 3.5%～3.7%的钙与 0.30%～0.35%的非植酸磷比例为合适，在使用植酸酶的情况下，还可以适当降低磷的供给量。

(二) 钙、磷源饲料的选择

1. 钙源饲料的选择 国家标准规定，碳酸钙（石粉）含钙量为 34%～38%、贝粉含钙量为 38%。使用时应特别注意选择货源稳定、经质量检测合格的原料。

2. 磷源饲料的选择 目前，国内生产的磷酸氢钙含磷量为 16%、含钙量为 22%，骨粉含磷量 9%～11%、含钙量为 30%，使用时要注意选择，进货时还应对产品进行质量检测，确认合格后使用。

（三）发现钙磷缺乏时可采取以下措施

（1）饲喂全价饲料，保证足够的维生素 D。

（2）分析饲料钙磷比例并及时调整。补钙的同时要注意补磷，以磷酸氢钙、过磷酸钙等较好。

（3）增加光照时间。把病鸡放到鸡舍外，过一段时间可以自行恢复。

（4）治疗消化道和肾脏疾病，提高维生素 D 的吸收、利用率。

（5）一次性大剂量投服维生素 D 15 000 IU，收效较快。但用量不可过大，以防中毒。雏鸡可口服鱼肝油，每只鸡 2～3 滴，1 天 3 次，连用 3 d，并每天注射维丁胶性钙 0.2 ml，连用 3 d。也可使用 AD_3 粉或鱼肝油。

第四节 痛风的检验与防治

禽痛风（Avian gout）是由于尿酸产生过多或排泄障碍导致血液中尿酸含量显著升高，进而以尿酸盐沉积在关节囊、关节软骨、关节周围、胸腹腔及各种脏器表面和其他间质组织中的一种疾病。临床上以病禽行动迟缓、腿与翅关节肿大、厌食、跛行、衰弱和腹泻为特征。

痛风可分为关节型痛风（articular gout）和内脏型痛风（visceral gout）两种。禽痛风遍布于世界各地，为家禽常见、多发病之一。鸡、火鸡、水禽、鸽、鹌鹑等均有发生，具有很高的发病率和死亡率。据国外统计，痛风的发病率为 16%～50%。近年来，本病的发生有增多的趋势，特别是集约化饲养的鸡群，饲料生产、饲养管理水平中有许多是诱发痛风的因素。此外，磺胺、抗生素类药物长期应用，导致肾脏损伤，肾功能障碍，也是常见的原因。因此，禽痛风是我国养禽业所面临的重要问题之一。

一、临诊检查

本病多呈慢性经过，病禽食欲减退，逐渐消瘦，羽毛松乱，精神委靡，禽冠苍白，不自主地排出白色黏液状稀粪，内含有多量尿酸盐。母鸡产蛋量降低，甚至完全停产，有的可发生突然死亡。在临床上，以内脏型痛风多见，而关节型痛风较少发生。

（一）内脏型痛风

内脏型痛风主要表现营养障碍。病禽的胃肠道症状明显，如腹泻，粪便白色，肛门周围羽毛上常被多量白色尿酸盐黏附，厌食，虚弱，贫血，有的突发死亡。不同的病因其症状稍有差别。

（二）关节型痛风

关节型痛风一般也呈慢性经过，病鸡食欲降低，羽毛松乱，多在趾前关节、趾关节发病，也可侵害腕前、腕及肘关节，关节肿胀。初期软而痛，界限多不明显，中期肿胀部逐渐变硬，微痛，形成不能移动或稍能移动的结节，结节有豌豆大或蚕豆大小。病后期，结节软化或破裂，排出灰黄色干酪样物，局部形成出血性溃疡。病禽往往呈蹲坐或独肢站立姿势，行动困难，跛行。

本病的临床表现为高尿酸血症，血液中尿酸水平持久增高至 150 mg/L 以上，甚至可达 400 mg/L。血液中非蛋白氮（NPN）也相应增高。在传染性支气管炎病毒的嗜肾株感染时，除可造成鸡血清尿酸升高，肌酐含量也会升高，可出现血清钠与钾浓度下降、脱水等电解质平衡失调的变化，并且出现血液 pH 降低。

二、病理学检验

内脏型痛风最典型的变化是内脏浆膜上（如心包膜、胸膜、肝脏、脾脏、肠系膜、气囊和腹膜表面）覆盖有一层白色的尿酸盐沉积物（彩图 12－12）。肾脏肿大，呈灰白色花纹状，俗称花斑肾（彩图 12－13）。肾实质及肝脏有白色的坏死灶，其中有尿酸盐结晶。在严重的病例中，肌肉、腱鞘以及关节表面也受到侵害（彩图 12－14）。内脏浆膜上尿酸盐的沉积肉眼可以观察到，而内脏实质中的沉积需在显微镜下才可见到。内脏器官的浆膜比实质受到的损失严重。病程较长的病例可见输尿管中或肾脏中有尿石形成，常呈白色，树枝状或不规则的形状。尿石是由微晶体和多晶体组成的致密团块，这些晶体的成分为尿酸钙和尿酸钠，而其中的钙和钠又可随机地分别被镁和钾替代。

组织学变化主要集中在肾脏。肾小球肿胀，肾小球毛细血管内皮细胞坏死；肾小囊囊腔狭窄；近曲及远曲小管上皮细胞肿胀，出现颗粒变性，部分核浓缩、溶解；肾小管管腔变窄呈星形甚至闭锁，有的管腔内有细胞碎片及尿酸盐形成的管型。在一次对暴发的痛风病连续进行的研究中，发现 4 周龄小母鸡肾脏眼观正常，在显微镜下可以见到小的局灶性皮质肾小管坏死；7 周龄小母鸡肾脏眼观肿大，镜下见肾小管坏死和管型形成，肾小球中有嗜酸性小球，间质中有淋巴细胞浸润。此外，特征性的变化是肾脏组织中可见由于尿酸盐沉积而形成的痛风石（tophus）。痛风石是一种特殊的肉芽肿，由分散的尿酸盐结晶沉积在坏死的组织中，周围聚集着炎性细胞、吞噬细胞、巨细胞、成纤维细胞，但也并不是在所有痛风中均可见到痛风石。

不同因素引起的痛风的病理组织学变化稍有区别。

（1）维生素 A 缺乏可引起阻塞性痛风，早期发生的损害不是发生在肾单位的尿酸分泌部位，而是发生在输尿管和集合管系统。在发生高尿酸血症和内脏尿酸盐沉积的同时，还会在近曲小管中形成痛风石，发生炎症和间质的纤维化等症状。

（2）在传染性支气管炎病毒嗜肾株感染的病例中，肾小管上皮细胞中有病毒粒子。凡有病毒存在的地方，细胞质液化、细胞器溶解。间质中有大量淋巴细胞、浆细胞浸润。

（3）高钙、高蛋白饲料引起的痛风，肾小球肿胀、毛细血管内皮细胞坏死、肾小囊囊腔狭窄、近曲小管与远曲小管上皮肿胀、颗粒变性、细胞核浓缩溶解、近曲小管细胞中线粒体增多。

关节型痛风病变较典型，在关节周围出现软性肿胀，切开肿胀处，有米汤状、软膏样的白色物流出（彩图 12－15）。在关节周围的软组织中都可由于尿酸盐沉积而呈白垩颜色。关节周围的组织和腿部肌肉偶尔会有广泛性的尿酸盐沉积。光镜下，受损关节腔出现尿酸盐结晶，滑膜呈急性炎症，受损肌肉中有大量尿酸盐结晶，周围出现巨噬细胞。发病时间长的病鸡在滑液膜、受损关节的软骨和骨、肌肉、皮下组织及肾脏等处可见到痛风石。

三、病因学检验

禽痛风是由多因素引起的疾病，现仍不断有新的病因被发现和证实。据文献统计，病因有数十种之多，而且两种类型痛风的发病因素也有一定的差异。

（一）尿酸生成过多

1. 遗传因素 在某些品系的鸡中，存在着痛风的遗传易感性。应该说引起关节型痛风的主要是遗传性因素，某些品种的鸡肾小管对尿酸的分泌有缺陷，即使饲喂正常蛋白质水平的饲料也会引起痛风。有些研究者还从关节型痛风的高发鸡群中选育出一些遗传性高尿酸血症系鸡。

2. 高蛋白饲料 饲料中蛋白含量过高，特别是大量饲喂富含核蛋白和嘌呤碱的蛋白质饲料，可产生过多尿酸。这类饲料有动物内脏（肝、肠、脑、肾、胸腺、胰腺）、肉屑、鱼粉、大豆、豌豆等。研究表明，如在肾脏功能正常的情况下，饲喂蛋白水平含量稍高的饲料，虽然会使血浆尿酸水平一过性升高，但不会发生痛风。有实验在22.5%和43.97% 2个蛋白质水平上进行连续42 d试验，虽然发现血浆尿酸升高，但未出现内脏型或关节型痛风。有报道在成年鸡的日粮中加入去脂肪的马肉和5%尿素，使日粮中蛋白质的含量达40%，结果引起了痛风。

（二）尿酸排泄障碍

1. 传染性因素 传染性支气管炎病毒的嗜肾株（nephrotropic strains）、传染性法氏囊病毒、产蛋下降综合征病毒、禽流感病毒、新城疫病毒以及传染性肾病和雏鸡白痢的病原均可引起肾脏的病变，造成尿酸排泄障碍，而引起痛风。近来有报道隐孢子虫感染尿道引起鸡痛风，以及出血性多瘤病毒感染引起鹅痛风的病例。

2. 中毒性因素 包括一些嗜肾性化学毒物、药物及细菌毒素等，能引起肾脏损伤的化学毒物有重铬酸钾、镉、铊、锌、铝、丙酮、石炭酸、升汞、草酸等。化学药品中主要是长期使用磺胺类药物、喹乙醇以及氨基糖苷类抗生素等；而霉菌毒素中毒是更重要的因素，如赭曲霉毒素、黄曲霉毒素、桔青霉毒素和卵孢毒素等。人类用于高尿酸血症的别嘌呤醇药物中毒时，也可引起禽类的内脏型痛风。

应当特别指出的是：磺胺类药物、喹乙醇、氨基糖苷类抗生素（庆大霉素、卡那霉素、丁胺卡那霉素、链霉素、新霉素等）和霉菌毒素等，对肾脏都有一定的损伤作用。在当前养禽业中，大量、广泛、长期使用抗生素，造成大批鸡只出现肾脏肿胀和花斑肾，虽然没有出现明显的内脏型痛风，但却是造成尿毒症和死亡的主要原因之一。

3. 饲养管理因素 许多报道表明，高钙日粮是造成痛风的重要原因之一。缺乏维生素A也是重要的原因，维生素A具有保护黏膜的作用，禽日粮中长期缺乏维生素A或当微量元素和维生素的不合理配合以及饲料存放时间过长时，会造成维生素A的大量破坏。由于缺乏维生素A导致肾小管、集合管和输尿管上皮细胞发生角化和鳞状上皮化生。上皮的角化与化生，造成黏液分泌减少、尿酸盐排出受阻，进而形成栓塞物（尿酸盐结石），阻塞管腔，使尿酸盐在体内蓄积导致痛风。在以酵母蛋白代替鱼粉时，由于酵母蛋白主要成分是核蛋白，其在家禽肝脏内代谢后的终产物主要是尿酸，使得血中尿酸浓度过高，尿酸沉积于内脏器官表面及肾脏，最终肾单位大量破坏，肾功能衰竭。所以，配合日粮一定要保证合理搭配。

家禽水供应不足或食盐过多，造成尿液浓缩，尿量下降，也被认为是内脏型痛风常见的病因之一。鸡舍环境过冷或过热、通风不良、卫生条件差、阴暗潮湿、空气污浊、鸡群密度过大、拥挤等均可引起肾脏损害，诱发痛风。

四、建议防治措施

由于本病的发生原因多而复杂，治疗效果较差，因而应以预防为主。由于痛风的发生大多与营养性因素有关，所以应根据鸡的品种和不同的生长发育阶段，合理配制全价饲料。饲料中蛋白质含量要适当，注意氨基酸平衡。确保日粮中各成分的比例合适，特别是钙、磷的含量和维生素的含量。

病鸡尽量减少磺胺类、链霉素、庆大霉素、卡那霉素等药物的使用。碳酸氢钠用量不超过 0.5%，时间不超过 4 d。注意防止饲料发霉变质，加工温度不宜过高，防止维生素 A 由于高温高湿等因素被破坏。在鸡的管理方面应该按照鸡的不同生长阶段，确定合理的光照制度、适宜的环境温度和供给充足的饮水。保持禽舍清洁、通风，降低禽舍湿度。针对传染性因素，主要是严格免疫程序，搞好环境清洁，定期消毒，减少与病原接触的机会。

本病没有特效的治疗方法。据报道，别嘌呤醇的化学结构与次黄嘌呤相似，是黄嘌呤氧化酶的竞争抑制剂，能减少尿酸的形成，按每千克体重 10～30 mg，每天 2 次，口服，可抑制尿酸的形成；饲料中添加铵盐类可酸化尿液，从而可减少尿酸盐结晶的形成；丙磺舒主要是促进尿酸盐的排泄，可用于治疗慢性痛风，但对急性痛风无效；辛可芬可用于急、慢性痛风；双氢克尿噻、碳酸氢钠、乌洛托品和地塞米松等治疗痛风都有一定的效果。通过调节鸡体内水盐代谢和酸碱平衡的方法也可治疗痛风，常用的有补液盐（配方：氯化钠 3.5 g，氯化钾 1.5 g，碳酸氢钠 2.5 g，葡萄糖 22 g，水 1 000 ml，每千克体重另加维生素 C 500 mg、维生素 B_1 10 mg）饮水，一般用药后 2 d 即停止死亡。柠檬酸钾在预防和治疗痛风中具有相当好的疗效，使用剂量为 0.72 mmol。

近年来，中草药在家禽痛风的治疗方面越来越受到重视。中草药治疗的原则是：利水渗湿、抗菌消炎、健脾胃和调整气血。如肾肿痛风散，组方有海金沙、金钱草、泽泻、木通、猪苓、滑石、茯苓、川芎、白术、大黄等，每千克体重 0.5～1.0 g，每天 2 次混料饲喂，据说有较好的效果。

第五节　脂肪肝综合征的检验与防治

脂肪肝综合征（Fatty liver syndrome，FLS）或脂肪肝出血性综合征，是产蛋鸡常见的一种营养代谢性疾病。它主要是脂肪在肝细胞内过分堆积，从而影响肝脏的正常功能，严重的甚至引起肝脏破裂，最终导致肝出血而死亡。患脂肪肝的鸡群很难出现产蛋高峰，产蛋率一般上升到 85%左右，而后逐渐下降。该病普遍发生于笼养产蛋鸡，已成为许多国家的常见病。我国各地均有发生，发病率常在 5%左右，占全部死亡鸡的 8%～10%，有的鸡群发病率可高达 30%，给蛋鸡业带来很大经济损失。

一、临诊检查

本病多发于高产的笼养蛋鸡，炎热季节多发，病鸡体格过度肥胖，产蛋量显著减少，鸡只精神状态良好，腹部膨大、下垂，冠髯苍白，有时不表现任何临诊症状而突然死亡。

二、病理学检验

病鸡腹腔、肠系膜、皮下等处沉积大量脂肪。肝脏肿大，边缘钝圆，灰黄色或有出血点及坏死灶，质地脆弱如泥（彩图 12-16）。

取患鸡的肝脏进行组织切片，显微镜检验可见肝细胞索紊乱，肝细胞肿大，肝细胞严重脂肪变性，胞浆内有大小不等的脂肪滴，胞核位于中央或被挤于一侧。有的见局部肝细胞坏死，周围可见单核细胞浸润，间质内也充满脂肪组织。

三、病因学检验

肝脏是物质代谢的核心器官，它对脂类的消化、吸收、分解、合成及转运等过程都有重要的作用。导致脂肪肝的因素很多，大致有以下几种。

（一）营养过剩

营养过剩主要是指饲料中的能量过剩。由于能量水平过高导致鸡只过度肥胖，这也是目前认为导致蛋鸡脂肪肝综合征的最主要的一个原因。尤其是当饲料中能量高而蛋白低时，过多的能量就会在蛋鸡体内以脂肪的形式储存起来，特别是在肝脏。这些脂肪如果不能及时运出肝脏，就会在肝细胞内堆积，从而产生脂肪肝。

（二）某些营养成分缺乏

营养缺乏主要是指饲料中胆碱（或氯化胆碱、甜菜碱）、蛋氨酸、维生素等营养素的缺乏。这些物质是脂蛋白的合成和脂蛋白运载脂肪出肝脏的辅助因子。因此，当这些营养素缺乏或不足时，脂肪运出肝脏就会发生障碍，从而在肝细胞内堆积，产生脂肪肝。

（三）运动过少

由于现代化规模养殖的要求，蛋鸡多在笼内饲养，这样就大大地限制了它的运动，使能量消耗减少。

（四）激素影响

产蛋潜力大的蛋鸡对脂肪肝综合征更加敏感。因为产蛋高低与雌激素的活性高低有密切关系，而雌激素对肝中脂肪的合成与沉积又有促进作用。陈卿奎等通过实验复制脂肪肝综合征的蛋鸡的研究表明：患脂肪肝综合征的蛋鸡血清中雌二醇的含量明显升高，且与血脂和血中胆固醇的含量呈极显著的正相关。这就提示产蛋性能较高的蛋鸡血液中所含较高的雌激素的水平可能是导致其患脂肪肝综合征的根本原因。

（五）毒素的影响

Wight 等（1987）的试验表明，在蛋鸡饲料中添加菜籽粕会增加鸡只患脂肪肝出血性综合征的可能性（在这里起主要作用的是菜籽粕中的硫葡萄糖苷毒素）。此外，黄曲霉毒素也被认为是引起蛋鸡脂肪肝出血性综合征的一种重要毒素。这些毒素的一个共同特点就是它们对肝脏的功能具有重大的损伤作用。过量的采食会使肝脏合成脂蛋白的能力下降，从而降低脂肪运出肝脏的能力，使脂肪在肝内沉积，最终产生脂肪肝出血性综合征。

（六）其他因素

邓茂先等通过测定血浆中脂质过氧化物的代谢产物——丙二醛的含量，发现试验组（患病组）显著低于对照组（正常组）。因此，他们提出蛋鸡的脂肪肝出血性综合征可能涉及自由基的产生和利用；Wu 和 Squires(1997) 认为蛋鸡脂肪肝出血性综合征是与蛋鸡体内氧化压力（如来自饲料中的高含量的不饱和脂肪酸）升高和抗氧化因子如维生素等的下降有关；而刘鑫（1993）、邓茂先（1995）在试验日粮中添加玉米油或菜籽油等植物油却有效地预防了蛋鸡脂肪肝出血性综合征的发生。此外，蛋鸡脂肪肝出血性综合征的发生还与鸡的品种有关。

上述各种原因都可引起蛋鸡的脂肪肝出血性综合征，但在实际生产中脂肪肝往往不是某一单独的原因所导致，而是几个因素综合作用的结果。比如，常见的蛋鸡的脂肪肝是长期采食过量的能量饲料，再加上笼养鸡的运动过少而产生的。但是如果这时又发生了饲料中的胆碱、蛋氨酸或维生素等抗脂肪肝因子的缺乏，或者饲料中含有过多的菜粕和黄曲霉毒素，这样就会加速蛋鸡脂肪肝的形成或加重蛋鸡脂肪肝的病情。

四、蛋鸡脂肪肝出血性综合征的早期诊断

患脂肪肝出血性综合征的鸡只在生前一般无明显的临诊症状，只见到不明原因的产蛋率下降，严重者突然死亡。目前，一般都是靠死后剖检来做出诊断，该病给蛋鸡生产造成一定程度的损失。为了减少这一损失，刘鑫、花象柏等则从血浆中胆固醇脂的含量减少，发现了早期诊断蛋鸡脂肪肝出血性综合征的方法。他们认为，当蛋鸡血浆中胆固醇脂含量减少时，如果胆固醇脂在胆固醇总量内所占的比例低于 60%，则可认为该鸡患有脂肪肝出血性综合征。他们还进一步指出，如果血浆中高密度脂蛋白胆固醇的含量由 3.4～4.6 mol/L 下降到 2.1～2.6 mol/L，而低密度脂蛋白胆固醇含量由 5.4～5.6 mol/L 升高到 6.0～10.4 mol/L，两者之比低于 50%时，预示有发生脂肪肝出血性综合征的可能。除此之外，他们还进一步研究发现，蛋中脂类的含量与对应鸡只血中脂类含量的变化规律基本一致，因而可以通过检测蛋中胆固醇脂的含量来实现早期监测蛋鸡脂肪肝出血性综合征的目的，这样就可以使这一方法更加简单易行。

五、鉴别诊断

本病根据病理特征一般可以做出诊断，但应注意与包涵体肝炎、巴氏杆菌病等区别。

六、建议防治措施

（一）预防措施

1. 育成期限饲　育成期的限制饲喂至关重要，一方面，它可以保证蛋鸡体成熟与性成熟的协调一致，充分发挥鸡只的产蛋性能；另一方面，它可以防止鸡只过度采食，导致脂肪沉积过多，从而影响鸡只日后的产蛋性能，同时增加鸡只患脂肪肝出血性综合征的可能性。因此，对体重达到或超过同日龄同品种标准体重的育成鸡，采取限制饲喂是非常必要的。国外有报道认为，蛋鸡在 8 周龄时应严格控制体重，不可过肥，否则超过 8 周龄后难以再控制。

2. 严格控制产蛋鸡的营养水平　供给营养全面的全价饲料。处于生产期的蛋鸡，代谢活动非常旺盛。在饲养过程中，既要保证充分的营养，满足蛋鸡生产和维持的各方面的需要，同时又要避免营养的不平衡（如高能低蛋白）和缺乏（如饲料中蛋氨酸、胆碱、维生素 E 等的不足），一定要做到营养合理与全面。

（二）治疗措施

当确诊鸡群患有脂肪肝出血性综合征时，应及时找出病因，进行针对性治疗。通常可采取以下几种措施。

1. 调整饲料配方 根据环境和鸡群的需要调整饲料中的代谢能与蛋白质的比例，产蛋率80%以上时，能/蛋应为60（能量2 750 kcal/kg，蛋白16.5%）；产蛋率65%～80%时，能/蛋应为54；产蛋率小于65%时，能/蛋应为51。可用降低饲料中玉米的含量，改用麦麸代替。另有报道说，如果在饲料中增加一些富含亚油酸的植物油而减少碳水化合物的含量，则可降低脂肪肝出血性综合征的发病率。

2. 补充抗脂肪肝因子 主要是针对病情轻和即将发病的鸡群。在每千克饲料中补加氯化胆碱1 000 mg，维生素E 10 000 IU，维生素B_{12} 12 mg和肌醇900 mg，连续饲喂3～4周，或每只病鸡喂服氯化胆碱0.1～0.2 mg，连喂10 d。

3. 调整饲养管理制度 适当限制饲料喂量。在不改变饲喂次数的情况下，将日饲喂总量降低1/4～1/5，鸡群产蛋高峰前限量要小，高峰后可相应增大。

第十三章　中毒性疾病的检验与防治

第一节　药物中毒的检验与防治

一、磺胺类药物中毒

磺胺类药物是一类广谱抗菌药物，在养禽业生产中，广泛用于防治细菌性疾病和球虫病，但若应用不当就会引起中毒。磺胺中毒的表现主要是出血综合征和对淋巴系统及免疫功能的抑制。临床上以皮肤、皮下组织、肌肉和内脏器官出血为特征。

（一）临诊检查

首先要调查病史和药物使用情况。发生急性中毒时，家禽表现出兴奋、拒食、腹泻、痉挛、麻痹等症状，并大批死亡（彩图 13－1）。慢性中毒者，表现精神沉郁，食欲减退或废绝，饮欲增加，可视黏膜黄染，贫血，羽毛松乱，头面部肿胀，皮肤呈蓝紫色，翅膀下出现皮疹，便秘或下痢，粪便呈酱色或灰白色。成年母鸡产蛋量急剧下降，并出现软壳蛋、薄壳蛋，最后衰竭死亡。

（二）病理学检验

剖检病死家禽可见各种出血性病变，皮下、肌肉（胸肌、腿肌）有点状或斑状出血，肌胃角质膜下和腺胃、肠管黏膜也有出血。肝肿大，呈紫红或黄褐色，并有点状出血和坏死病灶。脾肿大，有的有灰色结节。肾肿胀，呈土黄色，有出血斑，输尿管变粗，充满白色尿酸盐或有尿石形成（彩图 13－2）。心包内充满灰白色尿酸盐（彩图 13－3）。肝脏、腹腔浆膜等处被覆灰白色尿酸盐（彩图 13－4）。心脏表面呈刷状出血，有的心肌出现灰白色病灶。血液稀薄，凝血时间延长。骨髓变成淡红色或黄色。

（三）病因学调查

了解发病情况和用药情况，特别是磺胺类药物使用剂量和用药时间，以及药物与饲料混合情况，剂量过大并连续用药时间在 5～7 d 可能引起中毒，如果混合不匀可能使一部分家禽吃下过多的药物，使部分家禽发生中毒。1 月龄以下、体质弱的雏鸡对磺胺类药的敏感性更高，若饲料中缺乏维生素 K 时，更易发生中毒。

（四）鉴别诊断

根据大剂量连续使用磺胺类药物的病史、中毒症状，结合病理剖检中见到主要器官不同程度的出血，综合分析可做出诊断。注意与包涵体肝炎、传染性贫血、维生素 A 缺乏症、肾型传染性支气管炎、痛风等病区别。

（五）建议防治措施

1. 预防措施

（1）1 月龄以下的雏鸡和产蛋鸡（尤其是产蛋高峰期）最好不用磺胺类药物。

（2）严格掌握磺胺类药物用药剂量，在拌料时要搅拌均匀，连续用药不要超过 5 d，用药期间要特别注意供给充足的清洁饮水。

(3) 尽量选用含抗菌增效剂的磺胺类药物，治疗肠道疾病时，应选用在肠内吸收率低的磺胺类药物。

(4) 在使用磺胺类药物期间，要提高日粮中维生素C、维生素B、维生素K的含量。

2. 治疗方案　一旦发生中毒，应立即停止用药，给予充足的饮水或1%～3%的碳酸氢钠（小苏打）溶液，于每千克日粮中补给维生素C 0.2 g、维生素K 5 mg克。同时，还可适当添加多种维生素或复合维生素B。严重中毒的病鸡，还可口服或肌内注射维生素C。此外，用车前子煎水或饮用甘草、葡萄糖水，可以促进药物的排泄和解毒。

二、呋喃类药物中毒

（一）概述

呋喃类药物是人工合成的抗菌药物，可抑杀多种革兰氏阴性及阳性细菌，低浓度（5～10 μg/ml）有抑菌作用，高浓度（20～50 μg/ml）有杀菌作用。兽医临诊多用于防治畜禽的肠道感染、鸡白痢以及球虫病等。

呋喃类药物虽对上述疾病有较好疗效，但也存在一定毒性。家禽和幼畜为最敏感，易引起中毒。

呋喃类药物能破坏机体某些酶系统，阻止血中丙酮酸的氧化过程。可抑制几种与葡萄糖及其他碳水化合物中间产物（丙酮酸、琥珀酸、甘油和乳酸）有氧氧化有关的酶。由于脑对葡萄糖有氧氧化的要求较高，因而呋喃类药中毒时神经症状明显。

呋喃类药物能抑制骨髓的造血机能，减少肝脏蛋白质和糖元的合成，损坏肾脏的排泄功能，长期大量应用能引起中毒性肝营养不良和血凝时间显著延长等。

（二）临诊检查

家禽呋喃类药物中毒的发生较为多见，尤其是呋喃西林中毒，此药对家禽有强大的毒性，稍不注意即可引起严重中毒，甚至死亡。雏禽急性中毒往往在给药后几小时或几天后开始出现症状，有些病例未出现症状即死亡。中毒雏禽常突然发生神经症状，精神沉郁，闭眼缩颈，呆立，或兴奋、鸣叫，有的头颈反转，扇动翅膀，做转圈运动，有的运动失调，倒地后两腿伸直作游泳姿势，或痉挛、抽搐而死亡。

成年家禽中毒后食欲减少，饮欲增加，呆立或行走摇晃，有的兴奋，呈现不同的姿势：头颈伸直或扭转，做回旋运动，不断点头或头颤动；鸣叫，做转圈运动，倒地不起，出现痉挛、抽搐、角弓反张；尖叫、摇头、抽搐、死亡。

（三）病理学检验

剖检病死家禽可见口腔充满黄色黏液，嗉囊扩张，肌胃角质部分脱落。病程较长者有程度不同的出血性肠炎，整个消化道内容物呈黄色或混有药物。肝脏充血、肿大，胆囊扩张，心肌稍坚硬和失去弹性。

（四）病因学检验

根据用药情况和发病后的症状一般可以做出诊断。硝基呋喃类药物常用的有：呋喃西林又称呋喃新（Furacilin）、呋喃唑酮又称痢特灵（Furazolidone）、呋喃它酮又称呋吗唑酮（Furaltadone）、呋喃坦啶又称呋喃妥因（furadantin）等。其中以呋喃西林毒性最大，呋喃坦啶次之，呋喃唑酮的毒性较小，仅为呋喃西林的1/10左右。家禽对呋喃西林特别敏感，以0.022%的浓度拌料喂雏鸭或以0.04%浓度拌料喂雏鸡，连续用药10 d以上可出现中毒。

用呋喃西林每次给雏鸡 1.25 mg、雏鸭 17 mg、雏鹅 25 mg，连续 5 d，均易导致中毒。连续应用呋喃唑酮 0.04%混合饲料能影响增重，降低血液的血红蛋白含量，并可引起鸡慢性神经炎。较大剂量的呋喃唑酮或呋喃坦啶能引起畜禽的兴奋、肌肉强直，以至角弓反张等神经症状。

硝基呋喃类药物及制剂均为禁用兽药，不能用于所有食品动物。但是由于有一定疗效而且价格便宜，一些兽药中可能混有。若发生中毒，对可疑兽药、饲料进行化验，有助于判定。

呋喃类药物不易溶于水，在饮水中往往沉淀，部分家禽可能因采食过量而中毒。混饲时搅拌不均匀也易引起部分家禽中毒。

（五）鉴别诊断

根据应用呋喃西林等治疗的病史、用药过量或在饲料与饮水中搅拌不均匀，并有特征性的中枢神经紊乱症状和尸体剖检的病理变化，即可做出诊断。

（六）建议防治措施

本病重在预防，严格控制药物使用的剂量和使用时间，对于呋喃唑酮，每千克饲料用量不应超过 400 mg，连用 1 周后应停药，而且拌料应均匀。

本病无特效药物治疗。一旦发现中毒，应立即停喂含有呋喃唑酮的饲料，采用 5%葡萄糖加维生素 B、维生素 C 等饮水，或用 0.01%～0.05%高锰酸钾饮水。也可饮用甘草、葡萄糖水解毒，并用硫酸镁清理胃肠道。重症者注射维生素 B_1，每只 25 mg，每天 2 次，连用 3 d。

三、喹乙醇中毒

喹乙醇（Olaquindox）又名倍育诺、快育灵、喹酰胺醇，因其具有良好的广谱抗菌效果，尤其是对大肠杆菌、沙门氏菌等革兰氏阴性致病菌所致的消化道疾病具有良好的疗效，并具有促进生长、提高饲料转化率等作用而被广泛应用于生产实践，是常用的添加剂之一。该药在正确使用的前提下确能获得良好的效果，特别在饲养环境较差的场地使用效果更为显著。然而，由于使用方法不当等问题，在生产实践中喹乙醇中毒现象时有发生，常造成重大损失。

（一）临诊检查

喹乙醇中毒时病禽精神不振，采食减少或停食，冠和肉髯发紫，口腔黏液增多，排稀便。因中毒程度不同，体温降至 35.5～36.2 ℃，畏寒，低温季节更明显。病鸡严重脱水，喙部前端呈污黑色（彩图 13－5）。腿肌软弱无力，脚软，早期勉强以关节着地行走，后期则完全瘫痪，跗关节红肿，趾部呈紫红色（彩图 13－6）。最终病禽因丧失饮食能力而死亡。中毒症状出现时间与喹乙醇摄入量呈正相关，鸡饲料中喹乙醇含量达 700 mg/kg 时可以在 24 h 内出现典型中毒症状，72 h 内可见大批死亡。

（二）病理学检验

剖检病死家禽时可见口腔有黏液，多数病鸡的嗉囊和肌胃内含有淡黄色的内容物。鸡冠、胸下、肛门部位散在瘀血斑，皮下组织干燥无光。肌胃角质层下有出血点及出血斑，小肠黏膜呈弥散性出血，尤以十二指肠为甚。腺胃到小肠段黏膜易剥离，呈糜烂状，肠腔内含有大量灰黄色黏液。泄殖腔严重出血。肝脏肿大，表面呈土黄色，切面外翻，质地脆弱。肾脏可见轻微肿大，密布针尖状出血点，皮质、髓质呈暗灰色，界限不清，输尿管多有淡黄色或白色沉积物。血液呈深紫褐色。心脏体积增大，右心扩张瘀血，冠状沟脂肪及心外膜等处可见针尖大小的出血点，心肌色淡且弛缓。

（三）病因学检验

根据添加剂使用情况可以做出判断。喹乙醇用量过大或使用方法不当，如混合不均匀、饲喂含药饲料时间过长等可能引起中毒。由于喹乙醇几乎不溶于水，因而只能通过拌料给药，如果采用饮水给药也会引起中毒。

（四）鉴别诊断

根据临床症状和病理变化，结合用药史可做出初步诊断。必要时可送含药饲料进行实验室化验，最终达到确诊。

（五）建议防治措施

目前尚无有效的解毒药治疗，主要是预防。使用喹乙醇时应注意以下几点。

（1）严格按规定添加量应用。根据我国《兽医药品规范》的规定，每1 000 kg家禽的饲料添加喹乙醇25～35 g。按此规定的添加量已满足家禽生长的需要，不要盲目加大用量。近年来，在欧盟国家喹乙醇已被禁用。

（2）为了预防和治疗家禽某些细菌性疾病，也应严格控制剂量和用药时间，预防量为1 000 kg饲料中添加80～100 g，连用1周后，应停药3～5 d；治疗量按病禽每千克体重20～30 mg，混于饲料中喂服，每天1次，连用2～3 d，必要时隔几天重复1个疗程。

（3）饲料中添加喹乙醇时要充分混合均匀。应先将喹乙醇与少量的饲料混合均匀，然后逐级扩大，搅拌均匀，最后再混入全部饲料中，可防止少数家禽摄食量过大而中毒。

（4）防止重复添加，应了解所购的配合饲料是否已添加喹乙醇，如有就不能再用。

已发生中毒的病鸡，除停止使用一切抗生素类药物和含药饲料外，对症疗法一般是采取保护肝脏和促进肾脏排泄、增强机体抵抗力等措施。可在饮水中加入0.1%～0.15%的碳酸氢钠、6%～8%的蔗糖或3%～4%的葡萄糖，供病鸡自由饮用，或用5%的硫酸钠水溶液，连饮3 d。同时，投喂相当于营养需要5～10倍的复合维生素或0.1%的维生素C，有条件时也可煎服具有疏肝、利尿、解毒作用的中草药，但切忌投用抗生素类药物，同时给予充足的饮水。以上措施能减少损失，但严重中毒的鸡只一般预后不良。

四、庆大霉素、链霉素、卡那霉素、丁胺卡那霉素（阿米卡星）中毒

链霉素、庆大霉素、卡那霉素、丁胺卡那霉素等都属于氨基糖苷类药物，抗菌谱相似，主要作用于革兰氏阴性菌，有相似的不良反应，对听神经和肾脏有不同程度的毒性作用。在家禽中，毒性作用主要是损害肝脏和肾脏，如果用量过大或长期使用，可造成肾脏严重损害，导致肾脏尿酸盐排除障碍，而引发痛风病变，严重者引起死亡。

本病尤易发生于小鸡。在肌内注射过量链霉素后数分钟出现中毒症状，表现为行动迟缓，闭目呆立，流涎，双翅或一翅下垂，站立不稳，共济失调，剧烈痉挛，抽搐，瘫痪不起，角弓反张，甚至呼吸麻痹而死（彩图13－7）。剖检肾脏有弥漫性出血，部分鸡的皮下呈胶样冻浸润。

链霉素中毒时死亡雏鸡剖检时可见舌尖发绀，注射部位水肿，肺瘀血、水肿等，其他病理变化不明显。

发生庆大霉素、卡那霉素、丁胺卡那霉素中毒时，病死鸡肾脏严重损伤，尿酸盐排除障碍，肾脏肿大、苍白、质地脆弱，肾小管和输尿管中充满尿酸盐，外观呈花斑状。严重者肝脏表面、心包腔内腹腔浆膜等处也可见尿酸盐沉积。

根据用药情况、临床症状和病理变化很容易做出诊断。但应注意相互区别。

本病重在预防，要根据疾病情况合理用药，严格掌握用药剂量和用药时间，对已有肾脏疾患的疾病，如肾型传染性支气管炎、新城疫、禽流感、传染性法氏囊病、维生素 A 缺乏症、钙磷比例失调症、内脏型痛风等，要禁用或慎用此类药物。

对已发生中毒的鸡群，应迅速加强保温，保持安静，减少刺激，并投饮适量的维生素 C 与葡萄糖溶液。

五、食盐中毒

食盐是鸡体不可缺少的矿物质。鸡的日粮中适量加入食盐，有增加饲料口味、增进食欲、增强消化机能和促进代谢的功能。但日粮中食盐添加过多时，可能引起中毒。

食盐的添加标准不仅各国不一样，而且各个品种、品系也不尽相同。我国鸡的饲养标准中规定，蛋鸡不分品种和年龄，饲料中食盐的添加比例一律是 0.37%，其中钠约为 0.15%，氯约为 0.22%；肉用仔鸡 0～4 周龄食盐的添加比例为 0.37%，5 周龄以上为 0.35%。

鸡的食盐最小致死量为每千克体重 4g，或饲料中的含盐量在 3%以上，饮水中含盐量达到 0.5%以上即可引起中毒。幼禽对食盐尤其敏感，当幼鸡的饮水中含 0.9%食盐时，在 5d 之内，死亡率可达 100%。蛋用雏鸡日粮中食盐的安全量小于 0.6%，中毒量是 0.8%～1.0%，致死量是 1.2%，超过 1.2%出现死亡。成年蛋鸡日粮中食盐的安全量是 1%，超过 1%产蛋率下降，达 2.5%时，6 d 内出现死亡。

（一）临诊检查

发生急性中毒时鸡群突然发病，饮水骤增，大量鸡围着水盆拼命喝水，许多鸡喝至嗉囊膨大，水从口中流出也不离开水源，同时出现大量营养状况良好的鸡发生突然死亡，部分病鸡表现呼吸困难、喘息十分明显，中毒死亡的鸡有的从口中流出血水来。中毒鸡群普遍下痢，排稀水状消化不良的粪便。

慢性中毒的鸡群发病缓慢，饮水逐渐增多，粪便变稀。由于集约化养鸡多采用自动给水，饮水增多的现象不易被发现，粪便的变化对于发现慢性食盐中毒非常重要。随着病程的延长，病重的鸡冠变为深红，冠峰黑紫，鸡冠萎缩，粪便呈水样。采食量下降，死亡增多。产蛋鸡群产蛋量停止上升或下降，蛋壳变薄，出现砂皮蛋、畸形蛋等。由于下痢的刺激，鸡的子宫发生轻重不等的炎症，产蛋时子宫回缩缓慢，发生脱肛、啄肛等。

（二）病理学检验

急性中毒死亡的小鸡和青年鸡，营养状况良好，胸部肌肉丰满，但苍白贫血，胸腹部皮下积有多少不等的渗出液，由于皮下水肿，跖部变得十分丰润。腹腔中积液甚多，心包积水超过正常的 2～3 倍，心肌有大点状出血。嗉囊中充满黏性液体，黏膜脱落，腺胃黏膜充血，表面有时形成假膜。肠管松弛，黏膜轻度充血。肝脏肿大，质地硬，呈现淡白、微黄色或红白相间的、不均匀的瘀血条纹。肾脏肿大。急性中毒的产蛋鸡，除有上述症状外，卵巢充血、出血十分明显。慢性食盐中毒的产蛋鸡，肠黏膜和卵巢充血、出血。卵子变性坏死，发生输卵管炎或腹膜炎。

（三）鉴别诊断

根据鸡的临床症状、病理特征与食盐用量，即可做出诊断。必要时可进行实验室化验。取 25 g 胃内容物放烧杯内，加蒸馏水 200 ml 放置 4～5 h，常振荡，再加蒸馏水 250 ml，过滤，取滤液 25 ml，加 0.1%刚果红（或溴酚蓝）溶液 5 滴作指示剂，再用 N/10 硝酸银溶液滴定，至开始出现沉淀、液体呈轻微透明时为止。每毫升 N/10 硝酸银溶液相当于 0.005 85 克食盐，因而将硝酸银溶液的消耗数量乘以 0.234，即食盐含量的百分率。

（四）建议防治措施

（1）自行配制饲料时严格掌握食盐用量，如果使用鱼粉，事先要检测鱼粉含盐量。配制时把鱼粉中的盐分也计算在内。

（2）发现中毒后立即停喂原有饲料，换喂无盐或低盐分、易消化的饲料至康复。

（3）供给充足清洁饮水，病禽饮用 5%的葡萄糖或红糖水，病情严重者另加 0.3%～0.5%醋酸钾溶液逐只灌服，中毒早期服用植物油缓泻可减轻症状。

第二节 黄曲霉毒素中毒的检验与防治

黄曲霉毒素中毒（Aflatoxicosis）是人畜共患疾病之一。它是由于禽类采食了被黄曲霉毒素污染的饲料引起的一种中毒性疾病。黄曲霉毒素（aflatoxin，简称为 AF）是到目前为止所发现的毒性最大的真菌毒素。该毒素是黄曲霉和寄生曲霉中产毒菌株的代谢产物，普遍存在于霉变的粮食及粮食制品中。黄曲霉毒素十分耐热，加热至 280 ℃才能被完全破坏，因而一般烹饪加工不易将其消除。它可通过多种途径污染食品和饲料，直接或间接进入人类食物链，威胁人类健康和生命安全。对人体及动物内脏器官尤其是肝脏损害严重，中毒后以肝脏受损，全身性出血，腹水，消化机能障碍和神经症状等为特征，严重者可诱发肝癌。

一、临诊检查

多种动物、禽类和人类均可发生中毒。雏鸭、雏鹅中毒多表现为急性病例，甚至看不到明显症状即迅速死亡。病程稍长者，雏鸭表现为食欲不振，精神沉郁，嗜眠，消瘦，贫血，排血色稀粪，叫声嘶哑，最后衰竭而死。雏鸭还表现鸣叫，脱毛，生长缓慢，步态不稳，跛行，呈企鹅状行走，腿和脚由于皮下出血而呈淡紫色，死亡前出现共济失调，以及角弓反张等症状。病禽死亡率高。慢性中毒的症状不明显，表现为食欲不振，消瘦，贫血，衰弱。病程长者，可发展为肝癌，严重者呈全身恶病质等现象，最后衰竭死亡。

成年禽耐受性稍高，中毒后多呈慢性经过，主要表现在精神沉郁，翅下垂，羽毛松乱，缩颈，食欲减退，产蛋减少，产蛋期推迟，呼吸困难，有时可听到湿性啰音，少数可见浆液性鼻液。火鸡对黄曲霉毒素也非常敏感。

血液检验，血清蛋白质较正常值为低，表现出重度的低蛋白血症。红细胞数量明显减少，白细胞总数增多，凝血时间延长。急性病例的谷草转氨酶、瓜氨酸转移酶和凝血酶原活性升高；亚急性和慢性病例的异柠檬酸脱氢酶和碱性磷酸酶活性明显升高。

二、病理学检验

特征性病理变化主要在肝脏、肺与气囊。急性中毒时肝脏肿大，色泽苍白变淡，质变硬，有出血斑点，胆囊扩张充盈。肾脏肿大、苍白、质地变脆。胰腺有出血点。胸部皮下和肌肉常见出血。

慢性中毒时，可见肝脏变黄，逐渐硬化，体积缩小，肝脏中可见白色小点状或结节状的增生病灶，时间长的可见肝癌结（彩图 13 - 8）。肾出血，心包和腹腔有积水。肺和气囊呈弥漫性或局限性病理变化。

三、病原学检验

（一）病原特征

本病的病原为黄曲霉毒素，可产生霉毒素的菌种包括黄曲霉、寄生曲霉、溜曲霉、黑曲霉等 20 多个。现已证实，只有黄曲霉和寄生曲霉产生黄曲霉毒素。而且，并不是所有黄曲霉的菌株都产生黄曲霉毒素。从自然界分离出的黄曲霉中，约有 10%的菌株产黄曲霉毒素。黄曲霉毒素种类很多，目前已经确定结构的黄曲霉毒素有 B_1、B_2、$B_{2\alpha}$、B_3、D_1、G_1、G_2、$G_{2\alpha}$、M_1、M_2、P_1、Q_1、R_0 等 18 种，并且已经可用化学方法合成出来。其中 B_1、B_2、G_1 和 G_2 是 4 种是最基本的黄曲霉毒素，其他种类都是由这 4 种衍生而来。它们的化学结构十分相似，都含有 1 个双呋喃环和 1 个氧杂萘邻酮（又称香豆素）。其中，毒性最强的是黄曲霉毒素 B_1，其也是目前发现的最强的化学致癌物质。黄曲霉毒素 B_1 还能引起突变和导致畸形。

结晶的黄曲霉毒素 B_1 非常稳定，高温（200 ℃）、紫外线照射，都不能使之破坏。加热到 268～269 ℃才开始分解。5%的次氯酸钠，可以使黄曲霉毒素完全破坏。

黄曲霉毒素的分布范围很广，凡是污染了能产生黄曲霉毒素的真菌的粮食、饲草饲料等，都有可能存在黄曲霉毒素。甚至在没有发现真菌菌丝体和孢子的食品和农副产品中，也可发现黄曲霉毒素。畜禽中毒就是由于大量采食了这些含有多量黄曲霉毒素的饲草、饲料和农副产品而发病的。由于性别、年龄及营养状态等情况不同，其敏感性也有差异，敏感顺序是：鸭雏＞火鸡雏＞鸡雏＞日本鹌鹑；哺乳动物中，仔猪＞犊牛＞肥育猪＞成年牛＞绵羊。家禽最为敏感，尤其是幼禽。

根据国内外普查，花生、玉米、黄豆、棉籽等，以及它们的副产品，最易感染黄曲霉，含黄曲霉毒素量较多。世界各国和联合国有关组织都制定了食品、饲料中黄曲霉毒素最高允许量标准。

（二）病原菌的分离培养

将可疑的饲料，用高渗察氏培养基于 24～30 ℃温度下培养。观察菌落的生长速度、颜色、表面渗出物、质地和气味。检镜培养物，观察培养物是否符合黄曲霉菌或寄生曲霉的各种特征。

（三）黄曲霉毒素测定

目前，检测黄曲霉毒素的方法主要有薄层色谱法（TLC）、高效液相色谱法（HPLC）、以酶联免疫为基础的免疫分析法、免疫亲和分析法以及生物传感器法等。

1. 薄层色谱法（TLC） TLC 法是传统检测黄曲霉毒素最常用的方法，是应用最早最广的分离分析技术，它是我国测定食品及饲料中黄曲霉毒素的国家标准方法之一，其原理是：样品经提取、浓缩、薄层分离后，在 365 nm 波长的紫外光照射下，黄曲霉毒素 B_1、B_2 产生紫色荧光，黄曲霉毒素 G_1、G_2 产生绿色荧光，然后根据其在薄层板上显示的荧光最低检出量来定量。其优点是所用的试剂、设备简单，费用低廉，容易掌握，适用大量样品的分离、筛选，一般的实验室均可检测，属于定性和半定量检测。为了提高薄层层析法的精度，还用薄层扫描等方法来确定黄曲霉素。该法的局限性与不足之处在于检验操作步骤多，样品前处理烦琐，并且提取和净化效果不够理想，提取液中杂质较多，因而在展开时影响斑点的荧光度，导致灵敏度下降。这些缺点已越来越不适应现代分析的要求。

2. 高效液相色谱法（HPLC） 高效液相色谱法具有高效、快速、准确性好、灵敏度高、重复性好、检测限低、定量准确等特点，可同时分离多种黄曲霉毒素，操作简便，适用于大批量样品的分析。高效液相色谱法是目前国内测定黄曲霉毒素使用最多、最为权威的方法，其灵敏度与精度较高，能同时分析多种黄曲霉毒素类型，但该法的样品前处理相对复杂，检测周期长，程序复杂，所需试剂繁多，操作时需要专门的技术人员，难以满足检测快速、简捷、现场化的要求。

3. 免疫分析法 免疫化学分析法是以抗原抗体免疫化学反应为基础，进行抗原抗体含量测定的方法。该法具有高度的特异性与灵敏性，快速简便，分析费用低，重复性好，短时间内能处理大量样品，易于普及。用于黄曲霉毒素测定的免疫分析法主要有免疫亲和柱（RIA）-荧光光渡法、免疫亲和柱- HPLC 法、酶联免疫吸附（ELISA）法。

（1）免疫亲和柱（IAC）-荧光光度法 免疫亲和柱是以单克隆免疫亲和柱为分离手段，根据单克隆抗体与载体蛋白偶联后，将其填柱形成 IAC，并与黄曲霉毒素抗原产生一一对应的特异性吸附关系制作而成的。随着抗体抗原一一对应的特异性吸附关系的增强，IAC 只能高选择性地吸附黄曲霉毒素，而让其他杂质通过柱子，同时这种吸附又可被极性有机溶剂洗脱，用荧光计、紫外灯定量检测。该法的优点是样品前处理操作简单，检测 1 个样品只需 10～15 min，比传统方法快几个小时甚至几天。大大减轻了 TLC 和 HPLC 法在操作过程中使用剧毒的黄曲霉毒素作为标定标准物和在样品预处理过程中使用多种有毒、有异味的有机溶剂对操作人员健康和环境的影响。

（2）免疫亲和柱- HPLC 法 将免疫亲和柱与高效液相色谱法结合应用，是目前采用较多的一种方法，黄曲霉毒素免疫亲和柱-高效液相色谱法比传统的 HPLC 法更加安全、可靠，提高了灵敏度和准确度，达到了定量准确又快速简便的要求，可以有效地将黄曲霉毒素或其他真菌毒素分离出来，分离效率和回收率较高。

（3）酶联免疫吸附（ELISA）法 ELISA 法是应用抗原抗体特异性反应和酶的高效催化作用来测定黄曲霉毒素含量的免疫分析方法。ELISA 测定方法的基本模式有 3 种特定的试剂，即固相抗原（蛋白质结合物包板）、酶标记单克隆抗体、酶作用底物。常用的方法有 4 种，即反向直接竞争 ELISA、直接竞争 ELISA、间接竞争 ELISA 和生物素-亲和柱 ELISA。ELISA 法将已知的待测黄曲霉毒素抗原（或抗体）吸附于固定载体的免疫吸附剂上，通过颜色的深浅来测定黄曲霉毒素抗原或抗体的含量。ELISA 法相对于 HPLC 具有特异性强、干扰小、样品预处理简便快速、灵敏高效等特点，而且回收率高，提取方法简单，可以进行定性和定量测定，大大节约了测试的成本，因而 ELISA 能广泛用于食品中黄曲霉毒素的测定。

4. 金标试纸法 金标试纸法是利用单克隆抗体而设计的固相免疫分析法，可一步式检测黄曲霉毒素。在 5～10 min 完成对样品中黄曲霉毒素的定性测定，具有简单快速、灵敏度高等特点，无须仪器设备配合测定，检测既可在实验室中进行，也可在农场、饲料混合车间等实地进行测定，对黄曲霉毒素定性检测的准确度在85%以上，灵敏度为4 μg/ml，可测出样品中含量为20 μg/g的黄曲霉毒素。

5. 生物传感器法 生物传感器是将生物技术和电子技术相结合，以生物学组件作为主要功能性元件，能够感受规定的被测量，并按照一定规律将其转换成可识别信号的器件或装置，一般由生物识别元件、转换元件及机械元件和电气元件组成。利用分子间特异的亲和性制备的亲和型生物传感器为免疫传感。生物传感器具有高选择性、反应快、操作简单、携带方便和适合于现场检测等优点，对生物传感器检测黄曲霉毒素的研究是各国专家积极探索的热点课题。

四、鉴别诊断

首先要调查病史，检查饲料品质与霉变情况，采食可疑饲料与家禽发病率呈正相关，不吃此批可疑饲料的家禽不发病，发病的家禽也无传染性表现。然后，结合临诊症状、血液化验和病理变化等材料，进行综合性分析，排除传染病与营养代谢病的可能性，如果符合真菌毒素中毒病的基本特点，即可做出初步诊断。若要达到确切诊断，必须进行以下检验。

（一）可疑饲料的病原鉴定

用高渗察氏培养基于24～30 ℃温度下培养，观察菌落生长速度、颜色、表面渗出物、质地和气味。用显微镜进行培养物的活培养检查，以及制止检查，以鉴定出此优势菌为黄曲霉菌或寄生曲霉。

（二）可疑饲料的黄曲霉毒素测定

1. 可疑饲料直观法 可作为黄曲霉毒素预测法。取有代表性的可疑饲料样品（如玉米、花生等）2～3 kg，分批盛于盘内，分摊成薄层，直接放在365 nm波长的紫外线灯下观察荧光。如果样品存在黄曲霉毒素G_1、G_2，可见到含G族毒素的饲料颗粒发出亮黄绿色荧光；如若是含黄曲霉B族毒素，则可见到蓝紫色荧光。若看不到荧光，可将颗粒捣碎后再观察。

2. 化学分析法 先把可疑饲料中的黄曲霉毒素提取和净化，然后用薄层层析法与已知标准黄曲霉毒素相对照，以确证所测的黄曲霉毒素性质和数量（可参照《中华人民共和国食品卫生法》等有关资料）。

（三）生物学鉴定法

（1）雏鸭法是世界法定通用的方法。选用1日龄的雏鸭，将待测样品溶解于丙二醇或水中，通过胃管喂给雏鸭，连喂4～5 d。对照的各雏鸭喂给黄曲霉毒素B_1的量为0～16 μg。在最后一次喂给毒素后，再饲养雏鸭2 d。然后，处死全部鸭雏，组织切片镜检，根据其胆管上皮细胞异常增生的程度（一般分为4个或5个等级），来判断黄曲霉毒素含量的多少。雏鸭黄曲霉毒素B_1的LD_{50}为12.0～28.2 μg/只。另外，还可取中毒雏鸭肝组织固定，做组织学检查。

（2）用可疑病料做动物发病试验，也可用提取的毒素做发病试验，若复制出与自然病例相同的疾病即可确诊。

五、建议防治措施

黄曲霉毒素中毒目前尚无治疗的特效药物。主要在于预防，预防中毒的根本措施是不喂发霉饲料，对饲料定期做黄曲霉毒素测定，淘汰超标饲料。搞好预防的关键是防霉和去毒，以防霉为主。防霉的根本措施是降低粮食或饲料中的水分和降低贮存温度。粮食作物收获后，防止雨淋，及时晾晒，使之尽快干燥。水分含量谷粒应为为13%，玉米为12.5%，花生仁为8%以下。为防止饲料在贮存过程中霉变，可在饲料中加入丙酸钙等防霉变药物。严重霉变的饲料不能饲用，如果只是轻微发霉，可用1%氢氧化钠溶液浸泡过夜，用清水冲洗干净后再饲喂；也可试用化学熏蒸法熏蒸发霉饲料，选用氯化苦、溴甲烷、二氯乙烷、环氧乙烷等熏蒸剂；还可选用制霉菌素、马匹菌素等防霉抗生素。

若家禽发生黄曲霉毒素中毒，应采取以下措施：

（1）停喂可疑饲料，改喂全价饲料，加强饲养管理。

（2）清理胃肠，促进毒物排出。饮用0.1%高锰酸钾水或1%碳酸氢钠。

（3）可用白芍的醇提取物喂雏鸡，有明显缓解黄曲霉毒素 B_1 急性中毒造成的肝损伤作用。另补充饲料中的维生素 A、维生素 D、维生素 B_2 时，可增强禽类抗黄曲霉毒素 B_1 的作用。

（4）可用鱼腥草64 g、蒲公英32 g、筋骨草16 g、桔梗16 g、山海螺32 g，煎汁，饮水（供100只10～20日龄雏鸡饮用1 d），连用7～8 d。另有人用5%～10%板蓝根糖浆（人用）让雏鸡自由饮水7～10 d，有明显作用。

（5）对禽舍、禽笼和用具等进行彻底清扫消毒，可用2%氯酸钠溶液杀灭霉菌孢子。

（6）病死家禽要做焚烧或深埋处理。

第三节　棉籽饼中毒的检验与防治

棉籽饼含有丰富的蛋白质，常作为全价的畜禽日粮蛋白质来源，但由于含有多种有毒的棉酚色素，长时期过量饲喂可引起中毒。临床上以胃肠炎，心、肝等实质器官损坏和蛋品质不良为特征。本病主要见于鸡。

棉籽饼的萃取物中含有游离棉酚、棉紫素、棉绿素、棉黄素、棉蓝素、二氨基棉酚、6-甲氧基棉酚等15种棉酚色素或衍生物。其棉酚的含量因棉花品种、生长环境和棉籽加工方式不同而异。一般的游离棉酚含量为0.02%～0.10%，总棉酚为0.5%～1.2%。

以游离棉酚为代表的棉籽毒是一种嗜细胞性、血管性和神经性毒素。当其进入消化道以后，对胃肠黏膜发生刺激作用，可引起胃肠卡他或中毒性胃肠炎。毒素进入血液之后，会给心脏、肝和肾带来刺激与损害。对组织刺激可引起组织发炎，增加血管的渗透性，并能促进血浆和红细胞渗入到周围组织，发生浆液浸润和出血性炎症。游离棉酚易与机体内的铁结合，而引起维生素A缺乏，导致消化、呼吸、泌尿等器官黏膜炎症和变性。游离棉酚易溶于磷脂，故能在神经细胞中积累起来，引起神经机能紊乱。

一、临诊检查

生产实践中所见的棉籽饼中毒，多是由于长期不间断地饲喂未经去毒处理的棉籽饼，致使棉酚在体内蓄积而引起，潜伏期为10～30 d。日粮中如果缺乏蛋白质，以及缺乏钙、铁、维生素A，均可增加对棉酚中毒的敏感性。

棉籽饼中毒一般呈慢性蓄积性经过，雏鸡发病快而重，成年禽耐受力比较强。中毒病鸡主要表现精神不振，低头喜卧，食欲减退或不食，两翅无力下垂，有的出现出血性胃肠炎症状，排黑褐色稀粪并常混有黏液、血液和脱落的肠黏膜；严重中毒的病鸡，表现消瘦，冠和肉髯暗紫色，双腿无力，抽搐，最后呼吸、循环衰竭而死亡。公鸡还出现精子数量减少、活力降低，种蛋的受精率、孵化率显著降低；母鸡产蛋减少，蛋个变小，蛋黄变色（茶青色）等。煮熟的蛋黄较坚韧并稍有弹性，称为“橡皮蛋”。棉籽饼中毒时血红蛋白和红细胞数下降，血清蛋白质和清/球蛋白比下降。有些鸡伴有维生素 A 及钙缺乏的症状。

二、病理学检验

剖检中毒死亡病鸡可见胃肠黏膜充血、出血，黏膜易脱落，呈现出血性炎症。肝、肾出现退行性变化。肝充血、肿大，有蜡质样色素沉积而呈黄色，其中有许多空泡和泡沫状间隙，质地变脆、变硬。胆囊肿大或萎缩。胰腺增大。肾脏呈紫红色，质软而脆。肺充血水肿。心外膜出血，胸腔、腹腔积有渗出液。母鸡的卵巢和输卵管出现高度萎缩。

三、病因学检验

带壳的土榨棉籽饼棉酚含量较高，一般不能用于喂鸡，如直接作为饲料，很容易引起中毒。如果日粮中所用的棉籽饼比例过大，一般在鸡的饲料中配入 8%～10%并长期饲喂即可引起中毒。无论棉仁饼或棉籽饼，如果发热变质，其游离棉酚的含量会增多，饲喂后易引起中毒。日粮中含有棉仁饼或棉籽饼时，如果维生素 A、钙、铁以及蛋白质不足时，则可能会促使中毒的发生。

四、鉴别诊断

调查病史，如果曾有过较长期饲喂未经去毒处理的棉籽饼，结合鸡群临诊症状和尸体病理变化即可做出诊断。

五、建议防治措施

本病应以预防为主，为了扩大家禽的蛋白饲料来源，降低饲料成本，应该设法充分利用棉籽饼。间歇使用，每隔 1～2 个月停用棉籽饼 10～15 d。去毒处理：一是将棉籽饼粉碎，煮沸 1～2 h；二是将棉籽饼置于铁锅以 80～85 ℃干热 2 h 或 100 ℃干热 30 min；三是用 2%石灰水、2.5%的草木灰水或 1%的氢氧化钠液浸泡 24 h；四是用 0.1%～0.2%硫酸亚铁溶液浸泡 4 h。一般常用 1.25 kg 工业用硫酸亚铁，溶于 125 kg 水中，浸泡 50 kg 棉籽饼一夜后，即可饲用。以上几种方法均可降低毒性。将日粮中的棉籽饼控制在 5%～6%为宜。对于幼禽不要饲喂棉籽饼，多喂青绿饲料。

棉籽饼中毒目前尚无特效疗法。发现中毒应立即停止饲喂含有棉籽饼的饲料，多喂一些青绿饲料，经 1～3 周，可逐渐恢复。对中毒的病鸡可用减轻胃肠炎等病症的对症疗法。对慢性中毒，除更换日粮外，还要注意适当补充维生素 A、矿物质（钙、铁等）和蛋白质等。

第四节　一氧化碳中毒的检验与防治

一氧化碳中毒是由于家禽吸入一氧化碳气体所引起的，以血液中形成多量碳氧血红蛋白所造成的全身组织缺氧为主要特征的中毒性疾病。发病原因往往是禽舍用烧煤取暖，或由于暖炕裂缝、烟囱堵塞、倒烟、门窗紧闭、通风不良等，使家禽吸入一氧化碳，引起中毒。

一、临诊检查

本病主要发生于雏禽。在炎热的季节，鸡群密度过大，通风不良的禽舍有时也可发生。在轻度中毒的家禽体内碳氧血红蛋白达到30％时，病禽即可呈现出流泪、呕吐、咳嗽、心动疾速、呼吸困难等症状。此时，如能让其及时呼吸新鲜空气，不经任何治疗即可得到康复。如若环境空气质量不能及时改善，则转入亚急性或慢性中毒，病禽羽毛蓬松，精神委顿，生长缓慢，容易诱发上呼吸道其他并发病。重度中毒时，其体内碳氧血红蛋白可达50％。病鸡表现不安，不久即转入呆立或瘫痪、昏睡，呼吸困难，头向后伸，死前发生痉挛和惊厥。若不及时救治，则导致呼吸和心脏麻痹而死亡。

二、病理学检验

中毒死亡的鸡，鸡冠或和肉髯呈鲜红色或樱桃红色，喙和爪尖发绀，嗉囊、胃肠道内空虚，肠系膜血管呈树枝状充血，血管、血液、脏器、黏膜和肌肉呈鲜红色或樱桃红色。心、肝、脾肿大，心内、外膜上可见散在的出血点，肺严重贫血，呈鲜红色、气肿。

病程较长的慢性中毒者，其心、肝、脾等器官体积增大，有时可发现心肌纤维坏死。

三、病因学检验

一氧化碳是含碳化合物在氧气不足条件下燃烧不完全所产生的一种有害气体。因而一氧化碳中毒多发生在室内需要生火的季节。冬季禽舍及育雏舍（尤其是前 1 周）烧煤取暖，有的煤炉放在舍内，没有安装排烟管道或有烟管但烟管堵塞、倒烟、漏烟，有的炉膛设在舍外，但禽舍内的烟道漏气或烟囱堵塞、倒烟使烟气滞留在禽舍。此时若舍内门窗紧闭、通风不良，一氧化碳不能及时排出则易造成中毒。

四、鉴别诊断

根据接触一氧化碳的病史、临诊检查群发症状和病理变化即可诊断。如能化验病禽血液内的碳氧血红蛋白则更有助于本病的确诊。碳氧血红蛋白的简易化验方法如下。

（一）氢氧化钠法

取血液 3 滴，加 3 ml 蒸馏水稀释，再加入 10％氢氧化钠液 1 滴，如有碳氧血红蛋白存在，则呈淡红色而不变，而对照的正常血液则变为棕绿色。

（二）片山氏试验

取蒸馏水 10 ml，加血液 5 滴，摇匀，再加硫酸铵溶液 5 滴使呈酸性。病鸡血液呈玫瑰色，而对照的正常血液呈柠檬色。

（三）碳氧血红蛋白含量测定

取 4 ml 蒸馏水，加入病鸡血液 1 滴，立即混合，呈淡粉红色，同时用正常鸡血液作对照。在两种试管中分别加 2 滴 10％氢氧化钠溶液，拇指按住管口，迅速混合，立即记下时间。正常鸡的血液立即变为草黄色；而含 10％以上碳氧血红蛋白的血液，须在一定时间才能变成草黄色。根据变色时间的长短可大致判定被检血中碳氧血红蛋白的浓度。

(四) 鞣酸法

取血液 1 份溶于 4 份蒸馏水中，加 3 倍量的 1%鞣酸溶液充分振摇。病鸡血液呈洋红色，而正常鸡血液经数小时后呈灰色，24 h 后最显著。也可取血液用蒸馏水 3 倍稀释，再用 3%鞣酸溶液 3 倍稀释，剧烈振摇、混合，病鸡血液可产生深红色沉淀，正常鸡血液则产生绿褐色沉淀。

注意以上所用的方法中皆不要用草酸盐抗凝剂的血样。检验时选用两种以上方法为好。

五、建议防治措施

本病主要在于预防，保持通风良好、适宜温度，确保生产安全。

发现中毒时，立即打开鸡舍门窗，进行换气，尽快排出一氧化碳，并将病鸡尽快移到空气新鲜、温度适宜的地方呼吸新鲜空气，一般会逐渐好转。

第十四章　鸡胚胎疾病的检验与防治

鸡胚胎疾病是指鸡胚胎发育过程中的疾病。它的发生与种鸡营养健康状况、种蛋的管理、孵化过程的管理等因素有直接关系。上述任一环节不符合胚胎的发育要求，都可能导致胚胎发育异常而引起胚胎死亡或产生弱雏，使孵化率、出雏率和健雏率降低，造成严重的经济损失。

第一节　鸡胚胎疾病发生的原因

一、营养性因素

胚胎发育的各种物质都来自母体，当种鸡的饲料中缺乏某一种或多种营养物质，或各种营养物质的比例不当，就会使种蛋内的营养成分失常，胚胎发育的必须物质不足或缺乏，进而导致胚胎病。多种营养成分不足或缺乏引起的胚胎病称为综合性营养不良胚胎病。

二、传染性因素

在种鸡生活过程中，不可避免会接触到多种病原微生物，其中有很多细菌或病毒可以长期存在母鸡的卵巢和输卵管内，并可进入卵内使种蛋感染病原微生物，如许多垂直传播（经蛋传播）的疾病。有些病原微生物虽不能垂直传播，但可能使种蛋在贮存过程中受到污染，也是导致鸡胚病的重要因素，如大肠杆菌、葡萄球菌等。

三、孵化管理不当

鸡胚孵化过程中，影响鸡胚正常发育的因素主要是温度、湿度和氧气。另外，孵化室、孵化箱的卫生状况等也会引起鸡胚发病。

第二节　鸡常见胚胎病的鉴别诊断

一、综合性营养不良性胚胎病

由于母鸡饲料营养成分不足或缺乏，使种蛋内的营养成分不足或缺乏，如蛋白质含量过低或品质不好、各种氨基酸比例不平衡、胆碱和微量元素不足、饲料变质、劣质鱼粉和肉骨粉等因素都可引起综合性营养不良胚胎病。

综合性营养不良胚胎病的特征表现为：胚胎不能充分发育，胚体矮小，腿或颈弯曲，喙部短小呈“鹦鹉嘴”，出壳时蛋内大部分蛋白未被吸收，蛋黄黏稠，多数胚胎出壳前死亡。出壳的雏鸡体弱，腿短粗，呈现“骨短粗症”。此种雏鸡多数生长发育迟缓。

二、维生素与微量元素缺乏性胚胎病

（一）维生素 B_1 缺乏病

轻微的硫胺素缺乏症对一般的产蛋母鸡影响不大，仍可照常产蛋。但对种蛋在孵化过程中的影响却很大，不仅可出现死胚，而且孵化期满，已啄壳的胚胎也因无力出壳而死亡。有的延长孵化期仍不能破壳而出。侥幸出壳的也为弱雏或表现出全身抽搐、角弓反张、呈观星姿势等典型硫胺素缺乏症状。

（二）维生素 B_2 缺乏病

母鸡日粮中缺乏核黄素时，会引起本病的发生。胚胎多于出壳前几天死亡，胚体矮小，皮肤有特征性节状绒毛结，即所谓“绳结”，嘴歪，趾弯曲。如能正常孵出，亦多瘫痪。

（三）维生素 A 缺乏病

母鸡饲料维生素 A 不足或缺乏时的特征是：孵化初期死胚多，能继续发育的生长缓慢。闷死或出壳的幼雏皮肤与羽毛有色素沉着。死胚或幼雏的体腔内有尿酸盐沉着，肾脏中更明显。患病雏鸡有时表现眼睛干燥。

（四）维生素 D 缺乏病

日粮中缺乏维生素 D、钙磷不足、钙磷比例不当或种鸡缺乏光照，均可导致本病的发生。

维生素 D 缺乏时孵化率明显降低，鸡胚胎畸形，骨发育不良，肢体矮小。入孵 3～7 d 开始发生死亡，多死于入孵后 18～19 d。未死者因喙软、无力破壳而归于死亡。胚胎发生黏液性水肿，胚体皮肤出现极为明显的浆液性大囊泡状水肿，皮下结缔组织呈弥漫性肿胀。由于发生水肿，胚胎生长发育受阻，有明显的肢体短小，肝脏脂肪浸润。

（五）维生素 B_{12} 缺乏病

胚胎多于入孵后 17 d 死亡，孵化率低，腿肌萎缩，组织内出血。日粮中动物性饲料缺乏是导致本病发生的原因。

（六）泛酸缺乏病

孵化 1 周后胚胎死亡增加。胚胎羽毛生长不良，下喙变短，脑积水。发育中的胚胎皮下出血、肝脏脂肪变性、皮肤水肿，有色品种的羽毛脱色或褪色。胚胎以孵化期最后 2～3 d 死亡为多。泛酸对产蛋率影响不大，但对孵化率、育雏成活率影响较大。所以，应保证种禽日粮中的泛酸含量。

（七）维生素 B_6 缺乏病

母禽日粮中如含有亚麻籽饼粕，可使维生素 B_6 失活，导致缺乏症。维生素 B_6 缺乏可降低产蛋率。生亚麻籽含有亚麻苷配糖体及亚麻酶，用前要经高温处理才能无害。在日粮中使用亚麻籽饼粕时，应酌情增加维生素 B_6 的用量。维生素 B_6 缺乏时，胚胎在入孵后第二周出现早期死亡。

（八）维生素 E-硒缺乏病

蛋内维生素 E 缺乏时胚胎死亡率最高。中胚层肿大，导致胎盘血液循环障碍而出血，表现为渗出性素质症（水肿），头颈后部发生出血性、黏液性水肿。入孵后 84～94 h 胚胎死亡率最高。胚胎单眼或双眼突出，晶状体混浊，角膜出现斑点。

（九）维生素K缺乏病

维生素 K 不足或缺乏时，在入孵后 18 d 至出壳期间，胚胎常因出血而死亡。在胚外血管中有血凝块。

（十）生物素缺乏病

生物素不影响产蛋率，但能引起胚胎病的发生，使孵化率降低。胚胎多在入孵后 19～21 d 死亡，颈骨弯曲，胚胎骨骼畸形，喙短小呈“鹦鹉嘴”，软骨营养障碍，小腿骨和翅骨短粗、变形，呈轻度骨短粗症。抗生物素蛋白与生物素结合后能使生物素失效而发生胚胎病。

（十一）锰缺乏病

入孵后 20～21 d 时胚胎死亡，胚体骨骼畸形，喙为特征性的“鹦鹉嘴”，圆头，肚突，水肿；雏鸡如能孵出，可能有神经机能紊乱表现，类似脑软化病。

三、传染性胚胎病

（一）鸡败血支原体感染（支原体病）

鸡败血支原体感染是重要的蛋传递疾病。胚胎发育不良，常于入孵后 18～19 d 死亡，胚体矮小。患病鸡常见肺炎、气囊炎、气管内有干酪样渗出物，关节肿大，关节腔内积液，肝坏死，心包炎，脾脏肿大。出雏幼鸡即表现呼吸困难、气管啰音。

（二）鸡白痢

本病是最常见的疾病，是胚胎和雏鸡死亡的主要原因。孵化至 19～20 d 时胚胎死亡，从胚胎内可分离出白痢杆菌，雏鸡死亡率高，有典型的症状与病变，肺、脾肿大，并且在这些脏器出现细小的坏死结节，直肠和泄殖腔有较多的尿酸盐充塞，种鸡群的白痢杆菌病凝集反应阳性。

（三）禽伤寒与副伤寒

胚胎的病变与白痢杆菌病相似，确诊要靠病原分离鉴定。

（四）大肠杆菌病

大肠杆菌广泛存在于自然界，患病鸡的生殖器官和粪便中有大量致病性大肠杆菌，由于种蛋被污染而引起胚胎感染，导致胚胎和幼雏死亡。胚体各器官发生广泛坏死灶，蛋黄、蛋白稀薄。死于 15 日龄的鸡胚可见皮肤广泛出血，羊膜腔出血，肝脏坏死。能继续发育的鸡胚出壳后成为弱雏，个体小，体重轻，蛋黄吸收不良，腹部坚硬。死亡雏鸡可见纤维素性心包炎和肝周炎。

（五）传染性脑脊髓炎

本病在种蛋入孵 1 周内死亡较多，出壳前 2～3 d 出现第二个死亡高峰。死胚可见胚体出血，肾脏和尿囊液内有大量尿酸盐。肌肉变形、肿胀、横纹消失和发生坏死。脑组织发生液化、水肿，并有胶质细胞增生。能出壳的雏鸡出现头颈震颤、共济失调。

（六）包涵体肝炎

感染种鸡所下的蛋孵化率降低，死胚增多。胚体皮肤出血，绒毛尿囊膜上有坏死灶，肝细胞可见核内包涵体。

四、孵化管理不当引起的胚胎病

孵化管理不当引起的胚胎病主要是孵化过程中的温度、湿度和通风掌握失当而引起的疾病。

(一) 孵化温度过高引起的胚胎病

鸡胚最适的孵化温度前期为(1～6 d)38.3～38.6 ℃,中期为(7～16 d)38.0～38.3 ℃,后期为(17～19 d)37.5～37.8 ℃,出雏期(最后 2 d)37.0～37.2 ℃。鸡胚对温度变化的调节能力随日龄增大而提高,入孵的前 5 d,鸡胚的致死温度上限为 42.2 ℃,到入孵后 8 d 致死温度的上限为 47.8 ℃,这种调节能力一直持续到孵化的末期。

1. 早期过热 入孵后 1 d 温度过高,即孵化温度高于标准温度,但尚未高于 42 ℃时,胚胎会变成无定形的团块,或血管网发育缓慢,严重时胚胎死亡;入孵后 2～3 d 过热,则出现胚膜皱缩,并常与脑膜相互粘连,导致头部畸形,如脑疝、无眼畸形等,这些畸形胚胎可以继续存活至出壳,但是出壳后不能成活;入孵后 3～5 d 过热,胚胎常发生异位,胚胎在腰腔未接合前沉入卵黄内。孵化过程的前 1 周内过热可使胚胎死亡率升高。

2. 短时间急剧过热 如果在短时间内温度突然急剧升高,常导致灾难性结果。胚胎对急剧过热比缓慢过热更难适应,常因血管破裂而死亡,其特征性表现是尿囊膜血管高度充血,皮肤充血,皮肤、肝脏、脑部有点状出血或弥漫性出血。

3. 长时间过热 如果孵化过程中温度长期过高,常给鸡胚造成种种不良影响,主要是造成胚胎发育加速,尿囊早期萎缩,出现过早啄壳现象。孵出的雏鸡弱小,绒毛发育不良,卵黄吸收不良,脐孔闭合不全,脐带出血。蛋壳内残留较多蛋白残渣。部分鸡胚虽能啄壳,但因体弱难于出壳,而死于壳内。此种雏鸡多表现为体位不正,蛋白、蛋黄吸收不良,内脏器官充血、出血。

(二) 孵化温度过低引起的胚胎病

鸡胚对低温的耐受性比对高温强。孵化过程中的母禽常离开蛋窝,因而短时间的低温对鸡胚的影响不大。

低温可使鸡胚发育缓慢或停滞,胚胎大小不一(彩图 14-1)。在孵化早期和中期短时间低温一般不会造成鸡胚大量死亡,但可使出壳延迟,甚至晚出壳几天。雏鸡瘦弱,腹部膨大,不能站立,有时发生腹泻。蛋壳内残留污秽的血性液体。部分弱雏不能出壳,死胚和出壳的弱雏颈部背侧发生明显的黏液性水肿和出血(彩图 14-2)。肝脏肿大,胆囊肿大,心脏扩张,有时可见肾水肿或畸形胚,卵黄黏稠,呈暗绿色。

(三) 湿度过高或过低引起的胚胎病

鸡胚对湿度的适应范围较广。一般情况下,孵化期间的相对湿度要求 1～7 d 为 60%左右,8～16 d 为 50%～55%,18 d 后为 65%～70%。

湿度过大时,尿囊液蒸发缓慢,水分占据蛋内空间,妨碍鸡胚的生长发育,从而造成雏鸡大肚皮,鸡体组织、蛋黄含水分过多,身体显得笨重迟钝。湿度过大使雏鸡出壳时间不一致,幼雏体弱,体表常附有黏液,腹部肿胀。体弱的雏鸡因啄壳无力而闷死。

湿度过低时,则引起蛋内水分过量地蒸发,雏鸡干瘦,肌肉不丰满,羽毛过分紧凑,个体小。

(四) 氧气不足引起的胚胎病

鸡胚在孵化初期需要的氧气很少。一般要求在孵化机内应经常保持有足够的氧气,含量不能低于 20%,而二氧化碳的含量不能超过 1%,二氧化碳量多会导致鸡胚畸形,体弱,孵化率降低。特别是 19 d 后,胚胎开始用肺呼吸,对通风量的要求较高。一般氧含量保持在

21.2%、二氧化碳≤0.5%为孵化最佳条件。所以，孵化后期应尽可能加大通风量，严防缺氧。缺氧时，鸡胚被闷死在蛋壳内。

第三节　鸡胚胎病的防治措施

鸡胚胎病主要取决于两个方面：一是种蛋质量，二是孵化管理。针对这两个方面进行防治就可以解决问题。

加强种鸡的饲养管理，保证种鸡饲料的配方合理、营养全面；加强种鸡的卫生防疫，消除蛋传递疾病。

加强种蛋的管理，及时捡蛋，妥善储存和消毒，防止种蛋被病原微生物污染。

加强孵化管理，孵化室要清洁卫生，孵化箱要经常检修和消毒，保证温度、湿度和通风良好。加强孵化人员的责任心，严格操作规程。

第十五章 杂症检验与防治

第一节 鸡呼吸道综合征的检验与防治

鸡呼吸道综合征（Chicken complicated respiratory disease，CCRD）又称多病因呼吸道综合征，是由多种病因引起的以呼吸道症状为主的合并感染或混合感染的疾病。患鸡临床表现为呼吸加快，喘气，张口、引颈呼吸，异常的呼吸音，咳嗽，甩头流泪，眼结膜炎，眶下窦及颜面肿胀，青年鸡生长受阻，蛋鸡产蛋下降，蛋壳变薄、颜色变浅，采食量下降，甚至废绝，部分鸡腹泻。随着病情的发展，日死亡率逐渐上升。引起鸡呼吸道综合征的病因很多，有传染性因素和非传染性因素。传染性因素有：新城疫、禽流感、传染性喉气管炎、传染性支气管炎、支原体病、传染性鼻炎，大肠杆菌病等。非传染性因素有：环境因素、营养因素、应激反应、疫苗反应等。该病是目前危害养鸡业的重要疾病。

一、临诊检查

不同品种、年龄的鸡均可发生，但以青年鸡和成年鸡多发。一年四季都可发生，但以秋、冬寒冷季节多发。通风不良、密度过大、氨气浓度高、接种疫苗等可诱发呼吸道综合征。

发病鸡一般先是打喷嚏、甩鼻、咳嗽，接着气喘，并伴有呼吸啰音，随着病情发展，可出现流泪、一侧或双侧眼睑肿胀，严重时有咳血现象，粪便出现绿色或黄白色及白色稀便，接着生长停滞，产蛋率下降，蛋壳质量下降，死亡率增加。

二、病理学检验

由于合并感染或继发感染的疾病不同，病理变化也不尽相同，但基本病变都表现有喉头、气管黏膜不同程度的出血，黏液分泌增多，鼻腔和气管有黄色干酪样物，气管有时还会出现假膜或血痰，肺水肿并有积液。

由于多数情况下该病合并大肠杆菌、支原体、新城疫、禽流感感染，因而出现卵黄性、纤维素性、干酪性腹膜炎，以及纤维素性-干酪性心包炎、气囊炎、肝周炎。还出现腺胃点状出血，腺胃乳头有脓性分泌物，肌胃出血溃疡，肾肿、鸡花斑肾等。后期易出现腹水症状，卵巢变性或卵泡坏死，输卵管有炎症，输卵管中有黏液或灰白色脓性、干酪样渗出物，卵巢萎缩，子宫水肿并有异物。

三、病原（因）学检验

鸡呼吸道综合征是一种多病因引起的综合症状，往往是两种以上致病因素合并感染。常见的传染性因素有：支原体、大肠杆菌、鸡传染性鼻炎病毒、禽流感病毒、新城疫病毒、传染性支气管炎病毒、传染性喉气管炎病毒等。

除上述传染性因素外，疫苗反应也是常见的原因，多数在接种疫苗后 3～4 d 发生。气候变化，忽冷忽热，禽舍通风不良、密度过大，氨气、硫化氢等有害气体浓度过高，都会导致或加重呼吸道综合征的发生。

此外，转群、免疫、抓鸡、断喙等应激因素也会引起呼吸道综合征的发生。

四、鉴别诊断

根据呼吸道症状、流行特点和病理变化可以做出诊断，为了对发病鸡进行针对性治疗，应查清楚合并感染的疾病，必要时进行病原分离和血清学检验。就近几年的流行情况分析，绝大多数是支原体病、大肠杆菌病或巴氏杆菌病与禽流感混合感染。

五、建议防治措施

加强饲养管理，改善卫生条件，定期对鸡舍和周围环境消毒。保证禽舍通风良好，降低舍内有害气体和尘埃浓度。做好防暑、保温。

做好支原体病、大肠杆菌病、传染性鼻炎、禽流感、新城疫、传染性支气管炎、传染性喉气管炎、传染性法氏囊病等疾病的免疫接种。免疫接种前后使用抗应激反应药物，可以减少发病。

对发病鸡群要尽快改善饲养环境，特别注意保证通风良好和空气新鲜。及早做出诊断，根据并发症采取相应的治疗措施，对细菌性并发病要及早进行药敏试验，选择最有效的药物治疗，防止盲目用药，贻误治疗时机。

第二节 肉鸡腹水综合征的检验与防治

肉鸡腹水综合征（Ascites syndrome）又称肉鸡肺动脉高压综合征（Pulmonary hypertension syndrome，PHS），也叫“高海拔”症，是由多种致病因子共同作用引起的一种非传染性疾病，主要特征是心室肥大、扩张，肺瘀血，腹腔器官严重瘀血，腹腔内积聚大量淡黄色液体或胶冻样凝块，最后因心力衰竭而死亡。

本病最早见于 1946 年美国关于雏火鸡发生腹水症的报道，而肉用仔鸡发生该病的报道最早见于 1958 年的北美。我国最早见于 1987 年的个别病例报道。该病多见于快速生长的肉用仔鸡，近年来该病的发生率呈明显上升趋势，发病的地域也不断扩大，暴发时造成肉鸡成活率下降、死淘率上升。给广大养殖户造成巨大的经济损失。

一、临诊检查

本病发生具有明显季节性，尤以冬季和早春多发。发病日龄为 2～7 周龄，发育良好、生长速度快的肉鸡多发。患鸡死亡率为 5%～9%，公鸡发病率占整个发病鸡的 50%～70%。

病鸡表现喜卧，不愿走动，精神委顿，羽毛蓬乱，腹部膨大下垂，走路呈“企鹅状”，腹部触之松软有波动感，皮肤变薄发亮，羽毛脱落。个别病鸡会出现拉稀不止，粪便呈水样。严重时，病鸡的冠和肉髯发绀，缩颈，呼吸困难，发病 3～5 d 后开始零星死亡。

二、病理学检验

肉鸡腹部膨隆，触摸有波动感，腹腔集聚大量淡黄色、清亮透明的液体或胶冻样物，有时其中混有纤维素（彩图 15-1）；鸡心包积有淡黄色液体；心脏扩张、心腔积有大量凝血块。右心心壁变薄，心肌色淡并带有灰白色条纹，肺动脉和主动脉极度扩张，管腔内充满血液。肝脏肿大、瘀血或萎缩、质硬，胆囊肿大，突出肝表面，内充满胆汁（彩图 15-2）；肺瘀血、水肿，呈花斑状，质地稍坚韧，间质有灰白色条纹，切面流出多量带有小气泡的血样液体；脾脏肿大、瘀血，切面脾小体结构不清；肾脏肿大、瘀血；肠系膜及浆膜严重充血、瘀血，肠黏膜有少量出血，肠壁水肿增厚（彩图 15-3）；脑膜血管怒张、充血。

三、病因学检验

肉鸡腹水综合征的发生主要是由于肉鸡生长过快，心肺功能不能适应快速增长的肌肉对血氧的需要所致。肉鸡生长过快使心肺负担过重，导致心肺功能不全，循环障碍，而发生心性水肿。血液瘀积在腹腔器官中，长时间瘀血导致腹腔器官中的毛细血管缺氧会引起该病发生通透性升高而发生瘀血性水肿，水肿液积聚在腹腔，形成腹水。

除上述遗传因素外，环境因素、管理因素、营养因素等也会引起该病发生。鸡舍通风不良，饲养密度过大，饲料中能量过高，硒、维生素 E、磷的缺乏，日粮中食盐过多等也会增加发病率。此外，该病的发生也与饲料的性状有关，同样能量水平的日粮，饲喂粉料的鸡腹水综合征的发生率比饲喂颗粒料的鸡低 4%～15%。

四、鉴别诊断

根据临床症状和病理变化基本可以确诊。但应注意与能引起腹水的其他疾病如大肠杆菌病、硒和维生素 E 缺乏症等区分开。

五、建议防治措施

由于引起本病发生的因素很多，必须进行综合性防治措施。

（一）加强鸡群管理和改善环境条件

（1）鸡舍应宽敞、卫生清洁，防寒防暑，尽量给鸡群创造一个良好的饲养环境。加强通风换气，确保空气新鲜，保持氧气充足，降低鸡舍的氨气、硫化氢、一氧化碳、二氧化碳等有害气体的浓度。

（2）降低饲养密度，通过合理布置饮食器具来调整鸡群分布。提倡公、母鸡分群饲养。有效地控制光照时间可以适度减少肉鸡的采食量，防止肉鸡前期体重增长过快，降低肉鸡腹水综合征的发生率。可将第二周的光照改为 12～14 h，第三周为 16～18 h，以后再恢复为 22 h 的光照。

（二）适当调整日粮营养，科学饲喂

1. 科学调配饲料 按肉鸡生长需要供给平衡优质饲料，不喂发霉变质饲料。初期饲喂粉状，4 周龄后再喂给颗粒饲料。

2. 降低日粮的粗蛋白与能量水平 1～3 周龄肉鸡的日粮中，粗蛋白含量为 20.5%，代

谢能含量为每千克饲料 11.97 MJ；4～6 周龄肉鸡，粗蛋白含量为 18.5%，代谢能含量为每千克饲料 12.6 MJ；7 周龄至出笼肉鸡，粗蛋白含量为 18%，代谢能含量为每千克饲料 12.81 MJ。

3. 控制日粮中的油脂含量 6 周龄前应保持在 1%，7 周龄至出栏不超过 2%。日粮中盐含量不超过 0.5%。

4. 适度限食饲养 以限制 1～30 日龄肉鸡每日采食量的 10%～20%为宜，限食 5～19 d 后恢复正常。这样不但能防病，还能提高饲料的利用率。

（三）科学添加药物，提高抗病力

（1）对于能导致肉仔鸡腹水综合征发生的药物，不宜长期连续投喂。为了达到预防疾病的目的，可采用交替用药方案。一种药物使用 7 d 后，须停用 5～7 d，再改用功效相类似的药物。

（2）在饲料中添加 125 mg/kg 的尿酶抑制剂，可降低腹水综合征的发病率和死亡率。对已发病鸡用 2%肾肿灵饮水辅助治疗，5 d 为 1 个疗程；也可在饮水中按 150 mg/L 添加维生素 C，每日饮用。

（3）添加中草药，按党参 45 g、黄芪 50 g、苍术 30 g、陈皮 45 g、木通 30 g、赤勺 50 g、甘草 40 g、茯苓 50 g 组成方剂，混合后研为细末。治疗量按 1 g/kg（按体重）一次性拌料，每天上午饲喂，连喂 5 d，预防量减半。

（4）减少鸡应激反应。平时在饲养过程中，更换垫料、带鸡消毒、高温、寒冷以及饲喂时间、光照变换和噪声惊扰等都是应激因素，须重视并采取相应措施，降低应激程度，以免影响鸡群机体免疫力。更换垫料、带鸡消毒可选择在夜间低光照下进行。

一旦病鸡出现临床症状，单纯治疗常常难以奏效，多以死亡而告终。但以下措施有助于减少死亡和损失。

（1）用 12 号针头刺入病鸡腹腔，抽出腹水，然后注入青、链霉素各 20 000 IU，经 2～4 次治疗后可使部分病鸡康复。

（2）发现病鸡首先使其服用大黄苏打片，20 日龄雏鸡每天服用 1 片，其他日龄的鸡酌情增减剂量，以清除胃肠道内容物，然后喂服维生素 C 和抗生素。对症治疗和预防继发感染，同时加强舍内外卫生管理和消毒。

（3）皮下注射 0.1%亚硒酸钠 0.1 ml，每天 1～2 次，或服用利尿剂。

（4）应用脲酶抑制剂，用量为每千克饲料 125 mg，可降低患腹水综合征肉鸡的死亡率。采取上述措施约 1 周后可见效。

第三节 肉鸡低血糖-尖峰死亡综合征的检验与防治

肉鸡低血糖-尖峰死亡综合征（Hypoglycemia - Spiking mortality syndrome of broiler chickens，HSMS）是一种主要侵害肉鸡的疾病，10～18 日龄为发病高峰期，42 日龄的商品代肉鸡也可能发生本病。临床表现为突然出现的高死亡率，至少持续 3～5 d，同时伴有低血糖症。病鸡头部震颤、运动失调、昏迷、失明、死亡。HSMS 最早报道是 1986 年发生在美国半岛地区，1991 年报道了 41 个自然发病鸡群和 3 个实验感染鸡群。1998 年我国首次发现本病。

一、临诊检查

本病的发生无季节性，但以高温高湿季节发病较多。分布广泛，主要侵害肉仔鸡，5 日龄便可发病，死亡高峰为 12～16 日龄，4%～8%的死亡率持续 2～3 d，之后死亡率逐渐下降。呈典型的尖峰死亡曲线。发病后期易继发其他疾病。发育良好的鸡群发病率高，公鸡雏较母鸡雏的发病率高。雏鸡发病后常表现为生长发育不良，鸡群均匀度较差，并且极易继发气囊炎、IBD 及非典型 ND 等疾病。

患病鸡食欲减退，一般发病后 3～5 h 死亡，病程长的约在 26 h 内死亡。出现神经症状，发育良好的鸡突然发病，表现为严重的神经症状，出现共济失调（站立不稳、侧卧、走路姿势异常）尖叫、头部震颤、瘫痪、昏迷、失明、死亡。有白色下痢，早期下痢明显，晚期部分病鸡不出现明显的下痢，但常常因排粪不畅使米汤样粪便滞留于泄殖腔，解剖时可见泄殖腔内滞留大量米汤样粪便。

二、病理学检验

剖检病死鸡可见消化系统出血和坏死。肝脏稍肿大，弥散有针尖大白色坏死点。胰腺萎缩、苍白，有散在坏死点。泄殖腔有大量米汤状白色液体，十二指肠黏膜出血。法氏囊萎缩、出血并存在坏死点，胸腺萎缩，有出血点，肠道淋巴集结萎缩，脾脏萎缩。肾脏肿大，呈花斑状，输尿管有尿酸盐沉积。血浆呈苍白色，而健康鸡血浆为金黄色。

三、病因学检验

本病的病因至今尚不清楚。

四、鉴别诊断

国际上诊断肉鸡低血糖-尖峰死亡综合征的依据是：

(1) 8～18 日龄肉鸡发病（头部震颤，共济失调和瘫痪等），并出现尖峰死亡。

(2) 感染严重的鸡血糖水平在 20～80 mg/dl；健康鸡血糖水平为（220.3±8.7)mg/dl。

(3) 肝脏有坏死点和米汤样白色腹泻。

五、建议防治措施

由于本病病因尚不清楚，目前没有治疗方法。加强饲养管理，改善饲养环境，控制饲养密度，尤其应加强环境消毒。限制光照，补充维生素和矿物质，同时应用葡萄糖饮水。

发病鸡群饮用 5%的葡萄糖水和多维电解质可有效减少死亡。也可服用黄芪多糖等提高免疫功能的药物，以减缓本病给鸡群带来的损害。

第四节　鼻气管炎鸟疫杆菌感染的检验与防治

鼻气管炎鸟疫杆菌（Ornithobacterium rhinotracheale infection，ORT）是新近命名的与呼吸道病有关的一种细菌，主要引起鸡和火鸡以生长迟缓、死亡，出现单侧或双侧肺炎、胸膜炎和气囊炎为特征性症状的疾病。成年鸡尤其是种母鸡发病严重。虽然该菌以继发性条件性致病菌在鸡群中已经存在多年，但是由于分离鉴定困难，直到 1994 年才有报道。以前曾被称为类巴氏杆菌。

一、临诊检查

鸡和火鸡可自然感染本病。3～4 周龄的雏鸡易感染本病，24～52 周龄的肉用种鸡也可感染，尤其是在产蛋高峰期。火鸡多见于 2 周龄，但是 14 周龄以上的成年火鸡和母鸡感染时更为严重。

雏鸡感染时主要表现为 3～4 周龄时出现轻微呼吸道症状，死亡率稍增高，屠宰加工时淘汰率增高。产蛋高峰期鸡出现轻微呼吸道症状，采食量下降，产蛋量下降，蛋壳质量低劣，蛋变小，死亡率稍升高。火鸡发病后与鸡大致相同。

二、病理学检验

自然病例的鸡和火鸡剖检时可见单侧或双侧肺炎、纤维素性胸膜炎，还可见轻微气管炎、纤维素性气囊炎、心包炎和腹膜炎。

三、病原学检验

鸟疫鼻气管炎杆菌为革兰氏阴性菌，高度多形性，不能运动，不形成芽孢，短杆菌，大小为 0.2～0.9 μm×1～3 μm。在需氧、微需氧和厌氧条件下均可生长，在 7.5%～10% CO_2 浓度条件下生长最佳。30～42 ℃下均可生长，在 5%绵羊血琼脂平板或巧克力琼脂平板上生长良好，培养 24 h 可形成直径为 1 mm 的菌落，48 h 菌落直径可达 1～2 mm，菌落圆形，隆起灰色，不透明，边缘整齐。由于菌落较小，在培养早期容易被其他生长旺盛的细菌掩盖或抑制。在麦康凯琼脂平板、远藤氏琼脂平板上不生长。

四、建议防治措施

本病的病原对多种抗生素具有抵抗力，治疗时应先做药敏试验。目前，还没有该菌的商品化疫苗，有报道使用自家灭活油佐剂疫苗有良好的效果。

第五节　鸡附红细胞体病的检验与防治

附红细胞体病（Eperythrozoonosis）是由附红细胞体引起的人畜共患病。2000 年以来，此病在我国迅速蔓延至 20 多个省市，以猪的附红细胞体病报道较多，但从 2006 年以来，关于鸡的附红细胞体病的报道也开始增多，从而引起了重视，大家开始关注本病的流行动态。其特征病变是蛋鸡在产蛋接近高峰时出现产蛋量下降，而且下降幅度大，最高的从 89%下降到 20%，发病鸡的日龄从 150 日龄到 180 日龄不等。从发病到产蛋恢复需要 10～15 d，刚开产鸡群大约经过 20 d 产蛋量才开始回升。

一、临诊检查

病鸡表现为食欲不振，精神委顿。鸡冠有的红紫，有的苍白。排灰绿色稀粪，少数严重者拉黄绿色稀粪，偶有神经症状（抽颈）。白天偶尔听见怪叫声，晚上尤为明显，似青蛙叫。

出现神经症状后很快死亡。

二、病理学检验

主要表现为肝脏、脾脏肿大。出现坏死性肝炎、肝周炎和心包炎。肺水肿并有出血点。胆汁浓稠。卵泡萎缩、坏死、出血，严重者卵泡破裂形成卵黄性腹膜炎。输卵管充血，内有干酪样物。嗉囊黏膜坏死、脱落，喉头部黏膜和气管黏膜有出血点，肠黏膜充血、出血，溃疡性肠炎。腺胃外脂肪、心冠脂肪、胸骨内膜和腹部脂肪等都有大量针尖大小的出血点。血液稀薄并凝固不良，病情严重时呈粉红色。

三、病原学检验

可用血液直接压片镜检或涂片染色（瑞氏染色或姬姆萨染色）镜检。血液压片可见红细胞表面有数量不等的圆形物体附着，红细胞边缘不整呈锯齿状；血液涂片镜检可见蓝紫色的病原体附着在红细胞表面。赵素杏等人用病鸡的蛋清检验也有相同的结果。

四、鉴别诊断

注意与支气管炎、喉气管炎、新城疫、大肠杆菌病区分，有时可能混合感染。

五、建议防治措施

本病是由吸血昆虫、未经严格消毒的针头传播。发病季节到来前要清除鸡舍周围的杂草、积水，消灭吸血昆虫。注射用药时针头要严格消毒，最好1只鸡用1个针头，避免人为传播。

发病时可选用抗原虫药物，如磺胺间甲氧嘧啶、强力霉素、氟苯尼考等药物。

第六节　热应激病的检验与防治

热应激病（Heat stress disease）是指动物受到热应激源强烈刺激而发生的一种适应性疾病，或适应性综合征。临诊特征为沉郁、昏迷、呼吸促迫、心力衰竭，严重时可导致动物休克死亡。本病多发生于春末夏初气候突然变热的季节，鸡体对突然变热的环境不适应，如鸡群密度过大而通风不良的鸡舍，或全封闭鸡舍突然停电使排风通气停止，或高温高湿季节。体格肥胖的鸡多发。病鸡死亡时间多在后半夜。该病持续数天后自然停止。

初期病鸡停食，饮水增多，排水样稀粪。呼吸急促，张口喘气，两翅抬起外展，卧地不起。后期精神沉郁，昏迷，呼吸缓慢，最后死亡。

刚死不久的鸡体温很高，触摸感到烫手，有人曾把温度计插入鸡的胸肌中，其温度可达50～60 ℃。病死鸡颅骨有出血斑点，肺部严重瘀血，胸腔、心脏周围组织呈灰红色出血性浸润，腺胃黏膜自溶，胃壁变薄，胃腺内可挤出灰红色糊状物，多见腺胃穿孔（彩图15－4，彩图15－5，彩图15－6）。

在发病季节应注意防暑降温，加强通风，全封闭鸡舍要配备发电机组或架设双回路电源，以应万一。同时，在饮水中添加防暑降温药物、抗应激药物等。夜晚注意巡视鸡群状况，添加少量饲料、补充足够饮水，让鸡群稍微活动，发现病鸡及时提出放在户外或浸入冷水中，这样病情轻微的鸡可以恢复健康。也可对鸡群用冷水喷雾降温。

第七节　特异性坏死性炎的检验与防治

特异性坏死性炎（Specificity necrosis inflammantion）是由于注射劣质油乳剂疫苗引起的局部或相近部位发生的肿胀、坏死的病理变化。

注射油乳剂疫苗都会在注射局部有明显的变化，但是注射劣质油乳剂型疫苗能引起更为严重的病理变化。本病与接种油苗有直接关系，各种年龄的鸡都可发生。

本病发病率不等，低的10%左右，高的可达80%以上。一般在注射接种后10 d左右发病，病鸡出现食欲减退，精神不振，生长缓慢，甚至死亡。接种部位肿胀、坏死，腿部接种则出现跛行。头颈部注射时可引起颈部弥漫性或局限性肿胀。15～20 d后全身反应消失，局部病变则可保留很长时间。

通常在接种部位出现肿胀和坏死，如颈部皮下接种可在头颈部皮下形成黄豆大、大枣大或更大的结节，结节坚硬如肿瘤样，有时整个头部显著肿大。如在胸部注射可引起一侧胸部肌肉显著肿胀。如在腿部注射可引起腿肌肿胀、坏死。局部组织呈急性坏死性炎或组织增生，形成肿瘤样病变。在坏死或肿瘤样组织中可见残留的疫苗。组织的病理变化主要是坏死和异物性肉芽肿（彩图15－7，彩图15－8，彩图15－9，彩图15－10）。

避免使用劣质油苗，因为一旦发生本病，则无法治疗，轻症一般对生长发育只有轻微影响，重症严重影响生长发育。

第八节　家禽医源性疾病

在人类医学领域内，所谓医源性疾病（Iatrogenic disease）是指由于医生的诊断、治疗工作实施不当所引发的一类疾病。引起这类疾病的原因是多方面的，他涉及医疗实践的各个环节，诸如诊断正确与否、预防治疗方案正确与否、用药选择是否正确、处置措施是否正确、手术方案和手术水平、医院设施乃至医生的语言行为等都可能成为医源性疾病的原因。概括起来可分为用药物因素、人为因素、患者因素和设施因素。在畜禽养殖业中医源性疾病同样普遍存在，诸如大量广泛不规范使用抗菌药物导致的肝肾损伤、免疫抑制、抗药菌株增多、混合感染、二重感染等；诊断疾病时随地剖检，尸体、污染物处理不当，诊疗场所卫生消毒不严等造成疫病的人为扩散；误诊、用药错误或不合理引起的死亡加重、药物中毒等；兽药的质量问题也是导致畜禽医源性疾病的重要原因。

这一现象如果继续存在，势必严重影响养殖业健康发展，并危害到人类的食品安全和健康。为此，作者紧急呼吁所有关心养殖业的志士仁人，应当关注畜禽的医源性疾病问题，为养殖业可持续健康发展，为食品安全和我们自身的健康，积极研究、控制畜禽的医源性疾病。

一、家禽医源性疾病的表现

（一）免疫抑制

免疫抑制可能是疾病性的，也可能是药物性的。疾病性的免疫抑制如禽网状内皮组织增生症、白血病、马立克氏病、法氏囊病、传染性贫血、呼肠孤病毒病等；药物性免疫抑制如氯霉素、青霉素、链霉素等在长期喂饲或超量滥用时，也可能造成免疫抑制。表现为预防免疫接种效果不好或免疫失败，致使家禽不能抵抗相应的疾病。某些免疫抑制病就是由于使用带毒疫苗造成的。

近些年来，我国养禽业发展迅速，养禽生产形势也发生了很大的变化。在重要传染病控制方面，尽管广泛应用免疫效果优良的疫苗或新型疫苗，但是生产实践中还仍然时常发生禽类生长受阻、疫苗免疫失败、多种疾病并发或继发感染的现象，导致大批禽只死亡或淘汰，造成巨大的经济损失，如多年来发现有许多肉仔鸡，初期整体状态尚属正常，出现不同程度的呼吸道症状，消化异常，发病鸡只陆续增多；后期死亡率逐渐上升，每天为0.1%～0.3%，且病程越长，死亡率越高，投用一些药物，死亡稍减，但药物一停，几天后又开始发病，1～2个疗程用药后，再使用任何药物都没有疗效。疾病诊断为多种病原混合感染，使用各种抗菌药、抗病毒药、营养药、消毒药、活菌制剂甚至基因工程制剂，结果并不理想。此现象还在蛋鸡、鸭、鹅及其他禽类中普遍存在。剖检，病禽的肝脏和肾脏肿大、脾脏和胸腺萎缩。其原因与大量、长期、不规范使用某些抗生素和磺胺类药物有关。

（二）细菌耐药性增强，耐药菌株增多

此类医学性疾病主要表现为，对于某些细菌性疾病，使用多数抗生素都不能控制，甚至无药可用。

（三）混合感染多

当前家禽疾病往往不是感染一种疾病，而是两种或两种以上病原同时或先后感染，在防治时出现顾此失彼的现象。

（四）二重感染

有些禽场为了控制细菌性疾病，长期大量使用抗生素或长期饮用消毒药水，结果导致霉菌性疾病发生。

二、家禽医源性疾病的原因

家禽医源性疾病主要是药源性的。这类疾病的发生有两方面因素，即人为因素和药物因素。

（一）人为因素

人为因素一方面表现在对“预防为主，防重于治”医疗方针的错误理解，认为经常用药可以不生病，于是就制订出“完善”用药方案，第几天用什么药、第几天再用什么药，如按此方案长期多次用药，就会为医源性疾病的发生埋下伏笔；另一方面表现在不规范用药，这在禽病防治中是一个普遍存在的严重问题，如任意加大剂量、不按疗程用药、长期多次用药、重复用药（由于商品药没有标明真实成分，几种不同名称的药可能是一种药），由于无病用药和不规范用药，结果不仅没有控制住疾病，反而给机体造成严重损害，导致细菌产生耐药性，出现大量耐药或抗药菌株。同时，不合理用药会损害动物机体的肝、肾，导致排毒、解毒功能降低、免疫功能抑制，从而发生医源性疾病。

在诊治疾病时，特别是诊治处理传染性疾病时，对尸体和污染物处理不当，对环境设施消毒不严，兽医人员技术水平和业务素质不高，误诊、用药不当等都可能导致医源

性疾病发生。

（二）药物性因素

药物是一把“双刃剑”，使用得当可以治疗疾病，保障畜禽健康，提高生产性能。但是药三分毒，除了使用不当造成危害外，药物本身具有一定的毒性和副作用。在临床医学上称为药物的不良反应，它表现在以下方面。

1. 副作用　副作用是在药物治疗剂量下出现的不良反应。

2. 毒性反应　毒性反应是指药物所引起机体的严重功能紊乱或组织病理变化，是一种严重的不良反应。除个别敏感体质者外，绝大多数为药量过大或用药时间过长所致。

3. 过敏反应　过敏反应又称变态反应。这种反应与所用药物的作用无关，仅见于少数对某种药物过度敏感的畜禽。

4. 二重感染　二重感染是由于长期或大量应用广谱抗菌药、清热解毒的中草药，破坏了机体内菌族的生态平衡，使体内的不敏感细菌、真菌或外来细菌乘机繁殖起来，引起新的感染。

5. 致癌致畸　致癌致畸是产蛋禽产蛋期间，用了某些有致畸作用的药物，使胚胎发育异常而畸变。

已知能致癌的药物有己烯雌酚、氮芥、环磷酰胺、洛肉瘤素、非那西汀、液体石蜡和氯霉素等。已知有致癌倾向的中草药有槟榔、肉桂、巴豆等。

6. 药物依赖性　某些药物使用后不能停用，一旦停用，即出现戒断症状。主要是作用于中枢神经系统的药物，如吗啡、巴比妥类药及罂粟壳等。

在兽医临床上，医源性疾病多是药物性的，包括药物的毒副作用，如对肾脏有毒性的氨基糖苷类药物不规范应用，可引起家禽肾脏肿大、尿酸盐沉，最后家禽死于尿毒症；当前，许多兽药名不符实，商品标签标明的成分和含量与实际不符，不同商品名称的药物可能是同一种成分药物，兽医和用户并不知情，使用时几种药同时使用，结果是超剂量使用，再者人们普遍对商家标明的含量不信任，使用时有意加大剂量；中药中添加西药，标签注明是纯中药制剂，但实际加有西药。曾有在黄芪多糖注射液中加利巴韦林，给猪注射后发生尿血，并导致死亡。有一鸡场存栏 70 000 只蛋鸡，患病初期有轻微呼吸道症状，拉灰白、黄绿色粪便，整体精神、食欲上正常，产蛋减少，日死亡率 0.1%～0.2%，剖检、菌检有大肠杆菌病，怀疑合并禽流感感染，在一个多月内连续使用多种抗生素并在饮水中加入消毒剂，结果产蛋继续大幅度下降，采食量下降，死亡率逐日上升，最后日死亡率达 50%，不得已全部淘汰，剖检死鸡均见肝肾严重肿胀，脾脏萎缩，嗉囊黏膜被覆大量灰白色假膜。这是一起典型的药物性医源性疾病——滥用抗生素和消毒药导致免疫抑制并继发念珠菌病（二重感染）。

另外，疫苗的使用也有不规范现象，不是根据机体的免疫状态进行免疫接种，没有规范的免疫程序；有的疫苗质量也存在问题，如劣质疫苗接种效果不佳、疫苗反应严重、接种部位发生炎症、坏死。凡此种种都可导致医源性疾病。

疫苗带毒也是导致家禽医源性疾病的重要原因。

虽然医源性疾病的发生多数是药物性的，但是药物是通过人使用的，因而人是决定性的因素。只要掌握疾病发生、发展规律和药物的作用机理，合理使用药物，则可以既治好疾病又避免医源性疾病的发生。

三、家禽医源性疾病的防治

家禽医源性疾病是一个普遍存在的问题，一旦发生则很难控制。因此，要充分认识到它的危害，强化防范意识。防治医源性疾病应从以下方面进行。

（一）培养高素质人才

这些人才要有比较系统的理论知识、丰富的实践经验，既懂得禽病知识又知道药理知识，还要熟悉饲料、饲养知识。最重要的是要爱岗敬业。

（二）制订生物安全规范

根据养禽场的具体情况制订切实可行的生物安全规范，并认真执行。

（三）建立疫病检测平台

进行免疫监测，制订合理免疫程序，选用优质疫苗；有病时认真诊断，制订合理的医疗方案。

（四）规范兽药生产管理

建议兽药厂家对用户负责，对自己的药品负责。尽量生产单味药品，并如实在产品说明书上标明成分和含量、使用方法、配伍禁忌、毒副作用等。

（五）合理用药

一旦发生医源性疾病，应停止使用一切有害药物，并使用具有调节机体生理功能和提高免疫功能的药物，如中草药中的补气、养血、利肝、通肾、解毒类药物。不要自行盲目用药。

附录一　鸡的内脏器官

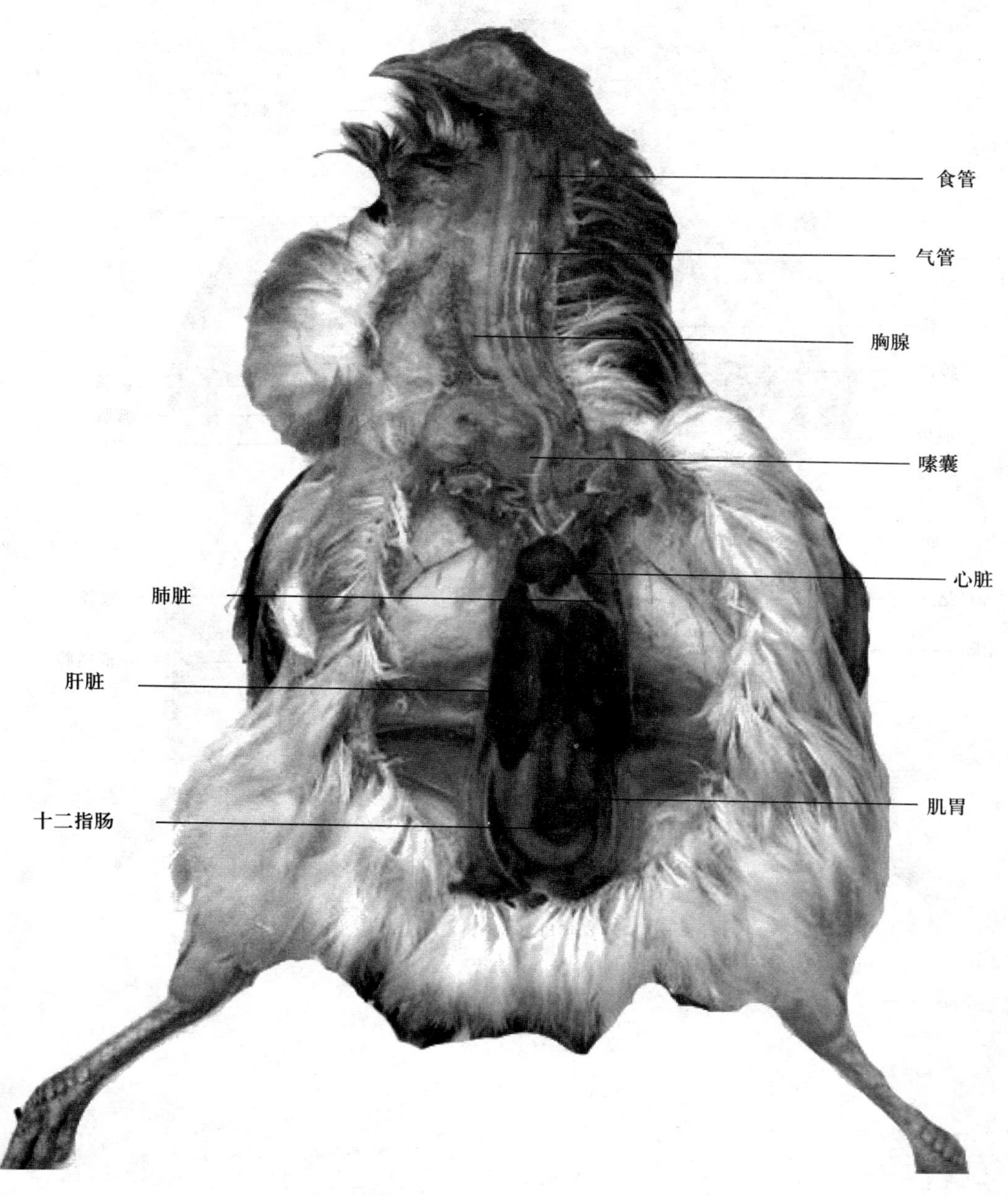

青年母鸡内脏1

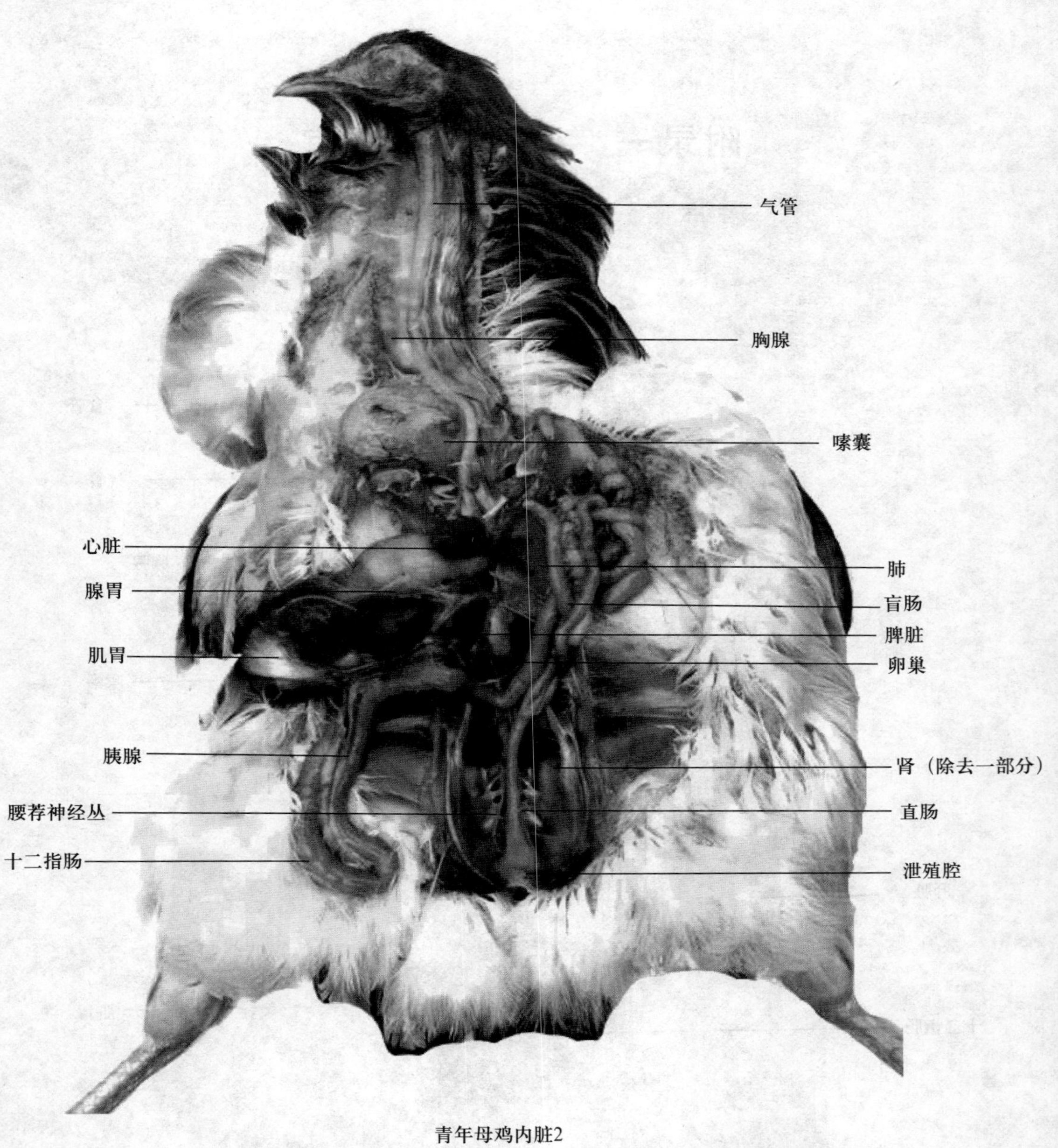

青年母鸡内脏2

附录二　彩　图

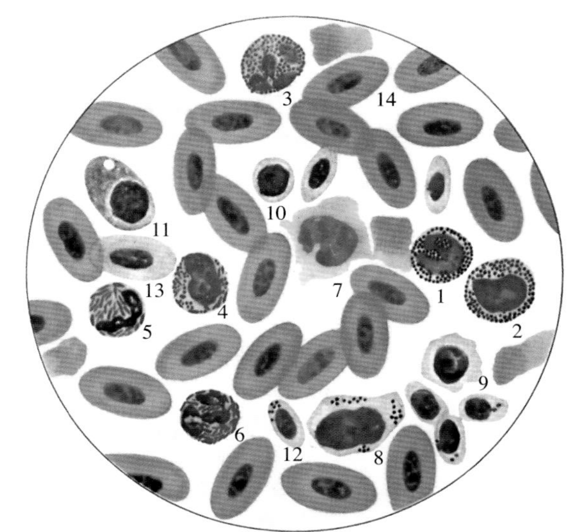

彩图3-1　家禽的血细胞

嗜碱性粒细胞　2.嗜酸性中幼粒细胞　3.嗜酸性分叶核粒细胞
异嗜性中幼粒细胞　5.异嗜性杆状核粒细胞
异嗜性分叶核粒细胞　7.单核细胞　8.大淋巴细胞
中淋巴细胞　10.小淋巴细胞　11.刺激细胞
.凝血细胞　13.多染性红细胞　14.红细胞

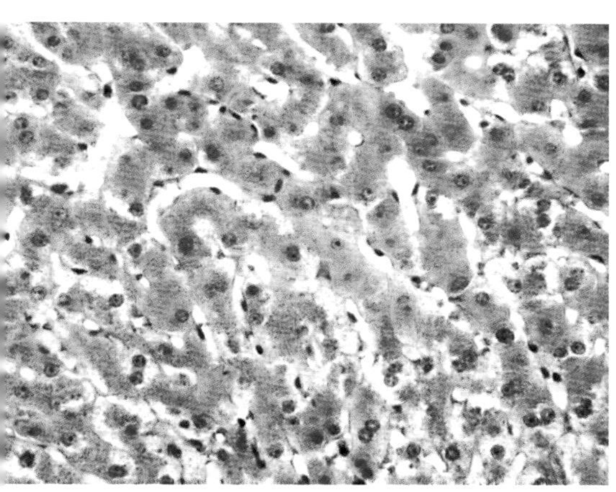

彩图4-1　肝脏颗粒变性

肝细胞肿大，界限分明，细胞内充满微细的蛋白质颗
。

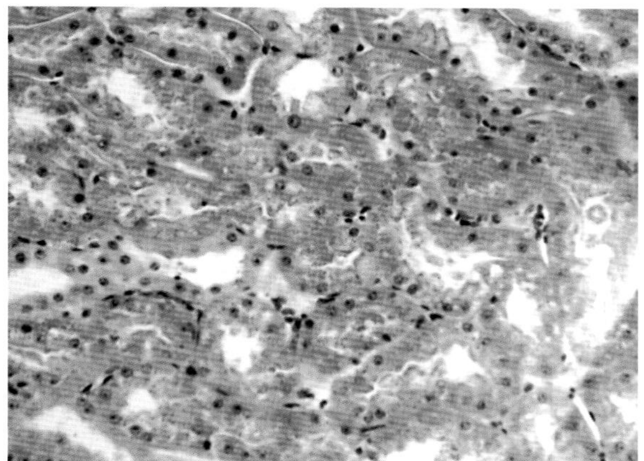

彩图4-2　肾脏颗粒变性

肾小管上皮细胞肿胀，管腔狭窄，肾小管上皮细胞内充满颗粒状物。

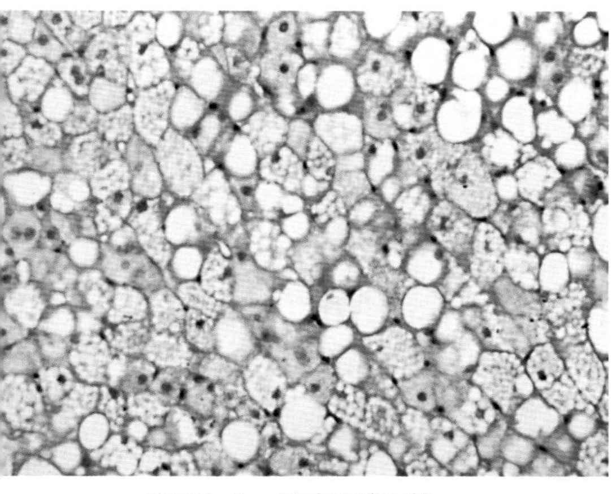

彩图4-3　肝脏脂肪变性

肝细胞肿大，胞浆内有大小不等的脂肪滴，细胞核浮于细胞中央或被挤压到细胞边缘。

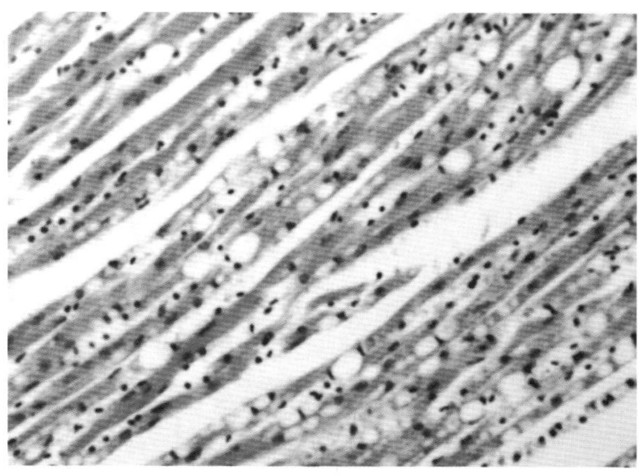

彩图4-4　心肌脂肪变性

心肌纤维中有大小不一的脂肪滴，心肌纤维横纹消失。

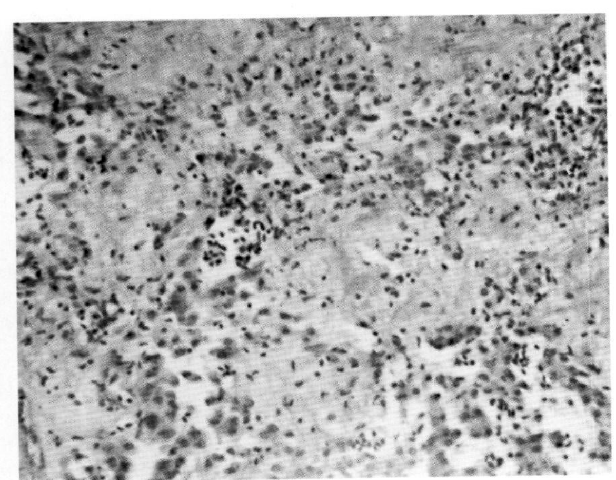

彩图4-5　肝脏淀粉样变

肝组织中有大量粉红色淀粉样物质沉着，残存极少肝细胞。

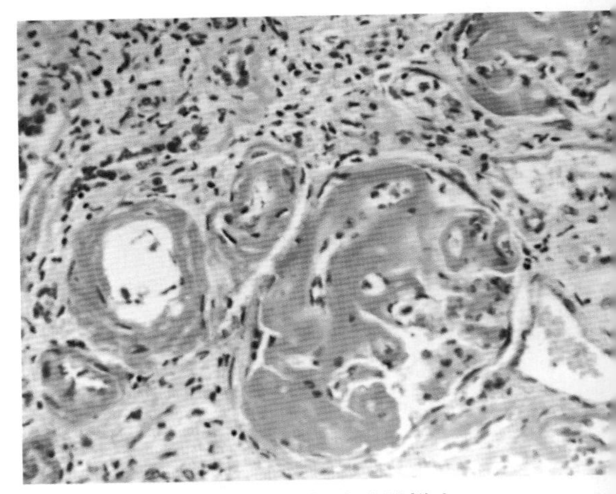

彩图4-6　肾脏淀粉样变

肾小球毛细血管基底膜和小动脉壁上有淀粉样物质沉着。

彩图8-1　禽流感

神经症状。（王新华）

彩图8-2　禽流感

头面部肿胀。（王新华）

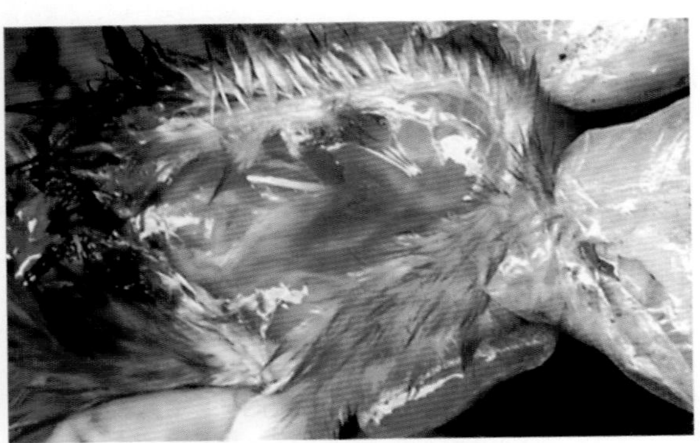

彩图8-3　禽流感

颈部皮下水肿，肉髯水肿。（王新华）

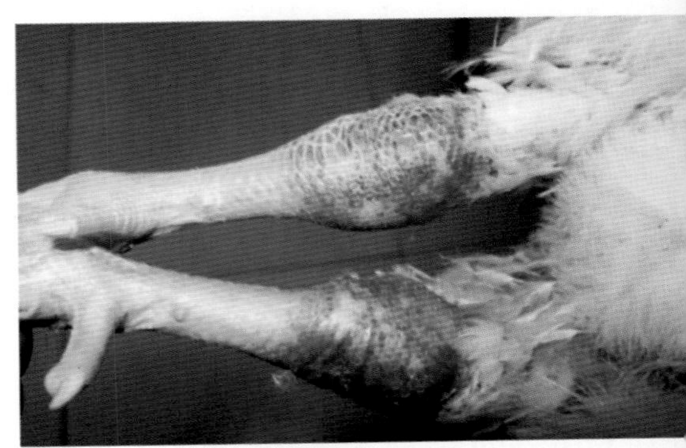

彩图8-4　禽流感

腿部和趾部明显出血。（王新华）

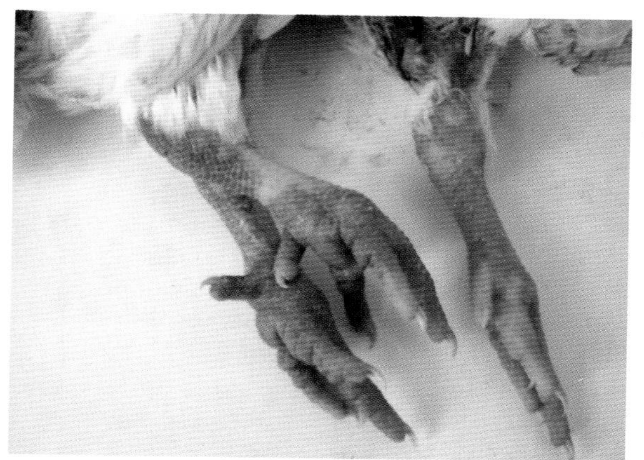

彩图8-5　禽流感

腿部和趾部明显出血。　　（王新华）

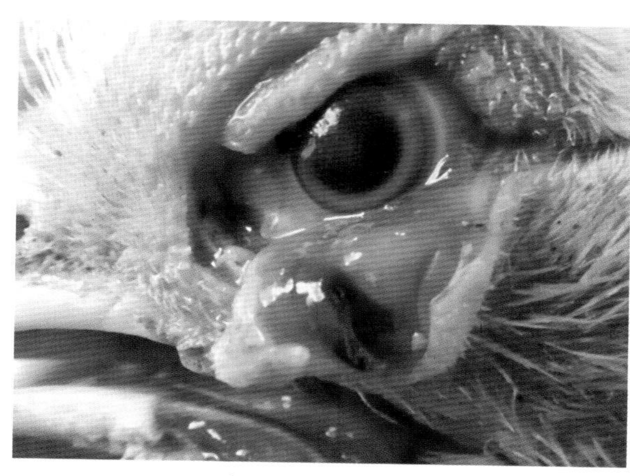

彩图8-6　禽流感

眼结膜出血。　　（王新华）

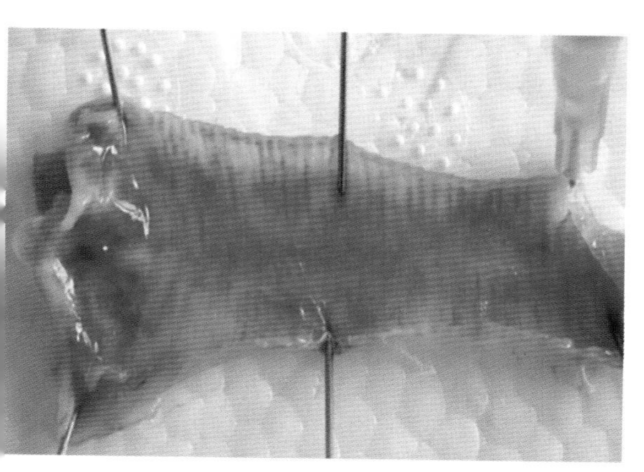

彩图8-7　禽流感

气管黏膜出血。　　（王新华）

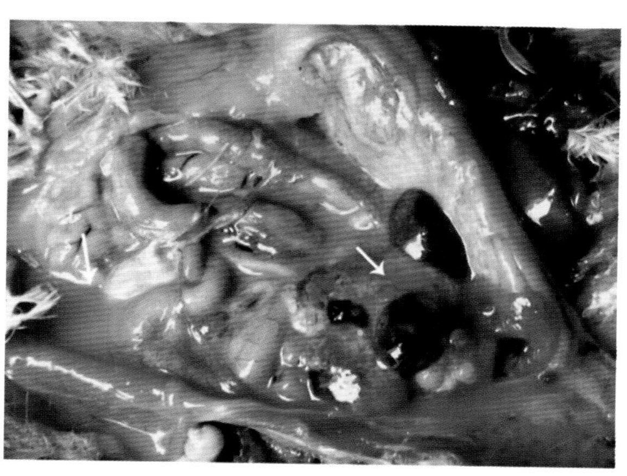

彩图8-8　禽流感

卵泡出血、坏死，卵黄性腹膜炎。　　（王新华）

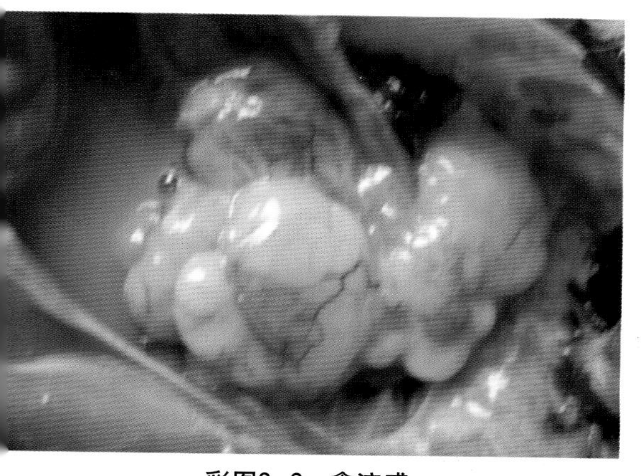

彩图8-9　禽流感

卵黄性腹膜炎，卵泡变形、萎缩。　　（王新华）

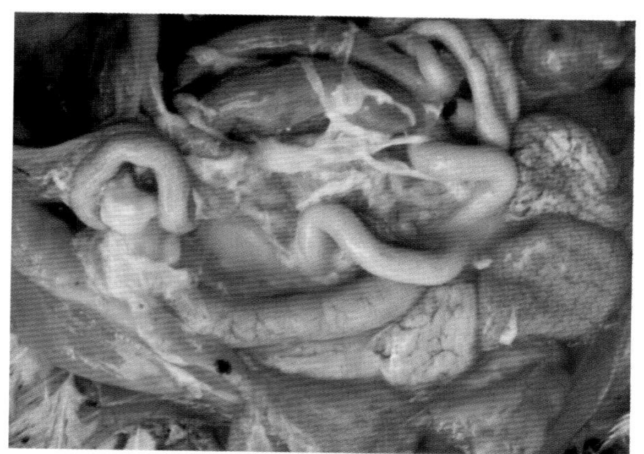

彩图8-10　禽流感

纤维素性腹膜炎。　　（王新华）

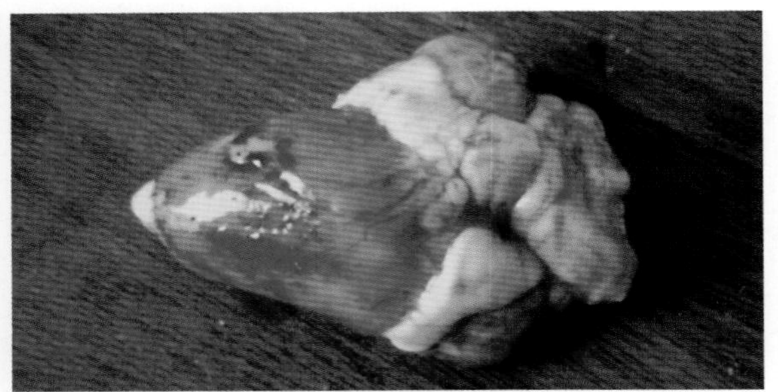

彩图8-11　禽流感

心脏外膜大片出血。　（王新华）

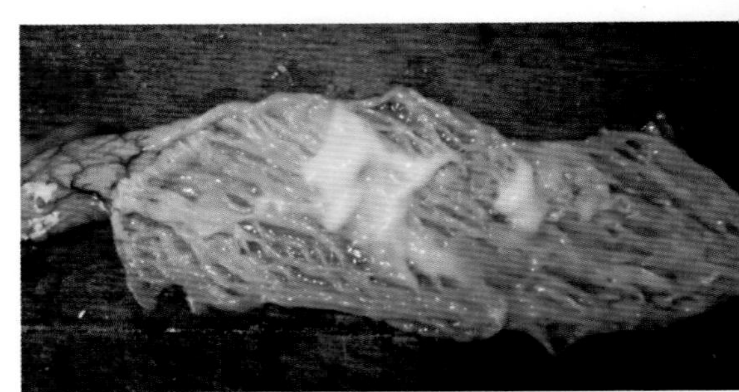

彩图8-12　禽流感

输卵管内有灰白色脓性渗出物。　（王新华）

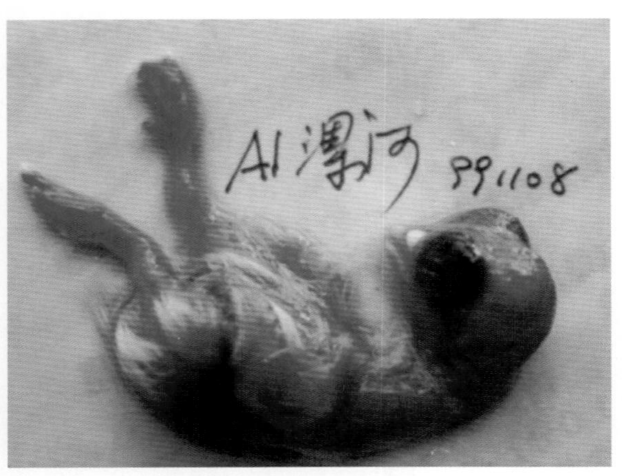

彩图8-13　禽流感

接种病料的鸡胚全身出血。　（王新华）

彩图8-14　新城疫

神经症状，仰头观星。　（王新华）

彩图8-15　新城疫

神经症状，捩颈症状。　（王新华）

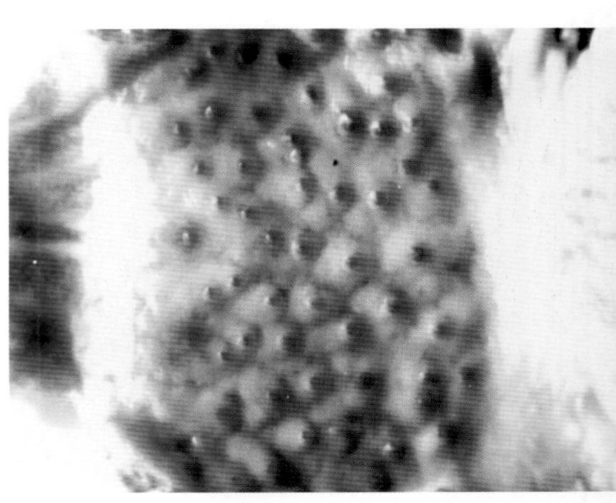

彩图8-16　新城疫

腺胃乳头出血。　（王新华）

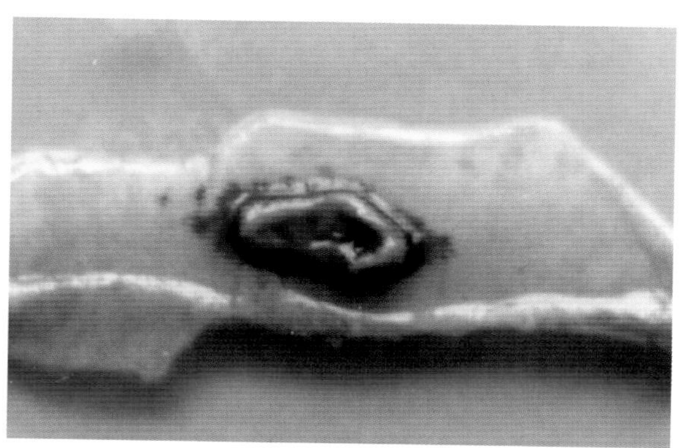

彩图8-17　新城疫

肠黏膜出血，并有局灶性坏死。　（王新华）

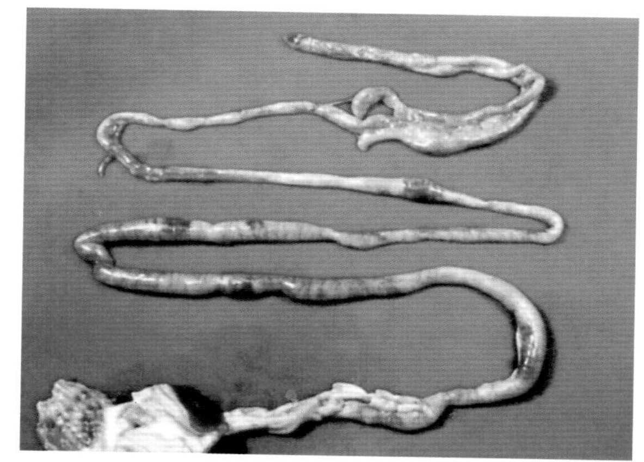

彩图8-18　新城疫

肠道淋巴集结所在部位发生出血、坏死，形成溃疡，外观看像嵌入枣核样。

（吕荣修《禽病诊断彩色图谱》）

彩图8-19　鸡传染性法氏囊病

病鸡精神严重委顿，低头嗜睡，蹲卧。（王新华）

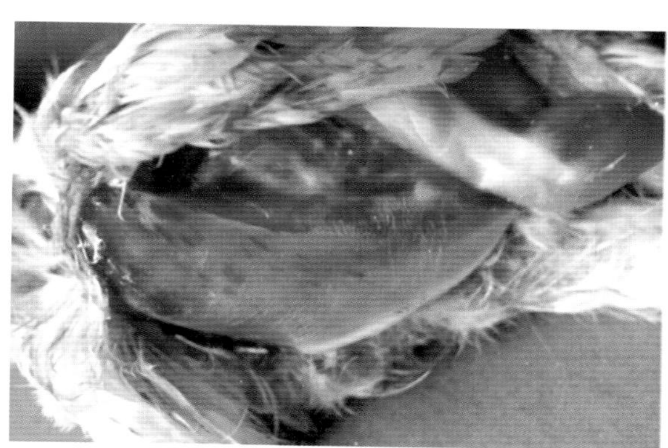

彩图8-20　鸡传染性法氏囊病

病鸡肌肉干燥无光，胸肌中有出血条纹和斑块。

（王新华）

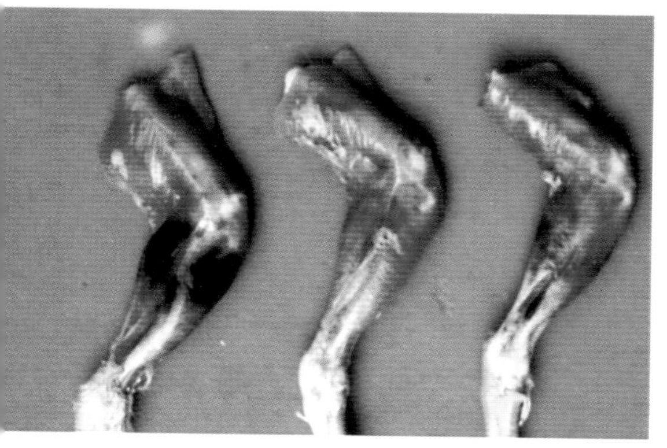

彩图8-21　鸡传染性法氏囊病

腿部肌肉呈条纹或斑块状出血。　（王新华）

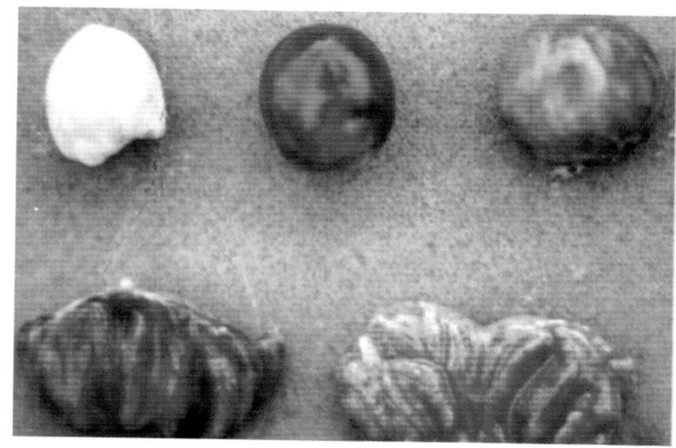

彩图8-22　鸡传染性法氏囊病

法氏囊肿大、出血，外观呈紫红色葡萄状，黏膜出血坏死（灰白色的是正常的法氏囊）。　（王新华）

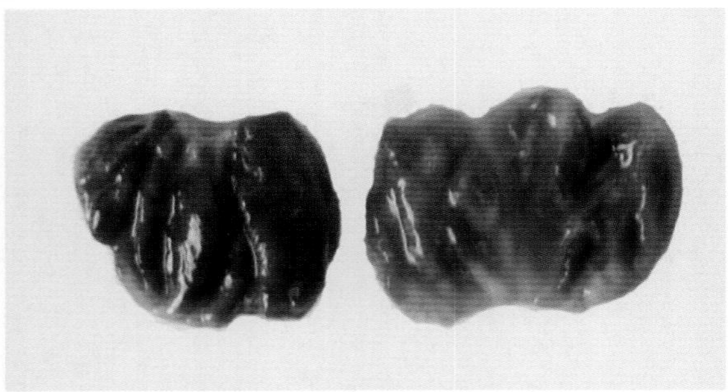

彩图8–23　鸡传染性法氏囊病

法氏囊黏膜出血、坏死，囊腔中有灰红糊状物。
（王新华）

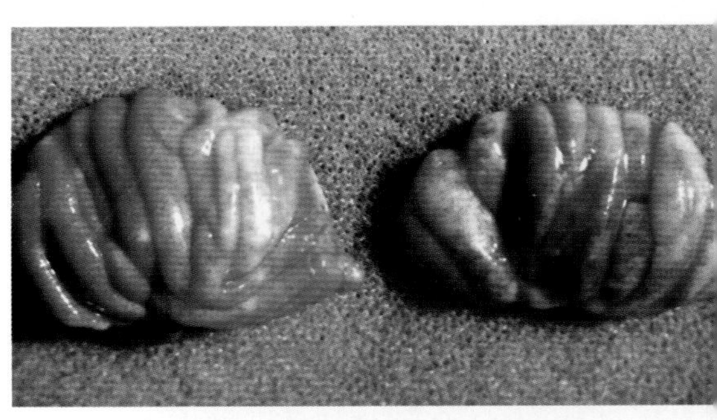

彩图8–24　鸡传染性法氏囊病

法氏囊切面可见皱褶增宽，充血、出血、坏死。
（王新华）

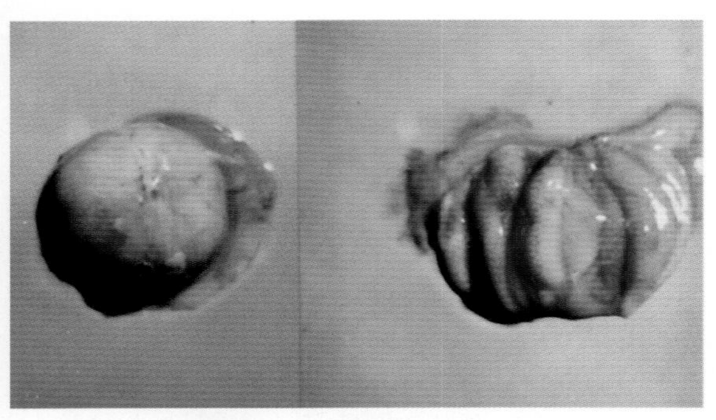

彩图8–25　鸡传染性法氏囊病

法氏囊严重水肿，外观和切面呈柠檬黄色。
（王新华）

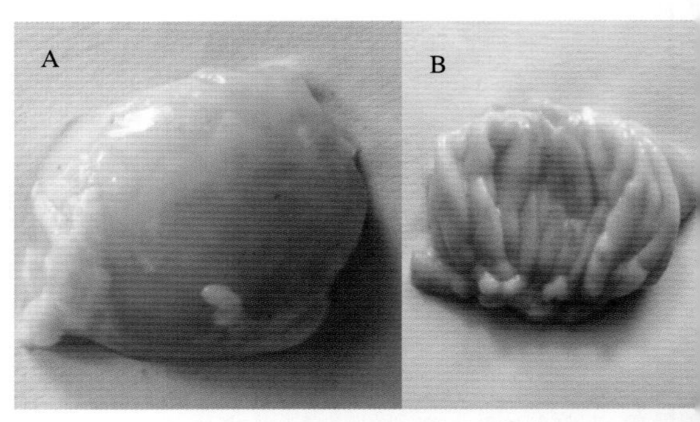

彩图8–26　鸡传染性法氏囊病

A. 肉鸡法氏囊显著肿大，浆膜明显水肿，但是对
只鸡生长发育无影响，体重达4kg。B. 左图的剖面
黏膜皱褶有轻微出血。

可能是一株低毒病毒或疫苗毒株。（王新华）

彩图8–27　鸡传染性支气管炎

病雏呼吸困难，张口喘气，咳嗽，有气管啰音，闭目蹲卧。（王新华）

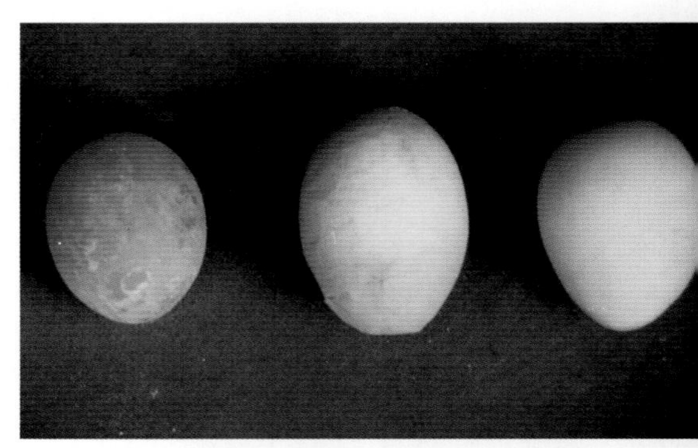

彩图8–28　鸡传染性支气管炎

病鸡产蛋量显著减少，蛋壳褪色、变薄、变脆，
形蛋增多，蛋清稀薄，破蛋增多。（王新华）

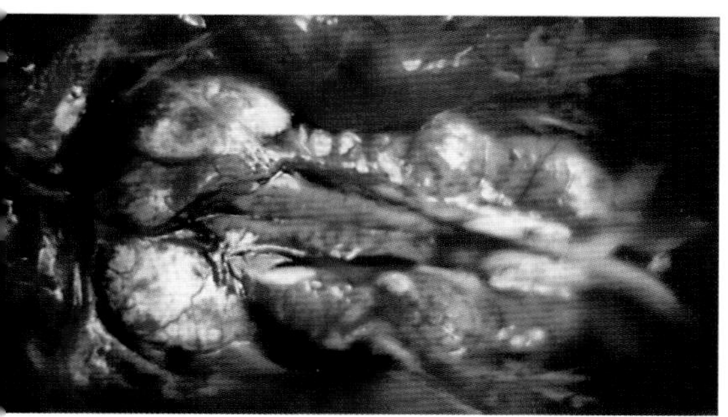

彩图8—29　鸡传染性支气管炎

肾脏肿大，肾小管和输尿管内充满尿酸盐，外观呈白色花斑状，有时可见输尿管内有灰白色树枝状尿。（王新华）

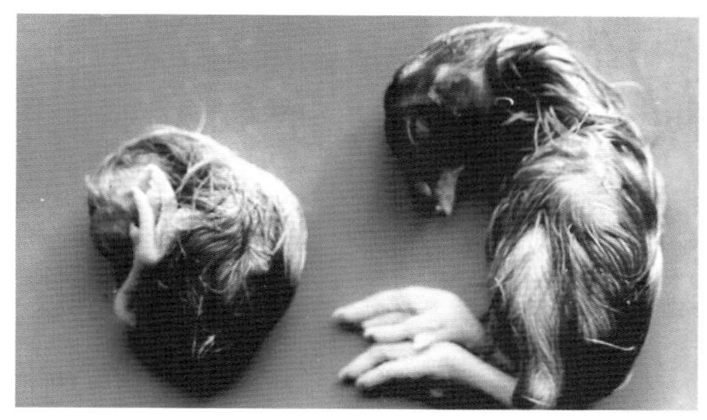

彩图8—30　鸡传染性支气管炎

病毒在鸡胚内复制使胚胎发育受阻，胚胎矮小蜷曲，右侧为对照。（王新华）

彩图8—31　鸡传染性喉气管炎

病鸡呼吸困难，伸颈张口喘气，咳嗽时甩头，发出昂的怪叫声。（王新华）

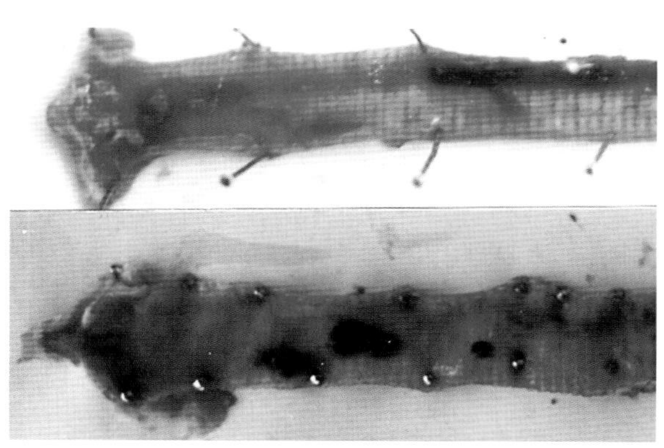

彩图8—32　鸡传染性喉气管炎

病鸡喉头和气管黏膜出血，气管内有凝血块和坏死假膜。（王新华）

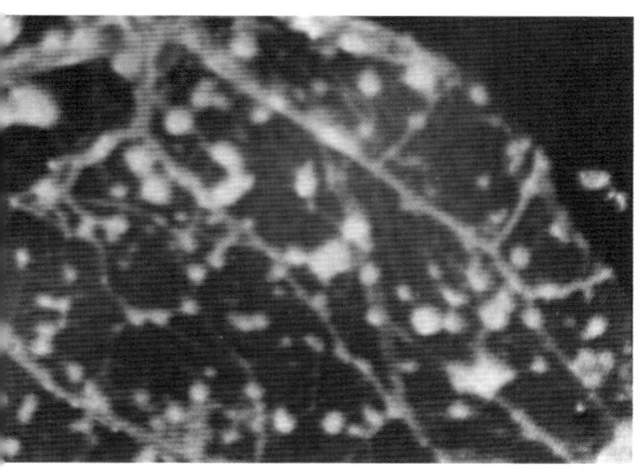

彩图8—33　鸡传染性喉气管炎

病毒在鸡胚中复制时，绒毛尿囊膜上形成大小不等灰白色痘斑。（王新华）

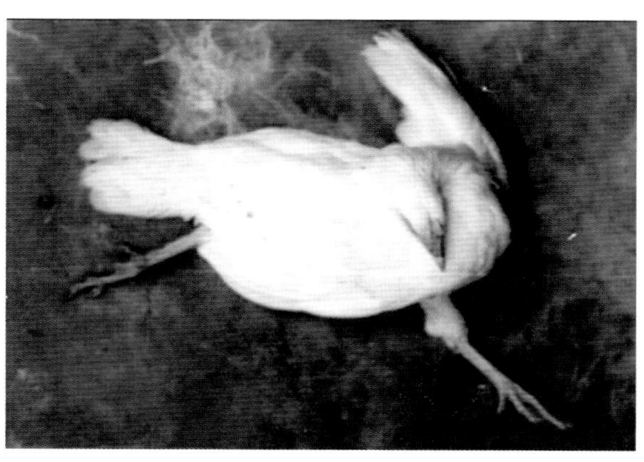

彩图8—34　鸡马立克氏病

病鸡腿麻痹，出现“劈叉”姿势。（王新华）

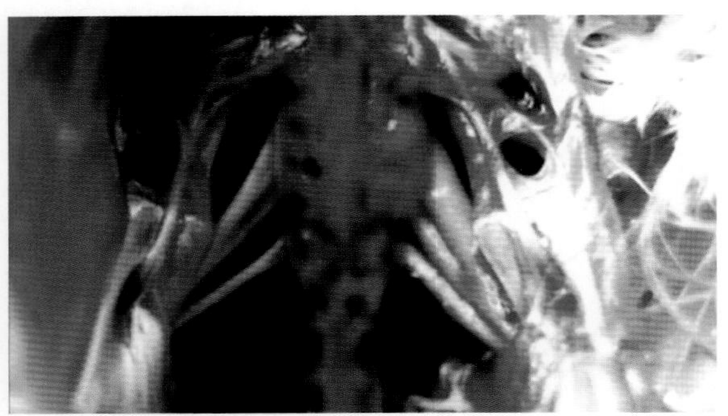

彩图8-35　鸡马立克氏病

一侧腰荐神经肿大。（王新华）

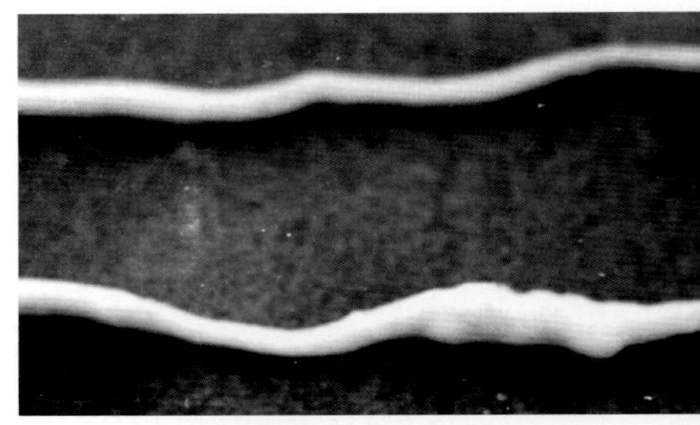

彩图8-36　鸡马立克氏病

颈部迷走神经呈弥漫性（上）和局灶性肿大（下）。（王新华）

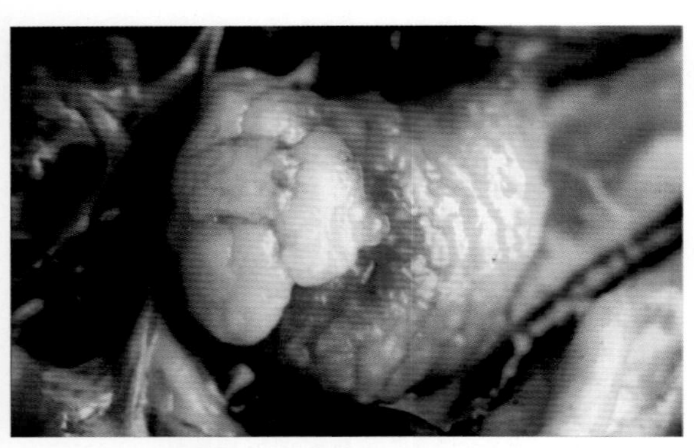

彩图8-37　鸡马立克氏病木

卵巢肿大，被肿瘤组织取代。（王新华）

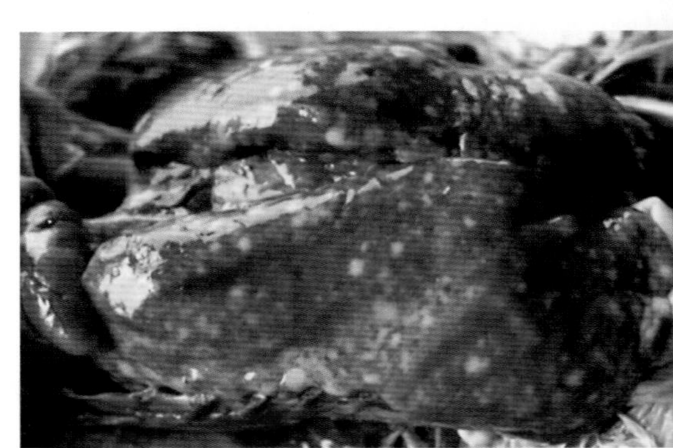

彩图8-38　鸡马立克氏病

肝脏肿大，布大小不等的肿瘤结节。（王新华）

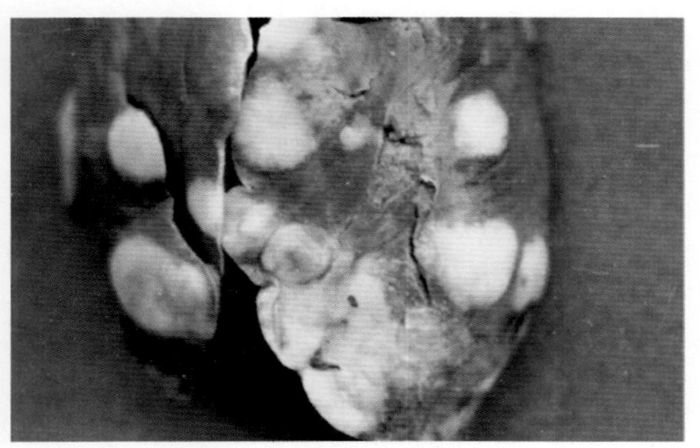

彩图8-39　鸡马立克氏病

肝脏中较大的肿瘤结节。（王新华）

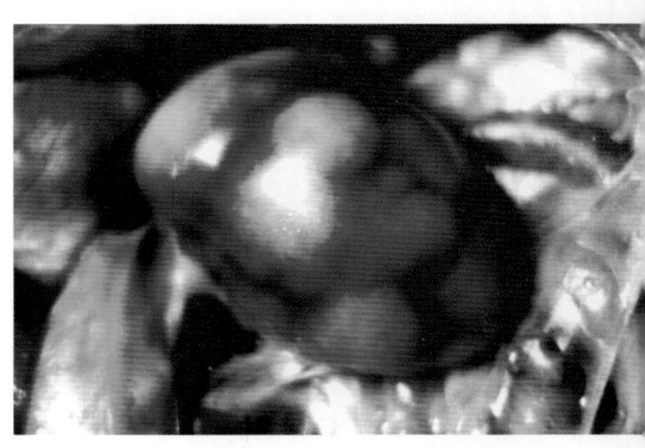

彩图8-40　鸡马立克氏病

脾脏上的肿瘤结节。（王新华）

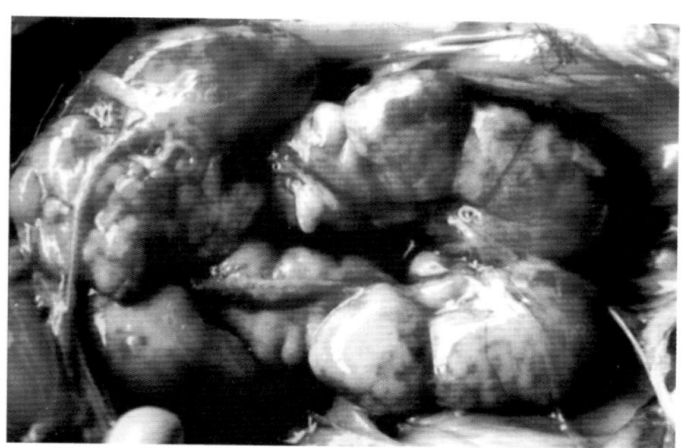

彩图8-41 鸡马立克氏病

肾脏弥漫性肿大，几乎完全被肿瘤组织取代。

（王新华）

彩图8-42 鸡马立克氏病

肺脏的肿瘤结节。 （王新华）

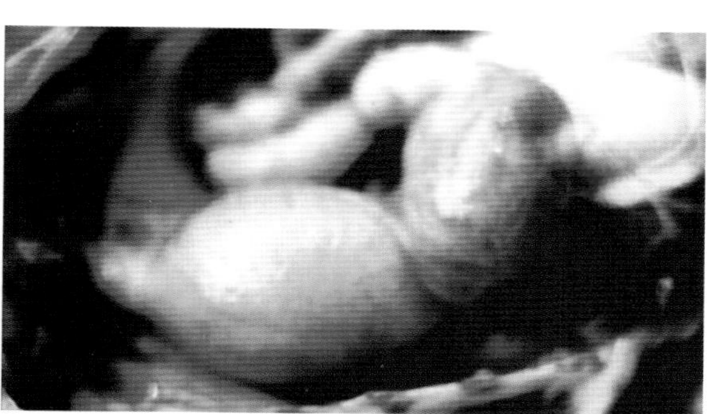

彩图8-43 鸡马立克氏病

腺胃肿大呈球状。 （王新华）

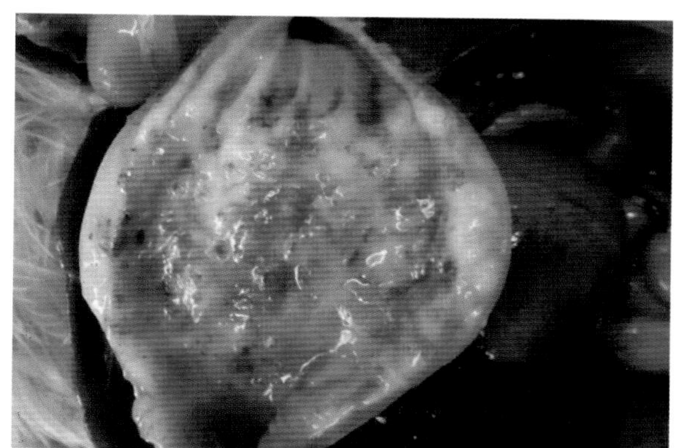

彩图8-44 鸡马立克氏病

腺胃胃壁显著增厚，质地坚硬，黏膜溃烂出血。

（王新华）

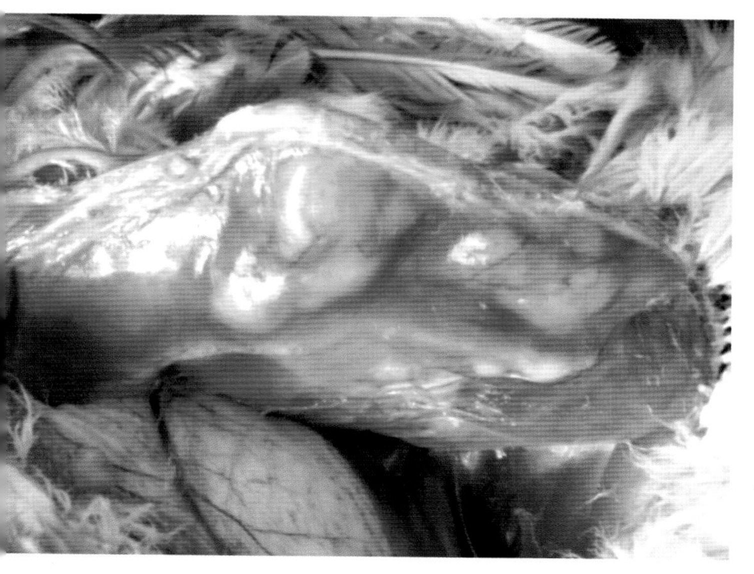

彩图8-45 鸡马立克氏病

病鸡极度消瘦，胸肌中有几个巨大的肿瘤结节。 （王新华）

彩图8–46　鸡马立克氏病

卵巢被肿瘤组织取代，脾脏弥漫性肿大，法氏囊上方有一巨大的肿瘤。（王新华）

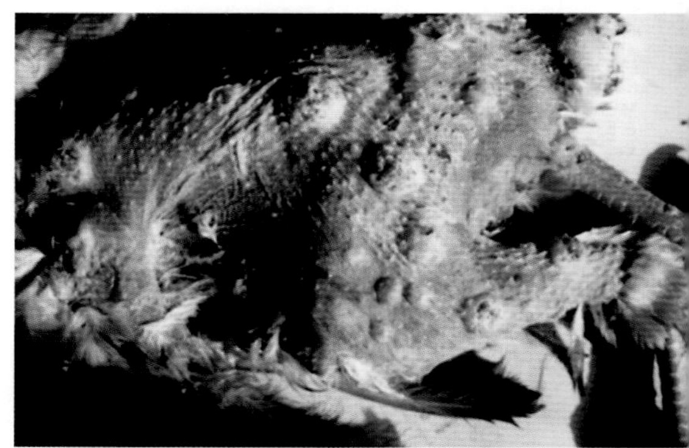

彩图8–47　鸡马立克氏病

皮肤型马立克氏病，皮肤上有大小不等的肿瘤结节。（王新华）

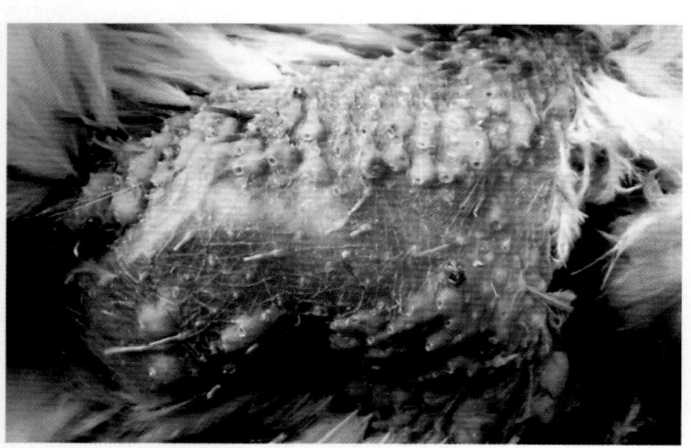

彩图8–48　鸡马立克氏病

皮肤型马立克氏病，羽毛囊肿大呈肿瘤样增生。（王新华）

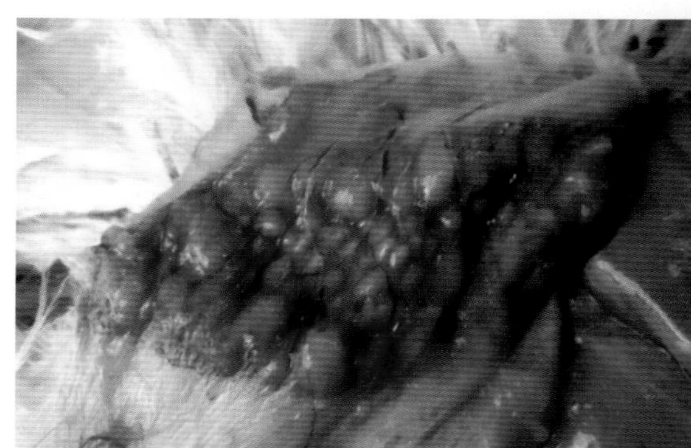

彩图8–49　鸡马立克氏病

皮肤型马立克氏病，羽毛囊瘤样增生的皮下有大量肿瘤结节，结节切面呈灰白色鱼肉状。（王新华）

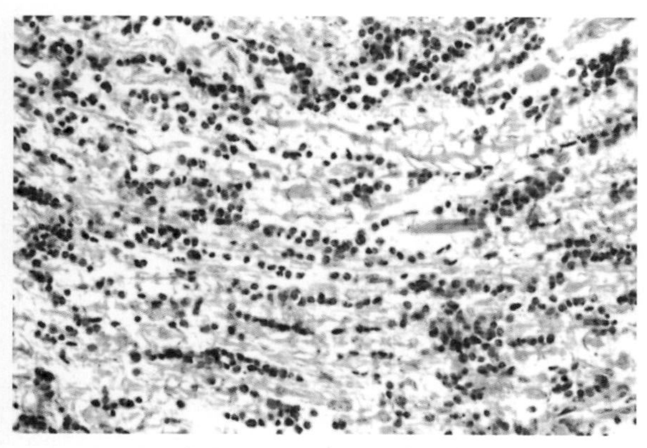

彩图8–50　鸡马立克氏病

坐骨神经（纵切）中多形态的肿瘤细胞大量浸润，神经纤维大多萎缩、消失，仅存少数神经纤维。(HE × 400)（陈怀涛）

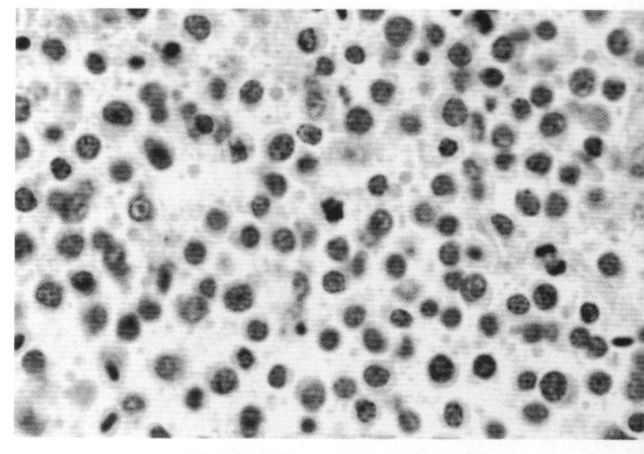

彩图8–51　鸡马立克氏病

病肝脏中多形态的肿瘤细胞，可见核分裂相。(HE × 1 000)（陈怀涛）

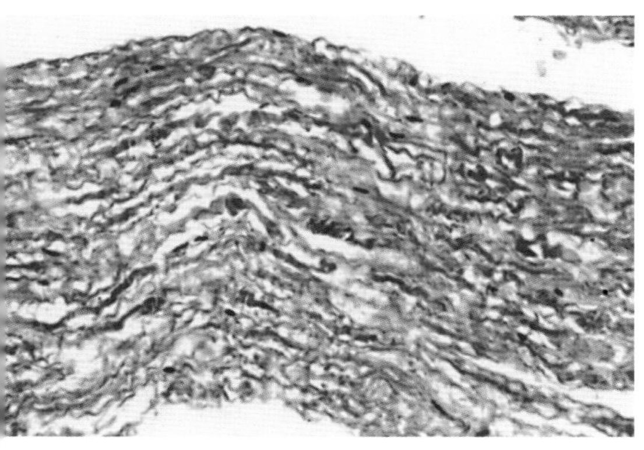

彩图8-52　鸡马立克氏病

坐骨神经（纵切）水肿，结构疏松，肿瘤细胞很少。E×100）　（陈怀涛）

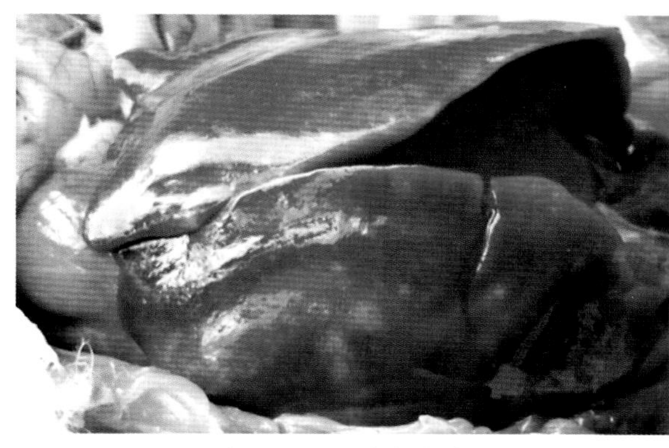

彩图8-53　禽白血病

肝脏肿大，散在大小不等的灰白色肿瘤结节，其中有几个较大的肿瘤结节。　（王新华）

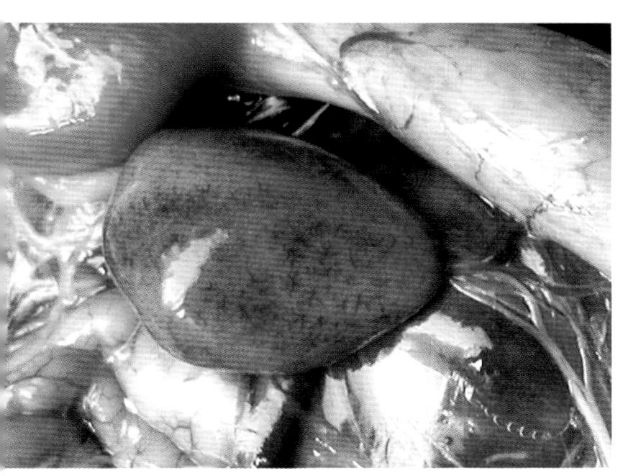

彩图8-54　禽白血病

脾脏弥漫性肿大，色泽变淡。　（王新华）

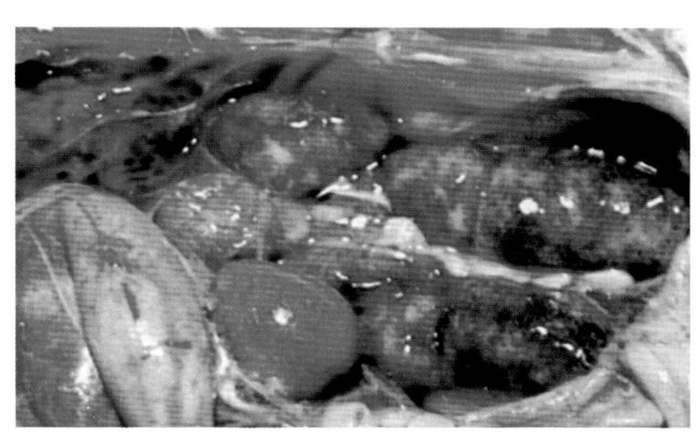

彩图8-55　禽白血病

肾脏弥漫性肿大，色泽变淡，散布灰白色肿瘤结节。（王新华）

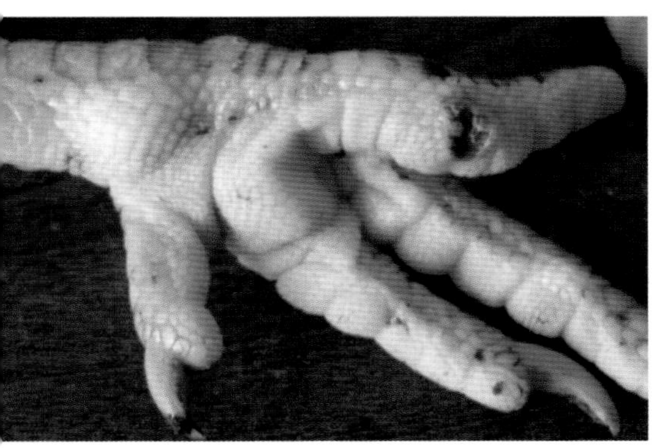

彩图8-56　禽白血病

病鸡趾部有2个血管瘤，其中1个已经自行破溃。（王新华）

彩图8-57　禽白血病

病鸡翅下的血管瘤。　（王新华）

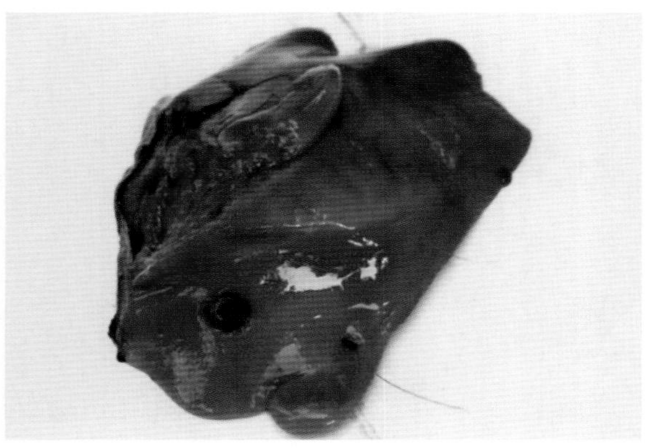

彩图8-58 禽白血病

肝脏中的血管瘤。 (王新华)

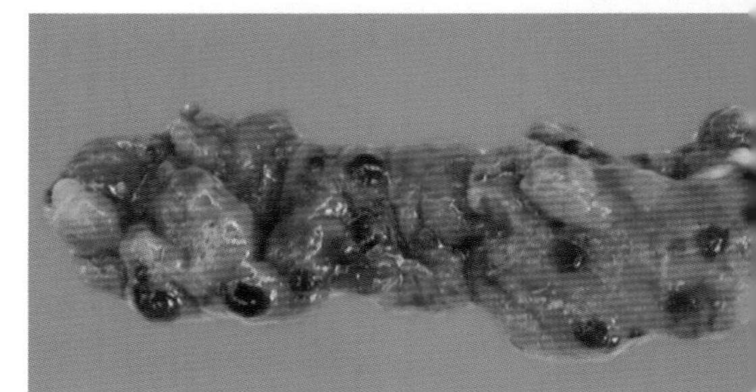

彩图8-59 禽白血病

肾脏上的血管瘤。 (王新华)

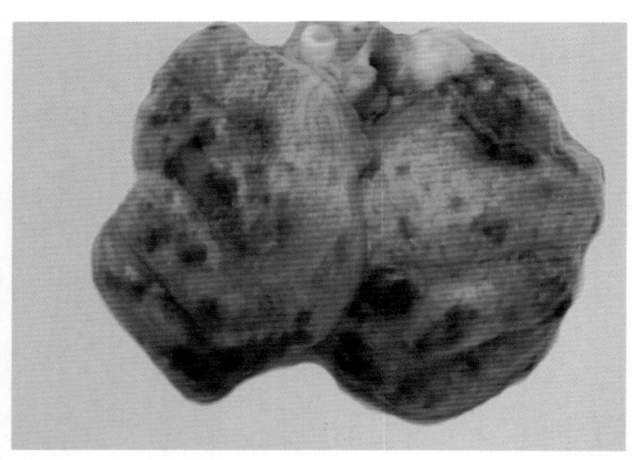

彩图8-60 禽白血病

肺部有多量大小不等的血管瘤。 (王新华)

彩图8-61 禽白血病

输卵管浆膜上的血管瘤。 (王新华)

彩图8-62 传染性腺胃炎

病鸡缩颈，垂翅，生长缓慢，极度消瘦。

(杜元钊《禽病诊断与防治图谱》)

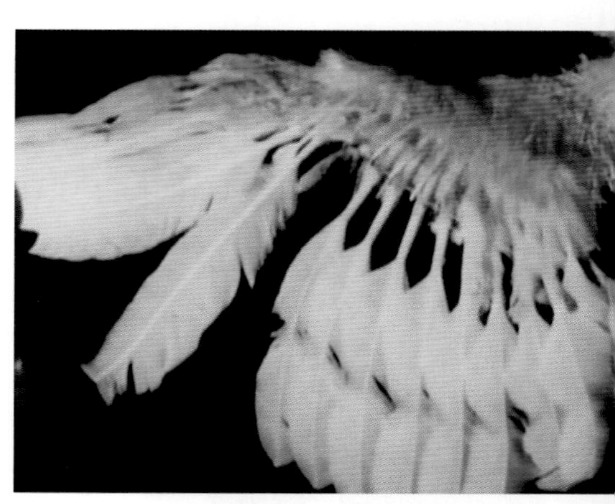

彩图8-63 传染性腺胃炎

病鸡羽毛发育不良，主羽断裂。

(杜元钊《禽病诊断与防治图谱》)

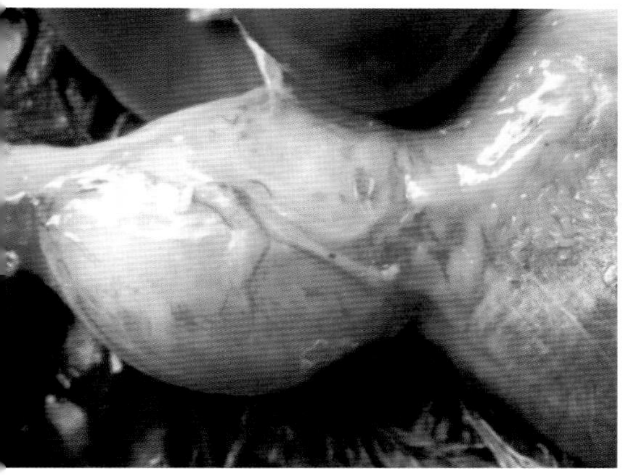

彩图8-64　传染性腺胃炎

病鸡腺胃肿大呈球形。（王新华）

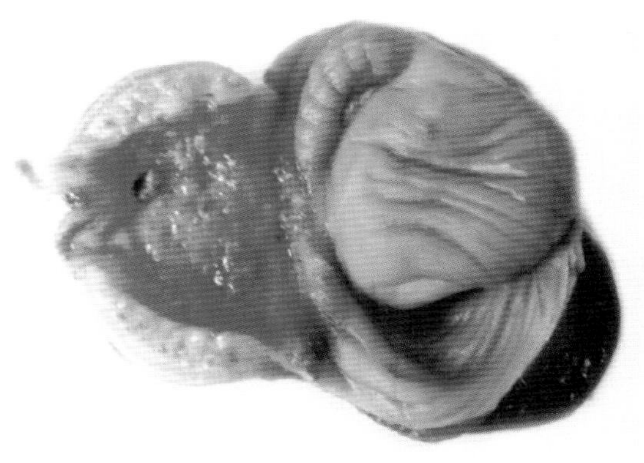

彩图8-65　传染性腺胃炎

病鸡腺胃胃壁显著增厚，乳头肿大、溃烂。（王新华）

彩图8-66　鸭　瘟

病鸭头颈部肿大，眼、鼻流出血性分泌物。（胡薛英）

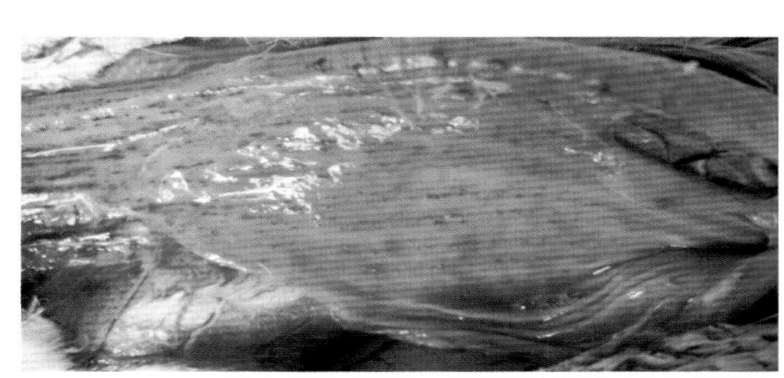

彩图8-67　鸭　瘟

食管黏膜出血，出血点呈条纹状排列。（胡薛英）

彩图8-68　鸭　瘟

食管黏膜有呈条纹状纵行排列的出血点和黄色坏假膜。（岳华）

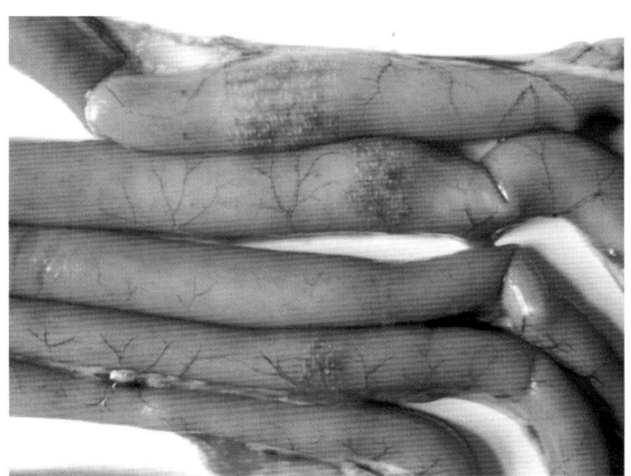

彩图8-69　鸭　瘟

肠道黏膜淋巴集结处有许多坏死灶，从浆膜面看得清晰。（胡薛英）

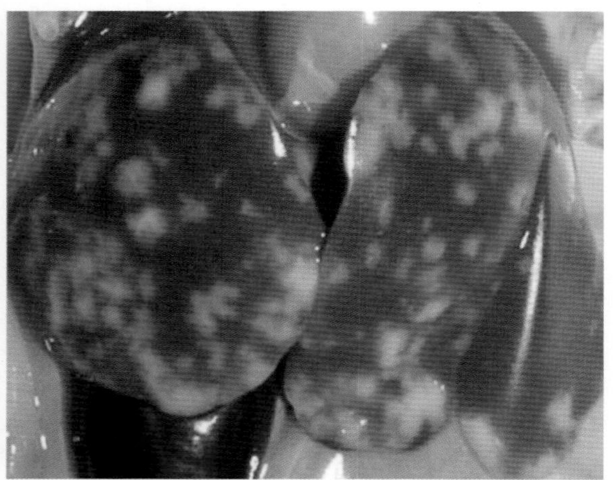

彩图8－70 鸭呼肠孤病毒病

肝脏肿大、出血，呈淡褐红色，质脆，表面和实质都有大量大小不等的灰白色坏死灶。（张宝来）

彩图8－71 鸭呼肠孤病毒病

脾脏肿大呈暗红色，表面及实质有许多大小不等的白色坏死灶，有时成大片坏死。右侧是正常鸭脾脏。（张宝来）

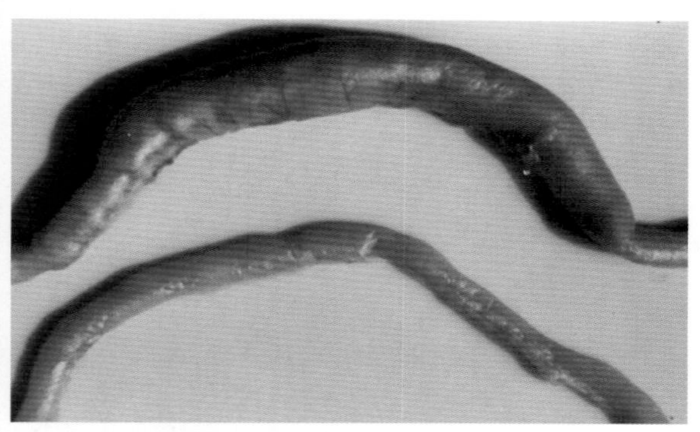

彩图8－72 番鸭细小病毒病

小肠中后段因纤维素性凝塞物充塞而显著增粗、变硬。下部为正常肠管。（张济培）

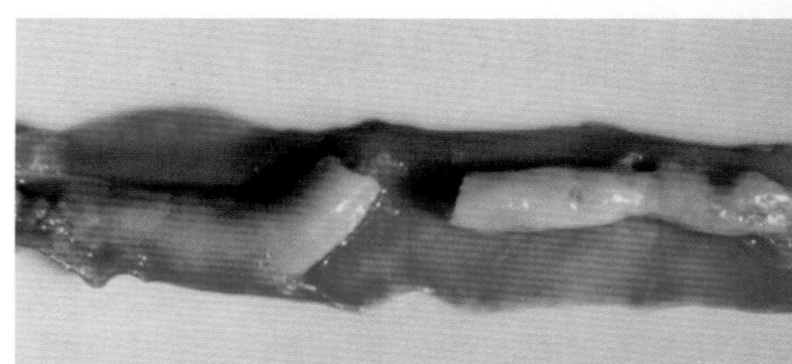

彩图8－73 番鸭细小病毒病

肠内纤维素、脱落的肠黏膜和肠内容物一起形成灰白色栓子，黏膜弥漫性出血。（张济培）

彩图8－74 小鹅瘟

病鹅肠内渗出的纤维素与脱落肠黏膜及肠内容物共同形成黄褐色的栓子，黏膜下层潮红。（陈建红）

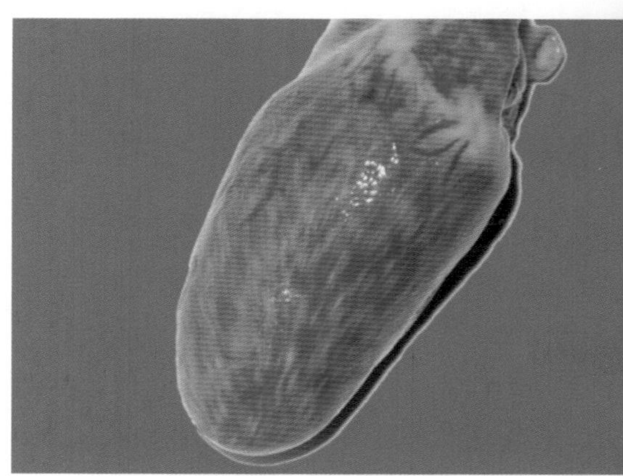

彩图8－75 鸭流感

心肌呈条纹状坏死。（刘思当）

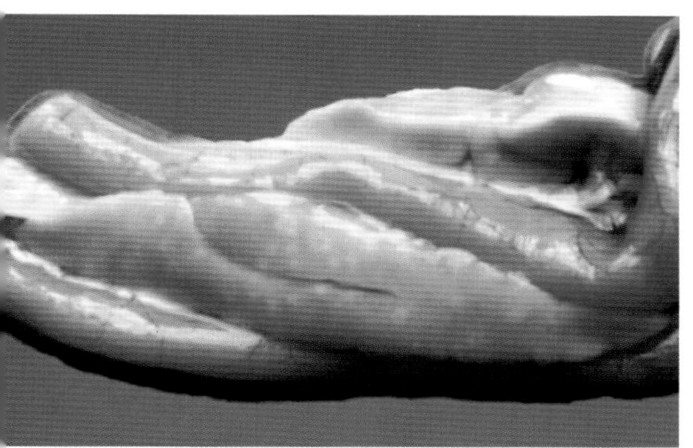

彩图8–76　鸭流感

胰腺有灰白色小点状坏死灶。　（刘思当）

彩图8–77　鸭病毒性肝炎

病雏鸭死后，仍呈角弓反张姿势。　（王新华）

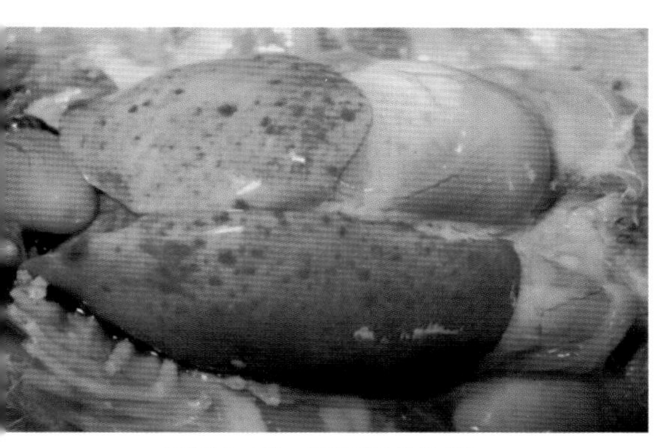

彩图8–78　鸭病毒性肝炎

肝上有大量喷洒状出血斑点。　（胡薛英）

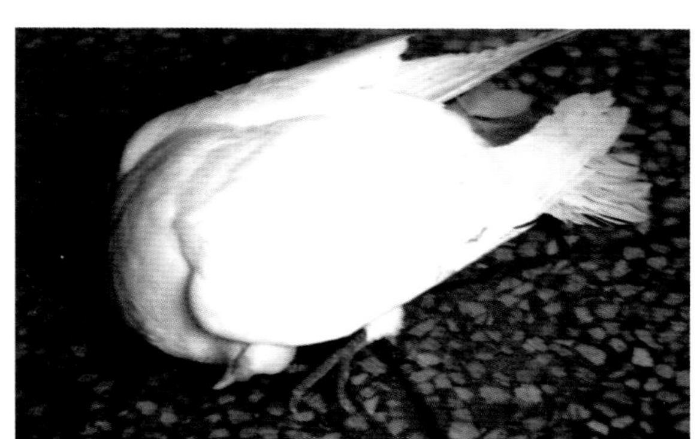

彩图8–79　鸽副黏病毒病

神经症状。　（王新华）

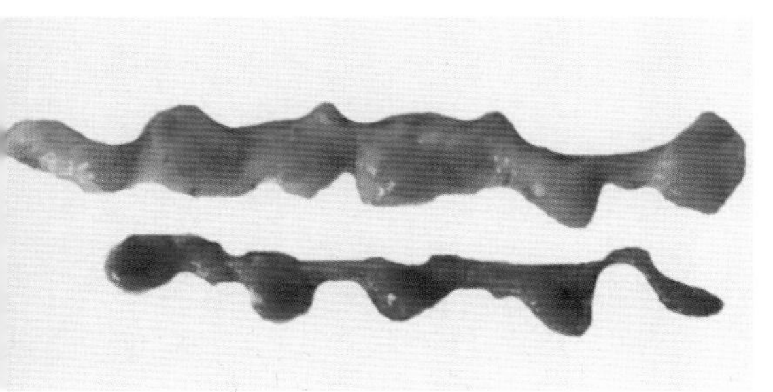

彩图8–80　鸡传染性贫血

胸腺萎缩、出血，上方为正常胸腺。　（王新华）

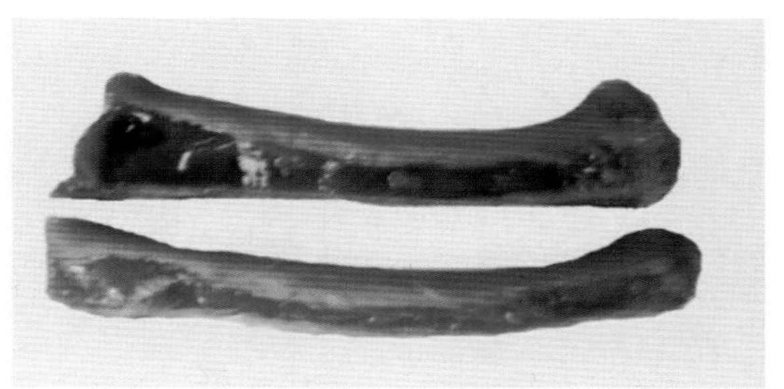

彩图8–81　鸡传染性贫血

骨髓萎缩、变淡，上方为正常骨髓。　（王新华）

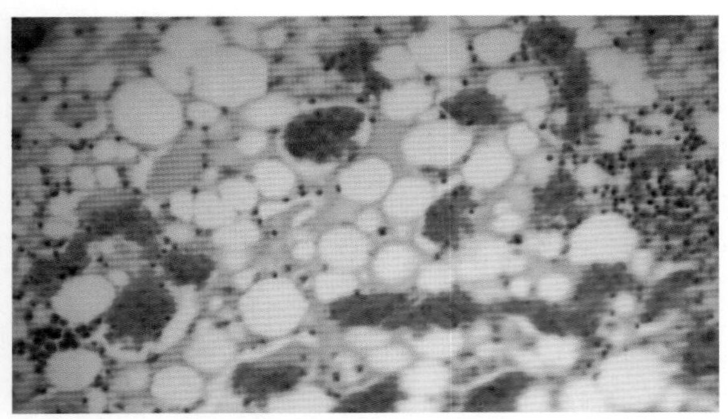

彩图8–82 鸡传染性贫血

股骨骨髓萎缩，红骨髓萎缩，被大量脂肪组织取代。（王新华）

彩图8–83 禽 痘

在鸡冠、肉髯处有灰白色糠麸样物。（王新华）

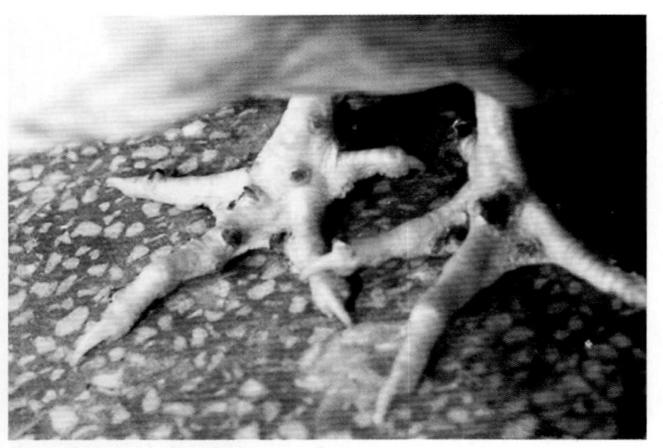

彩图8–84 禽 痘

鸽子趾部痘疹已经坏死、结痂。（王新华）

彩图8–85 禽 痘

喉裂边缘增生，喉头被黄白色干酪样渗出物阻塞上颌前端有一灰白色增生结节。

（王新华）

彩图8–86 禽 痘

鸽口腔和食管黏膜的痘斑。（王新华）

彩图8–87 禽 痘

病鸡眼睑肿胀，结膜囊内有大量黄白色干酪样渗出物。

（王新华）

彩图8-88　禽　痘

喉头黏膜增生，气管有一增生性病灶（痘斑），管腔内有黄白色渗出物。（王新华）

彩图8-89　鸡病毒性关节炎

病鸡趾爪蜷曲，不能站立。（王新华）

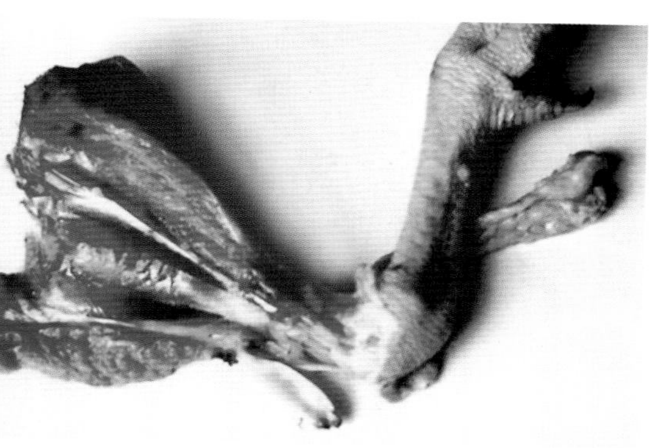

彩图8-90　鸡病毒性关节炎

腓肠肌腱坏死、断裂。（王新华）

彩图8-91　禽传染性脑脊髓炎

病鸡步态不稳，共济失调，常倒向一侧，头颈震颤。（王新华）

彩图8-92　禽传染性脑脊髓炎

病鸡小脑脑膜出血。（王新华）

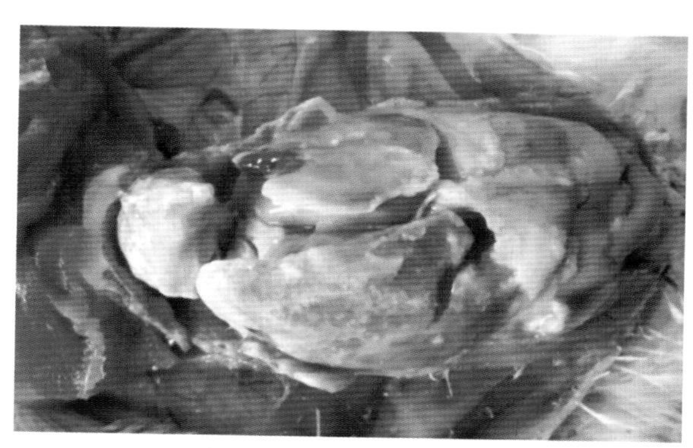

彩图9-1　鸡大肠杆菌病

心包炎、肝周炎、腹膜炎。（王新华）

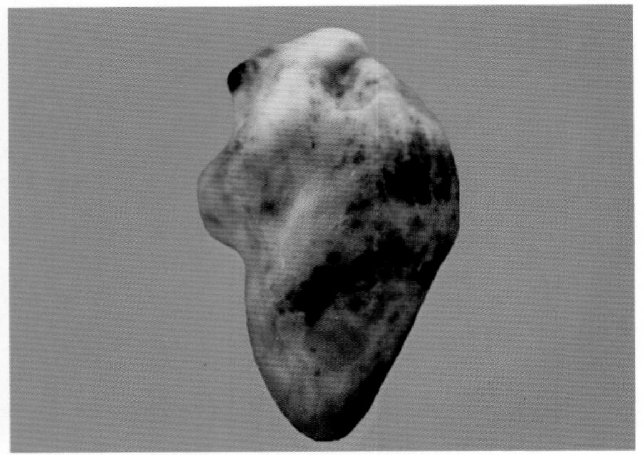

彩图9-2　鸡巴氏杆菌病

心脏的出血斑点。　（王新华）

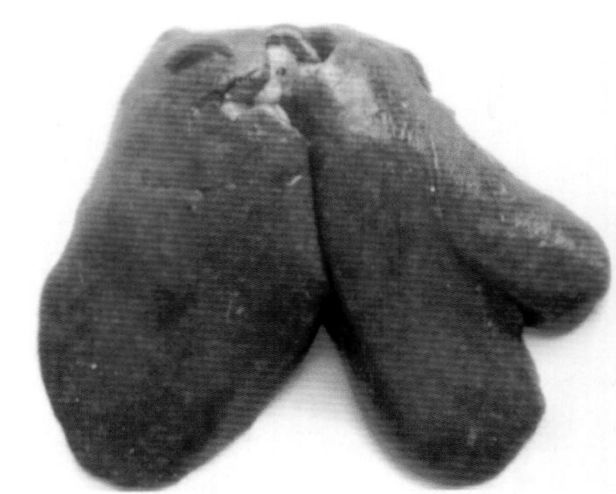

彩图9-3　鸡巴氏杆菌病

病鸡肝脏肿大，质地脆弱，表面散在大量灰白色坏死灶

（王新华）

彩图9-4　鸡巴氏杆菌病

一侧肉髯肿大，内有坚硬的黄白色干酪样坏死物。

（王新华）

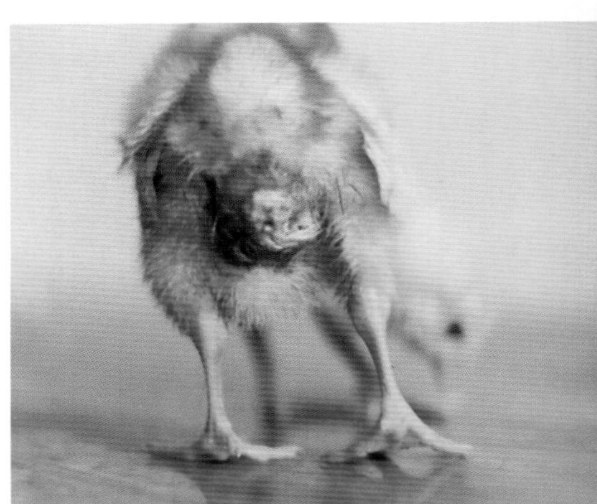

彩图9-5　鸡白痢

病雏严重下痢，肛门下部的绒毛被粪便黏结在

起，病雏排粪困难。　（王新华）

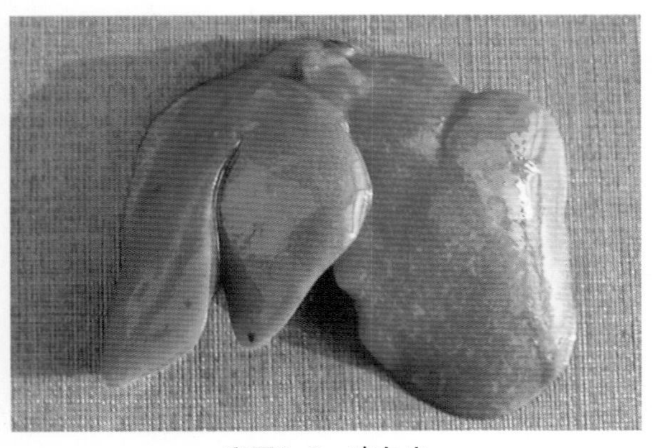

彩图9-6　鸡白痢

病雏肝脏上有大量灰白色小坏死灶。　（王新华）

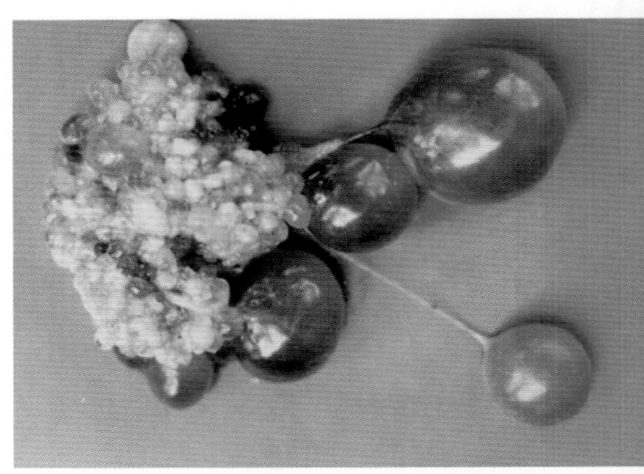

彩图9-7　鸡白痢

成年鸡白痢卵巢变性、变形、坏死，变性的卵泡

暗红色或墨绿色，有细长的蒂。　（王新华）

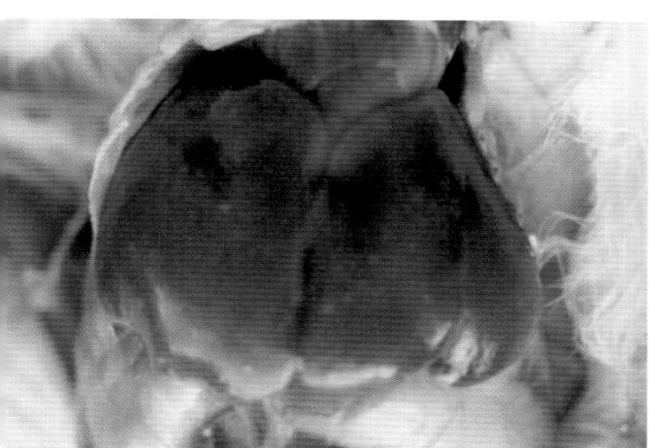

彩图9-8 鸡伤寒

肝脏呈古铜色，并有灰白色坏死灶。 （王新华）

彩图9-9 鸡葡萄球菌病

病鸡肉髯和颈下部皮肤发生湿性坏疽，羽毛脱落，流出红褐色液体。 （王新华）

彩图9-10 鸡葡萄球菌病

病鸡颈下和两翅内侧发生湿性坏疽。 （王新华）

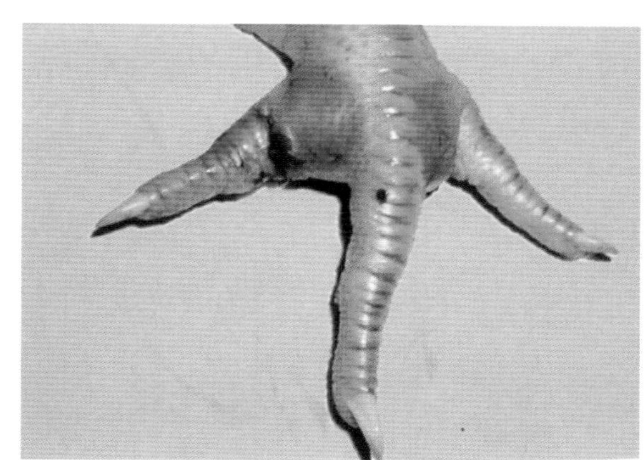

彩图9-11 鸡葡萄球菌病

病鸡趾部肿胀，呈紫红色。 （岳 华）

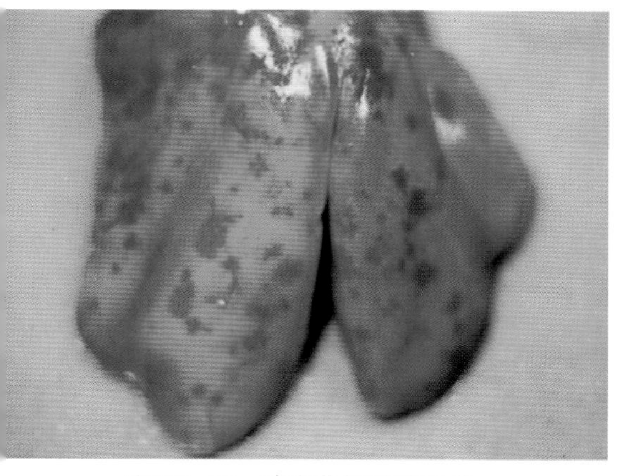

彩图9-12 鸡弯曲杆菌性肝炎

肝脏肿大，呈灰黄色表面有大量不规则的出血灶。 （王新华）

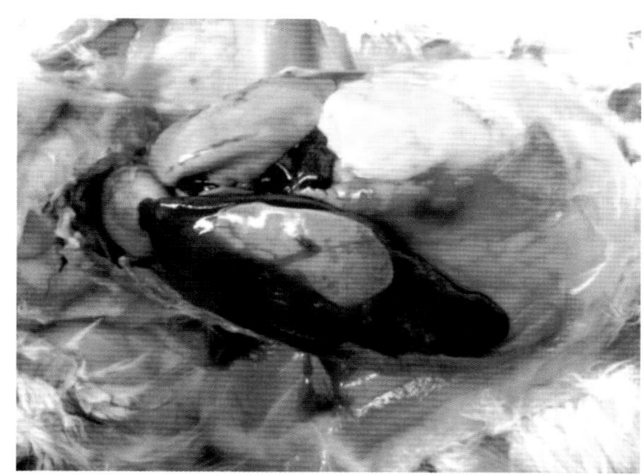

彩图9-13 鸡弯曲杆菌性肝炎

肝脏出血，腹腔积有大量血块，肝脏苍白，质地脆弱，坏死。 （王新华）

彩图9–14　禽结核

结核结节中的结核分支杆菌。(抗酸染色 ×1 000)
(吕荣修《禽病诊断彩色图谱》)

彩图10–1　支原体病

眼睑和眶下窦肿胀，结膜潮红，结膜囊内有大量浆液和泡沫。(王新华)

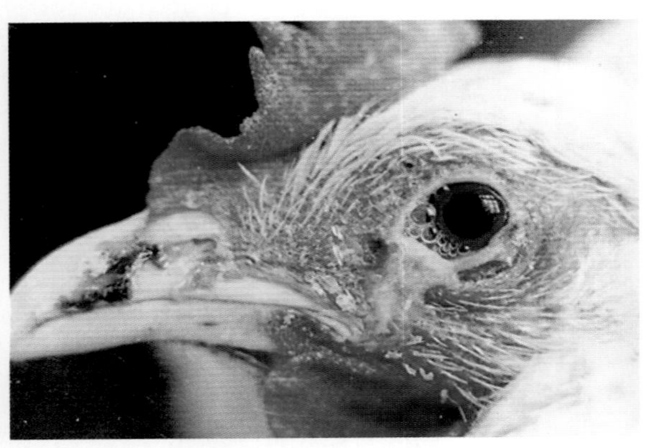

彩图10–2　支原体病

眼角内有泡沫和大量黏液流出。(王新华)

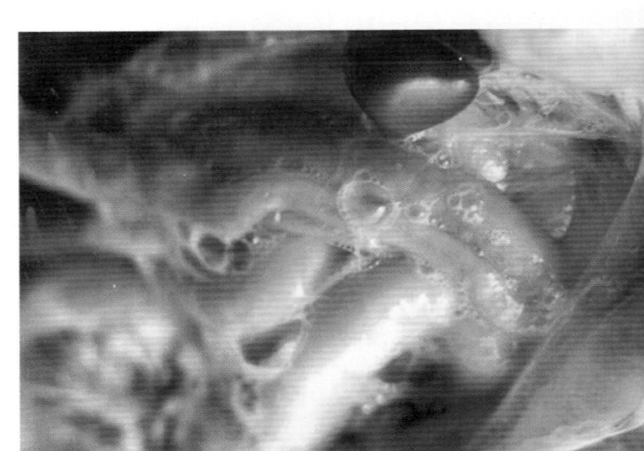

彩图10–3　支原体病

腹腔内有多量混有泡沫的浆液。(王新华)

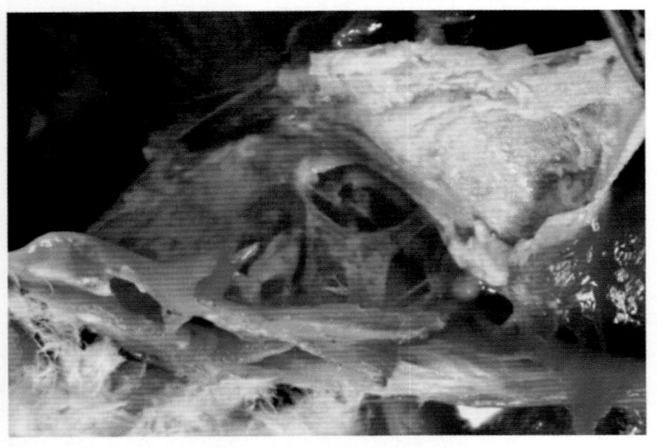

彩图10–4　支原体病

气囊壁混浊增厚，囊腔中有黄白色干酪样凝块。
(王新华)

彩图10–5　支原体病

跗关节周围滑液囊发炎、肿大。(王新华)

彩图10–6　支原体病

肿大的滑液囊剖开可见内有灰白色脓液。

（王新华）

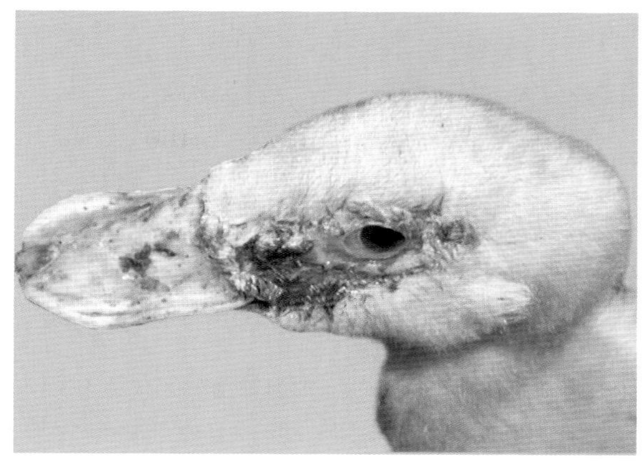

彩图10–7　支原体病

病鸭眼、鼻流浆液性或脓性渗出物。　（岳　华）

彩图10–8　支原体病

病鸭眶下窦显著肿胀。　（岳　华）

彩图10–9　禽曲霉菌病

雏鸡因曲霉菌性肺炎而呼吸困难，伸颈，张口喘气，闭目，两翅下垂。　（王新华）

彩图10–10　禽曲霉菌病

眼睑肿胀，眼裂闭合，结膜囊内有黄豆瓣样黄白色干酪样渗出物。（美国B.W.卡尔尼克《禽病学》）

彩图10–11　禽曲霉菌病

上眼睑的霉菌结节。　（王新华）

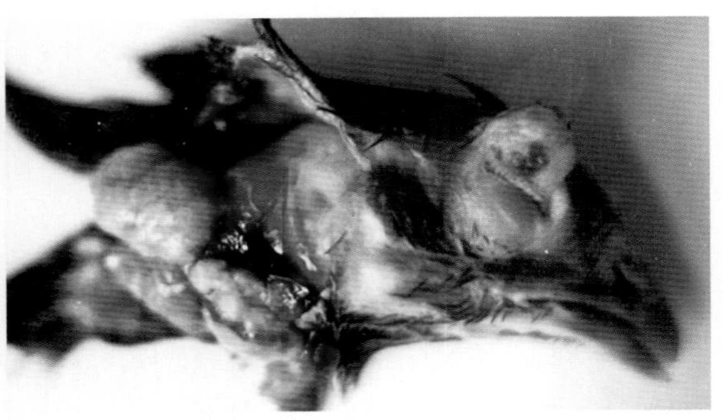

彩图10–12　禽曲霉菌病

上图病鸡剖开后，除眼睑上有结节外，在颈部皮下也见有较大的霉菌结节。（王新华）

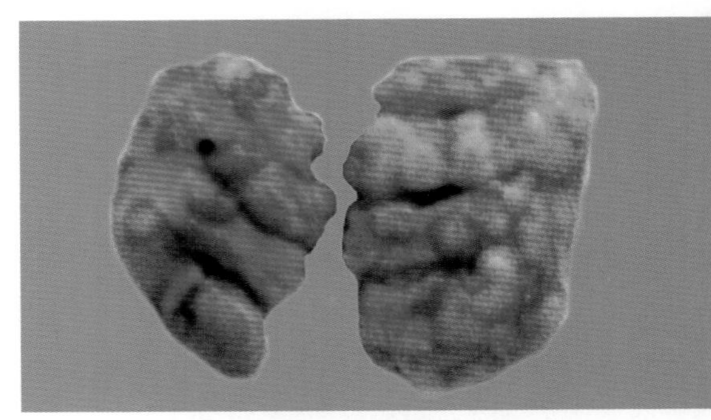

彩图10–13　禽曲霉菌病

雏鸡曲霉菌性肺炎，肺部有大量霉菌结节，呈灰白色肿瘤样。（王新华）

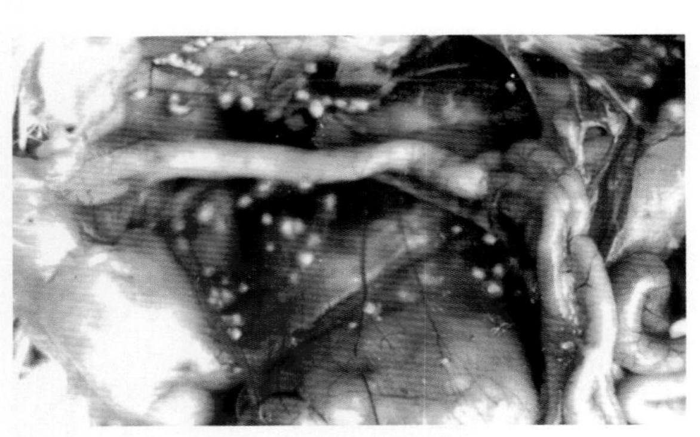

彩图10–14　禽曲霉菌病

腹气囊表面散布许多灰黄色粟粒大小的霉菌结节。（王新华）

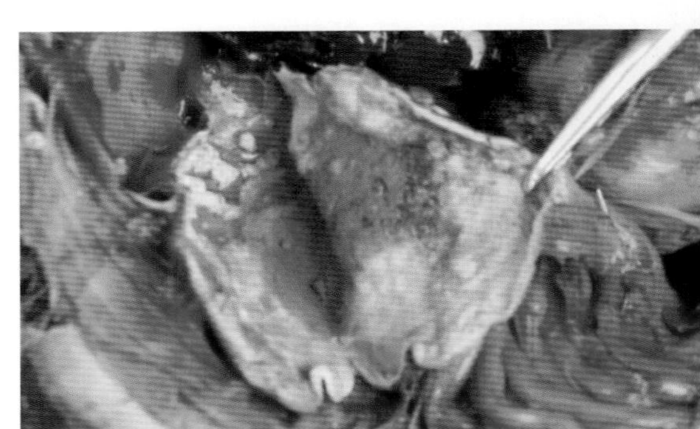

彩图10–15　禽曲霉菌病

鸭腹腔浆膜见大片黄绿色曲霉菌斑块。（胡薛英）

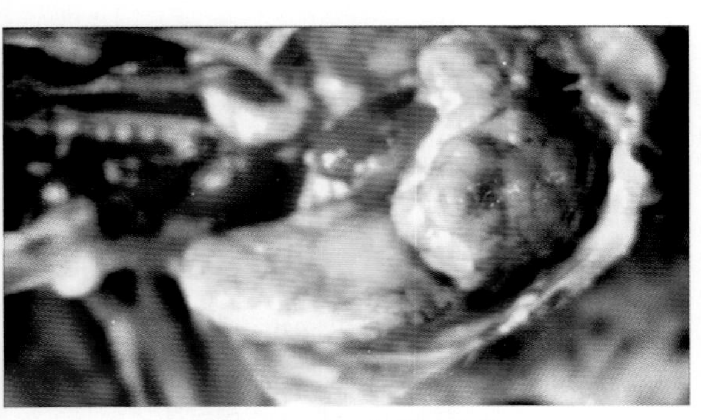

彩图10–16　禽曲霉菌病

胸腔见巨大的霉菌结节，呈灰黄色，分叶状。（王新华）

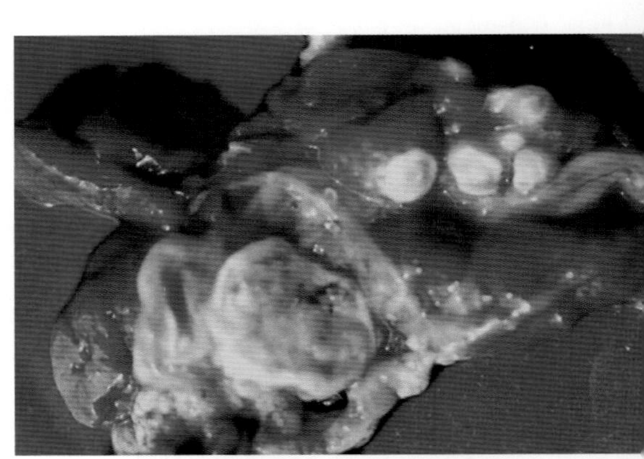

彩图10–17　禽曲霉菌病

肾脏上有数个呈圆盘状、灰白色、质地坚实的结节，最大的结节表面有黄绿色的菌丝体。（王新华）

彩图10–18　禽曲霉菌病

腺胃与肌胃交界处有一霉菌结节，结节中心有暗绿菌斑。（王新华）

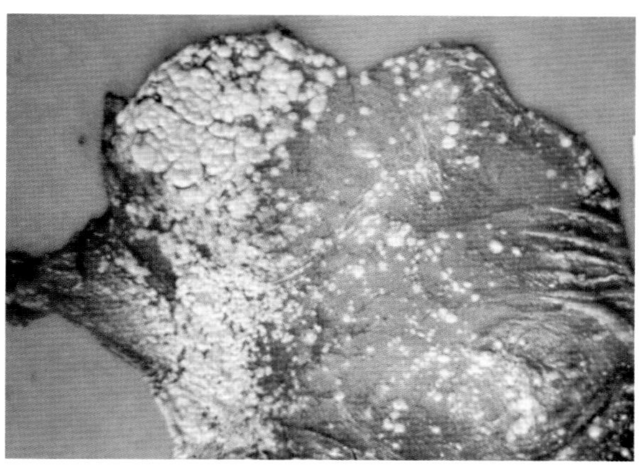

彩图10–19　鸽念珠菌病

嗉囊黏膜密发黄白色病灶，这些病灶是念珠菌增殖与黏膜上皮过度角化引起的，病灶大小不一，单个病灶如黄豆大小，呈片状的是小病灶互相融合而成。（吕荣修）

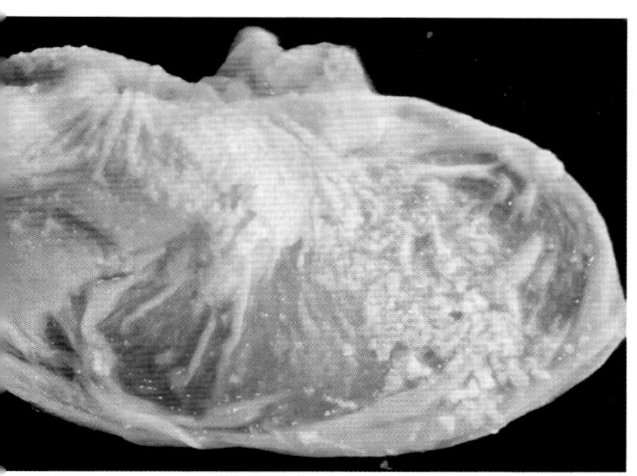

彩图10–20　鸡念珠菌病

嗉囊局部黏膜被覆灰白色容易剥离的假膜。（王新华）

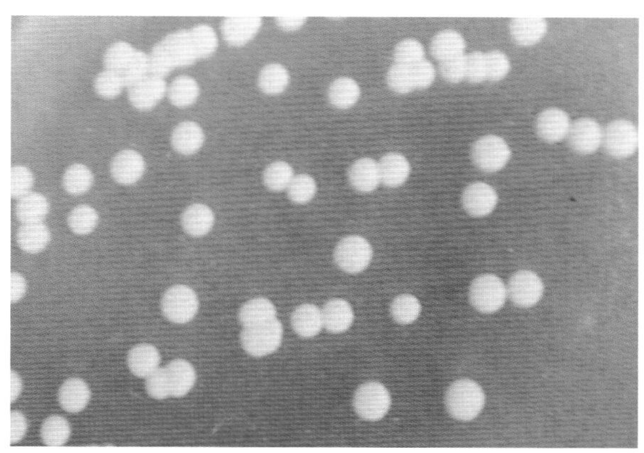

彩图10–21　禽念珠菌病

白色念珠菌菌落。（范国雄）

彩图11–1　鸡球虫病

盲肠球虫病，盲肠增粗，肠浆膜有明显出血斑点，着肠壁可见肠腔内血液或暗红色血凝块。（王新华）

彩图11–2　鸡球虫病

小肠球虫病，小肠浆膜有点状出血，密布灰白色斑点。（王新华）

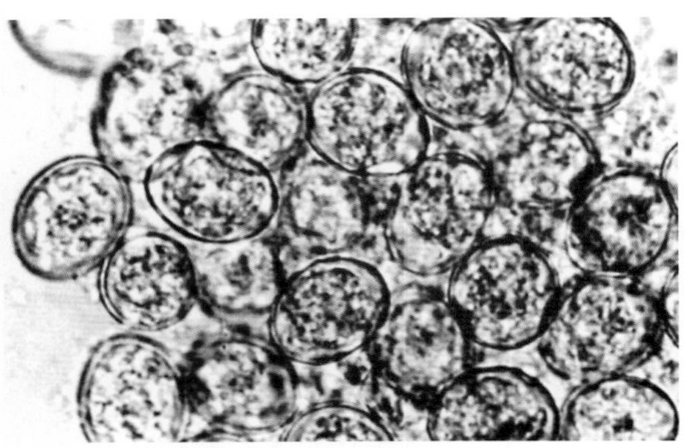

彩图11-3 鸡球虫病

肠内容物中大量成熟的卵囊。肠内容物压片。(×400) (王新华)

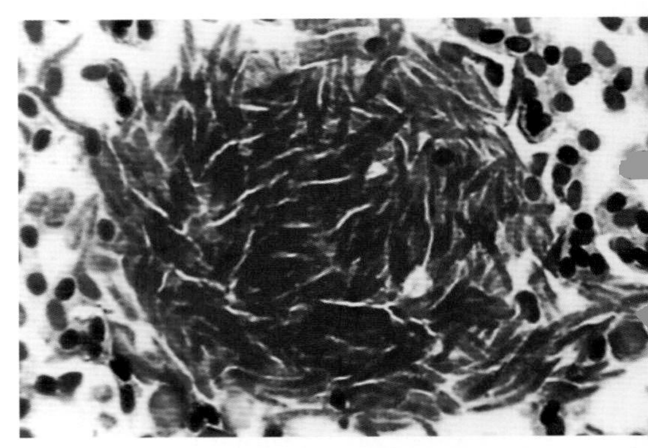

彩图11-4 鸡球虫病

盲肠内容物中的裂殖体正在释放裂殖子(Giemsa×330) (刘宝岩)

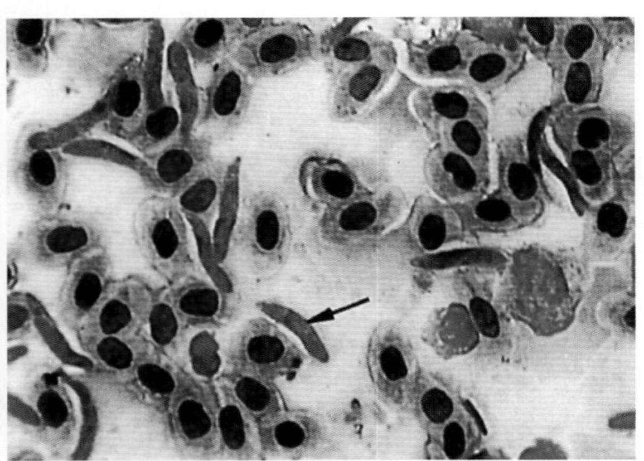

彩图11-5 鸡球虫病

盲肠内容物中的裂殖子。(Giemsa×330) (刘宝岩)

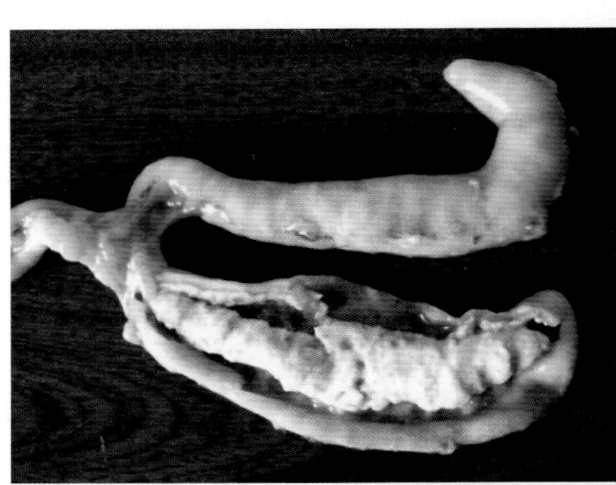

彩图11-6 组织滴虫病

盲肠粗硬，肠腔充满干酪样坏死物，肠黏膜出血、溃烂。 (王新华)

彩图11-7 组织滴虫病

肝脏表面有许多大小不等中央凹陷圆形的坏死灶。 (王新华)

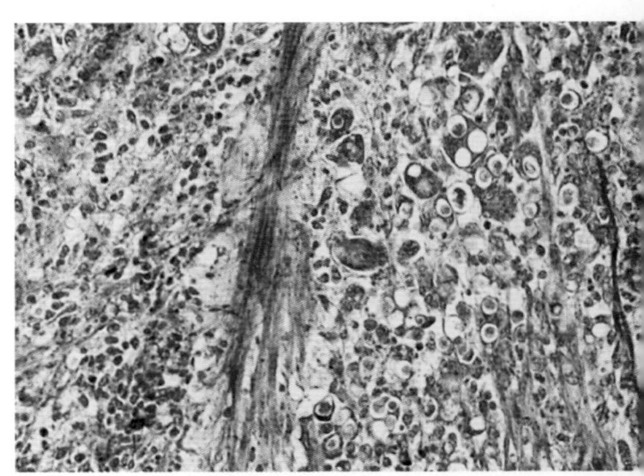

彩图11-8 组织滴虫病

盲肠黏膜和固有层坏死，黏膜下层和肌层有量炎性细胞浸润以及大量大小不等的圆形虫体(HE×400) (陈怀涛)

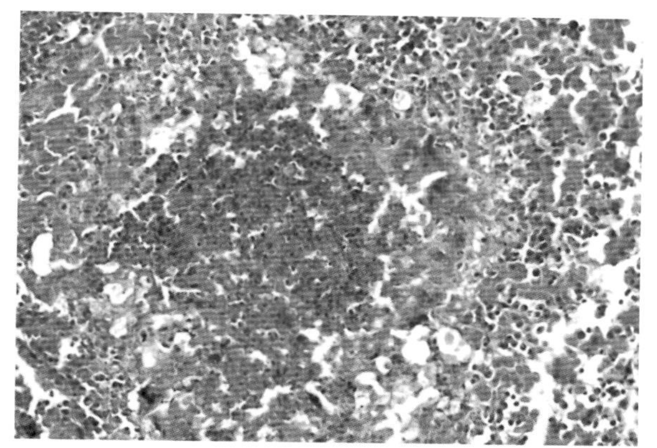

彩图11-9　组织滴虫病

本图显示一个肝坏死灶，坏死灶周围是异物巨细胞、上皮样细胞和虫体等。(HE×400)　（陈怀涛）

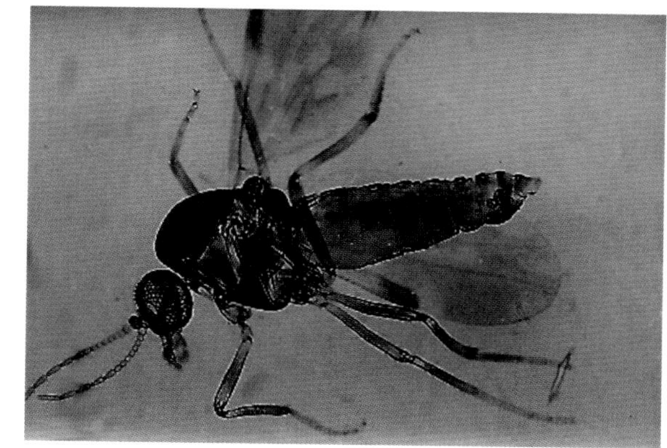

彩图11-10　鸡住白细胞虫病

卡氏住白细胞虫病的媒介昆虫——库蠓。

（王兆久）

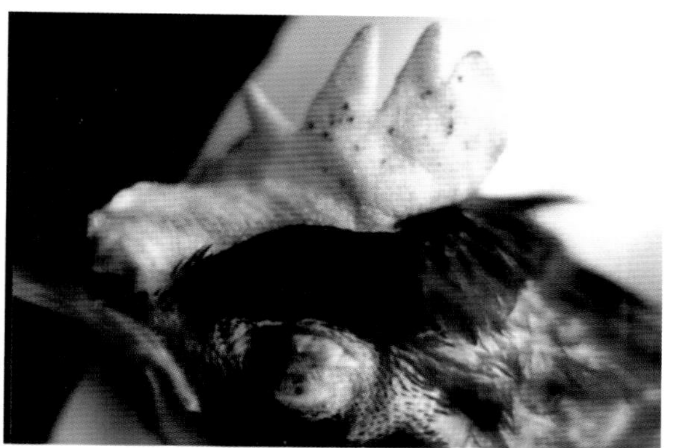

彩图11-11　鸡住白细胞虫病

鸡冠苍白，有针尖大小的出血点。　（王新华）

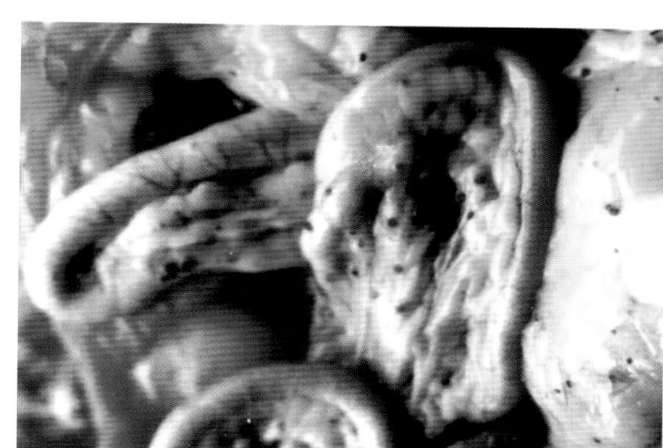

彩图11-12　鸡住白细胞虫病

肠浆膜和肠系膜上的出血点，中心为灰白色的裂殖体。

（王新华）

彩图11-13　鸡住白细胞虫病

肾脏中有许多出血斑点。　（王新华）

彩图11-14　鸡住白细胞虫病

肝脏切片中的裂殖体，内含大量深蓝色的裂殖子。(HE×1 000)

（王新华）

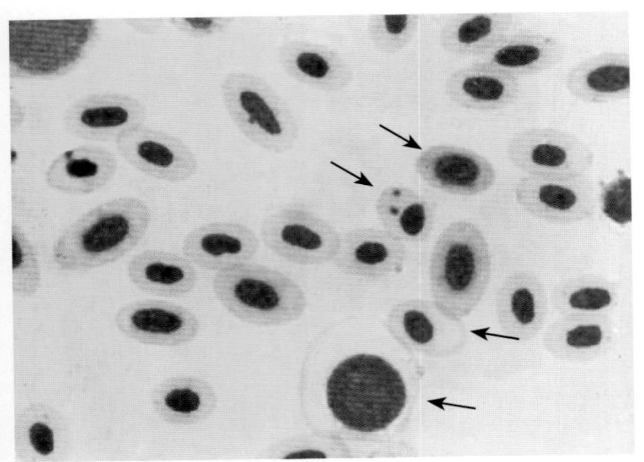

彩图11－15　鸡住白细胞虫病

红细胞内的裂殖子和大配子（↓）。　（刘　晨）

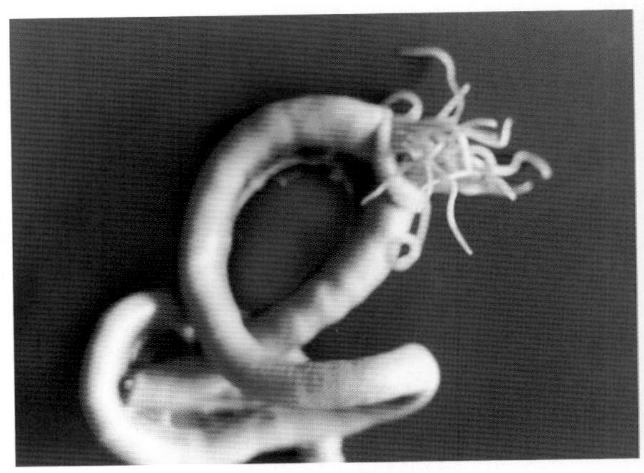

彩图11－16　鸡蛔虫病

小肠内充满蛔虫，像电缆一样。　（王新华）

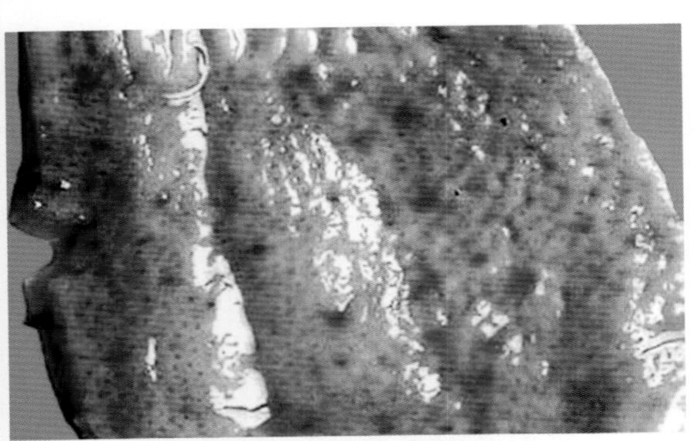

彩图11－17　鸭美洲四棱线虫病

雌性线虫寄生于鸭腺胃腺窝内，致使胃黏膜外观有很多暗红色斑点。　（岳　华）

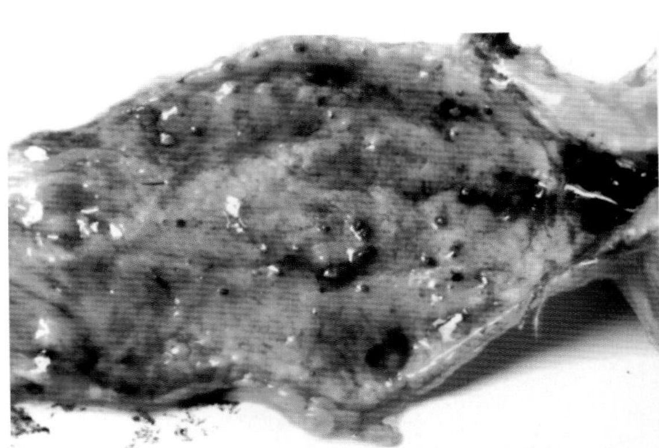

彩图11－18　鸭美洲四棱线虫病

虫体寄生于腺胃壁，使胃黏膜颜色不均，有些腺胃中的虫体溢出，多数在胃腺内呈暗红色斑点状隐约可见。　（岳　华）

彩图11－19　鸡美洲四棱线虫

雌虫呈球状，深红色或黑红色（固定标本颜色已褪），有4条纵沟，虫体前后端各有似圆锥形尖锐突起。　（李祥瑞）

彩图11－20　鸭棘头虫病

大量虫体寄生在小肠黏膜上。　（杨光友）

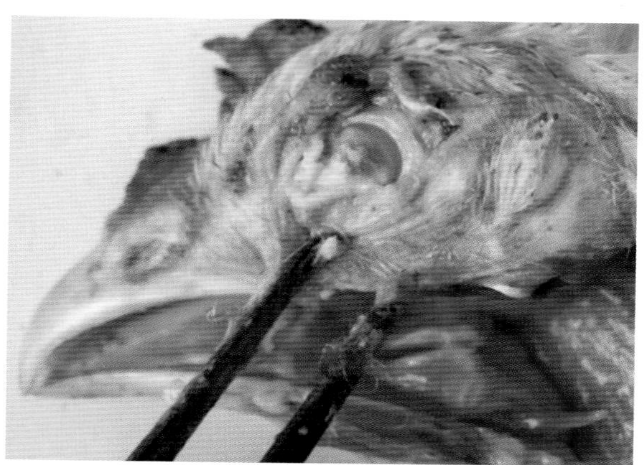

彩图12-1　鸡维生素A缺乏症

病鸡角膜混浊，呈灰白色，眼角内有灰白干酪样物质。（王新华）

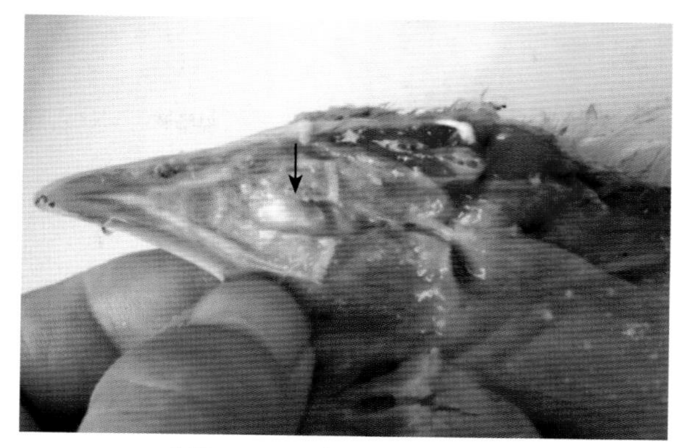

彩图12-2　鸡维生素A缺乏症

鼻腔蓄积大量灰黄色黏稠鼻液。（王新华）

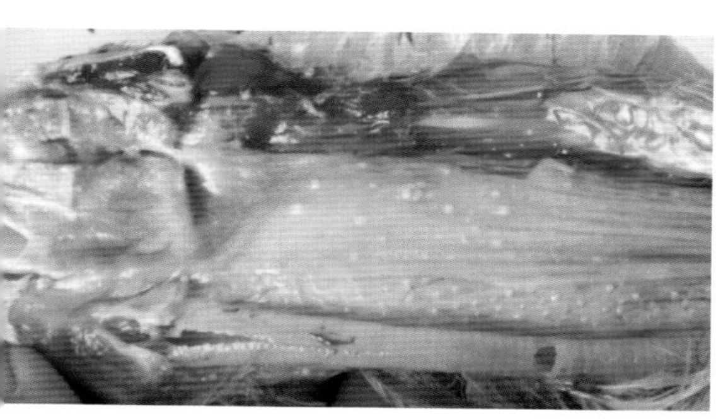

彩图12-3　鸡维生素A缺乏症

食管黏膜上有许多纵形排列的小脓包样病变。（王新华）

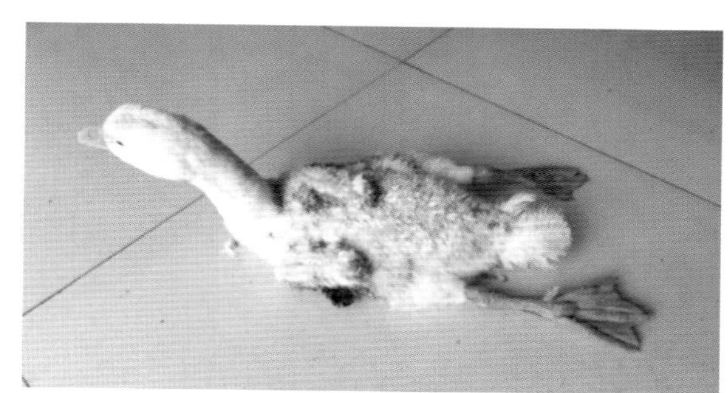

彩图12-4　鹅维生素E缺乏症

病鹅不能站立，两腿后伸。（王新华）

彩图12-5　维生素B1缺乏症

病鸡出现“观星”症状。（崔恒敏）

彩图12-6　维生素B2缺乏症

病雏脚趾向内弯曲的“蜷趾”症状。（王文慧）

彩图12–7　锰缺乏症

病鸡右腿向前抬起。　（王新华）

彩图12–8　锰缺乏症

病鸡右腿抬起向外翻转。　（刘　晨）

彩图12–9　锰缺乏症

由于腓肠肌腱滑脱，病鸡站立时，一腿向前外侧伸出，呈“稍息”姿势。　（王新华）

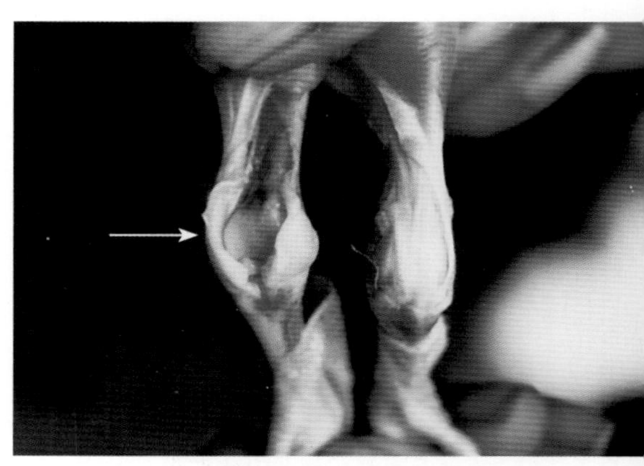

彩图12–10　锰缺乏症

病鸡一侧腓肠肌腱向外滑脱（↓）。　（王新华）

彩图12–11　硒缺乏症

病雏共济失调，出现仰卧、侧卧、仰头等怪异姿势。　（王新华）

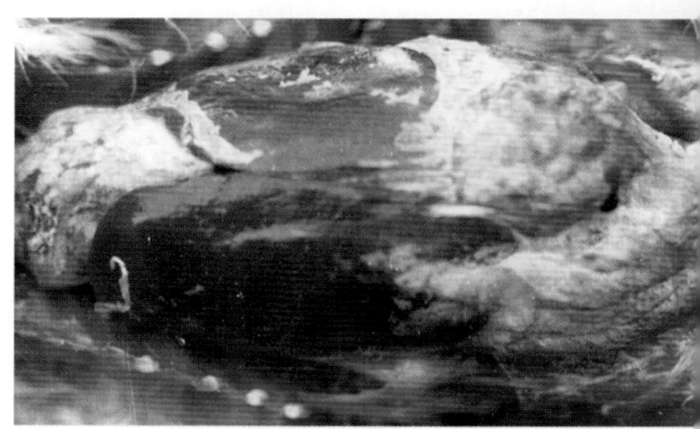

彩图12–12　痛　风

内脏痛风，病鸡心包和肝脏表面沉积大量灰白色尿酸盐。　（王新华）

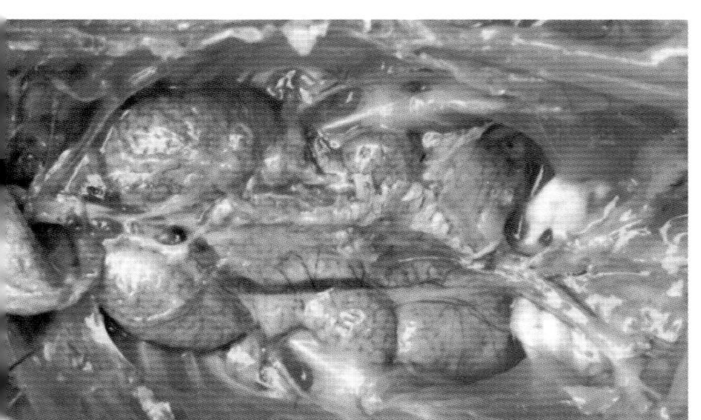

彩图12-13　痛　风

肾脏肿大、灰白色，肾小管内大量尿酸盐沉积。（王新华）

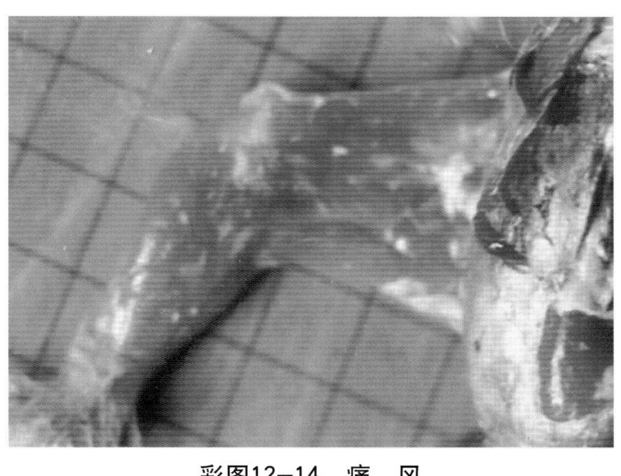

彩图12-14　痛　风

肌肉内有灰白色尿酸盐沉积。（王新华）

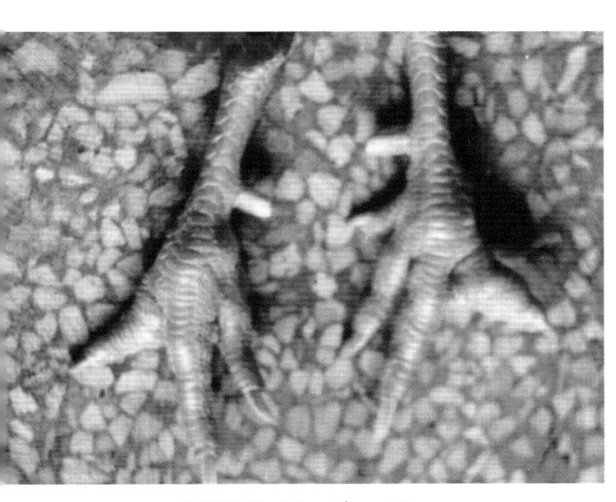

彩图12-15　痛　风

发病关节明显肿大。（王新华）

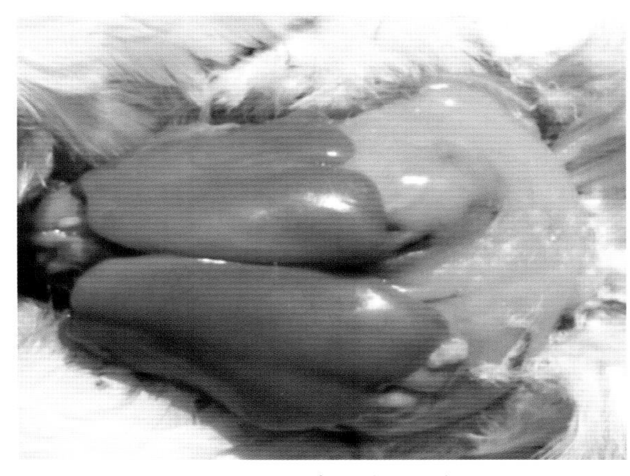

彩图12-16　鸡脂肪肝综合征

肝脏肿大、发黄，质脆有油腻感，腹腔大量脂肪沉积并形成黄色脂肪垫。（王新华）

彩图13-1　磺胺中毒

急性磺胺中毒，造成青年鸡大批死亡。（王新华）

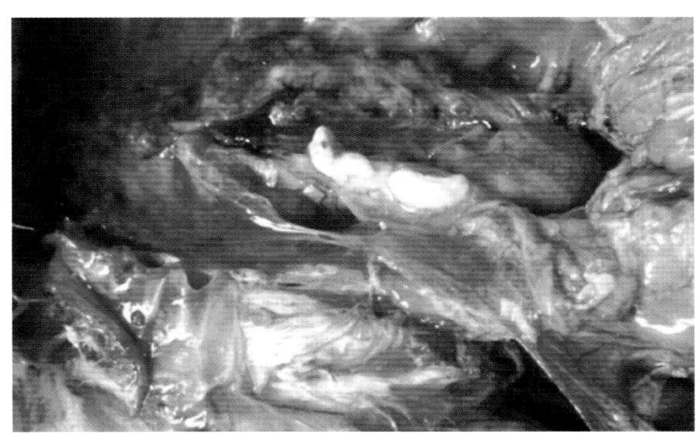

彩图13-2　磺胺中毒

肾脏肿大，输尿管内有一巨大灰白色结石。（王新华）

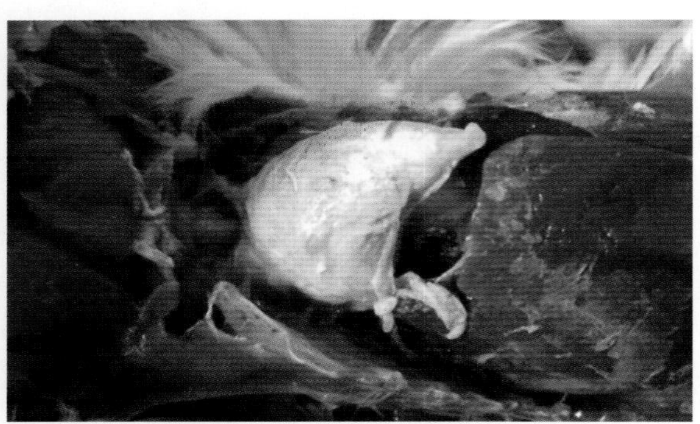

彩图13-3　磺胺中毒

心包内充满尿酸盐。（王新华）

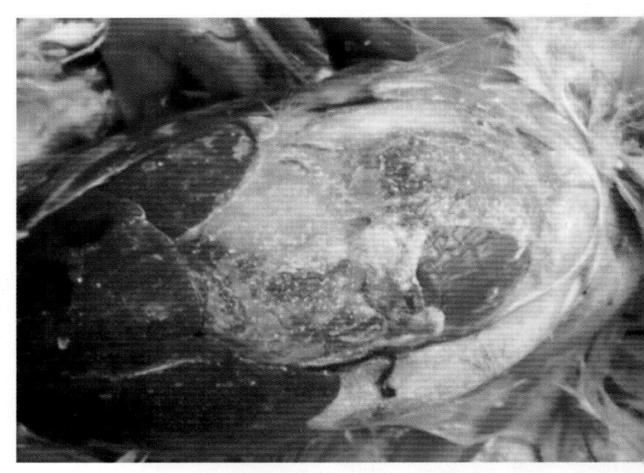

彩图13-4　磺胺中毒

肝脏和腹膜上多量尿酸盐沉积。（王新华）

彩图13-5　喹乙醇中毒

病鸡严重脱水，眼球下陷，喙部前端呈污黑色。（王新华）

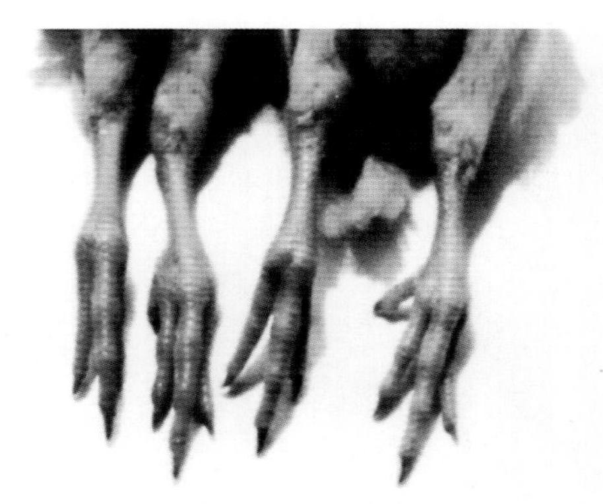

彩图13-6　喹乙醇中毒

病鸡趾部呈紫红色。（杜元钊《鸡病诊断与防治图谱》）

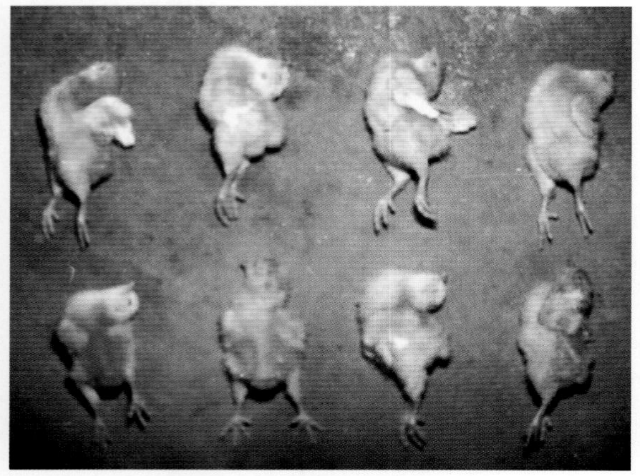

彩图13-7　链霉素中毒

雏鸡死亡前呈角弓反张姿势，死后仍然保持角弓反张姿势。（王新华）

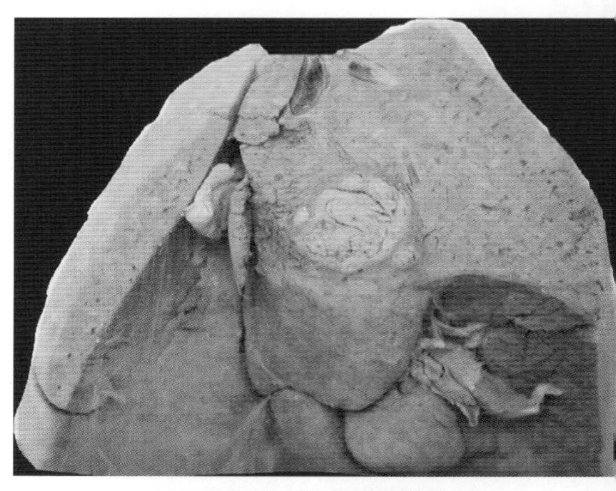

彩图13-8　黄曲霉毒素中毒

鸭肝癌，癌肿呈巨块形，周围有小的卫星结节。（王新华）

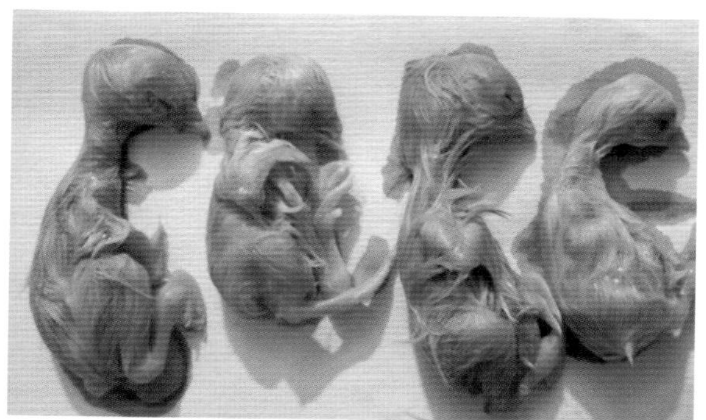

彩图14–1　温度过低引起的胚胎病

胚胎发育不整齐，大小不一，头颈后部肿大。
（王新华）

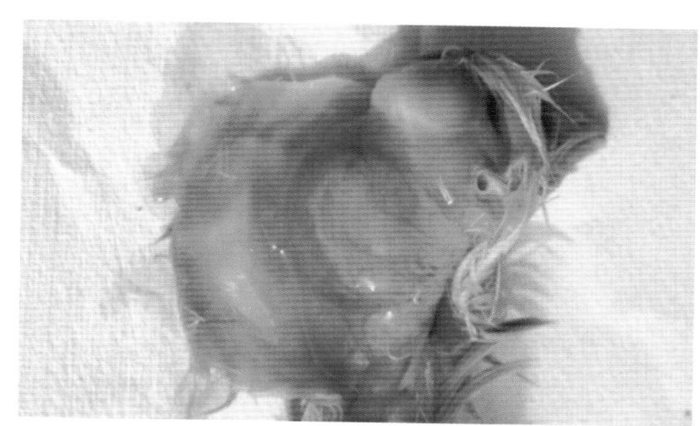

彩图14–2　温度过低引起的胚胎病

死亡胚胎头颈后部皮下呈淡黄色黏液性水肿，肌肉肿胀、出血。（王新华）

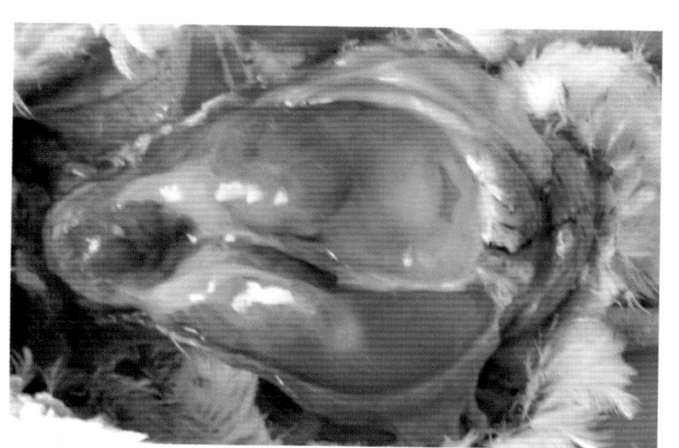

彩图15–1　腹水综合征

腹腔积满淡黄色澄清的液体和胶冻样物。
（王新华）

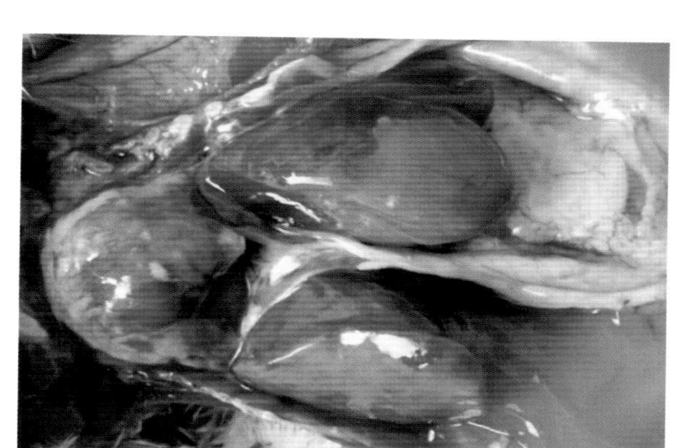

彩图15–2　腹水综合征

肝脏体积缩小，质地变硬，心脏扩张。
（王新华）

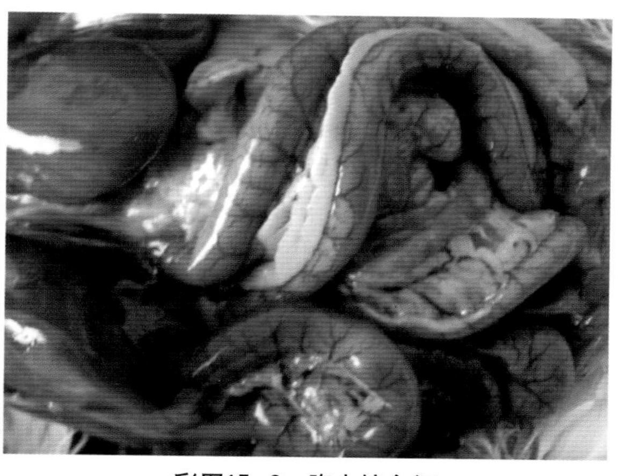

彩图15–3　腹水综合征

病鸡肠管明显瘀血。（王新华）

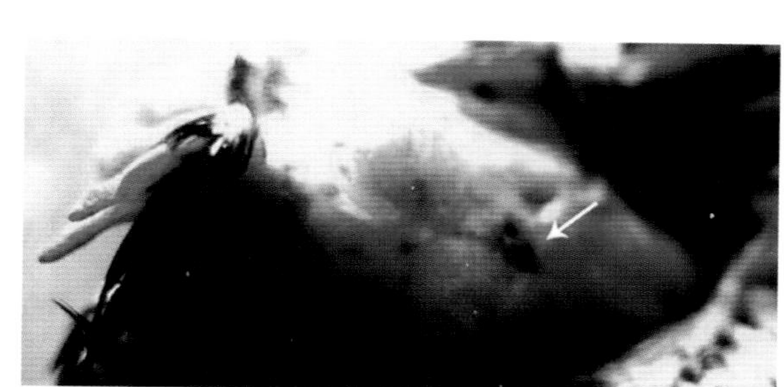

彩图15–4　热应激（中暑）

病鸡颅骨有大小不等出血斑点（↓）。
（王新华）

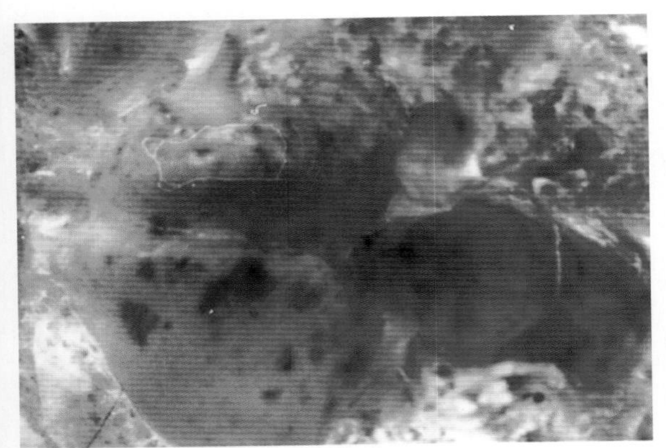

彩图15-5 热应激（中暑）

病死鸡大脑和小脑软脑膜有大小不等的出血斑点。（王新华）

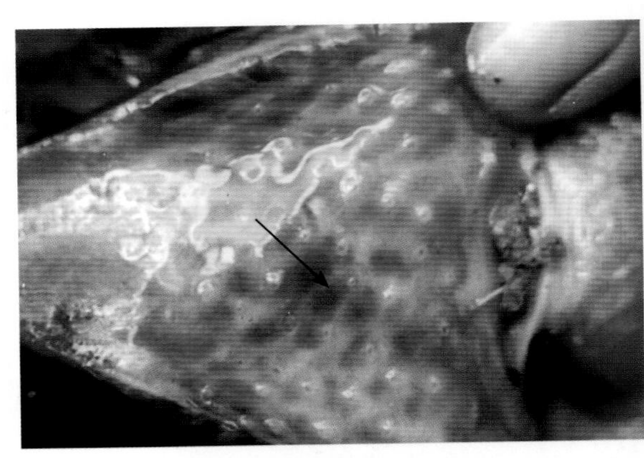

彩图15-6 热应激（中暑）

腺胃黏膜自溶、出血，胃壁显著变薄，即将穿孔（↓）。（王新华）

彩图15-7 特异性坏死性炎

鸡颈部皮下注射油乳剂疫苗后引起的头面、颈下部肿胀。（王新华）

彩图15-8 特异性坏死性炎

鸡颈部皮下注射油乳剂疫苗后引起的颌下和颈部肿胀。（王新华）

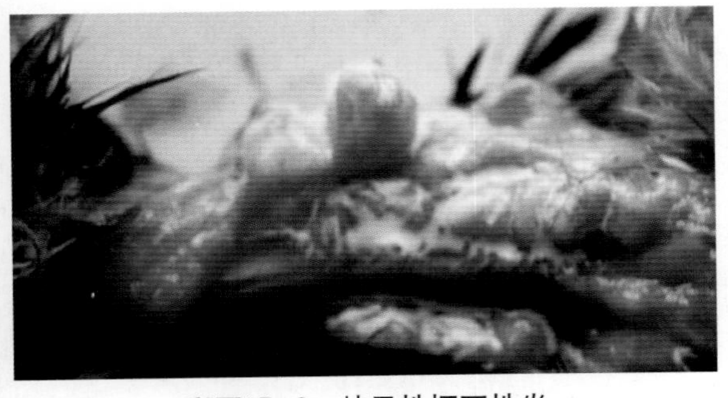

彩图15-9 特异性坏死性炎

鸡颈部皮下的结节，切开皮肤时可见增生的结缔组织和乳白色的疫苗。（王新华）

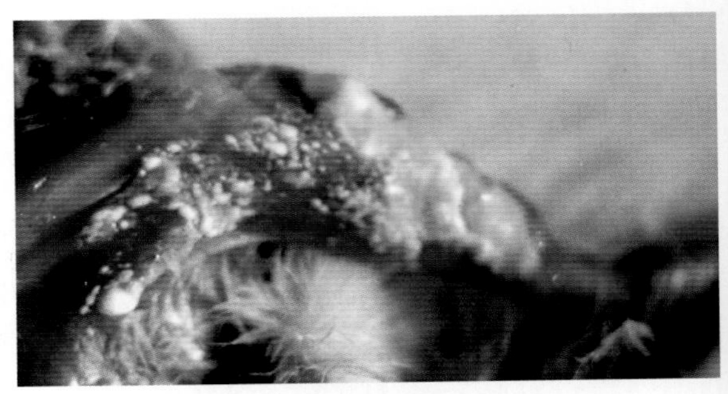

彩图15-10 特异性坏死性炎

腿部注射油乳剂疫苗引起腿肌变性、坏死，皮下和肌间残留黄白色的油苗。（王新华）

附录三　禁用兽药

一、中华人民共和国农业部公告（第 193 号）

为保证动物源性食品安全，维护人民身体健康，根据《兽药管理条例》的规定，我部制定了《食品动物禁用的兽药及其他化合物清单》（以下简称《禁用清单》），现公告如下：

一、《禁用清单》序号 1 至 18 所列品种的原料药及其单方、复方制剂产品停止生产，已在兽药国家标准、农业部专业标准及兽药地方标准中收载的品种，废止其质量标准，撤销其产品批准文号；已在我国注册登记的进口兽药，废止其进口兽药质量标准，注销其《进口兽药登记许可证》。

二、截至 2002 年 5 月 15 日，《禁用清单》序号 1 至 18 所列品种的原料药及其单方、复方制剂产品停止经营和使用。

三、《禁用清单》序号 19 至 21 所列品种的原料药及其单方、复方制剂产品不准以抗应激、提高饲料报酬、促进动物生长为目的在食品动物饲养过程中使用。

食品动物禁用的兽药及其他化合物清单

序号	兽药及其他化合物名称	禁止用途	禁用动物
1	β-兴奋剂类：克仑特罗 Clenbuterol、沙丁胺醇 Salbutamol、西马特罗 Cimaterol及其盐、酯及制剂	所有用途	所有食品动物
2	性激素类：己烯雌酚 Diethylstilbestrol 及其盐、酯及制剂	所有用途	所有食品动物
3	具有雌激素样作用的物质：玉米赤霉醇 Zeranol、去甲雄三烯醇酮 Trenbolone、醋酸甲孕酮 Mengestrol，Acetate 及制剂	所有用途	所有食品动物
4	氯霉素 Chloramphenicol 及其盐、酯（包括：琥珀氯霉素 Chloramphenicol Succinate）及制剂	所有用途	所有食品动物
5	氨苯砜 Dapsone 及制剂	所有用途	所有食品动物
6	硝基呋喃类：呋喃唑酮 Furazolidone、呋喃它酮 Furaltadone、呋喃苯烯酸钠 Nifurstyrenate sodium 及制剂	所有用途	所有食品动物
7	硝基化合物：硝基酚钠 Sodium nitrophenolate、硝呋烯腙 Nitrovin 及制剂	所有用途	所有食品动物
8	催眠、镇静类：安眠酮 Methaqualone 及制剂	所有用途	所有食品动物
9	林丹（丙体六六六）Lindane	杀虫剂	所有食品动物
10	毒杀芬（氯化烯）Camahechlor	杀虫剂、清塘剂	所有食品动物
11	呋喃丹（克百威）Carbofuran	杀虫剂	所有食品动物
12	杀虫脒（克死螨）Chlordimeform	杀虫剂	所有食品动物
13	双甲脒 Amitraz	杀虫剂	水生食品动物
14	酒石酸锑钾 Antimonypotassiumtartrate	杀虫剂	所有食品动物

（续）

序号	兽药及其他化合物名称	禁止用途	禁用动物
15	锥虫胂胺 Tryparsamide	杀虫剂	所有食品动物
16	孔雀石绿 Malachitegreen	抗菌、杀虫剂	所有食品动物
17	五氯酚酸钠 Pentachlorophenolsodium	杀螺剂	所有食品动物
18	各种汞制剂：氯化亚汞（甘汞）Calomel、硝酸亚汞 Mercurous nitrate、醋酸汞 Mercurous acetate、吡啶基醋酸汞 Pyridyl mercurous acetate	杀虫剂	所有食品动物
19	性激素类：甲基睾丸酮 Methyltestosterone、丙酸睾酮 Testosterone Propionate、苯丙酸诺龙 Nandrolone Phenylpropionate、苯甲酸雌二醇 Estradiol Benzoate 及其盐、酯及制剂	促生长	所有食品动物
20	催眠、镇静类：氯丙嗪 Chlorpromazine、地西泮（安定）Diazepam 及其盐、酯及制剂	促生长	所有食品动物
21	硝基咪唑类：甲硝唑 Metronidazole、地美硝唑 Dimetronidazole 及其盐、酯及制剂	促生长	所有食品动物

注：食品动物是指各种供人食用或其产品供人食用的动物。

二、部分国家及地区明令禁用或重点监控的兽药及其他化合物清单

（一）欧盟禁用的兽药及其他化合物清单

1. 阿伏霉素（Avoparcin）。
2. 洛硝达唑（Ronidazole）。
3. 卡巴多（Carbadox）。
4. 喹乙醇（Olaquindox）。
5. 杆菌肽锌（Bacitracin zinc）（禁止作饲料添加药物使用）。
6. 螺旋霉素（Spiramycin）（禁止作饲料添加药物使用）。
7. 维吉尼亚霉素（Virginiamycin）（禁止作饲料添加药物使用）。
8. 磷酸泰乐菌素（Tylosin phosphate）（禁止作饲料添加药物使用）。
9. 阿普西特（arprinocide）。
10. 二硝托胺（Dinitolmide）。
11. 异丙硝唑（ipronidazole）。
12. 氯羟吡啶（Meticlopidol）。
13. 氯羟吡啶/苄氧喹甲酯（Meticlopidol/Mehtylbenzoquate）。
14. 氨丙啉（Amprolium）。
15. 氨丙啉/乙氧酰胺苯甲酯（Amprolium/ethopabate）。
16. 地美硝唑（Dimetridazole）。
17. 尼卡巴嗪（Nicarbazin）。
18. 二苯乙烯类（Stilbenes）及其衍生物、盐和酯，如己烯雌酚（Diethylstilbestrol）等。
19. 抗甲状腺类药物（Antithyroid agent），如甲巯咪唑（Thiamazol），普萘洛尔（Propranolol）等。

20. 类固醇类（Steroids），如雌激素（Estradiol），雄激素（Testosterone），孕激素（Progesterone）等。

21. 二羟基苯甲酸内酯（Resorcylic acid lactones），如玉米赤霉醇（Zeranol）。

22. β-兴奋剂类（β-Agonists），如克仑特罗（Clenbuterol），沙丁胺醇（Salbutamol），喜马特罗（Cimaterol）等。

23. 马兜铃属植物（*Aristolochia* spp.）及其制剂。

24. 氯霉素（Chloramphenicol）。

25. 氯仿（Chloroform）。

26. 氯丙嗪（Chlorpromazine）。

27. 秋水仙碱（Colchicine）。

28. 氨苯砜（Dapsone）。

29. 甲硝咪唑（Metronidazole）。

30. 硝基呋喃类（Nitrofurans）。

（二）美国禁止在食品动物使用的兽药及其他化合物清单

1. 氯霉素（Chloramphenicol）。

2. 克仑特罗（Clenbuterol）。

3. 己烯雌酚（Diethylstilbestrol）。

4. 地美硝唑（Dimetridazole）。

5. 异丙硝唑（Ipronidazole）。

6. 其他硝基咪唑类（Other nitroimidazoles）。

7. 呋喃唑酮（Furazolidone）（外用除外）。

8. 呋喃西林（Nitrofurazone）（外用除外）。

9. 泌乳牛禁用磺胺类药物［下列除外：磺胺二甲氧嘧啶（Sulfadimethoxine）、磺胺溴甲嘧啶（Sulfabromomethazine）、磺胺乙氧嗪（sulfaethoxypyridazine）］。

10. 氟喹诺酮类（Fluoroquinolones）（沙星类）。

11. 糖肽类抗生素（Glycopeptides），如万古霉素（Vancomycin）、阿伏霉素（Avoparcin）。

（三）日本对动物性食品重点监控的兽药及其他化合物清单

1. 氯羟吡啶（Clopidol）。

2. 磺胺喹噁啉（Sulfaquinoxaline）。

3. 氯霉素（Chloramphenicol）。

4. 磺胺甲基嘧啶（Sulfamerazine）。

5. 磺胺二甲嘧啶（Sulfadimethoxine）。

6. 磺胺-6-甲氧嘧啶（Sulfamonomethoxine）。

7. 噁喹酸（Oxolinic acid）。

8. 乙胺嘧啶（Pyrimethamine）。

9. 尼卡巴嗪（Nicarbazin）。

10. 双呋喃唑酮（DFZ）。

11. 阿伏霉素（Avoparcin）。

(四) 香港特别行政区禁用的兽药及其他化合物清单

1. 氯霉素（Chloramphenicol）。
2. 克仑特罗（Clenbuterol）。
3. 己烯雌酚（Diethylstilbestrol）。
4. 沙丁胺醇（Salbutamol）。
5. 阿伏霉素（Avoparcin）。
6. 己二烯雌酚（Dienoestrol）。
7. 己烷雌酚（Hexoestrol）。

参 考 文 献

陈怀涛 . 2008. 兽医病理学原色图谱 . 北京：中国农业出版社 .

崔恒敏 . 2007. 禽类营养代谢病病理学（第二版）. 成都：四川科学技术出版社 .

单艳菊 . 2009. Ⅰ型鸭疫李默氏杆菌的分离与鉴定［J］. 吉林畜牧兽医（2）：5－12.

甘孟侯 . 2003. 中国禽病学 . 北京：中国农业出版社 .

甘孟侯 . 2004. 禽流感 . 北京：中国农业出版社 .

高作信 . 1993. EDS－76 产蛋下降综合征综述［J］，内蒙古畜牧科学（3）：18－21.

贺普霄 . 1993. 家禽内科学 . 杨陵：天则出版社 .

黄兵 . 2006. 中国畜禽寄生虫形态分类图谱 . 北京：中国农业科学技术出版社 .

降浩琳、杨世敏 . 2009. 禽网状内皮组织增殖病的实验室诊断技术［J］，畜牧与饲料科学（30）：11－12.

黎德兵 . 2007. 鸭疫李默氏杆菌感染后雏鸭血清生化指标变化的研究［J］，兽医研究，（11）：26－27.

李影林 . 1996. 中华医学检验全书 . 北京：人民卫生出版社 .

马兴树 . 2006. 禽传染病实验室诊断技术 . 北京：化学工业出版社、现代生物技术与医药科技出版中心 .

宁长申 . 1995. 畜禽寄生虫病学 . 北京：农业大学出版社 .

王新华 . 1996. 禽病检验 . 成都：四川科学技术出版社 .

王新华 . 2004. 家畜病理学（第三版）. 成都：四川科学技术出版社 .

王新华 . 2008. 鸡病诊治彩色图谱（第二版）. 北京：中国农业出版社 .

王新华 . 2009. 鸡病类症鉴别诊断彩色图谱 . 北京：中国农业出版社 .

辛朝安，王民桢 . 2000. 禽类胚胎病 . 北京：中国农业出版社 .

徐宜为 . 1991. 免疫检测技术 . 北京：科学出版社 .

杨晓杰 . 2004. 小鹅瘟血清学诊断方法研究进展［J］，经济动物学报，8(1)：50－53.

中国人民解放军兽医大学 . 1979. 兽医检验 . 北京：农业出版社 .

周继勇 . 2000. 传染性腺胃炎病毒 ZJ971 株的一些生物学特性［J］，畜牧兽医学报，31(3)：229－234.

周利萍 . 2009. 禽痘的实验室诊断技术［J］，畜牧与饲料科学，30(11～12)：114－115.

朱国 . 2008. REV 感染肉种鸡后动态病理学观察与抗原分布检测［J］，中国兽医学报，28(9)：165－169.

朱忠勇 . 1992. 实用医学检验学 . 北京：人民卫生出版社 .

图书在版编目（CIP）数据

禽病检验与防治 / 王新华等主编．—北京：中国农业出版社，2013.1
ISBN 978-7-109-17566-2

Ⅰ．①禽…　Ⅱ．①王…　Ⅲ．①禽病-诊疗　Ⅳ．①S858.3

中国版本图书馆 CIP 数据核字（2013）第 005232 号

中国农业出版社出版
（北京市朝阳区农展馆北路 2 号）
（邮政编码 100125）
责任编辑　颜景辰
文字编辑　王森鹤

北京通州皇家印刷厂印刷　新华书店北京发行所发行
2013 年 8 月第 1 版　2013 年 8 月北京第 1 次印刷

开本：787mm×1092mm　1/16　印张：26
字数：625 千字
定价：98.00 元